제5판

# 상하수도 공학

조관형 · 권지향 · 박기영 · 이재효 지음

도서출판 동화기술

P

Preface

# 머리말

영국의 유명한 의학 잡지에 현대의학의 성과 15개 중에서 상하수도가 항생제와 백신 등을 제치고 1위를 차지한 것이 발표되었으며, 20세기 들어서 늘어난 인간의 평균수명 35년 중 30년이 의학의 발전 때문이 아닌 상하수도 등 개인위생 시설의 발전 때문인 것으로 평가되었다. 이렇듯 상하수도는 인간의 생활환경의 질을 향상시키고 도시의 발전을 구축하는 기반이 되므로 인간이 거주하는 공간에서는 필수불가결한 시설이라고 할 수 있다.

유엔세계물개발보고서에 따르면 전 세계 80억의 인구 10명 중 3명이 안전한 식수를 이용하지 못하고 있으며, 또한 10명 중 6명은 안전하게 관리되는 위생서비스를 이용하지 못하고 있고, 9명 중 1명은 야외에서 배변을 해결하고 있어 상하수도 분야의 전문기술자들의 역할이 더욱더 절실하게 필요한 시점이다.

본서에서 다루는 상하수도공학은 공학기술과 연관이 있는 수리학, 유체역학, 수질공학, 화학, 물리학, 생물학의 원리가 포함되어 있는 학제간 상호 관련이 큰 학문분야이다. 또한 상하수도공학을 올바로 이해하기 위해서는 물의 특성, 공중위생 및 각종 상·하수 처리 방법 등을 깊이 있게 고찰하여야 하므로 본서에서는 이와 관련된 제반 사항을 가능한 한 모두 다루고자 하였다.

최신 기술과 이론들을 발 빠르게 추가하고 부족한 부분들은 계속 수정보완을 하여 상하수도 분야에서 꼭 필요한 내용이 모두 포함되도록 노력할 것을 약속하며, 끝으로 부족하지만 본서를 교재로 채택하신 전국의 대학에 계신 모든 분들과 꼼꼼하게 교정작업에 도움을 주신 도서출판 동화기술 금선희 대리님과 관계자 여러분께 진심으로 감사의 말씀을 전한다.

저자 일동

contents

# 차 례

## Part 1
## 서 론

### Chapter 1 | 서론


1.1 물 ........ 14

1.1.1 좋은 물 / 14
1.1.2 물의 특성 / 15
1.1.3 물의 이용 / 17
1.1.4 물의 관리 / 18
1.1.5 수자원 부존량 / 19
1.1.6 물의 순환 / 20

1.2 상하수도공학과 물 오염 ........ 21


## Part 2
## 상수도

### Chapter 1 | 상수도 총론


1.1 상수도의 사명 ........ 24

1.2 상수도의 역사 ........ 25

1.2.1 우물 / 26
1.2.2 양수장치 / 27
1.2.3 댐(dam) / 28
1.2.4 수로(aqueduct) / 29

1.2.5 고대로마시대의 수로 / 29
1.2.6 중세시대 이후 서양의 수도 / 30
1.2.7 우리나라 상수도 역사 / 32
1.2.8 우리나라의 현대 상수도 / 33

## Chapter 2 | 상수도 시설계획

2.1 상수도의 정의, 목적 및 구성 ········ 45
2.2 계획년도와 계획급수구역 ········ 46
2.3 계획급수인구 ········ 48
2.3.1 등차급수법(연평균 인구증가수에 의한 방법)에 의한 인구추정 / 48
2.3.2 등비급수법(연평균 인구증가율에 의한 방법)에 의한 인구추정 / 49
2.3.3 최소자승법에 의한 인구추정 / 50
2.3.4 지수곡선법에 의한 인구추정 / 51
2.3.5 감소증가율법에 의한 인구추정 / 53
2.3.6 논리곡선법에 의한 인구추정 / 53
2.3.7 삼점법에 의한 인구추정 / 55
2.4 계획급수량 ········ 57
2.4.1 급수사용목적에 따른 분류 / 58
2.4.2 사용수량의 정기적 변화 / 62
2.4.3 1인 1일 최대급수량과 1일 최대급수량 / 63

## Chapter 3 | 수질

3.1 의의 ········ 67
3.2 사용목적과 수질 ········ 68
3.2.1 가정용수 / 68
3.2.2 공업용수 / 68
3.2.3 잡용수와 소화용수 / 68
3.3 수질시험과 수질기준 ········ 69
3.3.1 수질 및 수생태계 환경기준 / 69
3.3.2 먹는물 수질기준 / 72

## Chapter 4 | 수원 및 취수

4.1 수원 ········ 81
4.1.1 종류 / 81
4.1.2 물의 자정작용 / 85

4.1.3 수원의 선정 / 86
4.1.4 수원의 관리 / 87
4.1.5 우리나라 수자원의 이용실태 / 88

4.2 취수 ······ 89
4.2.1 계획취수량 / 89
4.2.2 지표수의 취수 / 90
4.2.3 지하수의 취수 / 93
4.2.4 취수량의 조절 / 102

4.3 하천수의 취수시설 ······ 104
4.3.1 하천표류수의 유량측정방법 / 104
4.3.2 하천표류수의 취수시설 / 106

4.4 호소 및 저수지 취수시설 ······ 108
4.4.1 취수시설의 개요 / 108
4.4.2 취수시설의 특징 비교 / 112

Chapter 5 | 도수 및 송수

5.1 개요 ······ 113
5.1.1 유수방식 / 113
5.1.2 노선의 선정 / 114
5.1.3 단면결정 / 115

5.2 개수로(open channel) ······ 115
5.2.1 유속공식 / 115
5.2.2 개수로 특징 / 118
5.2.3 암수로 및 터널 / 119

5.3 관수로 ······ 120
5.3.1 유속 및 마찰손실수두 공식 / 120
5.3.2 관의 종류 / 125
5.3.3 밸브 및 기타 부속시설 / 132
5.3.4 관의 설치 / 133

5.4 특수횡단공법 ······ 136
5.4.1 수로교 및 수관교 / 136
5.4.2 궤도횡단 / 138

5.5 전식 및 부식방지 ······ 140

Chapter 6 | 정수

6.1 정수처리대상 ······ 142
6.1.1 부유물질의 제거 / 143
6.1.2 용해성물질의 제거 / 144
6.1.3 세균 및 미생물의 제거 / 144

6.2 침전 ········ 145

6.2.1 침전이론 / 145
6.2.2 침전지 설계 및 운전 / 158
6.2.3 보통침전 / 160
6.2.4 약품침전 / 163

6.3 여과 ········ 180

6.3.1 완속모래여과 / 181
6.3.2 급속모래여과 / 186

6.4 소독 ········ 202

6.4.1 염소 / 206
6.4.2 클로라민(chloramine) / 208
6.4.3 정수지 / 210

6.5 고도정수 ········ 210

6.5.1 전염소처리, 중염소처리 / 210
6.5.2 이단 여과 / 211
6.5.3 활성탄(a/c)처리 / 211
6.5.4 이온교환(ion exchange) / 212
6.5.5 오존(ozone)처리 / 214
6.5.6 폭기(aeration) / 215
6.5.7 연수화(softening) / 216
6.5.8 막(membrane)분리 / 218
6.5.9 생물처리 / 229

6.6 배출수(슬러지)처리 ········ 231

6.6.1 약품처리 / 231
6.6.2 무약품처리 / 232

## Chapter 7 | 배수

7.1 배수방식 ········ 234

7.2 배수지 ········ 235

7.2.1 용량 / 235
7.2.2 위치 / 236
7.2.3 구조 / 236
7.2.4 부대설비 / 237

7.3 배수탑 및 고가탱크 ········ 239

7.4 배수관 ········ 240

7.4.1 계획배수량 / 240
7.4.2 수압 / 241
7.4.3 관의 배치방식 / 241
7.4.4 관의 설치 / 248
7.4.5 관의 부식 및 대책 / 249
7.4.6 교차연결 / 255

## Chapter 8 | 급수


8.1 급수장치 ····· 256
- 8.1.1 개설 / 256
- 8.1.2 급수관 / 257
- 8.1.3 분수전 및 지수전 / 258
- 8.1.4 수도계량기 / 259
- 8.1.5 급수전( 수도꼭지) / 260

8.2 급수방식 ····· 260
- 8.2.1 직결식 급수 / 260
- 8.2.2 물탱크식 급수 / 260
- 8.2.3 병용식 급수 / 262

8.3 설계 ····· 263
- 8.3.1 설계 수량 / 263
- 8.3.2 관경 / 264


# Part 3
# 하수도

## Chapter 1 | 하수도 총론


1.1 하수도의 역할 ····· 266
1.2 하수도의 역사 ····· 269
1.3 하수도의 정의와 목적 ····· 272
1.4 하수도의 구성 ····· 273
1.5 하수도의 현황 및 전망 ····· 273
1.6 하수도 관련법규 및 수질현황 ····· 278


## Chapter 2 | 하수도 시설계획


2.1 계획년도와 계획구역 ····· 285
2.2 계획인구 ····· 286
2.3 하수량 ····· 286

2.3.1 계획오수량 / 286
2.3.2 우수량 / 289

## Chapter 3 | 하수관로 시설

3.1 하수배제방식 ······ 299
3.1.1 합류식 / 299
3.1.2 분류식 / 300
3.2 하수 배수계통 ······ 302
3.2.1 간선과 지선 / 302
3.2.2 하수관거 배치방식 / 302
3.2.3 토구(outfall) / 305
3.3 관로시설 ······ 306
3.3.1 관거의 종류와 단면 / 306
3.3.2 관거의 설치 / 310
3.3.3 맨홀 / 316
3.3.4 물받이 및 연결관 / 317
3.3.5 우수배출실 / 318
3.3.6 배출구(=토구) / 319
3.3.7 배수설비 / 319
3.4 펌프장 시설 ······ 322
3.4.1 개설 / 322
3.4.2 침사지 및 스크린 / 323
3.4.3 펌프물받이 / 328
3.4.4 펌프 / 330

## Chapter 4 | 하수처리

4.1 개설 ······ 337
4.2 처리방법 ······ 340
4.2.1 물리적 단위조작 / 340
4.2.2 화학적 단위공정 / 340
4.2.3 생물학적 단위공정 / 340
4.2.4 공정선택 / 341
4.3 1차 처리 ······ 341
4.3.1 개요 / 341
4.3.2 예비폭기조 / 341
4.3.3 최초침전지 / 342
4.4 2차 처리 ······ 344
4.4.1 개요 / 344
4.4.2 살수여상법 / 346
4.4.3 활성슬러지 공법 / 354
4.4.4 회전원판법 / 377

4.4.5 최종침전지 / 382

4.5 소독 ········ 382

4.5.1 염소 / 382
4.5.2 오존 / 386
4.5.3 자외선 조사 / 386

Chapter 5 | 하수고도처리

5.1 개설 ········ 389

5.1.1 부유물 제거 / 389
5.1.2 용해성 유기물 제거 / 390
5.1.3 무기염류, 중금속 제거 / 390
5.1.4 질소 제거 / 390
5.1.5 인 제거 / 390

5.2 질소와 인의 고도처리기술 ········ 391

5.2.1 질소와 인 / 391
5.2.2 질소와 인의 발생과 관리현황 / 391
5.2.3 질소의 제거 / 394
5.2.4 인(P)의 제거 / 409
5.2.5 질소, 인 동시 제거 / 419
5.2.6 앞으로의 과제 / 422

5.3 잔류 부유물질 및 용존유기물 제거 ········ 426

5.3.1 급속여과법 / 426
5.3.2 마이크로스트레이너 / 430
5.3.3 활성탄 흡착법 / 434

Chapter 6 | 슬러지처리

6.1 개설 ········ 442

6.2 슬러지 수송 ········ 443

6.3 슬러지 농축 ········ 444

6.3.1 개요 / 444
6.3.2 슬러지 농축조 / 445
6.3.3 슬러지 부상 농축조 / 446

6.4 슬러지 소화 ········ 448

6.4.1 혐기성 소화 / 448
6.4.2 혐기성 슬러지 소화조의 설계 / 450
6.4.3 호기성 소화 / 456

6.5 슬러지 탈수 ········ 457

6.5.1 자연 건조 / 457
6.5.2 진공 탈수 / 458

6.5.3 가압탈수 / 462
6.5.4 열처리 / 463

6.6 슬러지의 소각 ··· 464
6.6.1 소각 / 464
6.6.2 습식산화 / 466

6.7 하수처리장 악취 ··· 466
6.7.1 악취의 원인 / 466
6.7.2 악취 요인 및 대책 / 468

# Part 4
# 물 재이용

## Chapter 1 | 물 재이용

1.1 물 재이용 일반론 ··· 474
1.1.1 물 재이용 / 474
1.1.2 물 재이용의 필요성 / 479
1.1.3 물 재이용 관련 법규 및 제도 / 480
1.1.4 물 재이용의 확대 / 487
1.1.5 용도별 수질기준 / 489

1.2 재이용수 관련 시설 ··· 491
1.2.1 재이용수 순환체계 / 491
1.2.2 처리시설 / 494
1.2.3 송배수시설 / 506

# appendix
# 부록

1. 수도법(일부 발췌) ··· 510
2. 하수도법(일부 발췌) ··· 520
3. 물의 재이용 촉진 및 지원에 관한 법률(일부 발췌, 약칭 : 물재이용법) ··· 523
4. 단위환산표 ··· 525
5. 용어해설 ··· 530

- 참고문헌 ··· 552
- 찾아보기 ··· 553

# Part 1

# 서론

1. 서론

Chapter 1

# 서 론

## 1.1 물

지구가 다른 행성과 다른 점은 물이 대단히 많다는 사실인데, 지구표면의 약 71%가 해양이며 물로 덮여 있다. 지구상에 사는 우리 인간들도 몸의 65~80%가 물로 구성되어 있기 때문에 물은 생명을 유지하기 위해 없어서는 안 될 매우 중요한 물질이다. 이런 이유로 과학자들은 지구를 물의 행성이라고 칭하고 있다. 물은 지구상에서 순환과정에 의하여 새로운 물로 변화·생성되기 때문에 매우 신비스러운 물질로 인식되어져 있고, 여러 가지 작용을 하기 때문에 환경적으로 매우 중요한 역할을 한다고 말할 수 있다.

### 1.1.1 좋은 물

인간은 깨끗한 물을 마시고자 하는 기본욕구를 가지고 있으며 동·서양을 막론하고 좋은 물이 건강과 장수의 필수적이라는 데는 인식을 같이 하고 있다. 일반적으로 좋은 물이라면 깊은 심산계곡의 생수 또는 약수를 연상하게 되는데, 물속의 유리탄산과 철분은 독특한 맛을 내게 하므로 이들 물질이 많이 들어 있는 생수 또는 약수를 좋은 물이라고 생각할 수도 있다. 그러나 음용수 내의 철분은 0.3 mg/L 이하만 있으면 되고, 특별한 맛을 내게 하는 데는 1.8 mg/L 이상의 철분이 있어야 하므로 어느 성분이 어느 정도 포함되어 있는 것이 가장 좋은 물인지에 대한 정확한 자료는 아직까지 발표된 것이 없다. 또한 좋은 물이라고 하는 것은 물이 함유하고 있는 각종 무기질 성분뿐만 아니라 물의 구조와도 관련이 있다. 즉, 자연에 존재하는 물은 5각형이나 6각형 고리 또는 사슬모양의 분자결합으로 존재하는데 그 중 6각형 고리모양의 물이 가장 좋은 물로서 생체분자에 직접 붙어서 생체 분자를 보호한다고 주장하는 사람도 있다. 따라서 좋은 물이란 물의 사용 용도에 따라 차이가 있으며 획일적으로 정의하기는 어려울 것이다. 물의 사용 용도가 음용수인지, 공업용수인지, 혹은 농업용수인지에 따라 좋은 물은 다소 차이가 있을 수 있다.

그러나 기본적으로 좋은 물이란 깨끗한 물, 맑은 물, 즉 다른 이물질이 포함되지 않은 순수한 물로서 존재할 때이다. 예부터 이른 새벽에 길은 우물물을 「정화수(井華水)」, 즉 "우물에서 떠온 첫물"이라고 하여 최고의 물로 취급하였다. 현대적 의미에서 보면 아무것에도 오염되지 아니한 가장 깨끗한 천연의 물을 의미하는지도 모른다. 따라서 좋은 물이란 자연 그대로의 오염되지 아니한 물을 말하는 것이다.

## 1.1.2 물의 특성

물은 인간을 포함한 모든 생명체에게 없어서는 안 될 필수 물질이다. 순수한 물의 화학조성을 살펴보면 수소원자 2개와 산소원자 1개로 구성되어 있는 물질이며, 화학식은 $H_2O$로 나타낼 수 있는데, 이러한 물의 조성을 처음 발견한 사람은 영국의 화학자인 프리스틀리(J. Priestly)이다. 그는 1771년 수소와 산소를 혼합하고 전기스파크를 일으키면 물이 생기는 것을 발견하였다. 이렇게 물은 단순한 형태를 나타내고 있고 상태에 따라 3가지의 기본 모양으로 존재하는데, 고체상태의 얼음, 액체상태의 물, 기체상태의 수증기가 바로 그것이다.

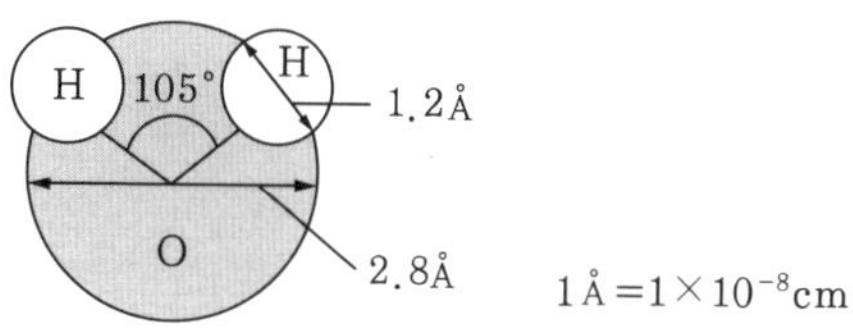


그림 1.1 물의 화학구조

앞에서도 언급하였듯이 물은 지구상에 가장 풍부하게 존재하는데, 지표면의 71%가 물로 덮여 있다. 전체 수량의 97%는 바다에 있으며 인간생존에 직접 영향을 주는 강이나 호수의 물은 1% 미만이지만 물은 순환경로를 통하여 끊임없이 새로워지고 있다. 물은 생명 현상에 있어서 필수적인데, 지구상에 있는 많은 화합물들 중에서 "가장 아름다운 화합물"이라고 일컬어지는 물은 생물들의 생명유지를 위해 반드시 존재해야 될 물질이다. 사람은 체중의 65~80%를 물이 차지하고 있으며 체내 수분이 20% 이상 손실되면 죽게 되고, 물을 먹지 않고 72

시간이 경과하게 되면 생명에 위험을 초래하기도 하는데 지금까지의 최장기록으로는 18일로 보고되었다. 또한 물은 가장 좋은 용매로서 다양한 물질을 잘 녹이며, 특히 무기염류를 녹이기 쉬운 특성이 있다. 양이온과 음이온으로 구성되어 있는 이온성이 큰 극성의 무기염류를 잘 녹이는 용매는 다른 것도 있지만, 극성용매인 물만큼 다양한 무기염류를 녹이는 경우는 없으며, 이런 이유 때문에 혈액 내 많은 영양원소가 녹아 말초신경까지 공급되고 또한 혈중 노폐물을 배출시키기도 한다. 또한 물은 오염물질을 전달하는 매개체 역할을 하기도 한다. 토양이나 지층 속의 물에는 $NO_3^-$, $PO_4^{3-}$, $Ca^{2+}$, $Mg^{2+}$ 등과 같은 여러 가지 무기영양분이 녹아 있어 뿌리를 통해 식물의 체내로 들어갈 수 있으며, 짠 바닷물에는 $Ca^{2+}$, $Mg^{2+}$ 및 $CO_3^{2-}$ 등 여러 무기물질이 녹아 있기도 하다. 물이 다른 물질을 잘 용해시키는 것은 극성화합물이고, 비유전율이 크기 때문이라고 하나, 극성용매 중에서도 물의 용매특성은 가장 우수하다. 비극성의 유류나 많은 유기물질이 극성의 물에 용해되지 않은 이유는 많은 경우 반데르발스 상호작용과 같은 비정전기적 상호작용에 의해 분자들이 결합하여 결정을 구성하는 유기물질은 정전기적 극성용매인 물과의 상호작용이 다르며 물질을 용해하는 기구(mechanism)가 다르기 때문이다.

물은 투명한 성질을 나타내는데, 물이 투명하고 맑으면 햇빛이 180 m까지 투과하여 바다 깊은 곳 많은 생물들의 에너지원이 되지만 대부분의 광합성은 수심 2～3 m 깊이에서 이루어진다. 녹색의 빛이 가장 깊이 들어가나 광합성 효율은 가장 낮으며, 광합성 효율이 높은 적색광선은 깊이 투과하지 못한다. 물이 맑은 곳에는 비교적 플랑크톤이 적은 대신 빛이 깊은 곳까지 투과되므로 상당히 깊은 곳에서까지 광합성 작용이 일어날 수 있다. 적도바다는 온도가 높아 생물학적 변화의 속도가 비교적 빠르지만, 플랑크톤의 생산성은 난류보다 한류에서 더 큰데 이는 한류에는 용존산소량이 난류보다 더 크기 때문이다. 바다 속의 식물성 플랑크톤이 만들어내는 산소량은 지구 산소의 70%에 이른다.

물은 기체, 액체, 고체 상태에서 동일한 물질임에도 고체/액체 비중이 상이하게 차이가 나는 신비한 성질을 가지고 있다. 1기압 하의 얼음은 0.00℃에서 융해되어, 99.974℃에서 비등하며, 분자량이 작은 것에 비해 융점과 비점이 높고 증발열이 융해열보다 약 7배나 큰 특징이 있는데, 얼음이 물이 될 때보다 물이 증기가 될 때 수소결합의 절단이 필요하기 때문이다. 물의 밀도는 3.98℃에서 0.999973 g/cm$^3$으로 최대치를 나타내고, 이때의 온도를 밀도최대온도(TMD, Temperature of Maximum Density)라고 하며, TMD보다 높거나 낮으면 밀도가 감소되는데 3.98℃보다 더 낮아지면 밀도가 감소하며 고체상태인 얼음이 되면 밀도는 0.92 g/cm$^3$로 낮아져서 물위에 뜨게 된다. 대기온도가 낮아지면 물표면의 얼음두께도 점점 두꺼워져 대기의 낮은 온도가 수중으로 전달되지 않도록 절연체 역할을 하게 되고 얼음층 아래 수온은 어느 온도 이하로 낮아지지 않으므로 혹독한 겨울에도 수중생명체의 생명활동을 유지시킬 뿐만 아니라, 봄과 가을에 호소에서는 전도(turnover)현상이 일어나 수직혼합을 유발시키고 바다에서도 밀도류(density current)의 생성을 유발시켜 수직혼합이 일어나게 하여 생태계를 유지시킨다.

또한 물은 열저장 능력이 큰 특징이 있는데, 물은 열용량, 즉 비열(1 g을 1℃ 올리는데 필요한 열량 ; 물이 100℃의 수증기로 변하는데 요구되는 열량은 539 cal/g)이 커서 쉽게 뜨거워지거나 냉각되지 않는다. 물은 비열이 커서 여름에 태양의 복사에너지가 많이 제공되더라도 수온이 크게 상승되지 않으며, 융해열(0℃의 얼음이 0℃의 수증기로 변하는데 요구되는 열량으로, 요구되는 열량은 80 cal/g)이 커서 수증기가 어떤 물체에 응축할 때 그 물체에 열을 전해주며, 증발할 때 땀이나 식물체의 기공에서 그 물체로부터 열을 빼앗는 원리가 된다. 이상에서 설명한 바와 같이 물은 가장 단순한 분자구조식을 갖고 있으면서 엄청나게 신비한 능력을 갖고 이 지구상의 생명체와 무생물간을 유기적으로 연결하면서 순환하고 있다. 같은 물이라 하더라도 물속에 어떤 물질이 포함되어 있는가와 물의 온도가 몇 도인가에 따라 물맛을 포함한 물의 여러 특성이 천차만별로 다르게 된다.

한 개의 물분자에 있는 산소원자는 수소원자로부터 전자를 끌어당김과 동시에 옆에 있는 다른 물분자의 수소원자도 끌어당겨 물분자끼리 약한 결합을 형성하는데 이것을 물의 수소결합이라고 하며, 물의 수소결합으로 인해 물은 안정한 분자배열을 이루게 되고, 녹는점(m.p.), 끓는점(b.p.), 증발열 및 비열이 크며, 또한 표면장력이 큰 특성을 나타낼 뿐만 아니라, 물이 얼어 얼음이 될 때 분자사이의 공간이 커져 부피가 증가되고 밀도가 낮아지게 되는 신비스러운 특성을 지닌다.

### 1.1.3 물의 이용

인간의 몸은 대부분 물로 구성되어 있기 때문에 생명을 유지하기 위해서는 공기와 마찬가지로 물이 반드시 필요하다. 뿐만 아니라 대부분의 산업활동을 위해서는 필수적으로 물을 사용하여야만 하는데, 1차 산업인 농업을 하는 데에도 꼭 필요한 것이 농업용수이고 2차 산업인 공업에 반드시 필요한 것이 공업용수이듯이, 이런 측면에서 과거와 현재의 통치자들의 주된 역할 중의 하나는 물의 이용(이수)과 관리(치수)였다. 그리고 사람이 생명활동을 유지하기 위하여 최소한도로 필요한 물의 양은 하루에 2 L 정도로 알려져 있는데, 만약 75살까지 산다고 하면 일생동안 약 55 $m^3$의 물이 먹는물로만 필요하다. 아울러 목욕, 세탁, 화장실용수 등 생활용수까지 합하면 1일 300 L 이상이 필요하다고 보면 75살까지 사는 동안에 사용하는 물의 양은 총 8,200 $m^3$ 정도가 된다. 물론 물의 사용량도 생활수준에 따라 차이가 있으며, 지적 수준이 높아질수록 사용량은 비례하여 증가하는데, 일반적으로 선진국에서는 400～500 L가 필요하므로 일생을 통해 사용하는 물의 양은 더욱 증가할 것이다.

### 1.1.4 물의 관리

우리나라의 연평균 강수량은 그 양이 가장 적은 백령도가 825 mm이고 가장 많은 거제도는 2,007 mm로 지역별 편차가 심한 특징을 가지고 있고, 전국적으로는 1,283 mm로서 세계 평균 970 mm의 1.3배로 비교적 풍부한 편이나, 인구 1인당 강수 총량은 2,629 $m^3$/년으로 세계 평균 16,427 $m^3$/년의 약 1/6에 불과한 물부족 국가이다. 더욱이 우리나라는 유럽과 달리 연도별, 지역별로 강수량의 변동이 매우 크고, 특히 강수량의 2/3가 6~9월에 집중되어 홍수가 발생되고 겨울과 봄철에는 가뭄이 빈발하기 때문에 안정적인 수자원의 확보가 어려운 점이 있다. OECD 환경국에서 발표한 자료에 의하면 우리나라는 OECD 회원국 중에서 물스트레스가 가장 큰 나라로 보고하였다.

지형적으로는 하천 길이가 짧고 하천 경사가 심해서 다량의 홍수가 단기간 내에 바다로 유출되고 나머지 기간은 실개천 또는 건천이 되어 조금만 가뭄이 들어도 취수에 어려움이 발생하는 등 하천 변동이 심하여 하천 관리가 어렵다. 즉, 「하상계수」(최대유량과 최소유량의 비)가 다목적 댐이 건설되기 전에는 4대 강 평균치가 300 이상으로서 하천유출의 변화가 매우 심하여 수자원을 안정적으로 확보하고 홍수피해를 줄이기 위해서는 유럽의 선진국처럼 빗물 저류시설이 절대적으로 필요한 실정이므로 이에 우리나라에서도 빗물 이용에 대한 연구가 매우 활발하게 이루어지고 있다.

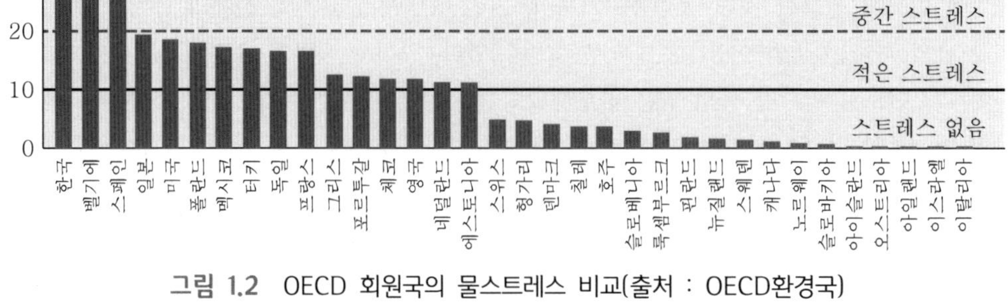


그림 1.2 OECD 회원국의 물스트레스 비교(출처 : OECD환경국)

### 1.1.5 수자원 부존량

물은 자연에 존재하는 가장 풍부한 물질 중의 하나로 지구표면의 3/4을 차지하고 있다. 이렇게 많은 양에도 불구하고 인간이 사용할 수 있는 물의 양을 제한하는 몇 가지 인자들이 있다. 표 1.1에서 보는 바와 같이 전체 공급량의 97% 이상이 바닷물과 기타의 염분이 있는 물이며 대부분의 경우 그 상태로는 거의 이용할 수 없고, 나머지 3% 중 약 2%는 얼음과 빙하 및 대기와 토양수분으로 되어 있어 이용하기가 어렵다. 사람이 일상생활과 공업 및 농업 등의 활동에서 사용되는 수자원은 담수호, 하천 및 지하수 등으로 전체 수자원의 0.62%에 불과한 실정이다.

2023년 기준 전 세계 인구 80억 명 중에서 약 30%의 인구가 깨끗한 물을 마시지 못하고 있는 것으로 보고되었으며, 약 75%의 나라는 위생기준에 적합한 수준으로 식수를 관리하지 못하고 있는 실정이다. 또한 UNDP에서는 기후변화로 인해 2080년까지 물부족을 추가로 겪게 될 인구가 18억 명에 이를 것으로 예측하고 있다.

우리나라는 국가별 1인당 연간 재생가능 수자원량이 129위를 기록하고 있고, 국가별 수질지수는 8위를 차지해 수자원량은 부족하나 수질은 상대적으로 양호하다. 「물빈곤지수(WPI, Water Poverty Index)」는 1인당 수자원량, 수자원 접근율, 사회경제요소, 물이용량 및 환경 등을 종합적으로 고려하여 산정하는 지수인데, 수자원 접근율(27위)과 사회경제요소(20위)가 양호하여 전체 147개국 중 43위를 차지하고 있다.

**표 1.1 지구상의 물 저장 형태**

| 구 분 | 지구의 물 분포와 비율 | |
|---|---|---|
| | 부피($10^{12}$ $m^3$) | 비율(%) |
| 바 다 | 1,320,000 | 97.2 |
| 빙 하 | 29,200 | 2.14 |
| 지하수(지하 4천 m 상부) | 8,350 | 0.61 |
| 담수호 | 125 | 0.009 |
| 염호와 내해 | 104 | 0.008 |
| 토양수분 | 67 | 0.005 |
| 수증기 | 13 | 0.001 |
| 하 천 | 1.25 | 0.0001 |
| 육 지 | 37,800 | 2.8 |
| 계 | 1,360,000 | 100 |

자료 : UN 세계수자원개발보고서

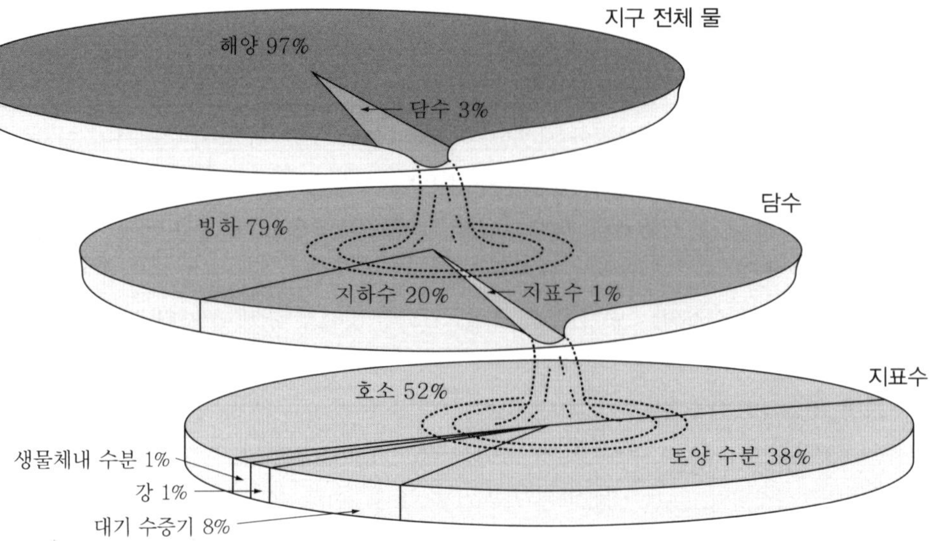


그림 1.3 지구의 물 분포도

## 1.1.6 물의 순환

물은 끊임없이 순환하며 고체, 액체, 기체 상태로 존재한다. 지구상에 존재하는 물의 총량은 거의 변하지 않지만 존재형태와 상황에 따라 엄청난 차이를 보이고 있다.

그림 1.4에서 보는 바와 같이 물은 항상 이동하며 순환하고 있는 상태이다. 대기 중에 있는 수분은 응축하여 지상에 비, 눈 또는 다른 형태로 떨어지고, 지표상에서의 물은 하천과 호소로 흘러 들어가고 결국 바다로 가거나 토양표면을 거쳐 지하로 내려가며, 다시 대기 중으로 돌아가는 순환을 반복하게 된다. 순환의 일부분을 살펴보았을 때에는 움직임이 비교적 빨라진다고 할지라도 지하수의 재순환은 매우 늦은 특성을 나타낸다.

해수의 증발로 대기 중에 존재하는 구름 또는 안개의 물방울은 5～50 $\mu$m로 아주 작으나 기온이 낮아질수록 물방울은 커져서(0.2～0.5 mm) 비가 된다. 1년간 해수 총량의 1/3,000에 해당하는 449조 $m^3$, 식물로부터는 60조 $m^3$, 토양으로부터 1조 8천억 $m^3$, 하천으로부터 600억 $m^3$, 합계 511조 4천억 $m^3$가 태양열에 의해 증발되어 구름이나 안개가 된다. 이중에서 403조 $m^3$가 바다에, 하천이나 호수에 4,000억 $m^3$의 물이 지각으로부터 용출된다. 물순환 속도는 수증기(구름)가 9일간, 식물이 16일간, 토양이 51일간으로 순환한다.

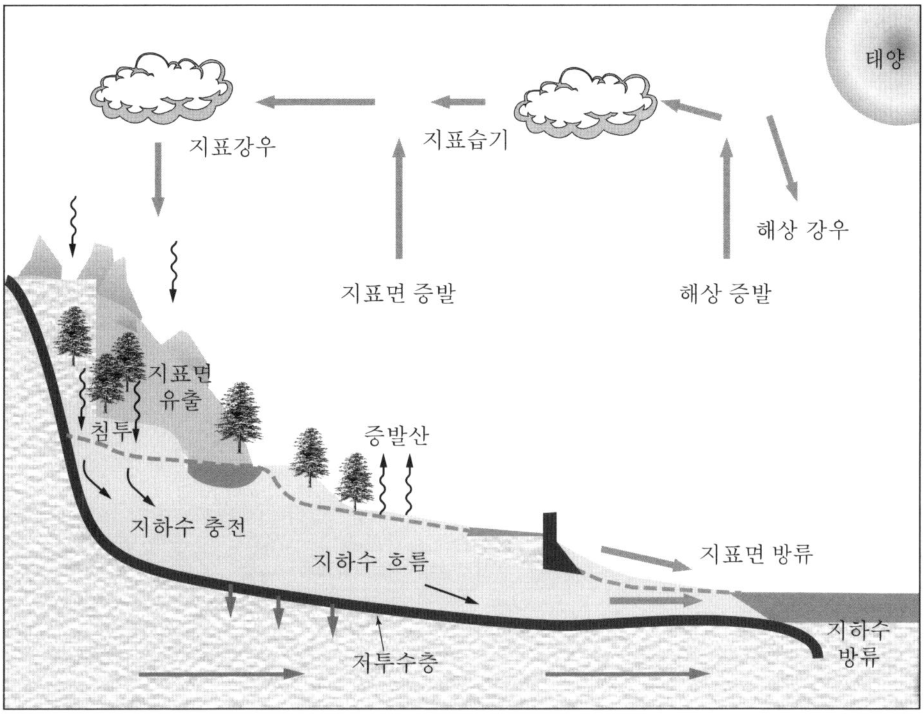


그림 1.4 물의 순환

자연 상태의 물은 증발되었을 때 불순물이 없는 순수한 상태이다. 그러나 응축하기 위해서는 보통 지표면이나 공기 중의 열이 필요하기 때문에 이러한 응축이 일어나는 순간에 물에 불순물이 포함되며, 나머지 물의 순환과정을 거치면서 불순물은 계속 늘어나게 된다. 인간 활동으로 인한 산업 및 가정폐기물, 농약 및 기타의 오염물질들은 물의 불순물 양을 가중시키게 되며, 궁극적으로 순수하지 못한 물은 여러 단계의 순환과정을 거치면서 비교적 순수한 물분자로 대기 중에 되돌아올 것이다. 그러나 우리의 가장 큰 관심을 끄는 것은 높은 단계의 수질이 아니라 중간 단계의 수질인데, 이 단계에서 인간이 사용하는 물이 가장 많기 때문이다.

## 1.2 상하수도공학과 물 오염

상·하수도 처리계획과 같은 공공의 사업은 토목공학과 환경공학에 속한다. 토목공학의 가장 커다란 줄기 중의 하나가 공중위생공학(public sanitary engineering)이며, 여기에서 파생된 상하수도공학은 공학기술과 연관이 있는 수리학, 유체역학, 화학, 물리학의 원리가 포함되어 있는 상호 관련된 학문이다. 이 분야에 종사하는 공학도들은 개별적인 기초학문과 물 환경의 복잡한 성질사이의 관계를 잘 인식하여야만 한다.

상하수도공학이란 안전하고 위생적인 수질을 얻기 위한 종합적인 학문이므로, 안전하고 위생적인 수질을 얻기 위해서는 수인성 전염병의 발병을 최소화시켜야 하며, 이를 위해서는 위생적인 수질을 갖춘 충분한 양의 수원을 확보하는 지식을 습득하여야 한다. 여기서 말하는 위생적인 수질이란 수중에 눈에 띄는 부유물질이 없고, 지나치게 색도를 갖지 말며, 맛과 냄새가 없고, 불유쾌한 용존성 물질이 없으며, 인체에 유해한 성분, 분뇨의 오염을 나타내는 박테리아 등이 없어야 한다. 이와 같이 상하수도공학을 올바로 이해하기 위해서는 물의 특성, 위생, 각종 수처리 방법 등을 고찰하여야 하며, 따라서 본서에서는 이와 관련된 제반 사항을 모두 다루고자 하였다.

그림 1.5 사회기반시설(SOC) 중의 하나인 정수장 내의 침전지

# Part 2

# 상수도

1. 상수도 총론
2. 상수도 시설계획
3. 수질
4. 수원 및 취수
5. 도수 및 송수
6. 정수
7. 배수
8. 급수

Chapter 1

# 상수도 총론

## 1.1 상수도의 사명

물은 모든 생물이 생존하기 위해서 필수불가결한 물질이며, 태양이나 공기 등과 마찬가지로 가장 중요한 것 중의 하나이다. 또한 물은 음료용, 취사용, 세탁용, 목욕용 등의 생활용수를 비롯하여 소화용수, 공업용수, 관개용수, 발전용수 등에 매우 폭넓게 이용되고 있다.

과거에는 대부분의 도시에서 가정용수, 소화용수 등을 주로 지하수에 의해 공급받았지만, 사회의 발전과 공업의 발달에 따라 인구가 도시에 집중하게 되고, 그 결과 지하수만으로는 수량이 부족하게 되었다. 또한 다량으로 배출되는 하·폐수에 의해 하천수와 호소수는 물론 지하수마저도 오염이 되고, 수인성전염병이 유행하는 등 양적으로나 질적으로 도시생활이 위협을 받게 되었다. 상수도는 지역 주민에게 위생적인 물을 공급하는 시설로서 위의 이유 때문에 각 도시에서 상수도 설치의 필요성이 높아졌으며, 실제로 급속한 보급을 보이게 되었다. 비위생적인 물은 여러 가지 질병의 원인이 되는데, 수인성 전염병인 세균성 이질, 장티푸스, 파라티푸스, 콜레라, 아메바성 이질, 소아마비, 유행성간염, 대장 점막염증 등은 병원균에 오염된 물을 직접 마심으로써 야기되는 것이고, 음용수에 기인한 것은 아니지만 결막염, 기생충, 피부병 등도 물을 매개로 해서 전염된다. 그러나 이들 전염병 중에서 특히 소화기 관련 전염병은 위생적인 물의 공급에 의해 급감하기 때문에 상수도는 보건위생상 도시에서 없어서는 안 될 중요한 기반시설이 되고 있다.

또한 물은 각종 공업에 있어서 절대적으로 필요한 것으로서, 그 중 일부는 지하수에 의존하고 있는 것도 있지만, 대부분의 공장에서는 제품 생산과정에서 수돗물을 사용하고 있다. 특히 양질의 물을 필요로 하는 공업은 수돗물을 이용하는 이외의 방법은 없다. 상수도는 공업용수의 공급이라는 의미에서도 도시에 있어서 중요한 위치를 차지하고 있다. 그러나 반드시 수돗물과 같은 양질의 물을 필요로 하지 않는 공업도 있고, 지하수의 과도한 양수에 의해 지반침하가 현실로 나타나고 있는 지역도 있으므로, 상수도와는 다른 계통의 공업용 수도의 설치가 필요한 경우도 있다.

더욱이 상수도는 도시의 보안상 중요한 역할을 하고 있는데, 화재 시에는 그 수압에 의해 또는 소방펌프를 사용해서 일시에 다량의 물로 소화함으로서 현재로는 상수도가 소방활동의 주역이 되고 있으므로 상수도는 방재측면에서도 간접적으로 도시번영의 기초로 간주되고 있다.

또한 도로 청소, 정원 살수, 연못, 분수, 냉난방 등에 사용되는 상수도는 주민의 생활에 편익을 주며, 생활수준의 향상, 문화의 발전, 도시의 고도화에 따라 앞으로도 계속해서 수돗물의 수요량은 증대할 것이다. 깨끗한 물을 필요한 때에 어려움 없이 얻을 수 있는 상수도는 여러 가지 공동시설 중 인류의 생활에 있어서 가장 기본적인 편의 시설 중의 하나이며, 이를 위해 토목공학 및 환경공학 엔지니어에게 부여된 사명은 매우 크다고 하겠다.

## 1.2 상수도의 역사

인류와 물은 밀접한 관계에 있기 때문에 인류가 지구상에 최초로 출현한 때가 상수도의 기원으로 생각될 수 있다. 그러나 태고시대에는 주거부근에 있는 용천수나 개천, 호수에 있는 물을 끌어와서 단순히 이용하는데 그쳤다. B.C. 4000～2000년에 고대 인도어인 산스크리트어로 기록된 외과서적(Sus'ruta Samhita)에는 오염된 물을 끓이거나, 태양열로 데우거나, 혹은 뜨거운 철을 물에 집어넣어 정화할 수 있다는 기록이 있고, 인도의학서(Ousruta Sanghita)에는 물을 구리접시에 넣어 태양열에 노출시키고 숯을 이용하여 여과하면 좋은 물이 된다는 기록도 발견되었다. B.C. 1700～1500년에 그리스의 크레타(Crete)섬에서는 진보된 배관기술을 적용하여 인간의 분변을 처리하는 수세식 화장실을 도입하여 이용한 기록이 있으며, B.C. 1500년경 이집트에서는 명반(황산알루미늄)을 사용하여 부유물을 가라앉혀 깨끗한 물을 얻었다는 기록도 있다. B.C. 400년에는 「히포크라테스 소매(Hippocrates Sleeve)」라고 알려져 있는 직물 자루를 이용하여 빗물을 끓인 후에 여과하여 사용된 기록도 있다. A.D. 1000년 이전에 아라비아의 연금술사인 게베르(Geber)는 '오염된 물을 정화하고 깨끗한 상태로 보존하는데 증발법이 우수하다'하였고, 페르시아의 의사인 아비체나(Avicenna)는 '물을 끓인 후에 직물로 여과하고 물을 저어서 폭기(aeration)시켜 먹으면 좋다'고 하였다. 그러나 대량의 물을 인공적으로 구하는 최초의 시설은 우물이므로, 우물을 상수도의 기원이라고 생각하는 것이 오히려 타당하다.

### 1.2.1 우물

가장 오래된 우물은 B.C. 2000년 전에 축조된 장방형 우물로서 에티오피아의 누비아에서 발견되었다. 가장 유명한 것은 이집트 카이로의 '요셉(Joseph) 우물'로서 암반 가운데에 깊이가 약 90 m나 파여져 있다. 지표에서 50 m의 깊이까지는 단면이 5.5 × 7.7 m, 아래 40 m 깊이까지는 2.7 × 4.6 m의 크기로 되어 있고 상하 두 부분으로 나뉘어져 있다. 또 우물벽에 설치된 나선형 경사로를 따라 바닥까지 이를 수 있으며, 노새의 힘을 이용하여 수차로 물을 퍼 올렸다고 한다. 고대의 우물 중 가장 깊은 것은 중국인의 손에 의해 축조된 것으로써 깊이가 500 m에 달하고 오늘날과 같은 방법으로 파여진 것이라고 전해지고 있다.

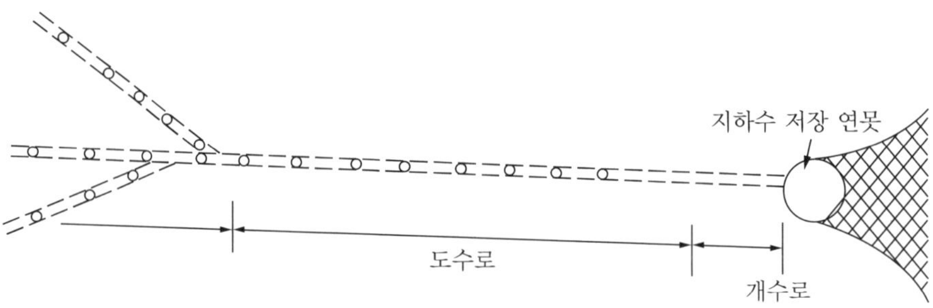


[평면도]

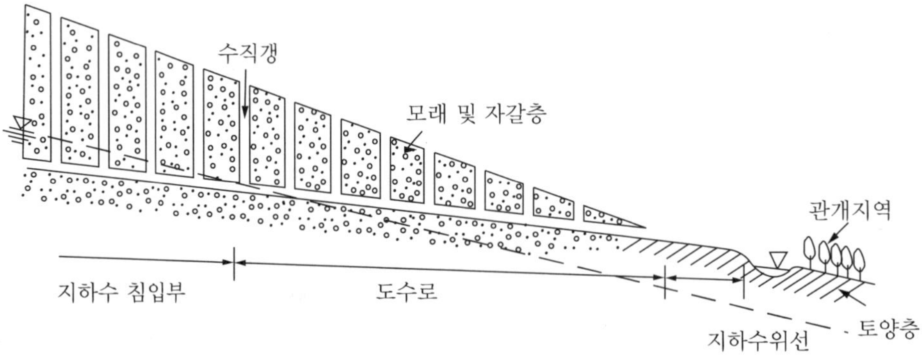


[단면도]

그림 1.1 카나트(=카레즈, 포가라)에 의한 용수공급

우물과 수로를 겸한 「카나트(qanat)」라고 하는 일종의 지하수도가 B.C. 1240년경에 아시리아(Assyria)에 건설되었는데, 서아시아를 비롯한 건조지역의 특수 도수설비인 카나트는 지하수를 끌어올려 관개나 그 밖의 용수로 이용하기 위한 시설이다. 아프가니스탄이나 투르키스탄에서는 '카레즈', 시리아, 이라크, 북아프리카 등에서는 '포가라'라고 한다. 산기슭이나 계곡 최상류부의 고여 있지 않은 양질의 물이 수원이 되는데, 먼저 식생·토양의 질 등을 조사하여 모정(mother well)을 선정하며, 30∼50 m 간격으로 수직갱을 파고 각 수직갱을 연결하는 도수로를 설치하는데 도수로의 길이는 평균 5∼10 km로 사람이 몸을 구부리고 통과할 정도이다. 이란의 호라산주 고나바드에는 70 km나 되는 카나트가 있는데, 보통 10 km의 카나트를 파는데 5,000일이 소요된다. 특수한 기술이 필요하고 공사하는데 위험하며 막대한 비용이 드는데도 카나트를 만드는 이유는, 경지면적을 넓히고 안정된 용수를 얻을 수 있으며 해마다 건설비의 25% 정도의 순이익을 올릴 수 있기 때문이다. 고대 페르시아에서 시작되어 그 뒤 아랍 세력권의 확대 및 동서 문화교류로 각 대륙의 건조지대에 널리 보급되었다. 관개용수뿐만 아니라 도시의 음용수로도 이용할 수 있어 최근까지 이용되었다. 이것은 지하수맥에서 자연유하로 지하수를 얻기 위해서 고안된 것 같으며 주로 중동의 건조지대에 독자적으로 발달한 것이다. 현재로서는 이란, 시리아, 북아프리카, 아프가니스탄 등지에서 널리 이용되고 있다.

### 1.2.2 양수장치

가장 오래된 양수장치는 B.C. 3000년경 바벨론에 있었다고 하는 방아두레박으로서, 이것의 그림이 발견되었다. 활차를 이용한 두레박은 B.C. 1500년 이전부터 만들어졌다고 하며, 이 장치는 현대에 있어서도 여전히 사용되고 있다. 방아두레박이나 두레박은 간헐적 양수이지만 연속적 양수장치로는 B.C. 200년경 사용되었던 페르시아 수차와 아르키메데스의 나사펌프가 있으며, 이것들의 동력에는 노새나 낙타가 이용되었고 요셉우물에서는 노새를 이용해서 수차를 운전하였다고 한다.

위로 밀어내는 펌프는 로마시대의 후기에 출현했는데 수차를 동력으로 하여 피스톤을 움직이게 하는 것이다. 1527년 독일의 하노버에서 처음으로 펌프가 사용되었으며, 1761년 런던에서 처음으로 양수펌프에 증기기관을 사용하였고 이후 왕복운동에 의한 피스톤 펌프가 장기간 사용되었다. 또한 현재 많이 사용되고 있는 회전운동에 의한 원심펌프는 1849년에 영국에서부터 사용되었다.

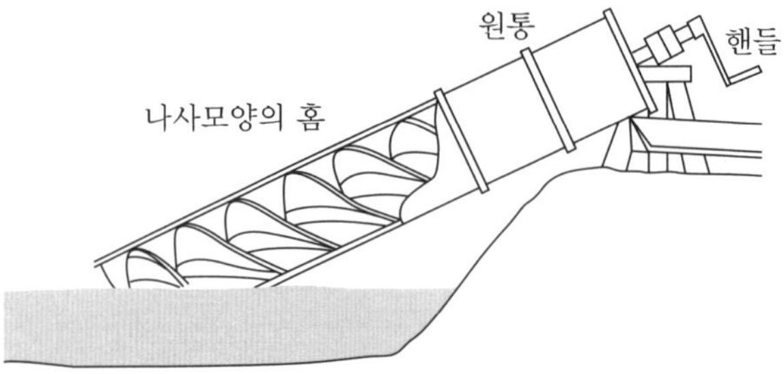


그림 1.2 아르키메데스의 나사펌프

### 1.2.3 댐(dam)

세계사에서 가장 오래된 댐은 이집트에서 B.C. 2550년에 건설된 높이 14 m의 사드엘 카파라(Sadd-el-Kafara)댐으로서 완공직전에 홍수로 파괴되었지만 4600여년이 지난 지금도 일부 사용되고 있으며, 아시아에서는 B.C. 256년 양쯔강의 지류인 민강(Minjiang)에 건설된 도강언(Dujiangyan)댐이 있다. 유네스코 세계문화유산으로 지정된 도강언은 2008년과 2013년에 큰 지진이 발생해서 많은 인명피해가 있었던 곳으로 양쯔강, 민강, 튀강, 자링강이 흐른다고 해서 쓰촨(四川)이라는 명칭이 붙었으며, 쓰촨성의 태수인 리빙(Li Bing)과 그의 아들에 의해 축조되었는데 리빙은 수리학의 초기 개척자의 한 사람으로 평가되고 있다. 이것은 홍수 조절과 관개용으로 만들어졌고 현대화되어 지금도 사용되고 있다. 콘크리트 아치댐으로서 세계최대규모의 댐은 1935년 미국 콜로라도강에 건설된 후버(Hoover)댐이 있다. 높이 220 m에 저수용량이 370억 $m^3$에 달하는데, 우리나라 소양댐의 저수용량이 29억 $m^3$인 것과 비교하면 크기가 짐작된다.

그림 1.3 미국 콜로라도강의 후버댐(콘크리트 아치댐)

### 1.2.4 수로(aqueduct)

수로의 기술은 관개에서 발전한 듯한데, 가장 오래된 유적은 B.C. 700년경에 만들어진 북이라크에 있는 석조 수로로서 길이가 80 km 이상이다. 계곡을 건너는 곳에는 석조 수로교를 세우고 수로의 방수를 위해서 아스팔트와 콘크리트가 이용되었다. 이 공사는 불과 1년 수개월에 완료되었다는 기록이 남아 있다.

수도관도 오래전부터 사용되었으며 로마시대에는 목관이나 토관이 사용되었다. 이집트에서는 두께가 1.4 mm의 동관이 제작되었다. 납관이나 동관은 그리스인에 의해 개발되었는데 동관은 가격이 비싸서 많이 사용되지 않았다. 다만 조절밸브 등은 전부 청동제였다. 납관은 로마시대에도 사용되었으며 이 시대에 납관의 규격이 정해져 있었다. 이 규격은 세계적으로 가장 오래된 공업규격으로서 유명하다. 주철관은 15세기에 이르러 처음으로 출현했고 일반적으로 사용된 것은 A.D. 1800년경 이후부터이다.

### 1.2.5 고대로마시대의 수로

고대로마시대에는 수로가 크게 발전하였는데, 로마의 급수를 위해서 B.C. 312년부터 A.D. 226년까지 11개의 중요한 수로가 건설되었는데, 최초로 만들어진 수로는 B.C. 312년에 건설된 16.6 km 연장의 「아피아(Appia)수로」이다. 아피아 수로의 건설을 주도한 사람은 '아피우스 클라우디우스 크라수스'인데, 그는 로마 최초로 현대의 도로와 유사한 '아피아 가도'도 설

그림 1.4 고대로마시대에 건설된 수로 유적

계한 토목기술의 역사에 있어서 천재라고 할 수 있는 사람이다. 수로의 수원으로는 용천수, 하천수, 호소수를 이용했고 수로의 총길이는 17,000여 km이며 하루 송수량 70,000 $m^3$, 아치 수로교의 총길이는 80 km에 달하고 있다. 수로의 안쪽에 방수용 회반죽을 바르고 그 표면은 아스팔트 등으로 포장하였다. 이후 로마에 총 10여개의 수도가 건설되었으며, 하루 송수량 20만 $m^3$의 대규모 수도시설이 완성되어 1인 1일당 급수량이 1 $m^3$에 달한다는 기록이 있다. 로마시대에는 허가된 특권층에게만 급수를 행하였는데 일반 시민은 목욕탕, 분수대, 공공건물 등으로 가서 이용했다. 로마인들은 또한 수질에 대해서도 큰 관심을 가지고 있었는데, 각각의 수로별로 수질이 달랐기 때문에 음용에는 수질이 좋은 수로의 물을, 잡용에는 수질이 나쁜 수로의 물을 이용하였다. 또한 물의 정화를 행한 흔적도 있는데, 유속이 느려지는 수로의 도중에 2층의 침전조가 설치되어 있기도 하다. 이런 노력들로 말미암아 로마 천년의 역사상 광대한 통치지역과 장구한 통치기간동안 악성 전염병 유행이 매우 적었음을 알 수 있다. 로마시대의 수로는 그 우수성과 규모의 웅대함에 있어서 타의 추종을 불허한다. 로마인들은 로마뿐만 아니라 식민지에도 많은 수로를 설치했는데, 프랑스의 님(Nime)에 있는 '퐁 뒤 가르(Pont du Gard)수로'와 스페인의 세고비아(Segovia)에 있는 수로(그림 1.4)가 잘 알려져 있으며, 그 중 여러 개는 지금도 사용되고 있다고 한다.

### 1.2.6 중세시대 이후 서양의 수도

로마제국의 몰락과 함께 수도시설은 대부분 방치되어 쓸모없이 되었고 수도에 있어서 암흑시대가 계속되다가 12세기에 들어서면서 이탈리아, 프랑스와 영국을 중심으로 새로운 움직임이 시작되었다. 1190년경 프랑스 파리의 센(Seine) 강물을 도수하기 위해서 일부의 납관을 이용한 수로가 만들어졌고, 오래된 수로교의 보수 등이 행해졌다. 또한 영국 런던에서는 1235년에 납관과 석조 수로 등에 의해 용수를 시내로 도수했다. 그러나 총체적으로 볼 때 중세기에서 17~18세기까지는 수로의 진보가 더디게 진행되었다. 1619년 런던에 '뉴리버(New River) 수도회사'가 설립되어 전 지역에 수도관을 설치하여 최초로 각 가정에 급수가 행해졌지만 급수방법은 현재와 달리 시간제 급수이었다. 1685년 이탈리아 의사인 포르지오(A. Porzio)는 전쟁터에서 군인들에게 많은 물을 공급하기 위해 거름-침전-모래여과 공정을 적용하였으며, 1703년 파리의 과학자인 라히레(La Hire)는 빗물을 저장한 후 모래여과만을 거치게 하였고, 1745년에 프랑스 기업가인 애미(J. Amy)는 여과에 관한 최초의 책을 쓰고 최초의 특허를 신청하여 모래 대신에 스펀지를 사용하여 여과하는 공정을 제작하였다. 1756년 스코틀랜드의 의사인 홈(F. Home)은 최초의 연수화 실험을 한 과학자이었고, 1767년 영국의 의사인 히버든(W. Heberden)은 흙탕물에 응집제인 황산알루미늄(alum)을 적당량 넣고 침전시켜 깨끗한 물을 얻었다. 또한 1761년에 런던에서 증기기관을 수도에 처음 사용했었고, 파리에서도 1781년경 사용하였다. 파리나 런던에서 이와 같이 비교적 일찍부터 수도가 존재했었지만 다른 도시에는 19세기 전반까지 수도가 보급되지 않았다. 1864년 당시 독일의 수도는 불과 24개소에 지나지 않았다. 이전에는 시간제 급수이었던 것이 1873년부터 런던시내의 일부에 연속급수가 시작되었다. 1791년 영국인 피코크(J. Peacock)는 상향류 여과법과 역세척 방법을 적용한 특허를 출원한 최초의 영국사람이었다. 1804년 스코틀랜드의 서남부에 위치한 페이즐리(Paisley)에서는 처음으로 완속모래여과법(slow sand filtration)이 사용되었고, 1829년 런던에서도 완속여과법이 행해지게 되었다. 1816년 이후 한 세기 동안 인도에서만 3,800만 명 이상이 콜레라로 사망하였고, 1829년부터 20년 동안 유럽 전 지역에 콜레라가 유행하여 프랑스와 헝가리에서 10만 명 이상, 영국에서 5만5천명 이상이 사망하는 콜레라 재앙이 발생하자, 이전에는 간단히 탁도 유발물질을 제거할 목적으로 여과가 이용되었는데, 그 이후 1830년대에 콜레라가 대유행할 때 여과한 물을 사용했던 지역에서는 환자의 발생이 극히 적었다는 사실이 확인되자 1852년 런던에서는 수도법이 공포되었다. 주요한 내용으로는 템스(Thames) 강에서의 취수는 런던에서 30 km 이상 떨어진 상류에 한하며, 수도의 원수로 하천수를 이용할 때에는 강제로 여과한 후에 공급하여야 하며, 5년 이내에 상시급수를 달성한다는 내용이었다. 1811년경 나폴레옹 1세 때 프랑스 파리에서는 파리로부터 100여 km 떨어진 우르크(l'Ourcq) 강물을 취수하는 도수로를 완성하였고, 콜레라 유행 이후인 1865년에는 파리에서 130여 km 떨어진 용천에서 도수해 음용하는 수도를 완성하였다. 한편 1875년 이후에는 완속모래여과법의 효과를 인정하여 유럽의 각지에서도 널리 여과법이 채택되었다.

또한 1872년 미국 뉴욕주의 동남부에 위치한 포키프시(Poughkeepsi)에서 처음으로 여과가 사용되었다. 1884년에는 미국인 하이야트(A. Hyatt)가 황산철을 사용하는 응집법을 개발하였으며, 같은 해 뉴저지주의 썸머빌(Summerville)에서 급속여과지가 만들어졌는데 이것이 급속여과법의 시초이며 그 후 미국을 중심으로 급속여과법이 발전하여 전 세계에 보급되었다. 1893년 5월에 독일 함부르크시 보건공무원이던 라인케(J.J. Reincke)는 체코에서 발원하여 독일 함부르크를 거쳐 북해로 유입되는 엘버(Elbe) 강물을 여과한 후 시민에게 급수함으로써 수인성전염병인 장티푸스 환자 및 일반사망자 숫자를 1,000명당 20.4명에서 17.9명으로 감소시키는 결과를 얻었고, 1893년 9월에 미국의 메사츄세츠주 보건위원회 위원이던 밀스(H. Mills)는 로렌스(Lawrence)시 메리맥(Merrimac) 강물을 여과시켜 공급하였을 때 라인케와 동일한 결과를 얻게 되었는데, 이와 같이 물을 여과한 후 급수하였을 때 수인성질병이 급격히 감소된 것을 가리켜 이 두 사람의 이름을 따서 밀스(Mills) – 라인케(Reincke) 현상(혹은 상수여과 효과)이라고 한다. 또한 1926년 독일의 하노버에서는 수인성전염병인 장티푸스 환자가 2,500여 명 발생하기 이전에 이 숫자의 10배에 달하는 설사와 발열을 동반하는 환자가 발생하였는데 이것은 장티푸스와 관계없이 대장균이나 잡균에 의해 발생한 것으로 보고 이와 같이 대장균이나 잡균에 의한 발열현상을 수도열(water fever = Hannover fever)이라고 한다. 그리고 1904년 헤이즌(A. Hazen)은 음용수의 개선을 통해 장티푸스로 인한 사망자 1명의 발생을 차단하였을 때 다른 원인에 의한 사망가능 인원 2~3명을 차단할 수 있다는 수치이론(numerical theorem)을 미국 세인트루이스에서 개최된 국제공학의회(International Engineering Congress)를 통하여 발표하였는데, 실제로 뉴욕주 빙햄튼(Binghamton)에서는 1.5명, 뉴욕주 알바니(Albany)에서는 4.1명, 메사추세츠주 로렌스(Lawrence)에서는 4.4명, 메사추세츠주 로웰(Lowell)에서는 6.0명이 차단되었으며, 독일 함부르크(Hamburg)에서는 약 16명이 차단되었다.

### 1.2.7 우리나라 상수도 역사

우리나라의 지세는 북부나 동부의 급한 산악지대에 비해 서부 및 남부에 상대적으로 큰 하천이 많고 비옥한 평야가 많은 탓으로 산업발전과 함께 인구가 집중되어, 취락지나 나아가서는 도시를 형성하여 생활에 불가결한 음용수 등 생활용수를 하천수와 우물물에 의하여 물을 얻는 방법을 강구하였다.

한편 삼면이 바다로 둘러싸인 반도국으로 해양성기후와 대륙성기후의 교차점, 장마철과 가뭄철이 있어서 수자원의 계절적 편재가 심하다. 특히 일부지역에서는 5~6월경의 갈수기에 우물까지 고갈되어 심한 음용수 부족으로 생활에 위협을 받을 때가 있으며, 인구가 급격히 증대한 대도시는 때때로 물 소동을 일으킬 때가 있다.

우리나라 상수도의 효시는 통일신라시대로 거슬러 올라가는데, 7~10세기경 경주의 안압지에 설치된 상하수관(토기관)이 발굴 출토되었으며, 황룡사지 배수로와 배수암거의 잔형이 발견된 것은 당시 신라인들의 물에 대한 관심과 인식을 말해주는 것이다.

근대적 상수도 시설이 도입된 것은 조선 말 개항 전후인데, 특히 개항 후 인천, 부산, 목포 등 인구가 집중된 신도시에 물의 부존량이 부족해졌고, 1868년(고종 5년) 북청 물장수들이 도계(물도가)를 조직하여 물을 판매하였으며, 1879년(고종 16년)에는 콜레라가 전국에 만연되어 많은 사망자가 생기자 상수도 설치의 필요성을 강하게 느끼게 되었다. 이후 1886년 부산의 보수천에 죽관으로 도수설비를 설치하였으며, 1894년 부산 보수천 하류에 집수거와 대청동 배수지가 설치되었고, 같은 해 6월에는 서울에 처음으로 수도시설을 설치하여 1895년 급수를 시작하였다.

현대적인 수도시설은 조선시대 말엽 고종 21년(1894) 1월 부산에서 일본거류민단의 경영으로 보수천 상류에 집수거를 설치하고 자연여과장치 및 대청동 배수지를 설치하였던 것이 최초이었다. 이어 1900~1902년에는 구덕산 계곡에 구덕수원지를 완속여과지로 축조하여 생산능력 2,000 $m^3$/일을 갖추어 근대적 정수법이 도입되었다. 이후 1903년 12월 9일에 미국인 콜브란(H. Collbran)과 보스트윅(H.R. Bostwick)이 고종황제로부터 상수도 시설 및 경영에 대한 특별허가를 받아 뚝섬에 건설한 정수시설이며 1908년 9월 1일부터 4대문 안과 용산 일부 지역에서 12,500 $m^3$/일의 생산능력으로 급수인구 165,000여명에게 수돗물을 공급하였다. 이외의 지역에서는 1906년부터 1908년까지 부산, 인천, 평양 등 각지에 수도시설이 보급되고 대구시는 계획급수인구 33,000명을 위한 1일 최대급수량 4,600 $m^3$ 정도의 수도시설을 1914년 9월에 기공하였다. 이와 같이 조선 말기부터 1910년까지 서울, 인천, 목포, 부산 및 평양의 5대 도시에 상수도가 건설되었다.

한일합방 후 조선총독부는 상수도시설을 위한 도시선정과 급수지역을 엄격히 제한하면서 주로 일본인 기술자들에 의하여 상수도가 건설되었다. 1945년 8·15해방까지 전국 총 83개 도시에 건설된 수도시설은 계획급수인구 200만 명, 1일 최대급수량이 약 27만 $m^3$에 이르렀다.

8·15해방과 함께 해외동포의 귀환 및 남북분단에 의한 월남동포 등에 의하여 인구의 도시집중현상은 급격하게 증가하여 상대적으로 절대량이 부족한 기존 수도시설에서 각 도시의 급수 문제는 심각하여 거의 대다수 시민이 우물물과 천수에 의존하는 실정이었다.

표 1.1 조선말기의 수도시설

| 지 명 | 계획급수인구 (인) | 1일 최대수량 ($m^3$) |
|---|---|---|
| 서울 | 165,000 | 12,500 |
| 인천 | 70,000 | 7,800 |
| 목포 | 5,000 | 417 |
| 부산 | 45,000 | 5,000 |
| 평양 | 66,000 | 6,678 |
| 계 | 351,000 | 32,395 |

## 1.2.8 우리나라의 현대 상수도

### 1) 서론

해방직후인 1948년 우리나라 인구 1,780만 명 중 급수인구는 328만 명, 상수도 시설의 용량은 하루 24만 $m^3$로서 1인당 하루 66 L밖에 급수할 수 없었다. 그나마 대부분의 상수도 시설이 6·25전쟁으로 많은 피해를 입어 1950년대는 이른바 상수도의 정체기였다.

1960년대에 들어와서 제1, 2차 경제개발 5개년 계획의 일환으로 상수도부문에도 계획적인 투자가 이루어졌다. 이에 제1차 경제개발 5개년 계획은 시작년도인 1962년만 하더라도 시설용량은 하루에 60만 $m^3$, 상수도 보급률은 18%, 1인당 하루 급수량은 102 L에 불과하였으나, 목표년도인 1966년에는 시설용량이 하루에 114만 $m^3$로 배로 증가하였고 상수도 보급률은 22%로, 1인당 급수량은 일 110 L로 증가되었다.

이후 제 2차 경제개발 5개년 계획의 목표년도인 1971년에는 시설용량이 하루에 267만 $m^3$, 급수도시 144개, 급수인구 1,160만 명으로서 상수도 보급률은 36%, 1인당 급수량은 173 L/일에 이르게 되었다. 1970년대는 경제, 산업, 기술의 전 분야에 걸쳐 획기적인 변화가 이루어진 연대로 기록되었다. 팔당호를 취수원으로 하여 서울, 성남, 부천, 인천 등 4개 도시에 하루에 120만 $m^3$의 용수를 공급하는 수도권광역상수도가 1973년도에 착공되어 1979년 완공됨으로써 수도권 도시의 만성적인 물부족 문제를 해소하였다. 이어서 1976년도에는 금강광역상수도를, 1977년도에는 수도권광역상수도 II단계를, 1979년에는 낙동강광역상수도를 각각 착공함으로써 대단위 상수도 개발의 시대가 전개되었다.

광역상수도의 건설과 함께 중화학공업기지에 대한 공업용수 공급사업도 활발히 추진되었는데 부산, 포항, 여천, 거제 등 산업기지 개발지역에 항만, 철도, 도로 등과 함께 공업용수도를 국가가 건설한 것도 1970년대 특징의 하나로 볼 수 있다.

이와 같은 1970년대의 시설확충에 힘입어 1980년도에는 보급률이 55%에 달함으로써 전인구의 절반 이상이 상수도 혜택을 받게 되었고 급수도시도 대부분의 읍급 이상 도시와 일부 면급 도시를 포함하는 243개 도시에 이르게 되었다.

1980년대 후반에 이르러서는 종래 상수도가 양적 공급에 주력함으로써 상대적으로 소홀히 다루어 왔던 수돗물의 질적 안전성 여부가 사회적 문제로 제기된 시기였다.

첫 번째 수돗물 오염파동이 야기된 것은 1989년 8월이었다. 전국의 수돗물 수질 중 가장 나쁜 자료가 언론에 대대적으로 보도됨으로써 수돗물의 신뢰성에 대하여 정부는 물론 온 국민의 관심을 집중시켰다. 두 번째 수돗물 오염시비는 일부 정수장에서 생산된 수돗물 가운데 THM이 WHO가 정하는 기준치인 0.1 mg/L를 넘어선 것에서 출발하여 1990년 7월 그 사실이 일반에 알려지면서 수돗물의 수질은 다시 한 번 사회적 문제로 대두되었다. 세 번째 파문은 이른바 낙동강 페놀오염사고였다. 구미공단 옥계천변에 위치한 전자회사의 페놀원액 유송관 파열로 유출된 페놀원액 30 $m^3$가 옥계천을 통하여 낙동강에 유입되고 다시 대구시 낙동강 정수장에 흘러들어 1991년 3월 16일부터 대구시 수돗물에서 심한 악취가 발생하였다. 이에 대구시는 1991년 페놀사태 이후 오존처리 및 활성탄흡착시설을 갖춘 고도정수시설을 설치, 운영하고 있는 실정이다. 이로써 1989년부터 3년 동안 해마다 수돗물 오염파동으로 온 국민의 관심이 수돗물의 안전성 여부에 모아졌다. 또한 2008년 3월 초에 경북 김천의 유화공장 폭발사고로 또다시 대구 경북지역의 상수원인 낙동강 상류에서 기준치를 초과하는 페놀이 검출돼 구미시와 칠곡군 일대에 상수도 취수가 일시 중단됐다가 수돗물 공급이 재개되는 사태가 벌어지기도 하였다.

이렇게 예기치 못한 사태에 능동적으로 대처하기 위해 상수원 보호를 위한 총량규제를 도입하고, 상수도의 수질을 확보하기 위한 각종 연구개발사업이 활발하게 진행되고 있다.

## 2) 상수도 일반현황

### (1) 상수도 보급

2021년 말 환경부 상수도 통계에 따르면 전국 161개 지방상수도사업자(특·광역시 7, 특별자치도 1, 특별자치시 1, 시 75, 군 77) 및 1개 광역상수도 사업자로부터 전체인구의 99.4%인 약 52,397천 명이 상수도를 공급받고 있다(표 1.2). 전용공업용수를 제외한 1인 1일당 급수량은 353 L로 2020년(346 L/인·일)보다 다소 증가하였다. 지역규모별로 상수도 보급 수준을 비교해 보면 8개 특·광역시가 100%, 시지역이 99.7%, 읍지역이 98.4% 높은 반면에 면단위 농어촌지역은 95.9%로 약 3%의 차이가 나고 있다.

### (2) 상수도 시설

2021년 말 현재 정수 시설용량 중 생활용수 시설용량은 27,395천 $m^3$/일이며, 이중 지방상수도 정수장 시설용량이 20,143천 $m^3$/일이고, 광역상수도 정수장 시설용량이 7,252천 $m^3$/일이다. 수도관 총연장은 233,701 km이며, 이중 도수관(취수시설 → 정수장)이 1.5%, 송수관(정수시설 → 배수구역)은 5.5%, 배수관(배수지 → 급수지역)은 57.8%, 급수관(배수관 → 가정 등 일반수용가)은 35.1%를 차지한다.

2021년 말 현재 수도관 총연장 233,701 km 중 설치 후 21년 이상 경과된 관은 35.9%이며, 16～20년 사이는 13.9%, 11～15년은 18.3%, 6～10년은 17.3%, 5년 이내는 14.5%이다. 관종별로는 덕타일 주철관 24.7%, PVC관 10.2%, PE관 20.0%, 스테인리스관 11.1%, 내충격수도관 13.5%, 에나멜코팅 도복장강관 3.7%, 액상에폭시 도복장강관 3.7%, 아연도강관 0.3%, 동관 0.1%, 흄관 0.01%, 기타 관종 7.3%를 차지하고 있다. 이외에도 수돗물을 저장하였다가 배수량의 시간적 변화를 조절하는 배수지는 2,519개소로서 시설용량은 11,988천 $m^3$이다. 2021년 말 현재 GIS구축 관로 비율은 전국평균 72.9%이며, 전국 GIS구축 완료 총관로 연장 170,333 km 중 도수관 2.2%, 송수관 6.2%, 배수관 62.0%, 급수관 29.6%로 매년 증가하고 있다.

표 1.2 상수도 보급추이

| 구 분 | 1999 | 2001 | 2003 | 2005 | 2007 | 2009 | 2011 | 2013 | 2015 | 2017 | 2019 | 2021 |
|---|---|---|---|---|---|---|---|---|---|---|---|---|
| 총인구(만명) | 4,754 | 4,728 | 4,882 | 4,927 | 5,003 | 5,064 | 5,172 | 5,213 | 5,267 | 5,295 | 5,312 | 5,273 |
| 급수인구(만명) | 4,095 | 4,240 | 4,363 | 4,467 | 4,606 | 4,734 | 5,064 | 5,133 | 5,204 | 5,247 | 5,275 | 5,239 |
| 보급률(%) | 86.1 | 87.8 | 89.4 | 95.4 | 96.4 | 97.4 | 97.9 | 98.5 | 98.8 | 99.1 | 99.3 | 99.4 |

※ 2005년도부터의 보급률은 마을상수도 및 소규모 급수시설로 공급받는 인구를 포함하여 계산

표 1.3 상수도 시설용량

| 구 분 | 1999 | 2001 | 2003 | 2010 | 2012 | 2014 | 2016 | 2018 | 2019 | 2021 |
|---|---|---|---|---|---|---|---|---|---|---|
| 총급수량(백만 $m^3$/년) | 5,812 | 5,791 | 5,723 | 5,910 | 6,029 | 6,214 | 6,279 | 6,492 | 6,667 | 6,765 |
| 1일1인당 급수량(L) | 388 | 374 | 359 | 333 | 332 | 335 | 339 | 348 | 347 | 353 |

※ 상수도 시설용량은 공업용수 포함한 수치임

표 1.4 소규모수도시설 현황

| 구 분 | 시설수(개소) | | | | | | | | |
|---|---|---|---|---|---|---|---|---|---|
| | 2003 | 2006 | 2009 | 2011 | 2013 | 2015 | 2017 | 2019 | 2021 |
| 마을상수도 | 10,905 | 10,446 | 9,415 | 8,593 | 7,587 | 6,520 | 5,672 | 4,860 | 3,702 |
| 소규모급수시설 | 12,636 | 11,715 | 11,202 | 10,689 | 10,234 | 10,120 | 9,366 | 8,920 | 8,635 |
| 전용상수도 | 808 | 725 | 920 | 681 | 690 | 650 | 600 | 594 | 618 |

### (3) 취수 및 정수

2021년 말 현재 우리나라 상수도 시설의 1일 전체 취수시설용량은 33,217천 $m^3$/일이며, 취수원별로는 댐 44.3%, 하천표류수 46.7%, 하천복류수 5.6%, 지하수 1.8%, 기타저수지 1.6%이다. 정수장 전체 시설용량은 27,395천 $m^3$/일(생활용수)이며, 이 중 급속여과방식 정수장 시설용량은 52.3%, 고도처리시설을 갖춘 정수장의 시설용량은 44.1%이며, 완속여과방식 정수장 시설용량은 2.0%, 소독만의 방식으로 처리하는 정수장 시설용량은 0.8%, 막여과방식 정수장 시설용량은 0.8%이다.

### (4) 수돗물 생산

2021년도 1년간 우리나라에서 생산·공급한 수돗물 총량은 6,765백만 $m^3$으로 이 가운데 누수량 등을 제외한 실제 유효수량은 6,068백만 $m^3$이며, 수도요금이 부과된 양(유수수량)은 5,813백만 $m^3$(유수율 85.9%)으로 나타났다.

표 1.5 수돗물 생산량 분석현황

| 구 분 | 1999 | 2001 | 2003 | 2005 | 2007 | 2009 | 2011 | 2013 | 2015 | 2017 | 2019 | 2021 |
|---|---|---|---|---|---|---|---|---|---|---|---|---|
| 총급수량 (백만 $m^3$) | 5,798 | 5,791 | 5,723 | 6,002 | 5,747 | 5,760 | 6,021 | 6,159 | 6,279 | 6,492 | 6,667 | 6,765 |
| 유수율(%) | 73.4 | 75.4 | 78.4 | 79.3 | 81.1 | 82.6 | 83.5 | 84.2 | 84.3 | 85.2 | 85.2 | 85.9 |
| 누수율(%) | 16.1 | 13.9 | 13.6 | 14.1 | 12.2 | 11.4 | 10.4 | 10.7 | 10.9 | 10.5 | 10.5 | 10.2 |

### (5) 수도요금

수도요금은 광역상수도 물 공급 여부, 취수원 개발의 용이성, 취수원과 물 공급지역과의 거리, 수돗물 생산시설의 규모, 정수처리비용, 수도사업 경영능력 및 재정상태 등의 차이에서 기인하는데, 2021년 전국의 평균 수도요금은 720원/$m^3$이고 생산원가 989원/$m^3$로 조사되었는데, 수도요금을 생산원가로 나눈 현실화율은 72.9%이다. 대표적인 지자체의 현실화율을 보면 광주광역시 87.1%, 대구광역시 80.5%, 부산광역시 87.7%로 높고, 전라남도 60.5%, 경상북도 58.0%, 강원도 49.1%로 낮다.

표 1.6 연도별 수도요금 변화추이

| 구 분 | 1999 | 2001 | 2003 | 2005 | 2007 | 2009 | 2011 | 2013 | 2015 | 2017 | 2019 | 2021 |
|---|---|---|---|---|---|---|---|---|---|---|---|---|
| 요금(원/$m^3$) | 396.9 | 489.1 | 532.9 | 563.2 | 603.9 | 609.9 | 619.3 | 660.4 | 683 | 723 | 739 | 720 |
| 생산원가(원/$m^3$) | 535.3 | 569.1 | 596.6 | 680.0 | 715.4 | 761.6 | 813.4 | 849.3 | 881 | 898 | 944 | 989 |
| 현실화율(%) | 74.1 | 85.9 | 89.3 | 82.8 | 84.4 | 80.1 | 76.1 | 77.8 | 77.5 | 80.5 | 78.2 | 72.9 |

※ 생산원가는 지방공기업법에 의한 원가산정방법을 준용하여 산정한 가격

## 3) 상수도정책

양적 확충과 질적 향상이라는 두 가지 목표를 동시에 달성해야 하는 우리나라의 상수도 부문이 나아가야 할 방향을 살펴보면, 공급량 확대 및 균형적인 물공급, 농어촌 급수서비스 향상 등을 들 수 있다.

### (1) 공급량 확대 및 균형적인 물공급

① 광역용수공급체계 구성

가. 「광역상수도」의 개념 : 도시화, 산업화의 급속한 진전은 상업 및 공업용수 수요량의 급증을 불러왔다. 반면, 이용가능한 취수원은 양적 부족, 질적 악화로 점점 줄어

들고 있다. 이에 따라 양적으로 충분하고 질적으로 양호한 취수원을 개발하여 2개 이상의 지방자치단체를 급수구역으로 필요한 생활 및 공업용수를 광역적으로 공급하는 용수시설이 광역상수도이다. 그 개발의 수요가 크게 늘고 있는 광역상수도는 전액 국고투자로 건설되고 있는데 투자가능한 국가생산의 규모가 한정되어 있다.

나. **광역상수도 운용체계** : 광역상수도는 국토교통부가 전액 국고투자로 건설한 후 K-Water가 관리하고 있다. 광역상수도는 원수공급을 원칙으로 하나 급수구역의 규모, 분포, 지방재정능력 등을 감안하여 통합정수장을 건설하는 것이 급수도시별로 개별정수장을 건설하는 것보다 규모의 경제상 유리하므로 통상적으로 통합정수장을 통하여 정수를 공급하고 있다.

② 농어촌 급수서비스 향상

지난 1970년대 보건복지부에서 새마을사업의 일환으로 설치를 시작해 1994년 환경부로 이관된 마을상수도, 소규모 급수시설, 전용상수도, 우물 등을 통하여 생활용수를 공급하고 있다. 그러나 대부분 시설 설치연수가 30년 이상의 노후시설물이고 관리의 전문성 부족(지역의 마을 대표가 시설을 관리)이라는 지적이 끊임없이 등장하였다. 더욱이 취수원의 73%가 지하수를 이용하고 있어 안정적인 수질 및 수량 확보가 곤란하고, 일부 관정은 농경지와 축사의 인근에 위치하거나 계곡수이어서 오염원에 쉽게 노출되어있어 식수로서의 안전을 보장받지 못하고 있다. 이들 지역에 관로를 매설하여 광역상수도를 공급하는 것은 현실적으로 어려우므로 농어촌지역의 상수도보급 실태를 고려하여 지방상수도의 지속적인 확장이 필요하다. 간이상수도의 경우 규모가 아주 작아 대규모 정

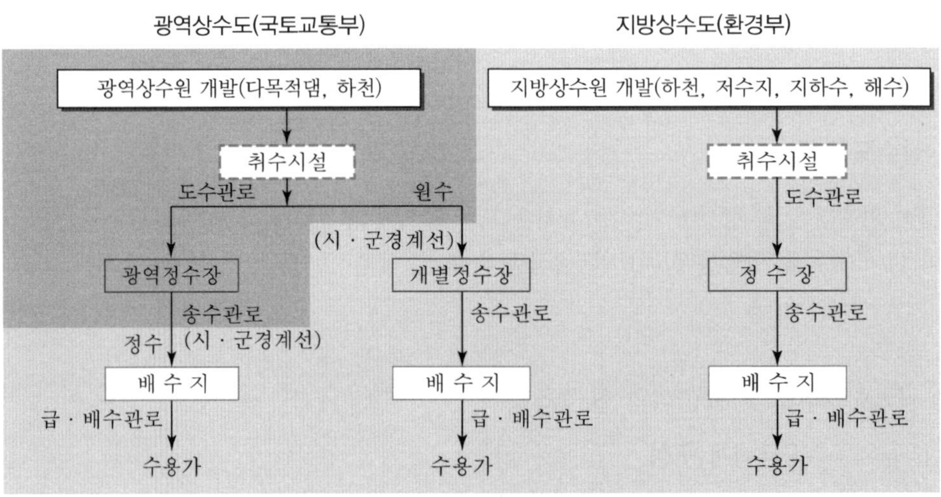


그림 1.5 상수도 공급체계도 (2019 환경백서)

수장과 같은 정수처리를 기대하기 곤란하므로 간단한 처리로서 충분한 수질의 수원확보가 필요하며, 이는 암반관정 등의 지하수 수원이 적당하다. 따라서 공급능력과 수질면에 안정성과 신뢰성이 확보되는 간이상수도를 확대 공급하기 위해서는 충분한 조사와 시험결과를 토대로 간이상수도시설 개발을 시행하고 이를 기초로 하여 위생적 용수공급이 가능한 시설계획의 수립 시행이 필요하다.

### (2) 수질관리

맛이 없는 물의 공급은 이용자에게 불쾌감을 줌으로써 수돗물에 대한 신뢰를 떨어뜨리는 원인이 되기 때문에 수요자에 대한 서비스 수준의 향상이라는 관점에서 적극적으로 맛 좋은 수돗물의 공급을 위해 필요한 대책을 세우는 것이 필요하다. 따라서 보다 깨끗하고 안전한 수돗물을 공급하기 위해서는 엄격한 수질관리를 통한 적극적인 시책을 추진하여야 한다.

#### ① 상수원수 수질관리

상수원수의 수질관리를 위해서 상수원수 뿐만 아니라 이와 바로 연관되어 있는 하천, 호소의 수질까지도 종합적으로 다루어야 한다. 우선 하천의 수질관리를 위해서는, 전국 하천을 이용목적에 따라 구분하고 수질목표를 설정하여야 한다. 호소의 수질개선을 위해서는 주요 호소를 주요관리대상으로 선정하고, 수질등급을 개선하거나 수질등급을 유지하도록 지도관리를 엄격하게 집행하여야 한다.

또한, 상수원의 수질관리를 위해서는 다각적인 특별대책을 강구하여 주요 상수원의 수질을 I~II 급수로 개선하는 것을 목표로 하여야 하는데, 이를 위해 우선 수도권 상수원인 팔당호의 유역 내 하수처리율을 최고로 높이고, 음식점과 숙박 시설 등의 신설을 억제하여야 한다. 중부권 상수원인 대청호 지역에 대해서는 고효율의 정화조와 축산폐수 처리시설을 확충하여야 하고, 영남권 상수원인 낙동강의 수질개선 목표를 앞당겨 달성하여야 한다. 호남권 상수원인 주암호 유역에 대한 특별관리대책을 마련하여 오염원 건축억제, 환경기초시설 조기완비 등을 추진하여야 한다.

#### ② 정수 수질관리

우리나라의 먹는물 수질기준은 1963년 미생물 및 중금속류 등 30개 항목에 대한 기준을 설정하면서 시작되었다. 그간의 여건 변화에 따라 수차례의 개정을 거쳐 2023년 현재는 총 61개 항목에 대한 기준을 설정하여 관리하고 있다. 먹는물 수질기준 및 검사 등에 관한 규칙에 의하여 정수장 및 수도꼭지, 간이상수도에 대해 항목별 수질검사, 횟수를 규정하여 관리하고 있으나 수도를 관리하는 데에는 다음과 같은 문제점을 해결하여야 한다.

- 원수수질 악화에 따른 대처능력
- 외국의 수질기준 항목수 및 운영방법과 비교하여 수질항목 및 운영체계 개선
- 소독부산물 등 미량 유해물질에 대한 국내 실태 조사
- 급박한 새로운 기준 설정으로 검사방법, 기술인력, 장비확보의 지연

이러한 환경 속에서도 보다 나은 수질을 달성하여, 선진국 수준의 정수수질의 관리를 위해, 정부에서는 우선적으로 수돗물 품질저하와 불신가중의 주원인이 되고 있는 옥내 급수관의 개량을 중점적으로 추진하여야 한다.

③ 고도정수처리시설 설치

상수도의 양적인 문제가 해결되고 생활수준이 높아지면서 수돗물의 질에 대한 요구는 보다 고급화되는 반면 상수원을 오염시키는 요인도 증가하게 되어 종래의 정수방법에 의해 양질의 수돗물을 생산하기가 어려운 경우가 많아지게 되었다. 이에 상수원수의 수질악화에 대비하고 음용수의 안전성을 높임으로써 고급화된 수돗물에 대한 욕구를 충족시키기 위해서는 음용수 수질기준의 강화와 다양한 고도정수처리시설이 도입되어야 한다. 현재의 먹는물 수질기준의 항목들은 통상의 정수처리 방법과 가장 널리 사용되는 소독방법인 전·후염소주입 등에 의하여 대부분 충분히 제거가 가능하나, 이외에 통상의 정수처리방법으로는 처리가 불가능한 미량의 유기물질, ABS (알킬벤젠설포네이트), 살충제, 색도 등과 현재 정수처리공정의 소독방법으로 가장 널리 사용되는 염소소독에 의해 생성되는 THM (트리할로메탄) 전구물질, VOCs (휘발성 유기화합물), SOCs (합성유기화합물) 등이 여전히 문제가 되고 있다.

국내에서 원수의 수질오염 그리고 수돗물의 맛·냄새 문제 등으로 인하여 고도정수처리시설을 도입하였거나, 가동예정으로 공사 중이거나, 설계 중인 정수장은 계속 증가하고 있다. 주로 오존처리, 입상활성탄처리, 생물활성탄 처리공정을 도입하고 있으며, 이밖에 많은 정수장에서 분말활성탄을 사용하고 있다. 보다 나은 수환경을 구축하기 위해 더욱 더 많은 신기술의 고도정수처리가 도입될 것으로 예상된다.

④ 송·배수 수질관리

송·배수 관로의 관리에 있어 가장 중요한 요소는 바로 수질이다. 그러나 배수시스템 중의 노후관이나 저수조는 송·배수 중의 수질관리에 있어 취약점이 되고 있다. 따라서 송·배수 중의 주요 수질문제는 송배수용 관에 관한 사항과 저수조에 대한 사항이 문제점이 되고 있다.

가. **상수도 관로에서의 수질관리** : 상수도 관로에서의 수질관리 방안들 중 하나는 수도사업시행 시 안전하고 내부식성이 강한 관자재를 선정해야 한다. 이를 위해 다음의 세 가지 사항에 대해 관리가 이루어져야 하는데, 첫째로 수도용 자재의 기준 설정,

둘째로 수도관 재질관리 강화와 안전성 확보, 마지막으로 소구경 수도관에 대한 관리 강화 등을 들 수 있다.

나. 저수조에서의 수질관리 : 도시지역의 인구 과밀로 인한 주택난을 해소하기 위하여 아파트와 연립주택 등의 대단위 주거시설이 도입·건설되었고, 이러한 대단위 주거시설에 급수장치시설로서 저수조를 설치하도록 법제화 되었다. 그러나 저수조시설의 설치 및 유지관리의 부실 등으로 인한 방수층의 파괴 및 구조물의 균열발생 등에 따른 수질오염 우려가 있음에도 이에 대한 보완이 적기에 적정하게 이행되지 못하여 국민들이 수돗물을 불신하는 주요 요인으로 작용하고 있다. 이를 해소하기 위해 다음과 같은 관리가 지속적으로 이루어져야 하는데, 첫째로 저수조 설치에 대한 시공·감독·검사, 둘째로 청소 등 위생상의 조치, 셋째로 위생관리 교육강화, 마지막으로 소형 배수지의 설치 등을 들 수 있다.

### (3) 수요관리

최근에는 수자원 확보를 위한 댐 개발 적지의 감소, 지역사회의 갈등으로 양적인 물공급의 확대는 점점 한계점을 드러내고 있으며, 소비측면에서도 1인당 물 사용량이 선진국에 비하여 훨씬 많은 물을 낭비하며 사용하고 있다. 따라서 물 부족은 점점 심화되어 갈 추세인데, 이를 극복하고 물 부족에 대비한 물 절약형 사회를 만들기 위해서는 물을 절약하고 효율적으로 이용하는 수요관리 정책을 적극적으로 시행하여야 한다. 따라서 공급자 측면에서의 중수도개발, 절수기기의 확대 보급, 누수율 저감, 빗물이용 등의 공급자측 관리(supply side management) 정책뿐만 아니라 소비자가 물을 적게 쓰도록 유도하여 물을 절약하는 소비자측 관리(demand side management)의 개념이 적극 실천되어야 한다. 소비자측 관리란 실제 물을 사용하는 소비자에게 물 절약에 대한 홍보와 교육을 통하여 소비자들의 자발적인 협조를 유도하고 이를 관리함으로써 물 부족 문제를 해결해 나가는 방법이다.

① 중수도개발·보급

생활수준의 향상, 산업의 지속적인 성장 및 하천의 환경적인 유지 문제 등으로 인하여 물수요는 기하급수적으로 늘어나고 있으나 수자원개발은 댐 적지의 감소, 개발 비용의 상승으로 인해 개발이 어렵고 대도시권을 중심으로 한 물수급은 점점 더 어려워지고 있다. 이러한 물수급 차질의 해결책으로 중수도의 도입이 필요하게 되었으며, 중수도의 도입을 더욱더 폭넓게 검토할 필요가 있다.

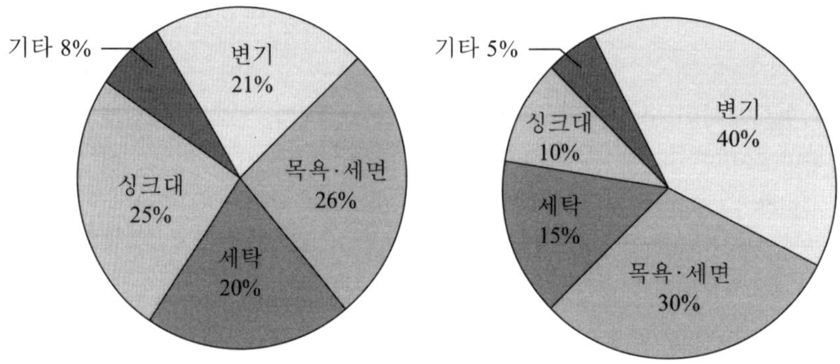


(a) 대한민국　　(b) 미국

그림 1.6　생활용수의 용도별 사용비율

② 절수시책

생활용수는 가정에서 변기세척용, 부엌싱크대(음료 및 취사)용, 세탁용, 세면목욕용 등의 용도로 다양하게 사용되는데, 국내에서는 목욕·세면 시 사용하는 비율이 가장 높은 반면, 미국에서는 변기세척용수의 사용비율이 가장 높은 것으로 나타났다. 따라서 국내에서는 목욕·세면 시 사용하는 양을 줄여야 할 것이고, 반면 미국에서는 변기세척용수의 사용을 우선적으로 줄이는 것이 바람직하다. 이와 같이 절수란 공급자 측에서 물의 공급을 강제로 제한하는 것이 아니라 수도서비스의 수준인 양적측면 및 질적측면의 저하 없이 소비자들이 물을 효율적으로 현명하게 사용하도록 유도, 관리하여 궁극적으로 물사용량을 줄이는 것을 말하며, 다음과 같은 여러 가지 방법에 의하여 달성될 수 있다. 절수형 기기의 사용은 현재의 자원위기에 가장 현명한 대책들 중 하나이다. 또한, 그 효과는 다음 표 1.7에 나타낸 바와 같이 평균적으로 20%에 달하고 있어 이를 적극적으로 권장할 필요가 있다.

표 1.7　절수기기 사용시 가정용수 절약효과

| 용 도 | 일 사용량(L/인) | 사용비율 | 절감률 | 사용가능 절수기기 |
|---|---|---|---|---|
| 화장실 용수 | 57 | 27% | 30% | 양 변 기 |
| 음료 및 취사 | 43 | 21% | 20% | 수도꼭지 |
| 세탁용수 | 41 | 20% | 10% | 수도꼭지 |
| 샤워 및 목욕 | 29 | 14% | 10% | 샤 워 기 |
| 세수, 세면 | 23 | 11% | 20% | 수도꼭지 |
| 청소, 기타 | 14 | 7% | 10% | 수도꼭지 |
| 계 | 207 | 100% | 20% | – |

③ 누수방지

누수는 단순히 수량, 즉 수자원의 손실만을 초래하는 것이 아니라 막대한 시설비, 유지관리비, 에너지를 소비하면서 도수, 취수, 정수처리한 물을 낭비하므로 경제적으로도 손실일뿐 아니라 급수불량의 원인이 되기도 한다. 지금까지는 용수수요가 급격히 증가하여 우선 공급능력을 증강시키는 것이 급선무였기 때문에 재원사정 등의 이유로 유지관리부분에는 충분히 대처하지 못했었지만 수요증가에 대한 새로운 수원개발이 현재에도 어느 정도 제약을 받고 있으며, 지역에 따라서는 장차 절대적인 수자원의 부족이 예상되기도 한다. 따라서, 수자원의 손실예방과 유지관리의 합리화라는 측면에서 현재 존재하는 누수를 발견 수리하고 또한 장차 발생할 누수를 미연에 방지하는 적극적인 누수방지대책을 시급히 수립하고 추진할 필요가 있다. 최근 매설하는 관은 관제작 기술의 발달로 내구연한이 40～50년이 가능하나 과거에 부설된 관은 일반적으로 15년 이상 경과하면 노후관으로 분류하고 있다. 따라서 노후관 현황에서 조사된 매설 연도 15년 이상의 관로와 각 지자체에서 노후관으로 분류한 관에 대하여 연차적인 개량 계획을 수립하여야 한다. 상수관은 일반적으로 다른 지하매설물 즉 하수관, 가스관, 전기, 통신케이블 등과 함께 도로 밑에 매설되므로 수압, 토압 및 노면하중 등의 포설시의 조건만이 아니라 타 공사나 급수관의 분기공사 등에 의해 관거가 노출되거나 손상을 받는 경우가 빈번히 발생한다. 따라서 누수의 예방을 위해서는 적정한 관종선정, 관망의 정비, 배급수관의 순찰 점검, 관의 부식 방지, 노후관의 교체 또는 갱생 및 주기적이고 지속적인 누수방지사업의 시행이 필요하다.

④ 절수유도형 수도요금제도

물은 무한정 사용이 가능한 자유재로 인식하여 사회 전반적으로 물을 아껴 쓰려는 노력이 부족하고 더구나 지방상수도의 경우 상수도 요금이 생산원가에 비해 낮은 수준에 불과하여 상수도 재정악화 및 물낭비의 주요요인이 되고 있다. 따라서 수돗물 값을 현실화하여 지나치게 낮은 수도요금이 오히려 수돗물 낭비의 요인이 되지 않도록 요금제도를 개선하여 물절약을 유도하되 지역 간, 업종 간 요금수준의 형평성을 제고하여 물수요의 효율적 관리를 촉진시킬 수 있도록 수도요금체계를 지역에 맞게 합리적으로 조정하여야 한다.

### (4) 상수도관리

① 상수원보호구역

깨끗한 상수원수를 확보하고 유해오염물질의 유입을 차단하여 원수수질을 보호하기 위하여 상수원보호구역이 필요하며, 최근에는 보호구역의 토지이용규제에 대한 민원이 증가하지만 새로운 유해오염물질(EDC, Emergent Chemical Contaminants)로서 내분비계교란물질(EDCs), 의약물질류(PhACs), 개인관리용품류(PCPs), 폴리브롬화 다이페닐에테르류(PBDEs), 프리온(prions, 변형단백질) 등의 난분해성 오염물질의 증가와 오염원 처리의 한계 등으로 상수원보호구역의 중요성이 더욱 강조된다.

② 저수조관리

수도법상 5천 $m^3$ 이상의 수돗물을 사용하는 대형건축물 및 아파트 등의 소유자나 관리자는 저수조청소 및 위생점검을 정기적으로 실시하여야하고 매년 먹는물 수질기준 중 탁도 등 일정항목을 검사하도록 의무화하였고, 소규모 저수조도 지자체 조례로 청소, 위생점검, 구조재질기준 등을 규정하여 관리해야 한다.

③ 위생안전기준 인증

수돗물 공급과정에서 오염방지를 위해 수도자재와 제품으로부터 용출될 수 있는 유해물질에 대하여 2009년부터 안전기준을 시행하고 있으며, 2011년부터는 인증제도를 운영하고 있어 수도용 자재와 제품을 제조·수입하기 위해서는 안전기준 적합여부를 인증받아야 한다.

④ 정수시설운영관리사

정수시설이 날이 갈수록 선진화됨에 따라 정수장 운영의 전문성 강화가 필요하여 2006년에 정수시설운영관리사 국가자격을 신설하여 정수장 처리규모에 따라 수도법에서 정한 일정등급의 필요인원을 배치하여야 한다.

⑤ 물절약전문업(WASCO)

누수율저감과 절수시설설치 등에 자기자본을 선투자한 후 절감액으로 투자금을 회수하는 사업으로서, 이를 통해 수돗물의 추가 절수를 도모할 수 있고 가뭄과 물사용량 증가 등에 대비하고 물절약을 꾀할 수 있다.

Chapter 2

# 상수도 시설계획

## 2.1 상수도의 정의, 목적 및 구성

물은 가정용수, 영업용수, 공업용수, 공공용수, 소화용수, 농어촌용수 등에 사용되며 이중에서 가정용수, 영업용수, 공업용수, 공공용수, 소화용수로 사용되는 물을 공급하기 위한 시설을 상수도라고 정의하며, 상수도는 합리적인 건설비와 유지관리비를 투자하여 소비자에게 질(quality)적으로 안전하고, 양(quantity)적으로 안정된 물을 공급하는데 그 설치목적이 있다. 상수도를 구성하는 3가지 요소로는 풍부한 수량, 뛰어난 수질, 적절한 수압이 있는데, 그 체계는 수원 → 취수 → 도수 → 정수 → 송수 → 배수 → 급수 → 수요자의 순서로 구성된다. 수도법에서 제시한 상수도관련 중요한 용어 중 원수는 음용이나 공업용 등에 제공되는 정수처리 전의 자연 상태의 물이며, 상수원이란 음용이나 공업용 등에 제공하기 위해 취수시설을 설치한 지역의 하천, 호소 및 저수지, 지하수 등을 말하고, 광역상수원이란 2개 이상의 지방자치단체에 제공되는 상수원이고, 중수도란 사용한 수돗물을 생활용수와 공업용수 등으로 재활용할 수 있도록 다시 처리하는 시설을 말한다. 수도의 종류로는 일반수도, 공업용수도, 전용수도가 있으며, 일반수도는 광역상수도, 지방상수도, 간이상수도, 소규모수도가 있는데 광역상수도는 국가, 지방자치단체, 한국수자원공사(K-Water) 또는 국토교통부장관이 인정하는 자가 2 이상의 지방자치단체에 원수 또는 정수를 공급하는 수도를 말하며, 지방상수도는 지방자치단체가 관할지역 주민, 인근 지방자치단체 또는 그 주민에게 원수 또는 정수를 공급하는 수도이며, 간이상수도란 지방자치단체가 간이수도시설에 의하여 급수인구 5,000인 이내에게 정수를 공급하며 1일 공급량 1,000 $m^3$ 미만인 수도를 말한다. 소규모 수도에는 소규모급수시설과 마을상수도가 있는데, 소규모급수시설은 주민이 공동으로 설치·관리하는 급수인구 100인 미만 또는 1일 공급량 20 $m^3$ 미만인 급수시설 중 시장, 군수, 구청장이 지정하는 급수시설이며, 마을상수도는 100인 이상 2,500인 이내의 급수인구에게 정수를 공급하는 일반수도로서, 1일 공급량이 20 $m^3$ 이상 500 $m^3$ 미만인 수도 또는 이와 비슷한 수도로서 시장, 군수, 구청장이 지정하는 수도이다. 공업용수도는 공업용수도사업자가 원수 또는 정수를 공업용에 맞게 처리하여 공급하는 수도이며, 전용수도에는 전용상수도와 전용공업용수도가 있는데 전용상수도는 100인 이상을 수용하는 기숙사, 요양소 등의 시설에서 사용되는 자가용 수도와 수도사업에서 제공되는 수도 외의 수도로서 급수인구 100인 이상 5,000인 이내에서 원수 또는 정수를 공급하는 수도이며, 전용공업용수도란 수도사업에서 제공되는 수도 외의 것으로 원수 및 정수를 공업용에 적합하게 처리하여 사용하는 수도를 말한다.

## 2.2 계획년도와 계획급수구역

인구는 시간의 경과에 따라 변동이 있는데, 특히 도시에서는 거의 매년 인구가 증가하며, 이에 따라 수요수량도 해를 거듭할수록 증가한다. 따라서 수도계획을 세우는 경우, 현재를 대상으로 고려하는 것은 곧 공급량의 부족을 초래하기 때문에 장래의 수요를 산정해서 계획할 필요가 있다. 수도계획의 기초조사사항으로는 1) 급수량 현황 및 추정에 필요한 자료를 조사하고, 2) 가정용, 영업용, 공업용 수량 및 수질관련 조사, 3) 상수원 조사, 4) 시설의 위치 및 구조결정에 필요한 자연조건(지형, 지질, 강우, 기온, 풍향, 자연재해발생 기록) 조사, 5) 환경조건(도로교통현황, 정비상황 실태, 택지개발, 지하매설물, 가옥형태, 토지현황) 조사, 6) 관련계획(도시계획, 토지이용계획, 하천계획, 지하매설계획, 기타 장기계획) 조사 등이 있다. 이렇게 장래의 수요를 산정한 장래의 연차를 계획년도 혹은 설계기간(design period)이라 한다.

계획년도는 금융사정, 자금취득의 난이, 건설비, 유지비, 시설의 내용년수, 도시의 발전정도, 장래 확장 등을 고려해서 결정하는데, 지금까지의 실적으로 우리나라에서는 10~15년 후를 목표로 하는 것이 보통이다.

계획년도를 너무 길게 하면 건설비가 매우 증대할 뿐 아니라 시설의 능력을 100% 이용하기까지의 기간이 길어지게 되어 비경제적이다. 또한 계획년도를 너무 짧게 해버리면, 짧은 기간 안에 확장공사가 필요하게 되므로 계획년도는 도시의 상태를 고려하여야 하며 모든 도시마다 일률적으로 취할 성질의 것은 아니다.

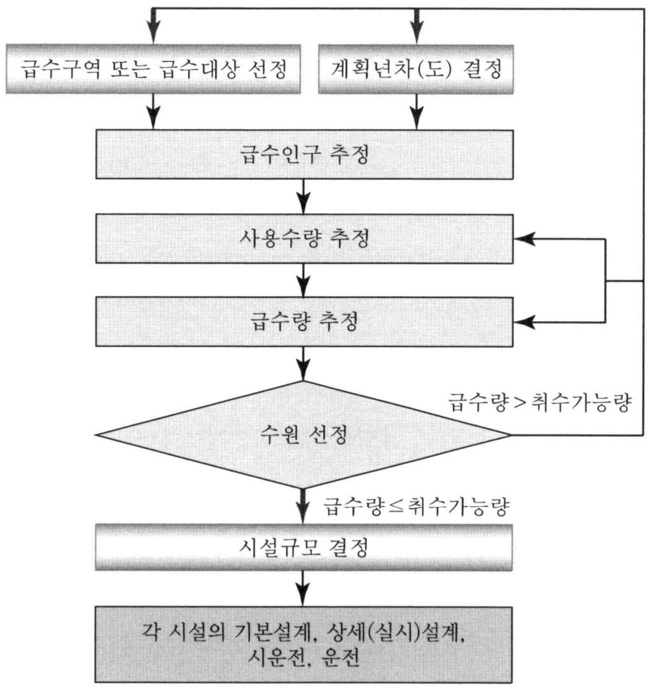


**그림 2.1 상수도계획 순서**

「계획급수구역」이란 계획년도까지의 배수관을 설치해서 급수하는 구역이다. 따라서 급수구역을 정할 때는 단지 막연하게 정하지 않고 충분히 검토해서 계획년도까지 확실하게 급수가능 구역을 설정하도록 해야 한다.

**표 2.1 상하수도 시설별 계획년도(설계기간)**

<table>
<tr><th colspan="2">시설</th><th>특성</th><th>설계기간(년)</th></tr>
<tr><td rowspan="5">상수도</td><td rowspan="2">큰 댐, 큰 암거</td><td>확장이 어렵고 고가일 때</td><td>25～50</td></tr>
<tr><td>확장이 쉬울 때</td><td rowspan="2">20～25</td></tr>
<tr><td rowspan="2">∅300 mm 이상의 관</td><td>도시성장률 및 금리가 낮을 때</td></tr>
<tr><td>도시성장률 및 금리가 높을 때</td><td>10～15</td></tr>
<tr><td>∅300 mm 이하의 부간선</td><td>작은 관으로의 대치는<br>비경제적/요구도 빨리 변함</td><td>완전이용에 이르는 년수</td></tr>
<tr><td rowspan="4">하수도</td><td>∅370 mm 이하의 부간선</td><td>요구도 빨리 변함</td><td>완전이용에 이르는 년수</td></tr>
<tr><td>간선, 토구, 차집관거</td><td>확장이 어렵고 고가일 때</td><td>40～50</td></tr>
<tr><td rowspan="2">처리장</td><td>도시성장률 및 금리가 낮을 때</td><td>20～25</td></tr>
<tr><td>도시성장률 및 금리가 높을 때</td><td>10～15</td></tr>
</table>

## 2.3 계획급수인구

「급수인구」란 수도에 의해서 급수를 받는 인구이며, 여행자나 주간 유입인구는 포함되지 않는다. 급수구역 내에 상주하는 인구로 제한되어 있기는 하나 일반적으로 급수인구는 상주인구보다 적은 것이 보통이다.

급수구역 내의 총인구에 대한 급수인구의 비율을 「급수보급률」이라 한다. 급수보급률은 신설수도의 경우 10∼15년 후를 목표년도로 할 때 보통 70∼80%라고 보면 된다. 「계획급수인구」는 계획년도에 있어서 계획구역 내의 추정된 인구에 예상 급수보급률을 곱한 것이다.

장래 인구의 추정에는 다음과 같은 여러 가지 방법이 있는데, 계획급수인구의 계획년한은 보통 15∼20년을 표준으로 한다. 어떤 방법을 적용하는가는 도시의 특수성, 발전가능성 등을 고려하여 각 방법들 중에서 결정하는 것이 좋다. 인구추정의 신뢰도는 추정년도가 커질수록 낮아지고, 인구가 감소되는 폭이 클수록 낮아지며, 반대로 인구증가율이 높아질수록 낮아진다.

### 2.3.1 등차급수법(연평균 인구증가수에 의한 방법)에 의한 인구추정

등차급수법은 연평균 인구증가수가 일정하다는 가정 하에 장래인구를 추정하는 방법으로서 발전이 느린 도시, 또는 발전이 끝난 비교적 큰 도시에 적합하며, 추정인구가 과소평가될 우려가 있다.

$$P_n = P_o + n \cdot a \tag{2.1}$$

식 (2.1)에 있어서

$$a = \frac{P_o - P_t}{t}$$

여기서, $P_n$ : 현재부터 $n$ 년 후의 추정인구
$P_o$ : 현재의 인구
$a$ : 연평균 인구증가수
$P_t$ : 현재부터 $t$ 년 전의 인구
$t$ : 경과년수
$n$ : 현재부터 계획년도까지 계획년수

**예제 2.1**

어떤 도시의 상하수도 계획을 수립하고 인구추정을 하였다. 2015년부터 2019년 사이의 인구통계 자료를 이용하여 2029년의 인구를 등차급수법에 의하여 추정하면 얼마인가?

| 년 도 | 인구(명) |
|---|---|
| 2015 | 20,483 |
| 2016 | 22,317 |
| 2017 | 22,891 |
| 2018 | 23,566 |
| 2019 | 24,272 |

**풀이**

$P_n = P_o + na$

$a = (P_o - P_t)/t$

$\therefore a = (24{,}272 - 20{,}483)/4 = 947.25$명

$P_n = P_o + na = 24{,}272 + (10 \times 947.25) = 33{,}744$명

## 2.3.2 등비급수법(연평균 인구증가율에 의한 방법)에 의한 인구추정

등비급수법은 인구추정의 과대평가 경향이 있는데, 상당기간 같은 인구증가율을 가지고 계속적으로 발전하고 있는 도시에 적용가능하다.

$$P_n = P_o(1+r)^n \tag{2.2}$$

식 (2.2)에서

$$r = \left(\frac{P_o}{P_t}\right)^{\frac{1}{t}} - 1$$

여기서, $P_n$, $P_o$, $P_t$, $n$, $t$ : 식 (2.1)에서와 같음.

$r$ : 연평균 인구증가율

식 (2.2)의 양변에 log를 취한 식을 이용할 수도 있다.

$$\log P_n = \log P_o + n \cdot r' \tag{2.3}$$

여기서, $r' = \dfrac{\log P_o - \log P_t}{t}$

**예제 2.2**

현재 인구가 24,272명이고 연평균 인구증가율이 2.5%인 어떤 도시의 10년 후의 인구를 등비급수법에 의하여 추정하면 얼마인가?

**풀이**

$$P_n = P_o\,(1 + r)^n$$

$P_o = 24{,}272$명, $n = 10$ , $r = 0.025$

$\therefore\ P_{10} = 24{,}272(1 + 0.025)^{10} = 31{,}070$ 명

**예제 2.3**

어떤 도시의 상하수도 계획을 수립하고 인구추정을 하였다. 2015년부터 2019년 사이의 인구통계 자료를 이용하여 2029년의 인구를 등비급수법에 의하여 추정하면 얼마인가?

| 연 도 | 인구(명) |
|---|---|
| 2015 | 20,483 |
| 2016 | 22,317 |
| 2017 | 22,891 |
| 2018 | 23,566 |
| 2019 | 24,272 |

**풀이**

$$P_n = P_o\,(1 + r)^n$$

$P_o = 24{,}272$명, $n = 10$

$$r = (P_o / P_t)^{1/t} - 1 = (24{,}272 / 20{,}483)^{1/4} - 1 = 0.043$$

$\therefore\ P_{10} = 24{,}272(1 + 0.043)^{10} = 36{,}978$명

### 2.3.3 최소자승법에 의한 인구추정

최소자승법은 과거의 인구자료를 통계학적 방법을 이용하여 간단한 1차 함수로 만들어 예측하는 방법이다.

$$Y = aX + b \tag{2.4}$$

여기서, $Y$ : 기준년으로부터 $X$년 후의 인구

$X$ : 기준년으로부터 경과년수

최소자승법에서 계수 $a$, $b$를 구하면

$$a = \frac{N \sum XY - \sum X \sum Y}{N \sum X^2 - \sum X \sum X}$$

$$b = \frac{\sum X^2 \sum Y - \sum X \sum XY}{N \sum X^2 - \sum X \sum X}$$

여기서, $N$ : 인구통계 자료수

**예제 2.4**

어떤 도시의 인구자료와 최소자승법에 의한 계산표가 아래와 같을 때 2029년의 인구를 최소자승법에 따라 구하면 몇 명인가?

$\left( \text{단, } a = \dfrac{N\Sigma XY - \Sigma X \Sigma Y}{N\Sigma X^2 \quad \Sigma X \Sigma X},\ \ b = \dfrac{\Sigma X^2 \Sigma Y - \Sigma X \Sigma XY}{N\Sigma X^2 \quad \Sigma X \Sigma X} \right)$

최소자승법에 의한 계산표

| 연도 | 인구($Y$) | $X$ | $X^2$ | $XY$ |
|---|---|---|---|---|
| 2015 | 20,483 | −2 | 4 | −40,966 |
| 2016 | 22,317 | −1 | 1 | −22,317 |
| 2017 | 22,891 | 0 | 0 | 0 |
| 2018 | 23,566 | 1 | 1 | 23,566 |
| 2019 | 24,272 | 2 | 4 | 48,544 |
| 계($\Sigma$) | 113,529 | 0 | 10 | 8,827 |

**풀이**

기준년을 계열 중앙에 놓아 계산을 간편하게 하면

$$a = \frac{5 \times 8{,}827}{5 \times 10} = 883$$

$$b = \frac{10 \times 113{,}529}{5 \times 10} = 22{,}705$$

즉, $Y = 883 \times X + 22{,}705$

2029년은 기준년 2017년부터 12년이므로

$Y = 883 \times 12 + 22{,}705 = 33{,}301$ 명

## 2.3.4 지수곡선법에 의한 인구추정

지수곡선법은 주로 단기간의 추정방법으로서 이용된다.

$$P_n = P_o + A \cdot n^a \tag{2.5}$$

여기서, $P_n$ : 계획년도에 의한 인구

$P_o$ : 현재 인구를 100으로 한 경우 기준년도의 인구

$n$ : 기준년도부터 계획년도까지의 경과년수

$A \cdot a$ : 상수

식 (2.5) 우변의 $P_o$를 좌변으로 옮긴 후 양변에 log를 취하고 정리하면,

$$\log(P_n - P_o) = \log A + a \log n \tag{2.6}$$

이며, 여기서

$$\log(P_n - P_o) = Y$$

$$\log A = b$$

$$\log n = X$$

라고 하면, 식 (2.6)은 식 (2.4)가 되고 $X$와 $Y$에 관한 과거의 자료에서 2.3.3의 최소자승법을 이용하여 $a$와 $b$를 정한다. 이 방법은 많은 도시에 적용가능하다.

---

**예제 2.5**

어떤 도시의 인구자료와 최소자승법에 의한 계산표가 아래와 같을 때 2029년의 인구를 지수곡선법에 따라 구하면 몇 명인가?

$$\left(\text{단, } a = \frac{N\Sigma XY - \Sigma X \Sigma Y}{N\Sigma X^2 - \Sigma X \Sigma X},\quad b = \frac{\Sigma X^2 \Sigma Y - \Sigma X \Sigma XY}{N\Sigma X^2 - \Sigma X \Sigma X}\right)$$

지수곡선법에 의한 계산표(2019년 현재인구를 100으로 한 경우 각 연도별 지수는 아래 표의 $P_n$과 같다.)

| 연도 | 인구 | $n$ | $X$ = log $n$ | $X^2$ | 지수 ($P_n$) | $P_n - P_o$ | $Y$= log($P_n - P_o$) | $XY$ |
|---|---|---|---|---|---|---|---|---|
| 2015 | 20,483 | 0 | - | - | 84.39 | 0 | - | - |
| 2016 | 22,317 | 1 | 0 | 0 | 91.95 | 7.56 | 0.8785 | 0 |
| 2017 | 22,891 | 2 | 0.3010 | 0.0906 | 94.31 | 9.92 | 0.9965 | 0.2999 |
| 2018 | 23,566 | 3 | 0.4771 | 0.2276 | 97.09 | 12.70 | 1.1038 | 0.5266 |
| 2019 | 24,272 | 4 | 0.6021 | 0.3625 | 100.00 | 15.61 | 1.1934 | 0.7185 |
| 계($\Sigma$) | 113,529 | - | 1.3802 | 0.6807 | - | - | 4.1722 | 1.5450 |

**풀이**

자료수 $N=4$이고, 최소자승법에 의해

$$a = \frac{4\times1.5450 - 1.3802\times4.1722}{4\times0.6807 - 1.3802\times1.3802} = 0.5154$$

$$b = \frac{0.6807\times4.1722 - 1.3802\times1.5450}{4\times0.6807 - 1.3802\times1.3802} = 0.8652$$

또한 $\log A = b$에서, $A = 7.3316$

즉, $P_n = P_o + A\cdot n^a = 84.39 + 7.3316\times n^{0.5154}$

2029년의 인구지수 $n=14$이므로

즉, $P_n = 84.39 + 7.3316\times14^{0.5154} = 112.96$

따라서 추정인구는 $24{,}272\times\dfrac{112.96}{100} = 27{,}417$명

### 2.3.5 감소증가율법에 의한 인구추정

감소증가율법은 포화인구를 먼저 추정하고 장래인구를 예측하는 방법으로서, 인구가 매년 일정한 비율로 감소한다는 가정에 기초하고, 포화인구를 먼저 추정하기가 어려운 것이 단점이다.

$$P_n = P_o + (K - P_o)(1 - e^{-bn}) \tag{2.7}$$

여기서, $K$ : 포화인구
$b$ : 상수
$e$ : 자연로그의 밑(=2.71)

### 2.3.6 논리곡선법에 의한 인구추정

논리곡선법에 의한 인구 추정방법은 인구가 무한년 전에 0이고 경과년수에 따라 점차 증가하여 중간 시점에서 증가율이 가장 크고 그 후 증가율이 점차 감소하여 무한년 후에 포화된다는 이론에 기초한 방법으로서, 감소증가율법처럼 포화인구를 추정하는 것이 어려운 면이 있다.

$$P_n = \frac{K}{1 + e^{a - bn}} \tag{2.8}$$

여기서, $P_n$ : 기준년으로부터 $n$년 후의 인구
$n$ : 기준년으로부터의 경과년수
$K$ : 포화인구
$a, b$ : 상수
$e$ : 자연로그의 밑(=2.71)

로 표현된다.

이 방법은 포화인구를 가정한다는 점에 어려움이 있지만, 도시의 인구변화와 잘 일치하기 때문에 합리적인 추정법으로 도시의 크기를 불문하고 널리 이용된다.

식 (2.8)을 역수를 취한 후 정리하여 양변에 log를 취하면

$$\log P_n - \log(K - P_n) = bn \log e - a \log e \tag{2.9}$$

이며, 여기서

$$n \log e = X$$
$$a \log e = C$$
$$\log P_n - \log(K - P_n) = Y$$

라고 하면 식 (2.9)는

$$Y = bX - C \tag{2.10}$$

가 된다. 이로부터 최소자승법에 의해

$$a = \frac{1}{\log e} \cdot \frac{\sum X \sum XY - \sum X^2 \sum Y}{N \sum X^2 - \sum X \sum X}$$

$$b = \frac{N \sum XY - \sum X \sum Y}{N \sum X^2 - \sum X \sum X}$$

여기서, $N$ : 인구통계 자료수

---

**예제 2.6**

어떤 도시의 인구자료와 최소자승법에 의한 계산표가 아래와 같을 때 2029년의 인구를 논리(로지스틱)곡선법에 따라 구하면 몇 명인가?

$\left(\text{단, } a = \frac{1}{\log e} \cdot \frac{\sum X \sum XY - \sum X^2 \sum Y}{N \sum X^2 - \sum X \sum X},\ b = \frac{N \sum XY - \sum X \sum Y}{N \sum X^2 - \sum X \sum X}\right)$

논리곡선법에 의한 계산표(2017년을 기준년으로 하고, 포화인구($K$)를 100,000명으로 한다.)

| 연도 | 인구 $y$ | $x$ | $x^2$ | $\log y$ | $K-y$ | $\log(K-y)$ | $Y=\log y$ - $(K-y)$ | $xY$ |
|---|---|---|---|---|---|---|---|---|
| 2015 | 20,483 | −2 | 4 | 4.311 | 79,517 | 4.900 | −0.589 | 1.178 |
| 2016 | 22,317 | −1 | 1 | 4.349 | 77,683 | 4.890 | −0.541 | 0.541 |
| 2017 | 22,891 | 0 | 0 | 4.360 | 77,109 | 4.887 | −0.527 | 0 |
| 2018 | 23,566 | 1 | 1 | 4.372 | 76,434 | 4.883 | −0.511 | −0.511 |
| 2019 | 24,272 | 2 | 4 | 4.385 | 75,728 | 4.879 | −0.494 | −0.988 |
| 계($\Sigma$) | - | 0 | 10 | - | - | - | −2.662 | 0.220 |

**풀이**

$\sum X = \log e \sum x = 0$

$\sum Y = -2.662$

$\sum XY = \log e \sum x Y = 0.220(\log e)$

$\sum X^2 = (\log e)^2 \sum x^2 = 10(\log e)^2$

인구통계자료수 $N=5$이고, 최소자승법에 의해

$$a = \frac{1}{\log e} \cdot \frac{\sum X \sum XY - \sum X^2 \sum Y}{N \sum X^2 - \sum X \sum X}$$

$$= \frac{1}{\log e} \cdot \frac{10(\log e)^2 \times 2.662}{5 \times 10(\log e)^2} = 1.2259$$

$$b = \frac{N\sum XY - \sum X \sum Y}{N\sum X^2 - \sum X \sum X} = \frac{5 \times 0.220(\log e)}{5 \times 10(\log e)^2} = 0.0507$$

논리곡선식은 $y = \dfrac{100,000}{1+e^{1.2259-0.0507x}}$

따라서 2029년도($x=12$) 추정인구는 $y = \dfrac{100,000}{1+e^{1.2259-0.0507\times 12}} = 62,597$ 명

## 2.3.7 삼점법(three successive census populations)에 의한 인구추정

삼점법에 의한 인구 추정방법은 위의 식 (2.8)의 $K$, $a$, $b$가 미지수인데, 과거의 인구자료 중에서 $0 < y_{(0)} < y_{(1)} < y_{(2)}$, ${y_{(1)}}^2 < y_{(0)} \cdot y_{(2)}$의 조건을 충족하는 등간격의 $y_{(0)}$, $y_{(1)}$, $y_{(2)}$ 3개를 선택하여 다음 식과 같이 $d_1$과 $d_2$를 계산한 후, 미지수 $K$, $a$, $b$를 아래 식을 이용하여 구하는 방법이다.

$$d_1 = \frac{1}{y_{(0)}} - \frac{1}{y_{(1)}}, \qquad d_2 = \frac{1}{y_{(1)}} - \frac{1}{y_{(2)}}$$

$$K = \frac{y_{(0)}(d_1 - d_2)}{d_1(1 - d_1 \cdot y_{(0)}) - d_2}$$

$$a = \frac{1}{\log e} \cdot \log \frac{K \cdot d_1^2}{d_1 - d_2}$$

$$b = \frac{\log d_1 - \log d_2}{\log e}$$

**예제 2.7**

어떤 도시의 인구자료가 아래와 같을 때 2025년의 인구를 삼점법에 따라 구하면 몇 명인가?

| 연도 | 인구 |
|---|---|
| 2005 | 13,543 |
| 2010 | 19,622 |
| 2011 | 20,483 |
| 2012 | 22,317 |
| 2013 | 22,891 |
| 2014 | 23,566 |
| 2015 | 24,272 |

**풀이**

과거 5년 간격의 인구는

2005년도 인구 $y_{(0)} = 13,543$ $(x=0)$

2010년도 인구 $y_{(1)} = 19,622$ $(x=1)$

2015년도 인구 $y_{(2)} = 24{,}272 \ (x = 2)$

2020년도 인구 $y_{(3)} = ---\ \ (x = 3)$

2025년도 인구 $y_{(4)} = ---\ \ (x = 4)$

$y_{(0)}$, $y_{(1)}$, $y_{(2)}$의 경우는 다음의 조건을 만족한다.

$0 < y_{(0)} < y_{(1)} < y_{(2)}$

$y_{(1)}^2 > y_{(0)} \cdot y_{(2)}$

논리곡선식의 계수를 구하면

$$d_1 = \frac{1}{y_{(0)}} - \frac{1}{y_{(1)}} = \frac{1}{13{,}543} - \frac{1}{19{,}622} = 2.2876 \times 10^{-5}$$

$$d_2 = \frac{1}{y_{(1)}} - \frac{1}{y_{(2)}} = \frac{1}{19{,}622} - \frac{1}{24{,}272} = 0.9764 \times 10^{-5}$$

$$K = \frac{y_{(0)}(d_1 - d_2)}{d_1(1 - d_1 \cdot y_{(0)}) - d_2}$$

$$= \frac{13{,}543 \times (2.2876 - 0.9764) \times 10^{-5}}{2.2876 \times 10^{-5} \times (1 - 2.2876 \times 10^{-5} \times 13{,}543) - 0.9764 \times 10^{-5}}$$

$= 29{,}474$(포화인구)

$$a = \frac{1}{\log e} \cdot \log \frac{K \cdot d_1^2}{d_1 - d_2} = \frac{1}{\log e} \cdot \log \frac{29{,}474 \cdot (2.2876 \times 10^{-5})^2}{(2.2876 - 0.9764) \times 10^{-5}} = 0.1624$$

$$b = \frac{\log d_1 - \log d_2}{\log e} = \frac{\log(2.2876 \times 10^{-5}) - \log(0.9764 \times 10^{-5})}{\log e} = 0.8514$$

논리곡선식은 $y = \dfrac{29{,}474}{1 + e^{0.1624 - 0.8514x}}$

따라서 2025년도($x = 4$) 추정인구는 $y = \dfrac{29{,}474}{1 + e^{0.1624 - 0.8514 \times 4}} = 28{,}362$ 명

또한, 포화인구가 있을 것으로 가정하지만 S자형의 모양을 가지는 곰페르츠(Gompertz) 인구추정모형은 처음에는 완만히 증가하다가 어느 시점을 지나면 급격히 증가하고 다시 완만하게 증가한다고 가정하는 것에 기초를 둔다. 이밖에도 과거의 인구증가 그래프를 참고로 하여 추정하는 방법, 다른 선진도시의 인구증가 형태를 참고하는 방법, 면적법을 이용하여 추정하는 방법들이 있지만 인구추정치의 오차가 큰 단점이 있어 사용이 제한적이다.

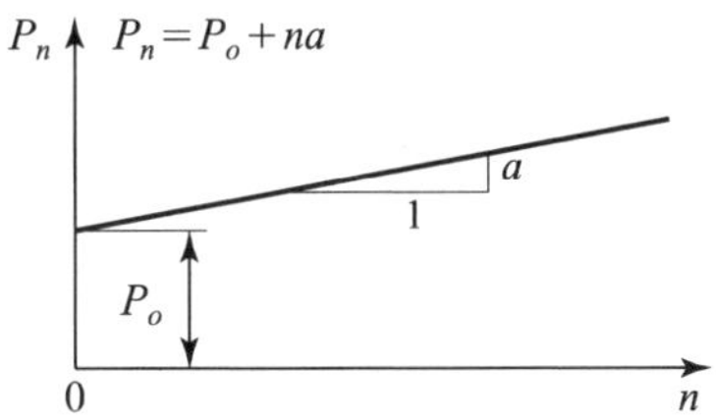


(a) 등차급수법

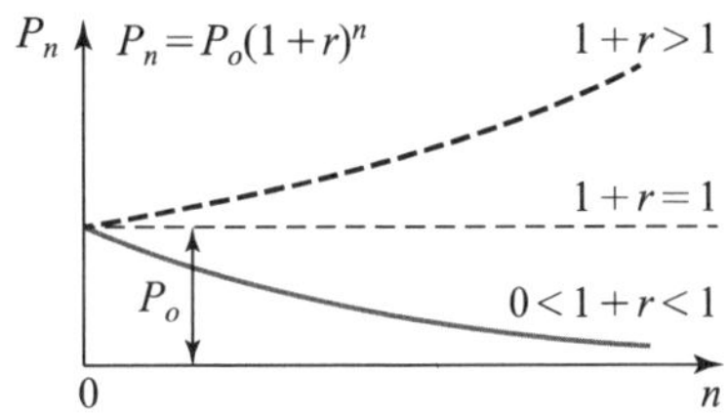


(b) 등비급수법

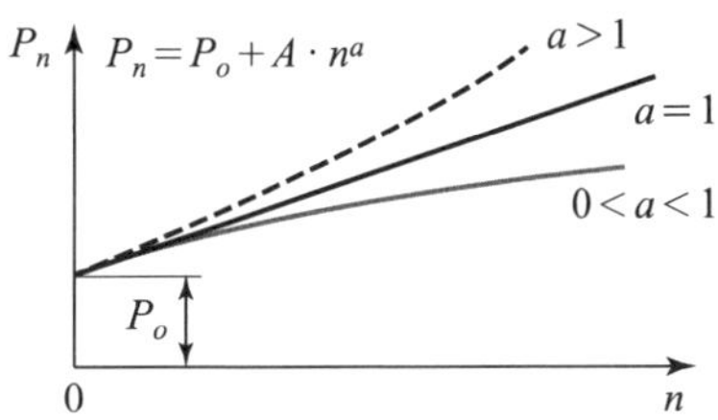


(c) 지수곡선법

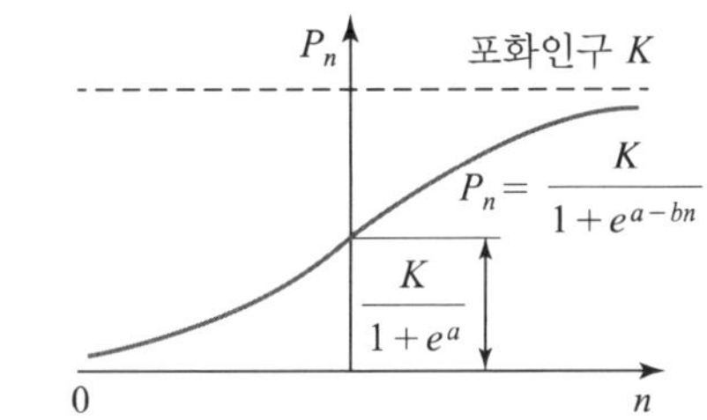


(d) 논리곡선법

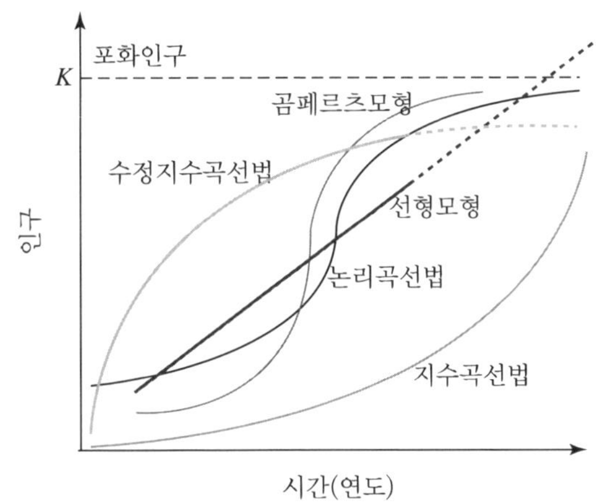


**그림 2.2 인구추정방법별 특성**

## 2.4 계획급수량

「계획급수량」은 상수소비량 또는 상수요구량이라 하며, 단위는 lpcd (liter per capita day, L/인/일)를 사용하는데 우리나라 대도시의 경우 계획급수량은 400~450 lpcd 정도이며, 계획급수량 결정시 고려사항으로는 기후조건, 생활수준, 상수도 설비정도, 산업의 발달정도, 배수관망, 수압 등이 있다. 계획급수 인구별 대략적인 1인 1일 계획급수량은 다음의 표와 같다.

표 2.2 계획급수인구별 1인 1일당 최대급수량

| 급수인구 | 1인1일당 최대급수량(L) |
|---|---|
| 10,000명 이하 | 100～150 |
| 50,000명 이하 | 150～250 |
| 500,000명 이하 | 250～350 |
| 500,000명 이상 | 350 이상 |

## 2.4.1 급수사용목적에 따른 분류

### 1) 가정용수

가정용수는 음료, 취사, 세탁, 목욕, 청소, 수세식 화장실, 살수 등 각 가정에서 사용되는 수량이다. 성인이 매일 배출하는 평균 수분은 피부에서 0.9 L, 호흡에 의해 0.4 L, 소변으로 1.5 L 정도이다. 따라서 배출된 수분만큼은 반드시 보충할 필요가 있는데 직접 체내에 섭취해야 하는 물은 1인당 하루에 3～4 L 정도이다. 가정용수량은 생활양식, 습관, 기후 등에 따라 다르다. 이를테면 욕조, 세탁기, 가정용 에어컨, 그릇 세척기 등의 유무, 화장실이 수세식인지 재래식인지 등에 따라서 상당히 다른데, 최근에는 거의 모든 가정에 세탁기가 보급되고 욕조도 설치되어 있으므로 이같이 보통의 생활수준인 경우에 1인당 1일 80～100 L 정도가 표준적인 사용수량이라고 할 수 있다. 수세식 화장실이 있다면 1인당 30～50 L 정도가 더 증가되므로 결국 가정용 평균 사용수량은 1인당 1일 150～200 L라 생각하면 충분할 것이다.

### 2) 공업용수

공업용수 사용수량은 공업의 종류, 공장의 규모, 지하수나 공업용수의 사용유무 등에 의해 상당히 다르므로 일률적으로 평균 사용수량을 논하는 것은 불가능하다. 급수구역 내에 있는 기존 공장에 대해서 실태조사를 행하고, 이 자료를 가지고 계획구역 내의 공장이나 신설되는 공장의 수요수량을 추정하는 것이 일반적이다.

### 3) 소화용수

소화용수는 화재 시에 사용되는 물이므로 수량적으로는 상당히 정확치 않다. 화재장소 부근에서는 단시간에 대량의 물을 필요로 하는데, 1년간 사용하는 전체 급수량에 대한 비율이 아주 낮으므로 문제가 되는 경우는 없다. 그러나 1일분 또는 1시간분의 급수량에 대해서는 소규모의 수도일 때 비율이 높게 되므로 어느 정도의 고려는 필요하다. 일반적으로 인구 10,000

명당 100 m$^3$ 정도를 고려하며, 수량은 작지만 화재 시 단시간에 많은 수량이 요구되므로 소도시의 경우 급수시설의 규모가 소화용수에 의해 결정된다. 소화용수의 추정방법에는 NBFU (U.S. National Board of Fire Underwriter, 미국화재보험협회)공식, 즉

$$Q = 3.86\sqrt{P}\,(1 - 0.01\sqrt{P}) \tag{2.11}$$

여기서, $Q$ : 소화용수량(m$^3$/min)

$P$ : 인구수를 1,000으로 나눈 값(1,000명 단위)

NBFU공식은 통상 인구 20만 명 이하의 도시에 적용하며, 인구가 20만 명 이상일 때에는 제2의 화재에 대비하여 10～20 m$^3$/min의 소화용수를 부가적으로 공급할 수 있어야 한다. NBFU공식 외에도 Kuichling공식($Q = 1.7\sqrt{P}$), Freeman공식[$Q = 0.946\left(\frac{P}{5} + 10\right)$], IITRI (Illinois Institute of Technology Research Institute)공식[$Q = -5.7 \times 10^{-3}A^2 + 17.12A$, $Q$ : 소화용수량(L/min), $A$ : 화재장소 바닥면적(m$^2$)], ISU (Iowa State University)공식[$Q = \frac{V}{45}$, $Q$ : 소화용수량(L/sec), $V$ : 화재장소 용적(m$^3$)] 등이 있다.

우리나라는 배수지 용량 계산 시 소화용수를 산정하는데 인구수를 고려하여 결정한다(7.2절과 7.4절 참조).

---

**예제 2.8**

인구 150,000명인 도시에서 요구되는 소화용수의 양을 NBFU, Kuichling, Freeman공식을 이용하여 계산하면 각각 얼마인가?

**풀이**

1. NBFU공식

$Q = 3.86\sqrt{P}(1 - 0.01\sqrt{P})$

$P = 150{,}000/1{,}000 = 150$

$\therefore\ Q = 3.86\sqrt{150}\,(1 - 0.01\sqrt{150}\,) = 41.49\text{m}^3/\text{min}$

2. Kuichling공식

$Q = 1.7\sqrt{P} = 1.7\sqrt{150} = 20.81\text{m}^3/\text{min}$

3. Freeman공식

$Q = 0.946\left(\frac{P}{5} + 10\right) = 0.946\left(\frac{150}{5} + 10\right) = 37.84\text{m}^3/\text{min}$

### 4) 잡용수

잡용수는 분수, 살수, 가로청소, 관 세정, 수도전 등에 사용되는 물이다. 도시에 따라 다른데 대략 20～30 L/인/일 정도로 산정하면 충분하다.

### 5) 누수

누수는 사용수량과는 같지 않지만 전체 급수량에 대해서 10～30% 정도로 상당히 큰 비율을 점하고 있으므로 무시해서는 안 된다. 누수의 정도는 시설의 신설정도, 시공의 우수성, 유지관리의 우수성, 수압 등에 따라 좌우되는데, 누수를 0으로 하는 것은 불가능하므로 누수율을 감소시키도록 노력해야 한다. 누수는 불명수(unaccount use)에 포함되는데, 불명수는 배수관 또는 급수관 연결부에서 누수되는 것과 그 밖의 불명수로 구성되는데 이 중 가정 내 급수전에서 누수되는 양이 가장 많으며 급수관 누수, 송배수관 연결부에서의 누수, 소화전 누수, 공공시설에서의 누수, 부정 도수 등이 있다.

### 6) 계획 1일 평균급수량과 계획 1일 최대급수량

계획 1일 평균급수량은 계획 1일 최대급수량의 70～85%를 차지하며, 약품비, 전력사용량 산정, 유지관리비, 상수도요금 산정 등에 사용되므로 재정계획에 필요한 수량이다.

계획 1일 평균급수량 = 1년간 총 급수량/365
계획 1일 평균급수량 = 계획 1일 최대급수량 × 0.7(중소도시) 혹은 0.85(대도시, 공업도시)

계획 1일 평균급수량의 특징을 살펴보면, 도시규모가 클수록 증가하고, 생활수준이 증가할수록 증가하며, 공업이 발달한 도시일수록 증가하고, 정액제(일정한 요금을 내고 무한대로 쓰는 요금체계)가 정률제(사용량에 따라 요금을 부과하는 체계)보다 증가하며, 수압이 높을수록 증가하고, 기온이 높은 지방일수록 증가하며, 누수량이 많을수록 증가한다.

계획 1일 최대급수량은 상수도시설 규모결정의 기준이 되는 수량으로서 다음의 식으로부터 구할 수 있다.

계획 1일 최대급수량 = 계획 1인 1일 최대급수량 × 계획급수인구 × 계획급수보급률
= 계획 1일 평균급수량 × 1.5(중소도시) 혹은 1.3(대도시, 공업도시)

계획 1인 1일 최대급수량은 몇 년간을 통한 최대의 사용수량을 급수인구와 365일로 나눈 수량이다.

월 최대급수량 = 월 평균급수량 × (1.3∼1.5)

또한 최대급수량은 Goodrich공식으로도 구할 수 있다.

$$P = 180\,t^{-0.1}$$

여기서, $P$ : 연평균 소비율에 대한 비율(급수보급률, %)

$t$ : 시간(day) → 1달은 보통 30일로 간주

**예제 2.9**

어느 도시의 연평균 상수소비량은 220 L/인/일이다. Goodrich공식에 의한 1인 1일 월최대급수량(L/인/일)은?

**풀이**

$P = 180t^{-0.1}$

$\therefore\ P = 180 \times 30^{-0.1} = 128.1\%$

월 최대급수량 = 연평균 상수소비량 × $P$(비율이지 %가 아님)

= 220 (L/인/일) × 1.281 = 281 L/인/일

계획 1일 평균급수량은 수도의 재정계획에 이용되는데 1인 1일 평균급수량은 다음의 항목에 따라 변화한다.

**표 2.3** 각 국의 1인당 물 소비량($m^3$/년)

| 구분 | 총소비량 | 구분 | 총소비량 |
|---|---|---|---|
| 대한민국 | 462 | 영국 | 113 |
| 프랑스 | 391 | 네덜란드 | 484 |
| 독일 | 297 | 미국 | 1,206 |
| 러시아 | 429 | 호주 | 523 |
| 뉴질랜드 | 2,162 | 멕시코 | 700 |
| 에스토니아 | 638 | 튀르키예(터키) | 742 |
| 캐나다 | 1,016 | 일본 | 624 |
| 그리스 | 962 | 네덜란드 | 474 |
| 스페인 | 633 | 슬로베니아 | 460 |
| 중국 | 413 | | |

※ Statista (미국 시장분석기관), 2020

### (1) 인구

인구가 많은 도시일수록 1인 1일 평균급수량이 커진다. 이것은 대도시로 되면 될수록 공업용, 사무실용, 학교용 등 사회활동을 위한 물이 다량으로 소비되기 때문인데, 여기에는 주간유입인구도 크게 관계하고 있다.

### (2) 공업

공업이 발달한 도시일수록 1인 1일 평균급수량은 증가하게 된다. 특히 물을 대량으로 사용하는 공업이 많으면 더욱 증가한다.

### (3) 문화수준

문화수준이 높은 도시일수록 1인 1일 평균급수량은 증가하게 된다. 이것은 목욕횟수나 세탁횟수가 증가하고, 수세식 화장실이나 냉난방의 보급률이 증가하기 때문이다.

### (4) 기후

일반적으로 기온이 상승함에 따라 물수요량이 증가하는 경향이 있다. 그러나, 추운 겨울날씨에는 그 영향도가 크게 나타나지 않는다. 일부 한대지방에서는 추운 겨울에 관의 동파를 막기 위해 일정량을 계속 흐르게 하므로 오히려 추울 때에 사용량이 약간 증가하는 경우도 있다.

### (5) 낭비정도

정액제인 경우는 수도 계량기에 의한 정률제에 비해서 사용수량은 많아진다. 이것은 낭비의 영향 때문이다.

### (6) 누수

누수량이 증가하면 1인 1일 평균급수량이 증가하는 것은 당연하며, 수압이 높으면 증가한다. 일반적으로 1인 1일 평균급수량은 연월경과에 비해 서서히 증가하는 경향이 있다.

## 2.4.2 사용수량의 정기적 변화

사용수량은 1년 중 월, 일, 시간에 따라 정기적으로 변화하는데 이를 각각 월변화, 일변화, 시간변화라 한다. 월변화와 일변화는 주로 기온의 영향에 의해 생긴다. 우리나라에서는 7～8

월에 사용수량이 증가하며, 추운 1~2월은 감소한다. 월변화의 최대치는 평균사용수량의 1.1~1.25배에 달한다.

더운 날에는 사용수량이 증가한다. 통상 월변화의 최대치와 함께 일변화의 최대치가 나타나며, 최대치는 평균사용수량의 1.5배에 달한다. 일 최대치는 취수, 도수, 정수, 송수시설 규모 결정의 기준이 된다.

시간변화는 그림 2.3과 같이 도시와 농촌에서 약간 차이가 있는데, 도시의 경우 대개 오전 4시경부터 사용이 시작되고 8시에서 9시경이 가장 큰 피크를 나타낸다. 이후 조금씩 감소하다가 오후 3시경부터 다시 증가하기 시작하며, 7시부터 8시에는 제2의 피크가 나타난다. 시간변화의 최대는 그날의 시간평균 사용수량의 1.5배에 달하며, 만일 일 최대와 겹치면 평균 사용수량의 2.25배로 된다. 이것은 아침과 저녁시간이 최대가 되고, 활동이 없는 새벽에 최소가 되며, 여름철이 최대이고, 겨울철이 최소이다.

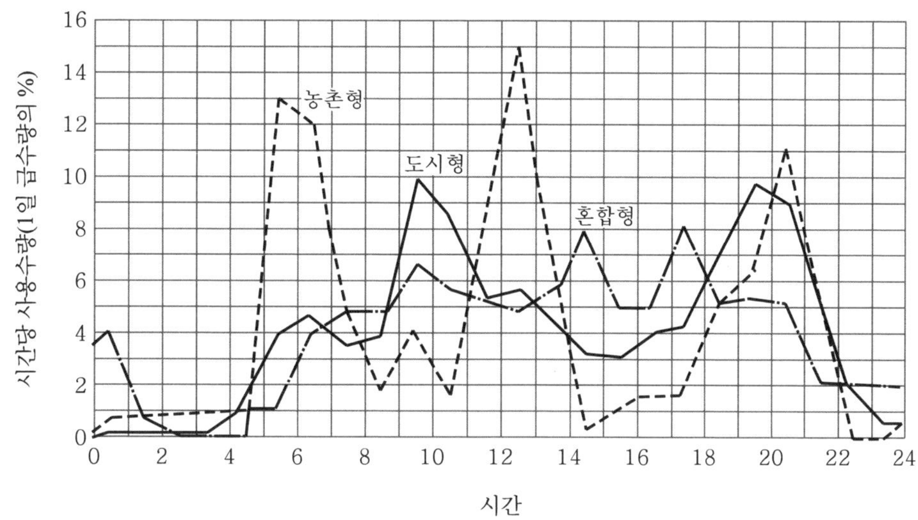


**그림 2.3 주거형태별 급수량의 시간변화**

## 2.4.3 1인 1일 최대급수량과 1일 최대급수량

앞에서 기술한 것 같이 사용수량에는 변화가 있기 때문에 만일 평균급수량으로 계획하면 여름과 같이 더운 날에는 물이 부족하게 된다. 따라서 부족한 물을 공급 가능하도록 하기 위해서는 최대급수량을 고려해야만 한다.

1년 중 1인당 가장 많은 물이 사용되는 날의 사용수량을 「1인 1일 최대급수량」이라 하며,

여기에 급수인구를 곱한 것을 「1일 최대급수량」이라 한다. 계획설계 시에는 이것을 기본수량으로 이용하면 된다.

계획 1일 최대급수량은 수도의 공급능력을 나타내는 것으로 취수·도수·정수·송수의 각 시설 설계는 이것을 기준으로 해서 행한다. 계획 1일 최대급수량과 계획 1일 평균급수량과의 비율은 대략 일정한 관계가 있으며(60～90%의 범위) 70～85%가 기준이 되고 있다. 이 비율은 일반적으로 대도시가 될수록 증가하며 또한 급수량 중 공업용이 점하는 비율이 큰 도시나 누수량이 큰 도시에서는 증가하게 된다.

계획시간 최대급수량은 배수시설의 설계 기준이 되며, 1일 중에 사용수량이 최대가 될 때의 1시간당의 급수량이다.

계획시간 최대급수량과 계획 1일 최대급수량의 관계는 다음과 같다.

$$\text{계획시간 최대급수량} = \frac{\text{계획 1인 1일 최대급수량}}{24} \times \begin{cases} 1.3 \text{ (대도시, 공업도시)} \\ 1.5 \text{ (중소도시)} \\ 2.0 \text{ (농촌, 주택단지, 소도시)} \end{cases}$$

수도시설 규모계획에 사용되는 계획급수량은 여러 가지 종류가 있는데, 적용되는 상황을 고려해서 결정된 것으로 다음의 표 2.4와 같다.

**표 2.4 계획급수량과 수도시설의 규모계획**

| 계획급수량 종류 | 연평균 1일 사용수량에 대한 비율 | 적용되는 수도구조물의 명칭 |
|---|---|---|
| 1일 평균급수량 | 100% | 수원지, 저수지, 유역면적 결정 |
| 1일 최대급수량 | 150% | 취수, 도수, 정수, 송수, 배수시설(여과지면적, 송수관구경, 배수지) 결정 |
| 시간 최대급수량 | 225% | 배수본관의 구경 결정 |

유수수량 기준으로 가장 많은 부분을 차지하고 있는 용수는 생활용수이고 그 다음으로는 영업용수, 업무용수, 공업용수 및 기타용수의 순서이다. 생활용수의 수요량을 추정하는 방법은 급수인구, 1인당 1일 평균급수량과 상수도보급률, 시계열 분석, 시계열 및 횡단면 자료를 이용한 혼합모형 분석 등을 이용하는 방식이 있다. 장래의 생활용수 수요량은 도시의 인구수와 보급률, 그리고 1인 1일당 평균급수량(lpcd)의 증감에 따라 결정된다고 볼 수 있다. 시계열 분석은 과거 및 현재의 시계열 자료에 근거하여 미래에 관해 추론하는 방법이다. 시간의 변화에 따라 나타나는 다양한 형태의 변수값(지자체별, 업종별 급수사용량, 급수부과액, 지역총생

산, 1인당 가처분 소득, 급수인구 등)이 어떤 일정한 추세를 보이면 미래에도 이러한 추세가 계속될 가능성을 보이는 것으로 보고 이에 대해 추론하는 것이 시계열 분석의 목적이다. 다음 표는 용수수요량을 산정하는 기준에 대한 것이다.

**표 2.5 용수수요량 산정기준**

<table>
<tr><th colspan="2">구분</th><th colspan="9">산 정 방 향</th></tr>
<tr><td rowspan="7">생활용수</td><td>계획인구</td><td colspan="9">- 각 지자체 과거자료를 활용하여 개별 추정<br>- 수학적 추정방법(시계열법)에 의한 최적모델 선정 적용<br>- 통계청 발표 특·광역시 및 도별 추계인구로 보정</td></tr>
<tr><td>1인1일 사용량</td><td colspan="9">- 각 지자체 과거 용도별 사용량 분석에 의한 추정<br>- 수학적 추정방법(시계열법)에 의한 지자체별 개별원단위 추정</td></tr>
<tr><td>보급률</td><td colspan="9">- 지자체 및 상위계획상 목표를 고려하여 결정</td></tr>
<tr><td>유수율</td><td colspan="9">- 현재 유수율과 지자체별 장래 목표를 분석하여 결정</td></tr>
<tr><td rowspan="3">첨두부하율</td><td colspan="9">- 「상수도수요량예측업무편람」(환경부 · 국토부)에서 제시한 아래의 첨두부하율 검토 후 적용</td></tr>
<tr><td>급수인구(만명)</td><td>0~1</td><td>1~2</td><td>2~5</td><td>5~10</td><td>10~25</td><td>25~50</td><td>50~100</td><td>100만 이상</td></tr>
<tr><td>첨두부하율</td><td>1.51</td><td>1.45</td><td>1.40</td><td>1.36</td><td>1.31</td><td>1.27</td><td>1.23</td><td>1.19</td></tr>
<tr><td colspan="2">공업용수</td><td colspan="9">- 기존공단의 공업(정수)용수는 생활용수 원단위에 포함되어 있으므로 별도로 산정하지 아니하고 수도사업자와 협약된 용수만 반영<br>- 기존공단 공업용수(침전수 및 원수)는 과거 실적자료를 조사하여 가동일수 및 입주율 고려<br>- 계획공단은 업종별 부지면적에 「상수도수요량예측업무편람」의 부지면적당 원단위를 적용하여 공업용수량 산정</td></tr>
<tr><td colspan="2">기타용수<br>(개별용수)</td><td colspan="9">- 기존의 관광용수, 군부대용수, 항만용수 및 공항용수 등은 생활용수 원단위에 포함되었으므로 별도로 산정하지 아니하고 신규시설은 「상수도수요량예측업무편람」의 기타용수 산정기준에 의해 산정</td></tr>
<tr><td colspan="2">개발계획 용수</td><td colspan="9">- 각 지자체(개발사업자)가 수립하고 고시된 택지개발, 산업단지건설 등 개발계획에 따른 외부 유입인구 및 수요량 산정</td></tr>
</table>

첨두부하(peak load)는 일최대급수량을 일평균급수량으로 나눈 것으로 해당 지자체의 과거 3년 이상의 일일급수량을 분석하여 산출하는데, 국가나 광역계획에서 대표적인 도시에 대하여 인구규모별 표본조사 등을 통해 분석한 자료를 이용하는 것도 가능하다. 첨두부하는 해마다 당시의 기온, 가뭄상황 등에 따라 다르게 나타날 수 있으므로 해당지역의 과거자료를 이용하여 장래의 첨두부하를 결정할 필요가 있으며, 위와 같은 분석이 어려운 경우에는 수도권정

비기본계획 수립지침이나 일본 등의 외국자료 혹은 관련 연구 등의 자료를 비교분석하여 해당지역에서 적절하게 보정하여 사용가능하다. 미국수도협회(AWWA) 매뉴얼에서는 기록연수가 적은 경우 2~3년 동안의 첨두부하 중 가장 큰 값으로 장래 첨두부하를 결정하고, 기록연수가 많은 경우에는 평균값을 적용하거나 10년 확률빈도값 등으로 결정할 수 있고 규모와 도시특성이 비슷한 다른 도시의 자료를 이용하여 결정한다. 동일한 도시의 경우에도 수도시설의 종류(정수장, 배수지, 배수본관 등)에 따라 각각의 첨두부하를 결정하여야 한다. 다음 그림은 상수수요량 산정 절차를 나타내고 있다.

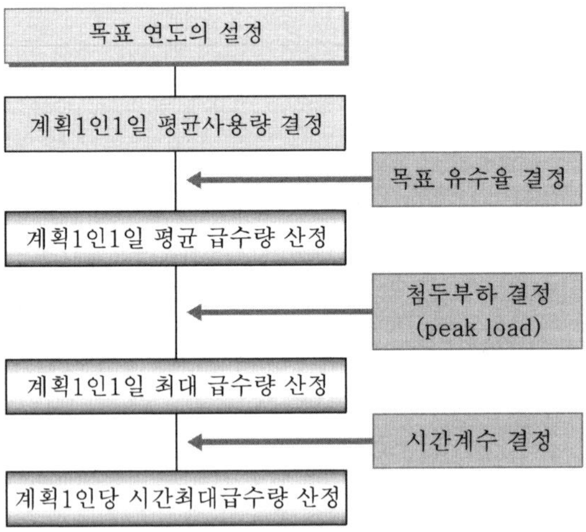


그림 2.4 상수수요량의 산정 절차

Chapter 3

# 수 질

## 3.1 의의

수질(Water quality)이라고 하는 것은 물의 성질을 의미하는데, 물의 화학분자식으로부터 알 수 있듯이 수소와 산소로부터 만들어진 순수한 화합물이지만 자연계에 일반적으로 존재하는 물에는 여러 가지 불순물이 포함되어 있을 수밖에 없다. 불순물에는 물에 용해되는 것, 용해되지 않는 것, 세균이나 미생물에 이르기까지 많은 것이 있는데, 불순물의 종류나 양이 물에 얼마나 있느냐에 따라 수질은 현저히 변할 수 있다.

자연계에 존재하는 물을 어떤 목적으로 이용하고자 할 때, 수질은 그 물이 그 목적에 사용가능한지 불가능한지를 결정하는 중요한 수단이 된다. 특히 인간의 보건위생과 직결되어 있는 음용수에 대하여는 수질이 갖는 의의는 상당히 크다.

수질을 평가하는 수단을 수질시험이라 하는데 시험항목에는 물리적, 화학적, 세균학적, 생물학적인 항목에 대한 자세한 검사를 통하여 물의 질을 여러 종류로 나눌 수 있다.

## 3.2 사용목적과 수질

### 3.2.1 가정용수

가정생활에서 이용되는 물의 용도를 보면 음용, 취사, 세수, 목욕 등을 들 수 있으며, 특히 수질은 다른 어떤 용도의 물보다도 엄격해야만 한다. 특히 병원균이나 인체에 위해한 유독물질을 함유하지 않아야 하고, 외관적으로도 양호하고 또한 불쾌감이나 불안감을 주지 않는 요건을 갖추어야만 한다. 장티푸스, 콜레라, 이질, 설사 등의 전염성 병원균이나 대장균을 함유해서는 안 된다. 유독물질은 미량으로도 죽음에 이르게 하는 맹독성이 있는 것과 소량이면 해가 없는 것도 있는데, 전자는 절대로 물에 포함되지 말아야 하고 후자는 어떤 수치까지는 허용될 수 있다. 그러나 장기간의 섭취에 의해 배설되지 않고 체내에 축적되어 병을 일으키는 물질도 있어서는 안 된다. 탁하거나 착색되어 있거나 또한 불쾌한 악취가 있는 물은 가정용수로는 부적당하다. 물의 맛을 좋게 하기 위해서는 어느 정도의 무기질 성분이 함유되어 있는 것이 좋다. 무기질 성분으로 인체를 구성하는 원소는 O (65%), C (18%), H (10%), N (3%), Ca (2%), P (1.1%), K (0.35%), S (0.25%), Na (0.15%), Cl (0.15%), Mg (0.05%), Fe (0.004%), Mn (0.0003%), Cu (0.00015%) 등이 있다.

### 3.2.2 공업용수

공업의 종류나 공정에 따라 요구되는 수질은 각기 다르고, 수질항목에 따라서는 가정용수보다 오히려 엄격한 수질을 요구하는 업종도 있는데, 일반적으로는 가정용수보다 수질기준이 낮다고 생각하는 것이 좋다.

물을 원료로써 이용하는 경우에는 음용수에 가까운 수질이어야만 한다. 그러나 양조에는 경도가 높고 철분이 극히 적은 물이 이용된다. 보일러에 사용하는 물은 음용수 이상의 수질이 요구되고 있다. 제지나 염색에는 부유물, 철, 망간, 경도가 작은 물을 사용해야 한다. 그러나 가장 대량으로 이용되는 냉각수는 높은 정도의 수질을 고려할 필요는 없다.

### 3.2.3 잡용수와 소화용수

우리나라에서는 현재까지 이들의 물을 전부 음용수 수준으로 공급해 왔다. 그러나 이후 심각한 물 부족현상으로 인해 상수도와는 완전히 별도의 잡용수 공급을 위해 물 재이용(Part 4 참조)시설을 설치할 필요가 있다. 그렇게 되는 경우에는 이들 수질은 음용수 정도까지 양질일 필요는 없다.

# 3.3 수질시험과 수질기준

## 3.3.1 수질 및 수생태계 환경기준

상수원수에 관한 수질시험은 원수가 처리가능한지, 어떤 정수방법을 사용할 것인지, 정수시설의 처리효율은 어느 정도인지, 처리된 물이 음용에 적합한지 등을 검토하고 조사하기 위해 행한다. 또한 『수도법』 제26조 제3항에는 먹는물 수질기준항목과 먹는물 수질감시항목의 운영에 필요한 먹는물 감시항목의 시험방법, 지정대상, 지정절차, 먹는물 감시항목별 감시기준 및 검사주기 등을 명기하고 있는데, 시험방법은 크게 3종류로 나눌 수 있는데 그 각각에는 다음과 같은 많은 항목들이 있다.

### 1) 물리적 검사

온도, 외관, 탁도, 색도, 냄새, 맛, 증발잔류물, 부유물질량 등이 있다.

### 2) 화학적 검사

pH, 알칼리도, 산도, 유리탄산, 용존산소(DO), 과망간산칼륨소비량, 화학적 산소요구량(COD), 생물화학적 산소요구량(BOD), 질산성 질소, 아질산성 질소, 암모니아성 질소, 유기성 질소, 황화물, 경도, 전기전도도, 철, 구리, 아연, 비소, 카드뮴, 수은, 납, 페놀류, 유기인, 유기수은, 유기염소, 음이온 계면활성제(중성세제), 방사능 등이 있다.

검사항목 중 생물화학적 산소요구량의 경우는 하천의 수질상태를 나타내는 가장 대표적인 항목이다. 수중의 유기물질이 20℃에서 호기성 미생물의 작용으로 일정기간(보통 5일간) 분해될 때 소비되는 용존산소량을 BOD (생물화학적 산소요구량)라고 하는데, BOD는 탄소계 유기물에 의한 BOD (CBOD, Carbonaceous BOD)와 질소계 유기물에 의한 BOD (NBOD, Nitrogenous BOD)로 구분된다. CBOD는 탄소화합물을 호기성조건에서 미생물에 의해 산화시키는데 필요한 산소량을 말하는데 1단계 BOD라고 하며, NBOD는 질소화합물을 호기성조건에서 미생물에 의해 분해시키는데 필요한 산소량이며 2단계 BOD라고 한다. 아래의 식들은 BOD 잔존량 공식과 BOD 소모량 공식을 대표한다.

$$\text{BOD 잔존량 공식}\ L_t = L_o \cdot 10^{-k_1 \cdot t} \tag{3.1}$$

$$\text{BOD 소모량 공식}\ Y = L_o - L_t = L_o(1 - 10^{-k_1 \cdot t}) \tag{3.2}$$

여기서, $L_t$ : $t$일 후 잔존하는 BOD (mg/L) $L_o$ : 최종 BOD (= $BOD_u$)
$k_1$ : BOD분해상수, 탈산소계수($day^{-1}$) $t$ : 일(day)
$Y$ : $t$일 동안 소비된 BOD (mg/L)

**표 3.1 주요항목의 수질오염공정시험방법**

| 항목 | 방법 | 분석원리 |
|---|---|---|
| 수온 | ES 04307.1a<br>- 직접측정법 / 수은막대온도계 | 물의 온도를 수은 막대 온도계 또는 서미스터를 사용하여 측정 |
| pH | ES 04306.1b<br>- 전극법, pH Meter | 물속의 수소이온농도(pH)를 측정하는 방법으로, 기준전극과 비교전극으로 구성된 pH측정기를 사용하여 양전극 간에 생성되는 기전력의 차를 이용하여 측정 |
| DO | ES 04308.2b<br>- 전극법, DO Meter | 물속에 존재하는 용존산소를 측정하기 위하여 시료중의 용존산소가 격막을 통과하여 전극의 표면에서 산화, 환원반응을 일으키고 이때 산소의 농도에 비례하여 전류가 흐르게 되는데 이 전류량으로부터 용존산소량을 측정 |
| BOD | ES 04305.1c<br>- 20℃ 5일간 배양<br>- BOD Incubator | 물속에 존재하는 생물화학적 산소요구량을 측정하기 위하여 시료를 20℃에서 5일간 저장하여 두었을 때 시료 중의 호기성 미생물의 증식과 호흡작용에 의하여 소비되는 용존산소의 양으로부터 측정 |
| SS | ES 04303.1b<br>- 유리섬유여과지법<br>- GF/C 여과장치 | 미리 무게를 단 유리섬유여과지(GF/C)를 여과장치에 부착하여 일정량의 시료를 여과시킨 다음 항량으로 건조하여 무게를 달아 여과 전·후의 유리섬유여과지의 무게차를 산출하여 부유물질의 양을 구하는 방법 |
| COD | ES 04315.1b<br>- 적정법/산성 $KMnO_4$법<br>- COD Water Bath | 물속에 존재하는 화학적 산소요구량을 측정하기 위하여 시료를 황산산성으로 하여 과망간산칼륨 일정과량을 넣고 30분간 수욕상에서 가열반응시킨 다음 소비된 과망간산칼륨량으로부터 이에 상당하는 산소의 양을 측정 |
| T-N | ES 04363.1a<br>- 자외선/가시선 분광법<br>- 산화법<br>- UV/Visible Spectrometer | 시료 중 모든 질소화합물을 알칼리성 과황산칼륨을 사용하여 120℃ 부근에서 유기물과 함께 분해하여 질산이온으로 산화시킨 후 산성상태로 하여 흡광도를 220 nm에서 측정하여 총질소를 정량 |
| T-P | ES 04362.1c<br>- 자외선/가시선 분광법<br>- UV/Visible Spectrometer | 유기물화합물 형태의 인을 산화 분해하여 모든 인 화합물을 인산염($PO_4^{3-}$) 형태로 변화시킨 다음 몰리브덴산암모늄과 반응하여 생성된 몰리브덴산인암모늄을 아스코르빈산으로 환원하여 생성된 몰리브덴산의 흡광도를 880 nm에서 측정하여 총인의 양을 정량 |
| 클로로필-a | ES 04312.1a<br>- 자외선/가시선 분광법<br>- UV/Visible Spectrometer | 물속의 클로로필 a의 양을 측정하는 방법으로 아세톤 용액을 이용하여 시료를 여과한 여과지로부터 클로로필 색소를 추출하고, 추출액의 흡광도를 663, 645, 630 및 750 nm에서 측정하여 클로로필 a의 양을 계산 |
| Total Coliforms | ES 04701.2c<br>- 시험관법, 다람시험관<br>- Incubator | 다람(Durham)시험관을 이용하는 추정시험과 백금이를 이용하는 확정 시험방법으로 나뉘며 추정시험이 양성일 경우 확정시험을 시행 |

**예제 3.1**

하수의 최종 BOD가 5일 BOD의 1.5배라면 탈산소계수는 얼마인가?

**풀이**

$$BOD_t = L_o - L_t = L_o - L_o \cdot 10^{-k_1 t} = L_o(1-10^{-k_1 t})$$

$$BOD_t/L_o = 1-10^{-k_1 t} = \frac{BOD_5}{1.5\,BOD_5}$$

$$1/1.5 = 1-10^{-k_1 \times 5}$$

$$0.67 = 1-10^{-k_1 \times 5}$$

$$10^{-k_1 \times 5} = 1-0.67 = 0.33$$

$$\log 10^{-k_1 \times 5} = \log 0.33$$

$$-k_1 \times 5 = -0.4815$$

$$k_1 = \frac{0.4815}{5} = 0.096/\mathrm{day}$$

**예제 3.2**

pH 4인 H하천과 pH 5인 S하천이 동일 유량으로 합쳐진다면 평균 pH는 얼마인가?

**풀이**

pH 4인 H 하천의 수소이온농도 $[H^+] = 10^{-4}$

pH 5인 S 하천의 $[H^+] = 10^{-5}$

평균 $[H^+] = (10^{-4} + 10^{-5})/2 = 0.000055$

$pH = \log(1/[H^+]) = \log(1/0.000055) = 4.25$

**예제 3.3**

탈산소계수가 0.1/day인 하천의 도시 중심에서의 평균 BOD가 30 ppm이다. 도시 중심에서 3일 지난 후의 BOD는?

**풀이**

$$L_t = L_o \cdot 10^{-k_1 t} = 30 \times 10^{-0.1 \times 3} = 15\ \mathrm{ppm}$$

**예제 3.4**

탈산소계수가 0.1/day인 폐수의 5일 BOD가 300 ppm이다.
이 폐수의 3일 후에 남아있는 BOD는?

**풀이**

$$BOD_t = L_o - L_t = L_o - L_o \cdot 10^{-k_1 t} = L_o(1-10^{-k_1 t})$$

$$300 = L_o(1-10^{-0.1 \times 5})$$

$$L_o = 300/(1-10^{-0.1 \times 5}) = 439\ \mathrm{ppm}$$

$$L_t = L_o \cdot 10^{-k_1 t} = 439 \times 10^{-0.1 \times 3} = 220\ \mathrm{ppm}$$

### 3) 세균학적 검사

일반세균, 총 대장균군, 대장균, 분원성 대장균군 등이 있다.

수질시험은 이들 모든 항목에 대해 항시 수행하는 것은 아니고 매일시험 또는 수질기준에 정해져 있는 몇 가지의 항목에 대해서 수행된다.

## 3.3.2 먹는물 수질기준

먹는물 관리법(제3조 제1호)에서 먹는물이란, 먹는 데에 통상 사용하는 자연 상태의 물과 자연 상태의 물을 먹기에 적합하도록 처리한 수돗물, 먹는샘물, 먹는염지하수, 먹는해양심층수 등을 말한다. 이중에서 먹는염지하수란 염지하수(총용존성고형물의 함량이 2,000 mg/L 이상인 암반대수층 안의 지하수)를 먹기에 적합하도록 물리적으로 처리하는 등의 방법으로 제조한 물이다. 또한 먹는물은 수돗물, 생수(먹는샘물 또는 먹는염지하수, 먹는해양심층수), 그리고 먹는물 공동시설(약수터, 샘터, 우물)로 나눌 수 있다. 음용수로 이용하기 위해서는 그 물이 먹을 수 있는 수질인지를 결정할 필요가 있는데, 만일 이들 항목 중에서 어느 것 하나라도 기준치를 초과한 것이 있는 경우는 엄밀하게 말하면 이 물은 음용수로 부적합하다고 말한다. 그러나 항목 간에는 중요도의 차이도 있으므로 경우에 따라서는 음용에 적합하다고 판정하는 일도 있는데 이 판정에는 숙련과 경험을 필요로 한다. 표 3.2는 먹는물 관리법 제5조 및 수도법 제18조, 먹는물 수질기준 및 검사 등에 관한 규칙(환경부령 제65호)에 의해 규정된 먹는물의 수질기준이다. 우리나라 먹는물(정수)의 수질기준은 1963년 3월에 미생물 및 중금속류 등 30개 항목에 대한 기준을 설정하였으며, 그간의 여건변화에 따라 수차례의 개정을 거쳐 현재는 총 61개 항목에 대한 기준을 설정·관리하고 있다.

표 3.2 우리나라 먹는물 수질기준(단위 : mg/L)

| 구분 | 수질항목 | | 수돗물 | 먹는샘물 | 먹는해양심층수<br>먹는염지하수 | 샘물 | 먹는물 공동시설<br>(약수터 등) |
|---|---|---|---|---|---|---|---|
| 미생물 | 일반세균 | 저온일반세균(21℃) | - | 100 CFU/mL | 100 CFU/mL | 20 CFU/mL | - |
| | | 중온일반세균(35℃) | 100 CFU/mL | 20 CFU/mL | 20 CFU/mL | 5 CFU/mL | 100 CFU/mL |
| | 총대장균군 | | ND /100 mL | ND /250 mL | ND/250 mL | ND /250 mL | ND/100 mL |
| | 분원성연쇄상구균 | | - | ND /250 mL | ND/250 mL | ND /250 mL | - |
| | 녹농균 | | - | ND | ND/250 mL | ND | - |

| 구분 | | 수질항목 | 수돗물 | 먹는샘물 | 먹는해양심층수<br>먹는염지하수 | 샘물 | 먹는물 공동시설<br>(약수터 등) |
|---|---|---|---|---|---|---|---|
| | | | | /250 mL | | /250 mL | |
| | | 아황산환원혐기성<br>포자형성균 | | ND/50 mL | ND/50 mL | ND<br>/50 mL | |
| | | 살모넬라 | - | ND<br>/250 mL | ND/250 mL | ND<br>/250 mL | - |
| | | 쉬겔라 | - | ND<br>/250 mL | ND/250 mL | ND<br>/250 mL | - |
| | | 분원성대장균군 | ND<br>/100 mL | - | - | - | ND/100 mL |
| | | 대장균 | ND<br>/100 mL | - | - | - | ND/100 mL |
| | | 여시니아균 | - | - | - | - | ND/2 L |
| 유해<br>영향<br>무기<br>물질 | | 납 | 0.01 | 0.01 | 0.01 | 0.01 | 0.01 |
| | | 불소 | 1.5 | 2.0 | 1.5 (먹는해양심층수)<br>2.0 (먹는염지하수) | 2.0 | 1.5 |
| | | 비소 | 0.01 | 0.01 | 0.01 | 0.05 | 0.01 |
| | | 셀레늄 | 0.01 | 0.01 | 0.01 | 0.01 | 0.01 |
| | | 수은 | 0.001 | 0.001 | 0.001 | 0.001 | 0.001 |
| | | 시안 | 0.01 | 0.01 | 0.01 | 0.01 | 0.01 |
| | | 크롬 | 0.05 | 0.05 | 0.05 | 0.05 | 0.05 |
| | | 암모니아성 질소 | 0.5 | 0.5 | 0.5 | 0.5 | 0.5 |
| | | 질산성 질소 | 10 | 10 | 10 | 10 | 10 |
| | | 카드뮴 | 0.005 | 0.005 | 0.005 | 0.005 | 0.005 |
| | | 붕소 | 1.0 | 1.0 | 1.0 | 1.0 | 1.0 |
| | | 우라늄 | 0.03 | 0.03 | 0.03 | 0.03 | 0.03 |
| | | 브롬산염 | 0.01 | 0.01 | 0.01 | - | - |
| | | 스트론튬 | - | - | 4 | - | - |
| 유해영향유기물질 | 휘발성유기물질 | 페놀 | 0.005 | 0.005 | 0.005 | 0.005 | 0.005 |
| | | 1,1,1-트리클로로에탄 | 0.1 | 0.1 | 0.1 | 0.1 | 0.1 |
| | | 테트라클로로에틸렌 | 0.01 | 0.01 | 0.01 | 0.01 | 0.01 |
| | | 트리클로로에틸렌 | 0.03 | 0.03 | 0.03 | 0.03 | 0.03 |
| | | 디클로로메탄 | 0.02 | 0.02 | 0.02 | 0.02 | 0.02 |
| | | 벤젠 | 0.01 | 0.01 | 0.01 | 0.01 | 0.01 |
| | | 톨루엔 | 0.7 | 0.7 | 0.7 | 0.7 | 0.7 |
| | | 에틸벤젠 | 0.3 | 0.3 | 0.3 | 0.3 | 0.3 |
| | | 크실렌(자일렌) | 0.5 | 0.5 | 0.5 | 0.5 | 0.5 |
| | | 1,1-디클로로에틸렌 | 0.03 | 0.03 | 0.03 | 0.03 | 0.03 |
| | | 사염화탄소 | 0.002 | 0.002 | 0.002 | 0.002 | 0.002 |

| 구분 | 수질항목 | 수돗물 | 먹는샘물 | 먹는해양심층수<br>먹는염지하수 | 샘물 | 먹는물 공동시설<br>(약수터 등) |
|---|---|---|---|---|---|---|
| | 1,4-다이옥산 | 0.05 | 0.05 | 0.05 | 0.05 | 0.05 |
| 농약 | 다이아지논 | 0.02 | 0.02 | 0.02 | 0.02 | 0.02 |
| | 파라티온 | 0.06 | 0.06 | 0.06 | 0.06 | 0.06 |
| | 페니트로티온 | 0.04 | 0.04 | 0.04 | 0.04 | 0.04 |
| | 카바릴 | 0.07 | 0.07 | 0.07 | 0.07 | 0.07 |
| | 1,2-디브로모<br>-3-클로로프로판 | 0.003 | 0.003 | 0.003 | 0.003 | 0.003 |
| 소독부산물 | 유리잔류염소 | 4.0 | - | - | - | - |
| | 총트리할로메탄 | 0.1 | - | - | - | - |
| | 브로모디클로로메탄 | 0.03 | - | - | - | - |
| | 디브로모클로로메탄 | 0.1 | - | - | - | - |
| | 클로로포름 | 0.08 | - | - | - | - |
| | 클로랄하이드레이트 | 0.03 | - | - | - | - |
| | 디브로모아세토니트릴 | 0.1 | - | - | - | - |
| | 디클로로아세토니트릴 | 0.09 | - | - | - | - |
| | 트리클로로아세토니트릴 | 0.004 | - | - | - | - |
| | 할로아세틱에시드 | 0.1 | - | - | - | - |
| | 포름알데히드 | 0.5 | - | - | - | - |
| 심미적 영향물질 | 경도 | 300 | 1,000 | 1,200 | - | 1,000 |
| | 과망간산칼륨소비량 | 10 | 10 | 10 | 10 | 10 |
| | 냄새 | 무취 | - | 무취 | - | - |
| | 맛 | 무미 | - | 무미 | - | - |
| | 동(구리) | 1 | 1 | 1 | 1 | 1 |
| | 색도 | 5도 | 5도 | 5도 | 5도 | 5도 |
| | 세제(ABS) | 0.5 | - | - | - | 0.5 |
| | 수소이온농도(pH) | 5.8~8.5 | 4.5~9.5 | 5.8~8.5 | 4.5~9.5 | 4.5~9.5 |
| | 아연 | 3 | 3 | 3 | 3 | 3 |
| | 염소이온 | 250 | 250 | 250 | 250 | 250 |
| | 증발잔류물 | 500 | 500 | 500* | 500 | 500 |
| | 철 | 0.3 | 0.3 | 0.3 | - | 0.3 |
| | 망간 | 0.05 | 0.3 | 0.3 | - | 0.3 |
| | 탁도 | 1 NTU | 1 NTU | 1 NTU | 1 NTU | 1 NTU |
| | 황산이온 | 200 | 250 | 200 | 250 | 250 |
| | 알루미늄 | 0.2 | 0.2 | 0.2 | 0.2 | 0.2 |

다음 표는 염지하수에만 적용하는 방사능에 관한 기준이다.

**표 3.3** 방사능 기준(염지하수)

| 항목 | 기준 |
|---|---|
| 세슘(Cs-137) | 4.0 mBq/L 이하 |
| 스트론튬(Sr-90) | 3.0 mBq/L 이하 |
| 삼중수소 | 6.0 Bq/L 이하 |

**표 3.4** 주요 수질항목의 기준치 비교

| 항목 | 단위 | 미국 EPA | EU | WHO | 대한민국 |
|---|---|---|---|---|---|
| 대장균(*E.coli*) | 개/100 mL | 시료의 <5% 검출 | 0 | 0 | 0 |
| 비소 | μg/L | 10 | 10 | 10 | 10 |
| 구리 | mg/L | 1.3 | 2 | 2 | 1 |
| 납 | μg/L | 15 | 10 | 10 | 10 |
| $NO_3$-N | mg/L as N | 10 | 11.3 | 11.3 | 10 |
| THM | μg/L | 100 | 100 | 200/100/100/60[a] | 100 |
| 염소이온 | mg/L | 250 | 250 | 250 | 250 |
| 철 | μg/L | 300 | 200 | - | 300 |
| 벤젠 | μg/L | 5 | 1 | 10 | 10 |
| 사염화탄소 | μg/L | 5 | 4 | 4 | 2 |
| 테트라클로로에틸렌 | μg/L | 5 | 10[b] | 40 | 10 |
| 트리클로로에틸렌 | μg/L | 5 |  | 70 | 30 |

a : 클로로포름/브로모포름/디브로모디클로로메탄/브로모디클로로디메탄
b : 트리클로로에틸렌+테트라클로로에틸렌

환경부는 먹는물의 안전성을 확보하고 장래 먹는물 수질기준 설정에 필요한 기초자료를 확보하기 위하여 먹는물 수질기준 항목 이외에 감시항목을 정하여 운영하고 있으며, 현재 비닐클로라이드 등 31개 항목이 지정되어 있다. 수질감시항목이란 먹는물 수질기준이 설정되어 있지 않으나 먹는물의 안전성 확보를 위하여 먹는물 중의 함유실태조사 등의 감시가 필요한 물질을 말한다. 이 지침은 수도법 제3조 제2호에 따른 "상수원수"와 제4호에 따른 "정수(수돗물에 한한다. 이하 정수라 한다)" 및 먹는물 관리법 제3조 제3호에 따른 "먹는샘물"에 한하여 적용한다. 상수원수, 정수 및 먹는샘물의 감시항목 권고기준 및 검사주기는 다음의 표들과 같다. 특별시장·광역시장·특별자치도지사·시장·군수(광역시의 군수는 제외한다)와 한국수자원공사 사장은 정수에 대한 수질검사를 실시하여야 한다. 다만, 자치도지사·시장·군수는 관할

구역의 정수장 중 시설규모가 50,000 $m^3$/일 이상인 정수장에 한한다. 또한 지방상수도 정수장과 마을상수도 중 급수인구가 300명 이상이고, 상수원수가 지하수인 시설에 대하여 상수원수에 대한 수질검사를 실시하여야 한다. 그리고 먹는샘물에 대한 수질검사도 실시하여야 하는데, 상수원수가 지하수인 소규모수도시설 중 양수능력 300 $m^3$/일 이상인 시설에 대하여 노로바이러스 검사를 실시하여야 한다. 수돗물에서 이상한 냄새가 나게 하는 대표적인 물질로 흙냄새를 나게 하는 지오스민(geosmin)과 곰팡이 냄새를 나게 하는 2-MIB (2-methyl isoborneol) 등 2개 물질이 있다. 지오스민과 2-MIB는 하천이나 호소에 질소·인과 같은 영양염류의 유입으로 조류가 대량으로 번식할 때 생성되는 대사물질로, 독성이 없는 심미적인 물질이다. 위에서 언급한 먹는물 수질기준 61개 항목과 먹는물 수질감시항목 26개, 그리고 추가적으로 각 지방자치단체별로 자체감시항목을 80개 전후로 설정·관리하고 있으므로 대부분의 오염물질은 수질검사에서 존재여부를 파악할 수 있게 되고 또한 이에 대한 후속대책을 수립할 수 있게 된다. 다음 표들은 먹는물과 상수원수의 수질감시항목 감시기준 및 검사주기 등에 관한 것이다.

## 1) 상수원수 수질감시항목

| 구분 / 항목 | 한국 감시기준 | 시행 년도 | 국외 기준/권고기준(정수) | | | | 검사주기 |
|---|---|---|---|---|---|---|---|
| | | | WHO | 미국 | 일본 | 호주 | |
| Corrosion Index (LI) | - | 2012 | - | 부식성 없음 (2차 기준) | −1 ~0[b] | - | 4회/년 |
| Microcystin-LR ($\mu$g/L) | - | 2013 | 1 | - | 0.8[a] | 1.3[c] | 1회/주 ~ 3회/주 (남조류 세포수와 연동) |
| Geosmin ($\mu$g/L) | - | 2022 | - | - | 0.01 | - | 1회/월(평상시) 1회/주~3회/주 (조류경보 발령 시) |
| 2-MIB (2-Methyl isoborneol) ($\mu$g/L) | - | 2022 | - | - | 0.01 | - | |

※ 비고

1. 부식성지수는 랑게리아지수(Langelier index, LI)를 적용한다.
2. 원·정수의 Microcystin-LR, Geosmin 및 2-MIB 검사는 상수원의 조류경보 발령 시 단계에 따라 아래와 같이 강화하여 실시한다.

| 구 분 | 검 사 주 기 | |
|---|---|---|
| | Microcystin-LR | Geosmin 및 2-MIB |
| 평상시 | 1회/반기(6, 9월) | 1회/월 |
| '관심'단계 발령 시 | 1회/주 | |
| '경계'단계 발령 시 | 2회/주 | |
| '조류대발생'단계 발령 시 | 3회/주 | |

3. "a"는 요 검토항목, "b"는 수질관리목표설정항목, "c"는 microcystins (총량)이다.

## 2) 정수 수질감시항목

(단위 : μg/L)

| 구분 / 항목 | | 한국 감시 기준 | 국외 기준/권고기준 | | | | 검사주기 | | | 시행 년노 |
|---|---|---|---|---|---|---|---|---|---|---|
| 계 | 31항목 | | WHO | 미국 | 일본 | 호주 | 1회 /월 | 1회 /분기 | 1회 /년 | |
| 유해영향 무기물질 | Antimony | 20 | 20 | 6 | 15[b] | 3 | | | ○ | 1998 |
| | Perchlorate | 15 | - | - | - | - | | ○ | | 2010 |
| 유해영향 유기물질 | Vinyl Chloride | 2 | 0.3 | 2 | 2[a] | 0.3 | | | ○ | 1998 |
| | Styrene | 20 | 20 | 100 | 20[a] | 30 | | | ○ | 1998 |
| | Chloroethane | 미설정 | - | - | - | - | | ○ | | 2001 |
| | Bromoform | 100 | 100 | 80[d] | 90 | - | | ○ | | 2011 |
| | Chlorophenol | 200 | - | - | - | 300 | | | ○ | 1998 |
| | 2,4-Dichlorophenol | 150 | - | - | - | 200 | | | ○ | 1998 |
| | Pentachlorophenol | 9 | 9 | 1 | - | 10 | | | ○ | 1998 |
| | 2,4,6-Trichlorophenol | 15 | 200 | - | - | 20 | | | ○ | 1998 |
| | Di-2(ethylhexyl)phthalate | 80 | 8 | 6 | 100[b] | 10 | | | ○ | 2002 |
| | Di-2(ethylhexyl)adipate | 400 | - | 400 | - | - | | | ○ | 2002 |
| | Benzo(a)pyrene | 0.7 | 0.7 | 0.2 | - | 0.01 | | | ○ | 1998 |
| | Microcystin-LR | 1 | 1 | - | 0.8[a] | 1.3[c] | 1회/주~3회/주 | | | 2013 |
| | 2,4-D | 30 | 30 | 70 | - | 30 | | | ○ | 1998 |
| | Alachlor | 20 | 20 | 2 | - | - | | | ○ | 1998 |
| | PFOS | 0.07 | - | 0.07 | - | 0.07 | ○ | | | 2018 |
| | PFOA | 0.07 | - | 0.07 | - | 0.56 | ○ | | | 2018 |
| | PFHxS | 0.48 | - | - | - | 0.57 | ○ | | | 2018 |
| 소독 부산물 | Chlorate | 700 | 700 | - | - | - | | ○ | | 2011 |
| | Ethylendibromide | 0.4 | - | 0.05 | - | - | | | ○ | 1998 |
| | Bromochloroacetonitrile | 미설정 | - | - | - | - | | ○ | | 1998 |
| | Monobromoacetic acid | 60 (총HAA) | - | 60[e] | - | - | | ○ | | 2005 |
| | Monochloroacetic acid | 60 (총HAA) | 20 | 60[e] | - | - | | ○ | | 2005 |
| | NDMA | 0.07 | 0.01 | 0.07 | 0.01 | - | ○ | | | 2018 |

| 항 목 / 구 분 | | 한국 감시 기준 | 국외 기준/권고기준 | | | | 검사주기 | | | 시행 년도 |
|---|---|---|---|---|---|---|---|---|---|---|
| 계 | 31항목 | | WHO | 미국 | 일본 | 호주 | 1회/월 | 1회/분기 | 1회/년 | |
| | NDEA | 0.02 | - | - | - | - | ○ | | | 2018 |
| 심미적 영향물질 | Geosmin | 0.02 | - | - | 0.01 | - | 1회/월～3회/주 | | | 2008 |
| | 2-MIB (2-Methyl isoborneol) | 0.02 | - | - | 0.01 | - | | | | 2008 |
| | Corrosion index (LI) | - | - | 부식성 없음 (2차 기준) | −1 ～0[b] | - | | ○ | | 2012 |
| 미생물 | Norovirus | 불검출 | - | 오염후보물질 | - | 관리대상 | | | ○ | 2011 |
| 자연방사성물질 | Radon (Bq/L) | 148 | - | 148 | - | 100 | | ○ | | 2019 |

### 3) 먹는샘물 수질감시항목

(단위 : μg/L)

| 항목 / 구분 | 한국 (감시기준) | 국외 기준/권고기준(정수) | | | | 검사 주기 | 시행 년도 |
|---|---|---|---|---|---|---|---|
| | | WHO | 미국 | 일본 | 호주 | | |
| 포름알데히드 (Formaldehyde) | 500 | - | - | 80 | 500 | 2회/년 | 2010 |
| 안티몬 (Antimony) | 15 | 20 | 6 | 15[b] | 3 | 2회/년 | 2014 |
| 몰리브덴 (Molybdenum) | 70 | 70 | 40 | 70[a] | 50 | 2회/년 | 2017 |

다음 표는 먹는물 수질기준 및 검사 등에 관한 규칙에 명시된 수질검사대상 수도꼭지의 추출기준이다. 수도꼭지에서의 수질검사항목은 지방자치단체별로 항목수가 차이가 나는데, 서울특별시의 경우 pH, 탁도, 철, 구리, 잔류염소 등을 분석하여 부적합 시에는 일반세균 등 7개 항목을 추가로 검사하도록 하고 있다. 대구광역시의 경우는 11개 항목, 대전광역시의 경우는 8개 항목을 검사하도록 규정하고 있다.

**표 3.5** 검사대상 수도꼭지(tap)의 추출기준(제4조 제3항)

| 급수인구(인) | 수질검사대상 수도꼭지의 수(개) |
|---|---|
| 5,000 미만 | 1 |
| 5,000～50,000 | 급수인구 5,000인당 1 |
| 50,000～100,000 | 급수인구 7,000인당 1 + 2 |
| 100,000～500,000 | 급수인구 8,000인당 1 + 4 |
| 500,000～1,000,000 | 급수인구 15,000인당 1 + 33 |
| 1,000,000 이상 | 급수인구 30,000인당 1 + 66 |

**표 3.6** 정기수질검사 항목 및 검사빈도

<table>
<tr><th>원수검사</th><th colspan="2">정수장검사</th><th colspan="2">수도꼭지검사</th></tr>
<tr><td rowspan="4">- 법정항목 : 31개<br>- 감시항목 : 134개 이상 [페놀, 영양염류, VOC, 생물감시(물벼룩 등) 등]<br>- 국가수질측정망 가동<br>- 조류관리검사항목 : 클로로필-a, 남조류개체수, 마이크로시스틴, 2-MIB, Geosmin (검사주기 : 매일～주 3회)</td><td>항목</td><td>빈도</td><td>항목</td><td>빈도</td></tr>
<tr><td>pH, 색도, 탁도, 잔류염소, 맛, 냄새</td><td>매일 1회 이상</td><td rowspan="3">일반세균, 총대장균군, 분원성대장균군, 잔류염소, 탁도, 냄새, 맛, pH, Fe, Cu, Zn, THMs, $NH_3$-N (관말급수전 : 60개 항목)</td><td rowspan="3">매월 1회 이상</td></tr>
<tr><td>$NH_3$-N, $NO_3$-N, $KMnO_4$ 소비량, 일반세균, 대장균군, 증발잔류물</td><td>매주 1회 이상</td></tr>
<tr><td>상기 외의 항목 (60개+감시항목)</td><td>매월 1회 이상</td></tr>
</table>

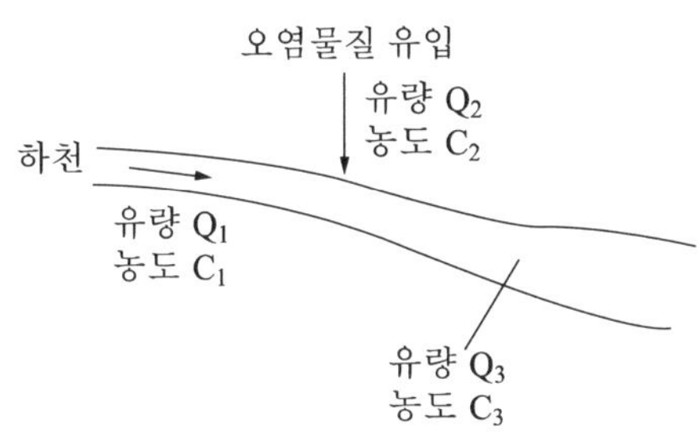


**그림 3.1** 하천오염의 물질수지

그림 3.1은 상수원수인 하천에 위에서 언급했었던 많은 수질오염물질이 유입되었을 때 원수와 오염물질이 혼합되기 전과 혼합된 후의 물질수지(mass balance)의 개념을 나타낸 것으로서, 하천에 보존성(비분해성) 오염물질이 유입하는 즉시 완전 혼합되고 질량에는 변화가 없

다는 가정(질량보존의 법칙 적용) 하에서 하류지점에서의 혼합 오염물질의 농도는 다음의 물질수지식에 의해 결정할 수 있다.

$$\text{물질수지식 : 혼합 전 총오염물질량} = \text{혼합 후 총오염물질량} \tag{3.3}$$

$$(Q_1 \times C_1) + (Q_2 \times C_2) = Q_3 \times C_3$$

$$(Q_3 = Q_1 + Q_2)$$

여기서, $Q$ : 유량

$C$ : 농도

하류에서의 혼합농도 $C_3$는 다음 식과 같이 쉽게 계산된다.

$$C_3 = [(Q_1 \times C_1) + (Q_2 \times C_2)] / Q_3 \tag{3.4}$$

---

**예제 3.5**

어떤 하수종말처리장의 운전부주의로 미처리된 하수 6,250 $m^3$/day이 BOD 100 mg/L의 농도로 하천유량이 200,000 $m^3$/day이고 BOD가 1 mg/L인 하천에 무단 방류될 때, 하천과 미처리 하수가 혼합된 후의 하천의 BOD는?

**풀이**

혼합농도 $C_m = \dfrac{Q_1C_1 + Q_2C_2}{Q_1 + Q_2}$

$$C_m = \frac{[(200{,}000 \times 1) + (6{,}250 \times 100)]}{(200{,}000 + 6{,}250)} = 4 \text{ mg/L}$$

---

**예제 3.6**

BOD 200 mg/L, 유량 600 $m^3$/day인 공장폐수가 BOD 10 mg/L, 유량 2 $m^3$/sec인 하천에 유입한다. 폐수가 유입되는 지점으로부터 하류 10 km 지점의 BOD(mg/L)는? (단, 다른 유입원은 없고, 하천의 유속 0.05 m/sec, 20℃ 탈산소계수($k_1$) = 0.1/day이다. 상용대수기준, 20℃ 기준이며 기타 조건은 고려하지 않음)

**풀이**

혼합농도 $C_m = \dfrac{Q_1C_1 + Q_2C_2}{Q_1 + Q_2}$

$$= \frac{(200 \times 600\text{m}^3/\text{d} + 10 \times 2\text{m}^3/\text{sec} \times 60\text{sec/min} \times 60\text{min/hr} \times 24\text{hr/d})}{(600 + 172{,}800)}$$

$$= (120{,}000 + 1{,}728{,}000)/173{,}400 = 10.65 \text{ mg/L}$$

$$S = vt$$

$$\therefore\ t = S/v = 10\text{km}/(0.05\text{m/sec} \times 1\text{km}/1{,}000\text{m} \times 86{,}400\text{sec/d}) = 2.31 \text{ day}$$

$$L_t = L_o \cdot 10^{-k_1 t} = 10.65 \times 10^{-0.1 \times 2.31} = 6.26 \text{ ppm}$$

4

Chapter

# 수원 및 취수

## 4.1 수원

### 4.1.1 종류

수도는 그 수원의 대부분을 지표수와 지하수에 의존하고 있다. 지표수는 지하수의 상대 개념으로 사용되는 말인데 보통 하천수와 호소수를 지칭한다. 지하수에 있어서는 채수층이 너무 깊은 것은 거의 이용 불가능하고, 깊이 200 m 이내의 물이 이용되고 있다. 이와 같이 지금까지는 대부분 하천수, 호소수, 지하수의 3종류만이 이용되고 있는데 물 사정의 악화에 의해 새로운 수원으로 해수나 하수처리수가 이용되고 있다.

#### 1) 강수

강수라고 하면 비, 눈 등을 가리키는데 주체는 우수이다. 원래 강수는 순수에 가까운 것인데, 대기 중을 강하하는 동안 먼지, 세균, 가스 등을 흡수한다. 이들 불순물은 초기 우수에 많이 함유되어 있으며 특히 대도시의 우수에 많다.

하천이 없거나, 지하수를 얻기 곤란한 외딴섬 등에서는 강수를 나무통 등에 담아 직접 가정용수로 이용하는 수가 있다. 이때에는 초기 강수는 버리고 일정시간이 지난 후에 내린 비를 담는다. 강수를 음용하면 칼슘성분이 부족해서 이에 의한 병을 일으킬 수 있기 때문에 주의가 요구된다.

**예제 4.1** 1인 1일당 급수량이 350 L인 인구 700,000명인 도시에 상수를 공급하려 한다. 설정된 수원에서 집수면적이 10 $km^2$이고 일평균강우량은 78 mm이고 유출계수가 0.3이다. 연간공급유량($m^3$)과 연간소요량($m^3$)은 각각 얼마인가?

**풀이**

1. 연간공급유량 $Q = CIA$

$$Q = 0.3 \times 78(\mathrm{mm/day}) \times 10^{-3}(\mathrm{m/mm}) \times 10\mathrm{km}^2 \times 10^6(\mathrm{m}^2/\mathrm{km}^2) \times 365(\mathrm{day/yr}) = 85{,}410{,}000\ \mathrm{m}^3/\mathrm{yr}$$

2. 연간 소요량

$$= 350\mathrm{L}/\text{인}/\mathrm{day} \times 10^{-3}(\mathrm{m}^3/\mathrm{L}) \times 700{,}000(\text{인}) \times 365(\mathrm{day/yr})$$

$$= 89{,}425{,}000\ \mathrm{m}^3/\mathrm{yr}$$

그러므로 상수 소요량에 비해서 공급유량(급수량) 부족으로 이에 대한 대책이 필요함.

## 2) 하천수

일반적으로 무기·유기의 부유물을 많이 함유하고 있는데 깨끗한 하천수의 경우 용존산소는 상당히 풍부하고 경도도 낮으므로 수도의 수원으로 이상적이다. 취수가 용이하며 대량의 취수도 가능하므로 가장 많이 이용되고 있다. 하천수는 하류로 갈수록 수질이 악화된다. 상류부에 있어서 탁도성분은 거의 무기물에서 유래하며, 일반적으로 탁도는 2～3도로 낮은 것이 보통이다. 시가지에서 유출된 살수차량에 의한 도로노면 유출수와 처리되지 않은 하수나 공장폐수에 의한 오염으로 탁도는 10～20도 정도로 증가하고, 세균이나 용해성 유기물도 더욱 증가한다.

비가 내리면 탁도는 급격하게 증가하여 2,000～5,000도에 달하는 경우도 종종 있는데, 탁도 변동이 큰 것은 하천수의 특징 중 하나이다. 또한 유량의 변동에 따라 수질은 변화하는데, 일반적으로 유량이 적은 시기에는 악화된다. 그러나 강우 유출의 초기에는 건기시에 지표면에 축적되었던 오염물 등이 유입되므로 유량이 많아도 수질은 일시적으로 악화된다. 오염이 현저한 하천은 여름철의 수온상승에 따라 조류 등이 이상발생하고 물에 이상한 맛을 주게 된다.

## 3) 호소수

저수지의 물은 그 성질상 호소수에 포함되는데, 호소수의 수질은 일반적으로 하천수에 비해서 양호하며, 오염물은 유입되는 하천수에 따라 아주 천천히 호수 중심 쪽으로 확산하는 경우도 있지만 바람에 의한 흐름으로 이동하는 것이 많다.

호소수의 큰 특징은 1년 중 봄과 가을에 자연적으로 호소 위와 아래의 혼합이 발생하여 탁하게 된다는 점이다. 이 기간을 순환기라고 하며, 여름과 겨울에 물이 맑은 시기를 정체기라 한다.

여름에는 수면의 수온이 가장 높고 수심이 깊어짐에 따라 점차 수온이 낮아지는 수층을 형성한다. 이러한 현상은 수온에 기초한 밀도차에 의해 가능한 것이며, 수온의 저하가 어떤 깊이까지는 천천히 진행되며, 그 후 급격히 저하하는데 이를 수온약층이라 하고 이보다 얕은 곳을 표수층, 깊은 곳을 심수층 또는 정체층이라고 한다(그림 4.1).

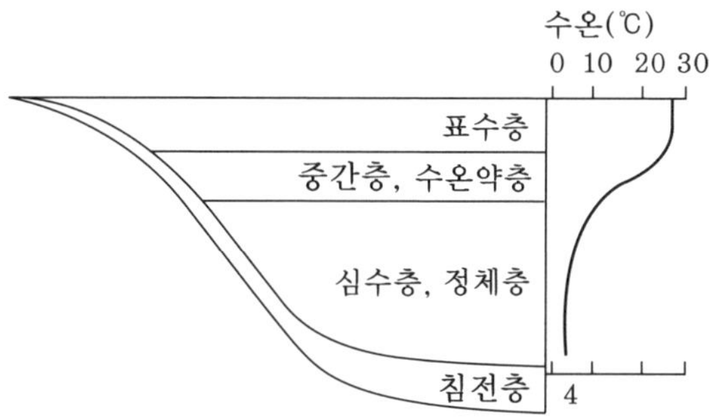


**그림 4.1** 여름철 호소의 수온 수직분포

표수층의 물은 바람이나 대류에 의해 수평 또는 연직으로 운동할 수 있는데, 심수층의 물은 완전히 정지해 있다. 이 때문에 심수층의 물에는 용존산소가 적거나 없어서 환원작용이 일어나기도 한다. 또한 호소의 수심이 매우 깊을 때는 수온약층은 2개 이상이 될 수도 있다.

봄과 가을이 되면 수면의 물은 최대밀도를 나타내어 그에 따라 표면의 물은 가라앉기 시작해 점차 그것이 심해지며, 다음에는 수면에서 바닥에 걸쳐 물의 심한 상하운동이 일어나 물이 탁하게 된다. 이와 같은 현상을 「전도(turnover)현상」이라 하며, 이것은 연직방향으로 수온이 같아질 때까지 계속되어 겨울을 맞이한다.

겨울에는 물이 정체되어 깨끗해진다. 열대지방은 다른 양상을 나타내며, 보통 우리나라의 기후에서는 수온이 4℃로 될 때까지는 온도 하강에 따라서 밀도가 증가하고 수면의 물은 하강하게 된다. 그러므로 봄에 순환이 일어나는 물은 탁하며, 연직 방향의 수온이 같아지게 될 때까지 계속해서 다시 여름의 정체기로 들어간다.

호소에는 이상과 같이 특이한 성질이 있으므로 수질은 계절에 따라 크게 변화한다. 또한 하수나 비료 등이 유입되어 호소 내에 인이나 질소가 많아지면 부영양화(eutrophication)를 일으켜서 플랑크톤이 대량으로 증식하여 수질 악화가 급격히 일어난다. 자정능력 이상의 오염물질이 한 번이라도 유입되면 하천수보다도 수질회복이 훨씬 어렵게 된다.

**예제 4.2**

부영양화 현상에 대한 특징을 설명한 것으로 알맞지 않은 것은?
가. 사멸된 조류의 분해작용에 의해 표수층으로부터 용존산소가 줄어든다.
나. 조류합성에 의한 유기물의 증가로 COD가 증가한다.
다. 일단 부영양화가 되면 회복되기 어렵다.
라. 영양염류인 인(P), 질소(N) 등의 유입을 방지하면 이 현상을 최소화 할 수 있다.

**풀이**

표수층의 용존산소(DO)는 조류의 광합성 작용에 의하여 포화상태가 됨.

### 4) 지하수

지하수의 수질은 지질에 따라 큰 영향을 받는데 일반적으로 무기물 성분이 풍부하고 경도가 높다. 또한 철이나 망간이 함유된 것도 많지만 지표수보다 깨끗하며 수온도 연중 그다지 변화가 없으므로 수도의 수원으로서 양호하여 현재 하천수에 있어서 복류수(강변여과수)의 형태로 많이 이용되고 있다. 오염된 지표수는 토양의 정화작용을 받거나 지하에 침투해서 이동하는데, 얕은 곳에 있는 지하수는 정화되는 것이 적기 때문에 위생상 위험한 것이 있으며 때로는 대장균이 출현하는 경우도 있다. 토양의 정화작용의 능력에도 일정한 한계가 있으므로 도시와 같이 지표수의 오염이 심한 곳에서는 지하수 수질이 불량해지고 특히 얕은 지하수는 위험하다.

이에 비해 깊은 곳에 있는 지하수는 거의 토양의 정화작용이 완료되어 있으므로 극히 양질의 물이다. 그러나 너무 깊으면 공기의 공급이 차단되어 무산소 상태로 되며 환원작용에 의해서 때로는 황화수소나 암모니아를 포함할 수가 있다. 용천수는 지하수가 자연적으로 지표로 나오는 것이므로 수질은 얕은 지하수와 비슷하며 그다지 기대할 수 있는 양호한 수질은 아니다.

복류수는 하천의 저부 또는 측부의 사악층을 하천과 같은 방향으로 흐르는 일종의 지하수이다. 수질은 근처의 하천 수질에 크게 좌우되는데, 하천에 비해 어느 정도 양호하므로 소규모 수도에 많이 이용되고 있다. 최근 지하수의 과잉 양수에 의해 지반 침하라고 하는 2차 공해가 일어나고 있다.

### 5) 해수·하수처리수

아직 수원으로서 일반적인 것은 아니지만 장래의 수원으로 가능성을 갖고 있는 것이다. 사막지대나 외딴섬 등 담수를 용이하게 구할 수 없는 지역에서는, 실제로 해수를 담수화해서 이용하고 있다. 해수 중의 불순물은 거의 무기물이고 모든 원소를 함유하고 있다. 무기물의 농도는 약 35,000 ppm인데, 그 중 98%는 $Na^{+}$, $Mg^{2+}$, $Cl^{-}$, $SO_4^{2-}$가 점유하고 있다. 이들 불순물을 적정 수준까지 제거하기 위한 정수 비용은 하천수에 비해 상당히 높아지는 것은 당연하다.

하수처리수 중의 불순물은 거의 유기물이고, 기타 암모니아나 중금속 등이 함유되어 있다. 농도는 해수보다 적은 3,000~4,000 ppm인데, 역시 정수 비용은 증가하게 된다. 현재 하수처리수는 잡용수나 공업용수의 수원으로 이용되고 있다.

### 4.1.2 물의 자정작용

오염된 물을 원래의 깨끗한 상태로 되돌려 놓는 자연의 작용을 물의 자정작용이라 한다. 지표수는 항상 이 작용을 받고 있는데, 일반적으로 하천수의 경우가 호소수보다, 또한 여름이 겨울보다 자정작용이 크다. 자정작용에는 능력의 한계가 있으며, 이 한계 이상으로 오염되면 자정작용은 불가능하게 되고 오염은 더욱 진행된다. 자정작용에는 다음과 같은 작용이 있고, 이것들이 상호 작용해서 물이 정화된다.

#### 1) 물리적 작용

① 침전 : 물보다 비중이 큰 부유물은 중력에 의해 침강한다.
② 표백 : 태양광선에 의해 일어난다.
③ 살균 : 태양의 자외선이 세균에 작용한다.
④ 재폭기(reaeration) : 대기 중의 공기가 물에 녹아, 수중에 산소 등을 방출한다. 이것은 수면이 대기와 접촉하여 일어나는데, 계류부(상류)나 급류부에서는 특히 잘 일어난다. 또한 파랑에 의해서도 작용은 크게 된다.

#### 2) 화학적 작용

① 산화 : 유기물을 수중의 용존산소가 비교적 안정한 무기물이나 가스로 변형시키고, 용해되어 있는 철이나 망간을 수산화물로 변화시켜 침전시킨다.
② 응집 : 콜로이드나 세균 등이 응집해서 침전이 촉진된다.

#### 3) 생물학적 작용

① 분해 : 세균이나 미생물의 영양원인 유기물이 이들 생물에 의해 호기성 분해(산화) 또

는 혐기성 분해(환원)를 받아 안정한 무기물이나 가스로 변형된다.

② **광합성** : 플랑크톤은 햇빛의 존재 하에 탄수화물이나 단백질을 합성하는데, 이 때 탄산가스나 질소를 흡수해서 산소를 방출한다.

③ **생존경쟁** : 원생동물이 세균을 포식한다.

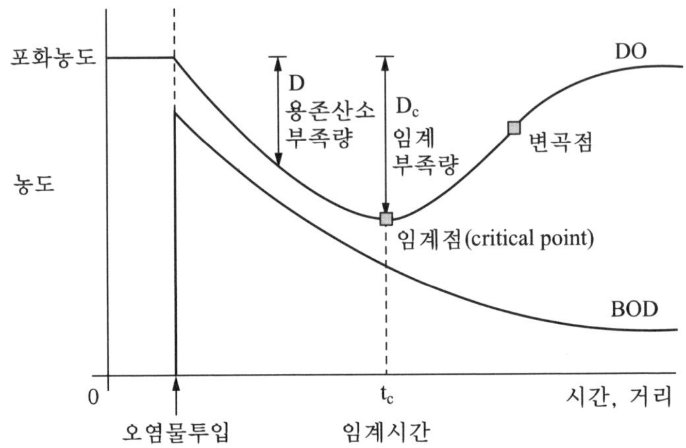


그림 4.2 하천 자정작용에 따른 DO와 BOD 변화

---

**예제 4.3**

어떤 하천의 재폭기(reaeration)계수가 0.2/day, 탈산소계수가 0.1/day이면 이 하천의 자정계수는 얼마인가?

**풀이**

$f$ =재폭기계수($k_2$) / 탈산소계수($k_1$)$=0.2/0.1=2$

∴ 재폭기 > 탈산소 : 자정작용 유지

cf. 재폭기 < 탈산소 : 자정작용 파괴, 오염 시작

**예제 4.4**

탈산소계수가 0.1/day인 하천의 도시 중심에서의 평균 BOD가 30 ppm이다. 도시 중심에서 3일 지난 후의 BOD는?

**풀이**

$$L_t = L_o \cdot 10^{-k_1 t} = 30 \times 10^{-0.1\times 3} = 15 \text{ ppm}$$

### 4.1.3 수원의 선정

수원의 종류나 위치는 취수 후의 정수방식이나 수도시설의 전반적인 배열과 건설비나 유지

비에 직접 영향을 주는 것이므로 수원의 선정은 수도 계획 중에서 가장 중요하며 결정하는 것이 어렵기도 하다. 수원을 선정할 때는 여러 개의 후보 수원에 대해 조사·설계해야만 하는데 일반적으로 수원이 갖추어야 할 조건은 다음과 같다.

① 수량이 풍부해야 한다.
② 수질이 좋아야 한다.
③ 가능한 한 높은 곳에 위치해야 한다.
④ 가능한 한 수돗물 소비지에서 가까운 곳에 위치해야 한다.

수원의 종류에 따른 취수지점의 선정에는 다음과 같은 사항을 고려해서 결정한다.

① 수원으로서의 구비요건을 갖추어야 한다.
② 수리권 확보가 가능한 곳이어야 한다.
③ 상수도시설의 건설 및 유지관리가 용이하며 안전하여야 한다.
④ 상수도시설의 건설비 및 유지관리비가 가능한 저렴해야 한다.
⑤ 장래의 확장을 고려할 때 수량, 수리권, 수질이 양호하고 확장에 필요한 용지 확보에 유리한 곳이어야 한다.
⑥ 상수원보호구역의 지정, 수질의 오염방지 및 관리에 무리가 없는 지점이어야 한다.

지하수를 수원으로 하는 경우는 미리 부근의 지형, 지질을 고려해서 시추정을 파고 양수시험을 행하며, 수량, 수위, 수질, 지질 등에 대해 충분한 조사를 행해야만 한다. 시추정의 수가 많을수록 정확한 자료가 얻어진다. 양수시험의 결과, 적정 양수량 혹은 경제 양수량이 계획 취수량보다 많은 장소를 취수지점으로 선정하면 좋다.

얕은 지하수는 지표에서 오염을 받기 쉬우므로 부근에 오염원이 있을 때는 주의가 요구된다. 또한 해안에 근접되어 있는 곳에서는 해수가 혼입할 우려가 있으므로 신중히 조사해야 한다.

### 4.1.4 수원의 관리

수원 관리에는 양적인 것과 질적인 것이 있다. 필요 수량을 항상 확보할 수 있도록 관리하는 것은 중요한 일이지만, 양질의 음용수를 경제적으로 대량 만들기 위해서는 오히려 질적인 수원 관리가 보다 중요하다. 각종 개발사업에 따라 수원 인근 지역에 공장이나 주택이 증가하고 있는데, 이와 같은 토지이용 변화로부터 어떻게 수원을 지키느냐가 중요한 과제인데 일반적으로 수원림으로 보호하는 것이 효과적이다. 산림은 산사태를 막으며 비에 의한 혼탁수의 방출을 방지하기 때문이다.

수원 부근에 관광시설이 들어서면 여러 이유로 수질이 악화되기 때문에 수원 부근의 관광지화는 가능한 한 피하도록 행정적으로 최선을 다해야 한다. 만일 관광시설 등이 세워질 경우에는 오수나 배수가 일절 수원에 유입되지 않도록 지도하고 규제해야 한다. 수원 부근에서의 암석 및 자갈의 채취도 수원을 혼탁시키는 원인이기 때문에 어느 정도의 제한이나 금지 등의 조치를 강구할 필요가 있다.

지하수에 관해서는 오염원이 될 수 있는 수원 주변의 주택, 공장, 각종 처리시설 등의 상황을 항상 파악해 두어야 한다. 우물을 서로 가깝게 파서 동시에 양수하면 상호간섭에 의해 양수량이 감소하고 계획된 양의 취수가 불가능해지는 경우가 있으므로, 될 수 있는 한 떨어져서 우물을 파야 한다. 또한 양수량은 경제 양수량의 범위 내에 한정시켜 결정하며 과잉으로 양수해서는 안 되는데, 이는 지반침하의 원인이 되기 때문이다. 양수량은 시간이 경과되면 감소하는 경향이 있으므로 주기적으로 양수시험을 행할 필요가 있다.

### 4.1.5 우리나라 수자원의 이용실태

4차 수자원장기종합계획 제3차 수정계획(2016～2020년)에 따르면 우리나라 수자원 총량은 1,323억 $m^3$/년이고, 총 이용량은 372억 $m^3$/년으로 수자원 총량은 여러 가지 사업에 따른 수자원확보 등으로 26억 $m^3$가 증가하였으며, 총 이용량은 댐 건설과 같은 이수시설의 확충의 영향으로 1965년 이후 6배 이상 증가하였다. 우리나라 수자원의 이용량은 총량의 28%에 불과하며, 수원별 분포를 보면 그림 4.3과 같다.

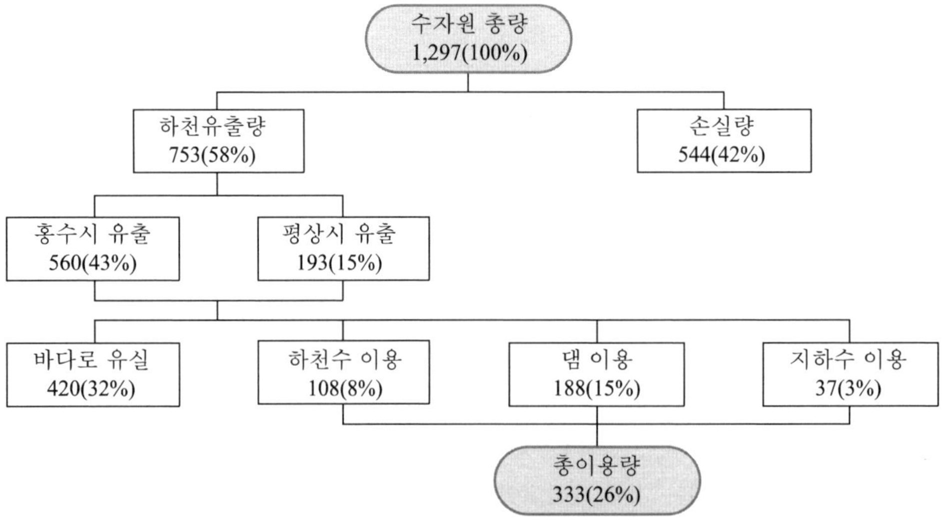


그림 4.3 우리나라의 수자원 이용현황(단위 : 억 $m^3$/년)

지방상수도의 경우 하천표류수가 차지하는 비율이 높아서 원수의 수질과 수량면에서 계절적인 영향을 많이 받으므로 안전급수에 위험성을 내포하고 있다. 이에 대한 대책으로 수원의 다원화 방안이 절실히 요구된다. 즉, 갈수기와 홍수기를 대비한 하천원수 저류조의 건설, 지하수 이용량 확대 및 중수도 시설의 이용으로 수요량을 저감하기 위한 대책이 필요하다. 외국의 경우 현재 지하수 이용량이 20%에 이르고 있으며 중수도 사용량도 계속 증가되고 있는 실정이다.

2021년 말 기준으로 상수도 시설의 1일 취수능력(시설용량)은 33,217천 $m^3$(100%)이며, 이 중 하천표류수 15,517천 $m^3$(46.7%), 하천복류수 1,860천 $m^3$(5.6%), 댐 14,714천 $m^3$(47.7%), 지하수 604천 $m^3$(1.8%), 기타 저수지 522천 $m^3$(1.6%)이다.

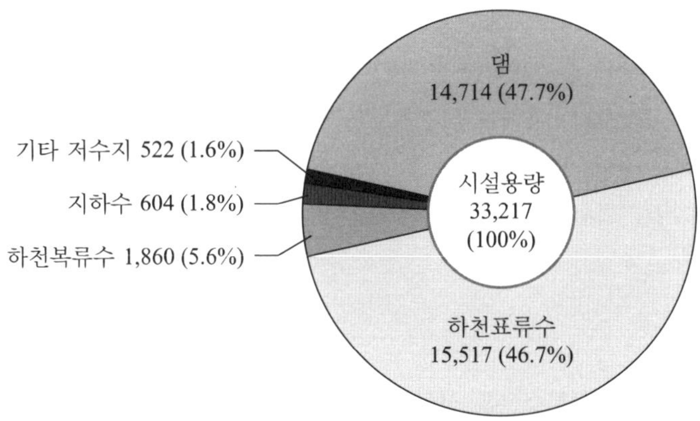


**그림 4.4** 우리나라 상수도 취수시설용량(단위 : 천 $m^3$/일)

## 4.2 취수

### 4.2.1 계획취수량

계획취수량은 계획 1일 최대급수량을 기준으로 하는데 정수장에 있어서 작업 용수 등의 손실이 있으므로 여유율을 설정할 필요가 있다. 통상적으로 계획 취수량은 계획 1일 최대급수량의 약 10%를 추가한다고 생각하는 것이 좋다.

**예제 4.5**

급수인구가 5,000명인 소도시의 1인 1일 최대급수량이 200 L일 때 계획취수량은 얼마 정도 해야 하는가?

**풀이**

계획취수량 : 계획1일 최대급수량을 기준으로 함.

+5～10% 여유를 둠(각종 손실과 세척수 등)

계획1일 최대급수량 = 5,000인 × 200 L/인/일 = 1,000,000 L/일

= 1,000 $m^3$/일

∴ 계획취수량 = 1,050～1,100 $m^3$/일

## 4.2.2 지표수의 취수

취수에서 가장 중요한 것은 어떠한 조건에서도 방해를 받지 않고 취수 가능한가 하는 것이다. 즉, 취수시설은 최대갈수 시에도 취수가능한 크기여야 한다. 최대홍수 시에도 안전하게 관리 조작이 가능하고 수압, 세굴, 유하물에 대해 충분히 견딜 수 있는 구조가 되어야만 한다. 취수시설로는 취수문, 취수탑, 취수언, 취수틀, 취수관거 등이 있다.

### 1) 취수문

취수문은 하천변에 직접 취수문을 설치한 구조물로서 그림 4.5에 그 일례를 나타내었다. 철근콘크리트로 하천변에 기둥을 만들고 물은 취수문으로 직접 유입된다. 주로 하천의 중류부에서 하류부에 걸쳐 사용되는 것이 많다.

그림 4.5 취수문

그림 4.6 수문 게이트 밸브

취수문에는 게이트(gate)식 수문과 각락(stop log)식 수문이 있다. 게이트식 수문의 여닫이가 소규모인 경우는 목재가 사용되는 경우도 있는데 일반적으로 강철재가 많다. 각락식 수문은 문의 빗장 대신 각락을 사용한 것으로 아주 소규모인 취수문에 이용되고 있다. 각락재는 일반적으로 목재가 이용되는데 최근 콘크리트제도 있다. 문의 빗장이나 각락은 모두 유입량을 조절하는 것이며, 이들은 규모에 따라 수동 또는 전기로 개폐된다.

물의 유입방식은 가능한 본류에 직각이 되게 취수문을 배치한다. 취수문의 크기는 유입속도가 0.8 m/s 이하가 되도록 설계하고, 문의 전면에는 흙이나 나무 등이 유입되지 않도록 5 cm 간격 정도의 틈이 있는 스크린을 설치한다.

하천의 수심이 얕아서 필요 수량의 확보가 불가능할 경우에는 수위를 높이기 위해 하류에 댐을 설계하는 수가 있다. 이와 같은 댐을 취수댐(취수언)이라고 한다. 또한 해수의 범람 우려가 있는 경우에는 해수의 침입을 방지키 위해 둑을 설치하는데, 이것을 방조제라 부른다.

## 2) 취수탑

취수탑은 호소, 저수지, 흐름이 안정된 하천의 중앙 및 하류부에서의 취수에 많이 이용되고 2 m 이상의 수심이 있는 장소에 설치한다.

탑 본체의 단면은 원형이나 타원형이 이용되는데, 타원형의 경우는 유수의 방해가 되지 않도록 장축방향과 흐르는 방향을 일치시킨다.

탑 본체의 가장 윗부분은 하천, 호소 및 댐의 계획최고수위보다 1～1.5 m 이상 높게 하고 탑과 지상과의 연결을 위해 그림 4.7과 같이 관리교량을 설치한다. 탑 본체는 홍수시나 지진시에도 안전한 기초와 구조로 되어야 한다.

탑 내에 물을 도수하는 취수구는 적당한 수위로부터 물이 취수되도록 여러 단을 설치한다. 이것은 가능한 한 깨끗한 수층에서 물을 취하기 위한 것이다. 취수구의 크기는 하천의 경우 유입속도가 15～30 cm/s, 호소의 경우 1～2 m/s가 되도록 정한다. 취수구의 전면에는 조대고형물을 막는 스크린을 설치하고, 또한 탑 내에는 각각의 취수구에 수문 게이트 밸브(sluice gate valve), 버터플라이밸브 또는 제수밸브 등을 설치한다. 탑 내에 취수된 물은 강의 하부나 호수저부에 매설된 관에 도수된다. 부대시설로는 관리교, 조명설비, 유목제거기, 협잡물제거설비 및 피뢰침 등이 필요하다.

그림 4.7 취수탑

## 3) 취수틀

취수틀은 수로보가 하천가보다 훨씬 먼 경우나 호수 등에서 토사 유입의 우려가 없는 경우에 이용되는 것으로 수중에 매몰시켜 만든 설비이므로 유실의 우려가 적은 지점에 설치해야만 한다. 목재 또는 콘크리트 블록으로 만든 웅덩이(pit)가 취수구가 되고 이것을 보호하기 위해 웅덩이 근처에 견고한 목재틀 또는 철근 콘크리트틀을 설치하고 틀 내외에 걸쳐 돌 또는 콘크리트를 친다. 취수구의 위치는 수심이 깊은 장소에서 바닥보다 1 m 정도 높게 세우고, 수심이 얕은 장소에서는 바닥층 밑의 0.3~1 m에 매설한다. 취수구의 크기는 하천의 경우 유입속도가 15~30 m/s, 호소의 경우 0.5~1 m/s로 결정한다. 취수된 물은 취수틀 바닥에 설치된 취수관에 의해 도수된다.

## 4) 취수관거

취수관거는 연중 갈수위가 일정 수위 이상이고 그 변화가 적은 하천 및 호소에 이용된다. 관거의 끝부분을 수중에 잠기게 하여 물을 직접 취하는데, 관거의 끝에 취수구를 설치한다. 취수구는 유입부에 유량조절을 위한 각락(stop log)을 설치하고 각락의 후방에 스크린을 설치한다. 관거 내면의 끝은 갈수위보다 30 cm 정도 낮게 하고, 관거의 크기는 관거 내 유속이 0.6~1.5 m/s 정도가 되도록 한다.

### 5) 침사지

취수된 원수 중에 토사가 혼입될 때 이 물을 정수장까지 도수하면 관거 내면이 마모에 의해 손상되는 경우가 있다. 특히 하천수를 수원으로 하는 경우에는 더욱 심하다. 이러한 이유 때문에 도수 전에 토사를 제거할 필요가 있다. 침사지는 이런 목적으로 만들어진 설비이며, 가능한 한 취수시설에 근접해서 설치하는 것이 좋다.

침사지의 형상은 장방형이나 유입부와 유출부를 잘록하게 한 모양으로 길이는 폭의 3～8배로 하며, 침사지는 청소나 수리 등의 이유로 비워야 할 경우가 발생하기 때문에 적어도 2개가 필요하다. 침사지 하나의 용량은 계획취수량의 10～20분 용량, 침사지 내 평균유속은 2～7 cm/s, 침사지의 유효수심은 3～4 m를 표준으로 하고 퇴사심도를 0.5～1 m로 한다.

취수구의 크기는 하천의 경우 유입속도가 15～30 cm/s, 호소의 경우 1～2 m/s가 되도록 설계하며, 취수구의 전면에는 조대 고형물을 거르는 스크린을 설치한다.

침사지 바닥에는 배사나 배수를 위해 중앙 종방향으로 1/100구배의 큰 도랑과 큰 도랑을 향해 횡방향으로 1/50구배의 작은 도랑 및 큰 도랑의 한 끝에 배수구를 설치하며 배수구와 하천과는 토사 배출구나 잉여수 배출구라 불리는 수로로 연결해 둔다.

이외에 유입부에는 틈 사이의 간격이 2～2.5 cm인 스크린, 유입구와 유출구에는 제수밸브 또는 슬루스밸브(Sluice valve) 등을 설치한다.

## 4.2.3 지하수의 취수

### 1) 양수시험

우물에서 물을 퍼올리면 그에 따라 지하수는 자연히 우물 내로 유입되며, 양수량을 증가시키면 역시 그 양에 따라 자연히 지하수는 우물 내로 모여지게 된다. 그러나 자연히 모아지는 수량에는 한계가 있고 한계량은 대수층의 투수계수나 동수경사에 의해 결정된다. 만일 이 한계량 이상으로 양수하면 여러 가지 문제점이 발생한다.

한계량 이내에서 양수하면 우물에 대한 지하수의 흐름은 층류로 되어 Darcy법칙을 따른다.

$$v = K\frac{h_L}{L} \tag{4.1}$$

여기서, $v$ : 유속

$K$ : 투수계수

$h_L$: 손실수두

$L$ : 거리

한계량 이상으로 양수하면 지하수의 유속은 현저히 빨라져서 난류 상태로 되며, Darcy의 법칙은 적용할 수 없게 된다. 즉, 한계량은 층류와 난류와의 경계 부분이다.

양수량이 증가하면 우물의 수위는 강하하는데, 층류 영역 내에 있으면 양수량과 수위강하와의 관계는 Darcy의 식에서

$$\frac{q_1}{q_2} = \frac{h_1}{h_2} \tag{4.2}$$

로 된다. 여기서, $h_1$, $h_2$는 양수량이 각각 $q_1$, $q_2$인 때의 수위 강하량이다.

지하수의 취수지점으로서는 해수의 영향이 작은 지점, 인근 집수매거에 미치는 영향이 작은 지점, 오염우려가 없는 지점이 좋다. 그림 4.8과 같이 해안 지하수는 육지에서 바다를 향하여 유출하는 담수층과 바다에서 지중에 침입하는 염수층과의 비중관계로 평형을 이루는데, 이것을 지벤－헤르쯔베르그(Ghyben-Herzberg)법칙이라고 한다.

$$H = 42h$$

위 식에서 $h=0$이면 $H=0$이 되어 해수가 침입하며, 해수가 침입하면 우물의 수질은 수년이 지나도 회복되지 않는 경우도 있다. 이전에 설치된 우물이나 집수매거의 영향반경 내에 우물을 신설하고자 할 때에는 신설 우물의 양수에 의하여 기존 우물의 수위강하가 10～20 cm 이하가 되는 지점을 선정한다. 근처에 오염원이 있을 때에는 오수침투층을 피해 점토 등의 불투수층으로 차단된 대수층으로부터 지하수를 취하고, 천정호를 신설하는 경우에는 상부차수 공사를 시공하는 등의 오수유입 방지조치를 강구하여야 한다.

양수시험에 있어서 양수량을 단계적으로 크게 하고, 각 단계에서 수위가 안정되면 그 때의 수위를 측정하고, 양수량과 수위강하량과의 관계를 그래프에 나타내면 그림 4.9와 같이 된다. 식 (4.2)에서 층류 시에는 양수량과 수위강하량이 횡축과 45°의 직선관계에 있는데, 그림 중 DB 구간이 그것이다. 난류가 되면 수위강하량이 증가하는 비율로 양수량이 증가하지 않고, BC에 나타낸 것처럼 횡축으로 45° 이상의 각도로 된다. B점에 있어서의 양수량이 한계 양수량이다.

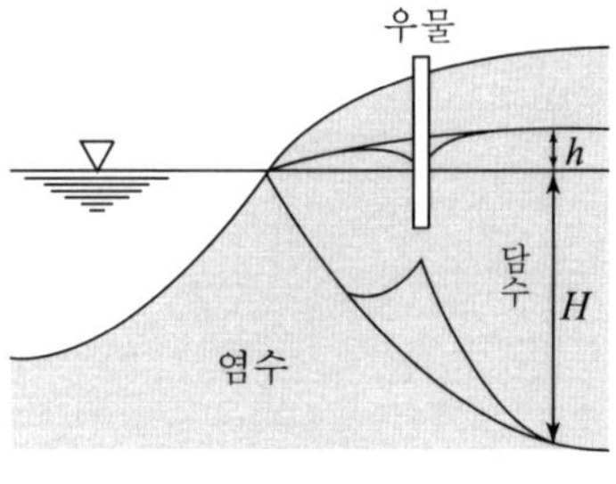


그림 4.8 담수층과 염수층의 경계

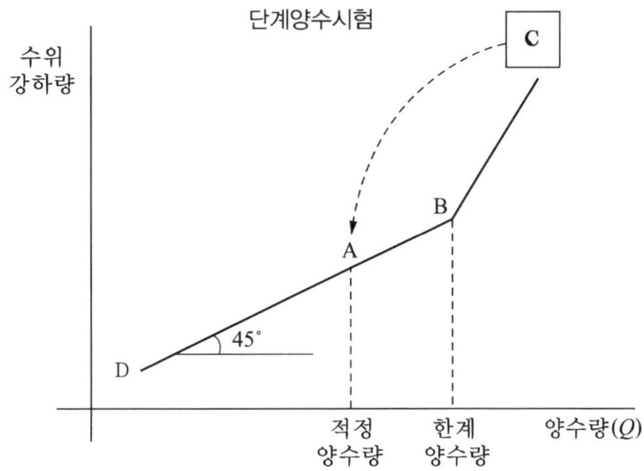


그림 4.9 양수량($Q$)과 수위강하량과의 관계

다음 C점에 이른 후에 역으로 양수량을 감소시키면 CB를 거치지 않고 점 A로 돌아가게 되며 A점 이하는 AD에 따라 감소한다. 이 A점에 있는 양수량을 적정 양수량이라 한다.

그러나 실제로는 A점을 구하는 것이 아주 어려우므로 일반적으로 적정 양수량은 한계 양수량의 약 80%로 한다. 또한 한계 양수량의 약 70%를 경제 양수량이라고 한다.

## 2) 얕은 우물(천정호, 심정호)

얕은 우물은 가장 얕은 대수층(제1 대수층)에 있는 지하수를 취수하는 것인데, 통상 8~10 m의 깊이의 것이 많다. 얕은 우물은 비교적 직경이 크고, 연직으로 파서 우물통을 끼운 구조이므로 통우물 또는 굴우물이라고도 불린다. 고대의 우물은 대부분 이것에 속한다. 우물의 둘레벽은 원형 또는 타원형의 철근콘크리트 구조로 한다. 또한 제1 대수층에 있는 지하수를 자유지하수라 한다.

집수방법으로는 우물의 저부에서 집수하는 경우와 우물의 측벽에서도 집수하는 경우가 있다. 저부에서 집수하는 경우는 우물저부와 불투수층과의 간격을 우물 외경의 1/4 이상으로 하고 우물 바닥에는 청정한 자갈을 90 cm 정도의 두께로 배치한다. 측벽에서 집수할 경우는 측벽에 작은 집수공을 다수 설치하는데, 집수공은 우물의 최저 수위 이하로 설치해야만 한다. 측벽에서 집수한 것은 우물 주위의 모래나 오수가 유입될 우려가 있으므로 피하는 편이 좋다. 우물의 크기는 양수시험의 결과에 기초하여 정하는데 일반적으로는 내경 100 mm 이하인 것이 많다. 또한 우물 바닥으로부터 물의 유입 속도는 모래가 유입하지 않도록 3 cm/s 이하로 할 필요가 있는데 크기는 이 조건도 고려해서 정해야만 한다. 우물둘레벽은 지표면보다 적어

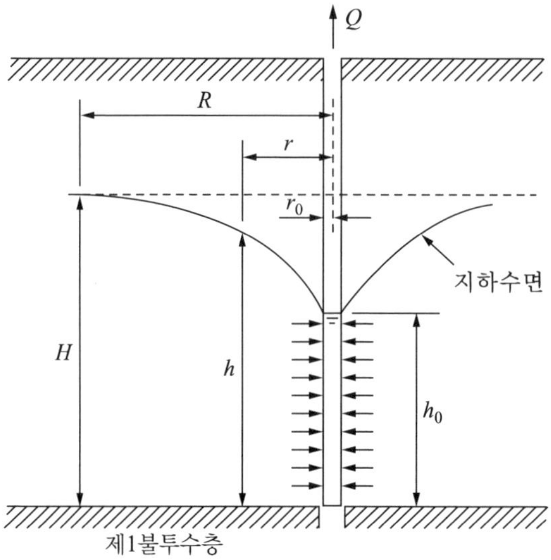


**그림 4.10** 심정호

도 30 cm 이상 높게, 오수 등이 직접 유입되지 않도록 한다. 또한 우물은 반드시 뚜껑을 하고, 통기공과 맨홀을 설치하고 가능하면 수위계를 설치한다. 우물의 주변은 배수가 잘되고, 오수의 침투를 막기 위해 적어도 2 m 이상의 범위에 걸쳐서 불투수성의 재료로 보호한다. 우물의 수는 계획취수량과 경제양수량으로부터 정해지는데, 2개 이상 설치할 때는 상호 간섭이 적도록 적당한 간격을 두어야 한다.

천정호의 양수량을 구하는 식은 다음과 같다.

$$Q = 4Kr_0(H - h_0)$$

심정호의 양수량을 구하는 식은 다음과 같다.

$$Q = Av = 2\pi rh\left(K\frac{dh}{dr}\right)$$

위 식을 $r = r_0 \sim R$와 $h = h_0 \sim H$를 구간으로 하여 적분하면

$$Q = \pi K\frac{H^2 - h_0^2}{\ln\left(\frac{R}{r_0}\right)}$$

### 3) 굴착정(굴정호)

굴착정은 제1불투수층의 아래에 있는 제2 대수층 또는 그 이하의 피압대수층으로부터 취수하는 것으로 일반적으로 30 m 이상의 깊이를 갖는다. 우물 본체에 관을 사용하므로 관우물이라고도 하며, 우물 본체의 관을 케이싱(casing)이라고 한다. 또한 제2 대수층 또는 그 이하에 있는 피압대수층에 있는 지하수는 어떤 압력이 존재하기 때문에 이것을 피압지하수라고 한다.

우물의 설치는 미리 정한 깊이까지 보링한 구멍 내에 케이싱을 넣는다. 케이싱에는 두께 6 mm 이상, 내경 250 mm 이상의 강관이 이용된다. 케이싱은 용접 또는 나사에 의해 접속되는데 접속이 완전해야만 한다.

취수하는 피압대수층의 위치에는 그림 4.11과 같이 케이싱 중간에 스트레이너를 설치하고 물이 케이싱 내에 유입 가능하도록 함과 동시에 모래의 유입을 방지한다. 최하부의 스트레이너 하부에는 모래로 5～10 m 길이의 관을 묻는다. 대수층에 모래 또는 모래·자갈 혼합인 경우는 케이싱과 공벽과의 사이에 직경 2～5 mm 정도의 자갈을 채우고 모래의 침입을 방지하도록 한다.

스트레이너는 굴착정에서 가장 중요한 것으로 우물의 수명은 스트레이너에 달려 있다. 모래에 의한 눈막힘을 일으키지 않는 구조로 되어야만 하고 강도나 내식성이 풍부해야만 한다. 스트레이너에는 여러 가지 구조가 있는데 한 예를 그림 4.12에 나타냈다.

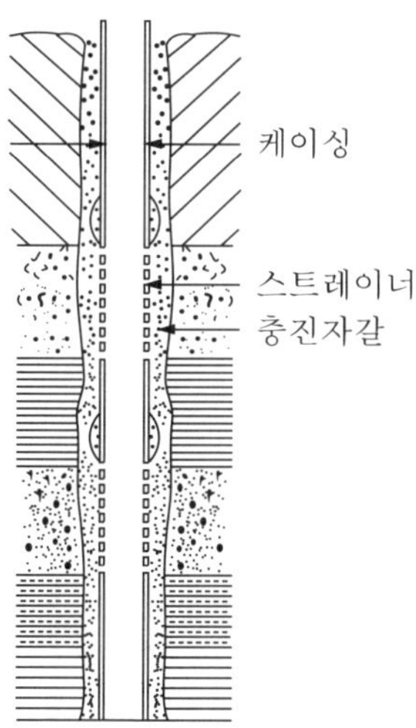


그림 4.11 케이싱과 스트레이너

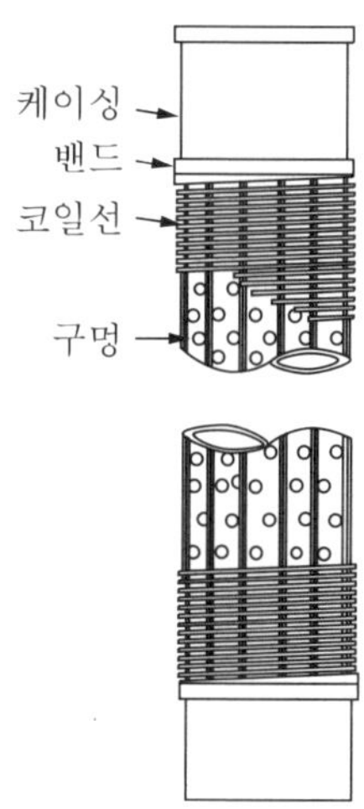


그림 4.12 스트레이너 구조 예

굴착정의 양수량을 구하는 식은 다음과 같다.

$$Q = Av = 2\pi r b\left(K\frac{dh}{dr}\right)$$

위의 미분식을 우물의 중심($r = r_0$, $h = h_0$)에서 지하수위에 영향을 주는 거리($r = R$, $h = H$)까지로 적분하면 다음 식과 같다.

$$Q = 2\pi bK\frac{H-h_0}{\ln\left(\frac{R}{r_0}\right)}$$

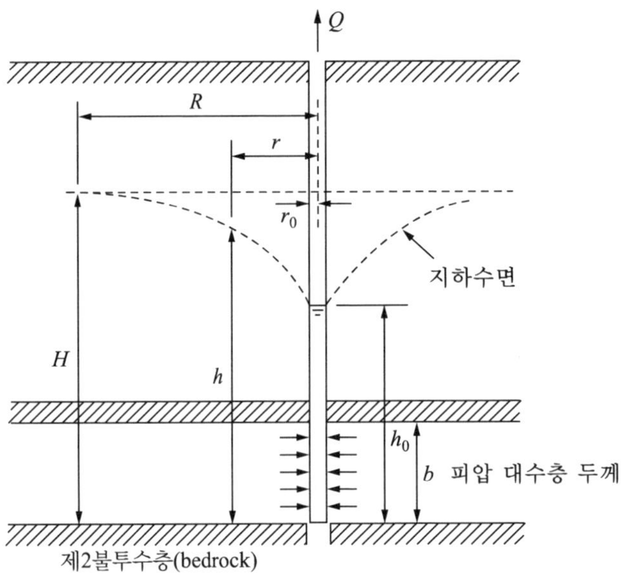


그림 4.13 굴착정

**예제 4.6**

그림과 같은 굴착정에서 우물의 취수량($m^3/sec$)은 얼마인가?

(단, $Q=\frac{2\pi bK(H-h_0)}{\ln\frac{R}{r_0}}$, $K=0.04\ m/sec$)

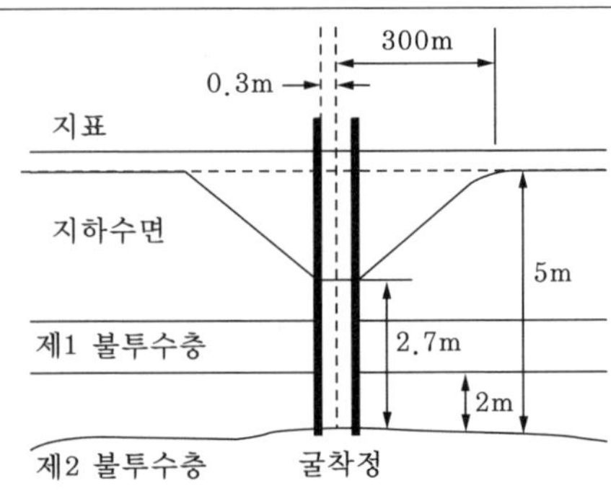

**풀이**

$$Q = \frac{2\pi bK(H-h_0)}{\ln\frac{R}{r_0}} = \frac{2\pi \times 2 \times 0.04 \times (5-2.7)}{\ln\frac{300}{0.3}}$$

$$= 0.168\,\mathrm{m^3/sec}$$

### 4) 집수매거

집수매거는 주로 복류수를 취수하기 위해 설치하는 것이다. 일반적으로 내경 600 mm 이상의 철근콘크리트관이나 PVC관이 이용되는데, 이 관에는 관표면적 1 $m^2$당 20～30개의 비율로 직경 10～20 mm의 집수공이 있다. 집수공은 가능한 한 복류수의 흐름방향에 직각으로 설치한다. 매설 깊이는 깊을수록 양질의 물을 얻을 수 있어서 이상적인데, 작업상 깊게 파는 것은 불가능하므로 5 m를 표준으로 하고 있다. 집수공의 경사는 수평 또는 1/500 이하의 완경사로 하고 매거 내의 접합부는 소켓접합으로 하며, 접합부로도 복류수가 유입되도록 한다. 매설할 때에는, 매거의 주변에 내측으로부터 외측으로 옥석, 자갈, 굵은 모래의 순으로 각각 두께가 50 cm 이상 주위에 쌓아 올린다. 이것은 집수공 내로 모래 유입을 방지하기 위한 것이다. 세굴의 위험이 있는 제외지에 매설하는 때는, 집수공을 나무틀 또는 철근콘크리트틀로 싸서 보호할 필요가 있다. 얕은 곳에 있는 제내지 또는 사구 등의 복류수를 취수할 때 개거식 구조로 저부 또는 측벽으로부터 취수하고, 하상 밑이나 깊은 곳에 있는 제내지 등의 복류수를 취수할 때에는 터널식 구조로 유공관을 이용하는 것이 효율적이다. 집수공은 복류수 흐름방향에 직각으로 매설하고 매설깊이는 5 m 이상, 집수공 유입속도는 모래유입으로 집수공 폐쇄 방지를 위해 3 cm/sec 이하가 되도록 한다. 집수매거 내 유속은 1 m/sec 이하로 하고, 접합정은 집수매거 종점 또는 중간지점에 침사지 겸용으로 한다.

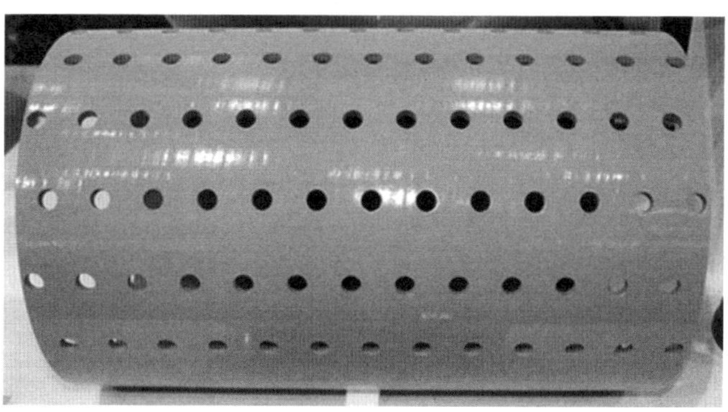

그림 4.14 유공관의 예(출처 : www.roplant.org)

집수매거의 종점, 분기점, 합류점, 굴곡점, 기타 중간의 적정한 지점에 그림 4.15와 같은 내경 1 m 이상의 철근콘크리트 구조의 접합정을 설치한다. 접합정에는 맨홀을 설치하는데 외부로부터의 오염을 받지 않도록 해야 한다.

집수매거를 통한 집수량 $Q=kL(H^2-h^2)/R$로부터 구할 수 있는데, 이 식에서 $Q$는 양수량($m^3/s$), $k$는 투수계수(m/s), $L$은 집수매거의 길이(m), $H$는 대수층 두께(m), $h$는 집수매거 내 수면과 불투수층간의 높이 차(m), $R$은 영향반경(m)이다.

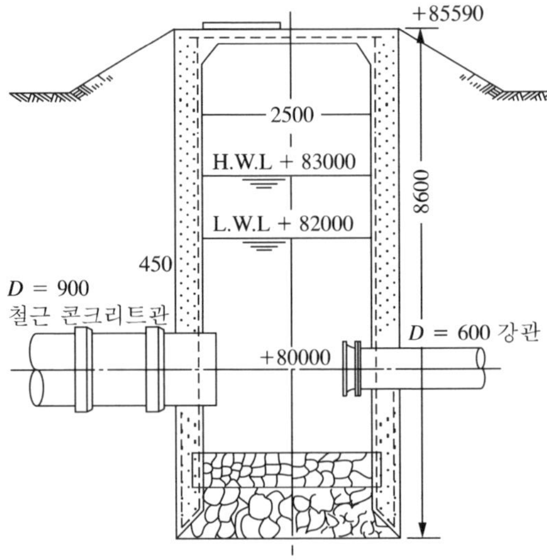


그림 4.15 집수매거 접합정의 예(단위 : mm)

한편 환경부는 2011년에 상수원관리규칙 일부개정령을 공포하였는데, 그 내용은 다음과 같다. 모래나 자갈층 등을 통과하여 다른 상수원에 비하여 깨끗한 수질을 유지할 수 있는 강변여과수 주변지역의 상수원 관리 규제를 완화하기 위하여 지금까지 복류수로 구분되던 강변여과수를 별도의 상수원으로 구분하고, 강변여과수의 상수원보호구역 지정기준을 완화하며, 강변여과수 원수의 수질기준을 정하기로 하였다. 따라서 상수원 종류에 강변여과수가 추가되게 된 것이다.

강변여과수란 하천, 호소 또는 그 인근지역의 사력층을 통과한 물인데, 원수가 집수정까지 도달하면서 지층을 통과하는 동안에 토양에 의해서 흡착, 미생물 분해, 지층 내 확산작용 등을 통해 양질의 원수를 확보하는 간접취수 방법이다. 강변여과(riverbank filtration)의 취수방법은 아래의 그림과 같이 수직형 집수정(vertical well)방식과 수평형 집수정(collector well)방식이 있는데, 수직형 집수정 방식은 가장 기본적인 우물의 형태로 설치가 용이하고 공사비가 저렴하나 취수용량이 제한적이어서 목표 취수량을 달성하기 위해서는 우물 수량을 증가시켜야 한다. 수평형 집수정 방식은 집수정을 중심으로 하천 방향 또는 방사상의 형태로 수평집수관을 설치하여 취수하는 방법이다. 표 4.1은 강변여과 취수방법의 장단점과 특이사항을 나타낸 것이다.

**표 4.1** 강변여과수 취수방법 비교

| 구분 | 수직형 – 소용량 | 수평형(방사형) – 대용량 |
|---|---|---|
| 취수량 | 1,000～2,000 $m^3$/일 | 20,000～40,000 $m^3$/일 |
| 공사비 | 공당 1.5억원($m^3$당 10만원) | 공당 60억원($m^3$당 15만원) |
| 장점 | - 시공 용이로 공사기간 약 5일 소요<br>- 고장시 전체취수량의 영향 적음<br>- 시공경험 많음<br>- 초기공사비 적음 | - 스크린 유입속도 느려 우물수명 길<br>- 스크린 설치조건 따라 공당취수량 증대용이<br>- 대용량 펌프설치로 효율이 높음<br>- 대용량의 취수 가능<br>- 집수정 개수가 적어 유지관리 용이<br>- 지층별 선택적 취수 가능<br>- 홍수시 세굴 등에 대해 구조적 안정 |
| 단점 | - 수명이 짧아 잦은 폐공 등의 문제<br>- 집수정 개수가 많아 유지관리 어려움<br>- 대용량의 취수 불가능함<br>- 소용량 펌프로 효율이 낮음<br>- 스크린 연장 등 구조변경에 한계<br>- 홍수시 세굴 등에 의한 피해 우려 | - 공사비가 수직형에 비해 높음<br>- 고장시 취수량에 미치는 영향이 큼 |

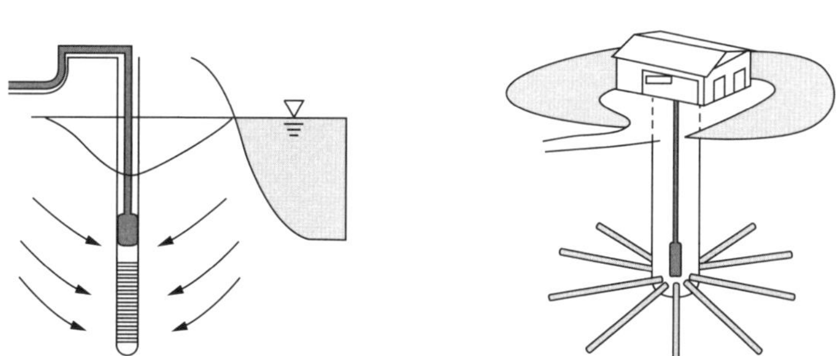

수직형 집수정　　　수평형(방사형) 집수정

**그림 4.16** 강변여과수 취수방법

### 4.2.4 취수량의 조절

취수장에서는 허가수량 내에서 취수하고 취수량 기록을 보존하며 취수량과 정수장 착수량 및 정수량을 비교함으로써 도수 및 정수시설에서의 수량의 손실 유무를 파악하여야 한다.

정수량 및 송·배수량의 변동에 따른 필요한 취수량을 확보하고 조정하기 위하여 다음과 같은 방법으로 펌프의 유량제어(조절)를 한다.

① 펌프의 운전대수를 조절하는 방법
② 펌프의 회전수를 조절하는 방법
③ 토출밸브를 조절하는 방법
④ 부관(by-pass)을 설치하는 방법

#### 1) 펌프운전대수 조절

운전대수의 변경에 의한 유량조절은 가장 간단한 방법이다. 그러나 수량변화가 단계적으로 되고 흡입 혹은 토출수면의 수위가 변동되므로 운전대수를 조절하는 자동운전에서는 수위의 변동이 심하며 가동 및 정지가 몇 번씩 반복되는 난조(hunting)현상이 발생하여 전동기의 과열과 밸브 및 가동기의 소모가 심하고 기기의 수명이 매우 단축되기 때문에 계획시 주의하여야 한다.

#### 2) 펌프회전수 조절방법

회전수 $N$을 바꾸면 펌프의 특성은 다음과 같은 관계로 변화한다.

$$\begin{pmatrix} Q \propto N \\ H \propto N^2 \\ P \propto N^3 \end{pmatrix}$$

펌프의 회전수 제어는 밸브의 조절방법보다 효율이 좋고 유량 조절이 가능하다. 특히 실양정에 비해서 관로저항이 큰 계통에 대해서 유효하다. 그러나 내연기관이나 증기기관 등에서는 비교적 간단히 회전수를 임의로 변경할 수 있으나 전동기일 때는 간단하지 않다. 보통 회전수 제어용 기기는 고가로 소형의 펌프에 비해서 경제적이지 못하므로 회전수의 조절에 의한 유량조절은 그리 많이 사용되지는 않았다.

최근에는 펌프가 대형화되고 배수지의 수위나 배수관말의 수압을 조절하기 위하여 유량을 자동적으로 조절하는 방법이 성행해 가고 있어 밸브의 열림조정보다는 회전수 변경에 의한 유량조절이 우수하고 동력비도 절감된다.

예를 들어, 회전수가 1750 rpm일 때 토출량과 양정이 10 m$^3$/분, 18.2 m인 펌프의 경우 다른 조건이 같고 회전수가 1450 rpm일 때 양수량($Q$)과 양정($H$)은 다음과 같다.

$$Q = \frac{1450}{1750} \times 10 = 8.3 \text{ m}^3/\text{분}$$

$$H = \left(\frac{1450}{1750}\right)^2 \times 18.2 = 12.5 \text{ m}$$

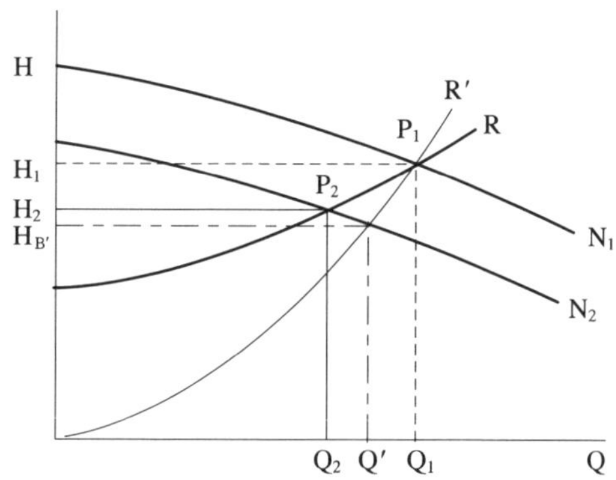


**그림 4.17** 펌프의 회전수 조절에 의한 유량제어

## 3) 토출밸브의 조절방법

밸브는 구조 및 특성으로 볼 때 차단용과 유량조절용으로 구분된다. 밸브의 열림을 조절하는 방법은 간단하기 때문에 보통 운전대수조절과 병용할 때가 많다.

토출밸브를 조이면 저항이 증가되어 저항곡선의 경사가 급하게 되므로 양수량이 감소된다. 펌프의 운전점은 최대효율점에서 이동하게 되며 한편 $H_B$와 $H_{B'}$는 그림 4.18에서와 같이 나타나므로 펌프의 총효율은 $e_B \times \dfrac{H_{B'}}{H_B}$로 된다. 밸브의 열림조절은 이와 같이 효율은 떨어지나 적은 비용으로 유량조절이 되므로 많이 이용되고 있다.

토출구에서 흡입구로 바이패스(by-pass)를 설치하여 필요에 따라 토출량의 일부를 펌프정으로 역류시켜서 송수량을 조절한다.

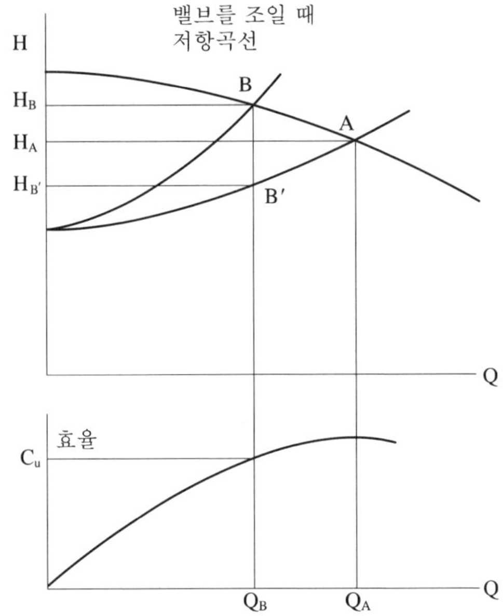


그림 4.18 토출밸브의 조절에 의한 유량제어

# 4.3 하천수의 취수시설

## 4.3.1 하천표류수의 유량측정방법

하천의 유량을 측정하기 위해서는 다음에 열거된 순서에 따라서 실시하여야 한다.

① 하천수위의 측정
② 유속의 측정
③ 하천유량의 산정

하천표류수를 수원으로 하는 경우에는 각종 수량과 수위를 알아야 하는데 이들의 측정법은 다음과 같은 방식이 있다. 하천수위라 함은 임의의 기준면으로부터의 하천표류수 수면의 표고를 뜻하는데, 기준면으로서 평균 해면을 취할 경우도 있으나 하천 바닥보다 조금 더 낮은 면을 기준면으로 택하는 경우도 있다.

실제의 수원선정을 위해서 필요한 자료는 하천유량이지만 계속적으로 하천유량을 측정한다는 것은 어려운 일이므로 하천수위를 연속적으로 측정하여 다음에 소개될 방법에 의하여 이를 유량으로 환산하여 사용할 수 있다.

하천수위를 측정하는 계기를 수위표라 하며 보통수위표와 자기수위계로 크게 나눌 수 있다. 보통수위표 중에서 가장 간단한 것은 준척수위계로서 눈금을 가진 자로 되어 있다. 즉, 눈금이 매겨진 자를 교각이나 제방 기타 구조물에 고정시켜 자의 눈금과 일치하는 하천의 수위를 측정하면 된다. 이외에도 쇠사슬, 테이프, 부표, 진기 테이프 등의 여러 가지가 있다.

자기수위계의 종류에는 부자식, 공기방울식, 압력식, 전기식 등 여러 가지가 있다. 부자식 수위표에서는 부표가 쇠줄이나 테이프에 의해 바퀴 주위를 돌아 기록기에 연결되어 있어 수위변동에 따라 부표가 움직이면 바퀴가 돌게 되고 바퀴가 돌면 펜이 움직이게 되어 일정한 속도로 회전하는 기록지 위에 수위를 자동적으로 기록하게 된다. 또한 펜이 기록지의 한쪽 끝에 도달하면 자동적으로 방향을 바꿀 수 있도록 장치가 되어 있어 연속적인 수위 기록을 얻을 수 있다. 한 수위측정지점에서 유량을 산정하기 위해서는 유속과 그에 해당하는 통수단면적을 알아야 한다.

유속측정은 역학적 원리를 이용한 계기에 의한 방법과 화학적 및 전기적인 원리를 사용하는 방법으로 크게 나눌 수 있으며 실제 유속측정을 위해서는 보통 기계적인 방법을 많이 채택한다.

기계적인 계기에는 회전식 계기, 동력식 계기, 부표식 계기가 있으며 가장 많이 사용되는 것은 회전식 유속계이다. 회전식 유속계의 대표적인 것으로는 미국 지질조사국(U.S. Geological Survey)에서 사용하고 있는 프라이스 유속계(price meter)를 들 수 있는데 이것은 6개의 원추형 컵이 회전하고 컵이 회전할 때마다 전기회로가 구성되어 수신기에 소리가 나도록 되어있어 관측자는 수신기를 사용하여 일정한 시간동안에 소리가 나는 횟수를 헤아림으로써 컵의 초당 회전수를 얻게 된다. 컵의 초당 회전수 $N$과 유속 $v$ (m/초)간에는 다음과 같은 일반식이 성립된다.

$$v = a + bN \tag{4.3}$$

위 식에서 $a$와 $b$는 상수로써 각 계기에 따라 다르므로 사용하는 계기를 검정하여 결정할 수 있다. 검정은 유속계를 정지된 수중에 위치시키고 일정한 거리를 일정한 속도로 이동시킬 때의 이동속도와 컵의 회전수를 동시에 측정함으로써 이루어진다.

하천수위 측정점에서의 유량측정을 위해서는 그 관측점에서의 평균유속을 결정하기 위하여 충분한 수의 점유속을 유속계로 측정하여야 한다. 이와 같이 얻어진 평균유속을 통수단면적에 곱하면 그 단면을 통과하는 유량을 얻을 수 있다. 그러나 홍수기처럼 하천수위가 급격하게 변할 경우에는 충분한 수의 점유속을 측정하기 위해 많은 시간을 소모하지 않도록 주의를 요한다.

실제로 유량측정을 하는 절차는 다음과 같다. 먼저 관측점에서의 통수단면의 모양을 하천 횡단측면에 의해 결정한 후 여러 개의 연직단면으로 나눈다. 이 때 소단면이 총 유량의 10% 이상을 포함해서는 안 되며 20～30개의 작은 구간으로 나누는 것이 일반적이다.

한 연직면에서의 유속은 하천 바닥에서는 0이 되고 바닥에서 떨어짐에 따라 점차로 증가하여 대략 포물선의 유속분포를 가지게 되며 수면 부근에서 유속은 최대가 된다.

미국 지질조사국에서는 다년간의 경험에 의하여 다음 식을 소단면의 평균유속 결정에 사용토록 권장하고 있다.

$$v_m = \frac{1}{2}(v_{0.2} + v_{0.8}) \tag{4.4}$$

여기서, $v_m$은 소단면의 평균유속이며 $v_{0.2}$, $v_{0.8}$은 수면으로부터 각각 수심 20%, 80% 아래에 있는 점에서의 유속을 말한다. 하안부근의 얕은 곳에 있어서의 평균유속으로는 수면으로부터 수심의 60%만큼 아래에 있는 점의 유속을 측정하여 그대로 사용하기도 한다.

위에 설명된 식을 사용하여 각 소단면의 평균유속이 결정되면 소단면의 면적을 곱하여 각 소단면을 통해 흐르는 유량을 결정할 수 있고 이를 전체 하천단면에 걸쳐 합하여 전체 유량 $Q$를 결정할 수 있다.

$$Q = \sum_{i=0}^{n} A_i v_{mi} \tag{4.5}$$

여기서 $A_i$와 $v_{mi}$는 소단면의 면적 및 평균유속이며 $n$은 소단면의 수이다.

이와 같이 유속측정에 있어 유량계산을 위해서는 하천의 한쪽 하안으로부터 반대쪽 하안으로 횡단하면서 각 소단면의 점유속을 측정하게 된다.

하천횡단방법은 걸어서 건너거나 케이블(cable), 교량, 배(boat) 등을 이용하는 방법이 있으며 얼음으로 하천이 덮였을 때는 유속계가 자유롭게 통과할 수 있도록 충분히 큰 구멍을 뚫어 얼음 위에서 직접 측정할 수도 있다.

### 4.3.2 하천표류수의 취수시설

① 하천표류수의 취수시설은 최대홍수시나 최대갈수시에도 지장을 받지 않고 계획취수량을 취수할 수 있는 구조로 축조되어야 한다.

② 세굴, 유수, 유빙 또는 유사 때문에 취수가 불가능한 경우에는 보호시설을 설치하여야 한다.

③ 취수시설은 취수지점의 상황과 구조물의 기능을 고려하여 적절한 방법을 선택한다.

취수시설을 설계할 때에는 정확한 최대갈수위, 최대홍수위 뿐만 아니라 설치지점의 하상에 적합하도록 위치, 방향, 높이, 단면 및 구조를 결정하여야 하며 최대홍수위에서도 수문을 안전하게 조작할 수 있어야 한다. 또한 동절기의 유빙 때문에 계획수량의 취수가 곤란한 경우에는 이들 얼음을 제거하여야 한다.

취수시설은 최대홍수시의 수압, 세굴 그리고 나무, 얼음 등의 유하물에 충분히 견디어낼 수 있는 구조이어야 하며 또한 불의의 장해가 일어날 가능성이 있는 경우에는 특별한 보호시설을 설치하여야 한다.

하천표류수를 취수하는 방법으로써 가장 널리 사용되고 있는 취수시설로는 취수언, 취수탑, 취수문 및 취수관거 등이 있으며 이들에 대한 특징을 열거하면 표 4.2와 같다.

**표 4.2 하천표류수 취수시설 비교**

| 취수시설 | 취수언 | 취수탑 | 취수문 | 취수관거 |
|---|---|---|---|---|
| 개략도 | 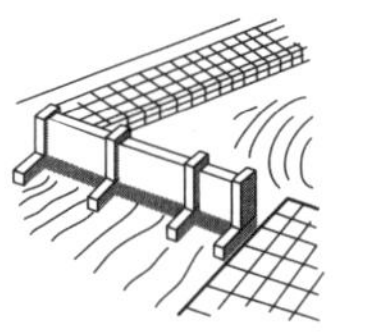 | 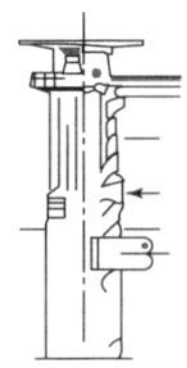 | 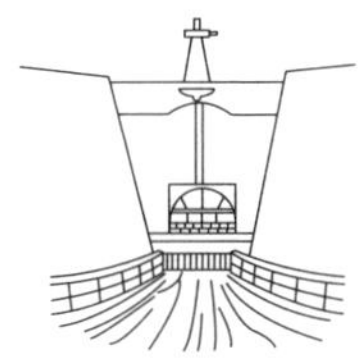 | 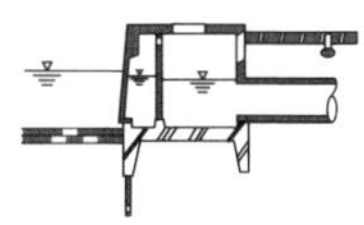 |
| 기능·목적 | 하천수를 막아 계획취수위를 확보하여 안정된 취수 가능하게 하기 위한 시설로서, 둑 본체·취수구·침사지 등이 일체가 되어 기능을 함 | 하천수심이 일정 이상이 되는 지점에 설치하면 안정적인 취수가 가능함. 취수구를 상하에 설치하여 수위에 따라서 좋은 수질을 선택취수 | 취수구시설에서 스크린, 수문을 설치하여 일체가 되어 작동 | 취수구부를 복단면하천의 바닥 호안에 설치하여 표류수를 취수하고 관거부를 통해서 제내지로 도수하는 시설 |
| 특징 | 안정된 취수와 침사효과가 큰 것이 특징, 개발이 진행된 하천 등에서 정확한 취수조정이 필요한 경우, 대량 취수할 때, 하천흐름이 불안정한 경우 등에 적합 | 대량 취수 시 경제적인 것이 특징. 유황이 안정된 하천에서 대량으로 취수할 때 특히 유리. 취수언에 비해서 일반적으로 경제적 | 유황, 하상, 취수위가 안정되어 있으면 공사와 유지관리도 비교적 용이하고 안정된 취수 가능하나, 갈수 시, 홍수 시, 결빙 시에는 취수량 확보조치 및 조정 필요 | 유황이 안정되고 수위의 변동이 적은 하천에 적합. 시설은 지반 이하에 축조되므로 하천흐름이나 치수, 주운 등에 지장 없음 |
| 취수량의 대소 | 보통 대량취수에 적합, 간이식은 중·소량 취수에도 사용 | 보통 중·대용량 취수에 쓰임. 특히 대량 취수에 우수 | 보통 소량취수에 이용. 취수언에 비해 대량 취수에도 쓰임 | 보통 중규모 이하의 취수에 쓰이며, 취수언과 병용해서 대량취수 가능 |
| 취수량의 안전상황 | 안정된 취수 가능 | 보통 안정된 취수가능 | 하천유황의 영향을 직접 받으므로 불안정. 하천유황이 안정되고 관리가 잘되는 소규모에서는 안전성 높음 | 보통 안정된 취수가능. 하천의 변동이 큰 곳에서는 취수에 지장이 발생되는 경우도 있음 |
| 하천유황 | 유황이 불안정한 경우에도 취수가능 | 보통 유황이 안정된 하천에 적합 | 보통 유황이 안정된 하천에 적합 | 보통 유황이 안정된 하천에 적합 |
| 하천유심상황 | 유심이 안정한 곳이 아니면 취수구의 매몰 우려 있음. 모래제거문을 설치하므로 매몰 방지가능 | 유심이 불안정한 곳에는 취수구가 매몰되거나 노출되는 우려가 있으므로 부적합 | 유심이 안정된 하천에 적합 | 유심이 안정된 하천에 적합 |

| | | | | |
|---|---|---|---|---|
| 수심 상황 | 보통 영향이 적음 | 갈수기에 일정수심을 확보할 수 없는 곳에서는 취수 불가능. 수심 2 m 이상 필요 | 갈수 시 일정 수심확보가 안되면 취수 불가능 | 갈수기에 일정 수위 이상의 수심이 확보 안 되면 취수 곤란. 일반적으로 관거내면 상단이 갈수위보다 30 cm 낮게 설치 |
| 토사 유입 등의 상황 | 모래제거기능의 적절한 유지, 취수구의 기능적 설계에 의해서 토사유입은 매우 적어서 정수장의 부하는 적으나 하천표면의 부유물이 스크린에 걸리기 쉬우므로 대책 필요 | 취수언과 달리 어느 정도의 모래유입 피할 수 없음. 하천유량에 따라 수문조작으로 방지가능. 부유물 대책은 유입속도에 비해서 하천유속이 빠른 경우가 많아서 취수언보다 유리 | 토사유입 방지는 거의 불가능. 부유물 대책도 비교적 곤란 | 어느 정도의 토사 유입은 피할 수 없음 |

## 4.4 호소 및 저수지 취수시설

### 4.4.1 취수시설의 개요

#### 1) 저수지의 입지조건

① 가능한 한 작은 댐으로 필요한 저수량을 얻을 수 있어야 한다.
② 댐의 설치지점과 저수지 바닥의 지질이 좋아야 한다.
③ 저수지 축조로 인한 보상대상 용지의 면적이 작아야 한다.
④ 집수면적이 넓고 수원보호가 유리하여야 한다.
⑤ 도시로부터 가까울수록 좋으며, 가급적 자연유하식으로 도수할 수 있어야 한다.
⑥ 수심이 비교적 깊은 곳이 좋다.

#### 2) 호소 및 저수지의 취수

① 호소나 저수지로부터의 취수법은 하천에서의 취수법과 같으나 가급적 오염을 피하기 위해 호안으로부터 먼 지점에서 취수한다.
② 외기의 온도변화, 파도 등의 영향을 적게 하기 위해 수면으로부터 3～4 m 깊은 곳에서 취수한다.
③ 저수지는 수위변화가 심하므로 수위 변동에 대비능력이 큰 취수탑이 널리 사용된다.

## 3) 저수량 결정

### (1) 경험법

저수지의 용량을 해당 지역의 강우상태에 따라 평균 급수량의 배수로 결정한다.

① 강우량이 많은 지역 : 1일 평균 급수량의 120일분 저수

② 강우량이 적은 지역 : 1일 평균 급수량의 200일분 저수

### (2) 가정법

저수지역의 연평균 강우량(mm)을 기준으로 저수지 용량을 결정한다.

$$C = \frac{5{,}000}{\sqrt{0.8R}}$$

여기서, $C$ : 저수지의 크기(1일 급수량의 배수)

$R$ : 연평균 강우량(mm)

**예제 4.7**

어떤 도시의 연평균 강우량이 2,000 mm이고, 1인 1일 계획급수량을 250 L로 할 때 상수원으로 필요한 저수지 용량은 얼마로 해야 하는가?
(단, 이 도시의 계획인구는 100,000명)

**풀이**

$$C = \frac{5{,}000}{\sqrt{0.8\mathrm{R}}} = \frac{5{,}000}{\sqrt{0.8 \times 2{,}000}} = 125\text{일분}$$

계획급수량 $= 100{,}000$인 $\times 250\mathrm{L}/$인$/$일 $= 25{,}000{,}000\mathrm{L}/$일 $= 25{,}000\ \mathrm{m}^3/$일

저수지 용량 $=$ 계획급수량 $\times C = 25{,}000\mathrm{m}^3/$일 $\times 125$일 $= 3{,}125{,}000\ \mathrm{m}^3$

### (3) Rippl 도식법(Mass curve method)

① 시간변화에 따른 하천의 유입량 누가곡선과 평균 급수량의 관계를 도표로 나타내어 저수지 용량을 결정하는 방법이다.

② 정확한 저수지 용량 결정방법으로 가장 널리 사용된다.

- OA : 저수지 유입유량의 누가곡선이다.
- OB : 용수사용량의 누가곡선(매월의 소요수량, 즉 소비량의 누가곡선)이다.
- EG, FM : 저수지 유입유량이 용수사용량보다 적은 시기로 갈수기이다.
- G : E점에서 OB에 평행하게 직선 EF를 그린 후 세로길이가 최대가 되는 지점으로서 부족수량을 의미하며 갈수기 구간에 동일한 방법으로 여러 개의 부족수량을 구한 후 가장 큰 것이 소요저수지 용량이 된다.

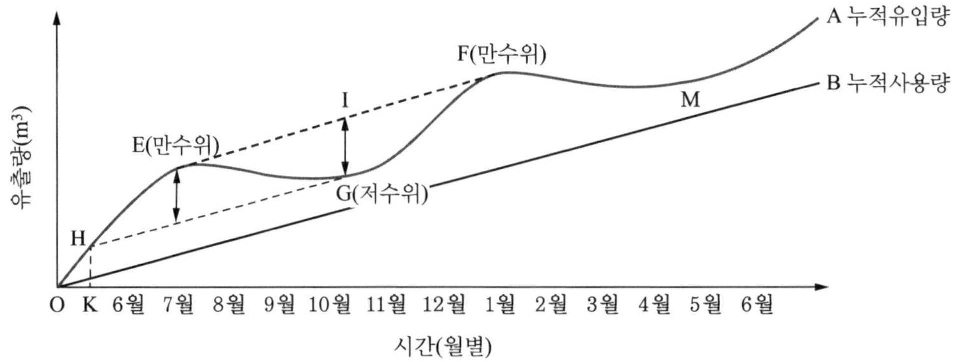


**그림 4.19 유출량 누가곡선법(Rippl도식법)**

- K : IG가 구하고자 하는 저수지 용량일 경우 G에서 OB에 평행하게 그은 직선의 접점 H에 해당하는 날로 저수시작일을 의미한다.

③ H부터 저수가 시작되는 OE구간은 수위가 증가하여 E에서 만수위가 되고, EG구간에서는 수위가 감소하여 G에서 저수위가 된다. 다시 상승하기 시작하여 F에서 만수위가 된다.

④ 유출량의 단위를 $m^3$/sec로 하면 IG의 단위는 $m^3$/sec × month가 되며 용량은 여기에 30 × 24 × 60 × 60을 곱하여 주면 $m^3$의 단위를 갖게 된다.

⑤ 실제 저수지 규모결정시는 이 방법에서는 산출된 용량에 20～30%의 여유를 둔다.

Rippl법의 한 예로서 다음 표와 같은 유입량($Q$)과 취수량($R$) 자료가 주어지면 유입량 누적치($\Sigma Q$)와 취수량 누적치($\Sigma R$)를 계산한 후 앞에서 설명한 방법대로 세로 길이가 최대가 되는 지점이 필요한 저수지의 용량이 된다.

| $t$ | $Q_t$ | $\Sigma Q_t$ | $R_t$ | $\Sigma R_t$ |
|---|---|---|---|---|
| 10월 | 18 | 18 | 9.3 | 9.3 |
| 11월 | 22 | 40 | 9.3 | 18.6 |
| 12월 | 17 | 57 | 9.3 | 27.9 |
| 1월 | 26 | 83 | 9.3 | 37.2 |
| 2월 | 15 | 98 | 9.3 | 46.5 |
| 3월 | 32 | 130 | 9.3 | 55.8 |
| 4월 | 8 | 138 | 9.3 | 65.1 |
| 5월 | 3 | 141 | 9.3 | 74.4 |
| 6월 | 0 | 141 | 9.3 | 83.7 |
| 7월 | 0 | 141 | 9.3 | 93.0 |
| 8월 | 0 | 141 | 9.3 | 102.3 |
| 9월 | 0 | 141 | 9.3 | 111.6 |
| 10월 | 5 | 146 | 9.3 | 120.9 |
| 11월 | 6 | 152 | 9.3 | 130.2 |
| 12월 | 6 | 158 | 9.3 | 139.5 |
| 1월 | 5 | 163 | 9.3 | 148.8 |
| 2월 | 3 | 166 | 9.3 | 158.1 |
| 3월 | 2 | 168 | 9.3 | 167.4 |

| $t$ | $Q_t$ | $\Sigma Q_t$ | $R_t$ | $\Sigma R_t$ |
|---|---|---|---|---|
| 4월 | 1 | 169 | 9.3 | 176.7 |
| 5월 | 0 | 169 | 9.3 | 186.0 |
| 6월 | 0 | 169 | 9.3 | 195.3 |
| 7월 | 0 | 169 | 9.3 | 204.6 |
| 8월 | 0 | 169 | 9.3 | 213.9 |
| 9월 | 7 | 176 | 9.3 | 223.2 |
| 10월 | 15 | 191 | 9.3 | 232.5 |
| 11월 | 17 | 208 | 9.3 | 241.8 |
| 12월 | 25 | 233 | 9.3 | 251.1 |
| 1월 | 47 | 280 | 9.3 | 260.4 |
| 2월 | 16 | 296 | 9.3 | 269.7 |
| 3월 | 18 | 314 | 9.3 | 279.0 |
| 4월 | 7 | 321 | 9.3 | 288.3 |
| 5월 | 4 | 325 | 9.3 | 297.6 |
| 6월 | 0 | 325 | 9.3 | 306.9 |
| 7월 | 1 | 326 | 9.3 | 316.2 |
| 8월 | 3 | 329 | 9.3 | 325.5 |
| 9월 | 4 | 333 | 9.3 | 334.8 |

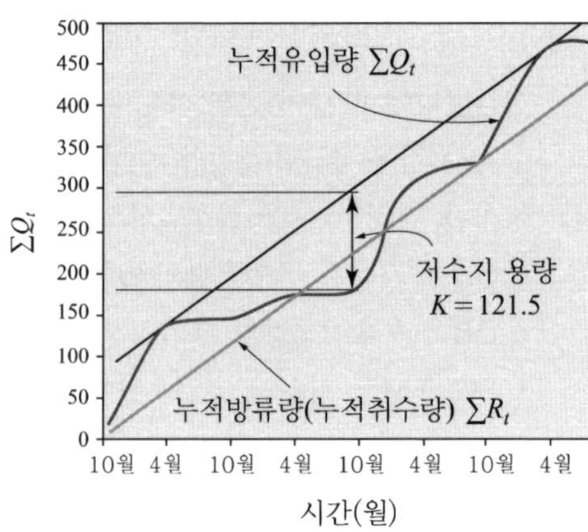

### (4) 유량 도표에 의한 방법(유량도법)

그림 4.20에 설명된 유량 도표에 의한 방법에서는 매월 또는 순마다 하천유량의 변화를 도시하고, 이에 매월의 계획취수량을 기입하여 이들의 값을 나타내는 선으로 둘러싸인 면적 중에서 최대인 것(그림 4.20의 b부분)이 그 기간에 있어서의 총공급량, 즉 유효저수량이 된다.

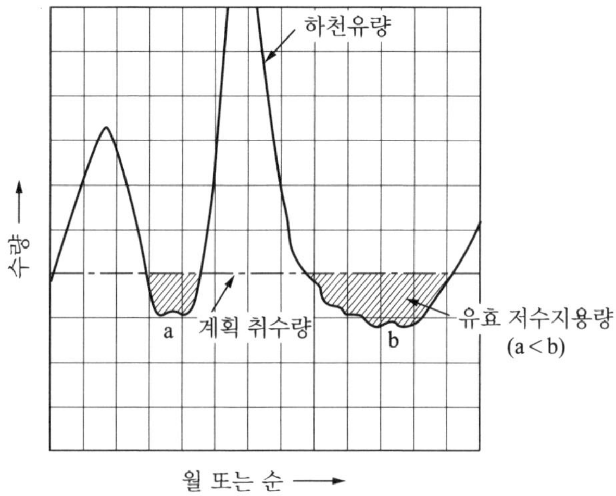


**그림 4.20 유량도표법**

### (5) 연속첨두유량법 (Sequent peak method)

연속첨두유량법의 한 예로서 다음 표와 같은 유입량($Q$)과 취수량($R$) 자료가 주어지면 저수지 용량($K$)을 아래의 계산식으로부터 구하여 그 값이 최대값이 되는 지점이 필요한 저수지 용량이 된다.

| $t$ | $R_t$ | $Q_t$ | $K_t$ | $K_{t-1}$ |
|---|---|---|---|---|
| 10월 | 9.3 | 18 | 0.0 | 0.0 |
| 11월 | 9.3 | 22 | 0.0 | 0.0 |
| 12월 | 9.3 | 17 | 0.0 | 0.0 |
| 1월 | 9.3 | 26 | 0.0 | 0.0 |
| 2월 | 9.3 | 15 | 0.0 | 0.0 |
| 3월 | 9.3 | 32 | 0.0 | 0.0 |
| 4월 | 9.3 | 8 | 1.3 | 0.0 |
| 5월 | 9.3 | 3 | 7.6 | 1.3 |
| .... | .... | .... | .... | .... |
| 5월 | 9.3 | 0 | 90.6 | 81.3 |
| 6월 | 9.3 | 0 | 99.8 | 90.6 |
| 7월 | 9.3 | 0 | 109.1 | 99.8 |
| 8월 | 9.3 | 0 | 118.4 | 109.1 |
| 9월 | 9.3 | 7 | 120.7 | 118.4 |
| 10월 | 9.3 | 15 | 115.0 | 120.7 |
| 11월 | 9.3 | 17 | 107.3 | 115.0 |
| 12월 | 9.3 | 25 | 91.6 | 107.3 |
| .... | .... | .... | .... | .... |
| 1월 | 9.3 | 26 | 28.6 | 45.3 |
| 2월 | 9.3 | 15 | 22.9 | 28.6 |
| 3월 | 9.3 | 32 | 0.2 | 22.9 |

$$K_t = \begin{cases} R_t - Q_t + K_{t-1} & \text{If } R_t - Q_t + K_{t-1} \geq 0 \\ 0 & \text{If } R_t - Q_t + K_{t-1} < 0 \end{cases}$$

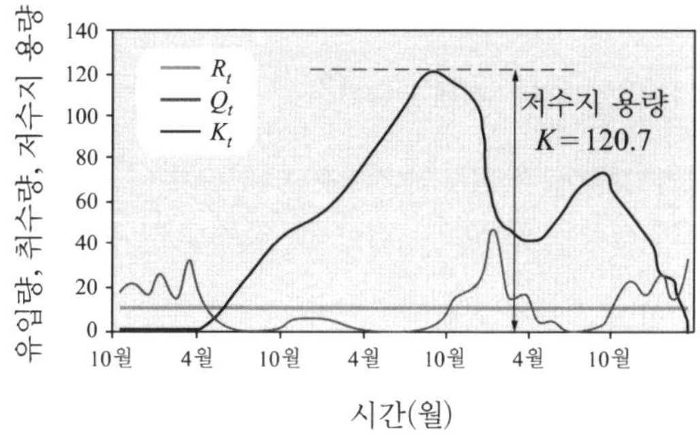

## 4.4.2 취수시설의 특징 비교

호소 및 저수지 취수시설에는 취수탑과 취수문, 취수틀이 있는데 이들의 비교를 표 4.3에 나타내었다.

**표 4.3 호소, 저수지 취수시설의 비교**

| 취수시설 | 취 수 탑 | | 취 수 문 | 취 수 틀 |
|---|---|---|---|---|
| | 고 정 식 | 가 동 식 | | |
| 개략도 | 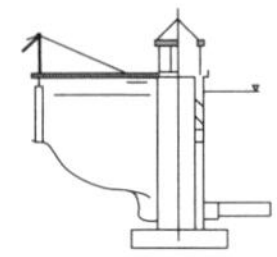 | 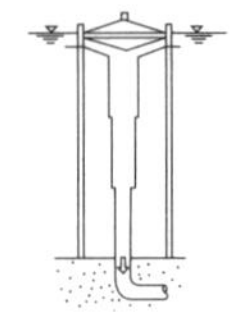 | 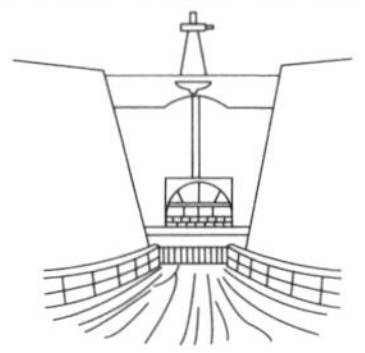 | 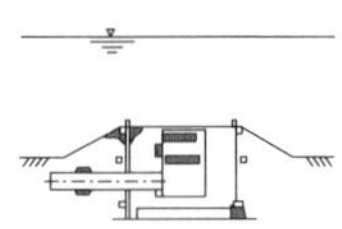 |
| 기능·목적 | 호소, 저수지의 대량 취수시설로서 많이 쓰임. 취수구의 배치를 고려하면 선택취수 가능 | 저수지 등의 수심이 특히 깊고 일반적으로 철근콘크리트 구조의 취수탑 축조가 곤란한 경우에 많이 이용 | 취수시설로 스크린, 취수문을 설치하여 일체가 되어 가동 | 호소의 중·소량 취수시설로 많이 쓰임. 구조가 간단하고 시공도 비교적 용이. 수중에 설치되므로 표면수 취수 불가능 |
| 특징 | 수위변화가 많은 저수지에서도 계획취수량 안정되게 취수 | 수위변동에 따라 표면수를 취수하는 것이 특징. 필요에 따라 임의의 수심에서도 취수가능 | 호소상황, 취수위 안정 시 공사 및 유지관리 비교적 용이하여 안정취수 가능하나 갈수 시, 송수 시, 결빙 시 취수량 확보조치 및 조정 필요 | |
| 취수량의 대소 | 보통 대량취수에 적합 | 취수량의 대소에 관계없이 이용 | 보통 소량취수에 적합 | 보통 소량취수에 쓰임 |
| 취수량의 안전상황 | 안정된 취수 가능 | 안정된 취수 가능 | 갈수기에 호소에 유입되는 수량 이하로 취수할 계획이면 안정 취수 가능 | 보통 안정 취수 가능 |
| 수위변화 | 보통 영향이 적음 | 보통 영향이 적음 | 보통 수위변동이 적은 호소 등에 적합 | 보통 영향이 적음. 틀이 노출 안 되도록 고려 |
| 수질상황 | 수문 조작으로 선택취수 가능하므로 비교적 양질 원수 취수 | 선택취수 가능으로 수온, 수질에 따라 취수가능 | 선택취수 가능으로 수온, 수질에 따라 취수가능 | 호소의 수질변화에 직접 영향 받음 |
| 수심상황 | 전혀 영향을 안 받으나 수심이 너무 깊으면 탑의 안전성 확보면에서 적당하지 않음 | 수심이 큰 경우에 적당 | 전혀 영향이 없음 | 영향 없이 취수가능하나 일반적으로 수심이 깊으면 유지관리 곤란하고, 비교적 얕은 장소에 적합 |

Chapter 5

# 도수 및 송수

## 5.1 개요

도수는 취수지점으로부터 정수장까지 물을 보내는 과정이고, 송수는 정수장에서 배수지까지 처리한 물을 보내는 과정인데 도수와 송수는 모두 물의 수송시설이다.

도수와 송수의 차이점은 도수는 아직 처리되지 않은 물을 수송하는데 비해, 송수는 정화된 물을 대상으로 하고 있는 점과 수질의 차이로 한계유속이 다르다는 것 등이다. 그러나 이 둘은 모두 그 종점이 자유수면을 가지는 저류지에 연결된 관거라는 면에서 기술적으로 그리고 수리학적으로도 같으므로 일괄하여 기술하기로 한다.

### 5.1.1 유수방식

지반의 고저에 따라 자연유하식과 펌프압송식으로 나뉜다. 자연유하식은 시점의 수위가 종점의 수위보다 높지만, 수로 자체가 항상 동수경사선 이하로 되는 경우에만 적용할 수 있다. 시점보다 종점의 수위가 높은 경우는 펌프압송식에 의해 수송할 수밖에 없다.

자연유하식은 안전하고 확실하게 송수할 수 있고, 운용비도 싸며, 유지관리도 쉽지만 노선 연장이 길게 되어 건설비가 상승할 수 있다. 펌프압송식은 노선 연장이 짧고 건설비를 절감시킬 수 있는 장점이 있지만, 전력비가 들고 정전 등으로 송수의 확실성이 떨어지는 등의 단점이 있다. 가능하면 자연유하식이 바람직한데, 어느 것을 채용할 것인가는 건설비와 유지비를 비교하여 종합적으로 결정할 필요가 있다.

자연유하식은 수리학적으로 개수로식과 관수로식으로 나누어지고, 펌프압송식은 모두 관수로식이다. 개수로식과 관수로식을 비교하면 다음과 같다.

① 개수로식은 항상 밑으로의 경사가 필요하므로 노선의 연장이 길게 되는 경우가 있다. 관수로식은 동수경사선 이하에 위치하면 역경사로 되어도 좋고 노선 연장을 단축할 수 있다.
② 관수로식은 강도가 큰 재질의 관거를 사용해야 하는데, 그렇지 않을 경우 파열될 염려가 있다. 그러나 개수로식은 간단한 구조이다.
③ 개수로식은 외부로부터 오염을 받기 쉬우므로 송수의 경우는 정수를 취급하므로 모두 관수로식으로 해야 한다. 도수의 경우는 경제성을 고려하여 결정한다.

### 5.1.2 노선의 선정

노선의 선정에 있어서는 몇 개의 노선에 대해서 답사, 측정, 수질조사를 실시하고 도면상 또는 현지에서 비교·검토하고 다음의 사항을 고려하면서 종합적으로 판단하여 결정한다.

① 자연유하나 펌프압송 중 어떠한 방식에 있어서든 마찰손실수두가 최소가 되도록 즉, 노선 연장은 가능한 한 짧게 한다.
② 수평방향, 종단방향 모두 가능한 한 45° 이상의 급격한 굴곡은 피해서 관거에 급격한 수압변화 등이 발생하지 않도록 한다.
③ 지반이 양호해야 하고, 성토 등 지반이 불안정한 장소는 피하는 편이 좋다.
④ 산마루, 사면 등은 피한다.
⑤ 관수로의 경우, 낮은 장소에 있어서 관내면에 작용하는 최대정수두가 관의 최대사용 정수두 이하로 되어야 한다.
⑥ 관수로의 경우, 높은 장소인 경우도 관의 위치는 최저동수경사선 이하에 있어야 한다.
⑦ 가능한 한 노선은 공공도로를 이용하는 것이 좋다.
⑧ 공공도로를 이용하는 경우에도 장래의 도시계획, 교통 상황 등에 대해서 사전에 관계부서와 긴밀한 협의를 해 둔다.
⑨ 하천, 도로, 철도 등을 횡단하는 경우에는 횡단하기에 사정이 좋은 장소를 선택한다.

자연유하식에 의하는 경우, 노선의 지형 상황에 따라 개수로와 관수로를 병용하면 경제적으로 유리하게 되는 경우가 있다. 또한 취수지점 부근에 높은 지점이 있으면 그곳까지는 펌프압송식으로 하고, 그 후로는 자연유하식으로 하는 등 자연적 지형을 잘 응용하여, 경제성을 높이는 것이 중요하다.

표 5.1 관수로 내 평균 유속의 최대한도

| 관 내면상태 | 평균 유속의 최대한도(m/s) |
| --- | --- |
| 몰탈이나 콘크리트 | 3.0 |
| 주 철 | 6.0 |

### 5.1.3 단면결정

수로의 크기는 수로의 종류, 단면의 형태, 경사, 유량이 정해지면 유속공식으로부터 결정할 수 있다. 수로 내 평균유속의 최대한도는 개수로의 경우에는 3 m/s, 관수로의 경우에는 표 5.1의 값으로 한다. 또한 최소한도는 정수를 대상으로 하는 경우에는 별도로 정하지 않지만 원수의 경우에는 수중에 포함되어 있는 부유물과 미세모래 등이 수로 내에 침전되지 않도록 0.3 m/s로 하고 있다.

경사(구배)는 종단도로부터 수위차이(낙차)와 수로연장을 구하고, 낙차를 수로연장으로 나누면 된다. 일반적으로 낙차는 수로시점의 저수위(LWL)와 수로 종점의 고수위(HWL)와의 차를 취하는 것이 보통인데, 설계에 있어서는 최소의 경사를 이용한다. 수로의 종류, 단면의 형태가 결정되면 우선 단면의 크기를 판정한다.

관을 사용하려고 하면 내경을 판정한다. 계산된 구배와 판정한 단면으로부터 유속공식에 의해 평균유속을 구하고 이것이 최대와 최소의 한도 내에 있으면 좋다. 만약 작거나 너무 크면 다시 단면을 판정하고 계산을 반복하여 최적치를 구한다.

도수의 경우 계획유량은 계획취수량과 같이 한다. 또한 송수의 경우는 계획 1일 최대급수량을 표준으로 한다.

## 5.2 개수로(open channel)

### 5.2.1 유속공식

개수로의 평균유속 공식은 다음 세 가지 공식이 주로 이용되고 있다.

### 1) Manning (매닝)공식

$$v = \frac{1}{n} R^{2/3} I^{1/2} \tag{5.1}$$

### 2) Ganguillet-Kutter (강귀예 - 쿠터)공식

$$v = \frac{23 + \frac{1}{n} + \frac{0.00155}{I}}{1 + \left(23 + \frac{0.00155}{I}\right)\frac{n}{\sqrt{R}}} \sqrt{RI} \tag{5.2}$$

### 3) Bazin (바잰)공식

$$v = \frac{87}{1 + \frac{n}{\sqrt{R}}} \cdot \sqrt{RI} \tag{5.3}$$

여기서, $v$ : 평균 유속(m/s)

$R$ : 경심(=동수반경) (m)

$I$ : 동수구배$\left(= f\frac{h_L}{L} = f\frac{1}{D}\frac{v^2}{2g} = f\frac{8}{\pi^2 g}\frac{Q^2}{D^5}\right)$

$n$ : 조도계수

$h_L$ : 수두손실(m)

$n$값은 표 5.2에 나타낸 것과 같은데, 안전을 위해서 큰 값을 선택하는 것이 좋다.

**표 5.2 조도계수**

| 재 료 | $n$의 범위 | 평균값 |
|---|---|---|
| 강관 또는 주철관 | 0.014～0.018 | 0.016 |
| 철근콘크리트관 또는 콘크리트관 | 0.013～0.015 | 0.014 |
| 석면 시멘트관 또는 원심력 철근콘크리트관 | 0.012～0.014 | 0.013 |

개수로의 경우는 수심에 따라 수류상태가 변하므로 임의의 수심에 대한 유속과 유량을 알 필요가 있다. 이를 위해서 수리특성곡선도가 이용된다. 단면형에 따라 만류시의 유속, 유량 등에 대해서 각 수심마다의 경심($R$), 유속($v$), 유량($Q$)을 계산해서 방안지에 그린 것을 수리특성곡선도라 한다. Manning공식을 이용한 원형관의 수리특성곡선은 그림 5.1과 같다. 주어

진 유수단면에 대하여 경심이 최대가 되도록 하는 단면형을 수리적 최량단면이라 하며, 그림 5.2는 장방형, 사다리꼴, 원형관에서의 최량 단면도인데, 원형관은 대체로 수심 80~82%에서 최대유속, 최대경심을 가지며 수심 92~94%에서 최대유량을 나타낸다.

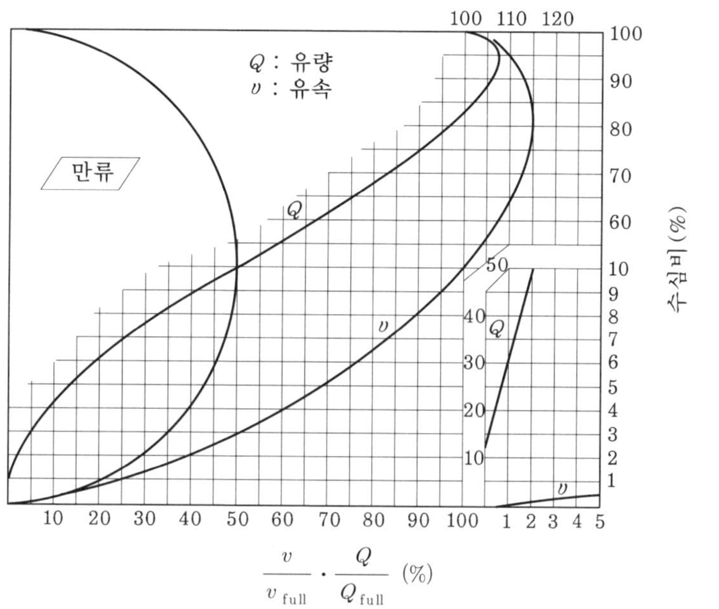


그림 5.1 원형관의 수리특성곡선(Manning공식)

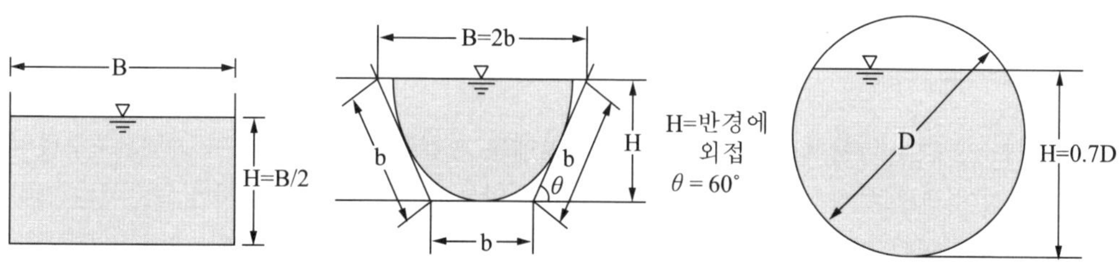


(a) 장방형 단면 (b) 사다리꼴 단면 (c) 원형 단면

그림 5.2 개수로의 수리학적 최량단면도

**예제 5.1**

원형관에서 단면적당 최대통수량은 어떤 조건에서 일어나는가?

가. 가득차서 흐를 때

나. 수심이 92~94% 차서 흐를 때

다. 수심이 80~85% 차서 흐를 때

라. 수심이 72~78% 차서 흐를 때

**풀이** 원형관에서는 수심이 92~94% 차서 흐를 때 단면적당 최대통수량이 된다.

**예제 5.2**

그림과 같이 밑바닥이 5 m, 양측벽면 경사가 1 : 2, 수심이 2 m, 수로구배가 1/3,000인 사다리꼴 콘크리트 수로의 유량($m^3$/sec)을 구하시오.

$\left( \text{단, } v = \frac{1}{n} R^{2/3} \cdot I^{1/2}, \text{ 조도계수} = 0.013 \right)$

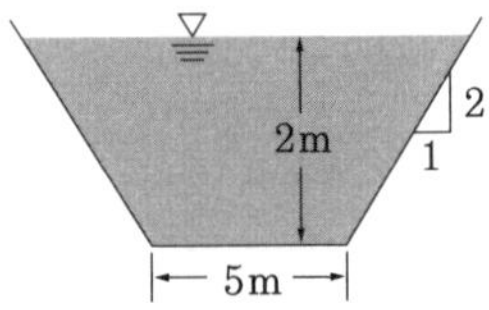


**풀이**

Manning공식 : $v = \frac{1}{n} R^{2/3} \cdot I^{1/2}$에서

$R = \frac{A}{P}$ (P : 윤변)

$A = \frac{1}{2}(5+7) \times 2 = 12\ m^2$

$P = 5 + 2 \times \sqrt{1^2 + 2^2} = 9.472\ m$

$v = \frac{1}{0.013} \times \left(\frac{12}{9.472}\right)^{2/3} \times \left(\frac{1}{3,000}\right)^{1/2} = 1.644\ m/sec$

$\therefore\ Q = Av = 12\ m^2 \times 1.644\ m/s = 19.73\ m^3/sec$

## 5.2.2 개수로 특징

개수로는 증발에 의한 물의 손실이 많고 겨울에는 동결될 염려가 있으며 표면으로부터의 오염 가능성이 크므로 상수도에서는 많이 이용되지 않는다. 그러나 대규모적인 도수에는 경비면에서 유리한 면이 있다. 구조는 콘크리트 또는 철근콘크리트 구조로 그림 5.3과 같은 사다리꼴 또는 장방형 단면이 많이 이용된다. 사다리형과 장방형 중 수리학적으로 유리한 단면은 경사면이 수평선에 대해 60°의 경사를 가지며 수면에 중심을 가진 반원형에 외접하는 사다리

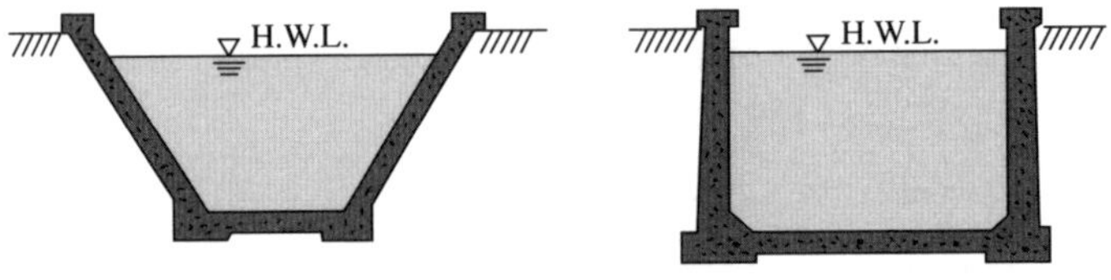


그림 5.3 개수로의 형태

형인데, 최근에는 용지 관계상 장방형 단면이 많이 채용되고 있다.

또한 장방형일 때는 장래에 도수량이 증가할 경우 둑을 쌓아올리는데 용이하다는 이점이 있다. 개수로는 지반이 양호한 장소에 축조하는 것이 당연하지만, 부득이 성토나 불량지반에 설치할 때는 항타기초 또는 철근콘크리트 기둥 위에 축조해야 한다.

오염물질 유입이나 사람과 동물의 낙상을 방지하기 위해서 측면부분은 수면보다 30 cm 이상, 지반보다 20 cm 이상 높게 한다. 개수로에는 10～20 m 간격으로 신축접합을 설치할 필요가 있다. 또한 지질이 변화하는 곳, 접합정, 교량, 칸막이, 맨홀 등의 전후에도 연성이 큰 신축접합을 설치한다. 단, 신축접합을 설치할 때는 누수가 없도록 시공을 완전히 행해야 한다. 수로의 도중에 사고가 생기는 경우의 대책으로서 연장이 긴 수로에는 잉여수 배출구를 설치할 필요가 있다. 또한 경사가 변화하는 점, 분산지점, 합류점, 기타 필요한 곳에 합류정 또는 맨홀을 설치한다.

### 5.2.3 암수로 및 터널

암수로는 개수로에 덮개를 하여 매설한 것이다. 오염 등의 문제가 생기지 않으므로 개수로보다 우수하나 공사비가 많이 든다. 암수로의 단면은 장방형 또는 원형이 많다. 장방형인 경우는 철근콘크리트 구조로 한다. 터널의 최소단면은 시공면에서 제약을 받으므로 대개 1.5～1.8 m 정도이고, 말발굽형이 많이 채용된다. 터널은 콘크리트 시공을 원칙으로 하고 필요에 따라 액상 콘크리트(grout)를 깔아 누수나 오수가 침입하지 않도록 방수에 충분히 유의해야 한다. 터널의 흙 덮개는 암반을 제외하고 대개 5 m 이상으로 한다. 기초, 신축접합, 기타에 대해서는 개거에 준한다.

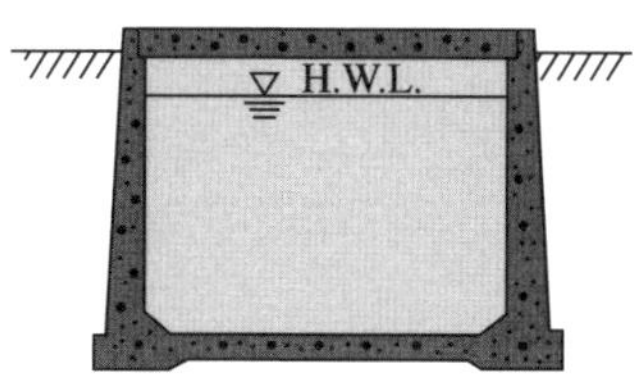


(a) 장방형

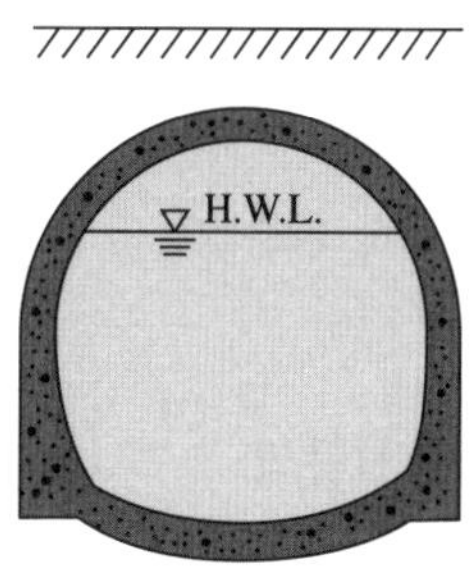


(b) 말발굽형(터널)

그림 5.4 도수관거의 단면도

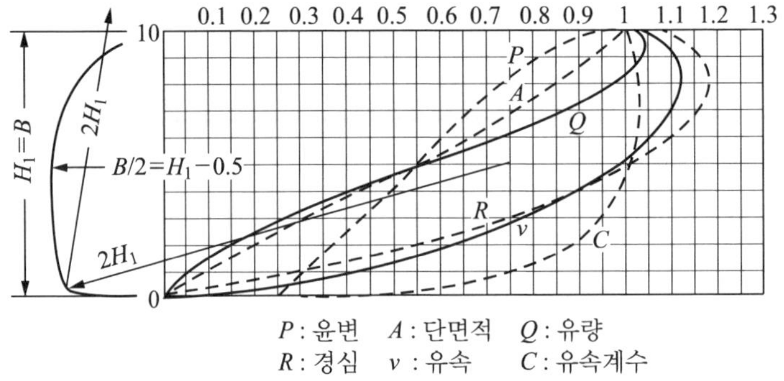


그림 5.5 말발굽형(터널) 수리특성곡선

## 5.3 관수로

### 5.3.1 유속 및 마찰손실수두 공식

관수로의 유속을 구하는 데에는 Manning공식이나 Hazen-Williams공식이 이용되는데 특히 Hazen-Williams공식이 많이 사용되고 있다.

#### 1) Hazen-Williams (하젠 - 윌리엄스)공식

$$v = 0.84935\,C\,R^{0.63}\,I^{0.54} = 0.35464\,CD^{0.63}I^{0.54} \tag{5.4}$$

여기서, $v$ : 평균유속(m/s)

$R$ : 경심 혹은 수리학적 반지름(m)

$I$ : 동수경사

$C$ : 유속 계수

#### 2) Ikeda (이케다)공식

$$v = 81.60 \times 0.9978^{\frac{y}{R+0.68(0.0375-R)}} \cdot R^{0.581} \cdot I^{0.507} \tag{5.5}$$

여기서, $v$ : 평균유속(m/s)

$y$ : 경과년수(년)

$C$값은 표 5.3에 보인 바와 같은데, 강관이나 동관은 통수년수의 경과에 따라 녹 때문에 통수능력이 점차 감퇴하므로 설계시에는 이것을 미리 예측하여 $C$값을 다른 관보다 작게 하고 있다. Hazen-Williams공식에는 유량표와 계산 도표가 있으므로 이것을 이용하면 편리하다.

관수로의 마찰손실수두는 Darcy-Weisbach (달시－바이스바흐)식으로 구한다.

$$h_L = f \frac{L}{D} \frac{v^2}{2g}$$

여기서, $h_L$ : 수두손실(m)

$f$ : 마찰계수(마찰계수는 레이놀즈계수의 함수로서 Moody diagram을 이용하거나 여러 가지 제안된 식을 이용하여 구함)

$L$ : 관 길이(m)

$D$ : 관경(m)

$v$ : 유속(m/s)

$g$ : 중력가속도(9.8 m/s$^2$)

Chezy공식($C = \sqrt{RI}$)의 $C$와 Manning공식의 $n$ 사이에는 $C = \frac{1}{n} R^{1/6} = \sqrt{\frac{8g}{f}}$ 관계가 성립되므로 마찰손실계수 $f = \frac{124.6\,n^2}{D^{1/3}}$와 같다.

**표 5.3** Hazen-Williams공식의 $C$값

| 관 종 | $C$ | 비 고 |
|---|---|---|
| 주철관 | 100 | 20년 후 |
| 강관 | 100 | 〃 |
| 몰탈라이닝 주철관 | 130 | 굴곡손실 등을 고려하여, |
| 도복장강관 | 130 | $C = 110$ 정도가 안전하다. |
| 석면시멘트관 | 130 | 〃 |
| 원심력 철근콘크리트관 | 130 | 〃 |
| 프레스트레스트 콘크리트관 | 130 | 〃 |
| 경질염화비닐관 | 130 | 〃 |

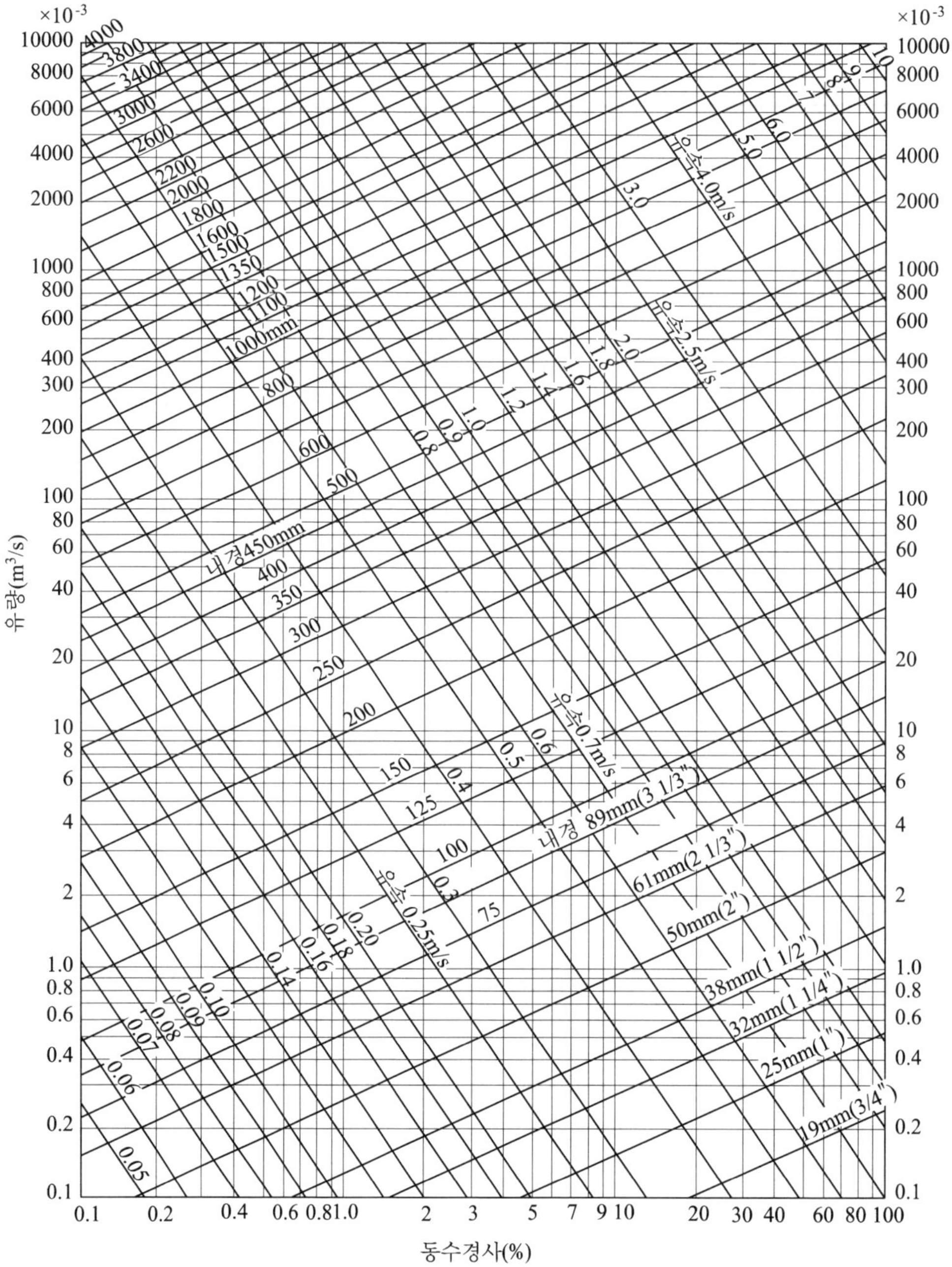


그림 5.6 Hazen-Williams공식 계산도표 (C=110)

**표 5.4** 관 재료별 유속계수($C$)와 조도계수($n$)

| 재료 | $C$ (유속계수) | $n$ (조도계수) |
|---|---|---|
| 도장 주철관 | 130～135 | 0.010～0.013 |
| 비도장 주철관(신) | - | 0.012～0.014 |
| 비도장 주철관(구) | 100 | 0.014～0.018 |
| 연철관 | 110～120 | 0.012～0.014 |
| 놋쇠관, 유리관 | 140～150 | 0.009～0.012 |
| 흄관(∅100～600 mm) | 150 | 0.011～0.014 |
| 흄관(∅100 mm 이하) | 120～140 | 0.011～0.014 |
| 콘크리트관 | 120～140 | 0.012～0.016 |

관의 단면변화(급확대, 점확대, 급축소, 점축소), 방향변화(만곡), 관입구, 관출구, 밸브 등에 의한 손실수두를 미소손실수두라고 하며 다음 식으로부터 구한다.

$$h_L = k\frac{v^2}{2g} \qquad (\text{여기서, } k \text{ : 미소손실계수})$$

**표 5.5** 밸브의 종류에 따른 밸브손실계수

| 종류 | | 개방 정도 | $k_v$ (밸브손실계수) |
|---|---|---|---|
| 게이트(gate)밸브 | | 완전 개방 | 0.19 |
| | | 3/4 개방 | 1.15 |
| | | 1/2 개방 | 5.60 |
| | | 1/4 개방 | 24.00 |
| 글로브(globe)밸브 | | 완전 개방 | 10 |
| 체크(check)밸브 | swing type | 〃 | 2.5 |
| | lift type | 〃 | 12 |
| | ball type | 〃 | 70 |
| 로터리(rotary)밸브 | | 〃 | 10 |
| 풋(foot)밸브 | | 〃 | 15 |
| 앵글(angle)밸브 | | 〃 | 3.1 |
| 블로우오프(blow-off)밸브 | | 〃 | 2.9 |

**예제 5.3**

표고차 25 m인 길이 400 m의 관수로에 유량 200 L/sec를 송수하려고 할 때 Manning공식을 이용하여 최소관경을 구하시오(단, $n = 0.015$).

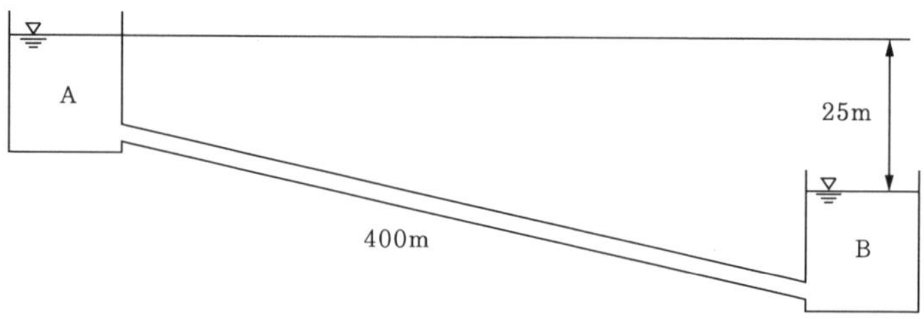


**풀이**

Manning공식 : $v = \frac{1}{n} R^{2/3} I^{1/2}$ 에서

$$Q = A \cdot v = \frac{\pi D^2}{4} \cdot \frac{1}{n} R^{2/3} I^{1/2}$$

$$Q = 0.2\ \text{m}^3/\text{sec}$$

$$R = \frac{D}{4},\quad n = 0.015$$

$$I = \frac{25}{400} = 0.0625$$

$$0.2 = \frac{\pi D^2}{4} \times \frac{1}{0.015} \times \left(\frac{D}{4}\right)^{2/3} \times (0.0625)^{1/2}$$

$$D^{8/3} = 0.2 \times \frac{4}{\pi} \times 0.015 \times 4^{2/3} \times 16^{1/2} = 0.0385$$

$$\therefore D = 0.295\ \text{m} = 295\ \text{mm}$$

**예제 5.4**

1인 1일 최대급수량이 200 L/인·일인 송수시설의 송수관로 길이가 1,500 m, 송수관 관경이 200 mm이다. 지역 내 급수인구가 10,000명일 때 다음 물음에 답하시오. ( 단, $n = 0.015$, $f = \frac{8gn^2}{R^{1/3}}$ 여기서 $R$은 경심(m) )

① 송수량은 몇 $\text{m}^3$/day인가?

② 송수관 내 유속은 몇 cm/sec인가?

③ 경심($R$)은 몇 mm인가?

④ 마찰손실수두는 몇 m인가? ( 단, $h_L = f \cdot \frac{l}{D} \cdot \frac{v^2}{2g}$ 임 )

**풀이**

① $0.2\ \text{m}^3/\text{인}\cdot\text{일} \times 10{,}000\text{인} = 2{,}000\ \text{m}^3/\text{일}$

② $v = \frac{Q}{A} = \frac{Q}{\pi D^2/4} = \frac{2{,}000\ \text{m}^3/\text{d} \div 86{,}400\ \text{sec/d}}{(\pi \times 0.2^2/4)\ \text{m}^2}$

$= 0.7368\ \text{m/sec} = 73.68\ \text{cm/sec}$

③ $R = \frac{A}{P} = \frac{\pi D^2/4}{\pi D} = \frac{D}{4} = \frac{200}{4} = 50\ \text{mm}$

④ $f = \frac{8 \times 9.8 \times 0.015^2}{0.05^{1/3}} = 0.048$

$$\therefore\ h_L = 0.048 \times \frac{1{,}500}{0.2} \times \frac{0.7368^2}{2 \times 9.8} = 9.97\ \text{m}$$

**예제 5.5**

원형관에서의 평균유속공식은 Hazen-Williams공식을 따를 때 $Q-kC$ $D^a I^b$로 구할 수 있다면, 이 공식에서의 $k$, $a$, $b$값은 각각 얼마인가?

**풀이**

H.W.공식 $v = 0.84935CR^{0.63}I^{0.54}$

$$R = \frac{A(\text{단면적})}{P(\text{윤변})} = \frac{\left(\dfrac{\pi D^2}{4}\right)}{\pi D} = \frac{D}{4}$$

$$Q = Av = \frac{\pi D^2}{4} \cdot 0.84935C\left(\frac{D}{4}\right)^{0.63} I^{0.54} = 0.278CD^{2.63}I^{0.54}$$

$k = 0.278,\ a = 2.63,\ b = 0.54$

**예제 5.6**

직경 40 cm인 주철관에 0.25 $m^3$/sec의 유량이 흐르고 있다. 이 관로 700 m에서 생기는 손실수두를 Manning의 식에 의해 구하면 얼마인가?

$\left(\text{단},\ n = 0.012,\ f = \dfrac{124.6n^2}{D^{1/3}}\right)$

**풀이**

$$f = \frac{124.6n^2}{D^{1/3}} = 0.0244$$

$$v = \frac{Q}{A} = \frac{0.25}{\pi D^2/4} = \frac{0.25}{\pi \times 0.4^2/4} = 1.99\ \text{m/sec}$$

$$h_L = f\frac{L}{D}\frac{v^2}{2g} = 0.0244\frac{700}{0.4}\frac{1.99^2}{2 \times 9.8} = 8.63\ \text{m}$$

## 5.3.2 관의 종류

### 1) 원심력 철근콘크리트관

모양을 만드는 관을 관축을 중심으로 고속회전시켜 노즐 끝으로부터 내면에 몰탈을 일정한 두께가 될 때까지 분사시켜 만든다. 이 방법을 발명한 사람의 이름을 따서 흄(hume)관이라고도 부른다. 이것은 외압에 강하지만 내압에는 비교적 약하므로 대개 개수로 외에는 사용하지 않고, 상수도에는 많이 사용하지 않는다.

관의 접속에는 칼러(collar)접합을 이용한다. 철근콘크리트의 칼러에 관의 끝을 끼워 넣고 칼러와 관 외면과의 간극에 몰탈을 넣어 접속시켜 간다. 접합부는 연성이 없으므로 지반의 부등침하 또는 지진 등에 의해 몰탈이 떨어져서 누수가 일어나기 쉬우므로 시공 시 특히 이 점을 염두에 두어야 한다.

### 2) PS (Pre-stressed) 콘크리트관

철근콘크리트관 등의 주위에 설계 수압에 대응하는 장력을 더한 피아노 강선을 감고 여기에 콘크리트를 채워 피아노 강선을 고정한 관이다. PS 콘크리트관에는 압축 응력이 이미 가해져 있으므로 관에 수압이 작용할 경우 수압에 의해 장력이 압축응력과 상쇄되어 관에는 전혀 인장응력이 생기지 않게 된다. 따라서 상당히 높은 수압에서도 견딜 수 있다. 관의 접속은 원심력 철근콘크리트관과 같다.

### 3) 주철관

일반적으로 주철관은 강도가 크고 내부식성이 좋으므로 상수도에 많이 사용되고 있다. 그러나 주철은 충격에 대해서 약하므로 관의 두께를 두껍게 해야 하는데, 이 때문에 중량이 상당히 나가게 된다. 주철관에는 제조법에 따라 몇 가지 종류가 있다.

입형주철관은 모래로 주형을 만들고 여기에 용광로에서 용융한 양질의 선철을 흘려 넣는다. 재질적으로 결함이 있어서 지금은 이용하지 않으며, 보통 주철관이라고도 한다.

원심력 사형주철관과 원심력 금형주철관은 원심력을 이용하여 제조한다. 관의 외경에 똑같은 구경을 가지는 모래나 관을 관축을 중심으로 고속회전시켜 노즐로부터 용융한 양질의 선철을 모래나 관내면으로 분사시킨다. 원심력의 작용에 의해 재질은 매우 치밀하게 되고 입형주철관에 비해 상당히 튼튼하여 고급 주철관이라고도 한다.

덕타일(ductile) 주철관의 제조방법은 원심력 금형 주철관과 똑같고, 다만 선철의 성질이 약간 다를 뿐이다. 용광로 내부에서 용융하고 있는 선철에 미량의 마그네슘을 첨가하면 함유되어 있는 흑연의 형상이 변화하고 그 결과 틈새가 없어져 강철같이 강한 성질을 가진 주철이 생성된다. 그리고 덕타일 주철은 내부식성도 크기 때문에 최근에는 거의 덕타일 주철관을 사용하게 되었다. 강한 성질(전성)이 있으므로 관의 두께를 얇게 할 수 있고 중량도 가볍게 할 수 있다.

시멘트 라이닝관은 주철관의 내면을 시멘트 몰탈로 보호한 관이다. 주철은 내부식성이 크지만 장기간 사용하면 내면에 녹이 생긴다. 이러한 녹의 발생을 방지하기 위해 몰탈로 라이닝을 실시하는 것이다. 라이닝 방법은 원심력을 이용하여 노즐로부터 주철과 내면에 몰탈을 분사한다.

주철관의 끝은 한 쪽이 소켓, 다른 쪽이 콘센트로 되어 있다. 나머지 소켓에 콘센트를 끼우고 그 간극에 마포를 깊이의 약 1/3까지 채우고 나머지는 납을 녹여 충분히 다진다. 이 접합은 전성이 전혀 없으므로 차량의 통행에 따른 진동, 지진, 부등침하에 따라 접합부에 틈이 생겨 누수가 생기기 쉽다. 납 접합은 우천 시에는 위험하므로 시공할 수 없다. 최근에는 거의 이용되지 않는다.

납 접합 대신에 미케니컬(mechanical) 접합, 플랜지(flange) 접합, 타이튼(tyton) 접합, 내면접합, 기벌트(gibault) 접합 등을 이용하게 되었다. 이들 접합방법 중에서 미케니컬 접합은 소켓과 콘센트의 접속 부분에 양질의 고무링을 삽입하고 주철제의 링과 볼트로 조임으로써 고무의 변형에 의해 방수성을 유지시키는 것이다(그림 5.7). 이것은 전성, 신축성, 내진성이 있으며 우천시에도 시공할 수 있다.

관내 수압에 파손치 않고 견딜 수 있는 주철관의 두께는 수압을 고려하여 정하는데 산정공식으로서 Fanning (패닝)공식이 있다.

$$t = (p + p')\,\frac{D}{2w} + 7.5\left(1 - \frac{D}{2125}\right) \tag{5.6}$$

여기서, $t$ : 관의 두께(mm)

$p$ : 허용 정수압(kg/cm$^2$)

$p'$ : 충격압(보통 5.5 kg/cm$^2$)

$D$ : 관경(mm)

$w$ : 허용 인장 강도(보통 4 kg/cm$^2$)

단, 덕타일의 경우는 이 식에 의하지 않는다.

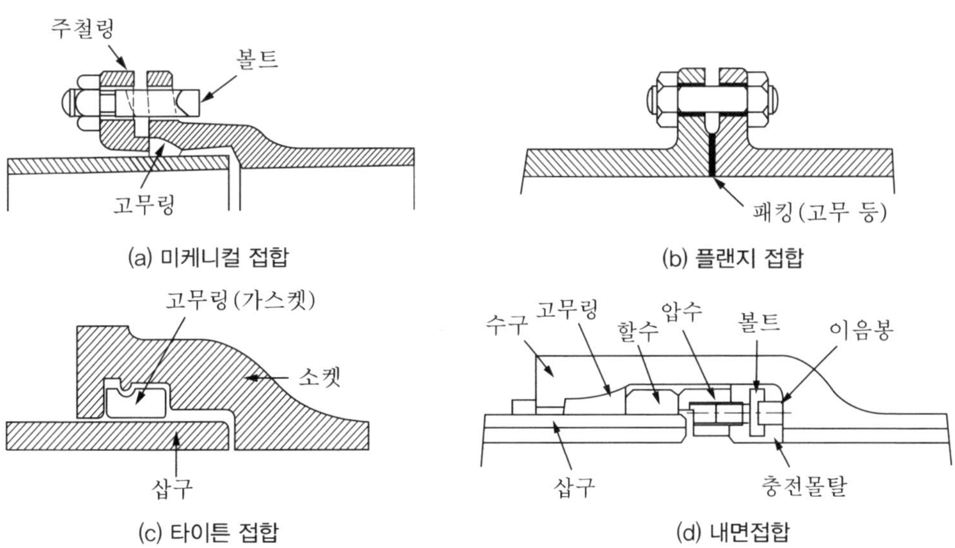


(a) 미케니컬 접합

(b) 플랜지 접합

(c) 타이튼 접합

(d) 내면접합

**그림 5.7 관 접합 방법의 종류**

### 4) 주철 이형관

직관과 직관 사이, 또는 직관과 제수밸브 등과의 사이에 설치하는 관으로 여러 가지 종류가 있다. 예를 들면 90°곡관, 45°곡관, $22\frac{1}{2}°$ 곡관, $11\frac{1}{4}°$곡관, 분기 또는 합류시키기 위한 T자관, 양단의 구경이 다른 편락관, 한 끝은 플런지(plunge)로 다른 끝은 소켓 또는 콘센트로 되어 있는 단관, 신축관, 공기밸브용 T자관 등이다.

모든 이형관은 한 쪽 끝이 소켓, 다른 쪽이 콘센트로 되어 기계적 접합에 의해 접속된다. 단, 플런지(plunge)의 경우는 상대되는 플런지와의 사이에 고무 패킹을 넣고 볼트와 너트로 접속한다.

### 5) 강관

강관은 인장 강도가 매우 높고, 전성이 강하므로 관의 두께를 얇게 할 수 있는데 부식에 약하므로 충분히 도장해야 한다. 상수도에 많이 이용되고 있는데 제조방법에 따라 아크용접 강관, 단접 강관, 스파이럴 강관, 접합부가 없는 강관 등이 있는데, 모두가 관의 외부면에 도장을 한다. 도장의 재료로서 아스팔트, 콜타르에나멜, 합성수지, 시멘트 몰탈 등이 이용되는데 모두가 관을 만든 후에 공장에서 실시한다. 구경이 작은 강철관에는 도장 대신 외부면에 아연도금을 하는데 이것을 아연도강관이라고 한다.

관의 접속은 용접에 의한 것이 가장 일반적인데, 내경이 800 mm 이상인 경우는 관의 내측으로부터 용접한다. 기벌트 접합과 같이 고무링을 사용하여 접속하는 접합이 이용되기도 한다. 아연도금 강관에만 소켓을 끼워 접속하는 나사가 사용되어 왔으며 급수관에 사용되고 있다. 강관의 이형관에도 많은 종류가 있다. 미국수도협회(AWWA)에 의한 상수도용 도복장강관의 두께 결정방법은 대략 다음과 같다.

관내수압에 의한 관두께 결정

$$t = \frac{pD}{2\sigma_{ta}} \tag{5.7}$$

여기서, $t$ : 관의 두께(mm)

$p$ : 관내수압(kg/cm$^2$)

$D$ : 관내경(mm)

$\sigma_{ta}$ : 강관의 허용인장응력(kg/cm$^2$), 통상 강관 항복점 응력의 60%

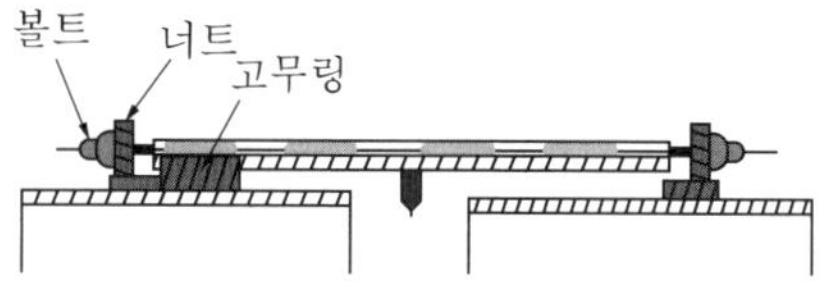


(a) 드레서(dresser)형

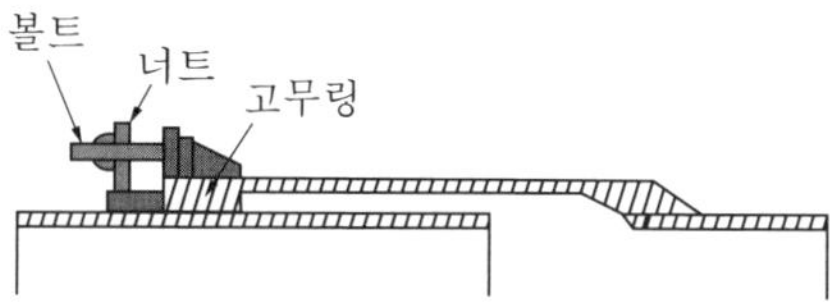


(b) 텔레스코프(telescope)형

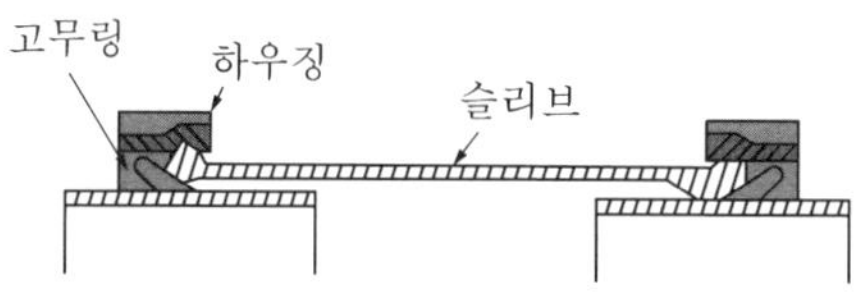


(c) 빅톨릭크로스(victaulic cross) A형

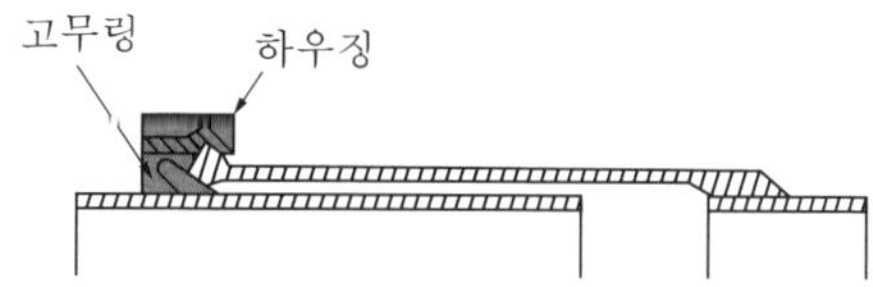


(d) 빅톨릭크로스(victaulic cross) B형

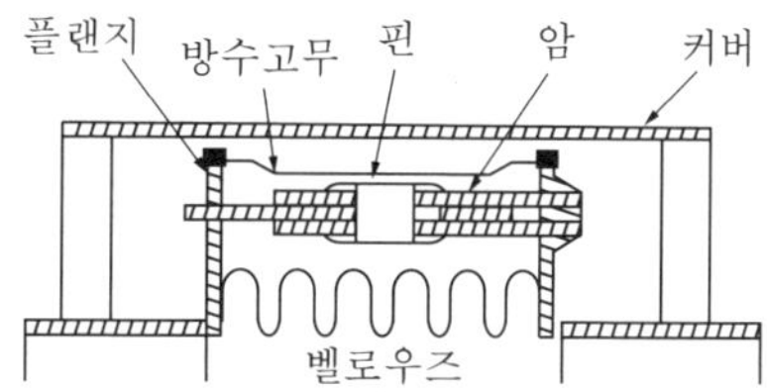


(e) 벨로우즈(bellows)형

**그림 5.8** 도복장강관의 신축조인트

---

**예제 5.7**

내경 500 mm인 원형주철관에 수두 200 m의 수압이 작용하고 주철관의 허용인장응력 $\sigma_{ta}$=120 kg/cm$^2$일 때, 강관의 소요두께는?

**풀이**

수두 200 m = 수압 20 kg/cm$^2$

$$t = \frac{pD}{2\sigma_{ta}} = \frac{20 \times 500}{2 \times 120} = 41.67 \text{ cm}$$

## 6) 경질염화비닐(PVC)관

최근에 적용되는 관 재질로서 전혀 부식되지 않고 가볍고 가공도 쉽지만, 열이나 자외선에는 약하다. 접속은 소켓 나사를 이용한다. 미리 소켓의 내면과 관 끝의 외면에 전용으로 쓰이는 접착제를 발라 소켓에 관 끝을 끼우면 불과 2~3분 내에 완전히 접착된다(그림 5.9).

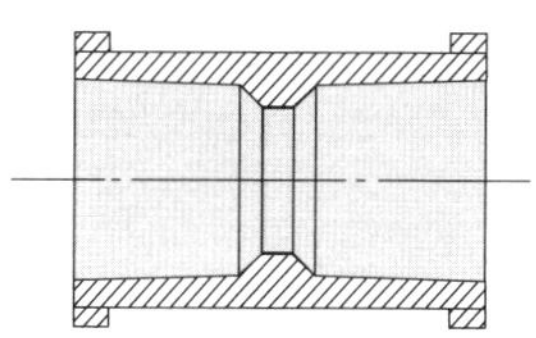

A 형

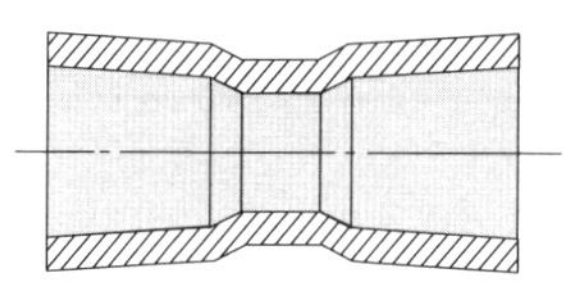

B 형

**그림 5.9** 경질염화비닐(PVC)관 소켓접합

### 7) 최대사용 정수두

관에는 상기와 같은 종류가 있는데, 각각 표 5.6과 같이 최대사용 정수두가 정해져 있으며, 그 값에 따라 고압관, 보통압관, 저압관 등의 구별이 있다.

사용에 있어서는 그림 5.10에 나타낸 것처럼 그 지점에 걸리는 정수두에 따라 적절히 선정하면 좋다.

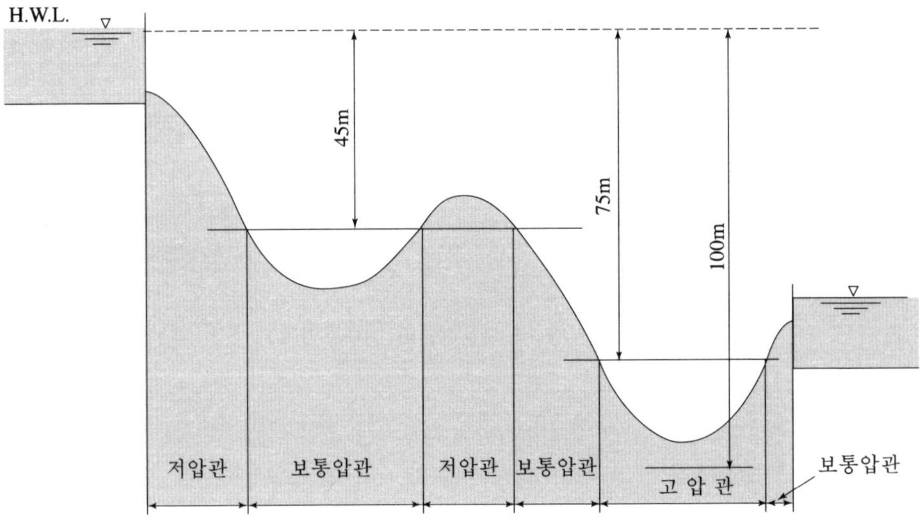


그림 5.10 압력 관종별 사용 예

표 5.6 최대사용 정수두(단위 : m)

| 관종 \ 압력 관종별 | 고압관 | 보통압관 | 저압관 |
|---|---|---|---|
| 입형주철관 | – | 75 | 45 |
| 원심력 사형주철관 | 100 | 75 | 45 |
| 원심력 금형주철관 | 100 | 75 | – |
| 주철이형관 | 100 | 75 | – |
| 강관 | 100 | – | – |
| 경질염화비닐관 | – | 75 | – |
| 석면시멘트관 | – | – | – |

**표 5.7** 상수관의 관종별 장단점

| 종류 | 장점 | 단점 |
|---|---|---|
| 주철관 | • 내식성, 강도, 내구성 큼<br>• 시공 간편 & 확실함<br>• 이형관 제작 용이 | • 강관에 비해 충격에 약함<br>• 접합부 이탈 용이<br>• 관내면 스케일 발생 |
| 덕타일(ductile)주철관 | • 강도와 인장력 큼<br>• 충격에 강함<br>• 시공성 용이 | • 중량 비교적 큼<br>• 대구경관 → 휘기 쉬움<br>• 부식에 약함 |
| 강관 | • 내외압, 충격에 강함<br>• 가볍고 시공 용이<br>• 지반변형에 적응도 높음 | • 처짐이 크고 부식 잘됨<br>• 전식에 약함<br>• 스케일 많이 발생 |
| PVC관 | • 내식성, 내전식성 큼<br>• 가볍고 시공 용이<br>• 가격 저렴 | • 강도 약함<br>• 충격에 약함<br>• 유기용제, 열, 자외선에 약함 |
| PS콘크리트관 | • 부식에 강함<br>• 가격 저렴 | • 강도 약하고, 무겁고 시공성 안 좋음<br>• 인장력, 충격에 약함 |
| 석면시멘트관 | • 내식성, 내전식성 큼<br>• 가볍고 신축성 큼. 시공성 양호 | • 충격에 약함<br>• 수질, 토질에 따라 부서지기 쉬움 |

**표 5.8** KS상수도용 관종

| 관종 | 규격 | 관경(mm) | 비고 |
|---|---|---|---|
| 덕타일주철관 | KS D 4311 | 80 ~ 2,600 | • 수도용 강관 콜타르 에나멜(coal-tar enamel) 도복장 방법(KS D 8307)<br>• 수도용 강관 아스팔트 도복장 방법(KS D 8306)<br>• 수도용 타르 에폭시 수지도료 및 도장방법(KS D 8501)<br>• 수도용 액상 에폭시 수지도료 및 도장방법(KS D 8502)<br>• 덕타일주철관의 몰탈라이닝(KS D 4316)<br>• 덕타일주철관 내면에폭시수지분체도장(KS D 4317) |
| 덕타일주철 이형관 | KS D 4308 | 80 ~ 2,600 | |
| 상수도용 도복장 강관 | KS D 3565 | 80 ~ 3,000 | |
| 상수도용 도복장 강관 이형관 | KS D 3578 | 80 ~ 3,000 | |
| 일반 배관용 스테인리스강관 | KS D 3595 | 80 ~ 300 | |
| 수도용 에폭시수지 분체내외면 코팅강관 | KS D 3608 | 6 ~ 500 | |
| 수도용 폴리에틸렌 분체라이닝 강관 | KS D 3619 | 15 ~ 100 | |
| 프리스트레스트 콘크리트 실린더관 | KS F 4406 | 500 ~ 2,000 | |
| 이음매 없는 동 및 동합금관 | KS D 5301 | 8 ~ 150 | |
| 원심력 철근콘크리트관 | KS F 4403 | 150 ~ 3,000 | |
| 수도용 경질 염화비닐관 | KS M 3401 | 13 ~ 300 | |
| 수도용 경질 염화비닐 이음관 | KS M 3402 | 13 ~ 300 | |
| 수도용 폴리에틸렌관 | KS M 3408 | 16 ~ 300 | |
| 수도용 폴리에틸렌관의 이음관 | KS M 3411 | 16 ~ 150 | |

## 5.3.3 밸브 및 기타 부속시설

### 1) 제수밸브

이것은 유지 관리상 필요에 의해 설치하므로 통수량을 제한하거나 사고가 있을 때는 즉시 잠가서 복구작업을 신속하게 행하기 위한 밸브이다. 주철제와 강철제 등이 있는데 관경 350 mm까지의 것은 상부만 주철제의 밸브상자로 덮는데, 그 이상으로 큰 것은 철근콘크리트 밸브실을 만들어 관리한다.

### 2) 공기밸브

관 내의 공기를 자동적으로 배출하는 밸브이며 배수 시에는 관 내에 공기를 빨아들여 배수를 원활히 하기 위한 밸브이다. 단구와 쌍구가 있는데 관경 400 mm 이상인 경우는 쌍구 공기밸브를 이용한다.

### 3) 니토관(찌꺼기 배출관)

사고 시나 청소 시에 관내의 물이나 토사를 배출하기 위한 관인데 관경은 주 관경의 1/2~1/4이 이용된다. 찌꺼기 배출관에는 반드시 제수밸브를 설치한다.

### 4) 체크밸브

펌프 압송 중에 정전이 되면 물이 역류하여 펌프를 손상시킬 수가 있으므로 이것은 물의 역류를 순간적으로 방지하기 위한 밸브이다.

### 5) 안전밸브

관로 내에 이상한 수압이 생기는 경우, 관의 파열을 방지하기 위해 자동적으로 물을 배출하여 관로의 안전을 확보하기 위한 밸브이다.

### 6) 감압밸브

상류부의 고압수를 저압으로 변화시켜 하류로 보내는 밸브이다.

### 7) 소화전

화재 시에 소화용수를 공급하기 위해서 소화용 호스를 연결하는 수전이다. 지상식과 지하식이 있으며 또한 각각 단구와 쌍구가 있다. 관경 300 mm 이상인 경우는 쌍구소화전을 이용한다.

### 8) 양수장치

관로의 개거 중에 설치하여 유량을 측정하기 위한 것이다. 일반적으로 벤튜리미터가 자주 사용된다.

## 5.3.4 관의 설치

### 1) 매설위치와 깊이

매설위치와 깊이는 다음 각 항에 적합하도록 해야 한다.

① 공공도로에 관을 매설할 경우에는 도로법 및 관계법령에 따라야 하며 도로관리자와 협의하여야 한다.
② 도로관리자와의 협의가 없을 경우와 공공도로 이외에 관을 매설할 경우는 매설깊이를 관경 900 mm 이하는 120 cm 이상, 관경 1,000 mm 이상은 150 cm 이상으로 하여야 하나, 노면하중을 고려할 필요가 없을 때는 그러하지 아니한다. 또 노면하중을 고려하여야 할 위치에 대규모 관을 부설할 경우에는 매설깊이가 관경보다 작지 않게 하여야 한다.
③ 노면하중을 고려할 필요가 있으나 지반이 암반인 경우 등으로 부득이 매설깊이를 매우 얕게 하여야 할 때에는 관에 보호공을 실시하여야 한다.
④ 한랭지에서 관의 매설깊이는 동결심도보다 깊게 하여야 한다.
⑤ 주요 관로에는 필요에 따라 표지석을 일정 구간마다 설치하고 매설위치, 매설깊이 및 관리기관명 등을 표시한다.

공공도로에 관을 매설할 때는 도로법에 의해 도로관리자에게 도로점용 허가신청서를 제출하고 허가를 받아야 한다. 도로관리자와 상수도, 하수도, 지하철, 가스, 전력, 전신, 전화 등 지하매설물 시설자와의 사이에는 매설물의 위치와 깊이를 도로의 종별에 따라 협정하여 두는 것이 보통이고, 특별한 경우를 제외하고는 그 협정을 따르도록 한다.

매설관의 깊이는 토질, 노면상태, 도로등급에 따라 다르고, 또 관의 재질, 구조, 관경에 따라 정해지는 것이나 관경이 클수록 흙덮기를 많이 하여야 한다. 따라서 도로 중에서 보도 밑이나 중차량의 교통을 불허하는 수도용지 내에 매설할 경우에는 표준보다 얕게 해도 좋다.

수관교 연결부의 제방 횡단장소나 다른 매설물과의 교차관계 또는 기초지반이 견고한 암반일 경우 등으로 매설깊이를 표준 또는 규정값까지 깊게 매설하지 못할 경우에는 흙덮기를 60 cm까지 감소시킬 수 있으며, 이때에는 관의 바로 윗부분의 노면에 콘크리트 또는 철근콘크리트의 슬래브(slab)를 놓거나 라멘(rahmen)으로 관을 싸서 보호한다.

한랭지에서는 동결심도보다 20 cm 이상 깊게 매설하여야 하며, 구경 500 mm 이상의 관에서는 관경의 0.5배 이상 깊게 매설하여야 한다.

하수관과 교차하는 경우에는 관과의 간격을 20 cm 이상 두어야 한다.

그림 5.11 상수관로 설치

제수밸브는 시점, 종점, 분기 장소, 찌꺼기 배출의 전후, 하천이나 궤도의 횡단 장소의 전후 및 기타 1～3 km 간격으로 설치한다. 관로의 요철(凹凸)부에는 니토관(찌꺼기 배출관)과 공기밸브를 각각 설치한다(그림 5.12).

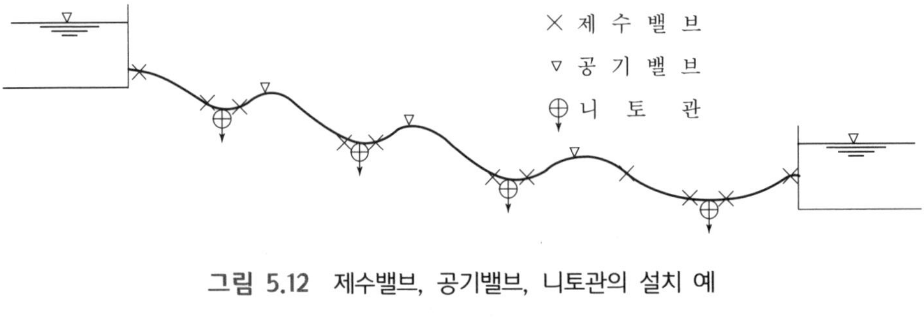



그림 5.12 제수밸브, 공기밸브, 니토관의 설치 예

## 2) 이형관의 보호

곡관이나 T자관 등에는 수평방향, 연직방향과 함께 관내의 수압에 따라 외측으로 향하는 힘이 작용하며 이 때문에 관이 이동하거나 심한 경우는 접합부로부터 탈리하는 경우도 있으므로 방호할 필요가 있으며, 특히 미케니컬 접합이나 기벌트 접합은 탈리하기 쉽다.

이형관 보호는 다음 각 항에 적합하도록 해야 한다.

① 덕타일주철관 미케니컬접합의 경우 관경에 관계없이 모든 90°곡관, 관경 100 mm 이상의 45°곡관, 관경 300 mm 이상의 $22\frac{1}{2}$°곡관, 관경 500 mm 이상의 $11\frac{1}{4}$°곡관과 관경 100 mm 이상의 T자관에 대하여 이들의 외부를 콘크리트지지대 또는 말뚝박기를 병용하거나 이탈방지 압륜(조임링)으로 보호하여야 하나, 아크용접 등으로 견고하게 연결된 이음을 사용하는 경우에는 보호공을 하지 않아도 된다.

② 앞의 관보다 소관경의 곡관과 T자관이라도 지반이 연약한 곳이나 특히 수압이 높은 곳에는 전항에 준하여 보호공을 설치하여야 하나, 연약지반의 경우 콘크리트보호공을 설치할 때에는 침하 등의 문제가 발생될 수 있으므로 시공시 주의하여야 한다.

곡관이나 T자관 등의 이형관은 수평과 수직방향에서 관내의 수압 합력에 의하여 외측으로 작용하는 힘을 받으며 그 힘의 크기는 수압, 관경 및 곡관각도가 클수록 크다.

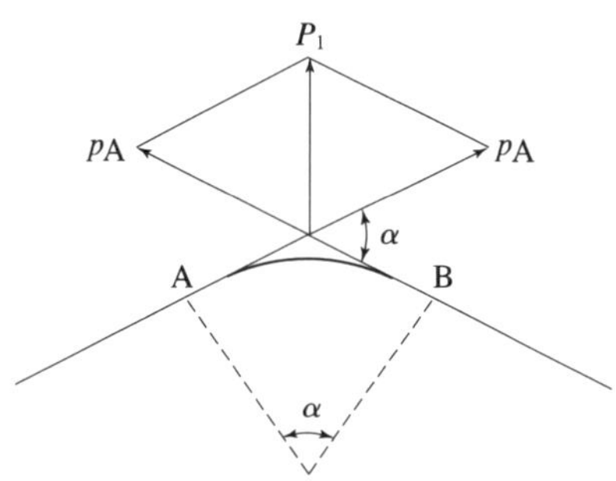


**그림 5.13** 수평곡관에 작용하는 힘

그림 5.13은 수평곡관에 작용하는 힘을 나타낸 것이다. 정수압에 의해 생기는 힘 $P_1$은 $A$, $B$ 양단면에 각각 작용하는 수압의 합력이므로

$$P_1 = 2pA\sin\frac{\alpha}{2} \tag{5.8}$$

여기서, $P_1$: 수압에 의하여 굴곡부에 작용하는 외력의 합(kg)

$p$ : 관내 수압(kg/cm$^2$)
$A$ : 관의 단면적(cm$^2$)
$\alpha$ : 곡관의 구부러진 각도(도)

동수압에 의해 생긴 힘 $P_2$는 수류방향이 변해서 생긴 운동량의 변화에 의한 반작용의 힘이므로

$$P_2 = 2\,\frac{A\,\rho v^2}{g}\,\sin\frac{\alpha}{2} \tag{5.9}$$

여기서, $\rho$ : 물의 단위체적중량(kg/cm$^3$)
$v$ : 관내평균유속(cm/s)
$g$ : 중력의 가속도(980 cm/s$^2$)

통상 정수압에 근거한 힘 $P_1$은 대단히 큰데, 방호 공법으로서는 이 힘에 대항할 수 있는 크기의 콘크리트로 곡관이나 T자관을 설치한다. 용접접합의 강철관은 이러한 염려를 할 필요가 없는데 곡관이나 T자관에 아주 가까이 신축관을 설치하는 경우에는 방호할 필요가 있다.

## 5.4 특수횡단공법

### 5.4.1 수로교 및 수관교

계곡이나 하천을 횡단할 때 상부구조가 수로로 되어 있는 다리를 수로교라고 한다. 수로교는 일반적으로 교량과 같은데, 대개 개수로용으로 축조되므로 수로저면의 경사는 동일 경사로 유지할 필요가 있다.

상부구조부의 중량은 상당히 크게 되므로 횡방향의 지진에 대해 수로가 지관연결부로부터 떨어지지 않도록 하는 구조로 되어 있어야 한다. 수로교와 수로와의 접속부는 특히 사고가 생기기 쉬우므로 보강에 충분히 유의하여 유효한 신축접합을 설치할 필요가 있다. 수로에는 반드시 접근통로를 설치한다.

수로전용의 다리에 관을 가설하는 경우나 관 자체를 주축으로 한 다리를 수관교라고 부른다(그림 5.14). 수관교는 일반적으로 관수로형식인 경우에 많이 채용된다. 중량을 경감시키기 위해서 관은 가능한 한 용접접합의 강관을 사용한다. 특히 관자체를 주축으로 하는 경우는 강철관 이외에는 사용할 수 없다.

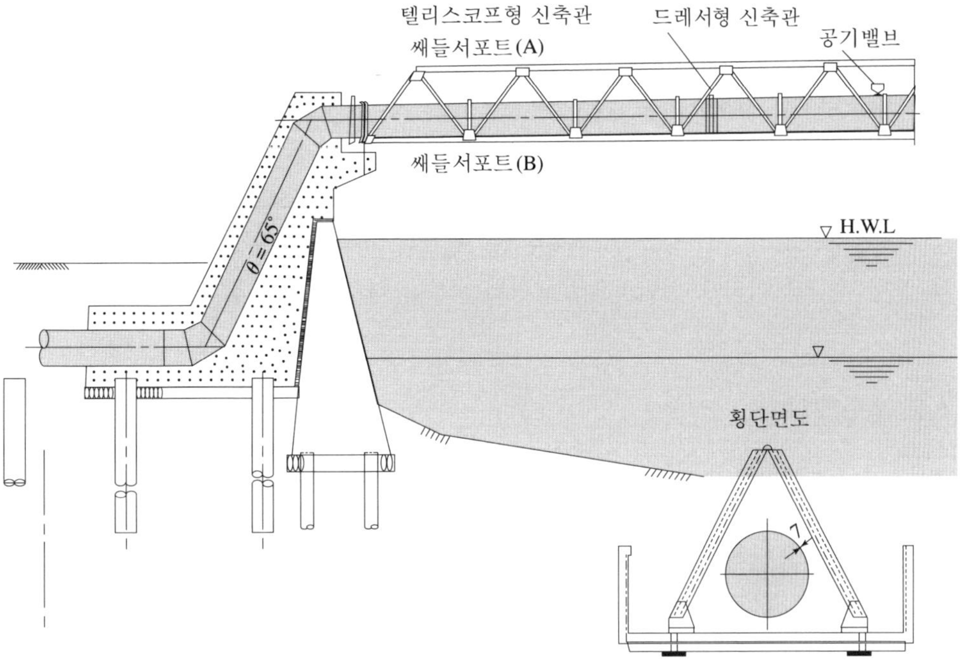


(a) 삼각트러스 수관교

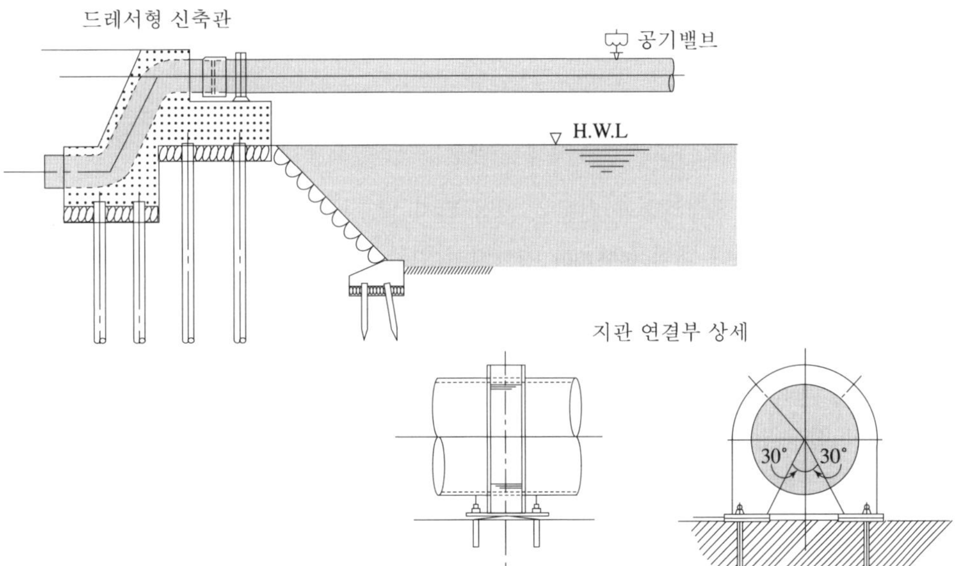


(b) 강관을 주축으로 한 수관교

**그림 5.14** 수관교의 예

교대의 매립 부분은 관의 주위에 간극을 설치하여 지진이나 교대침하의 경향을 감소시키도록 한다. 가설하는 경우는 다리의 가동단 위에 맞추어 신축접합을 설치하고 한 직경 사이마다 다리의 상부 구조를 정착시킨다. 관을 주축으로 하는 경우도 지관 연결부 가까이 신축관을 삽입한다.

다리의 연결부로의 관의 경사는 45° 이하로 하고 굴곡부는 교대 또는 콘크리트 지지대로 충분히 정착시킨다. 경간의 중앙최고부에는 공기밸브를, 상류부 입상관 부근에 니토관을 설치한다. 또한 수관교 이외에, 일반적으로 교량의 측부나 하부에 관을 첨가하기도 한다.

### 5.4.2 궤도횡단

철도선로나 교통량이 많은 국도 등을 횡단하는 경우 바퀴의 하중이나 진동을 관이 직접 받지 않도록 암거나 추진관을 설치하여 그 안에 관을 설치하는 경우가 있다.

공사에 있어서 선로나 국도를 파헤치는 것은 매우 비용이 들고 차량의 운행에도 영향을 주므로 보통 유압 잭(jack) 등으로 눌러가면서 굴착해가는 추진공법이 사용된다. 추진관에는 주로 원심력 철근콘크리트관이 사용되는데, 그 관경은 600 mm를 최소한도로 하고 있다. 공사 중 물수집 지점(well point)을 설치하여 지하수위를 낮추면 능률적으로 작업할 수 있다.

#### 1) 철도 및 간선도로 횡단

철도 및 간선도로 횡단은 다음 각 항에 적합하도록 해야 한다.

① 관이 레일 위의 차량하중과 진동을 직접 받지 않도록 측벽과 떼어낼 수 있는 슬래브(slab)로 된 암거나 내경 600 mm 이상의 삽입관 등으로 관을 보호하여야 한다.
② 관경 400 mm 이상의 관에서는 필요에 따라 그 보호공 내의 관을 보수, 검사하기 위하여 사람이 출입할 수 있는 크기로 하여야 한다.
③ 관이 전식(electrolytic corrosion)을 받을 염려가 있는 경우에는 상황을 충분히 조사하여 적당한 전식 방지 조치를 강구하여야 한다. 또 횡단장소 양단에는 매설위치를 나타내는 표지판을 세워야 한다.

철도를 횡단하여 관을 부설할 때는 설계와 공법에 따라 철도관리자의 승인이 필요하다. 상수도는 철도의 하중과 진동이 직접 관에 전해지지 않도록 보호공 내에 관을 넣는 것이 좋다. 슬래브로 된 암거는 상부 슬래브를 떼어낼 수 있도록 해두면 보수할 때 편리하다.

공법은 철도관리자와 협의하여 정해야 하나 열차운행의 영향을 되도록 적게 하기 위하여 최근에는 개착에 의하지 않고 삽입관은 유압잭(jack) 등으로 굴진하는 추진공법을 선택하는 경우가 많다.

삽입관으로서는 원심력 철근콘크리트관이 보통이나 강관의 추진도 많이 사용되고 있으며, 그 관경은 안에 사람이 들어가 작업할 수 있는 규격으로써 도·송수관의 연장과 관경이 클수록 크게 한다.

관경 400 mm 이상의 중요한 도·송수관에서는 사고에 의한 단수가 있으면 영향이 크기 때문에 보호공 내의 관검사와 보수를 위하여 사람이 출입할 수 있는 크기로 한다. 그것이 불가능한 경우는 적어도 접합부에서 누수 등의 우려가 없는 구조로 하여야 한다.

전기철도를 횡단하여 철관을 부설하는 경우는 절연피복 등의 방법을 강구하나 부설 후 철관의 대지전위와 관내를 흐르는 전류를 측정해서 전식의 염려가 있다고 판정될 때는 전식 및 부식방지에 따른 전식방지 조치를 강구하지 않으면 안 된다.

유속에 의한 원심력으로 바깥쪽을 향해 발생하는 힘은 수압에 의한 힘에 비하면 훨씬 적다. 이 힘에 의해 이형관이 바깥쪽으로 이동하고 접합부가 탈출할 염려가 있으므로 이를 방지하기 위하여 접합부가 관체와 같은 정도의 강도로서 연결되어 있는 경우를 제외하고 바깥쪽으로 향해 일어나는 힘에 대하여 보호하여야 한다. 덕타일주철관 등의 강한 관을 사용하는 경우는 이형관 양측의 관까지 일체화하는 것이 바깥쪽으로 향하는 힘에 대하여 유효하다. 그러나 주철관이나 석면시멘트관과 같이 부러지기 쉬운 관을 사용하는 경우는 콘크리트 지지대 안으로 관을 끌어들이지 않는 편이 안전하다. 하향력이 작용하는 장소로서 연약지반일 때 말뚝박기 등으로 기초를 보강할 필요가 있다. 상향력이 작용하는 장소에서는 곡관부의 하중이 위로 향한 힘보다 크지 않으면 안 된다. 위에 해당하지 않는 이형관, 관경 200 mm 미만의 90°곡관, 관경 300 mm의 45°곡관 등도 수압에 의하여 바깥쪽으로 향하는 힘이 작용하는 것은 동일하나 전후 접합부의 강도, 주위 흙의 마찰에 의존하여 보호공을 생략하고 있다.

따라서 지반이 약한 곳과 특히 수압이 높은 경우에는 보호공이 필요하다. 그러나 연약지반 등에 콘크리트 보호공을 설치할 때에는 침하 등에 주의하여야 한다.

## 5.5 전식 및 부식방지

관을 부설할 때에는 전식과 기타 부식을 방지하기 위하여 다음 각 항에 따라야 한다.

① 금속관을 전식의 위험이 있는 철도 가까이 부설할 때에는 충분한 조사에 따라 적절할 방지조치를 취하여야 한다.

② 관을 부식성이 강한 토양, 산이나 알칼리수 등의 침식이 있을 수 있는 장소에 부설할 때에는 관종 선정에 유의하여야 하고, 적절한 방식대책을 취하여야 한다.

③ 관의 콘크리트 관통부, 토양이 다른 곳의 부설 등에는 매크로셀부식(macro cell corrosion)이 발생하지 않도록 적절한 조치를 취하여야 한다.

전철과 지하철에서는 철도의 레일(rail)이 전류의 귀로로 이용된다. 레일을 통하여 변전소로 돌아갈 전류가 부분적으로 지중을 통하여 변전소로 귀류할 때, 땅속에 매설된 상수도관, 가스관, 통신용관, 전력용관 등의 금속매설관이 있으면 저항이 적은 금속관으로 전류가 흐르게 되므로 전류 유출부에 전식현상이 일어난다.

이와 같은 전식을 줄이기 위해서는 땅속으로 흘러 들어온 전류가 관에 유입하거나 관에서 유출되지 않도록 전기철도에 접근, 평행, 교차하지 않는 관로계획을 하는 것이 바람직하나 부득이 할 때는 충분한 조사에 따라 적절한 전식방지 조치를 해야 한다. 특히 통신용 납피복 케이블, 전력용 케이블 및 가스용 강관 등은 전식을 받을 염려가 커서 유입전류의 배류시설이 되어 있는 경우가 있으므로 이와 같은 배류시설이 있는 금속관에도 접근, 평행, 교차하여 관을 부설하는 것은 바람직하지 못하다.

전식방지 방법으로는 전류를 방출하는 측(철도공사, 지하철공사)에서 레일의 이음을 용접하는 등 연결부 접속을 견고히 하고, 레일과 변전소 연결전선의 증설, 레일과 대지 간의 절연 증가를 위한 침목 및 노상의 개량 등의 방법을 사용하도록 협조를 구하는 것이 바람직하다.

또 금속관을 부설하는 측에서는 아스팔트나 콜타르계 도복장으로 관 외면을 피복하여 전기유입을 방지하는 방법, 관과 레일 교차지점 등에서 관과 레일 간에 아스팔트, 콘크리트판으로 차폐하는 방법, 관로에 전기적 절연이음을 삽입하여 관의 전기적 저항을 증대시키는 방법, 관이 레일에 대하여 정(+)전위가 되는 장소에서 관과 변전소의 음극이나 관과 음극 전원이나 레일사이를 낮은 저항의 도선에 의해 전기적으로 접속하고, 그 사이에 선택배류기를 삽입하여 관을 흐르는 전류가 직접 대지로 유출하는 것을 방지하고 레일에 일괄 귀류시키는 선택배류법이 있다. 기타 금속관의 일반적인 전기방식법으로는 관과 양극 접지체 간에 직류전원을 설치하여 전원－배류선－양극 접지체－대지－관－배류선－전원의 전기회로를 형성시켜 관을 항상 음극 상태로 유지시키는 외부전원법, 관에 절연도선으로 관의 재질보다 저전위 금속인

아연(Zn), 마그네슘(Mg), 알루미늄(Al) 등을 접속하여 양자 간의 고유 전위차를 이용하여 저전위 금속이 항상 양극으로 되어 소모되는 동안 관을 음극상태로 유지시키는 희생양극법 등이 있다. 일반적으로 전식을 가장 많이 받는 관은 강관이며, 덕타일 주철관은 강관에 비하여 피해가 적은 편이다.

관이 화학적 부식을 받을 염려가 있는 지대에서는 관부설지대의 흙의 비저항, pH, 황화물이나 지하수 수질을 미리 조사하여 이상이 있을 때는 관 외면에 고도의 부식방지 방법을 시행하여야 한다.

산성의 공장폐수 등이 지하에 침투한 장소, 해변의 지하수 중에 다량의 염분이 함유된 장소, 유황분을 함유한 석탄재로 성토한 곳, 이탄지대, 쓰레기로 매립한 지대 등에 부식되기 쉬운 관을 부설할 때는 콘크리트로 씌우거나 아스팔트 도장, 에폭시 도장, 플라스틱피복 또는 각종 부식방지용 테이프 등으로 관외면의 방식공을 시행하여야 한다. 이때에 이음부분의 볼트, 너트도 스테인리스 강재를 사용하거나 방식 산화피막처리, 에폭시 등에 의한 도장, 고무피복, 폴리에틸렌 튜브로 이음부분을 피복하는 등 방식공법을 사용해야 한다.

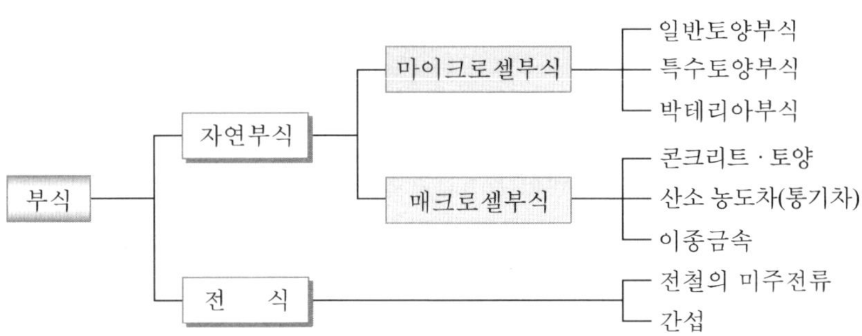


그림 5.15 금속관의 부식과 전식의 분류

# Chapter 6

# 정 수

## 6.1 정수처리대상

정수의 목적은 사용목적에 따라 요구되는 품질의 물을 얻는 것이다. 가정용수는 음용, 세탁, 목욕 등에 이용되는 물이므로 병원균이나 유해물질은 절대로 있어서는 안 되고, 기타 물질도 어느 한도 이하로 있어야 한다. 즉, 가정용수의 수질은 보건위생의 관점에서 결정된 것이므로 수질적으로는 가장 엄격해야 하므로 정수는 필수적인 것이다. 정수시설의 건설계획은 몇 단계로 나누어 단계별로 건설되는 경우가 많으나 용지를 그때마다 취득하는 것은 곤란하므로 처음부터 전체 용지를 확보하는 것이 일반적이다. 또한 시설을 개량하거나 갱신하기 위한 필요용지도 고려해 두는 것이 바람직하다. 정수장의 처리능력과 용지면적의 관계는 그림 6.1에 표시한 바와 같으며, 이 용지면적은 급속여과방식인 경우이므로 정수처리방식에 따라 상이하다.

원수 중에 함유된 물질은 수원에 따라 크게 다르다. 이러한 물질은 크게 구별하면 부유물질과 용해성물질로 구분되는데 전자에는 콜로이드, 세균, 미생물 같은 매우 작은 것도 포함되어 있다. 포함된 비율은 수원에 따라 다르므로 정수의 방법은 고정되어 있는 것이 아니며, 원수의 수질에 따라 일반적인 방법과 특별한 방법을 적절히 조합시켜 가장 좋은 방법을 선택할 필요가 있다. 정수는 크게 다음의 3가지 물질을 제거하기 위한 방법으로 나눌 수 있다.

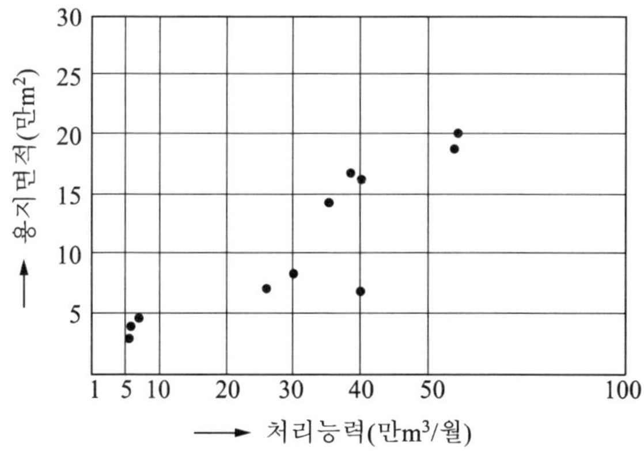


그림 6.1 정수장 처리능력과 처리장 용지면적 관계

### 6.1.1 부유물질의 제거

부유물질의 종류는 매우 많은데, 특히 수처리에서 문제가 되는 것은 크기가 10 $\mu$m 이하의 미세한 물질이다. 부유물질의 제거법에는 침전과 모래여과가 이용되는데, 모두 자연의 정화작용을 공학적으로 응용한 것이다.

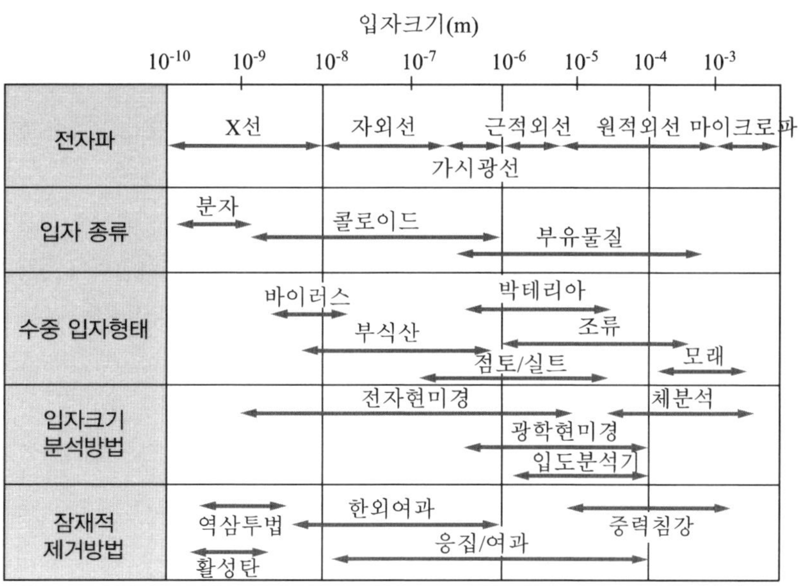


그림 6.2 정수처리 대상물질의 크기와 처리방법

침전에는 약품주입의 유무에 의해 보통침전과 약품침전이, 모래여과에는 속도의 대소에 따라 완속모래여과와 급속모래여과가 있다. 통상은 침전을 행한 후 여과를 행하는데 그 조합에는 다음 2가지가 있다.

① 보통침전 → 완속모래여과
② 약품침전 → 급속모래여과

이러한 방법에 의해 부유물질은 거의 100% 가깝게 제거된다.

### 6.1.2 용해성물질의 제거

대부분의 용해성물질은 일반적으로 침전 및 여과로 제거할 수 없다. 용해성물질을 제거하기 위해서는 화학반응에 의해 용해질을 불용해질로 변화시킬 필요가 있다. 불용해질로 변화되면 이후는 부유물질과 같이 취급하게 된다. 화학변화를 일으키지 않는 물질은 흡착제를 이용하여 제거하면 좋다. 흡착제로는 활성탄, 지오라이트 등이 있다.

### 6.1.3 세균 및 미생물의 제거

수중의 세균은 병원균, 대장균, 일반세균 등 종류도 많은데 이런 것들은 일종의 부유물이므로 침전과 여과에 의해 상당히 제거된다. 그러나 이러한 것을 전멸시키려면 살균제로 직접 세균을 멸균시켜야 한다. 이것이 바로 소독이다. 통상 살균제로 염소를 사용하므로 염소소독 또는 염소처리라고도 한다.

세균 이외의 미생물이 존재하면 여과에 장해를 주기 때문에 사전에 이것을 제거할 필요가 있다. 조류는 황산동 등을 살포하고 그 밖의 미생물은 염소에 의해 사멸되어 침전된다.

통상 사용되고 있는 정수과정은 침전 → 모래여과 → 소독의 세 과정인데 여러 가지 정수방법의 기본이 되고 있다. 그러나 원수의 수질이 매우 좋으면 소독만을 행해도 되는 경우가 있고, 또한 침전만을 할 수 있는 경우도 있다. 한편 이러한 방법만으로는 제거할 수 없는 물질을 함유한 원수에 있어서는 특수한 정수방법을 부가할 필요가 있다. 참고로 정수시설의 설계정수량은 계획 1일 최대급수량을 기준으로 한다.

## 6.2 침전

침전의 목적은 수중에 부유하고 있는 무기·유기물질을 제거하는 것이다. 일정시간 물을 정지시키든가 또는 매우 느린 속도로 물을 흐르게 할 때 물보다 비중이 큰 물질은 중력에 의해 침강하여 상부의 물이 깨끗하게 된다. 침전에 필요한 시간은 입자의 크기나 비중에 따라 변화한다. 큰 입자는 단시간에 침전하고 입자가 작을수록 시간이 길게 된다. 그러나 실제로는 크기가 0.1 $\mu$m 이하의 콜로이드는 거의 침전하지 않는다고 보면 된다. 또한 비중이 큰 물질은 침전이 빠르며 비중이 1에 가까울수록 느려진다. 부유물질 중에서 모래나 점토 같은 무기질은 비중이 약 2.6 정도이며 유기질은 약 1.3 정도이므로 무기질이 침전하기 쉽다. 그러나 무기질이라도 크기가 작으면 잘 침전되지 않으며 유기질이라도 직경이 커지면 쉽게 침전한다.

침전(sedimentation)은 부유물 중에서 중력에 의해 제거될 수 있는 침전성 고형물을 제거하는 것으로 정화(clarification) 혹은 농축(thickening)이라고도 한다.

정수과정에서는 입자(particulate)와 연수화(softening) 혹은 응집공정에서 생성된 응결된(flocculated) 불순물이나 침전물을 제거하기 위하여 침전법이 채택되며, 폐수처리 과정에서는 침전성이거나 아니면 침전성이 되게끔 상태가 변한 무기물 혹은 유기물을 제거하기 위하여 침전법이 적용된다.

### 6.2.1 침전이론

침전과정에서 부유물의 농도와 입자의 특성에 따라 독립(I형), 응집(II형), 지역(III형), 그리고 압축(IV형) 침전의 4종류로 분류된다. I형 및 II형 침전은 모두 부유물의 농도가 낮은 경우인데 I형은 독립입자(discrete particles)를 취급하고 II형은 응결된 부유물을 취급한다는 것에 그 차이가 있다. III형 침전인 지역침전은 응결물의 농도가 제법 높을 때의 밀집 침전을 취급하며, IV형 침전인 압축침전은 부유물의 농도가 너무 높아서 입자가 서로 접촉하고 서로 떠받쳐 주는 상태로 침전하는 경우이다(그림 6.3).

#### 1) I형 침전 (독립침전)

I형 침전은 부유물의 농도가 낮은 상태에서 응결하지 않는 독립입자의 제거와 관계가 있는데, 이런 경우 침전은 입자 상호간에 아무런 방해가 없고(unhindered) 단지 유체나 입자의 특성에 의해서만 영향을 받게 된다. 비중이 큰 무기성 입자의 침전이 통상 이 경우에 해당된다.

하나의 독립입자가 조용히 정지해 있는 액체 내에 놓였을 때 입자에 작용하는 중력이 액체의 저항과 같게 될 때까지 가속도를 받게 되며, 평형상태가 되어야 일정한 속도로 침전하게 된다. 대부분의 경우 액체 중에 침전하는 독립입자는 짧은 시간 내에 이러한 평형상태에 도달하게 된다. 이때의 입자속도를 최종침강속도라고 하며, 침전연구에서 중요한 의미를 갖는다.

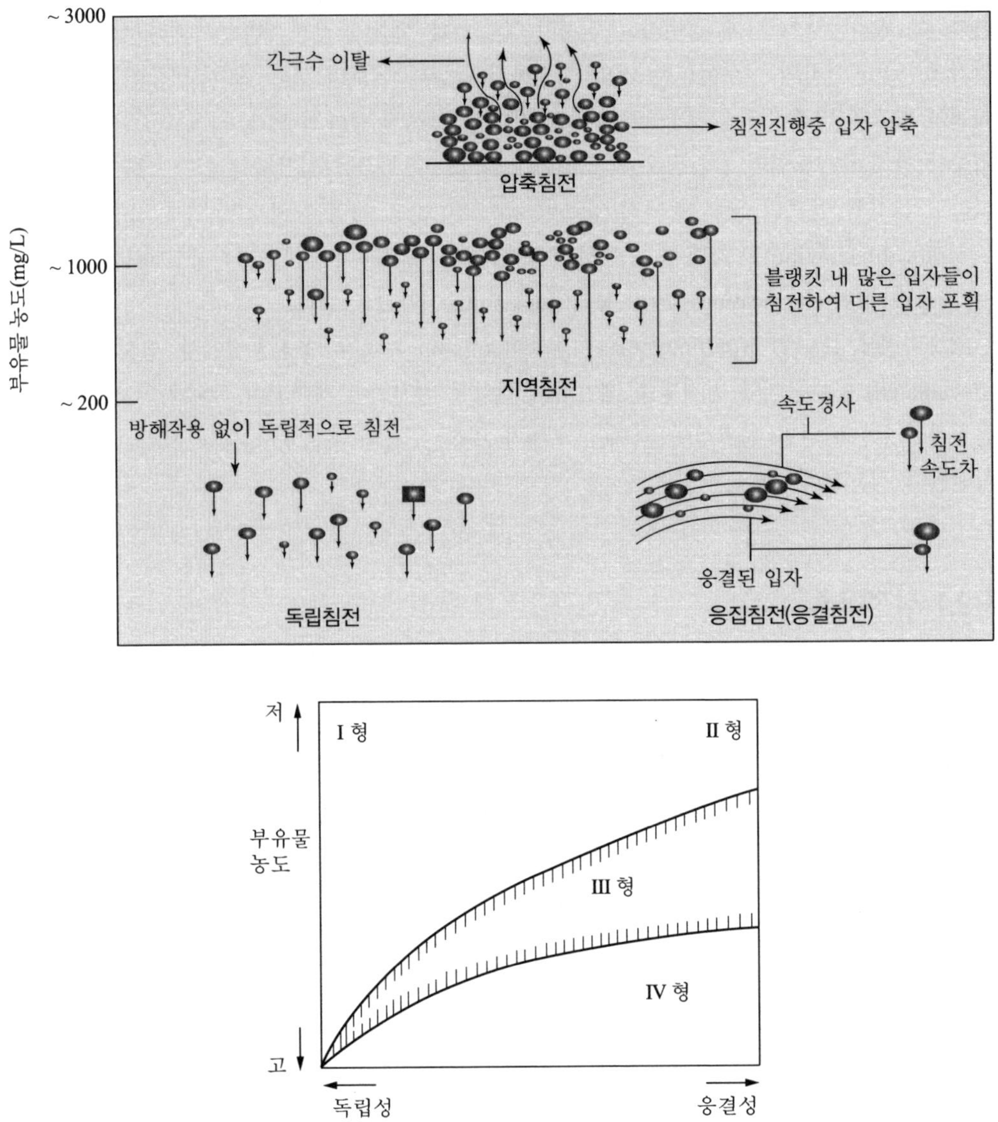


**그림 6.3 침전의 유형**

레이놀즈수가 1보다 작은 경우 구형의 독립입자가 정지유체 또는 층류 중을 침하하는 침강속도는 식 (6.1)로 표현할 수 있는데 식 (6.1)을 Stokes (스토크스)법칙이라고 한다.

$$v_s = \frac{g(\rho_s - \rho)d^2}{18\mu} \tag{6.1}$$

여기서, $v_s$ : 독립입자의 침강속도(cm/s)
$g$ : 중력가속도(980 cm/s$^2$)
$\rho_s$ : 독립입자의 밀도(g/cm$^3$)
$\rho$ : 액체의 밀도(g/cm$^3$)
$\mu$ : 액체의 점성계수(g/cm · s)
$d$ : 독립입자의 직경(cm)

단, 이 법칙의 적용범위는 레이놀즈수(Re)가 0.5 이하로 층류인 경우이다. Re는 다음 식으로 구한다.

$$\mathrm{Re} = \frac{d \cdot v_s}{\nu} \tag{6.2}$$

여기서, $d$ : 입자의 직경(cm)
$v_s$ : 입장의 침강속도(cm/s)
$\nu$ : 동점성 계수(cm$^2$/s)

식 (6.1)에 나타낸 바와 같이 독립입자는 액체의 온도가 변하지 않는 한 일정한 속도로 침전하며 침전지의 성능을 평가하기 위해서는 이 침전속도에 관해서 잘 알아야 한다.

식 (6.1)로부터 알 수 있듯이 입자의 크기가 크게 되면 $v_s$는 현저히 크게 되며 그 결과 Re도 0.5 이상으로 되어 Stokes법칙을 적용할 수 없게 된다. 즉, Stokes법칙의 적용범위는 Re 대신에 입자의 크기로 대략 판단할 수 있는데 약 85 $\mu$m 이하의 크기에서 적용할 수 있다.

---

**예제 6.1**

침사지의 직경 0.02 mm인 흙입자의 침강속도가 0.08 cm/sec일 때 같은 침사지에서 직경이 0.04 mm인 토립자의 침강속도는?
(단, 입자의 밀도는 같다)

**풀이**

$$v_s = \frac{g(\rho_s - \rho)}{18\mu} d^2$$

문제에서 밀도, 점성계수에 대한 특별한 언급이 없으므로 모두 같다고 가정하고, 직경에 대한 자료만 있으므로

$$\therefore\ v_1 : {d_1}^2 = v_2 : {d_2}^2 \ \rightarrow \ v_1 {d_2}^2 = v_2 {d_1}^2$$

$$v_2 = \frac{v_1 {d_2}^2}{{d_1}^2} = \frac{0.08 \times 0.04^2}{0.02^2} = 0.32\ \mathrm{cm/sec}$$

침강속도에 관한 공식으로서 Stokes의 식 이외에 Re값이 높은 영역에서 적용하는 Newton 식, Re값이 중간인 영역에서 적용하는 Allen식, 이러한 3식을 간이화한 식 등이 있다.

Stokes법칙이나 기타의 식은 정수 중에서 침전에 관한 것이다. 그러나 실제의 침전시설은 후술하는 바와 같이 유속이 느려도 끊임없이 입구에서 출구를 향하여 유동하므로 입자의 침강에 있어서는 어느 정도의 방해를 받는다. 입자는 하류로 이동하며 침전하는데 이때 편류, 와류, 밀도류 등이 존재하면 침전은 현저히 저해될 뿐만 아니라 일단 물밑에 가라앉은 입자를 부상시키는 경우도 종종 일어난다. 따라서 Stokes법칙으로 구한 값은 그대로 적용할 수 없다.

편류나 밀도류가 전혀 없는 상태, 즉 이상류에서 물이 침전지 내를 유하할 때 침전제거율을 나타내는 식을 유도하고자 한다. 이때 수중에 함유되어 있는 부유물입자는 모두 동일한 침강속도를 가지며 침전 전면에 있어서 부유물이 균일하게 수중에 분포되어 있다고 가정한다. 그림 6.4는 수심 $H$의 직사각형 침전조이다. 물은 조 내를 유속 $v$(이상류이므로 유속은 조 내의 어떠한 부분에서도 같다)로 흘러 부유물 궤적을 그리며 유출부에 도달한다. 즉, AB선보다 윗부분에 있는 부유물은 침전되지 않고 유출한다. 유출부에 있어서 상등부의 수심을 $h$라고 한다. AB 평행으로 선 CD를 그리면 유입부 C에 있었던 입자는 유출부에서 밑바닥 D에 침전하게 되므로 CE(= $h$) 사이에 존재하고 있었던 부유물은 전부 침전조 밑바닥에 침전·제거된다.

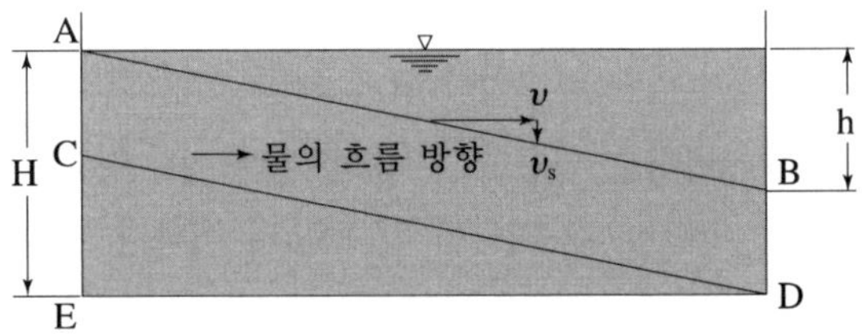


그림 6.4 이상적인 흐름에서 입자의 침강궤적

그림 6.5에 나타낸 바와 같이 이상적인 직사각형 연속수평류 침전지는 유입부(inlet zone), 유출부(outlet zone), 침전부(settling zone), 그리고 슬러지부(sludge zone)로 구분될 수 있다. 먼저 침전속도가 $v_s$인 독립입자를 가진 균일한 액체의 흐름을 생각하면 최초 위치가 $h$ 높이였던 입자의 운동경로는 유속 $v$와 침전속도 $v_s$ 벡터의 합이다. 이 입자는 침전부를 가로질러 유출부에 도달하는 순간 제거되며, 마찬가지 설명으로 최초의 위치가 $h$보다 낮은 입자들은

모두 제거되지만 $h$ 보다 높은 곳에 위치했던 입자들은 유출부에 도달할 때까지 슬러지부에 도달하지 못하므로 제거되지 않는다.

그림 6.5에 주어진 바와 같이 모든 입자가 최초의 위치에 관계없이 100% 제거될 수 있는 침전속도 $v_c$를 생각해 보면, 한 입자의 속도가 $v_c$보다 크면 제거될 것이고 $v_c$보다 작은 경우는 최초의 위치에 따라서 제거가능성이 결정된다고 볼 수 있다.

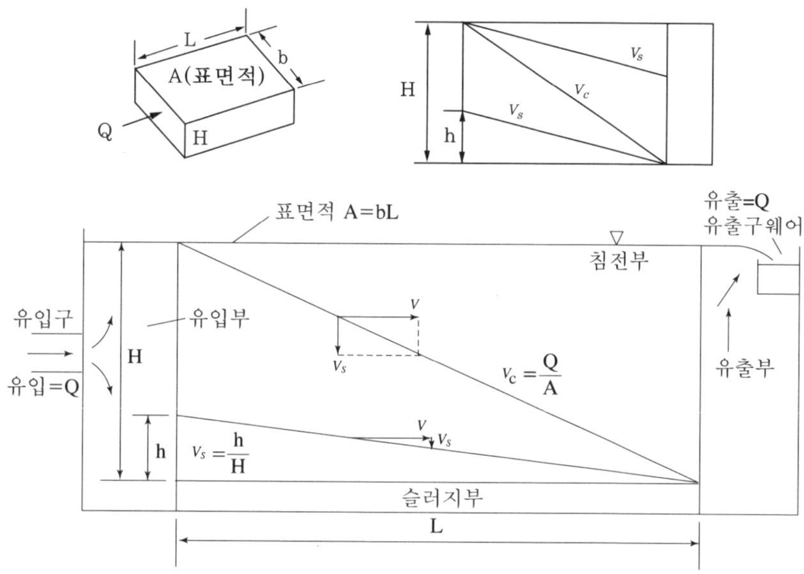


그림 6.5 침전효율 설명도

따라서 그림 6.5에서 밑변이 $L$이고 높이가 $H$인 삼각형 내의 면적은 100% 제거를 뜻하고 침전속도가 $v_s$인 입자들의 제거율은 $h/H$가 된다. 깊이는 침전속도와 체류시간 $t$의 곱이므로

$$v_c = \frac{H}{t} = \frac{H}{V/Q} = \frac{H}{(A \cdot H)/Q} = \frac{Q}{A} \tag{6.4}$$

가 된다. 위 식에서 알 수 있듯이 $v_c$는 침전속도라고 할 수 있고, 월류속도(overflow rate), 표면부하율(surface loading rate) 혹은 수면부하율이라고도 할 수 있는데, 입자가 100% 제거되기 위하여 요구되는 침전속도 $v_c$를 뜻한다. 하폐수처리인 경우 표면부하율은 20~40 m/day 정도이며 실트나 점토입자를 제거하기 위해서는 6 m/day 정도가 요구되는 것이 보통이다. 따라서 일정한 크기를 가진 입자 중에서 제거되는 부분은 식 (6.5)와 같이 된다.

$$E = \frac{v_s}{v_c} = \frac{v_s}{Q/A} = \frac{v_s}{H/t} \tag{6.5}$$

여기서, $Q$ : 유량

$A$ : 침전의 표면적

$H$ : 침전지 높이

$t$ : 체류시간

$v_s$ : 입자의 침강속도

$v_c$ : 월류속도

다음 그림 6.6과 같은 원형 침전지의 경우 침전지 반경 $r_o$, 중앙에 위치한 유입관로의 반경을 $r_1$이라고 하면 표면부하율은 다음 식과 같다.

$$v_c = \frac{Q}{A} = \frac{Q}{\pi(r_o^2 - r_1^2)}$$

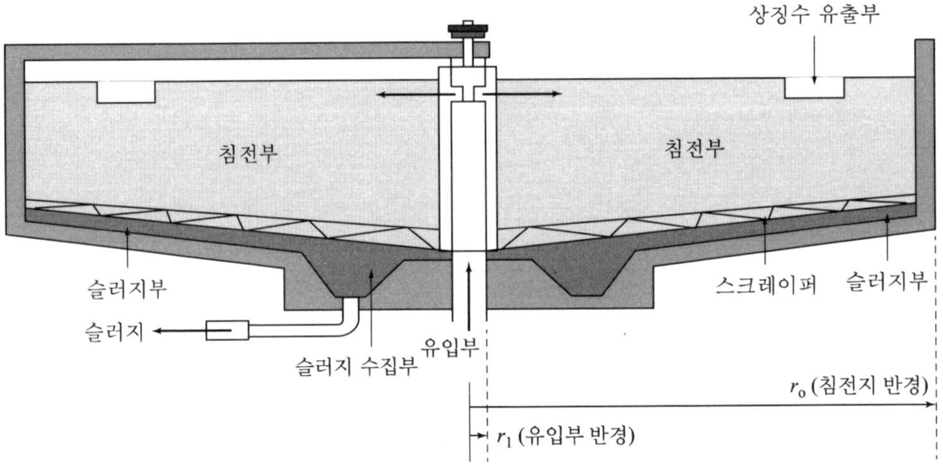


**그림 6.6 원형침전지**

만약 그림 6.5의 침전지에서 깊이가 $H/2$인 지점에 그림 6.7과 같이 중간격리판을 설치했다면 유량 $Q$와 유속 $v$는 변함이 없고 침전지의 규격도 변함이 없으며 또한 침전속도도 같으므로 제거율 $v_s/v_c$가 두 배로 된다. 즉, 입자가 제거되기 위해서 침전해야 할 깊이는 반으로 줄어드는 대신 침전지의 유효표면적은 두 배가 되는 셈이다. 따라서 침전지에서의 침전효율이 침전지의 깊이에는 관계없고 표면적에 의해 좌우된다는 것을 알 수 있다. 일반적으로 침전효율을 크게 하려면 표면부하율을 작게 해야 하므로 이를 위해 유량을 작게 한다든가 침전지 표면적을 크게 하면 된다. 그러나 침전효율을 높이기 위하여 침전지 깊이를 낮게 하면 동일 처리유량에서 수평유속이 증가하여 난류가 형성되므로 침전지 바닥에 가라앉은 슬러지가 재차

부상하여 유출될 수도 있다. 입자의 침전에 영향을 주는 인자로는 입자의 특성(크기, 분포, 모양, 밀도, 하전상태), 수온, 유동(표면유동, 밀도류, 단락류, 소용돌이) 및 입자 상호간의 작용을 들 수 있다.

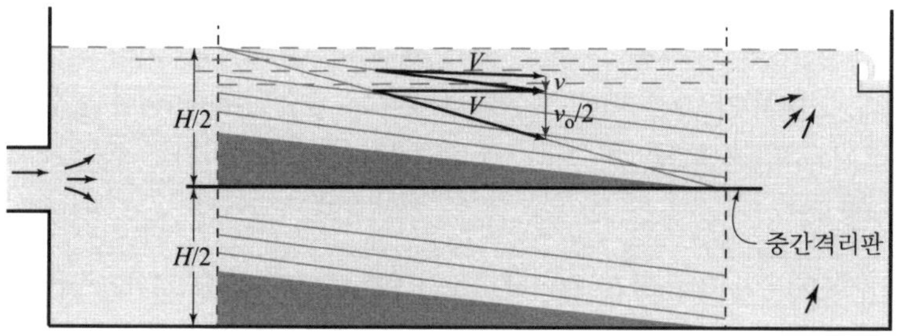


그림 6.7 중간격리판 설치 직사각형 침전지

**예제 6.2**

침전지로의 유입유량이 100 m³/min, 침전지 용량 8,000 m³, 침전지의 유효수심이 4 m일 때 이 침전지의 표면부하율(m/day)은 얼마인가?

**풀이**

표면부하율

$$v_c = \frac{H}{t_d} = \frac{Q}{A} = \frac{100\mathrm{m}^3/\mathrm{min}}{\dfrac{8{,}000\mathrm{m}^3}{4\mathrm{m}}} = 0.05\ m/\mathrm{min} = 72\ \mathrm{m/day}$$

**예제 6.3**

유입수량 100 m³/min, 침전지 용량 4,000 m³, 폭 20 m, 길이 50 m, 수심 4 m인 경우의 수면적 부하는 얼마인가?

가. 720 m³/m² · day

나. 144 m³/m² · day

다. 1800 m³/m² · day

라. 6 m³/m² · day

**풀이**

$$v_c = \frac{H}{t_d} = \frac{Q}{A} = \frac{100\ \mathrm{m}^3/\mathrm{min}}{20 \times 50\ \mathrm{m}} = 0.1\ \mathrm{m/min} \times 1{,}440\ \mathrm{min/day}$$

$$= 144\ \mathrm{m/day} = 144\ \mathrm{m}^3/\mathrm{m}^2 \cdot \mathrm{day}$$

정수장 혹은 3차 처리에서 침전효율을 증대시키기 위하여 침전지 내부에 경사판 혹은 경사관(tube settler)을 설치하는 경우가 있다. 이 방법은 1904년 Hazen의 침전지의 효율은 침전지의 깊이와 침전속도에 관계되나 체류시간과는 무관하다는 이론에서부터 시작되어 Camp에 의해 불과 15 cm의 깊이를 갖는 침전지가 개발되었다. 그림 6.8처럼 관을 약 65° 정도 기울여 놓으면 침전깊이는 매우 감소되어 입자들이 빠른 시간 내 바닥에 도달하게 되고 침전된 입자들은 엉겨서 큰 덩어리가 되어 빠르게 제거된다. 그림 6.9는 설치도이다. 동일한 규모의 침전지에 경사판이나 경사관을 삽입하면 침강거리가 짧아지고 침전면적이 크게 증가하여 표면부하율이 작아지므로 처리효율은 증가한다. 따라서 경사판이나 경사관을 삽입하면 동일규모의 침전지에서는 처리유량을 증가시킬 수 있다. 이 방법의 결점은 관에 침전된 슬러지가 관의 표면에 붙어서 하부로 이동되지 않고 오히려 관을 폐쇄시키는 역할을 하는 경우이다. 이러한 폐쇄현상은 처리수의 BOD가 높을 때 미생물의 성장으로 증대된다. 이러한 현상을 방지하기 위하여 경사판에 저류벽, 저류판(날개, fin), 층류방지시설을 설치하기도 한다.

**예제 6.4**

지름이 10 m이고, 깊이가 3 m인 원형모양의 침전지로 120 $m^3$/hr 유량을 처리하고자 한다. 이 침전지에서 100% 제거되는 입자의 최종침강속도를 구하시오. 또 이 입자의 직경을 구하시오. 단, 이 경우 입자는 I형 침전을 따른다. 입자 밀도는 1.5 g/$cm^3$, 물의 밀도는 1 g/$m^3$이고, 물의 점성은 0.01 g/cm–s이다.

**풀이**

① $v_c = \frac{Q}{A} = \frac{120\ \mathrm{m^3/hr}}{(\pi \times 10^2/4)\ \mathrm{m^2}} = 1.5279\ \mathrm{m/hr}$

∴ 100% 제거할 수 있는 입자의 침강속도($v_c$)

$= 1.5279\ \mathrm{m/hr} \times 10^2\ \mathrm{cm/m} \div 3{,}600\ \mathrm{sec/hr} = 4.24 \times 10^{-2}\ \mathrm{cm/sec}$

② $v_c = \frac{g(\rho_s - \rho_w)d^2}{18\mu}$

$\therefore d = \sqrt{\frac{v_c \cdot 18\mu}{g(\rho_s - \rho_w)}} = \sqrt{\frac{4.24 \times 10^{-2} \times 18 \times 0.01}{980(1.5 - 1.0)}}$

$= 3.95 \times 10^{-3}\ \mathrm{cm}$

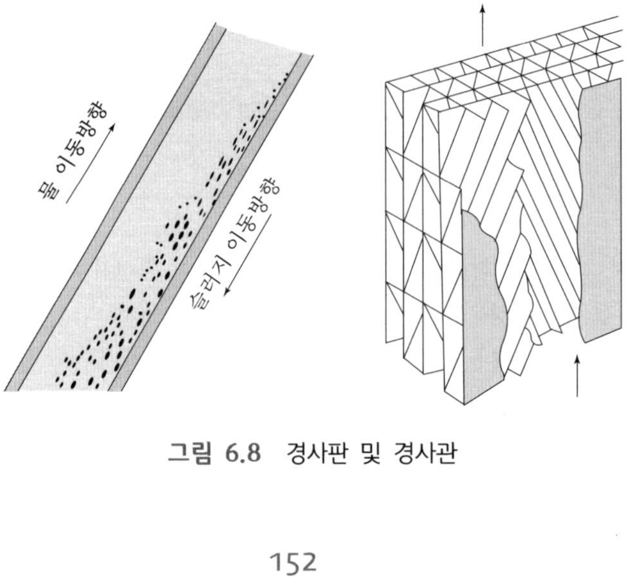


그림 6.8 경사판 및 경사관

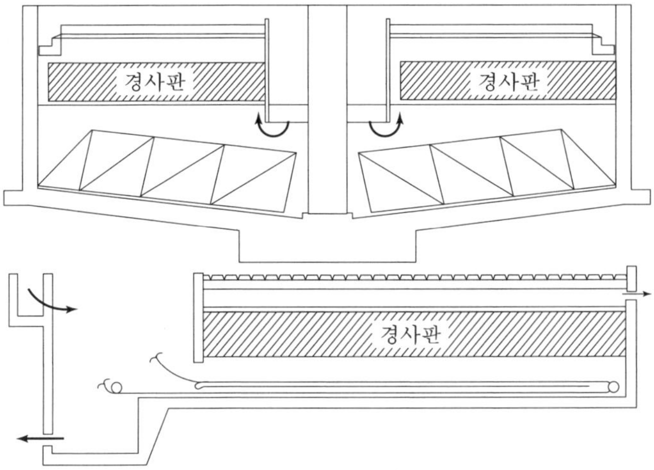


그림 6.9 경사판 설치

이상적인 침전지의 경우 침전지의 제거효율은 주어진 수면부하율에서의 다양한 부유물질 제거율을 합한 것으로, 수면부하율이 $v_c$인 경우 입자의 침전속도가 $v_c$와 같거나 큰 독립입자는 완전히 제거되고, 전체 입자 중에서 그 비율은 침전속도가 $v_c$보다 작은 입자의 비율인 $F_o$를 뺀 $(1-F_o)$와 같다. 앞의 식 (6.5)에서 $v_s \le v_c$인 경우 제거율 $E = v_s/v_c$와 같으므로 다양한 크기의 입자들의 제거율은 $\int_0^{F_o} \frac{v_s}{v_c} dF$와 같으므로 전체제거율은 다음 식과 같다.

$$R = (1-F_o) + \int_0^{F_o} \frac{v_s}{v_c} dF = (1-F_o) + \frac{1}{v_c} \sum v_s \, dF$$

위의 식에서 두 번째 항은 그림 6.10의 음영 부분의 면적을 $v_c$로 나눈 것과 같다.

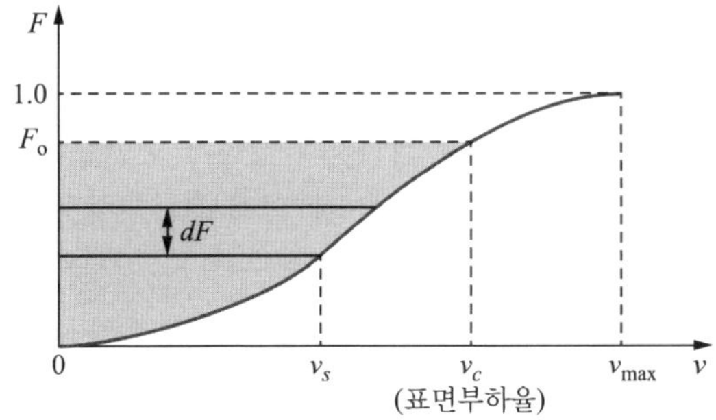


그림 6.10 독립입자 제거효율 곡선

**예제 6.5**

원수 중 부유물질 입자의 침전속도를 분석하였더니 다음 표와 같았다. 월류부하율이 30 m/일인 보통침전지를 이용하였을 때의 SS 제거율은 몇 %인가?

| 침전속도(cm/min) | 3 | 2 | 1 | 0.5 | 0.3 | 0.1 |
|---|---|---|---|---|---|---|
| 부유물질 양 백분율(%) | 25 | 20 | 20 | 15 | 15 | 5 |

**풀이**

수면적부하 $= 30\,\mathrm{m^3/m^2}\cdot$일 $\times 10^2\,\mathrm{cm/m} \div 1{,}440\,\mathrm{min}/$일 $= 2.083\,\mathrm{cm/min}$

침전지가 이상적인 상태라면 침강속도 2.083 cm/min 이상의 침강속도를 가진 입자는 입자의 위치에 관계없이 완전히 제거되고, 나머지 입자는 침전제거율$(E) = \dfrac{v_s}{v_c} = \dfrac{v_s}{Q/A}$의 원리에 의거, 입자의 위치에 따라 제거율이 결정된다.

$$\therefore \text{총 SS 제거율} = 25 + 20 \times \frac{2}{2.083} + 20 \times \frac{1}{2.083} + 15 \times \frac{0.5}{2.083} + 15 \times \frac{0.3}{2.083} + 5 \times \frac{0.1}{2.083} = 59.81\,\%$$

[다른 풀이]

$$R = (1 - F_o) + \frac{1}{v_c}\Sigma v_s dF$$

$$= (1 - 0.75) + \frac{1}{2.083}(2 \times 0.2 + 1 \times 0.2 + 0.5 \times 0.15 + 0.3 \times 0.15 + 0.1 \times 0.05)$$

$$= 0.5981$$

$\therefore$ 총 SS 제거율 $= 59.81\,\%$

## 2) II형 침전(응집침전)

낮은 농도로 존재하는 응결입자들의 침전특성은 비응결입자들의 침전특성과는 다르므로 입자의 침전특성과 함께 응결물의 특성을 고려해야 한다. 이런 경우 큰 침전속도를 가진 무거운 입자는 빨리 침전하면서 작은 입자들과 충돌하고 결합하여 더 큰 입자가 되므로 더 빨리 침전하게 되고, 작은 입자들도 서로 충돌하고 결합하여 더 큰 입자가 되므로 더 빨리 침전하게 된다. 입자들이 서로 충돌할 수 있는 기회는 침전지의 깊이가 깊어짐에 따라 증가하며, 그 결과 침전효율은 표면침전율 뿐만 아니라 침전지 깊이에 의해서도 영향을 받는다. 이 점이 I형과 II형 침전의 큰 차이이다. 응집공정을 수반한 침전지의 경우는 전형적인 II형 침전이 일어난다.

현재로서는 응결(flocculation)이 침전에 미치는 영향을 측정하기 위한 알맞은 수학적인 방법이 없지만 그 대신 침전관(settling column) 실험에 의해서 그 영향을 측정할 수 있다.

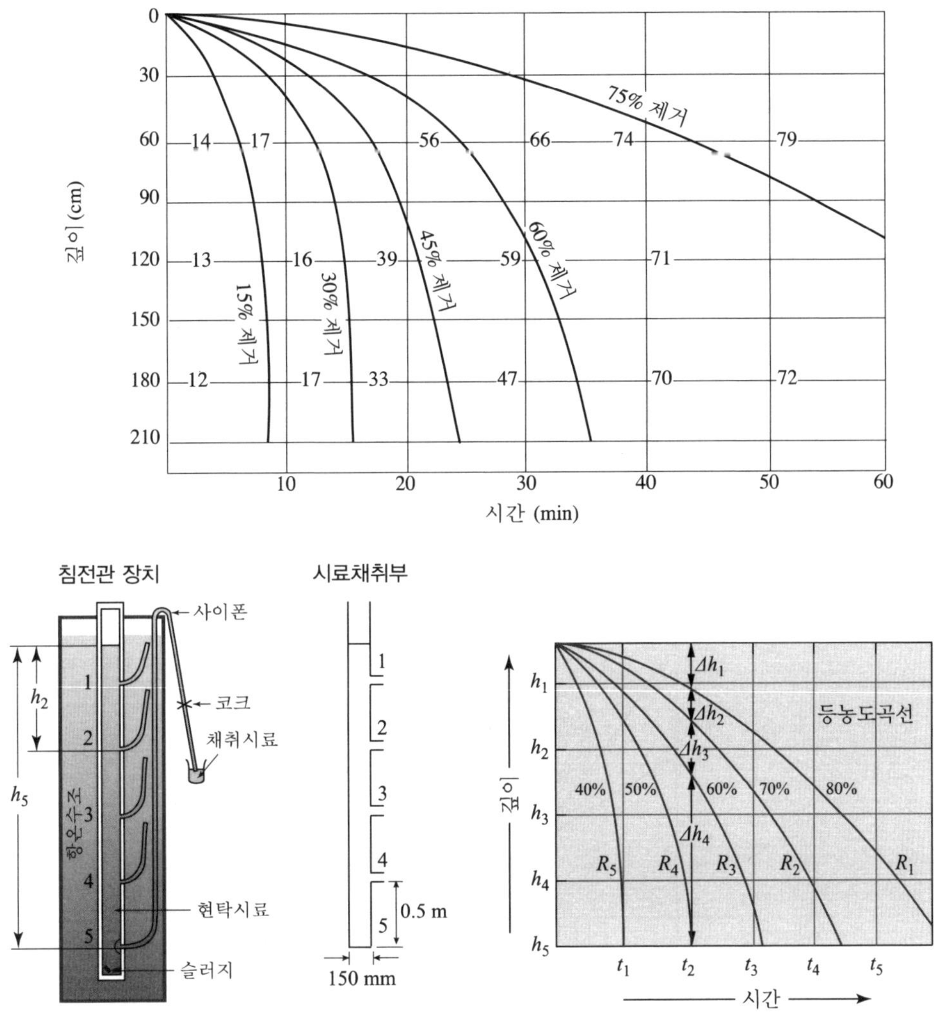


$$\text{시간 } t_2\text{에서의 \% 제거율} = \underbrace{\left(\frac{\Delta h_1}{h_5}\times\frac{R_1+R_2}{2}\right)}_{\Delta h_1\text{에서의 \% 제거율}} + \left(\frac{\Delta h_2}{h_5}\times\frac{R_2+R_3}{2}\right) + \left(\frac{\Delta h_3}{h_5}\times\frac{R_3+R_4}{2}\right) + \left(\frac{\Delta h_4}{h_5}\times\frac{R_4+R_5}{2}\right)$$

**그림 6.11 침전관 분석방법**

침전관 분석을 위한 표준방법은 분석용 시료를 여러 깊이에 시료채취구를 가진 관에 채워서 조용히 침전시키는 것이다. 그리고 정해진 시간간격에 따라 시료채취구로부터 시료를 채취한 다음 각 시료의 부유물농도를 측정해서 제거율 혹은 침전율을 계산한다. 그 다음에 그림 6.11과 같이 도표를 그린다. 이때 각 측정된 값은 적당한 깊이 및 시간의 좌표에 그려야 하며,

충분한 자료로 좌표에 점을 찍은 다음에 등농도선(iso-concentration lines)을 그린다. 이들 선들은 같은 제거부분을 대표하며, 또한 특정된 응결물농도에서 입자가 침전하는 경로의 최대 궤도를 나타낸다. 예를 들어, 그림 6.11에서 입자들의 45%는 120 cm 깊이에 도달했을 때 평균침전속도가 120/21 = 5.7 cm/min보다는 크지 않다.

### 3) III형 침전 (지역침전)

부유물의 농도가 큰 경우 가까이 위치한 입자들의 침전은 서로 방해를 받으며 독립입자로서 침전하는 것이 아니고 집합체로서 침전하기 때문에 결국 침전하는 부유물과 상부에 남는 액체 간에는 뚜렷한 경계면이 생기게 된다. 그림 6.12는 이러한 경계면의 위치가 시간에 따라 어떻게 변하는가를 설명한다.

그림 6.12에서 A부터 B까지는 부유물 – 액체경계면의 방해침전(또는 간섭침전)을 뜻하고, C부터 D까지는 압축침전으로서 슬러지의 압축에 의해서 좌우된다.

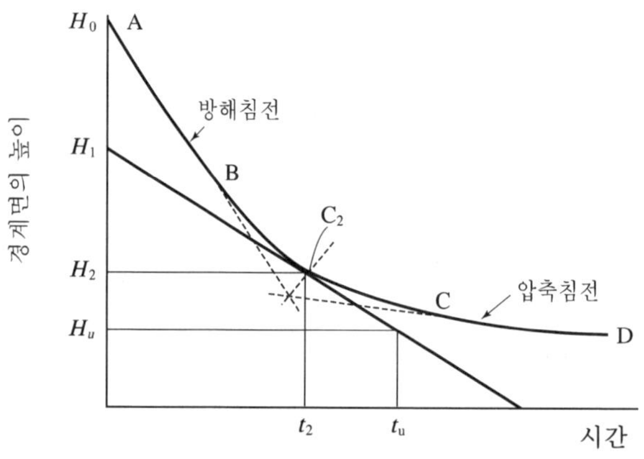


**그림 6.12** 지역침전시 경계면의 위치와 시간과의 관계

지역침전이나 압축침전이 주요 침전인 경우에는 부유물의 침전특성을 측정하기 위하여 침전시험이 요구된다. 설계 시에 표면침전물은 독립침전에 필요한 표면적, 독립침전과 지역침전의 경계면, 그리고 압축침전되는 슬러지의 제거율 등 세 가지를 모두 고려해야 한다. 그러나 지역침전속도가 독립침전속도보다 낮기 때문에 지역침전이 설계를 좌우하게 된다.

지역침전을 위하여 필요한 면적은 다음과 같이 계산될 수 있다. 높이가 $H_0$인 관을 부유물농도 $C_0$인 시료로 채운다. 부유물이 침전함에 따라 경계면은 그림 6.12와 같이 시간이 지남에 따라 위치가 변하며 경계면의 낙하속도는 곡선의 주어진 시간에서의 기울기와 같다. 그러면 지역침전을 위하여 요구되는 면적 $A$는 다음 식으로 구한다.

$$A = \frac{Q \cdot t_u}{H_0} \tag{6.6}$$

여기서, $Q$ : 유량

$H_0$ : 관 내에서 최초의 경계면 높이

$t_u$ : 요구되는 부유물 농도에 도달하는데 필요한 시간

한편, 침전지의 슬러지 취급능력을 지배하는 임계농도는 농도가 $C_2$인 높이 $H_2$에서 일어난다. 이 점은 그림 6.12에 나타낸 바와 같이 침전곡선 중의 방해침전부분과 압축침전부분을 연장시켜 만난 각을 2등분함으로써 구할 수 있으며 시간 $t_u$는 다음과 같은 절차에 의해서 구할 수 있다.

① 요구되는 슬러지농도 $C_u$로 압축되는 깊이 $H_u$에 수평선을 긋는다.

$$H_u = \frac{C_0 H_0}{C_u} \tag{6.7}$$

② $C_2$라고 표시된 점에서 침전곡선에 접하는 선을 긋는다.

③ 상기 두 선의 교차점에서 수직선을 그어 시간축과 만나는 점이 구하는 $t_u$이다.

### 4) IV형 침전(압축침전)

침전시험관 내에서 침전이 계속됨에 따라 관의 바닥 상부에는 압축된 입자들의 층이 생기기 시작한다. 이들 입자들은 입자 간에 물리적인 접촉이 존재하는 구조를 형성하게 되며, 압축층이 생김에 따라 더 낮은 농도의 부유물을 함유하는 층이 상부에 형성된다.

압축침전 시 슬러지가 차지하는 부피도 침전시험에 의해서 결정될 수 있다. 압축침전 시 슬러지가 압축되는 율은 식 (6.8)을 사용하여 구할 수 있다.

$$H_t - H_\infty = (H_2 - H_\infty)\, e^{-i(t - t_2)} \tag{6.8}$$

여기서, $H_t$ : 시간 $t$에서의 슬러지 높이

$H_\infty$ : 장기간(통산 24시간) 후의 슬러지 높이

$H_2$ : 시간 $t_2$에서의 슬러지 높이

$i$ : 주어진 한 시료의 특정한 계수

슬러지를 농축시킬 때에 교반(stirring)으로 플록이 파괴될 수 있지만 플록 사이에 있는 간극수가 빠져나가게 되어서 효율이 좋아지는데, 지역침전의 경우에도 교반이 효율을 증가시킨다.

## 6.2.2 침전지 설계 및 운전

### 1) 침전지 설계

침전지는 정수과정이나 하수처리과정에서 중요한 위치를 차지한다. 침전지를 잘못 설계하거나 운영하는 경우 적절한 처리가 되지 못하고 다음 처리과정으로 넘어감으로써 전체 처리효율이 감소하게 된다. 침전지는 굴토해서 설치하던지 아니면 콘크리트나 강철구조물로 한다. 침전된 슬러지는 주로 기계식으로 제거된다. 대부분의 침전지는 콘크리트 구조물로 뚜껑이 없으나 필요에 따라 복개 등을 한다. 또한 단층뿐만 아니라 다층으로도 만들어지는데 이렇게 함으로써 부지매입비용이 줄어들어 기타 비용을 감소시킬 수 있다.

침전지는 크기나 모양에 있어서 여러 가지인데 깊이는 3～5.5 m로서 3～4 m가 가장 많으며, 원형조는 직경이 10～45 m로서 때로는 60 m 정도 되는 것도 있다.

정사각형 조는 길이가 통상 30 m보다 짧으나 직사각형인 경우는 길이가 30 m 혹은 그 이상이 되기도 한다. 직사각형 침전지에서 통상 길이는 폭의 3～8배인데 그 중 4배가 적당하다. 이때 폭은 슬러지 제거기의 크기에 의해서 결정되는 수가 많다. 바닥의 경사는 직사각형 침전지에서 인력으로 배출하는 경우에는 배수구(排水溝)를 향하여 1/200～1/300 정도의 경사를, 기계적으로 수집하여 배출할 경우에는 인력으로 배출해야 할 슬러지의 양이 적으므로 경사를 1/500～1/1,000 정도의 경사를, 정사각형 혹은 원형에서는 대략 8% 정도가 된다.

단회로(short-circuiting)나 와류(vortexing)의 영향을 최소화시키기 위하여 유입구 및 유출구의 효과적인 수리학적 설계가 요구된다. 유입구 시설은 유입류를 침전부의 전단면에 골고루 분배시키고, 유체가 평행하게 혹은 방사류 방향으로 흐르게 할 뿐만 아니라 큰 와류를 최소화시키고 슬러지부 근처에서 큰 유속이 생기지 않도록 설계되어야 한다. 일반적으로 유입류는 유입구나 유입관을 통하여 지의 중심에서 둘레부분으로 퍼진다. 유입류의 속도수두를 감소시켜 와류를 제거하기 위한 각종 정류벽(baffle)이 사용된다.

침전지 용적 중에 일부분은 침전효과를 나쁘게 한다. 이 영향을 제거하기 위하여 비교적 긴 흐름경로가 요구되며, 따라서 좁고 긴 조가 이런 경우에 적당하다. 유출류는 침전지의 끝부분이나 중심부로 연장된 위어(weir)에 의해서 통제되며, 원형 침전지에서는 위어(weir)가 통상 지의 둘레부분에 위치한다. 유출구는 유입구보다 침전 효율에 적은 영향을 미친다.

## 2) 침전지 운전

탁도가 높은 지표수는 화학적 처리에 들어가기 전에 침전이 필요할 수도 있다. 예비침전지(presedimentation basin)는 깔때기 모양(hopper)의 바닥을 가지거나 슬러지를 계속 제거하는 기계로 장치될 수 있다. 대부분의 경우 예비침전을 위한 최소 체류시간은 3시간이나 미세한 부유물을 침전시키기 위해서는 부족한 경우도 있다. 보통침전(plain sedimentation)만으로 적절히 정수시키기에 물이 너무나 탁한 경우는 예비침전처리 전에 전염소주입(prechlorination) 혹은 부분응집(partial coagulation)을 실시해야 할 때가 생길 수 있다. 보통침전은 약품을 넣지 않는 경우에 흔히 부르는 이름이며 약품을 사용하는 경우에는 약품침전, 혹은 강제침전이라고도 한다.

응집처리에서와 같이 응결(flocculation, 플록형성) 후의 침전은 응집과정에서 생성된 응결물(floc)의 특성에 따라 좌우된다. 응집 시 생긴 플록의 침전속도는 대략 0.6～1.8 m/hr이다. 플록을 침전시키기 위한 체류시간은 2～8시간이며 표면침전율은 20～40 m/day이다.

미국의 기준에 의하면 응집처리를 위한 침전지를 설계할 때 최소 4시간의 침전시간, 최대 15 cm/min의 침전지 내의 수평유속, 그리고 유출구 위어길이 1 m당 최대 250 $m^3$/day를 추천한다. 기준은 수질과 유량의 변화가 적은 경우 연수화와 응집을 위하여 부유물 접촉지가 사용될 수 있다고 기술한다. 추천되는 설계기준으로 혼합과 응결을 위하여 최소체류시간은 응집인 경우 2시간, 연수화인 경우 1시간이다. 또한 위어(weir)의 월류율은 연수화인 경우 0.23 $m^3$/m/min, 응집인 경우 0.12 $m^3$/m/min이다. 그리고 표면 부하율은 연수화인 경우 100 m/day, 응집인 경우 60 m/day를 초과해서는 안 된다. 그림 6.13은 응집처리를 위해서 요구되는 직사각형 침전지의 단면을 보여주고 있다.

침전지에서 제거된 슬러지의 양은 여과지의 역세척용 물을 합하면 처리되는 물의 4～8%가 되며, 정확한 양은 채택된 화학적 처리방법, 슬러지 제거기의 형태, 여과지 역세척기구의 종류에 따라 변한다. 제거된 슬러지와 역세척수는 강이나 하천으로 직접 방출시켜서는 안 되고, 라군(lagoon)이나 슬러지 건조지에서 수분을 증발시키거나 진공여과, 원심분리, 칼슘재생법 등의 방법을 택해서 처분한다.

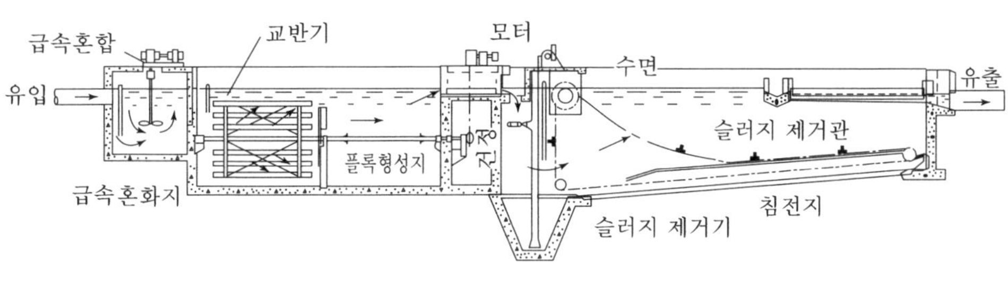


그림 6.13 직사각형 침전지

### 6.2.3 보통침전

원수를 커다란 조에 유입시켜 느린 속도로 유하시키면서 부유물을 침전시키는 것을 보통침전이라고 하며 이를 위한 시설을 보통침전지라고 한다. 보통침전지에서 통상 제거되는 부유물의 크기는 0.01 mm 이상으로서 그 이하의 것이나 비중이 작은 입자는 실제로 침전되기 어렵다.

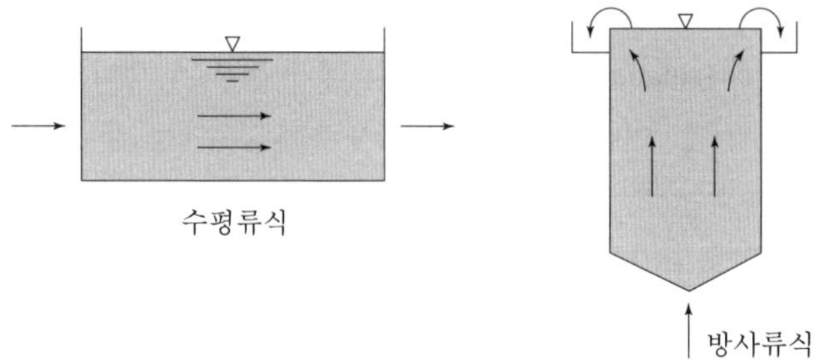


**그림 6.14** 침전지의 유수방식

보통침전지를 수류의 방향에 따라 분류하면 수평류식과 상향류식(수직류식)으로 된다(그림 6.14). 수평류식은 침전지의 한쪽에서 물이 유입하고 수평으로 흘러 다른 쪽으로 유출하는 것이다. 상향류식은 조 밑의 중앙부로부터 물이 유입하고 수직으로 상승한 후 방사상으로 흘러 주변으로 유출하는 것이다. 그러나 상향류식은 수류상태가 상당히 불안정하기 때문에 최근에는 대부분 수평류식이 이용되고 있다.

수평류식의 경우 평면형상은 장방형이고 폭과 길이의 비는 1 : 3～8의 세장형이다. 수류의 안정화를 기하기 위해서는 가능한 한 세장형으로 하는 것이 효과적이다. 세장형으로 하면 편류나 와류의 영향이 감소하여 침전효율이 증가하기 때문이다. 지의 유효수심은 3～4 m 정도로 하고 기타 침전물의 최적 깊이는 적어도 30 cm, 또한 고수위로부터 조 높이까지의 여유고로서 30 cm 정도 유지할 필요가 있다.

지의 용량은 설계정수량의 8시간분을 표준으로 하고 지내의 평균유속은 30 cm/min 이하로 한다. 설계에 있어서는 이상의 제원을 고려하여 설계해야 한다.

즉, 유효수심을 $h$ (3～4 m), 폭을 $b$, 길이를 $l$, 설계 정수량을 $Q$ ($m^3$/d)라 하면,

$$b : l = 1 : 3 \sim 8$$

$$b \cdot l \cdot h = \frac{Q}{24} \times 8 = Q\,(\mathrm{m^3/d}) \times \frac{1\mathrm{d}}{24\mathrm{hr}} \times 8\,\mathrm{hr}$$

$$\frac{Q}{b \cdot h} < 30\ \mathrm{cm/min}$$

지의 크기에는 한계가 있으므로 $Q$가 매우 클 때는 몇 개로 분할하여 지수를 늘릴 필요가 있다. 이 경우에도 각 지는 위의 조건을 모두 만족시켜야한다. 또한 청소나 고장 수리시 침전지를 사용하지 못하는 경우가 있으므로 원칙적으로 2지 이상으로 한다.

수평류시 침전지에서는 이상적인 침전지와는 달리 침전효율을 감소시키는 4종류의 흐름이 발생하는데, 첫 번째는 유입수가 관성력에 의해 일으키는 흐름인 와류(eddy current), 두 번째는 침전지가 복개되어 있지 않을 때에는 수면을 지나가는 바람에 의해 발생하는 표면류인 풍송류(wind-induced current), 세 번째는 침전지가 미복개 상태일 때 여름철에는 표면수가 가열되고 겨울철에는 표면수가 냉각되는데 호소에서의 전도현상처럼 표면수와 지내의 물이 수직방향으로 혼합하는 형태의 흐름인 대류(convection current), 그리고 마지막으로 침전지의 유입수와 침전지 내 물의 밀도차에 의해 발생하는데 유입수 수온이 낮아 밀도가 높아지면 유입수는 지 밑으로 내려오고, 유입수 수온이 높아 밀도가 낮으면 표층부를 타고 흐르게 되는 밀도류(density current)가 있다.

지의 유입부에 있어서 물은 좁은 관거로부터 급속하게 넓은 지로 나오게 되므로 이때 와류나 편류가 생겨 물은 지내에서 교환된 채 유하한다. 침전효율을 높이기 위해서는 흐름을 적극적으로 균등히 할 필요가 있으므로 수류의 에너지를 감쇄시킴과 동시에 흐름을 정돈시키기 위해 수류방향에 직각으로 유입구에서 1.5 m 이상 떨어진 위치에 그림 6.15에 나타낸 것 같은 유공 정류벽을 반드시 설치할 필요가 있다. 정류벽의 구멍크기가 너무 크면 정류효과가 없게 되고 너무 작으면 구멍을 통과할 때의 유속이 크게 되어 수류에 악영향을 미친다. 1개 구멍의 크기는 10～15 cm, 구멍의 총면적은 유수단면적의 6% 전후가 보통이며 구멍은 균등히 설치한다. 구멍은 특별히 유입부에서 흐름을 균등히 정류해도 넓은 지내를 통과할 때 외적조건에 의해 다시 편류 등이 생길 수가 있다. 이것을 막으려면 중간에도 유공 정류벽을 설치하거나 수류방향에 평행으로 적당한 길이의 도류벽을 설치하면 상당히 효과적이다. 설계 개소수는 지의 길이와 폭의 비율 등을 고려하여 결정한다.

가능한 한 낮은 농도의 침전수를 배출시키기 위해서 유출부에는 수류방향에 직각으로 또는 평행한 다수의 트랩 또는 전체폭에 걸쳐 조류벽을 설치하여 표면부의 물을 배출시킬 필요가

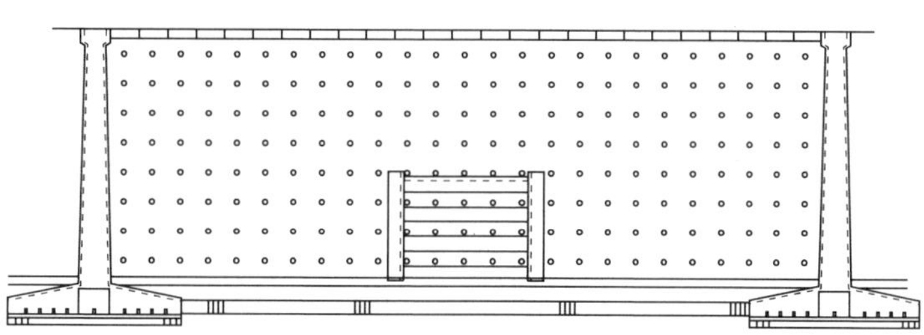

그림 6.15 침전지 유공정류벽

있다. 이때 침전물을 유출시키지 않도록 조류벽 부하율(인출수량/조류벽의 전체길이)을 충분히 적게 하고 수류에 악영향을 주지 않도록 해야 한다. 조류벽 부하율은 일반적으로 500 $m^3$/일/m 이하가 바람직한데 실제적인 한도는 350～400 $m^3$/일/m이다. 침전지의 부대설비로서는 다음과 같은 것들이 있다.

그림 6.16 침전지 유공정류벽 설치예

## 1) 월류위어

침전지 내의 수위가 고수위를 초과하지 않도록 고수위 이상의 물을 자연적으로 배수시키기 위한 설비로서 침전지 유입구는 고수위의 높이에 설치한다. 유출관의 크기는 적어도 유입량의 20%가 배수될 수 있도록 크게 하는 것이 바람직하다.

그림 6.17 침전지의 월류위어

### 2) 배수관

청소나 수리시에 침전지 내의 물을 배제하기 위해 설치하는 관으로서 관경은 150 mm 이상으로 한다. 또한 배수관은 침전된 슬러지를 배제하는 관으로서도 이용되므로 충분히 슬러지를 배출할 수 있는 크기로 해야 한다. 배수와 슬러지 배출을 단시간 내에 완전히 행하기 위한 배수관은 지 바닥에 퇴적한 슬러지를 수집하는 기계로서 주행식, 링벨트식, 수중 견인식 등의 형식이 있는데 이 중에서 주행식이 많이 이용된다. 수집속도는 퇴적슬러지가 부상하지 않도록 12 m/hr 이하의 매우 느린 속도로 해야 한다. 그러나 보통침전지는 침전 슬러지량이 비교적 적으므로 슬러지 수집기를 설치하지 않기도 한다.

### 3) 호퍼

수집된 슬러지는 지의 한쪽 끝에 설치된 호퍼(hopper)에 일단 정류되고 여기에서 배수관에 의해 지 바깥으로 배출된다. 호퍼의 형상, 용량은 수집방법과 슬러지량에 따라 결정하면 좋다. 슬러지 수집기가 설치되어 있지 않아도 호퍼를 설치하면 편리하다. 침전슬러지를 호퍼까지 이송하기에 편리하도록 침전지 바닥은 호퍼를 향하여 1/200～1/300의 경사를 둔다. 단, 슬러지 수집기가 설치되어 있는 경우에는 1/500～1/1,000로 약간 완만하게 해도 좋다. 침전지에 슬러지수집기가 설치되어 있지 않은 경우에는 정기적으로 침전 슬러지를 청소해야 한다. 원수의 수질에 따라 다르지만 청소횟수는 평균 연 1～2회 정도이다. 청소 시 지를 비우고 작업원이 안에 들어가 인력 또는 기계로 퇴적슬러지를 반출하거나 압력수를 분사시켜 슬러지를 호퍼까지 씻어 내린다. 만약 슬러지수집기가 설치되어 있는 경우에도 때로는 지를 비우고 인력으로 청소할 필요가 있다.

## 6.2.4 약품침전

원수 중에 함유되어 있는 부유물 중 특히 미소한 것이나 비중이 가벼운 것은 실제로 잘 침전하지 않는다. 또한 탁도가 높은 원수일수록 침전효율이 나쁘며 보통침전에서는 소기의 목적을 달성하기가 불가능하다. 이러한 탁질에 대해서는 약품을 첨가함으로써 개개의 입자를 응집시켜 대형화하고 침전을 촉진시키는 약품침전을 행하면 좋다. 이러한 목적에 사용되는 약품을 응집제라 하며 약품침전을 특히 응집침전이라고도 한다. 또한 응집된 조대 물질을 플록(floc)이라고 한다.

정수장에서 많이 사용하는 응집제로서는 황산알루미늄(황산반토, Alum), 폴리염화알루미늄(PACl), 폴리수산화염화규산알루미늄(PACS) 등이 있는데 주로 PACl이 많이 사용된다. 황산알루미늄[Alum, 명반, 황산반토, 유산반토 : $Al_2(SO_4)_3 \cdot nH_2O$]은 다른 응집제에 비해 저렴하고 무독성 때문에 대량첨가가 가능하며 대부분의 수질에 적합하다. 황산알루미늄 결정은 부식성과 자극성이 없어 취급이 용이하고 탁도, 색도, 조류 등 대부분의 부유물에 대해 제거효과가 있으며 황산알루미늄 수용액은 강산성이기 때문에 취급 시 주의가 요망된다. 철염에 비해 플록이 가볍고 적정 pH 폭(pH 5.8～7.8)이 좁은 것이 단점이다. 폴리염화알루미늄(PACl, Poly Aluminum Chloride)은 플록형성이 황산알루미늄보다 더욱 빨라 응집효과가 크고, 플록이 대형이므로 침강속도도 빠르다. 약품주입에 따른 pH와 알칼리도의 저하는 황산알루미늄의 1/2 이하이고 적정 주입률 폭이 크며 과잉 주입 시 응집효과가 떨어지지 않아 탁도 제거효과가 탁월하고 낮은 수온에서도 응집효율을 유지할 수 있는 응집제이다.

그 밖의 응집제로는 알루민산나트륨($NaAlO_2$, Sodium Aluminate), 폴리황산규산알루미늄(PASS), 폴리수산화염화황산알루미늄(PAHCS)과 철염계 응집제로서 염화제이철($FeCl_3$, 적정 pH 5～11), 황산제1철($FeSO_4 \cdot 7H_2O$, 적정 pH 5～11), 황산제2철[$Fe_2(SO_4)_3$, 적정 pH 8.5～11] 등이 있는데, 플록이 황산알루미늄에 비해 무겁고 저온이나 pH 변화에 따른 영향이 적은 특징이 있다.

응집보조제는 플록을 더욱 무겁게 하여 빨리 침강되게 하고, 결합강도를 증가시키기 위해 사용하며 또한 응집제 사용량을 절감할 목적으로 사용한다. 응집보조제로는 알긴산나트륨[알긴산소다$(C_6H_7NaO_6)_n$], 규산나트륨을 산으로 중화시킨 후 양생 중합시켜 고분자 콜로이드로 한 활성규산($Na_2SiO_3 \cdot nSiO_2$), 규산나트륨($Na_2SiO_3$), 점토(clay), 전해질의 성질을 갖는 고분자 화합물인 고분자전해질(polyelectrolyte), 벤토나이트(bentonite) 등이 있다. 응집제를 투입하면 pH가 저하되거나 상승하여 응집효과가 떨어지는데, pH를 상승시키기 위해 사용되는 알

**표 6.1** 응집에 사용되는 약품의 주입방식

| | 약품종류 | 주입방식 | 사용방법 |
|---|---|---|---|
| 응집제 | PACl | 습식 | $Al_2O_3$ 10～18% 사용 |
| | 황산알루미늄(액체) | 습식 | $Al_2O_3$ 6～8% 사용 |
| | 황산알루미늄(고체) | 습식 | 수용액으로 주입 |
| 응집보조제 | 활성규산 | 습식 | 규산소다용액($SiO_2$ 1.5%) 활성화 후 $SiO_2$ 0.5%로 희석 사용 |
| | 알긴산나트륨 | 습식 | |
| 산제 | 황산 | 습식 | 98% 황산을 80～100배 희석 사용 |
| | 이산화탄소 | 습식 | 액화가스를 기화기 사용하여 주입 |
| 알칼리제 | 수산화나트륨 | 습식 | 20～25%로 희석 사용 |
| | 소석회 | 건식/습식 | 건식주입기 사용/석회유를 펌프주입 |
| | 소다회 | 건식/습식 | 세립상 건식주입/수용액으로 주입 |

칼리제로는 생석회(산화칼슘 CaO), 소석회[수산화칼슘 $Ca(OH)_2$, 응집제 : Alum, 황산제2철], 소다회(탄산나트륨 $Na_2CO_3$, 응집제 : Alum), 중탄산칼슘[$Ca(HCO_3)_2$, 응집제 : Alum, 황산제2철)], 수산화나트륨(NaOH) 등이 사용되며, pH를 저하시키기 위해 사용되는 산제로는 황산($H_2SO_4$)과 이산화탄소($CO_2$)가 있다.

### 1) 응집(coagulation)과 응결(flocculation)

일반적으로 자연수중에 존재하는 탁질성분은 표면이 (−)로 하전되어 있어서 전기적인 반발력에 의해 서로 균형을 이루며 분포하고 있다. 이러한 상태에서 응집제를 첨가하면 수중의 알칼리 성분과 반응하여 (+)로 배전하는 수산화알루미늄(철염을 응집제로 사용한 경우에는 수산화 제이철)의 콜로이드가 생긴다. 이것이 탁질성분의 (−)를 중화하여 전기적 반발력을 감소시키면 반데르발스(Van der Waals)의 힘에 의해 개개의 탁질성분 및 수산화알루미늄의 콜로이드는 집합하고 성장하여 플록이 형성된다. 응집이 잘되게 하기 위해서는 콜로이드입자가 띠고 있는 전하와 반대되는 전하물질을 투여하거나, pH 변화를 발생시켜서 제타전위(zeta potential, 반발력)을 감소시킴으로서 콜로이드 입자간의 거리를 좁혀 플록(덩어리)을 형성케 할 수 있다.

콜로이드입자는 (−)전하를 띠고 있으며, 그 주위를 (+)전하가 둘러싸 층을 이루면서 (−)전하와 단단히 밀착하는데 이 층을 고정층(=압밀층)이라 하고, 고정층 바깥의 층을 확산층(=Guoy층)이라 하며 이 두 가지 층을 전기이중층(EDL, Electrical Double Layer)이라 한다. 고정층은 (+), (−)전하를 함께 띠고 있어서 입자로부터 어느 정도 거리가 멀어지면 콜로이드에 부착되어 있는 어느 면이 입자로부터 분리되려는 경향이 있는데, 이 분리되는 면을 전단면이라 하고, 전단면에서의 전하량을 제타전위(Zeta potential)라 하며 제타전위는 전단면이 콜로이드입자로부터 먼 거리에 있을수록 적어지고, 입자의 속도(particle velocity)와 전기장

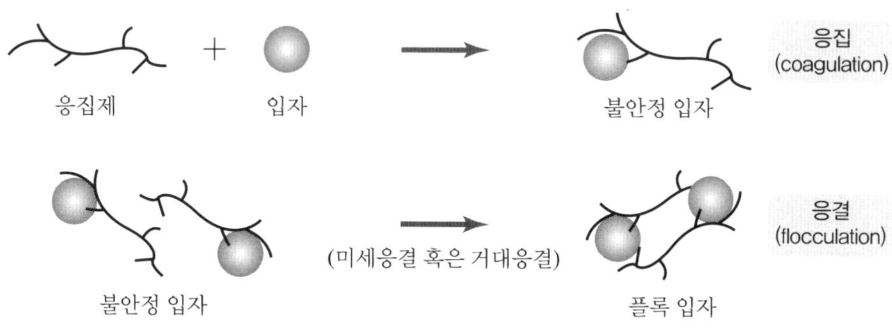


그림 6.18 콜로이드 입자의 불안정화 과정

(electrical field)의 크기에 비례하여 커진다. 따라서 콜로이드입자를 응집(불안정화)시키기 위해서는 제타전위를 감소시켜 입자간 거리를 좁혀야 한다. 콜로이드입자의 불안정화(destabilization) 메커니즘으로는 전기이중층 압축(double layer compression), 전기적 중화(charge neutralization), 공침(enmeshment), 흡착 및 가교(adsorption and interparticle bridging)가 있다.

**표 6.2** 응집(coagulation)과 응결(flocculation) 비교표

| | 응집/응결 | 특징 | 시간 | 촉진인자 |
|---|---|---|---|---|
| 화학응집 | 응집<br>(coagulation) | 안정된 콜로이드<br>입자의 불안정화 | 1초 미만<br>($10^{-2}$초) | 열운동<br>(브라운운동) |
| | 미세응결<br>(perikinetic flocculation) | 미세입자(플록)으로<br>뭉침(0.01～1 μm) | 1초 미만 ～ 수<br>초 | |
| (거대)응결 | (거대)응결<br>(orthokinetic flocculation) | 미세플록이 큰<br>플록으로 뭉침 | 10 ～ 30분 | 속도경사,<br>침전속도차 |

perikinetic (주변운동) : 운동방향과 속도가 무작위적인 열운동
orthokinetic (동일방향운동) : 속도경사나 침전속도차는 모두 동일방향의 운동

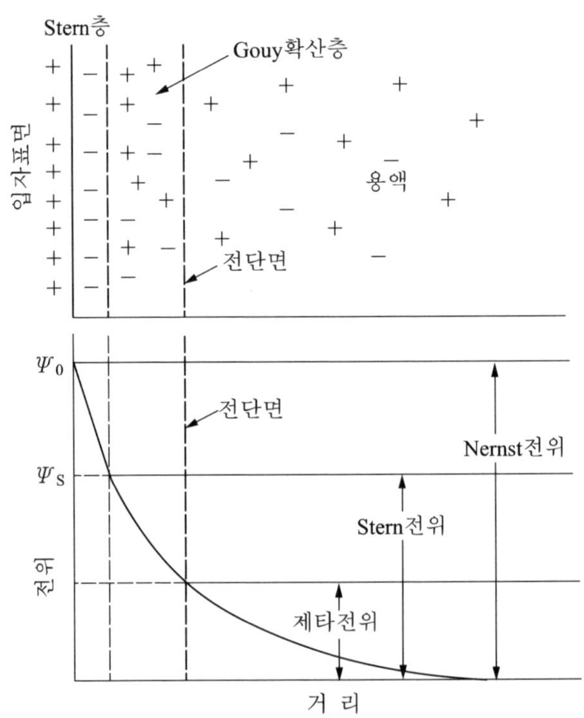


**그림 6.19** 콜로이드 입자의 전기이중층 모델

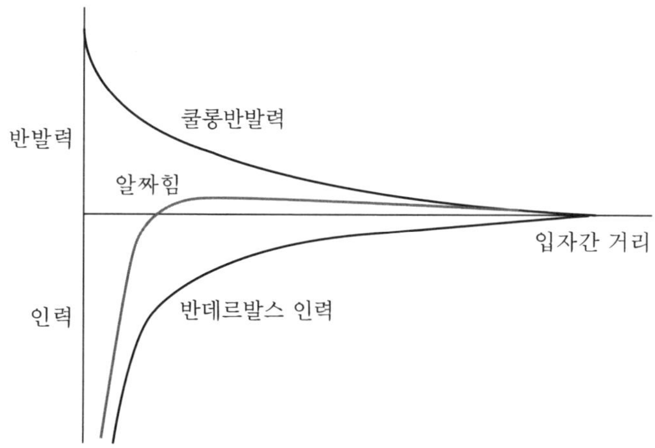


**그림 6.20** 입자의 거리에 따른 반발력과 인력의 크기

제타전위는 보통 10∼200 mV 범위에 있으며, 일반적으로 20∼30 mV 이하로 되면 응집하기 쉽고, 가장 유효하게 응집을 일으키기 위해서는 0 ± 5 mV로 하는 것이 좋다. 제타전위는 다음 식과 같이 나타낼 수 있다.

$$\zeta = \frac{4\pi\mu v}{D}$$

여기서, $\zeta$ : 제타전위(mV)

$\mu$ : 점도(poise)

$v$ : 전하의 속도(cm/sec)

$D$ : 전기적 상수

용액 내 입자간의 전기이중층 반발력은 입자간 거리가 가까워짐에 따라 지수함수로 증가(거리의 2승으로 증가)하며 반데르발스 인력은 거리의 6승으로 증가하므로 입자간 거리가 가까워짐에 따라 전기이중층 반발력이 인력에 비해 강해지지만 입자간의 거리가 전기이중층의 크기보다 가까워지면 반데르발스 인력이 지배적으로 작용하게 된다. 통상적으로 입자간의 거리가 1∼4 nm일 때 최대 반발력이 나타나고, 이때의 에너지 크기를 에너지 장벽(Energy Barrier)이라 하며 장벽의 크기가 클수록 입자는 안정해지는데 이를 DLVO (Derjaguin, Landau, Verwey, Overbeek)이론이라 한다.

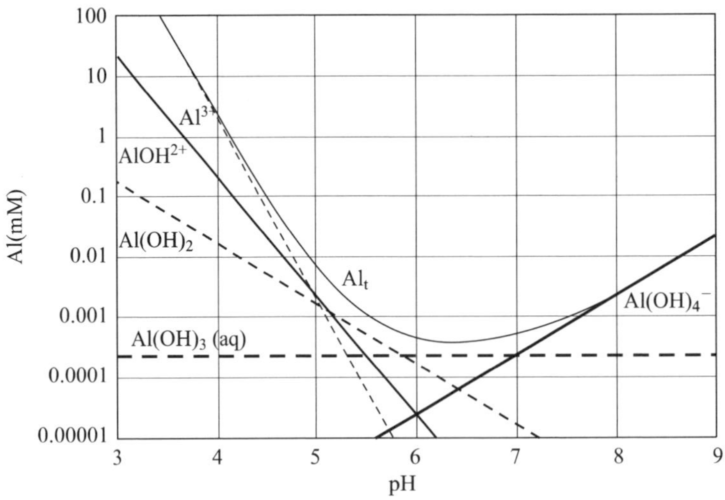


그림 6.21 pH 변화에 따른 용존성 알루미늄의 형태

응집제와 알칼리 성분과의 반응은 일반적으로 다음과 같다.

$$Al_2(SO_4)_3 + 3CaCO_3 + H_2CO_3 = 2Al(OH)_3 + 3CaSO_4 + 6CO_2$$

그러나 실제로는 물의 pH에 의해 금속 산화물은 종종 중합체를 형성하고 일반적으로 $Al_2(OH)_{20}^{4+}$로 존재한다.

응집효과를 좌우하는 인자로서는 다음의 것이 있다.

## (1) 응집제 주입량

일정한 범위의 적정 주입량이 존재하며 이는 그림 6.22와 같다. 그림 6.22와 같이 주입량이 부족하면 커다란 플록이 생기지 않고 과잉이 되면 응집효과가 나빠진다. 적정주입량을 구하기 위해서는 여러 개의 비커에 일정량의 원수를 넣고 각각의 비커에 단계적으로 설정된 양의 응집제를 가하여 플록의 형성 상황을 관찰하고 최대의 플록형성이 가능한 주입량 중 최소량의 것을 택하여 적정주입량으로 한다. 이 실험을 자 테스트(Jar Test)라고 하며 상당히 간편하기 때문에 정수장에서 일반적으로 채용되고 있다.

그림 6.23은 자 테스트(Jar Test)를 행하는 장치로서 자 테스터(Jar Tester)라고 한다. 원수의 탁도가 증가하면 적정 주입량도 증가한다.

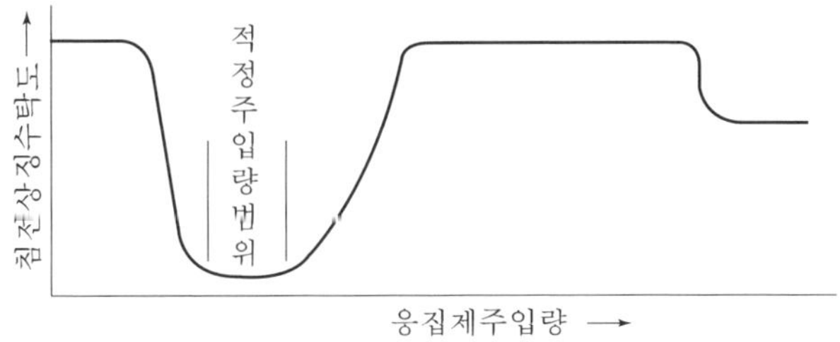


그림 6.22 주입량에 대한 상징수 탁도의 패턴(pH 조절 없음)

그림 6.23 자 테스터(Jar Tester)

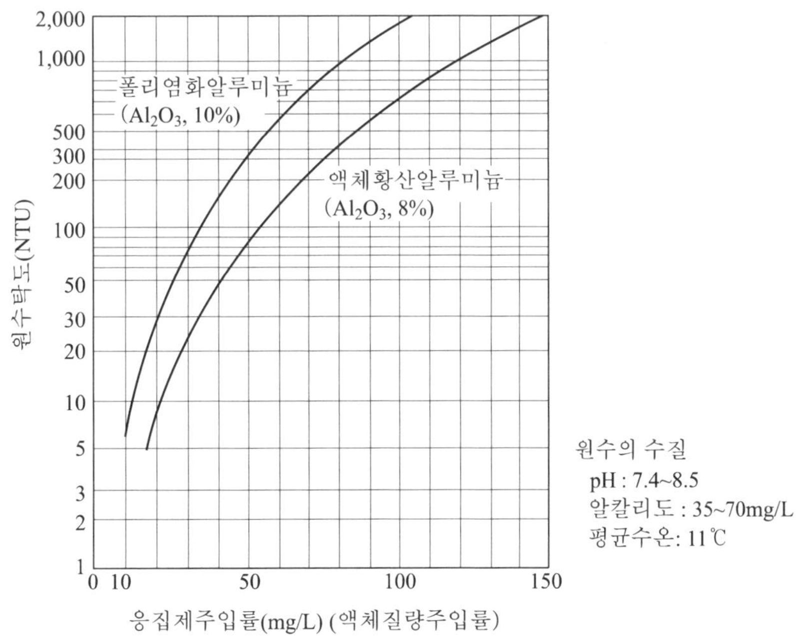


그림 6.24 원수탁도와 응집제 주입률의 예

### (2) pH

양호한 응집을 위해서는 적정 pH가 존재하며 알루미늄염의 경우는 6.0~7.5가 적당하다. 그러나 철염은 비교적 pH의 영향이 적다. pH값이 적정하지 않으면 양호한 응집이 되지 않기 때문에 이 경우는 산이나 알칼리로 pH를 조정할 필요가 있다.

### (3) 알칼리도

금속 수산화물을 얻기 위해서는 적당량의 알칼리도가 필요하다. 그러나 알칼리도가 너무 많으면 응집제를 추가로 주입해야 하므로 비경제적이고, 원수의 알칼리도가 부족하면 소석회 또는 소다회와 같은 알칼리제를 미리 원수에 가하여 알칼리 성분을 보충할 필요가 있다. 소석회를 사용할 때의 반응식은 다음과 같다.

$$Al_2(SO_4)_3 + 3Ca(OH)_2 = 2Al(OH)_3 + 3CaSO_4$$

그리고 소다회를 사용할 때는 다음 식과 같이 된다.

$$Al_2(SO_4)_3 + 3Na_2CO_3 + 3H_2O = 2Al(OH)_3 + 3Na_2SO_4 + 3CO_2$$

### (4) 수온

수온이 따뜻한 편이 응집에 좋은데 다른 조건이 만족되어도 저온에서는 플록이 잘 형성되지 않는다. 이러한 때에는 응집효과를 증대시키기 위해 응집보조제를 병용하면 좋다. 응집보조제로서 활성 수산염, 알긴산소다, 고분자 응집보조제 등 여러 가지 종류가 있다. 응집보조제는 그 자체로는 응집작용이 없지만 응집제와 함께 사용하면 비로소 효력을 나타내어 견고한 플록을 만들 수 있다. 겨울에는 수온이 낮기 때문에 많은 정수장에서 응집보조제가 이용된다.

### (5) 교반(mixing)

교반에는 급속교반과 완속교반 두 종류가 있다. 응집제와 수중의 알칼리 성분과의 화학적 반응에 의하여 생성된 금속수산화물에 의한 탁도성분의 전기적 중화는 극히 단시간에 일어나며 대체로 수 초에서 10초의 범위에서 완료된다. 따라서 응집제와 물을 가능한 한 빨리 섞어서 응집제를 신속하게 수중에 분산시킬 필요가 있다. 이것이 급속교반인데 교반 중에 육안으로는 판별할 수 없는 크기의 미세한 플록이 생긴다. 이 단계를 혼화라고 하며 생성된 미세플록은 견고한 탁질입자로서 해체되지 않는다.

다음으로 플록을 크게 성장시키기 위해서 천천히 휘저어 플록 형성에 필요한 충돌 시간을 줄 필요가 있다. 이것이 완속교반인데 미세플록은 충돌하여 합체하고 조금씩 성장한 플록은 충돌합체하며 점점 커져서 커다란 플록이 형성된다. 형성되는 플록의 크기에는 한도가 있는데 교반에 의한 전단력이 그 결정인자가 된다. 이 단계를 플록형성이라 한다. 혼화와 플록형성을 합쳐서 일반적으로 응집이라고 칭하는 경우도 있다.

플록은 크게 되면 될수록 비중이 작아지는 성질을 가진다. 그러나 Stokes 식에서 본 것과 같이 침강속도는 입자의 크기에 따라 크게 좌우되므로 큰 플록일수록 빠르게 침전한다. 또한 큰 플록일수록 강도는 작아서 외부로부터 힘이 주어지면 쉽게 파괴되어 미세플록으로 해체되기도 한다.

---

**예제 6.6**

Jar-Test는 적정 응집제의 주입량과 적정 pH를 결정하기 위한 시험이다. Jar-Test 시 응집제를 주입한 후 급속교반 후 완속교반을 하는 이유는?

가. 응집제를 용해시키기 위해서
나. 응집제를 고르게 섞기 위해서
다. 플록이 고르게 퍼지게 하기 위해서
라. 플록을 깨뜨리지 않고 성장시키기 위해서

**풀이**

응집제를 투입한 후에 급속교반을 하지 않고 완속교반을 하는 것은 응집제와 고형물의 결합물 덩어리인 플록을 깨뜨리지 않고 크게 성장시켜 중력침강이 잘 되도록 하기 위함이다.

**예제 6.7**

다음은 황산알루미늄과 중탄산염의 알칼리도가 반응하여 수산화알루미늄의 침전이 생성되는 반응이다(단, $Al_2(SO_4)_3 \cdot 18H_2O$의 분자량은 666.7이다).

$$Al_2(SO_4)_3 \cdot 18H_2O + 3Ca(HCO_3)_2 \rightarrow 3CaSO_4 + 2Al(OH)_3 \downarrow + 6CO_2 + 18H_2O$$

① $Ca(HCO_3)_2$ 1 M이 갖는 알칼리도(g/L as $CaCO_3$)를 구하시오.
② 황산알루미늄 10 mg/L과 반응하는데 소요되는 알칼리도를 구하시오.

**풀이**

① $M(\text{몰 농도}) = \dfrac{X\ \text{농도(g/L)}}{X\ \text{분자량}}$ 이므로

$X$ 농도(g/L) $= M \cdot X$ 분자량 $= 1 \times 162 = 162$ g/L

또한 $X$ 농도(g/L as $CaCO_3$) $= X\ \text{농도(g/L)} \times \dfrac{CaCO_3\ \text{당량}}{X\ \text{당량}}$

$$= 162 \times \frac{50}{81} = 100\ \text{g/L as } CaCO_3$$

② 주어진 반응식에서

$Al_2(SO_4)_3 \cdot 18H_2O : 3(HCO_3)_2 = 666.7 : 3 \times 61 \times 2 = 666.8 : 366$

$HCO_3^-$ 필요량 $= 10\,\text{mg/L} \times \dfrac{366}{666.7} = 5.49\,\text{mg/L}$

$HCO_3^-$ 당량 $= 61$, $CaCO_3$ 당량 $= 50$

$\therefore$ 소요 알칼리도 $= 5.49\ \text{mg/L} \times \dfrac{50}{61} = 4.5\ \text{mg/L}$

### 2) 약품주입 설비

약품침전에 이용되는 약품의 종류는 전술한 바와 같이 응집제, 응집보조제, 산제와 알칼리제인데 응집제 이외에는 상시 이용되는 것은 아니지만 이러한 것들도 수시 주입할 수 있도록 미리 준비해 두어야 한다.

응집제는 적어도 평균 주입량의 30일분을 저장해 둘 필요가 있으며 주입량이 많을 때는 미리 준비하여 작업에 지장을 주지 않도록 해야 한다. 저장에 있어서 고형응집제의 경우는 습기가 적고 작업하기 편한 장소에 쌓고 액체응집제의 경우는 증발 또는 비, 기타 이물질 등이 유입되지 않도록 내부식성 탱크에 저장한다.

고형응집제의 주입방법에는 습식과 건식이 있다. 습식은 응집제를 미리 물에 녹여 수용액의 상태에서 원수에 주입하는 것이며, 건식은 분쇄기로 분말상으로 한 분말을 그대로 원수에 주입하는 것이다. 습식의 경우에는 용해조가 필요한데, 용해조의 용량은 최고탁도 시 주입량의 1～2시간분으로 하고 조 내의 농도를 균일하게 유지하기 위해 교반장치를 설치할 경우가 있다. 용해조 자체나 여기에 접속된 도관 등은 내부식성이어야 한다.

약품 주입장치에는 일정 농도의 용액을 수질과 수량에 따라 주입하는 형식과 용액의 농도를 자동적으로 조절하면서 일정유량을 주입하는 형식이 있다. 모두 주입률이 설정된 후 처리수량에 연동시켜 주입량이 비례주입되는 장치이다. 액체응집제의 경우는 저장조와 주입계량장치만으로 구성된다. 원수에의 주입은 자연유하, 펌프 가압 또는 주입기 등에 의하는데 이것은 장치의 설치장소나 주입량에 따라 결정된다. 산제, 알칼리제나 응집보조제에 대해서는 응집제에 준하면 된다.

### 3) 응집지

응집지는 급속혼화지와 플록형성지로 구성된다.

#### (1) 급속혼화지(rapid mixing tank)

주입된 응집제를 보다 신속하게 그리고 완전히 원수와 혼합시키기 위해 설치하는 지이다. 따라서 급속혼화는 가능한 한 급속히 교반시킬 필요가 있다. 지의 용량을 크게 하는 것은 무의미하므로 혼화시간(혼화지의 체류시간)을 1～5분(계획 정수량의 1～5분간의 용량임) 이하로 한다. 급속혼화지의 형상은 혼화방법에 따라 다른데, 급속혼화의 방법으로는 가압수 확산 혼화, 고정식 혼화, 수류식 혼화, 파이프 격자 혼화, 기계식 혼화가 있는데, 기계식 혼화인 경우 플록형성지에 인접된 수심 3～5 m의 직사각형 또는 정사각형의 지가 이용된다.

기계적 혼화장치를 플래쉬 믹서(flash mixer)라고 하며 수직축을 중심으로 회전하는 것과 수평축을 중심으로 회전하는 것이 있는데 일반적으로 전자가 많이 이용되고 있다. 교반날개의 회전속도는 그 주변속도가 1.5 m/s 이상 되게 한다.

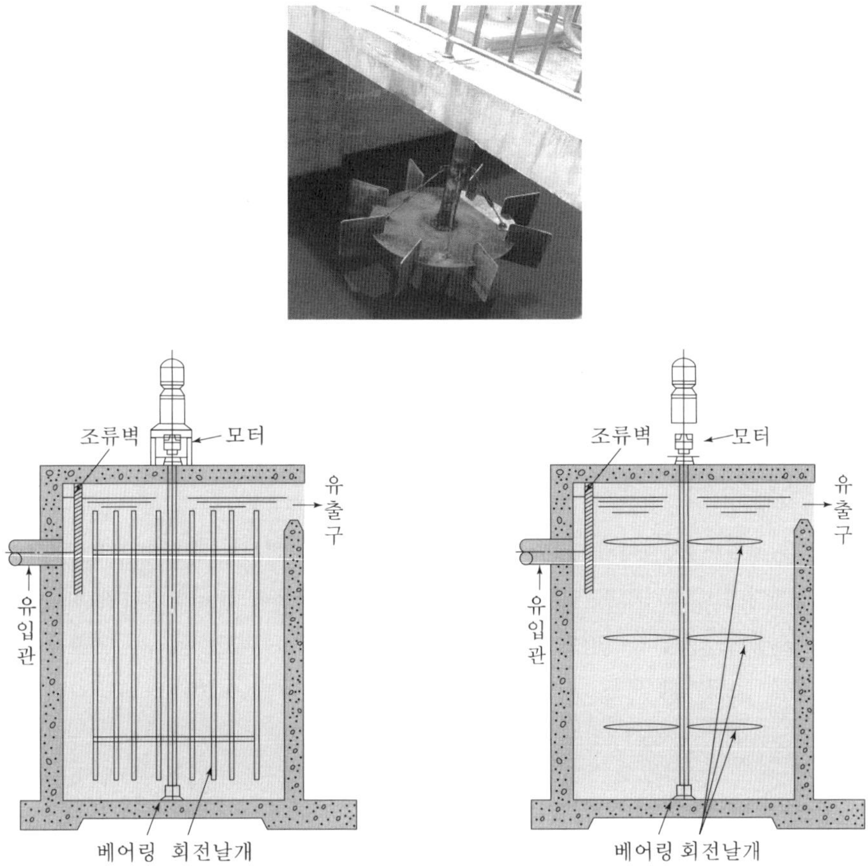


**그림 6.25　플래쉬 믹서의 종류**

혼화정도를 결정하는데 있어 가장 중요한 것은 교반강도로서 필요한 교반기의 동력이나 교반기의 크기를 알아야만 한다. 교반강도는 속도경사($G$)로 표시하는데, Camp가 제안한 다음 식이 보편적으로 이용된다. 응집효과는 교반강도와 접촉시간의 함수이기 때문에 $GT$값을 사용한다. 플록형성지의 체류시간($T$)이 15～30분인 경우 $G$는 20～75/sec 정도가 요구되므로 $GT$값은 $10^4$～$10^5$ 정도가 필요하게 된다. 최적의 $GT$값은 응집제의 종류 및 주입률에 따라 차이가 있으므로 실험을 통하여 그 값을 결정하는 것이 좋다.

$$G = \sqrt{\frac{P}{\mu V}}$$

여기서, $G$ : 속도경사(1/sec)

$P$ : 동력(W)

$\mu$ : 점성계수(kg/m · sec)

$V$ : 교반조 부피($m^3$)

① 급속혼화조(rapid mixing tank) – 응집(coagulation)

| $t$ (sec) | $G$ ($s^{-1}$) | $G \cdot t$ |
|---|---|---|
| 20 | 1,000 | 20,000 |
| 30 | 900 | 27,000 |
| 40 | 790 | 31,600 |
| 50 이상 | 700 | 35,000 |

② 플록형성조(flocculation tank) – 응결(flocculation)

$G \cdot t = 30{,}000 \sim 200{,}000$

$t = 20 \sim 30\ \mathrm{min}$

수로에 많은 조류벽을 설치하여 좌우 또는 상하로 물을 우회시켜 혼화하는 방법도 있다. 이 경우 플록 형성지에 이르기까지 별도의 수로를 설치해도 좋으며 플록형성지의 시작부분을 수로로 이용해도 좋다. 그러나 어떠한 경우라도 1.5 m/s 이상의 유속이 되도록 단면을 결정한다. 이 방식을 수평 우회류식 또는 상하 우회류식이라고 한다(그림 6.26).

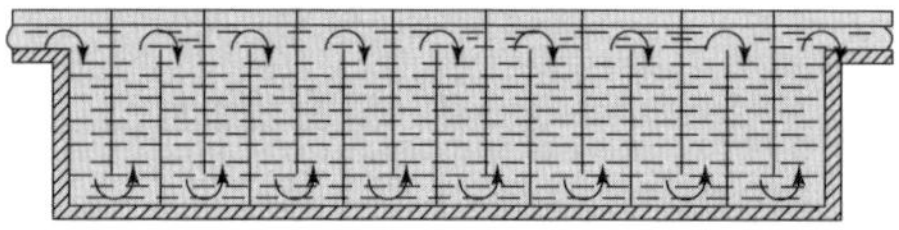

단면도

(a) 상하 우회류식

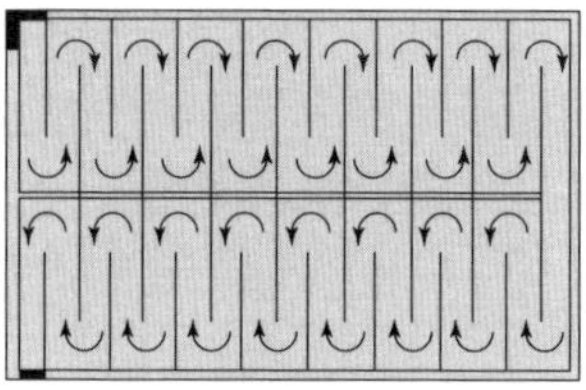

평면도

(b) 수평 우회류식

**그림 6.26 우회류식 응집지**

플록형성지의 수면까지 0.5～1 m 정도의 낙차가 얻어지는 경우에는 플록형성지에 접촉하여 급경사의 수로를 설치하고 3 m/s 정도의 유속으로 역류상으로 물을 흐르게 하고 이때 생기는 도수현상에 의해 혼화하는 도수식(그림 6.27) 또는 플록형성지의 전단부에서 물이 위로 분출할 때 혼화하는 방법이 있다.

이러한 혼화방법 중 가장 확실한 것은 기계식으로, 많은 정수장에서 사용되고 있는데 동력비가 큰 것이 단점이다. 기계식 이외의 것은 경제적이지만 혼화가 불충분하기 때문에 다소 효율이 저하된다.

급속혼합 방법으로는 공기교반(pneumatic agitation), 방해판(baffle) 설치, 그리고 가장 많이 사용되는 기계식 교반(mechanical agitation)이 있는데, 기계식 교반방법으로는 직렬(in-line)혼합기, 터빈(turbine)혼합기, 패들(paddle)혼합기, 프로펠러(propeller)혼합기 등이 있다.

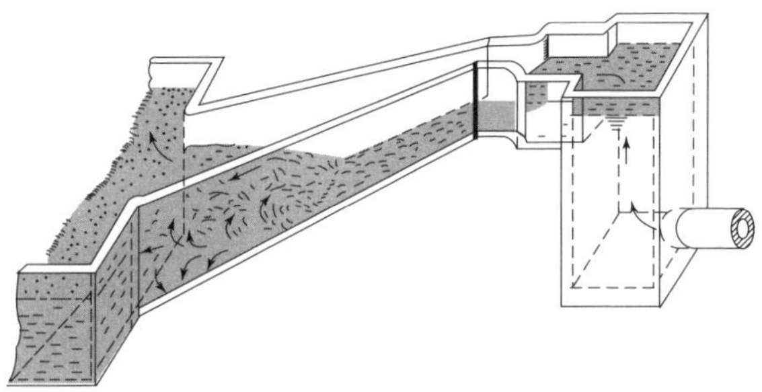

그림 6.27 도수식 혼화지

## (2) 플록형성지

혼화에 의해 생긴 미세플록을 커다란 플록으로 성장시키기 위해서 혼화지에 접속시켜 설치한 지이다. 플록이 서로 충돌하여 뭉치는 기회를 주기 위해서는 교반을 해야 하는데 너무 강하게 하면 플록 형성이 되지 않고 일단 형성된 플록을 파괴하는 수도 있다. 또한 너무 약하면 플록의 침전이 플록 형성지 내에서 생기므로 파괴 및 침전이 생기지 않는 교반을 행해야 한다. 플록 형성지의 용량은 계획정수량의 20～40분간의 용량으로 하고 형상은 장방형으로 한다.

플록형성지는 기계식 플록형성조와 수리학적 플록형성조가 있는데, 기계식 플록형성조는 수직형(프로펠러식, 패들식, 터빈식), 수평형, 그네형, 수직그네형이 있고, 수리학적 플록형성조는 수평우류형, 상하우류형, 수리학적 제트형, 자갈충전층형, 미로형, 배플형(cross flow baffle)이 있다. 기계식 장치를 완속교반기(flocculator)라고 하며 현재 대부분의 정수장에서 사용되고 있다. 교반기의 회전축은 수평식과 수직축의 두 종류가 있으며 수평식에는 축이 수류방향으로 평행한 것과 직각인 것이 있다. 완속교반기는 적어도 2단 이상 설치하는 것이 바람직하며 하류로 갈수록 회전속도를 감소시키면 효과적이다. 교반날개의 주변속도는 15～80 cm/s의 범위로 하고 교반날개는 목재 또는 철재로 하며 물의 교란 면적은 지 단면적의 10% 정도로 한다. 완속교반기는 유지비와 운전비가 증가되지만 양호한 플록형성이 되므로 많이 사용되고 있다. 완속교반기의 일례를 그림 6.28에 나타내었다.

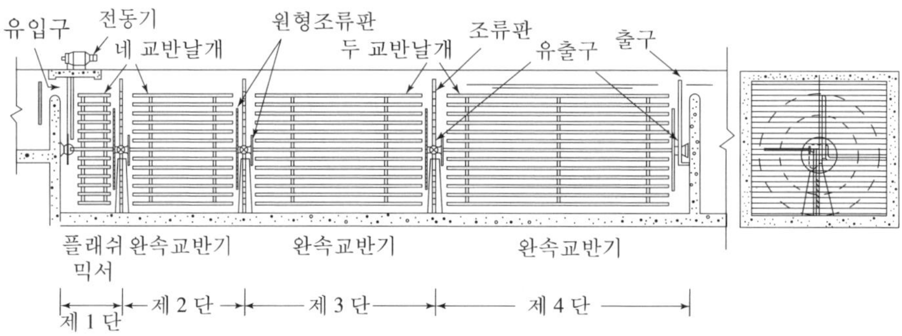


(a) 축은 수류에 평행

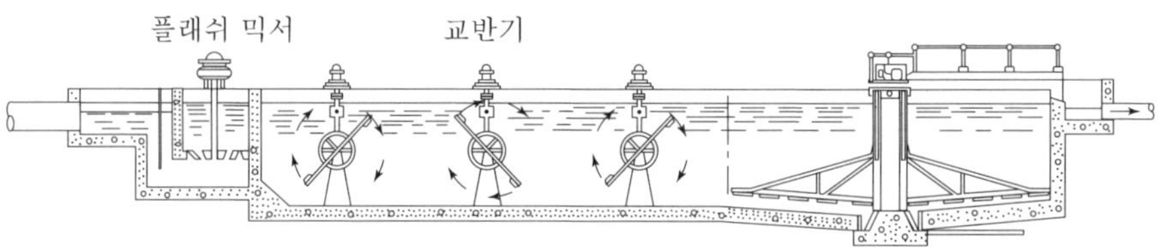


(b) 축은 수류에 직각

**그림 6.28** 완속교반기(flocculator)

우회류식은 혼화에서 기술했듯이 다수의 조류판을 설치하여 물을 좌우 또는 상하로 우회시키면서 플록을 형성시키는 방식이다. 수로 내의 평균유속은 15～30 cm/s로 하고 하류로 감에 따라 유속을 점감시킨다. 우회류식은 동력을 이용하지 않으므로 확실하지만 수량, 수질의 변동에 대한 융통성이 결핍되어 있는 점과 손실 수두가 매우 크다는 것이 단점이다.

패들식 플록형성조의 회전축의 동력은 다음 식으로부터 구한다.

$$P\,(\text{동력}) = \text{힘} \times \text{속도} = F_D \times v = \frac{C_D A \rho v^3}{2} = \mu V G^2$$

$$[L/W\,(\text{장폭비}) = 5\text{일 때 } C_D = 1.2]$$

**예제 6.8**

속도경사 $G = 400\ \text{sec}^{-1}$, 혼화조의 용적 $V = 150\ \text{m}^3$, 물의 점성계수 $\mu = 1.31 \times 10^{-2}\ \text{g/cm·sec}$, 효율 $\eta = 70\%$인 급속혼화조 내의 교반기 축동력(kW)은?

**풀이**

$$\mu = 1.31 \times 10^{-2}\ \text{g/cm}\cdot\text{sec} = 1.31 \times 10^{-3}\ \text{kg/m}\cdot\text{sec}$$

$$G = \sqrt{\frac{P\eta}{\mu V}}$$

$$\therefore\ P = \frac{\mu V G^2}{\eta} = \frac{1.31 \times 10^{-3} \times 150 \times 400^2}{0.7} = \frac{31{,}440}{0.7}$$

$$= 44{,}914\ \text{W} = 44.9\ \text{kW}$$

**예제 6.9**

처리 용량이 $20{,}000\ \text{m}^3/\text{d}$인 정수장의 응집혼화조를 설계하고자 한다. 다음 물음에 답하시오.

① 혼화 시간을 1분으로 하고 혼화조의 형태를 정육면체로 할 경우 한 변의 길이(m)는?

② 혼화기의 속도경사 $G$는 $250\text{s}^{-1}$으로서 설계하고자 할 때 필요한 동력을 구하시오. (단, 점성계수 $\mu = 10^{-3}\text{kg/m}\cdot\text{s}$)

**풀이**

① $V = Q \cdot t = 20{,}000\,\text{m}^3/\text{d} \times \dfrac{1\,\text{min}}{1{,}440\,\text{min/d}} = 13.89\ \text{m}^3$

혼화조 한 변의 길이$= x(\text{m})$라 하면 정육면체이므로

$V = x^3 = 13.89\ \text{m}^3$

$\therefore\ x = (13.89)^{1/3} \fallingdotseq 2.4\ \text{m}$

② $P = \mu V G^2 = 10^{-3}\text{kg/m}\cdot\text{s} \times 13.89\,\text{m}^3 \times (250\,\text{s}^{-1})^2 = 868\ \text{W}$

### 4) 약품침전지

약품침전지는 플록형성지에 접속시켜 설치하는 것이 원칙인데 부득이 도수로를 두는 경우는 그 거리를 매우 짧게 하고 도수로 내에서 형성된 플록이 파괴되거나 침전이 생기지 않도록 주의해야 한다. 어떠한 경우에도 플록형성지로부터 침전지까지는 자연 유하방식으로 한다. 약품침전지는 대부분 보통침전지에 준한다. 지의 용량은 계획 정수량의 3~5시간분으로 하고 지내의 평균유속은 0.4 m/min 이하를 표준으로 한다. 약품침전지는 보통침전지에 비해 침전 슬러지량이 상당히 많기 때문에 슬러지 수집기를 설치하는 경우가 많다.

### 5) 고속응집침전지

혼화, 플록형성, 침전을 하나의 조 내에서 행하기 위해 개발된 장치이다. 혼화나 플록형성은 이미 만들어진 플록의 존재 하에서 행해지므로 플록 형성에 요하는 시간이 단축될 수 있고 침강속도가 빠른 커다란 플록이 형성되므로 침전효율이 향상된다. 따라서 용량도 작게 하여 계획정수량의 1.5~2.0시간분이면 된다. 용량이 작아지면 이에 따라 부지면적을 작게 해도 되므로 특히 부지를 구하기 어려운 대도시에서 많이 사용되고 있다.

**그림 6.29** 약품침전지 내부

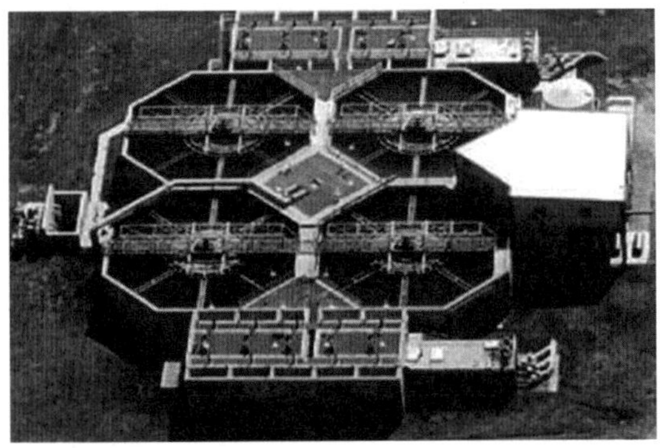

**그림 6.30** 고속응집침전지

#### (1) 슬러리(slurry) 순환형

그림 6.31에 나타낸 것과 같이 응집제와 원수는 우선 혼화·플록 형성부에 유입시키고 여기에서 기존의 고농도 플록 슬러리와 함께 분리부로 이동하고 플록은 침강하며 청정수는 수면에 설치된 트랩으로부터 유출한다. 침강된 플록의 일부는 저부의 분리부 후드로부터 다시 혼화·플록 형성부로 들어가고 잉여 플록은 위어를 거쳐 침전지 바깥으로 배출된다. 이렇게 플록 슬러리는 끊임없이 분리부와 혼화·플록 형성부를 순환한다.

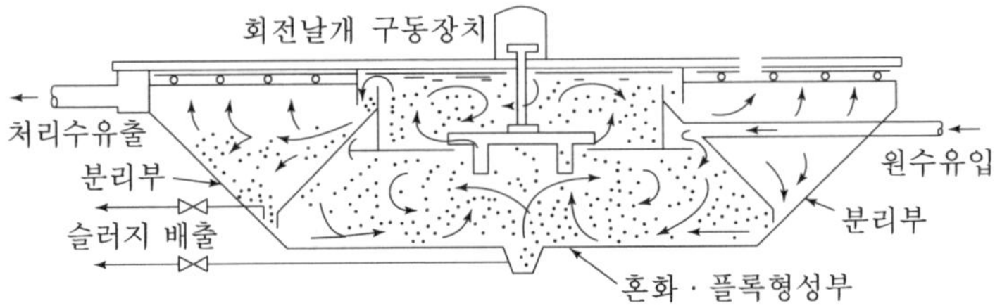


**그림 6.31** 슬러리순환형 고속응집침전지

### (2) 슬러지 블랭킷(Sludge blanket)

그림 6.32와 같이 응집제와 원수는 중앙의 기존 플록이 없는 혼화부로 들어가고 여기에서 교반되어 미세플록이 형성된다. 다음으로 혼화부로부터 나온 미세 플록은 상승하면서 플록블랭킷의 가운데를 통과하는데 이 때 미세플록은 다수의 기존 플록과 접촉하면서 유출되므로 점차 대형 플록으로 성장해 간다. 일정한 크기로 성장하면 상승력과 침강력이 균형을 이루고 상승수류로부터 분리되어 그 점에서 멈추고 플록 부유층을 형성한다. 한편 상징수는 그대로 상승을 계속하여 수면에 설치된 트랩으로부터 유출된다. 플록층의 부유는 상승수류에 의해서만 유지되기 때문에 상승유속은 중요한 인자이다. 너무 빠르면 플록은 지 바깥으로 월류하고 너무 느리면 지 바닥에 침강한다. 평균상승유속은 경험적으로 4～6 cm/min을 표준으로 한다.

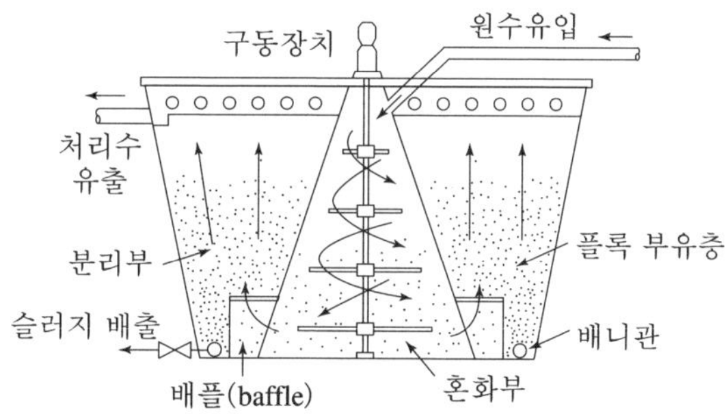


**그림 6.32** 슬러지 블랭킷형(고속)

### (3) 복합형

이미 형성되어 있는 플록의 존재 하에서 응집제와 원수를 혼화시킨 후 혼화수를 플록 부유층의 하부에서 분출상승시켜 플록블랭킷의 가운데를 통과시키는 형식이다. 즉, 혼화단계는 슬러지 순환형, 분리단계는 슬러지 블랭킷형이다.

고속응집침전지는 원수의 수질 및 수량의 급격한 변동에 대하여 매우 민감한데 이때에는 운전조작이 불가능하거나 곤란한 경우가 많으므로 주의할 필요가 있다. 또한 고탁도의 원수에는 부적합하여 최고탁도는 3,000도를 한도로 한다. 처리상태를 양호하게 유지하기 위해서는 항상 조 내의 플록농도를 적정범위 내로 해두는 것이 중요하다. 특히, 플록양이 과잉이 되면 여러 가지 지장을 가져오므로 충분히 슬러지를 배출할 수 있는 설비를 갖추어 수시로 배출작업을 행할 필요가 있다. 일반적으로 고속응집침전지는 운전에 있어서 관리가 어려워 기술자의 전문적인 판단을 필요로 한다. 또한 정기적인 청소·도장·점검·보수 등의 유지관리도 중요하다.

표 6.3 침전지의 종류

<table>
<tr><td rowspan="3">수평류식 침전지</td><td rowspan="2">장방형침전지</td><td>단층침전지</td><td>보통바닥침전지<br>경사바닥침전지</td></tr>
<tr><td>다층침전지</td><td>2단층 침전지<br>2단3층 침전지</td></tr>
<tr><td colspan="3">원형침전지<br>방형침전지<br>경사판/경사관 침전지</td></tr>
<tr><td>고속응집침전지</td><td colspan="3">슬러리 순환형<br>슬러리 블랭킷(blanket)형<br>혼합형<br>맥동형<br>젯트(jet)형 etc.</td></tr>
</table>

강화응집(enhanced coagulation)은 최적의 pH 조절과 최적의 응집제 주입을 통하여 색도유발물질, 총유기탄소(TOC)와 소독부산물의 전구물질인 천연유기물질(NOM, Natural Organic Matter)을 제거하기 위해 개발된 처리공정이다. 앞의 응집제의 종류에서 언급한 바와 같이 응집제마다 응집에 최적인 pH 범위가 있으므로, 강화응집은 최적의 pH를 유지시켜주기 위해 산이나 알칼리제를 자동으로 주입하는 제어시스템이 필요하고, 이를 위해서는 신뢰할만한 pH 측정이 필수조건이다. 산이나 알칼리를 주입하여 pH를 조절하여 응집효과를 최대화하는 것이 많은 응집제를 과다하게 투입시켜 응집효과를 최대화하는 것보다 경제적이고 또한 슬러지 발생량을 감소시킬 수 있다.

## 6.3 여과

물을 여재(filter media)층으로 통과시켜 수중의 불순물을 제거하는 방법을 여과(filtration)라고 한다. 일반적으로 수처리에 사용되는 여재는 모래가 대부분이다. 모래여과에서는 여과지(filter)를 통과한 물의 유속을 여과속도(filtration rate)라고 하며 유량(여과량)을 여과지 표면적으로 나눈 값으로 표시한다. 또한 여과지에 유입하는 물을 미여과수(여과지 유입수), 여과지를 통과한 물을 여과수라고 한다. 여과지 수면과 여과수 인출 수면과의 수위차, 즉 여과지 내에서 생기는 손실수두를 여과수두라고 한다. 모래여과에는 여과속도에 따라 완속모래여과와 급속모래여과 두 종류가 있다. 또한 여과추진력에 따라 중력식여과와 압력식여과가 있고, 수류방향에 따라서는 상향류여과와 하향류여과가 있으며, 여층구성에 따라 단층여과와 다층여과, 여과수량의 시간변화 및 조절방식에 따라 정속여과(유량제어방식, 수위제어방식, 자연평형방식)와 감쇄여과(정압여과), 그리고 전처리의 유무에 따라서는 응집·침전공정을 생략하는 인라인(In-line)여과와 응집은 행하나 침전은 생략하는 직접여과가 있다.

## 6.3.1 완속모래여과

여과속도는 4～5 m/일을 표준으로 하는데 여과지 유입수의 수질이 특히 양호할 때는 8 m/일까지 빠르게 할 수 있다. 여과지 유입수의 수질이 탁도 10～15도 이하인 경우는 보통침전을 생략하고 완속모래여과를 적용할 수 있다.

### 1) 여과이론

완속여과지 유입수 중의 부유물과 세균은 완속모래여과에 의해 거의 제거된다. 또한 색도, 용해성 유기물, 철, 망간, 암모니아 등도 어느 정도 제거할 수 있다.

완속여과를 계속하면 모래여과지 표면에 여과지 유입수 중의 유기 및 무기 부유물이 점차로 퇴적하여 일종의 아교모양의 막이 모래여과지 표면에 형성된다. 여과를 개시하여 수 일에서 수 주가 경과하면 이 막 가운데 무수한 미생물이 자연적으로 번식하고 생식하게 된다. 이 막은 여과의 기능에 커다란 역할을 하므로 여과막이라고 불린다.

완속여과지 유입수는 모래여과지 표면의 여과막을 통과하기 마련인데 부유물은 치밀한 여과막에 의해 조정된다. 또한 용해성 유기물, 용해성 철, 암모니아 등도 부분적이지만 생물화학적으로 산화분해되어 제거된다. 이렇게 완속모래여과는 생물학적, 화학적, 물리학적인 작용에 의해 물을 정화하기 때문에 얻어진 여과수는 매우 청정하다.

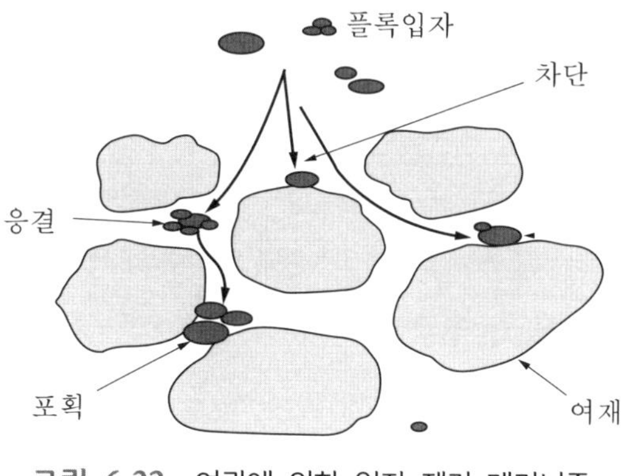


그림 6.33 여과에 의한 입자 제거 메커니즘

## 2) 여과지

형상은 장방형으로 한다. 완속여과지의 총면적은 정수량을 여과속도로 나누어 구하는데 1지의 크기는 대형인 경우는 4,000～5,000 $m^2$, 소형인 경우는 50～100 $m^2$가 일반적으로 사용되고 있다. 필요한 여과지수가 예를 들어 1지라고 해도 반드시 동형의 예비지를 1지 설치해야 한다. 또한 10지까지는 10지에 1지 비율로 예비지를 만든다.

여과지 바닥에는 하부 집수장치를 설치하는데 이것은 최소의 손실수두로 여과지 전면에 균등하게 여과수를 집수할 수 있도록 주관거 및 지관거를 배치한다(그림 6.35).

지관거의 간격은 4 m로 하며, 관거 내의 유속은 주관거에서 20 cm/s 이하, 지관거에서 15 cm/s 이하, 경사는 주관거에는 1/200, 지관거에는 1/150 정도로 하고 여과지 바닥경사는 주관거 및 지관거 경사에 준한다. 관거에는 철근콘크리트 블록이나 양면 다공관 등 여과수가 관거 내에 유입할 수 있도록 적합한 뚜껑을 덮는다.

그림 6.34 여과지 모습

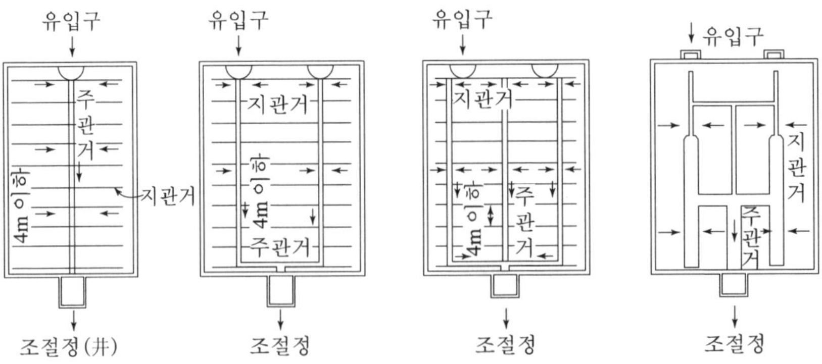


그림 6.35 하부집수장치의 주관거와 지관거의 배치예

**표 6.4** 자갈층의 두께 및 자갈의 평균지름

| 층 별 | 자갈의 평균 지름(mm) | 자갈층의 두께(cm) |
|---|---|---|
| 1층 | 3～4 | 8～10 |
| 2층 | 10～20 | 8～10 |
| 3층 | 20～30 | 12～15 |
| 4층 | 60 | 12～25 |

하부집수장치 위에 최대경 60 mm, 최소경 3 mm 자갈을 40～60 cm의 두께로 한다. 자갈층의 목적은 모래의 지지와 모래가 여과수와 함께 하부 집수장치로 흘러나가는 것을 막기 위한 것이므로 자갈층 최고부에는 작은 자갈을 깔고 밑으로 갈수록 커다란 자갈을 순서 있게 놓는다.

자갈층의 대체적인 표준은 표 6.4와 같다. 자갈은 원형에 가깝고 경질균등으로 먼지나 불순물을 포함하지 않는 청정한 천연산의 것을 사용한다.

자갈층 위에는 유효경($d_e$) 0.3～0.45 mm, 균등계수(UC, Uniformity Coefficient) 2.0 이하이며 최대경 2 mm를 넘지 않는 모래를 70～90 cm의 두께로 깐다. 모래는 먼지나 점토 등의 불순물을 함유치 않는 청정한 것으로서 구형에 가까운 석영질을 많이 함유한 견고한 모래를 사용해야 한다. 모래를 신규로 구입할 때는 세정탁도가 30도 이하의 것을 구입한다. 그 외의 조건으로서는 열작감량 0.7% 이하, 염산가용율 3.5% 이하, 비중 2.55～2.65, 마멸률 3% 이하의 것을 사용해야 한다.

모래의 입도를 나타낼 때 유효경과 균등계수가 사용된다. 모래는 원래 크기가 다양한 직경의 것이 혼합되어 있으므로 입경을 하나의 숫자로 표시하는 것은 실제로 불가능한데 이 중에서 양적으로 많다고 생각되는 모래의 직경을 대표로 하여 유효경이라 부른다. 균등계수는 크기가 다른 모래의 혼합정도를 수치로 나타낸 것이다.

**그림 6.36** 여과지 모형

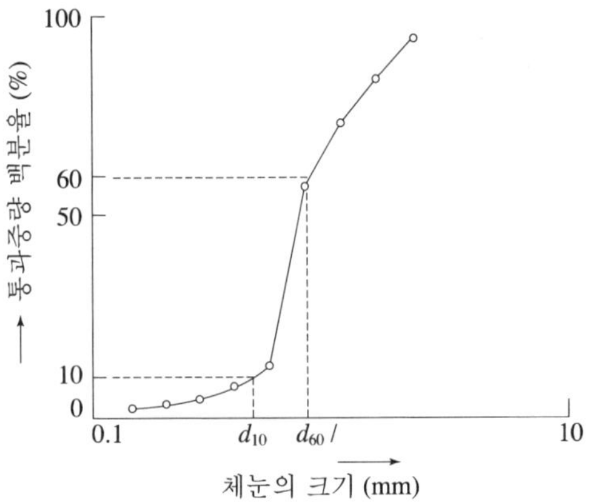


그림 6.37 입도누적 곡선

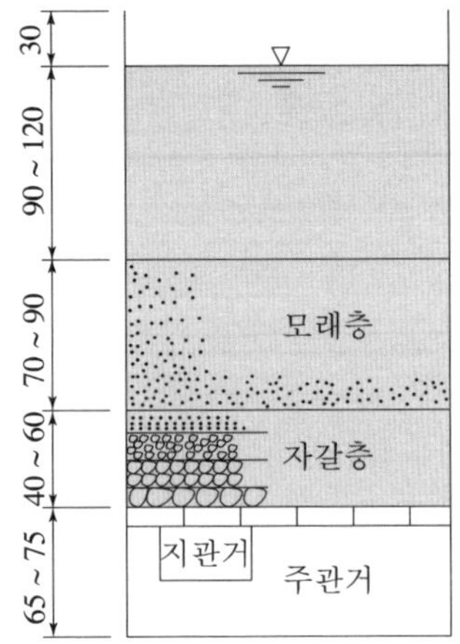


그림 6.38 여과지 단면

유효경과 균등계수를 구하려면 체(sieve)실험을 해야 한다. 임의 중량의 모래를 규격체로 체 분류하여 우선 각각의 체로 걸러진 모래의 중량백분율을 구하고 이로부터 각각의 체를 통과한 모래의 중량백분율을 산출한다. 반로그 그래프(semi-log graph) 또는 로그확률지의 종축(반로그 그래프에서는 같은 눈금, 로그확률지에서는 확률눈금)에 통과중량 백분율을, 횡축에는 체 눈의 크기를 취하고 점을 찍어 곡선을 그린다. 반로그 그래프의 경우에 이 선은 S자 곡선이 되고 로그확률지의 경우는 대체로 직선이 된다. 그려진 선으로부터 통과중량백분율의 10% 및 60%에 대응하는 체 눈의 크기를 구하여 각각 $d_{10}$, $d_{60}$이라 하면 $d_{10}$이 유효경, $d_{60}/d_{10}$이 균등계수이다(그림 6.37). 균등계수의 최소치는 1.0인데 이때 모래의 입경은 모두 동일한 것이 된다.

사면상의 수심은 90～120 cm로 하고 고수위로부터 지벽의 끝까지 30 cm 정도의 여유고를 둔다. 따라서 여과지의 전체깊이는 하부 집수장치의 높이, 자갈층의 두께, 모래층의 두께, 사면상의 수심 및 여유고를 합한 값이 되고 대략 2.5～3.5 m가 된다(그림 6.38). 더욱이 지표면에서 여과지 내로 오수나 토사가 유입되지 않도록 지의 테두리는 지표면보다 15 cm 이상 높게 한다.

**예제 6.10**

여과사의 입도분석 결과가 다음과 같을 때 이 여과사의 균등계수는?

| 체통과율(%) | 5 | 10 | 20 | 40 | 60 | 80 |
|---|---|---|---|---|---|---|
| 입경(mm) | 0.2 | 0.3 | 0.38 | 0.6 | 0.85 | 1.3 |

**풀이**

균등계수 $= d_{60}/d_{10} = 0.85/0.3 = 2.83$

여층두께($L$)와 유효경($d_e$)의 비(ratio)인 $L/d_e$는 여과지 성능에 영향을 미치는 중요한 인자로 알려져 있는데, 1층이나 2층 여과인 경우 $L/d_e \geqq 1{,}000$이어야 하고, 3층 여과인 경우에는 $L/d_e \geqq 1{,}250$, 심층 조립단일여재($1.2 \leqq d_e \leqq 1.4$)인 경우 $L/d_e \geqq 1{,}250 \sim 1{,}500$, 심층 조립단일여재($1.5 \leqq d_e \leqq 2.0$)인 경우 $L/d_e \geqq 1{,}500 \sim 2{,}000$ 범위에 있는 경우가 좋다.

여과지 유입수는 침전지로부터 도수관 또는 도수관거에 의해 여과지 부근까지 유도되고 여기서부터 유입관에 의해 여과지로 연결된다. 유입관은 지의 크기에 따라 1~2개소 설치하는데, 여과지의 휴지 또는 유입량의 조절을 위해 반드시 유입관에는 슬루스 게이트 밸브를 붙인다.

유입속도가 빠르면 유입부 부근의 모래가 유입수에 의해 교란되므로 유입관의 관경은 가능한 한 크게 하여 느리게 유입시킨다. 일반적으로 이용되는 관내 평균유속은 50 cm/s 정도이다. 느리게 유입시켜도 모래의 교란은 어느 정도 생기므로 유입부의 주변에는 약 1 m 정도로 벽돌이나 콘크리트 판을 깔아 사면을 보호할 필요가 있다.

사면상의 물을 신속하게 배수할 수 있도록 사면상에 배수관을 설치한다. 이 관경은 유출관과 같은 직경으로 하는 것이 보통이다. 또한 사면상의 수심을 일정하게 유지하기 위해 고수위의 위치에 월류관을 설치해야 한다.

여과지에 접하여 여과지 별로 조절정을 설치하여 하부집수장치의 주관거에서 나오는 여과수를 일시 여기에 유입시킨다. 조절정은 여과량을 항상 일정하게 유지할 수 있도록 설계해야 하므로 여기서는 유량조절장치, 여과수두계, 여과속도 및 여과수량의 지시계 등이 필요하게 된다. 유량조절장치로서는 텔레스코프(telescope)식 조절장치, 오리피스, 벤튜리관 등이 있다. 조절정 내의 물은 이미 여과된 청정한 물이므로 절대로 외부로부터 오염되지 않도록 주의해야 한다. 또한 역세척을 위하여 조절정을 거쳐 여과수를 여과지에 역송할 수 있는 장치를 설치할 필요가 있다.

### 3) 조작

여과시간의 경과에 따라 여과막은 점차로 두꺼워지고 이에 따라 유수저항이 증가하여 서서히 여과속도와 여과량이 감소해간다. 따라서 여과속도를 일정하게 유지하기 위해서는 유수저항의 크기에 알맞은 양만큼 여과수두를 맞추어야 한다. 한편 사면상 수심은 일정하므로 이를 위해 인위적으로 유량조절장치를 조작하여 조절정 내의 수위(여과수 인출수면)를 저하시킨다.

점차로 여과수두가 증가하고 결국에는 여과수두의 사면상 수심이 같아지게 된다. 다시 말하면 여과수 인출수면과 사면이 일치하면 여과를 정지해야 한다. 만약 그대로 여과를 계속하면 여과수 인출수면은 사면보다 낮게 되어 음(－)수두가 되고 그 결과 모래층 내의 일부에 부압이 생긴다. 이렇게 되면 수중에 용해되어 있는 공기가 분리되어 기포가 되고 이것이 상승하여 사면으로부터 분출할 때에 여과막을 손상시킬 염려가 있다. 여과막이 일부라도 파손되면 여과의 기능이 없어지게 된다.

완속여과지에서 여과를 장기간 실시하게 되면 역세척을 실시하여도 여재 상부의 오염된 모래(오사)가 잔존할 수 있으므로 여과기능이 떨어졌을 때에는 오사를 삭취해야 될 필요가 있다. 여과를 정지하면 모래여과지 표면 배수관 및 배수관에 의해 수면을 표면아래 약 30 cm 정도 낮추고 인력 또는 기계력에 의해 표면의 모래를 두께 1～2 cm 정도 평평하게 깎아낸다. 이 작업을 오사삭취(오염모래 제거)라 한다. 제거작업 종료 후 모래층 내의 공기를 제거하기 위해서는 여과수를 서서히 여과지 내로 역송하고 수위가 모래여과지면 위 10 cm 정도로 되면 역송을 멈추고 여과지 유입수를 서서히 유입시켜 다시 여과를 개선한다.

여과의 재개 직후는 여과막이 형성되어 있지 않으므로 여과수 수질은 좋지 않다. 그러나 새로운 모래와 달라서 이 경우는 수 시간 정도면 여과막이 형성되어 다시 청정한 여과수를 얻게 된다. 다시 여과 인출수면과 사면이 일치하면 여과를 정지시켜 상기의 작업을 반복한다.

여과지 유입수의 수질에 따라 변하지만 보통 오사삭취(오염모래 제거)의 횟수는 1개월에 1회 정도로 한다. 오사삭취 시 모래층 함몰, 내부 슬러지 축적, 미생물 번식 등이 발견되면 모래를 교체하거나 오사삭취 두께를 증가시킬 수도 있다. 제거작업을 행하는 동안에 모래층의 두께는 감소하는데 원래 모래층 두께의 1/2 정도로 되면 새롭고 깨끗한 모래를 보충하여 원래의 두께까지 복원한다. 이것을 보충모래(보사)라 한다. 제거작업을 한 후 오염모래는 지 바깥으로 반출하고 모래 세척기에 의해 깨끗이 세정하여 보충모래로 재사용한다. 오사삭취 작업 후 모래층 두께를 측정하여 필요한 경우에는 보사를 해야 하는데 보사한계 여층두께는 40 cm 전후이다.

### 6.3.2 급속모래여과

1884년에는 미국인 하이야트(A. Hyatt)가 황산철을 사용하는 응집법을 개발하였으며, 같은 해 미국 뉴저지주의 썸머빌(Summerville)에서 약품응집을 이용한 급속여과지가 만들어졌는데 이것이 급속여과법의 시초이며 그 후 미국을 중심으로 급속여과법이 발전하여 제2차 세계대전 후 빠르게 전 세계에 보급되어 운영되고 있다. 급속모래여과에서 여과속도는 120～150 m/일을 표준으로 하는데 일반적으로 120 m/일이 많이 사용되고 있다. 단, 특별한 여과전처리를 행하거나 실험결과에 의해 지장이 없다고 인정되는 경우는 표준보다도 약간 높게 할 수 있다.

급속모래여과에 적용하는 여과지 유입수는 약품침전을 한 후 사용해야 한다. 즉, 여과지 유입수 중의 부유물은 플록으로 되어 있을 것이 절대조건이며 그렇지 않은 경우에는 전혀 여과효과를 기대할 수가 없다.

본 방법은 약품침전을 전처리에 이용하므로 상당히 오염된 원수라도 정화가능하며 필요 여과면적도 작게 되는 이점을 가지고 있다. 따라서 물수요 증대와 수원의 오염진행은 급속모래 여과의 사용을 조장하고 있다. 그러나 본 법은 운전조작이 번잡한 점과 여과수질이 완속모래 여과보다 약간 떨어진다는 단점이 있으므로 유의해야 한다.

급속여과에는 중력식과 압력식이 있는데 중력식이 표준으로 사용되고 있다. 압력식은 밀폐된 조 내에서 일정한 압력 하에서 여과를 행하는 형식이므로 공장 등 매우 소규모인 시설에 한정된다. 중력식은 완속모래여과와 같이 자연유하의 형식으로 행해져 도시수도에 일반적으로 이용되므로 아래에서는 중력식에 대해서 기술한다.

## 1) 여과이론

여과지 유입수 중의 부유물(플록)은 거의 제거되며 세균도 상당히 제거된다. 그러나 용해성 유기물, 용해성 철, 망간, 암모니아 등은 별도의 처리를 하지 않는 한 전혀 제거될 수 없다. 여과지에 유입된 플록 중 모래입자 간격보다 큰 것은 우선 사면상에 퇴적하여 제거된다. 여과가 진행되어 모래 입자공극의 크기가 점차 크게 되면 모래입자공극을 통과하는 물의 유속이 빨라지고 이에 따라 수류의 전단력이 증가하여 퇴적하고 있던 플록의 일부는 전단작용에 의해 모래층의 내부에 운반되어 여과지 내에 다시 억류된다. 또한 여과가 진행되어 이 부분의 억류량이 증가되면 수류의 전단작용에 의해 이 중의 일부가 더욱 하층으로 운반되어 억류된다.

모래입자 공극보다 작은 플록이라도 모래입자 공극을 빠져 나와 하층까지 내려가는 것은 거의 없고 우선 모래층의 표층부에 억류된다. 플록이 모래입자에 충돌하거나 접촉하면 반데르발스(Van der Waals)힘에 의해 플록은 모래입자 표면에 흡착되며, 흡착된 플록에 또 다른 플록이 흡착되어 간다. 이 흡착현상은 피제거물질이 매우 흡착성이 큰 플록이기에 생기는 것이므로 일반적으로 부유물인 경우에는 별로 생기지 않는다. 억류량이 증가하면 수류의 전단작용에 의해 플록도 점차 하층으로 이동하며, 이때 세균은 플록에 싸여서 제거된다.

이렇게 급속모래여과는 모래층 전체에서 기계적인 작용 또는 흡착작용이라고 하는 물리학적 작용에 의해 정화되므로 생물학적 및 화학적 작용은 없다. 따라서 플록에 관한 한 거의 100%의 제거를 기대할 수 있다. 하지만 세균은 100%의 제거율을 달성하기는 불가능하다. 또한 용해성 유기물, 용해성 철, 망간, 암모니아 등도 산화작용이 없기 때문에 산화분해되지 않고 여과수와 함께 유출된다.

여재로 접근하는 입자가 모두 여재와 접촉하여 제거되는 것이 아니므로, 이동효율(transport efficiency, $\eta$)은 여재와 접촉하는 입자수(particles contacting collector)를 여재로 접근하는 입자수(particles approaching collector)로 나누면 계산이 가능하다. 또한 이동효율은 아래 모델식과 같이 차단(interception)효율, 중력침강(gravity)효율, 분산(diffusion = Brownian motion)효율의 합으로부터 구할 수 있다.

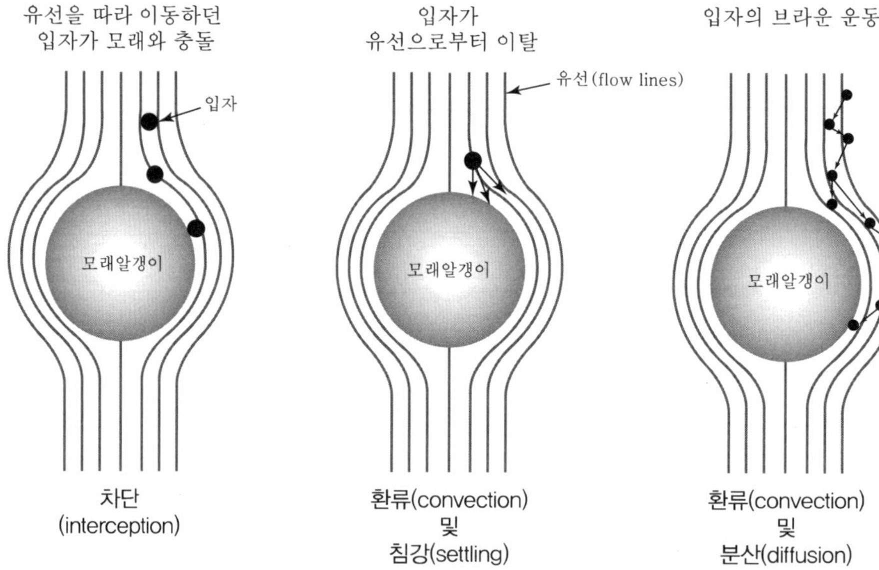


**그림 6.39 입자의 이동 메커니즘**

$$\text{이동효율}(\eta) = \text{차단효율}(\eta_I) + \text{침강효율}(\eta_G) + \text{분산효율}(\eta_D)$$

$$= \frac{3}{2}\left(\frac{d_p}{d_c}\right)^2 + \frac{(\rho_p - \rho_w)gd_p^2}{18\mu v_f} + 0.9\left(\frac{kT}{\mu d_p d_c v_f}\right)^{2/3}$$

여기서, $d_p$ : 입자 직경

$d_c$ : 여재(모래) 입경

$\rho_p$ : 입자 비중

$\rho_w$ : 물 비중

$\mu$ : 점성계수

$v_f$ : 유체속도

$k$ : 볼츠만 상수

$T$ : 절대온도

중력침강효율은 느린 흐름상태(creeping flow)의 Stoke법칙에 기초한 식이며, 분산효율은 불규칙적 브라운 운동(Brownian motion)에 관한 Einstein식(1905년)에 기초하였다. 거대입자의 포획차단(interception)에서는 $\eta_I$, $\eta_G \propto {d_p}^2$의 관계에 있으며, 미세입자의 포획차단에서는 $\eta_D \propto \frac{1}{d_p^{2/3}}$의 관계가 있다.

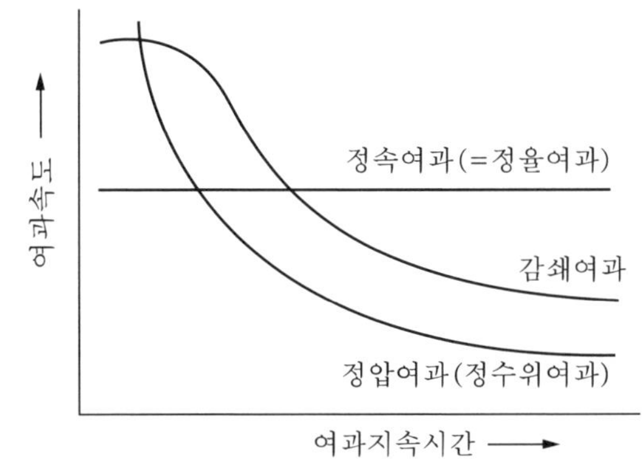


그림 6.40 여과지속시간에 따른 여과속도의 변화

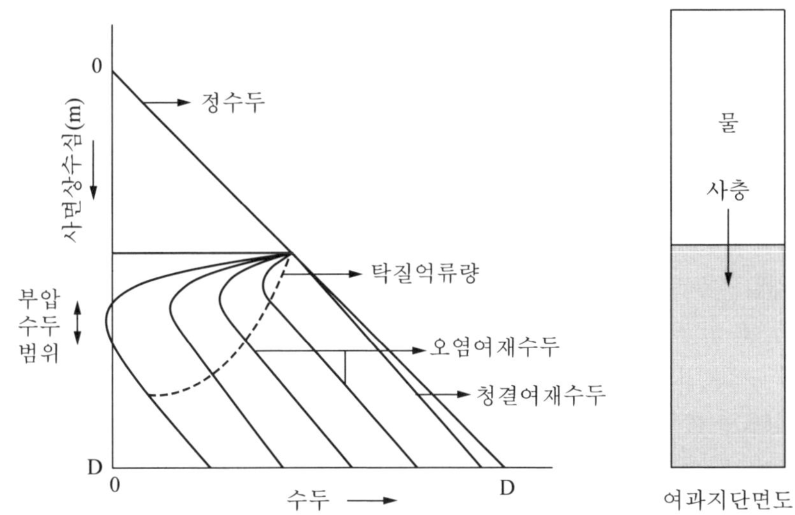


그림 6.41 모래층 안에서 시간에 따른 수압의 변화

여과속도가 빠른 점과 여과막에 의한 정화작용이 없으므로 급속모래여과는 (−)수두가 되어도 여과를 계속할 수 있다. 완속모래여과의 항에서 기술했듯이 (−)수두로 되면 모래층 내의 일부는 (−)압력이 되어 기포가 발생한다(그림 6.41). 기포는 유속이 빠르기 때문에 거의 상승하지 않고 발생지점에서 머물고 점차로 크게 성장해 간다. 기포가 대형화하면 탁질이 여과수와 함께 누출할 가능성이 생기고 여과효과면에서 볼 때 악영향을 주는데 여과수의 탁도가 어느 허용한도 이내로 유지되고 있다면 여과는 계속할 수 있다. 여과는 운전을 시작한 시간부터 폐색이나 파과(breakthrough)현상이 발생하여 수두손실이 크고 탁도가 높아지는 등의 문제가 발생할 때까지 운전할 수 있는데 이것을 여과주기라고 하며 여과주기시점에는 여과를 중지하고 역세정(=역세척)을 실시해야한다. 모래층이 폐색되거나 여과수의 탁도가 한도보다 크게 되면 여과를 중지시켜 모래를 역세정시켜야 한다. 역세정은 1～2일에 1회 행하는 것이 보통이다.

## 2) 여과지

여과지의 총면적은 계획 정수량을 여과속도로 나누어 구한다. 형상은 장방형으로 하고 1지의 크기는 150 $m^2$ 이하로 한다. 지수는 예비지를 포함하여 최소한 2지로 하고 그 이상의 경우는 10지마다 1지의 비율로 예비지를 설치해야 한다. 지는 몇 개씩 연결시켜 조작판의 옆 또는 양측에 배열한다. 조작판(control panel)은 여과지 전체의 감시와 작업관리를 위해 설치하고 여과 수두계, 여과수량 지시계, 각종 제수밸브의 조작장치 등을 정비할 필요가 있다. 단, 중앙관리방식을 사용하는 경우는 조작판을 설치하지 않을 수도 있다. 급속여과지에는 1지별로 다수의 관거와 밸브가 있고 유량조절기나 계기류가 설치되어 있으므로 이러한 것을 가지런히 배열하여 점검, 수리, 출입이 편리하도록 한다.

사석의 성상이나 충진 방법을 살펴보면, 사석층 위에는 유효경 0.45～0.70 mm, 균등계수 1.7 이하로 최대경은 2 mm를 넘지 않고 최소경은 0.3 mm 이하가 되지 않도록 하며 모래를 60～70 cm의 두께로 다진다. 또한 모래의 성상은 완속여과지와 같다. 일반적으로 균등계수가 1에 가까운 모래일수록 모래층 내의 탁질 억류능력은 증가하며 그 결과 모래층 전층을 보다 유효하게 이용할 수 있다. 따라서 가능한 한 균등계수가 1에 가까운 모래를 사용해야 하는데 1에 가까울수록 구입비용이 상승하기 때문에 정수장에서는 1.4 전후의 것이 많다. 사면상의 수심은 1 m 이상으로 하고 지벽의 여유고는 30 cm 정도로 한다. 일반적으로 급속여과지에서는 월류관을 설치하지 않는 것이 보통이다.

여과지 내의 사면으로부터 40～70 cm의 높이에 강판제, 철근콘크리트제, 합성수지제의 트로프(trough)를 설치할 필요가 있다. 트로프는 여과지 유입수의 유입관거로 사용되는 동시에 세정시에는 세정배수의 유출관거로 사용된다. 따라서 그 위치는 모래가 세정배수와 함께 씻겨나가지 않는 높이로 해야 한다. 트로프는 여과시에는 물에 잠긴다. 트로프의 상단은 완전히 수평이고 동일한 높이로 하고 인접시키는 트로프의 간격은 너무 좁으면 여재 교체작업과 같은 유지관리 작업에 방해가 되고 너무 넓으면 탁질배출에는 좋지만 여재가 유출되기 쉬우므로 1.0 m 전후로 하고, 사면상으로부터 트로프까지의 높이를 낮게 하면 탁질을 짧은 시간 안에 배출시킬 수 있지만 여재표면이 세굴될 수 있으므로 40～70 cm로 하는 것이 바람직하다. 트로프의 크기는 계획최대 세정유량에 20%의 여유를 둔다.

여과지 운영을 효율적으로 하기 위해서는 여과지의 성능을 주기적으로 살펴보아야 하는데, 여과성능을 알아볼 수 있는 방법으로는 유출수 탁도, 여과지속시간, 여과수량 대비 역세척수 비율, 여과지 단위면적당 여과수량[UFRV, Unit Filter Run Volume = 여과속도(m/분) × 여과지속시간(분)] 등이 있다. 정수처리기준에서는 유출수 탁도를 0.3 NTU 이하로 유지해야 하고 미국에서는 0.15 NTU 이하를 요구한다. 여과지속시간에 영향을 줄 수 있는 인자로는 여재의 입경, 유입수질, 수온, 여과속도, 여과층의 상태 등이 있으며, 여과속도를 360 m/day 이하로 설계한 양호하게 유지관리하고 있는 상수처리장의 경우에는 24시간 이상을 유지할 수 있다. 여과수량 대비 역세척수 비율은 일반적으로 2% 전후가 좋은데, 여름에는 1.5～2%, 겨울에는 2.5～3%를 유지하는 것이 좋다. UFRV값이 610 $m^3/m^2$ 이상일 때는 여과성능이 좋고, 410～610 $m^3/m^2$일 때는 여과성능이 양호하며, 200 $m^3/m^2$ 이하일 때는 여과지속시간이 짧아 여과성능이 좋지 않다.

여과지의 부대설비로는 유입관, 유출관(정수관), 역세관, 역세 배수관, 배수관, 필요한 경우에는 월류관 등의 관, 각각의 관에 설치된 제수밸브, 유출관과 역세관에 설치된 유량조절기, 기타 여과수두계, 유량계 등이 있다.

배관에 있어서는 각 여과지간의 수위관계를 잘 고려하여 설치해야 하고 여과수는 절대로 오염되지 않도록 각별히 주의해야 한다.

여과지에서는 여러 가지 문제가 발생할 수 있는데, 예를 들면 머드볼(mudball) 발생, 탁질 누출, 여재의 균열이나 수축, 공기장애(air binding), 과도한 손실수두 발생, 여재의 유실, 자갈층의 교란[=보일링(boiling)] 등이 있다. 머드볼은 역세척이 충분하지 못해 여층 진흙덩어리가 축적되어 작은 구(ball)를 형성하고 이것들이 서로 엉겨 더 큰 상태의 머드볼이 되므로 적절한 표면세정으로 점액층의 형성을 수시로 억제시켜야 한다. 공기장애는 여재층 내부에 많은 양의 기포가 축적되는 현상인데, 여재층에 부압이 발생하면 물에 녹아있던 공기가 기포로 전환되어 물의 통로를 차단하여 손실수두가 급격히 증가하여 여과지의 운영시간을 단축시키게 된다. 손실수두가 1.2～1.5 m 사이에 있을 때 역세척을 실시하게 되면 공기장애현상을 줄일 수 있다. 역세척 후에도 과도한 손실수두가 있다면 하부집수장치에 발생한 문제 때문일 수 있으므로 정밀한 조사를 해야 한다. 보일링은 부적절한 역세척에 의해 많이 발생하는데, 물이 없는 여과지에 급격하게 역세척을 하거나 역세척 밸브를 천천히 개방하지 않고 급격하게 개방하여 물을 유입시킬 때 여층 하부에 있는 자갈층이 교란되어 보일링이 발생할 수 있으므로 주의해야 한다.

여과지의 역세척 후, 여과지 보수 후, 자갈층이나 하부집수장치를 재시공한 후, 그리고 보일링(자갈층 교란) 후 여과를 재개(시동)하였을 때에는 초기 여과수 수질이 매우 나쁘고 병원성미생물이 유출될 수 있는데, 이를 방지하기 위하여 여과재개(시동) 후 10～20분간 여과수의 탁도가 0.25 NTU 이하가 될 때까지 여과수를 정수지에 유입시키지 않고 배출하는 시동방수가 필요하며 시동방수를 위해서는 시동방수관과 같은 설비가 설치되어야 하고, 이를 통하여 저질의 시동방수를 신속하게 배출시켜야 한다.

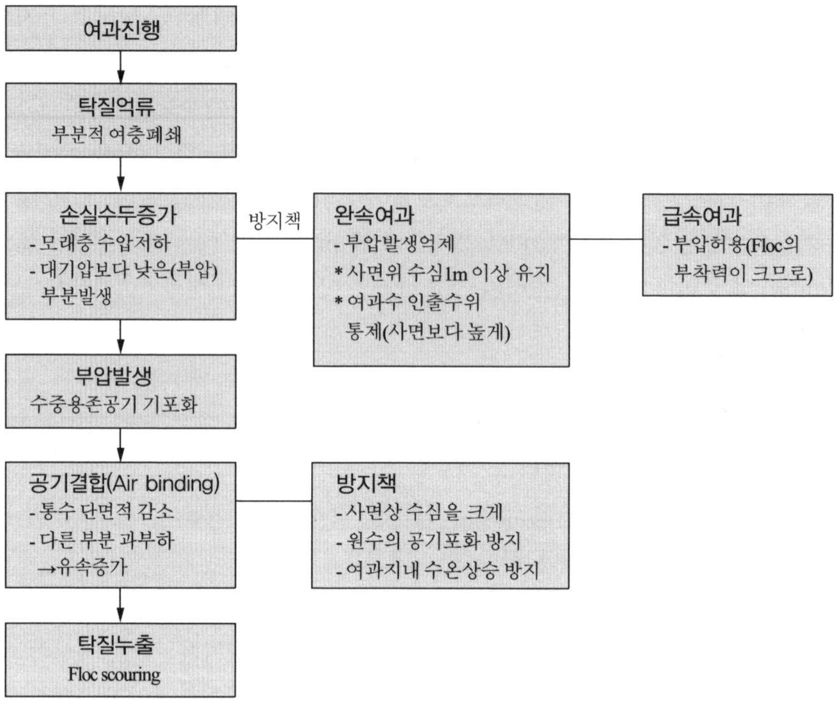


**그림 6.42** 여과지 내에서 발생가능한 이상현상

---

**예제 6.11**

상수처리를 위한 급속여과지의 여과층인 모래층의 표준두께는?
(단, 여과모래의 유효경 0.45~0.7 mm 범위)

가. 5~20 cm　　　　나. 60~70 cm
다. 120~130 cm　　　라. 200~210 cm

**풀이**

여층두께는 60~70 cm이어야 함.

---

**예제 6.12**

어떤 도시의 계획급수인구가 90,000명이고, 계획1인1일 최대급수량이 150 L이다. 정수장에서 여과속도 120 m/day인 급속여과지를 설치하려 할 때 여과지의 소요면적은 얼마인가?

**풀이**

계획1일 최대급수량 $= 90{,}000$인 $\times$ 150 L/인/일 $= 13{,}500\ \mathrm{m^3/day}$

$A = Q/v = 13{,}500/120 = 112.5\ \mathrm{m^2}$

---

**예제 6.13**

급속여과지 여과사의 입도를 분석한 결과가 다음 표와 같을 때 이 여과사의 균등계수는 얼마인가?

| 체통과율(%) | 5 | 10 | 20 | 40 | 60 | 80 |
|---|---|---|---|---|---|---|
| 입경(mm) | 0.2 | 0.4 | 0.5 | 0.6 | 0.9 | 1.5 |

**풀이**

$$\text{균등계수} = \frac{60\%\ \text{통과율의 입경}}{10\%\ \text{통과율의 입경}} = \frac{0.9}{0.4} = 2.25$$

### 3) 하부집수장치(underdrain system)

여과지 바닥에는 여재를 지지하고 여과지의 집수 및 역세수의 균등분배 등의 기능을 가진 하부집수장치를 설치한다. 하부집수장치는 여과지 전체에 걸쳐서 균일한 속도로 집수, 세정이 가능한 구조로 해야 한다. 일반적으로 하부집수장치를 통과하는 역세수의 유량은 여과시 유량의 수배에 이르고 여재에 걸린 협잡물을 제거하는데 매우 중요하므로 수리학적으로 여과와 역세시의 유량배분이 균일하게 되는 조건을 만족시켜야 한다. 즉, 급속여과지의 하부집수장치는 여과시에는 여과지 전면으로부터 균등하게 여과수를 수집하고 역세 시에는 여과지 전면에 균등히 역세수를 보내는 두 가지 목적을 가지고 있다(그림 6.43). 그리고 물의 수송과정에서 유량 단면을 충분히 유지함으로써 손실수두를 적게 하고 수압의 평면적인 균일화를 도모하여야 하며, 물의 분배과정에서 통수구경을 줄이고 통수저항을 일정하게 함으로써 여과층과 평면적으로 균일한 유출입을 달성하는 것이 필요하다. 하부집수장치에는 다음의 4가지 종류가 있다.

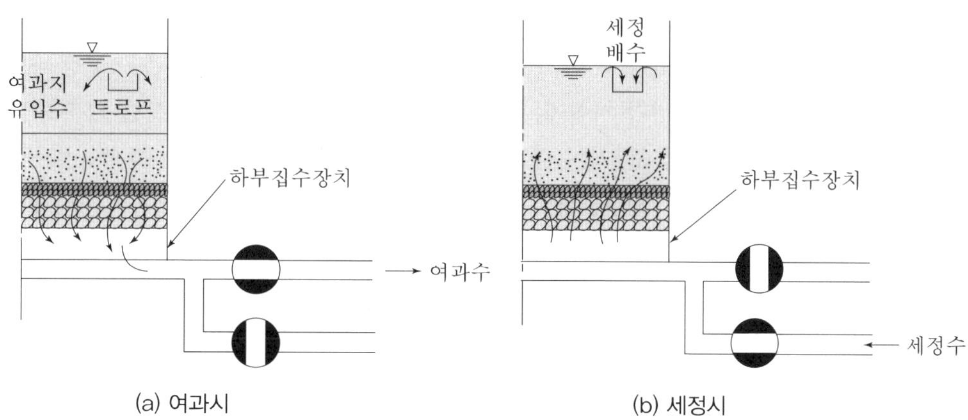


그림 6.43 하부집수장치 및 트로프의 역할

### (1) 스트레이너(strainer)형

그림 6.44와 같이 여과지 바닥의 지주 위에 스트레이너를 삽입한 블록을 병렬 배열한 것으로 여과지 바닥과 블록 사이에는 압력수실이 있다. 여과면적에 대한 개구비(%, 여과지 면적에 대한 구멍의 총단면적의 비)는 0.25~0.4% 범위인데 0.15%를 일반적으로 적용한다. 스트레이너형의 장점은 제작과 시공이 쉽고, 정밀 시공 시 균등여과 및 균일압력에 의한 역세척이 가능하며, 경제적이다. 반면에 단점으로서는 손실수두가 커서 비경제적이고, 시공 시 평판성의 유지가 어려워 균등한 역세척이 어려우며, 여과사로 인한 스트레이너 구멍의 폐쇄 우려가 있다. 국내 대부분의 정수장에서 사용하고 있는 방법이다.

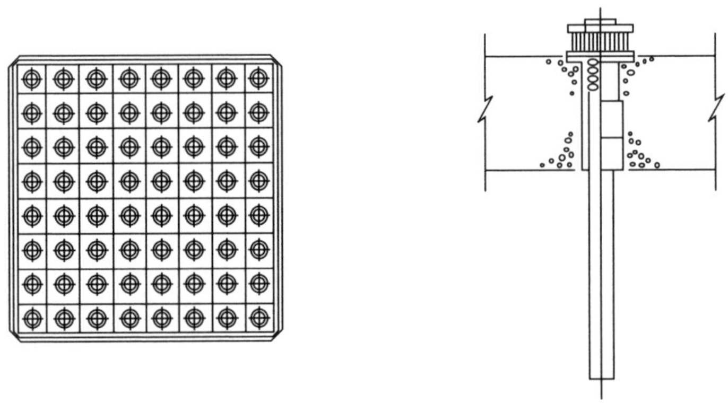

(a) 평면도 (b) 단면도

**그림 6.44** 스트레이너형 하부집수장치

### (2) 휠러볼(wheeler ball)형

그림 6.45와 같이 여과지 바닥에 지주를 설치하고 그 위에 콘크리트 성형품을 고정 배열시킨 것으로 성형품과 여과지 바닥 사이에는 압력수실이 있다. 성형품의 윗부분은 각추형의 요(凹)부가 있고 그곳에 자구를 올려놓는다. 여과면적에 대한 개구비는 0.25~0.4% 범위인데 0.3%를 일반적으로 적용한다. 휠러볼형의 장점으로서는 경질자구를 사용함으로써 내구연한이 길고, 비교적 손실수두가 적으며, 시공이 간편하다. 단점으로서는 역세척시 균등분배가 어려워 공기와 물을 겸용하여 역세할 수 없으며, 몰탈 이음새의 누수 염려가 있으며, 제작과 시공의 정확도가 요구되어 제작이 어렵다. 과거에는 국내에서 많이 사용하였으나 현재는 소형 정수장에서 사용되고 있다. 스트레이너형과 거의 비슷한 수준의 비용이 소요된다.

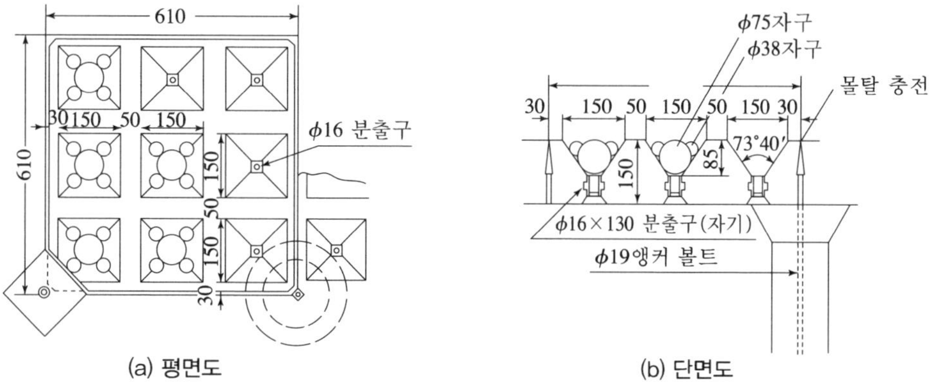


그림 6.45 휠러볼형 하부집수장치

### (3) 다공관형(유공관형)

그림 6.46과 같이 통수공을 가지는 주철관, 석면시멘트관 또는 경질염화비닐관으로 본관과 지관을 하향이 되도록 개방한 관을 여과지 바닥에 지주를 설치하여 병렬 배열한 것이다. 여과 면적에 대한 개구비는 0.2%를 일반적으로 적용한다. 다공관형의 장점으로서는 통수공을 하부로 향하여 경사지게 하면 역세척수가 잘 확산이 되고 자갈층에 충격을 적게 주며, 소구경시 경제적이다. 단점으로서는 본관과 지관이 너무 소구경일 때에는 역세척시 손실수두가 불균형하게 되어 균등한 역세가 어렵고 대구경일 때에는 비경제적이다. 국내에서 거의 사용하지 않고 있는 방법이다.

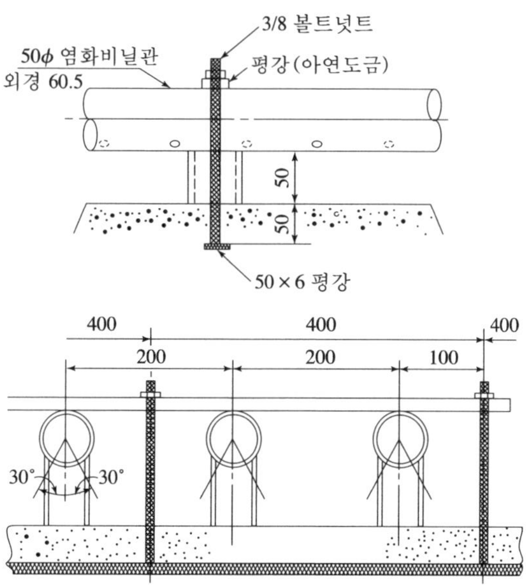


그림 6.46 다공관형 하부집수장치(단위 : mm)

### (4) 유공블록(block)형

여과지 바닥에 송수실과 분배실을 갖는 유공블록을 병렬 연결한 것으로서 오리피스 구멍을 통과한 상하 2실 구조에 의한 균압효과를 가진 블록을 상판에 배열된 다수의 집수공에 의하여 평면적으로 균등한 여과와 역세척 효과가 탁월한 구조이다(그림 6.47). 블록은 양질의 점토를 사용하여 제작된 유약을 칠한 도기제품인데 기포, 손상, 변형이 있어서는 안 된다.

여과면적에 대한 개구비는 표준형 0.61%, 저수두형 0.36%, 삼각 표준형 0.57%를 일반적으로 적용한다. 유공블록형의 장점으로서는 균등한 역세척으로 인해 효율이 증대하며, 손실수두가 적으며, 조립 및 시공이 간편하고, 유지관리가 불필요하며, 공기와 물의 동시 역세척 시 특히 좋다. 단점으로서는 내식성, 내구성, 내압성이 크고 변형되지 않는 재질로 제작해야 하기 때문에 일반적으로 스트레이너형에 비해 초기 투자비가 4배 정도 많이 든다는 것이다. 미국 및 캐나다의 6,000여개의 정수장에서 사용하고 있으며, 국내에서는 많이 사용하고 있지 않다.

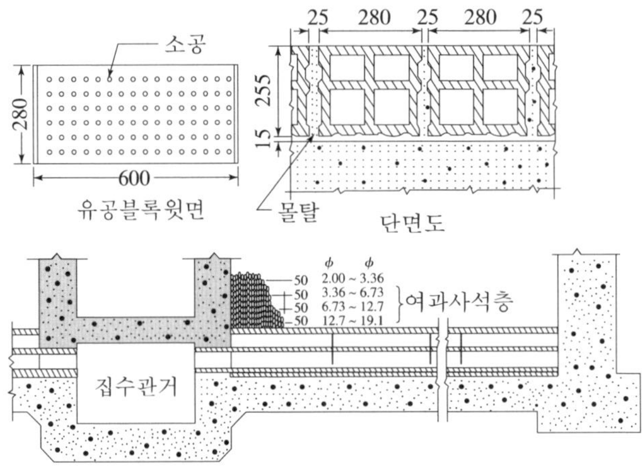

그림 6.47 유공블록형 하부집수장치(단위 : mm)

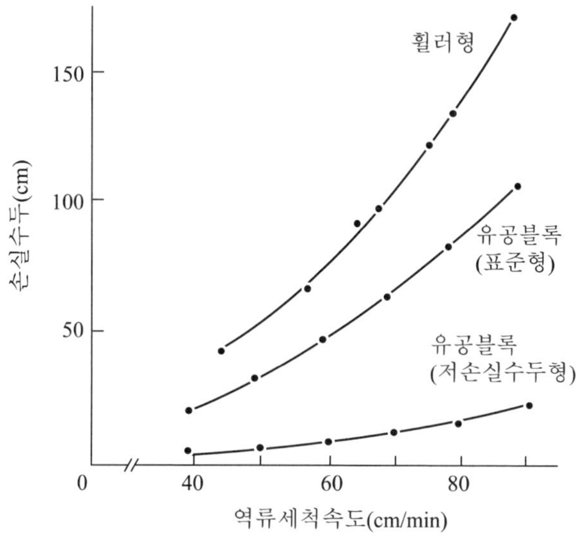


**그림 6.48** 하부집수장치의 손실수두

### 4) 역세(back washing)

급속모래여과에서는 모래를 지 바깥으로 반출하지 않고 지내에 존재한 그대로 세정시킨다. 여과지의 항에서 기술했듯이 정수를 하수집수장치로부터 위쪽으로 유출시켜 모래를 부유상태로 하여 세정하고 세정배수는 트로프로부터 여과지 바깥으로 배출된다. 이때 모래입자가 충돌 마찰하므로 모래입자에 흡착된 플록도 상당히 제거된다. 이러한 세정방식을 광의의 역세라고 하며, 역세에는 다음의 세 가지 종류가 있다.

#### (1) 역세

역세는 정수를 하부집수장치 만으로부터 분출시켜 세정하는 것이다. 이 경우 모래의 팽창비가 30% 전후가 되는 속도에서 세정하는 것이 효과적이다. 모래의 팽창비란 역세에 의해 팽창한 모래층의 두께와 세정 전 모래층의 두께차를 세정전의 모래층 두께로 나눈 값을 백분율로 나타낸 것이다.

#### (2) 표면세정(surface washing)

표면세정은 위의 역세에 추가해서 사면에 정수를 고압으로 분사시키는 방법이다. 플록은 특히 모래층 표층부에 많이 흡착 억류되어 있어서 역세만으로는 충분한 세정효과를 얻기가 어렵다. 세정이 불충분하면 모래입자 표면에 아교상 물질이 축적되어 그 결과 모래입자 무리가 서로 부착되어 장시간에 걸쳐 점차 커다란 공 모양으로 형성된다. 이러한 구체를 머드볼(mud-ball)이라 하는데 머드볼은 여과효과를 현저히 저하시킨다. 표면세정은 머드볼의 형성을 막기 위한 효과적 방법이다.

역세에 앞서서 노즐로부터 물을 사면에 내뿜어 표층부의 찌꺼기층을 파쇄하고 역세 중에도 분사하여 모래입자 상호간의 충돌마찰을 증대시킨다. 이를 위해서는 역세 중에 분수노즐이 팽창한 사층 중에 묻히도록 할 필요가 있다.

표면세정에는 고정식과 회전식이 있는데, 고정식은 직경 25 mm의 관을 60～90 cm 간격으로 수직 배열하고 그 끝부분은 모래표면상 약 10 cm로 하며 끝부분에는 수 개의 구멍 사이의 분출노즐에서 물을 분사시키고 관을 사면상 약 5～10 cm의 높이로 수평 약 60 cm 간격으로 배치하며 각 수평관에 약 30 cm 마다 구멍을 열어 물을 뿌리는 것이다. 회전식은 수직회전축의 하단에 수평으로 관을 붙여 관의 측면 및 끝부분에 구멍을 뚫고 이로부터 분사할 때 그 반력에 의해 수평관이 회전하는 것이다. 수평관은 사면상 5～7.5 cm의 높이에 붙이고 7～10회/min의 속도로 회전시킨다.

### (3) 공기 - 수 세정(air-water back washing)

공기－수 세정은 물 이외에 하부집수장치로부터 압축공기를 분출시키는 방법으로, 이것은 모래층을 압축공기로 느슨하게 하여 역세수량을 적게 하여 경제성을 얻으려고 하는 것이다. 공기를 분출시키는 시점으로서는 물의 분출 직전에 하는 것과 물과 동시에 분출시키는 두 종류가 있다.

세정수량, 수압, 시간은 원수의 수질, 전처리의 정도, 모래의 입도 및 두께, 여과 지속시간 등을 고려하여 정해야 하는데 대체적인 표준을 표 6.5에 나타내었다.

**표 6.5 세정수량, 수압, 시간 표준**

| 세정방식 / 사 항 | 역 세 | 표면세정 | |
|---|---|---|---|
| | | 고정식 | 회전식 |
| 표면분사수압(m) | | 15～20 | 30～40 |
| 수량($m^3$) | | 0.15～0.20 | 0.05～0.10 |
| 시간(min) | | 4～6 | 4～6 |
| 역세수압(m) | 2.5～5.0 | 2.5～5.0 | 2.5～5.0 |
| 수량($m^3$) | 0.6～0.9 | 0.4～0.6 | 0.4～0.6 |
| 시간(min) | 4～6 | 4～6 | 4～6 |

[주] 1) 수압은 각각의 분출부에 있어서의 동수두
2) 수량은 분당 여과면적 1 $m^2$당 여과량

세정을 위한 부대설비로서 세정펌프 또는 세정조가 필요하다. 여과지의 규모에 따라 건설비와 유지비를 검토하여 선택하면 좋다. 세정펌프는 분사수압 하에서 세정수량을 충분히 송수할 수 있어야 한다. 펌프는 반드시 예비용을 설치하며, 세정에는 상당히 큰 펌프를 필요로 하므로 유지비는 일반적으로 세정조의 경우보다 높게 된다. 세정조는 적어도 1지를 세정할 수 있는 수량을 저류할 만한 크기로 하고 세정수압의 변화를 적게 하기 위해서 수심은 가능한 한 얕게 한다. 조의 저수위는 하부집수장치 또는 표면세정장치의 분출부에 있어서 동수두를 고려하여 정한다. 세정조로 양수하는 펌프는 1지 세정에 필요한 수량을 0.5～1시간 이내에 양수할 수 있는 용량으로 한다. 또한 양수펌프는 반드시 예비용을 설치하며, 세정조는 일반적으로 여과지의 수가 많은 정수장에 설치하는 경우가 많다.

세정배수 중의 슬러지는 약품침전지로부터 배제된 슬러지와 함께 처리, 처분되며 침전슬러지 상징수는 다시 원수 유입부로 반송하여 처리한다.

---

**예제 6.14**

다음과 같이 여과지가 운영된다. 여과량은 3,000 $m^3$/일, 역세는 매일 10 L/$m^2$/s로 15분씩 실시한다. 이 여과지가 직경 4 m인 원통형일 때 여과율을 구하시오. 또 역세척 수량을 구하고, 역세척수가 처리수의 몇 %인지 구하시오.

**풀이**

여과율 : $v = \dfrac{Q}{A} = \dfrac{3{,}000\ \mathrm{m^3/day}}{\left(\dfrac{3.14 \times 4^2}{4}\right)\mathrm{m^2}} = 238.85\ \mathrm{m/day}$

역세척 수량 : $0.01\,\mathrm{m^3/m^2 \cdot sec} \times (15\,\mathrm{min/day} \times 60\,\mathrm{sec/min}) \times \left(\dfrac{3.14 \times 4^2}{4}\right)\mathrm{m^2} = 113.04\ \mathrm{m^3/day}$

% : $\dfrac{113.04}{3{,}000} \times 100 = 3.78\%$

---

## 5) 급속여과의 변법

### (1) 역입도 여과(reverse-graded filtration)

균등계수 1.0 이외의 모래를 이용한 경우 역류세정을 행하면 반드시 표층부에는 가는 모래가 남고 점점 깊어짐에 따라 세정도가 높아져서 저층부에는 가장 잘 씻긴 모래가 모인다. 여과지 유입수는 위에서 밑으로 흐르고 모래입자의 간격이 작은 쪽에서부터 큰 쪽으로 여과되므로 종래의 방법은 체분리의 원리에 상반되고 있다. 이 불합리성을 시정하기 위해서 다음과 같은 여과법이 고안되었다.

- 다층여과(multilayer filtration) : 여과지의 여재로는 모래, 안스라사이트(anthracite), 석류석(garnet), 일메나이트(티탄철광), 입상활성탄 등이 사용되는데, 단층여과 방식에서는 통상적으로 모래를 사용하고, 모래 위에 모래보다 비중이 작은 여재를 넣은 이층여과 방식에서는 모래와 안스라사이트가 일반적으로 사용되며, 모래 밑에 모래보다 작고 비중이 큰 여재를 둔 삼층여과, 다층여과 방식에서는 모래, 안스라사이트, 석류석, 일메나이트, 입상활성탄 등이 사용된다(그림 6.49).

  통상 여재로서 모래 이외에 안스라사이트나 석류석이 이용되는데, 역세를 행해도 비중차 때문에 여재의 배열은 흐트러지지 않는다. 다음 표에서는 여재별 특성을 상세히 설명하고 있다.

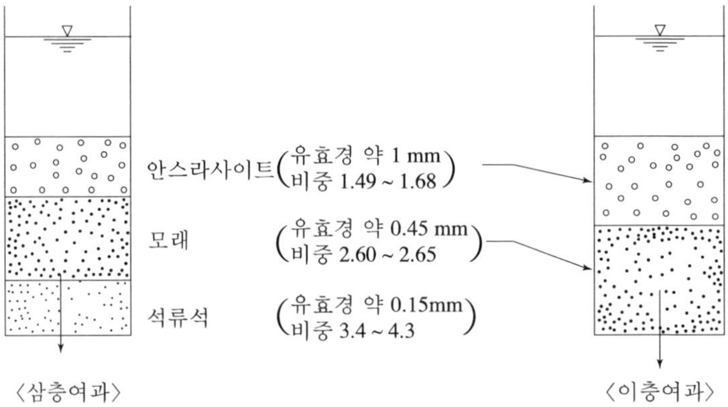


그림 6.49 다층여과의 예

표 6.6 급속여과지 여재 특성

| 항목 | 단위 | Garnet<br>석류석 | Sand<br>모래<br>(砂) | Anthracite<br>안스라사이트<br>(무연탄) | Ilmenite<br>티탄철광<br>($FeTiO_3$) | GAC<br>입상활성탄 |
|---|---|---|---|---|---|---|
| 유효경(ES, effective size) | mm | 0.2 ~ 0.4 | 0.4 ~ 0.8 | 0.8 ~ 2.0 | 0.2 ~ 0.4 | 0.8 ~ 2.0 |
| 균등계수<br>($C_u$, uniformity coefficient) | UC | 1.3 ~ 1.7 | 1.3 ~ 1.7 | 1.3 ~ 1.7 | 1.3 ~ 1.7 | 1.3 ~ 2.4 |
| 밀도(density) | g/mL | 3.6 ~ 4.2 | 2.65 | 1.4 ~ 1.8 | 4.5 ~ 5.0 | 1.3 ~ 1.7 |
| 공극률(porosity) | % | 45 ~ 58 | 40 ~ 43 | 47 ~ 52 | NA* | NA* |
| 모오스 강도<br>(Moh's hardness, 강도) | Moh | 6.5 ~ 7.5 | 7 | 2 ~ 3 | 5.6 | Low |

* Not Available

① 상향여과(upflow filtration) : 여재로는 종전대로 모래를 이용하는데 여과지 유입수는 밑에서 위로 향해 흐르게 하는 방법이다. 이 방법은 여과속도에 한계가 있다.

② 2방향 여과(biflow filtration) : 여과지 유입수의 대부분을 밑에서 위로 흐르게 하고 동시에 일부를 위에서 밑으로 흐르게 하는 방법이다. 여과수는 모래층 내에 설치된 인출관으로부터 뽑아낸다(그림 6.50). 일부 여과지 유입수가 밑으로 흐르기 때문에 여과속도를 높여도 모래층의 팽창을 막을 수 있다.

역입도 여과는 현저히 여과지속시간을 연장시킬 수가 있고 다층여과와 2방향여과는 여과속도를 상당히 빠르게 할 수 있다.

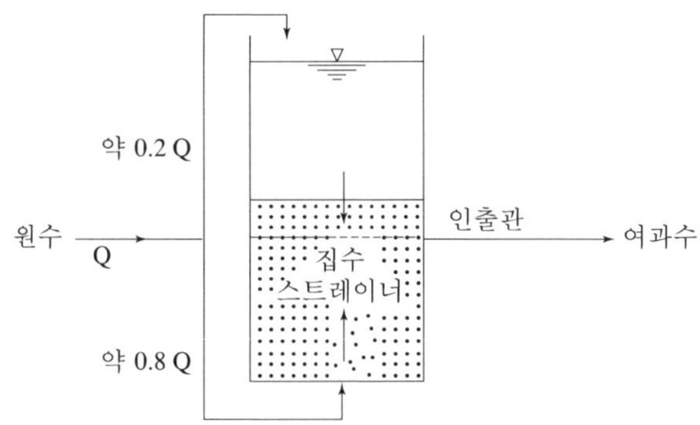


그림 6.50 2방향 여과(biflow filtration)

### (2) 감쇄여과(declining rate filtration)

유수저항이 증가하여 여과량이 감소해도 유량조절을 하지 않는 방법이다. 따라서 여과정지 시의 여과속도는 개시 시에 설정된 여과속도에 비해 상당히 작게 된다. 이 여과방식은 유량조절기가 불필요하기 때문에 여과수의 수집은 재래법에 비해 신뢰성이 높으며 수량면에서도 이점이 있다.

### (3) 마이크로 플록법(microfloc process)

여과지 유입수를 혼화지로부터 즉시 여과지로 보내 여과하는 방법이다. 플록형성지와 침전지를 경유하지 않으므로 커다란 플록을 형성시킬 필요는 없다. 따라서 응집제 주입량을 적게 할 수 있다. 이 방법은 특히 원수가 저탁도인 경우에 유효하다. 그러나 원수의 탁도가 높을 때는 위험하므로 이때는 플록을 형성시킨 후에 침전시켜야 한다.

### (4) 자연평형방식 여과

여과수두의 증가를 여과수 인출수면의 저하에 따라 조정하지 않고 여과수 인출수위를 일정하게 유지한 사면상 수심에 따라 조정하는 방법이다. 사면상 수심은 시간의 경과에 따라 자연히 증가하게 되는데, 이 방법에서는 여과지로의 유입량만 일정하게 유지하면 여과수량은 변화하지 않고 유량조절기는 불필요하다. 그러나 여과지의 깊이는 상당히 깊게 해야 한다.

## 6.4 소독

수중의 매우 작은 크기의 미생물은 응집, 침전, 여과 공정에 의해서도 완전제거가 불가능하다. 따라서 이렇게 작은 크기의 수중 병원성 미생물을 불활성화시키는 공정이 필요한데 이를 소독이라 한다. 여과지를 거친 여과수는 외관상으로는 깨끗해 보이지만 여과지를 통과한 수인성전염병균이 남아 있을 수 있으므로 반드시 소독과정을 거쳐야만 한다.

먹는물 수질기준에서 관리하고 있는 미생물로는 일반세균, 대장균, 총대장균군, 분원성 대장균, 분원성 연쇄상구균, 녹농균, 살모넬라, 쉬겔라, 아황산환원 혐기성포자형성균, 여시니아균 등이 있다. 이밖에도 A형 간염바이러스, 노워크바이러스, 레오바이러스, 아데노바이러스도 수계를 통해 유행될 수 있는 바이러스로 알려져 있다. 또한 지아디아 람블리아, 크립토스포리디움, 캠필로박터, 레지오넬라 등이 있다.

바이러스는 일반적인 환경에서는 증식하지 못하고 살아있는 세포에서만 증식이 가능하며 각종 오염을 통해 하천 등에 널리 퍼져 있다. 또한 바이러스는 감염되는 대상이 매우 제한적인데, 식물성바이러스는 동물에 감염되지 못하고, 동물성 바이러스는 동물 내에서도 대상이 물고기, 새, 돼지, 사람 및 인수(人獸)공통으로 구분된다. 먹는물과 관련한 바이러스는 주로 장관계(腸管系) 바이러스인데 140여종 이상이 알려져 있으며, 설사, 발열, 위장염, 간염, 뇌수막염 등을 일으킬 수 있다. 바이러스의 생존기간은 저온에서 길며, 4℃에서 99% 불활성화 시간은 노로 바이러스·폴리오 바이러스는 40일, A형간염 바이러스는 50일, 아데노 바이러스는 90일 이상이다. 바이러스는 최소 감염단위가 낮아 1～2개체 정도의 소량으로 감염을 일으킬 수 있으나, 모든 사람이 감염되거나 감염된 모든 바이러스가 질병을 일으키는 것은 아니다. 바이러스는 크기가 작기 때문에 일반적으로 처리가 쉽지 않으나, 응집·침전, 여과, 소독 및 고도처리 등 정수처리 공정에서 제거될 수 있으며, 특히 소독에 의한 처리가 매우 중요하다. 정수처리공정 중 모래여과에서는 제거되지 않지만, 역삼투(RO)막, 미세여과(NF) 및 한외여과(UF) 등 고도처리에서는 제거가능하며, 응집침전에 의해서는 30% 정도 제거가능하다.

소독은 염소와 이산화염소 등 종류에 따라 다르기는 하지만 온도 및 소독제 농도와 접촉시간을 조절하여 제거가능하고, 오존과 자외선 살균을 통해서도 제거가능하다. 우리나라는 2002년부터 정수처리기술기준(TT)을 도입하여, 소독에 의해 바이러스를 제거하도록 하고 있다. TT (Treatment Technique)란 특정물질에 대해, 농도가 아니라 처리기술을 규제하는 방법으로, 바이러스의 경우 99.99% 이상 제거될 수 있도록 여과방식 및 소독제 농도와 접촉시간 조절을 위하여 처리 지(池)의 구조 및 체류시간 등에 대해 규정한 것이다.

음용수중 수인성 전염병을 야기할 수 있는 병원성 미생물은 적절한 소독 공정에 의해 제거되어야 하는데, 일반적으로 소독(disinfection)은 잠재적으로 인체에 해로운 미생물을 불활성화시키는 것이며, 소독과 비교되는 멸균(sterilization)은 살아있는 모든 미생물을 불활성화시키는 것을 말한다. 소독은 물리적 소독과 화학적 소독이 있는데, 물리적 소독방법에는 가열, 자외선, 태양광, 초음파 등의 방법이 있고, 화학적 소독방법에는 할로겐류 산화제인 염소, 차아염소산, 클로라민, 이산화염소 등을 이용하는 방법과 비할로겐류 산화제인 오존, 과망간산칼륨, 과산화수소 등을 이용하는 방법이 있다. 표 6.7은 주요국에서 많이 사용하는 소독방법을 나타내고 있다.

**표 6.7 외국의 정수소독 방법**

| 국가 | $Cl_2$ | $ClO_2$ | $NH_2Cl$ | $O_3$ | UV |
|---|---|---|---|---|---|
| 호주 | +++ | + | ++ | | + |
| 오스트리아 | +++ | + | | + | + |
| 벨기에 | +++ | + | | + | |
| 불가리아 | +++ | | | | + |
| 핀란드 | +++ | + | + | + | |
| 프랑스 | ++ | ++ | | + | |
| 독일 | +++ | +++ | | | + |
| 헝가리 | +++ | | + | + | |
| 이탈리아 | +++ | +++ | | | |
| 일본 | +++ | | | | |
| 네덜란드 | + | | | | + |
| 노르웨이 | ++ | | + | + | ++ |
| 남아프리카공화국 | +++ | | + | + | |
| 스페인 | +++ | + | | | |
| 스웨덴 | +++ | + | ++ | ++ | |
| 스위스 | + | ++ | | | ++ |
| 영국 | +++ | + | + | + | + |
| 미국 | +++ | + | + | + | + |

+++: 주된 방법, ++: 흔히 사용되는 방법, +: 경우에 따라 사용되는 방법

소독에 의한 미생물의 불활성화율은 Chick식과 Chick-Watson식이 가장 많이 이용된다. Chick식은 다음과 같다.

$$\frac{dN_t}{dt} = -kN_t$$

여기서, $dN_t/dt$ : 시간에 따른 미생물의 농도 변화율

$k$ : 상수

$N_t$ : 시간 $t$에서의 미생물 개체수

$t$ : 시간

$N_o$를 시간 $t=0$에서의 미생물 개체수라 하고 위 식을 적분하면

$$\frac{N_t}{N_o} = e^{-kt}$$

$$\ln\frac{N_t}{N_o} = -kt$$

위 식의 반응속도상수 $k$는 $-\ln(N_t/N_o)$와 접촉시간 $t$의 관계 그래프를 통하여 구할 수 있다.

Chick-Watson식은 소독제 농도에 대한 영향을 고려하여 만든 식으로서 다음과 같다.

$$\ln\frac{N_t}{N_o} = -kC^n t \text{ (보통 } n=1\text{)}$$

Chick-Watson식을 이용하면 미생물의 사멸률은 소독제의 농도의 $n$제곱, 미생물과 소독제의 접촉시간의 곱에 비례한다. 많은 경우 $n=1$로 근사할 수 있고, 이때 요구되는 미생물의 불활성화율은 소독제의 농도($C$)와 접촉시간($T$)의 곱에 의해서 결정되는데, 이것이 CT값이다. CT 값은 미생물 불활성화에 필요한 CT값($CT_{요구값}$)과 현재 운영되고 있는 CT값($CT_{계산값}$)에 대해 계산된다. $CT_{계산값}$은 실제 운영시 유출부에서의 잔류농도(mg/L)와 접촉시간(시설용적을 실시간 유량으로 나눈 값)의 곱으로 계산가능하며, $CT_{요구값}$은 목표 미생물 불활성화율, pH, 수온, 소독제의 농도 등에 따라 달라진다. $CT_{계산값}$을 $CT_{요구값}$으로 나눈 값을 불활성화비라고 하며, 불활성화비가 1.0 이상이면 정수처리 기준을 만족하는 것으로 평가할 수 있다. 즉, 바이러스의 99.99% (4 log) 및 지아디아 포낭의 99.9% (3 log)의 불활성화가 이루어진 것으로 평가할 수 있다. 미생물의 불활성화는 log 제거율 또는 % 제거율로 나타내며 다음 식과 같다.

$$\%\text{제거율} = \left(1 - \frac{1}{10^{\log\text{제거율}}}\right) \times 100$$

위 식으로부터 2 log 제거율은 $100-\left(\frac{100}{10^2}\right)=99\%$ 제거율과 같고, 2.5 log 제거율은 $100-\left(\frac{100}{10^{2.5}}\right)=99.68\%$ 제거율과 같다.

**예제 6.15**

염소소독 공정에서 잔류염소 농도 0.5 mg/L에서 3분만에 90%의 세균이 살균되었다. 세균의 사멸이 Chick식을 따른다고 한다면 99.9% 살균을 위해 필요한 시간은 얼마인가?

**풀이**

$\log\frac{N}{N_0}=-kt$에서 먼저 $k$를 구하면

$$\frac{N}{N_0}=\frac{100-90}{100}=\frac{10}{100}=\frac{1}{10}$$

$$t=3\,\text{min}$$

$$k=-\frac{1}{t}\log\frac{N}{N_0}=-\frac{1}{3\,\text{min}}\log\frac{1}{10}=0.333\,\text{min}^{-1}$$

99.9% 살균 → $\begin{cases}N_0=100\\N=100-99.9=0.1\end{cases}$

$$t=\frac{1}{k}\log\frac{N_0}{N}\qquad\therefore\ t=\frac{1}{0.333}\log\frac{100}{0.1}=9\,\text{min}$$

**예제 6.16**

대장균군의 감소가 아래 식을 따른다고 할 때, 3 log 제거율을 얻기 위해 필요한 잔류염소 농도를 구하시오. 이때 접촉시간은 15분이었다.

$$\frac{N_t}{N_0}=(1+0.23\,C_t\cdot t)^{-3}$$

여기서, $N_0$, $N_t$ : $t=0$, $t=t$시간에서의 대장균군 수

$C_t$ : $t$시간의 총 잔류염소량(mg/L)

$t$ : 체류시간(min)

**풀이**

3log 제거율 = 99.9% 제거율

$$\therefore\ \frac{N_t}{N_0}=0.001$$

$$0.001=(1+0.23C_t\cdot t)^{-3}$$

$$(1+0.23C_t\cdot t)^3=10^3$$

$$1+0.23C_t\cdot t=10\quad(t=15\,\text{min})$$

$$\therefore\ C_t=\frac{10-1}{0.23\times15}=2.61\,\text{mg/L}$$

### 6.4.1 염소

소독에는 염소가 일반적으로 널리 이용된다. 이전에는 표백분 또는 차아염소산나트륨이 이용되었는데 현재는 모두 염소저장탱크에 압축 충전된 액체염소가 이용되고 있다. 그러나 극히 소규모 시설에서는 표백분 등을 이용하는 곳도 있다.

염소를 물에 주입하면 다음과 같이 가수분해를 하여 차아염소산(HOCl)이 생긴다.

$$Cl_2 + H_2O \rightarrow HOCl + HCl$$

차아염소산은 유리염소(free chlorine)라고도 하는데 pH 6∼9에서는 통상 다음과 같이 이온으로 해리한다.

$$HOCl \Leftrightarrow H^+ + OCl^-$$

HOCl 또는 $OCl^-$은 강력한 살균작용을 가지며 특히 소화기 전염병원균에 유효하게 작용하여 매우 짧은 시간 내에 여과수 중의 세균을 사멸시킨다.

또한 차아염소산은 장기간 살균력이 지속되는 성질을 가지고 있으므로 이것이 수중에 잔류하는 동안 송수·배수·급수 시 세균에 오염되는 경우 신속하게 살균되어 안전하다. 수중에 잔류하는 차아염소산을 유리잔류염소라고 한다. 이러한 성질이 염소를 소독제로 이용하는 큰 이유가 되는데, 차아염소산은 물에 특유한 냄새를 나게 하는 것이 단점이다.

염소 주입방법에는 건식법과 습식법의 2종류가 있다. 액체염소는 염소저장탱크로부터 나오면 감압되어 기화하는데 건식법은 기체상태로 수중에 주입하는 방식이며 습식법은 염소가스를 일단 물에 녹이고 그 염소를 수중에 주입하는 방식이다. 염소주입기는 크게 나눠 건식압력식 염소주입기, 습식압력식 염소주입기, 습식진공식 염소주입기가 있는데, 모두 일정량의

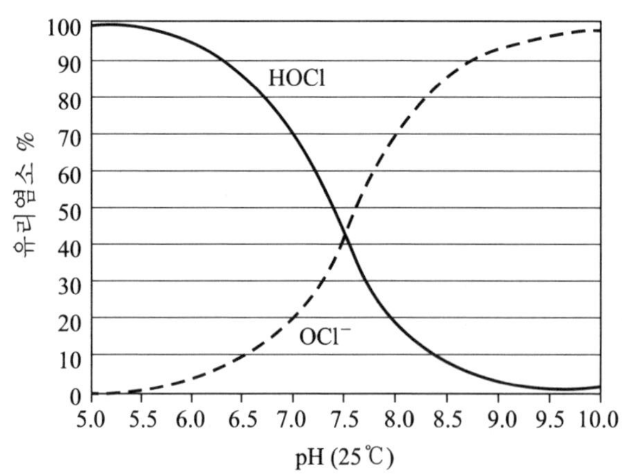


**그림 6.51** pH 변화에 따른 유리염소의 분포도

염소를 수중에 주입하는 장치이다. 표백분의 경우 미리 물에 녹이고 차아염소산나트륨의 경우는 그대로 넣거나 희석하고 간이 주입기에 의해 일정량씩 수중에 떨어뜨린다. 주입장소는 주입 후 충분히 균등하게 혼화 할 수 있는 장소이어야 한다.

주입량은 여과수의 수질에 따라 결정된다. 염소는 살균제인 동시에 강력한 산화제이므로 수중에 유기물이나 세균 등이 있으면 염소는 이에 작용하고 살균과 산화가 종료하기까지 소비는 계속된다. 이 소비량을 염소요구량(chlorine demand)이라고 한다. 따라서 우선 물의 염소요구량을 측정하고 여기에 필요로 하는 잔류염소량을 첨가하는 것을 주입량으로 하면 좋다(그림 6.52). 수도법 시행규칙에서는 수도꼭지에서 평상시는 잔류염소가 0.2 mg/L 이상, 결합잔류염소일 경우에는 1.5 mg/L 이상 되도록 한다고 규정되어 있다. 또한 병원생물에 의한 오염의 우려가 있는 경우에는 잔류염소가 0.4 mg/L (결합잔류염소 1.8 mg/L) 이상이 되도록 하고 있다. 염소가스는 상당히 위험한 것이므로 염소저장용기 저장실이나 염소주입기실의 보안에 각별히 신경을 써야하고 취급에도 신중을 기하여야 한다.

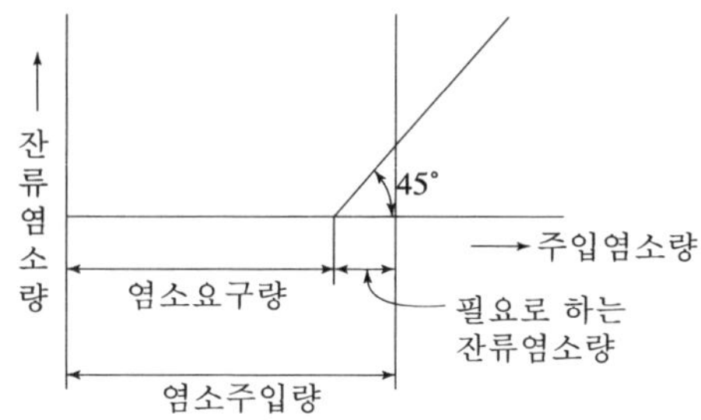


**그림 6.52 염소요구량과 염소주입량과의 관계**

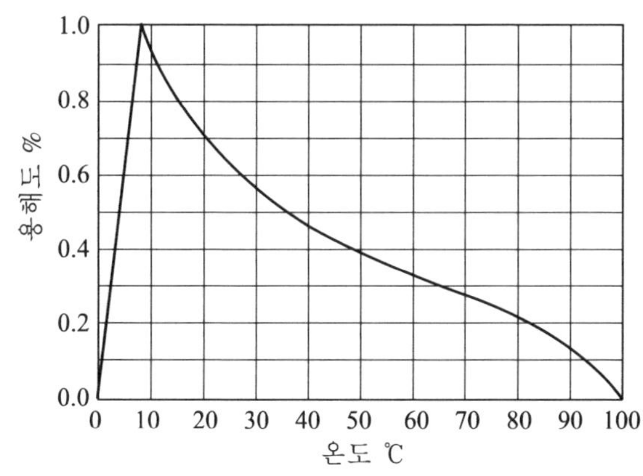


**그림 6.53 온도에 따른 염소용해도**

### 6.4.2 클로라민(chloramine)

암모니아를 포함한 물에 염소를 주입하면 다음과 같은 반응에 의해 클로라민(chloramine)이 생긴다. 클로라민은 물의 pH에 따라 3가지 형태로 분류된다.

pH 7.5 이상 $NH_3 + HOCl \rightarrow NH_2Cl + H_2O$
(모노클로라민)

중성부근 $NH_3 + 2HOCl \rightarrow NHCl_2 + 2H_2O$
(디클로라민)

pH 5.0 이하 $NH_3 + 3HOCl \rightarrow NCl_3 + 3H_2O$
(트리클로라민)

수도에서는 모노클로라민과 디클로라민의 두 종류만 존재하는데 이는 모두 살균작용을 가지며 효력의 지속도 있다. 그러나 살균력은 차아염소산보다 떨어지며 작용은 완만하다. 장점으로서는 물에서 염소냄새를 나게 하지 않는다는 점이다. 클로라민은 암모니아 염소 또는 결합염소(combined chlorine)라고도 한다.

물에 염소를 첨가한 경우 염소주입량과 잔류염소량과의 관계는 수질에 따라 그림 6.54와 같이 된다. ①과 ②의 잔류염소는 유리잔류염소인데 암모니아를 포함한 ③의 경우 잔류염소는 (다)부터 감소하며 극소치 (라)로 되고 다시 증가한다. (가)~(라) 간의 잔류염소는 결합잔류염소, 그 이후의 것을 유리잔류염소, (라)를 불연속점(break point)이라고 한다. 염소를

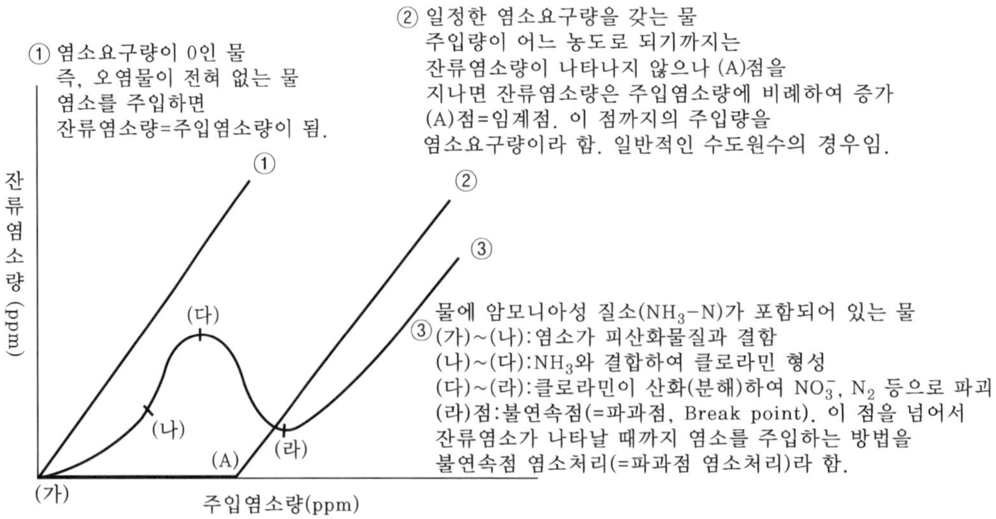


**그림 6.54** 수질에 따른 주입염소량과 잔류염소량 관계

암모니아량의 약 10배 정도 주입하면 불연속점에 도달한다. 클로라민에 의해 소독하는 경우에는 염소를 암모니아량의 2~4배 주입하면 좋다. 만약 수중에 암모니아가 포함되어 있지 않으면 염소주입량의 1/4~1/2 가량의 암모니아를 첨가한다.

**예제 6.17**

유량이 8,000 $m^3$/day인 처리수에 평균 8.0 mg/L의 비율로 염소를 주입시켰다. 이 때 잔류염소량이 2 mg/L이었다면 이 처리수의 염소요구량(kg/day)은?

**풀이**

요구량(농도) = 주입량(농도) − 잔류량(농도)

$$= 8.0\ \mathrm{mg/L} - 2\ \mathrm{mg/L} = 6\ \mathrm{mg/L} = 6\ \mathrm{g/m^3}$$

염소요구량(kg/d) $= 6\ \mathrm{g/m^3} \times 8{,}000\ \mathrm{m^3/day} = 48{,}000\ \mathrm{g/day} = 48\ \mathrm{kg/day}$

다음 그림은 염소접촉조의 일례인데 병원성미생물과 살균제의 효율적인 접촉을 위해 압출류형(plug flow) 접촉조의 형태이다. 고농도의 염소가 주입되면 이취미가 발생될 수 있으므로 과량의 염소를 감소(탈염소)시키기 위하여 이산화황($SO_2$)가스를 주입시키는 확산기(diffuser)가 설치되어 있는 예이다. 이산화황을 물에 주입하면 용해되어 아황산이 형성되고 이후

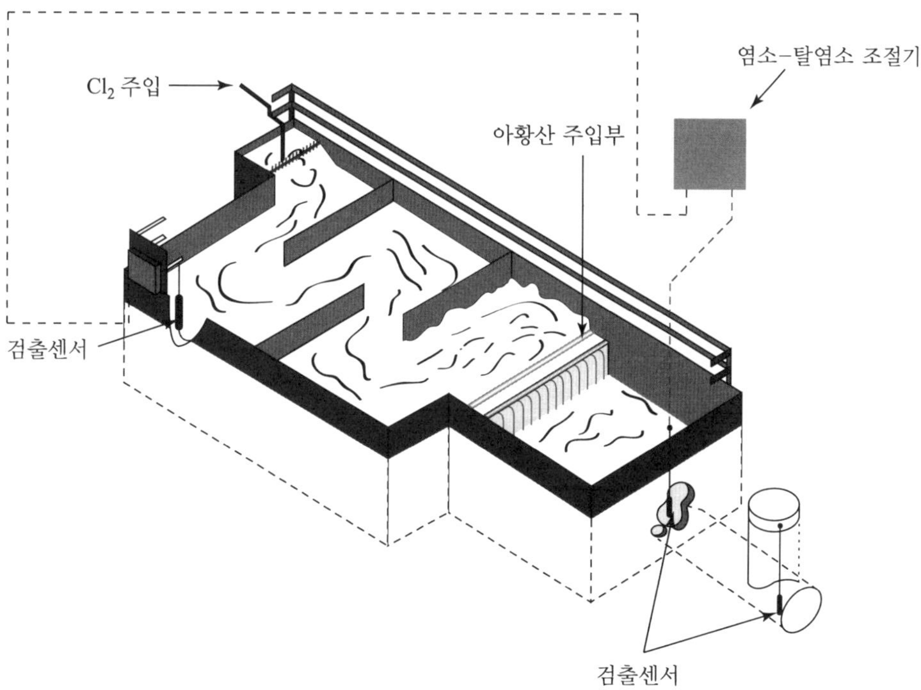


그림 6.55 염소접촉조 예

아황산이온과 수소이온으로 해리된다. 이렇게 해리된 아황산이온이 살균에 관여하는 HOCl이나 $NH_2Cl$과 반응하여 염소이온으로 전환되어 제거된다.

$$SO_2(g) + H_2O \rightleftarrows H_2SO_3(\text{아황산}) \rightleftarrows H^+ + HSO_3^- \rightleftarrows 2H^+ + SO_3^{2-}$$

$$SO_3^{2-} + HOCl \Rightarrow SO_4^{2-} + Cl^- + H^+$$

$$SO_3^{2-} + NH_2Cl + H_2O \Rightarrow SO_4^{2-} + Cl^- + NH_4^+$$

### 6.4.3 정수지

정수지는 정수장의 맨 마지막에 위치하는 시설로서 정수를 저류하는 탱크시설이다. 정수지를 통하여 여과수량과 송수량 간의 불균형을 조절할 수 있고 적절한 소독접촉시간을 확보할 수 있는데 최소한 2시간분 이상을 저류할 수 있는 용량이어야 하고 유효수심은 3~6 m 정도로 한다. 정수지는 절대로 오염되지 않는 구조로 해야 하는데 외부 오염물질의 유입방지와 직사광선을 차단하여 조류의 발생을 방지할 수 있도록 60 cm 정도의 흙을 덮은 복개식 구조가 일반적이다. 정수지는 정수를 배수지까지 송수할 때 수량조절을 행하기 위해서 설치하는 것이다. 만약, 정수장 내에 배수지가 있는 경우에는 정수지가 불필요하다. 정수지 수위가 일정하게 유지되면 정수지 내에서 유수의 정체가 발생하여 침전물이 쌓일 수 있는데 이를 방지하기 위하여, 또한 소독접촉시간을 향상시켜 소독능을 높이기 위해서는 도류벽을 설치하는 것이 바람직하다. 이밖에도 여러 가지 설비들이 필요한데, 예를 들면 유입관과 유출관의 제수밸브, 유출구 실트스톱(silt stop), 나팔관(bell mouse)이나 위어 형태의 월류설비, 환기장치, 수위계, 유량계, 점검통로 등이 필요하다.

## 6.5 고도정수

### 6.5.1 전염소처리, 중염소처리

전염소처리(pre-chlorination)와 중염소처리(intermediate-chlorination)는 원수가 부식질 등의 유기물, 암모니아, 철, 망간, 세균 등으로 상당히 오염되어 있는 경우에 이들 피산화물질들을 산화분해시키는데 매우 유효한 방법이다. 최근에는 수원의 오염이 현저하므로 많은 도시에서 상시 행해지고 있다.

염소는 응집제의 주입 전에 첨가하여 일반적으로 불연속점을 약간 넘는 정도의 양을 주입하는데 이것을 불연속점 염소처리(break point chlorination)라고 한다. 또한 염소를 불연속점이 훨씬 넘을 때까지 주입하고 처리 후 적당한 유리잔류염소량까지 저하시키는 과잉염소처리 및 탈염소처리가 있다. 전염소처리에 의해 암모니아, 세균, 생물은 완전히 제거되며 철, 망간은 대부분 제거된다. 철, 망간은 염소로 산화시켜 석출하고 침전이나 여과의 단계에서 제거된다. 유기물에 대해서는 완전한 분해를 기대할 수 있다.

전염소처리를 행해도 여과 후 여과수를 소독하는데 전염소처리에 대비하여 후염소처리(post-chlorination)라고 하며, 잔류염소를 유지시키고 배수시스템에서 수질이 악화되는 것을 방지하기 위하여 재염소처리(re-chlorination)를 행하기도 한다.

### 6.5.2 이단 여과

이것은 서로 다른 여과지에서 2회 여과하는 방식으로서 원수가 부유물을 대량으로 함유한 경우에 적합하다. 통상 제1단에서는 굵은 모래 또는 가는 자갈을 여재로 하여 급속여과하고 제2단에서는 가는 모래에 의한 완속여과를 행한다. 즉, 대형의 부유물을 최초로 제거하는 것이 목적인데 영국에서 많이 사용하고 있다.

### 6.5.3 활성탄(a/c)처리

활성탄(activated carbon)에는 분말(PAC)과 입상(GAC)의 두 종류가 있다. 분말의 경우는 응집제 첨가 전에 원수에 첨가하고 입상의 경우에는 활성탄 층에 여과수를 통과시킨다. 분말은 취급이 어렵고 회수가 불가능하며 상당한 양을 첨가하지 않으면 효과를 볼 수 없다. 입상은 재생하여 여러 번 사용할 수 있다. 활성탄 흡착에 의해 맛, 냄새, 색도는 거의 제거되고 유기물, 합성세제도 상당량 제거되는 것으로 보고되고 있다. 활성탄 흡착법의 개요, 흡착원리, 영향인자, 흡착탑 설계 등에 대해서는 하수고도처리에서 자세히 다루었다.

그림 6.56 활성탄 흡착탑

**표 6.8 활성탄 종류**

| | | |
|---|---|---|
| 원료 | 목탄<br>석탄<br>기타 | 야자껍질, 목재, 톱밥 등<br>이탄, 아탄, 갈탄, 역청탄 등<br>석유피치, 합성수지, 각종유기질 탄화물 등 |
| 활성화 방법 | 약품<br>가스<br>기타 | 염화아연, 황산염, 인산, 수산화나트륨, 에탄올 등<br>수증기, 이산화탄소, 공기 등<br>약품과 수증기의 병용 |
| 형상 | 분말탄<br>입상탄 | 150 μm 이하<br>150 μm 이상 |

### 6.5.4 이온교환(ion exchange)

이온교환은 흡착과 많은 부분이 유사하지만, 흡착이기보다 화학적인 메커니즘으로 설명이 가능하다. 이온교환은 용질에 있는 이온이 이온교환수지(ion exchanger)에 결합되어 있는 이온과 교환되어 흡수제거되는 공정이다. 예를 들어, 원수에 용해되어있는 $Ca^{2+}$, $Mg^{2+}$이 이온교환수지에 있는 $Na^{+}$과 교환되어 수지에 흡착되고 연수화된다. 지오라이트[zeolite, 비석(沸石)]는 천연으로 널리 생산되는 점토광물인데 최근에는 합성품도 생산되고 있다. 분말과 입상이 있는데 입상의 것은 재생이용이 가능하다. 지오라이트의 이온교환에 의해 암모니아는 거의 100% 제거할 수 있고 중금속류도 50% 가까이 제거된다. 교환수지(exchanger)는 인공수지

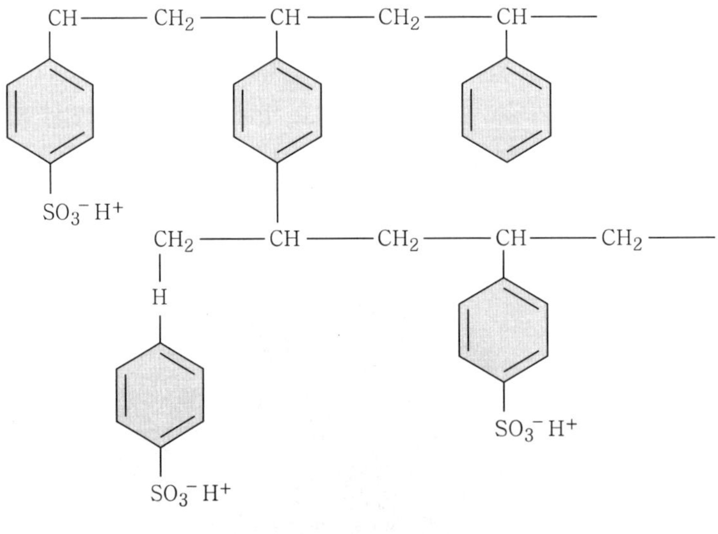


**그림 6.57 이온교환수지 구조식**

(synthetic resin)가 대부분이며, 아래 그림과 같은 이온교환수지에서는 술폰기(sulfonic group, $-SO_3H$)가 이온교환기(ion exchanger)이며, 술폰기 내에 있는 $H^+$이 용질에 있는 양이온과 교환된다.

이온교환수지 내에 $Na^+$이 있을 때에는 다음과 같은 이온교환 반응이 발생한다.

$$Ca^{2+} + 2Na \cdot Ex \rightleftarrows Ca \cdot Ex_2 + 2Na^+$$

$$Mg^{2+} + 2Na \cdot Ex \rightleftarrows Mg \cdot Ex_2 + 2Na^+$$

(Ex : 이온교환수지)

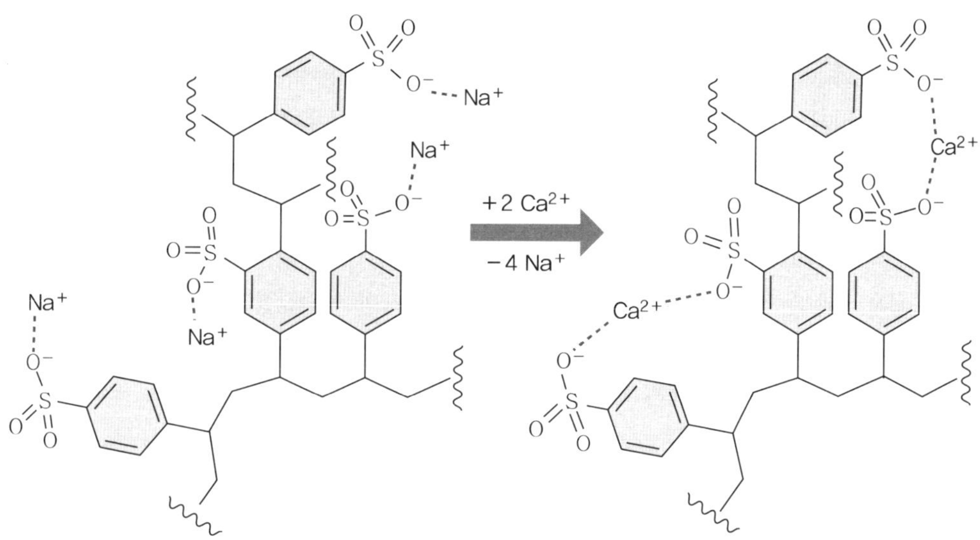


그림 6.58 이온교환반응

또한 이온교환수지는 강한 염수(strong brine)로 재생할 수 있는데, 그 재생반응은 다음과 같다.

$$Ca \cdot Ex_2 + 2Na^+ \rightleftarrows Ca^{2+} + 2Na \cdot Ex$$

$$Mg \cdot Ex_2 + 2Na^+ \rightleftarrows Mg^{2+} + 2Na \cdot Ex$$

용질에 여러 종류의 양이온이 용해되어 있다면 모든 양이온이 똑같이 이온교환이 되는 것이 아니라 다음과 같은 순서(선호도)로 이온교환이 된다. 즉, 더 선호되는 이온($Ca^{2+}$)은 덜 선호되는 이온($H^+$)보다 먼저 교환이 된다.

$$Ba^{2+} > Pb^{2+} > Sr^{2+} > Ca^{2+} > Ni^{2+} > Cd^{2+} > Cu^{2+} > Co^{2+}$$

$$> Zn^{2+} > Mg^{2+} > Ag^+ > Cs^+ > K^+ > NH_4^+ > Na^+ > H^+$$

음이온교환수지(anion exchangers)는 카르복시기(carboxylic group, $-COOH$)를 사용하게 되는데, 양이온교환수지와 마찬가지로 다음과 같은 선호도로 이온교환이 되는데, 선호도는 이온교환수지에 따라 변하기도 한다.

$$SO_4^{2-} > I^- > NO_3^- > CrO_4^{2-} > Br^- > Cl^- > OH^-$$

## 6.5.5 오존(ozone)처리

오존은 1785년 마럼(V. Marum)에 의해 발견되었고, 1840년 베인(J. Vane)이 그리스어인 ozein (냄새나다)를 어원으로 하여 오존이라 명명하였다. 오존은 상온에서 무색의 기체이며 공기 중의 농도가 30% 이상이 되면 폭발위험이 있고 산소보다 용해도가 높으며 20℃의 물에서 20~30분의 반감기를 가지며 산화력, 살균력이 모두 강한 기체이다. 염소는 세포벽을 통해 세포 내로 염소가 확산되어 효소를 공격하여 세균을 죽이는데 반하여, 오존은 세포벽을 파열하거나 분쇄 혹은 용해(lysis)시켜 사멸시킨다. 프랑스에서는 소독에 오존을 사용하고 있는 경우가 많은데, 잔류효과가 거의 없으나 소독 부산물 문제가 적기 때문에 사용이 되고 있다. 유기물의 경우 오존은 결합력이 약한 곳을 공격하는데, 불포화 이중결합, 방향족 고리, 금속이온 등을 분리하여 분해가 시작되며 연쇄반응이 시작되어 중간생성물을 생성한다. 이렇게 생성된 중간생성물이 잔류하는 경우에는 인체에 악영향을 미치고 자재를 부식시키므로 오히려 위험하다.

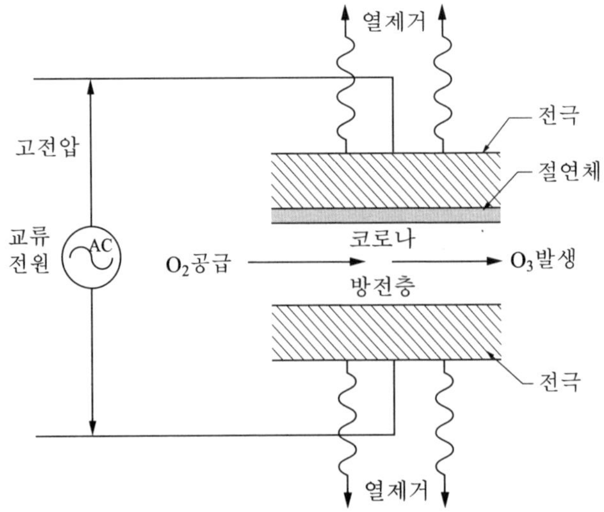


**그림 6.59 무성방전식 오존발생기 원리**

그림 6.60 오존 살균 시설

오존은 맛과 냄새 및 색도 제거에 효과적이며, 또한 분해하기 어려운 유기물을 분해한다. 또한 철과 망간도 산화되어 수중으로 석출되어 침전, 여과에 의해 쉽게 제거할 수 있다. 그러나 오존처리는 맛과 냄새 및 색도의 원인이 되는 천연유기물(NOM) 또는 기타 유기물을 수중으로부터 제거하기 때문이 아니고 이러한 것을 다른 물질로 변화시킴으로써 결과적으로 맛과 냄새 및 색도가 제거되는 것이다. 그러므로 수중에는 다른 종류의 물질이 잔류하므로 유의해야 한다. 또한 잔류오존의 배제를 신중히, 확실하게 행해야 한다. 오존은 잔류성이 없으므로 정수처리 말단에서 후염소처리를 추가해야 한다. 오존을 생성시키는 방법으로는 무성방전식(corona discharge), 전해식(electrolysis), 광화학식(radiochemical), 방사선조사식(ultraviolet radiation), 고주파전계식 등이 있는데, 이 중 무성방전식은 에너지효율과 성능이 좋고 조작과 제어가 간편하여 가장 많이 이용되고 있다.

## 6.5.6 폭기(aeration)

폭기(aeration)란 수중의 암모니아, 황화수소, 탄산가스 등 불필요한 기체를 공중으로 방출함과 동시에 공중으로부터 산소를 수중으로 용존시키는 것이다. 이것에 의해 망간이 산화되기도 한다.

폭기방법으로는 물을 높이 분출시킨 후 낙하시키는 분수식, 물을 얇은 층으로 하여 둑 위, 계단 위나 사면위에서 유하시키는 폭포식, 물을 유공관으로부터 낙하시키는 점적식, 다공판을 통하여 수중 압축공기를 불어넣는 산기식 등이 있다.

### 6.5.7 연수화(softening)

경도(hardness)가 높은 물은 생활용수로서 부적합하므로 경도 유발물질을 제거시켜야 한다. 이것을 연수화(softening)라고 한다. 경도는 칼슘 또는 마그네슘의 염류로서 탄산염 및 중탄산염으로 존재하는 경도를 탄산경도, 그 이외의 것을 비탄산경도라고 한다. 또한 끓임으로서 제거되는 경도를 일시경도, 그 이외의 것을 영구경도라고 한다. 일시경도는 탄산경도와 대개 일치한다.

① $Ca^{2+}$ 및 $Mg^{2+}$경도 : 총경도 = $Ca^{2+}$경도 + $Mg^{2+}$경도
② 일시경도(=탄산경도) : $HCO_3^-$나 $CO_3^{2-}$와 결합한 것으로서, 가열하면 침전물을 형성하여 제거될 수 있다.
③ 영구경도(=비탄산경도) : 영구경도는 $SO_4^{2-}$, $Cl^-$, $NO_3^-$, $SiO_3^{2-}$와 결합한 것으로서 가열을 해도 제거가 안 된다.

탄산경도를 제거하려면 소석회를 이용해야 하는데, 화학반응식은 다음과 같다.

$$Ca(HCO_3)_2 + Ca(OH)_2 \rightarrow 2CaCO_3 \Downarrow + 2H_2O$$

위 반응에서 탄산칼슘($CaCO_3$)은 난용성이므로 침전한다. 또한 중탄산마그네슘에 의한 탄산경도는 다음 반응식과 같이 된다.

$$Mg(HCO_3)_2 + Ca(OH)_2 \rightarrow MgCO_3 + CaCO_3 \Downarrow + 2H_2O$$

그러나 위 반응식에서 탄산마그네슘($MgCO_3$)은 가용성이므로 대량의 소석회를 첨가하여야 난용성의 수산화마그네슘($Mg(OH)_2$) 침전물을 얻을 수 있다.

$$MgCO_3 + Ca(OH)_2 \rightarrow Mg(OH)_2 \Downarrow + CaCO_3 \Downarrow$$

아래 반응식의 황산칼슘과 같은 비탄산경도를 제거하려면 소다회($Na_2CO_3$)를 사용한다.

$$CaSO_4 + Na_2CO_3 \rightarrow CaCO_3 \Downarrow + Na_2SO_4$$

또한 황산마그네슘의 경우는 소다회와 더불어서 소석회도 첨가한다.

$$MgSO_4 + Na_2CO_3 + Ca(OH)_2 \rightarrow Mg(OH)_2 \Downarrow + CaCO_3 \Downarrow + Na_2SO_4$$

황산나트륨($Na_2SO_4$)은 가용성인데 이 정도의 양으로는 별로 해가 없다.
탄산경도와 비탄산경도가 공존하는 경우는 소석회와 소다회를 병용하면 좋다. 단, 이 방법

에 의해 모든 경도가 제거되지는 않는다. 이온교환제를 사용하면 거의 완전히 경도를 제거할 수가 있는데 대량의 물을 처리하는데는 부적당하다. 오히려 음용수로서는 어느 정도의 경도를 남겨둘 필요가 있다. 경도를 $CaCO_3$(calcium carbonate)로 표현하면 다음과 같다.

$$X\text{ 농도}(\text{mg/L as }CaCO_3) = X\text{ 농도}(\text{mg/L}) \times \frac{CaCO_3\text{ 당량}}{X\text{ 당량}}$$

여기서, $X$ : 임의의 이온 또는 라디칼

① 총경도 = $Ca^{2+}$경도 + $Mg^{2+}$경도

② 알칼리도 < 총경도 : 일시경도 = 알칼리도

③ 알칼리도 ≥ 총경도 : 일시경도 = 총경도

④ 총경도 = 일시경도 + 영구경도

**예제 6.18**

어떤 물의 일반적인 수질분석에서 이온의 농도가 다음과 같을 때, 각 이온의 농도를 $CaCO_3$농도로 전환하고, 총경도와 탄산경도를 구하시오.

이온농도 : $Ca^{2+}$ 40 mg/L, $Mg^{2+}$ 24 mg/L, $Na^+$ 9.2 mg/L,
$HCO_3^-$ 183 mg/L, $SO_4^{2-}$ 57.5 mg/L, $Cl^-$ 7.0 mg/L.

**풀이**

$$40\text{ mg/L } Ca^{2+} \times \frac{50}{20.04} = 99.0\text{ mg/L as } CaCO_3$$

$$24\text{ mg/L } Mg^{2+} \times \frac{50}{12.16} = 98.5\text{ mg/L as } CaCO_3$$

$$9.2\text{ mg/L } Na^{+} \times \frac{50}{23} = 20.1\text{ mg/L as } CaCO_3$$

$$183\text{ mg/L } HCO_3^{-} \times \frac{50}{61} = 150.0\text{ mg/L as } CaCO_3$$

$$57.5\text{ mg/L } SO_4^{2-} \times \frac{50}{48} = 58.0\text{ mg/L as } CaCO_3$$

$$7.0\text{ mg/L } Cl^{-} \times \frac{50}{35.5} = 9.5\text{ mg/L as } CaCO_3$$

양이온과 음이온의 합은 217.5 mg/L이며, 이를 아래의 다이아그램으로 표시하였다.

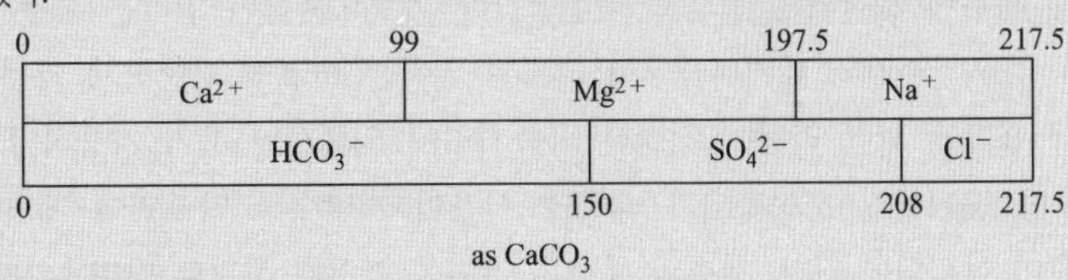


위 다이아그램으로부터

총경도($Ca^{2+} + Mg^{2+}$) = 197.5 mg/L as $CaCO_3$

탄산경도($HCO_3^-$) = 150 mg/L as $CaCO_3$

### 6.5.8 막(membrane)분리

#### 1) 개요

기존의 정수처리공정으로는 병원성미생물에 대한 미처리 개연성이 증대할 수밖에 없고, 소독제에 대한 원생동물의 내성 증가와 소독부산물에 대한 수질기준의 강화가 지속됨으로써 원생동물의 완벽한 제거와 소독제 사용량 저감이라는 두 가지 목표를 동시에 충족시킬 수 있는 방법으로 막처리 공정을 들 수 있다.

선택적 투과성을 가지는 막을 이용하여 특정의 제거대상 물질을 분리할 수 있고, 한계압력차에 의해 물을 막에 통과시켜 물질을 분리하는 방법이 막(membrane)분리법이다. 막의 두께는 보통 0.05～2 mm 정도이다. 한외(UF, ultrafiltration)여과시설이 고분자량 물질의 분리를 목적으로 하는 것에 비하여 역삼투(RO, reverse osmosis) 시설에서는 저분자량의 이온영역까지의 분리를 목적으로 한다. 나노여과(NF, nanofiltration)는 역삼투와 비슷하나 주로 조대 유기물 분자들이 제거된다. 정밀여과(MF, microfiltration)에서는 분리되는 입경이 가장 크며 주로 부유물, 박테리아, 효소 등이 제거된다. 이외에도 이온교환막(IE, ion exchange), 전기투석막(ED, electrolyte dialysis), 기체분리막, 혈액투석막 등이 있다. 막 소재는 유기질과 무기질이 있는데, 유기막은 초산셀룰로오스(CA, cellulose acetate), 폴리아미드(PA, polyamide), 폴리아크릴로니트릴(PAN, polyacrylonitrile), 폴리술폰(PS, polysulfone), 폴리에테르술폰(PES, polyether-sulfone), 4불화에틸렌(PTEE, polytetrafluoroethylene), 폴리비닐리덴플로라이드(PTEE, polyvinylidene-fluoride), 폴리에틸렌(PE, polyethylene), 폴리카보네이트(PC, poycarbonate), 폴리프로필렌(PP, polypropylene), 폴리비닐알코올(PVA, poyvinyl-alcohol) 등이 있고, 무기막으로는 세라믹, 산화알루미늄, 산화지르코늄, 산화티탄, 스테인리스, 유리 등이 막의 재료로 이용된다. 막의 형태에 따라 단일소재를 사용하는 대칭형과 비대칭형의 균질(homogeneous)막과 두 개 이상의 소재를 사용하는 대칭과 비대칭을 합성한 비균질(nonhomogeneous)막이 있다.

막의 분리 메커니즘은 용질의 입자가 단순히 기계적으로 막의 표면에 부착하는 것과 막표면이나 내부에 흡착되는 것으로 나누어진다. 부착·흡착된 입자는 모두 용매의 투과 속도를 저하시키지만 전자의 메커니즘에서 제거된 입자는 비교적 간단하게 역세척에 의해 제거된다. 그러나 흡착에 의한 막힘은 적절한 약품처리에 의해서만 제거 가능하다. 막분리 시설에서는 고압측에 제거물질이 농축되기 때문에 시간이 지날수록 막표면에 제거물질이 침착하여 겔(gel)층이 형성되어 간다. 겔층의 형성은 막면을 막히게 하므로 막면을 세척하지 않으면 안 된다. 상수의 고도처리에서는 일반적으로 SS, 콜로이드 입자(탁도유발물질), 고분자 유기물 및 박테리아 등은 막의 세공을 통과할 수 없기 때문에 농축액으로 분리되나 무기염류나 저분자량의 유기물은 투과수와 같이 막을 통과한다.

**표 6.9** 수도용 막의 종류 및 특징

| 명 칭 | 약자 | 특성 | 용도 |
|---|---|---|---|
| 초산셀룰로오스(cellulose acetate) | CA | 친수성 | MF/UF |
| 폴리아미드(polyamide) | PA | 친수성 | MF/UF/RO |
| 폴리아크릴로니트릴(polyacrylonitrile) | PAN | 약친수성 | UF |
| 폴리술폰(polysulfone) | PS | 소수성 | MF/UF |
| 폴리에테르술폰(polyethersulfone) | PES | 소수성 | MF/UF |
| 4불화에틸렌(polytetrafluoroethylene) | PTEE | 소수성 | MF |
| 폴리비닐리덴플로라이드(polyvinylidenefluoride) | PVDF | 소수성 | MF |
| 폴리에틸렌(polyethylene) | PE | 소수성 | MF |
| 폴리카보네이트(poycarbonate) | PC | 소수성 | MF |
| 폴리프로필렌(polypropylene) | PP | 소수성 | MF |
| 폴리비닐알코올(poyvinylalcohol) | PVA | 친수성 | MF/UF |
| 세라믹(ceramic) | Ceramic | 물리·화학적 안정성 | MF/UF |

**표 6.10** 막의 종류별 운전 특성

| 사항 \ 종류 | 정밀여과막 (MF) | 한외여과막 (UF) | 나노여과막 (NF) | 역삼투막 (RO) | 해수담수화 역삼투막(RO) |
|---|---|---|---|---|---|
| 여과법 | 정밀여과법 | 한외여과법 | 나노여과법 | 역삼투법 | 역삼투법 |
| 분리경 | 공칭공경 0.01 μm | 분획분자량(MWCO) 100,000 Dalton 이하 | 염화나트륨 제거율 5～93% 미만 | 염화나트륨 제거율 93% 이상 | 염화나트륨 제거율 99% 이상 |
| 여과성능 | 0.5 $m^3/m^2$·일 이상 | 0.5 $m^3/m^2$·일 이상 | 0.05 $m^3/m^2$·일 이상 | 0.05 $m^3/m^2$·일 이상 | 0.01 $m^3/m^2$·일 이상 |
| 운전압력(TMP) (100 kPa) | −0.6 (흡인), 2 (가압) | 2～3 | 2～15 | - | - |
| 운전유속(m/d) | 0.6 (흡인), 1 (가압) | 0.6 (흡인), 1 (가압) | SW (나권형) : 0.3～0.7 HF (중공사형) : 0.02～0.06 | - | - |
| 탁도제거성능 | 0.05 NTU 이하 | 0.05 NTU 이하 | - | - | - |
| 염화나트륨 제거성능 | - | - | 5～93% 미만 | 93% 이상 | 99% 이상 |

| 내압성 | 누수, 파손 및 기타 외형에 이상이 없을 것 | | | | |
|---|---|---|---|---|---|
| 미생물 제거성능 | 시료수에 대해 형성집락수가 시료수 1mL당 10개 이하 | | | | |
| 용출성 | 시료수의 분석치와 대조수의 분석치의 차가 '막모듈 용출액 분석기준에 적합할 것' | | | | |
| 제거대상물질 | SS, 콜로이드, 세균, 조류, 바이러스, 크립토스포리디움 포낭, 지아디아 포낭 등 | SS, 콜로이드, 세균, 조류, 바이러스, 크립토스포리디움 포낭, 지아디아 포낭, 부식산 등 | 유기물, 농약, 맛·냄새물질, 합성세제, $Ca^{2+}$, $Mg^{2+}$, $SO_4^{2-}$, $NO_3^-$ 등 | 금속이온, $Cl^-$ 등 | 해수 중의 염분 |

[비고] 1) MF/UF 여과성능은 25℃, 막차압 100 kPa의 조건에서 보정한 값
2) NF/RO/해수담수화RO 여과성능은 25℃, 유효압력 1 MPa의 조건에서 보정한 값

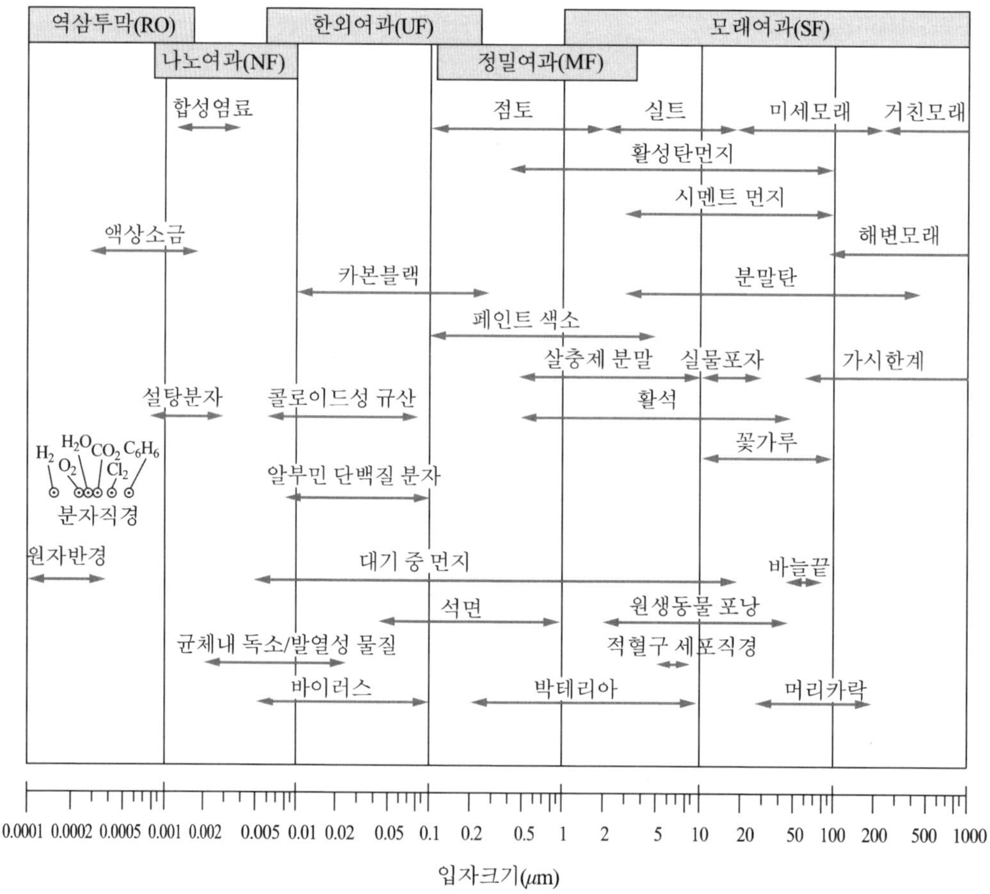


**그림 6.61 입자크기별 적정한 막여과 종류**

### 2) 적용범위

RO의 투과수는 무취, 무색투명하고 수돗물과 같은 외관을 띄며 입자성 및 용존성 물질이 대부분 제거되는 반면, UF의 투과수는 약간의 색도와 냄새가 남아있고, 무기물 및 미생물류도 거의 제거되지 않는다. 일반적으로 막분리법은 설치 및 유지비용이 높기 때문에 그 적용분야가 한정되어 있다.

### 3) 고려사항

분리막의 설계에는 분리막의 성능, 투과능력, 내구성과 같은 사항들을 고려한다. 일반적으로 RO를 제외한 막의 분리성능을 표시하는 지표로는 분획분자량(MWCO, Molecular Weight Cut-Off : 분리대상 물질이 90% 배제될 때의 분자량)이 이용된다. 이것은 막에 의해 거의 완전히 저지되는 물질의 분자량을 말하며, 기지의 분자량을 가진 표준물질을 이용하여 그 값을 정한다. 이것에 의하여 분획 분자량을 지표로 하여 분리하는 대상물질에 따른 막의 종류를 선택할 수 있다. UF에서는 분획분자량으로 RO에서는 특정조건의 운전조건에서의 염 제거율(예를 들면, 공급수 1,500 mg/L 식염수, 압력 30 kg/cm$^2$, 온도 25℃, 회수율 75%)로 나타낸다. 막의 투과능력은 막 면적당 투과수량인 투과속도 또는 투과계수 등으로 나타내며, 그 관계는 식 (6.9)와 같다. 단, 모듈에서는 순수투과수량으로 통상 나타낸다.

$$J = \frac{\Delta P}{\mu R_m(t)} \tag{6.9}$$

여기서, $J$ : 투과유속(L/m$^2$/hr)

$\Delta P$ : 막에 걸리는 압력차(N/m$^2$)

$\mu$ : 물의 절대점성도(N · s/m$^2$)

$R_m$ : 막의 수리학적 저항(N · s/m$^2$)

### 4) 종류

주요 막분리시설로는 UF시설과 RO시설과 같은 것들이 있으며 각각의 특징을 파악하여 처리목적에 적합하게 선택한다. UF는 용존물질 또는 콜로이드 물질을 제거하기 위해 다공성 막을 이용하여 가압운전하는 시설로서 보통 콜로이드 물질과 분자량 5,000 이상인 고분자의 제거에 이용된다. UF막 공경의 크기는 보통 0.001～0.02 $\mu$m이다. 이 시설은 역삼투보다 상대적으로 낮은 압력에서 운전되는데 일반적으로 1～10 kg/cm$^2$ 정도이다. UF의 응용 분야로는 물로부터의 기름제거와 유색 콜로이드로부터의 탁도 제거 등이 있다. 그림 6.62는 가압에 의해서 처리수 중의 미립자가 물과 분리되는 상황을 모델적으로 나타낸 것이다. 이 방식을 교차(cross) 흐름방식이라 하며, 흐름의 방향과 압력이 걸리는 방향이 수직이다. 유입수는 투과수와 농축액으로 분리된다. UF법에서 막의 투과 메커니즘은 세공설에 의해 설명할 수 있다. UF막은 막표면에 다수의 세공을 가지고 있는데, 용매는 다공성막을 통과하지만 다른 성분, 즉 용질은 막표면에 걸리게 되는 성질에 의해 용매로부터 물리적인 여과에 의해 분리된다. UF막에 의해 분리되는 물질은 막의 크기와 용질의 분자크기 및 형상에 의해 좌우된다. UF막으로는 셀룰로오스 아세테이트, 폴리아미드, 폴리설폰, 폴리비닐클로라이드, 폴리에틸렌, 폴리프로필렌 등이 사용된다.

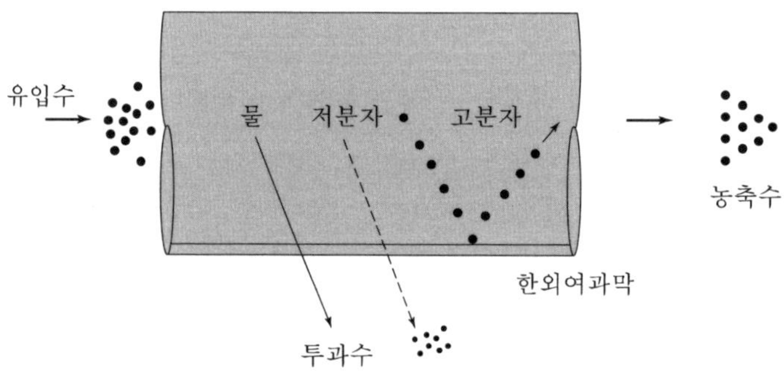


**그림 6.62 교차흐름방식에 의한 막분리 예**

RO시설은 용매는 통과하지만 용질은 통과하지 않는 반투막 성질을 이용한 처리시설이다. 원리를 나타내면 다음 그림 6.63과 같다. 물은 자유롭게 통과하지만 용질은 통과하지 않는 반투막에 의해 2개의 실로 나누어진 용기 A에 염류용액을 B에는 물을 넣은 경우 B의 물 일부는 A의 용액으로 침입하여 평행에 도달한다. 이때 A, B 사이에서 압력차이가 발생하여, 그림 6.63의 I의 상태로 된다. 이 압력차를 삼투압이라고 하며, 이 삼투압에 견딜 수 있는 만큼의 외압을 농후용액측에 가하면 그림 6.63의 II와 같이 역으로 용액중의 용매가 물쪽으로 이동한다. 이 현상을 역삼투라고 한다. 이것을 이용하여 용액에서 용매를 분리하는 방법이 역삼투법이다. 삼투압과 농도와의 관계는 다음 식이 성립한다.

$$\Pi = \Delta CRT \tag{6.10}$$

여기서, $\Pi$ : 삼투압(Pa)

$\Delta C$ : 농도차(mol/m$^3$)

$R$ : 기체상수 = 8.314 (J/mol/K)

$T$ : 절대온도(K)

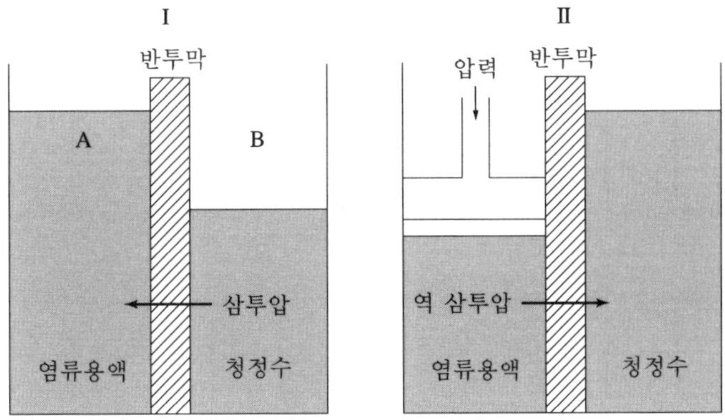


그림 6.63 역삼투의 원리

## 5) 분리막 모듈의 형식

막에는 막 자체만으로 구성된 것, 얇은 막과 그것을 지지하는 다공층이 하나로 되어 있는 비대칭막, 얇은 막과 지지막을 별도로 만들어 조합시킨 복합막이 있다. 복합막은 얇은 막과 지지막의 조합을 자유롭게 할 수 있기 때문에 최근의 개발은 이러한 경향으로 진행되고 있다. 이러한 투과막을 공업적으로 이용 가능하도록 한 장치를 모듈이라고 한다. 막 모듈은 수납방식에 따라 가압식(pressurized)과 침지식(submerged)이 있고, 모듈형태에 따라 중공사형(hollow fiber), 평막형(plate and frame), 관형(tubular), 나권형(spiral wound), 단일체형(monolith)으로 분류할 수 있으며, 막여과방식에 따라서는 전량여과(dead-end)방식과 십자형여과(crossflow)방식이 있고, 운전방식에 따라 정압여과(constant pressure)방식과 정률여과(constant flow)방식이 있으며, 통수방식에 따라 가압(inside to out)방식과 흡인(outside to in)방식으로 나눌 수 있다.

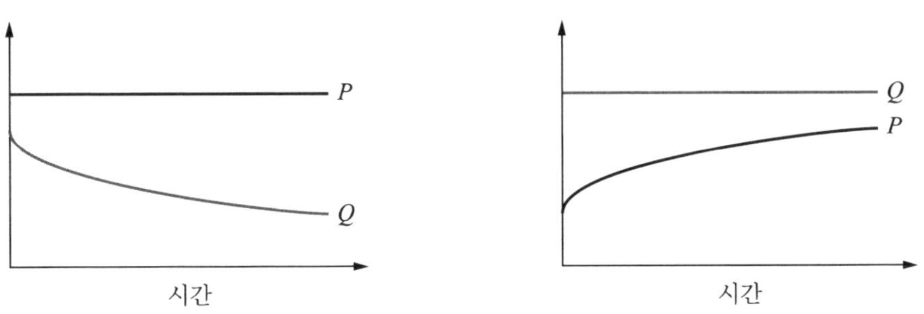


(a) 정압형 (b) 정률형

그림 6.64 막의 운전방식

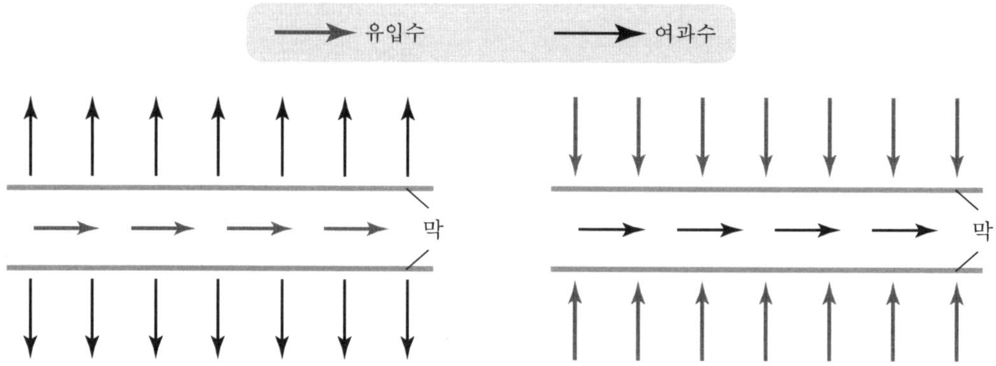


(a) 가압식　　　　(b) 흡인식

**그림 6.65 막의 통수방식**

평막형은 그림 6.66과 같이 평면상의 막을 여러 장 겹쳐서 조이는 형태이며, 구조가 간단하고 조립되어 있어 분해하여 보수하기가 용이하다. 한외여과용으로 주로 사용되고 대상원액은 슬러지에서 고분자 용액까지 비교적 폭이 넓다. 원수 유로의 폭을 매우 좁게 하는 것으로 유속을 크게 하여 막 면에 겔층이 부착하는 것을 방지한다. 물리적 세척은 불가능하고 약품세척을 실시한다.

관형은 그림 6.67에 나타낸 것과 같이 원통형으로 만들어진 막을 또 다른 원통형의 통수성을 가지는 내압지지체의 내측 또는 외측에 장착하고 있다. 내경은 10～20 mm, 길이는 1.5～

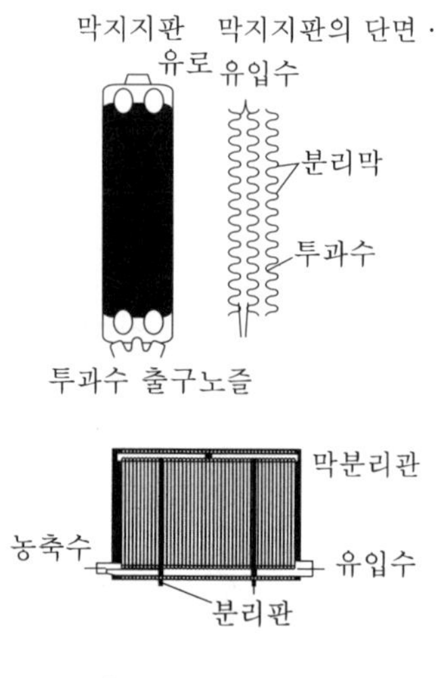


**그림 6.66 평막형 모듈**

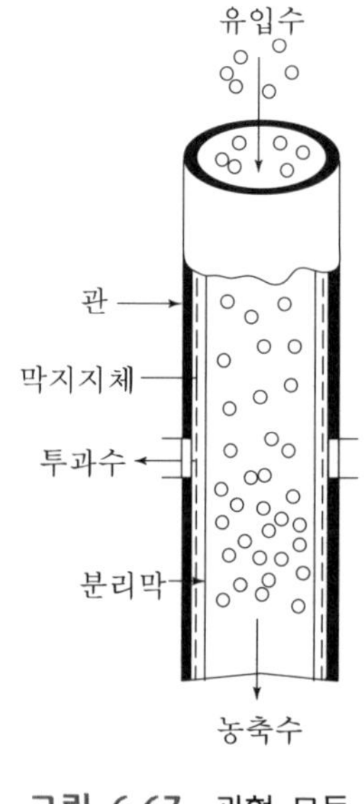


**그림 6.67 관형 모듈**

3 m인 것이 많이 사용되고 있다. 단관식과 여러 개로 구성된 다관식 모듈이 있다. 공급액의 유로 폭이 크기 때문에 전처리는 조대입자를 제거하는 것만으로도 충분하다. 공급액의 유속을 크게 하기 쉽고 막면에 스케일 부착이 적다. 세척이 용이하여 물리적 세척법을 적용할 수 있고 약품세척도 수시로 병용한다. 막교환은 용이하지만 막면적당 장치용량이 크고 설비 용적도 커진다. 통상 높은 유속으로 운전하기 때문에 여과량당 소비동력이 크다.

나권형(소용돌이) 모듈은 그림 6.68에 나타낸 것과 같이 막, 막지지체, 스페이서, 투과액 채수관 등으로 이루어진다. 2장의 평막 사이에 통수성 지지물질을 끼워 넣고 막의 외측면에는 망상의 스페이서를 겹치고, 막의 세 변을 접착제로 봉하여 투과액 채수관을 중심으로 말아 넣은 것이다. 원수는 스페이서부에 들어가고, 막을 통과한 액은 지지체부에서 투과액 채수관을

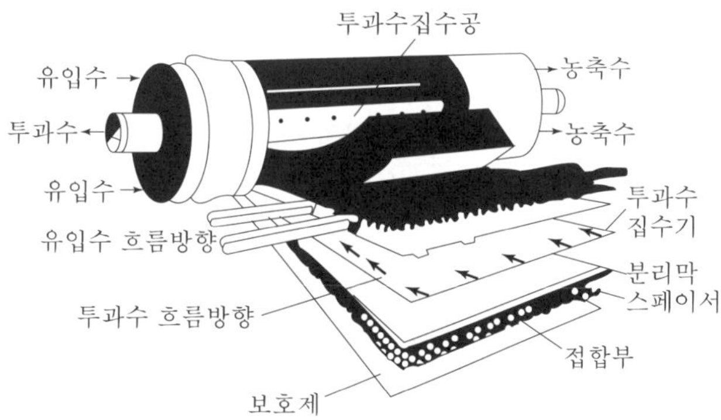


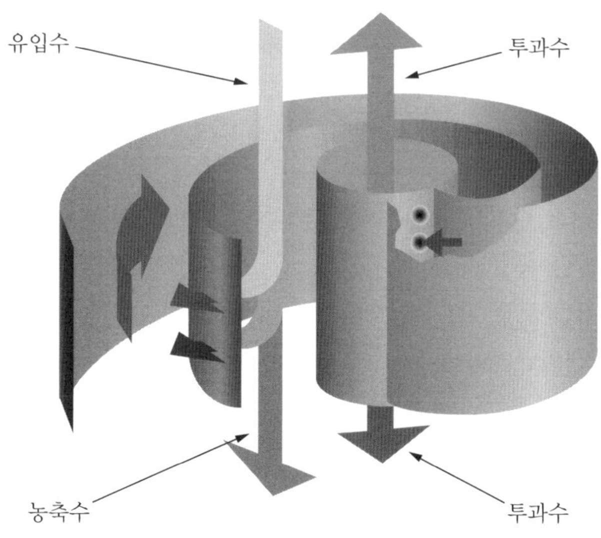


**그림 6.68 나권형 모듈**

통과하여 배출된다. 나권형 모듈은 모듈당 막면적이 크고 투과속도도 빠르기 때문에 장치의 조밀(compact)화가 가능하다. 스페이서는 활류촉진 효과를 가지고 있기 때문에 막으로의 공급량이 적어도 막면에서의 유속이 커지고 염분이 막표면 부근에 농축되어 염분제거율이 저하되는 농도 분극현상을 방지할 수 있다. 따라서 소비동력이 적게 드는 에너지 절약형이다. 반면, 유로단면이 작기 때문에 유로폐쇄를 방지하기 위한 전처리를 필요로 한다.

중공사(hollow fiber)형은 그림 6.69에서 볼 수 있듯이 내면적 중의 한 면, 또는 외측면 0.1 ~1.0$\mu$m 정도의 활성막면으로 되어 있는 중공사 여러 개를 하나의 모듈에 수납하고 있다. 다른 형식과는 달리 지지체를 사용하지 않고 자기 지지구조로 되어 있기 때문에 막 자체에 어느 정도의 기계적 강도가 요구된다. 원수가 중공사의 외측과 내측에 공급되는 두 가지 형이 있다. 단위용적당 유효면적이 크고, 보다 낮은 압력으로 처리능력을 달성할 수 있어 소비동력이 적다. 출구측에서 압입하는 역세척과 약품세척을 실시한다.

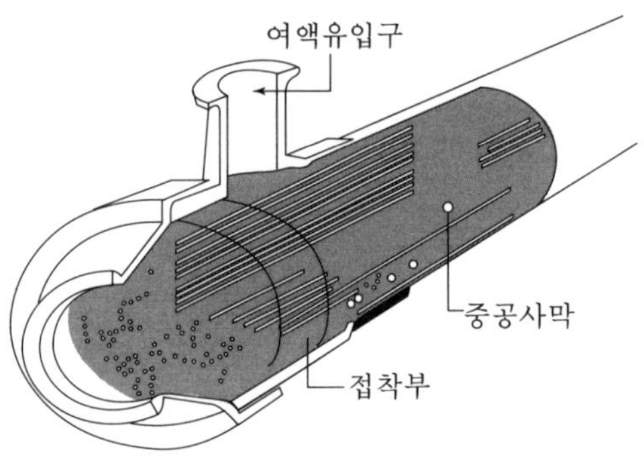


**그림 6.69 중공사형 모듈**

막오염에 의해서 성능이 저하되었을 때에는 막세정작업이 필요한데, 물리적인 세정과 화학적(약품) 세정방법이 있다. 물리적인 세정방법에는 여과수를 역류시키는 역압수 세정, 수류에 의한 플러싱(막의 1차측), 역압공기세정(막의 2차측), 기계적 진동방법과 이들 방법을 혼합하여 사용하는 방법이 있다.

화학적인 약품세정법에서는 산과 알칼리($H_2SO_4$, HCl, NaOH 등), 산화제(차아염소산나트륨), 유기산(옥살산, 구연산 등), 계면활성제 등을 사용하여 세정한다. 칼슘스케일은 산을 이용하여 세정하고, 실리카 스케일이나 휴민질의 세정에는 알칼리를 사용하며, 미생물의 세정에는 산화제를, 철/망간 산화물의 세정에는 유기산을, 그리고 지방이나 광유의 세정에는 계면활성제를 사용하여 세정하는 것이 좋다. 막모듈의 교환시기는 약품세정 후에도 막차압이 일정한 수치를 상회하거나 일정한 수치의 여과수를 얻지 못하는 경우로 판단할 수 있다. 중공사막의 이상상태를 확인할 수 있는 방법으로는 일정 공기압을 가하여 기포음의 전기적 검사, 압력저

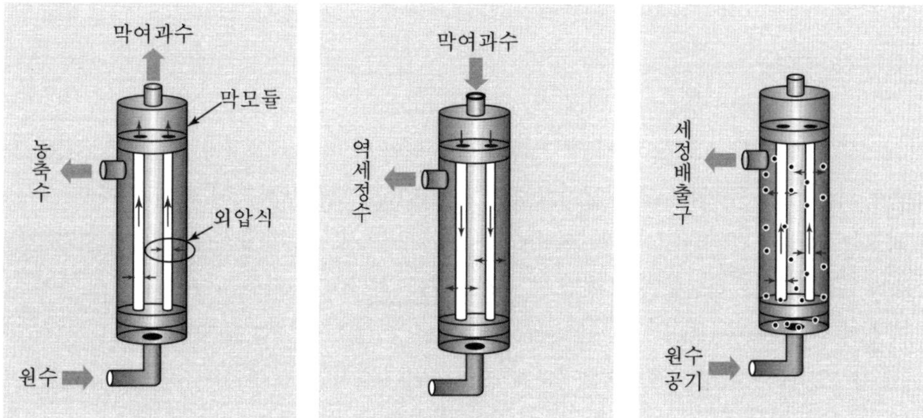


(a) 여과 (b) 역세정 (c) 공기 주입+플러싱

**그림 6.70 막모듈의 세정 예**

하속도 측정, 여과수 탁도 측정, FI (Fouling Index) 검사, 미립자수 측정 등의 방법을 이용할 수 있다. 막모듈의 보존제로는 $NaHSO_3$ (농도 1.0%, 보존기간 2개월), NaCl (농도 5.0%, 보존기간 1일), 아지드화나트륨(농도 0.05%, 보존기간 3개월), 포르말린(농도 1.0~2.0%, 보존기간 1년)이나 차아염소산나트륨 용액에 담가서 미생물증식 등에 의한 막오염을 방지할 수 있다.

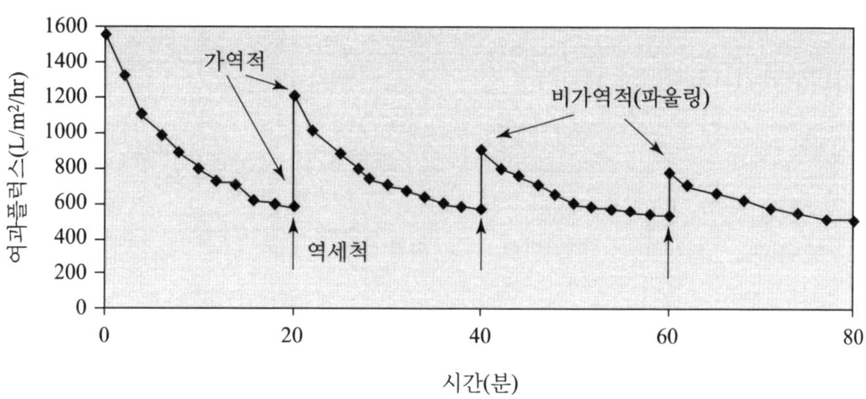


**그림 6.71 농도분극과 파울링**

시간의 경과에 따라 막여과저항 증가, 막차압 증가, 여과유속 감소, 운전비용 증가, 처리수질 악화 등이 발생할 수 있는데, 막면 부근에서 농도증가에 의해서 단기간에 가역적으로 발생하는 농도분극이 있고, 막면과 세공내벽에서 NOM/입자의 흡착과 생물막이나 스케일이 막에 형성되어 결국에는 막의 세공이 폐색되고 장기간에 비가역적으로 발생하는 파울링(fouling, 막오염)이 있다.

막여과의 장점으로는 우수한 처리수질, 조밀(compact)한 시설, 그리고 지아디아, 크립토스포리디움 등 내염소성 미생물에 대한 효과적인 처리라고 할 수 있는데, 막모듈 손상에 의한 처리능의 저하(오염물질의 누출), 장기간에 걸쳐 신뢰할 만한 분리막에 대한 평가 필요성, 그리고 막모듈 손상에 대비한 감시와 신속한 검지 및 보수 시스템 필요성에 의해서 완결성 시험(integrity test)이 필요하다. 원수 수질과 운전조건에 적합한 최적의 완결성시험 도출과 막여과 공정설계 시 신뢰성 및 안정성 면에서 최적의 공정 설계가 가능할 때 최적의 완결성 시험이라 할 수 있다. 완결성 시험방법은 아래 표에 있는 것처럼 간접법과 직접법이 있다.

(1) 간접법(indirect integrity test)

| 시험법 | 원리 및 감시법 | 연속감시 | 온라인 | 자동화 | 계역감시 |
|---|---|---|---|---|---|
| 입자 계수법<br>(particle counting) | • 원리 : 레이저 광 산란 측정<br>• 출력 : 크기별 입자수(개수/mL) | 가능 | 가능 | 가능 | 가능 |
| 입자 감시법<br>(particle monitoring) | • 원리 : 빛의 장해<br>• 출력 : 입자 수질의 무차원 상대치 | 가능 | 가능 | 가능 | 가능 |
| 탁도 감시법<br>(turbidity measurement) | • 원리 : 광 산란 측정<br>• 출력 : 탁도(NTU) | 가능 | 가능 | 가능 | 가능 |

(2) 직접법(direct integrity test)

| 시험법 | 감도 | 특징 |
|---|---|---|
| 압력유지시험<br>(PDT: pressure decay test) | • 감지 감도 양호<br>• 모듈 본 수에 비례, 감도 저하<br>• 막이 충분히 젖어야 함 | • 널리 사용<br>• 미국에서 인증된 방법<br>• 본 수 증가시 고감도 압력변환기 필요<br>• 자동화 활발히 진행 |

## 6) 막분리시설의 구성

막분리시설은 모듈, 가압펌프로 구성되며, 농축수를 순환시켜 원수와 혼합시킨 뒤 재투과시키는 경우도 있다. 막분리 시설의 기본 흐름을 그림 6.72에서 보면 원수는 펌프로 가압되어 모듈로 보내지고, 투과수와 농축수로 분리된다. 농축수는 순환해서 유입수와 혼합하여 재투과시키는 경우도 있다. 또 유입수는 응집침전, 모래여과 등으로 전처리 하는 경우가 많다. 단일 막으로 처리하는 경우가 적고, 여러 단에서 투과수를 통과하는 것이 보통이다.

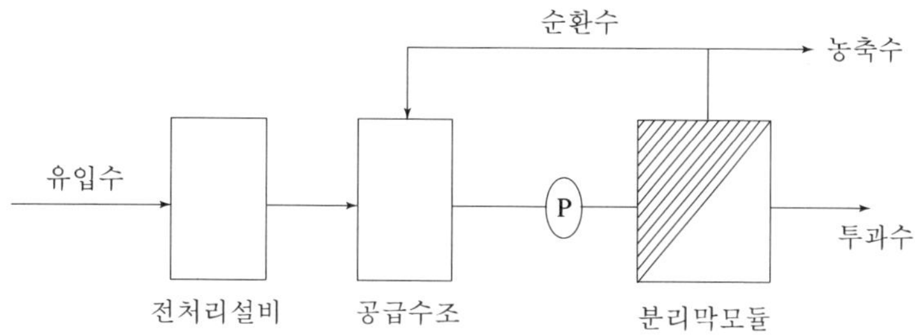


그림 6.72 막분리법 기본모식도

## 6.5.9 생물처리

생물처리는 일반적인 정수처리로서는 충분히 제거되지 않는 암모니아성질소, 질산성질소, 조류, 냄새물질, 철, 망간 등의 처리에 적용된다. 생물처리는 응집, 침전, 여과 등 일반적인 정수처리공정의 전처리로서 뿐 아니라 오존과 활성탄 등의 처리공정과 조합으로 실시되는 경우도 있지만, 각 공정 상호간에 지장을 초래하는 일이 없어야 하며 전체적으로 처리효과가 제고되도록 해야 한다. 생물처리에는 호기성처리방식과 혐기성처리방식이 있으나, 상수도 분야에서는 대부분 호기성처리방식이 사용된다.

생물처리는 생물의 자연정화작용을 인위적으로 반응조 안에서 고효율로 진행시키는 방식이며, 미생물이 부착할 표면적을 크게 증가시키기 위한 충전재 또는 원판 등을 반응조 내에 설치하여 생물막을 형성시켜서 물과의 접촉빈도를 충분히 높이는 방식이다.

생물처리방식에는 수중에 고정된 플라스틱 작은 통의 집합체인 하니콤(honeycomb)방식, 회전하는 원판에 의한 회전원판방식(RBC, rotating biocontactor), 입상여재에 의한 생물접촉여과방식 등이 사용되고 있다. 수중의 유기물, 질소, 인 등이 생물막에 존재하는 미생물로 분해 또는 섭취됨으로써 수질정화가 이루어지나, 생물막 중에서 미생물의 생물화학적 반응은 제어하기 어렵고 처리대상물질을 완전히 제거하기가 곤란하다는 점과 수온의 영향을 받는다는 점 등의 특성을 가지고 있다. 따라서 처리대상물질이 처리설비에 유입되는 부하는 동일하더라도 처리효과는 계절이나 원수수질에 따라 크게 달라진다.

### 1) 생물처리의 효과

생물처리는 암모니아성질소, 조류, 곰팡이냄새, 음이온계면활성제, 망간 등의 제거에 효과가 있으며, 또 탁도가 제거되고 이에 수반하여 색도, 과망간산칼륨소비량, 일반세균 등도 저감된다. 그러나 트리할로메탄 등 유기할로겐화합물의 생성능은 그 전구물질이 용존성인 경우에는 거의 제거되지 않는다.

## 2) 처리효과에 영향을 미치는 인자

처리효과에 영향을 미치는 주요인자는 다음과 같다.

① **수온** : 호기성처리에 관계되는 미생물은 20～30℃가 최적수온이고 수온이 내려가면 처리효과는 떨어지며, 특히 질산화균은 5℃ 이하에서는 생물활성이 현저하게 떨어진다.

② **pH** : 미생물에 대한 최적 pH는 종에 따라 다르지만 대개 7.0～7.5이다.

③ **영양염류와 산소** : 미생물이 증식되기 위해서는 유기물과 암모니아성질소, 철 등의 무기물이 필수적이다. 이들 이외에도 암모니아성질소 이외의 질소, 무기성 인, 그 밖의 미량금속도 필요하다. 이런 것들 중에 어느 성분이 부족하면 미생물의 영양균형이 깨져서 처리효과가 떨어진다. 또 미생물에 의한 유기물의 산화·분해반응이나 암모니아성질소의 산화에는 용존산소가 필수적이다. 원수 중에 산소가 부족할 우려가 있는 경우에는 폭기(aeration) 등으로 산소를 공급해야 한다.

④ **저해물질** : 중금속, 기름성분, 농약 등이 원수에 유입되면 처리효과가 떨어진다.

⑤ **접촉시간** : 생물막과 원수와의 접촉시간이 길면 처리효과는 높아진다. 접촉시간은 단위생물막면적당의 처리수량(수면적부하)으로 표시되지만 반응조 내에서 수류를 순환시키는 하니콤방식이나 회전원판 방식에서는 순환회수나 회전속도가 처리효과에 영향을 미친다.

## 3) 생물처리공정의 선정

생물처리를 도입하는 경우에는 제거대상으로 되는 수질항목과 목표수질을 명확하게 하고, 필요로 하는 설비용량을 산정한 다음 경제성이나 기존 정수시설에의 적합성 등을 고려하여 가장 바람직한 처리방법을 결정한다. 생물처리가 다른 처리방법보다 효과적으로 기능하는 제거대상물질로는 암모니아성질소, 곰팡이냄새, 조류 등이다.

방식을 선정할 때에는 소요면적, 설비의 크기, 설비에서의 손실수두, 유지관리의 난이도, 세척방법 및 슬러지처리의 필요성, 설비의 내구성, 주변환경에의 영향, 건설비, 유지관리비 등을 고려해야 한다.

## 6.6 배출수(슬러지)처리

정수처리과정에서는 다양한 공정에서 고액분리가 일어나 배출수(슬러지)가 다량 발생한다. 배출수에 포함되어 있는 수분은 자유수(free water), 간극수(porous water), 모관결합수(capillary water), 표면부착수(floc water), 내부보유수(particle water), 화학결합수(chemically bound water)로 구분할 수 있다. 정수장에서 배출되는 슬러지는 주로 약품응집 및 침전과정에서 발생되는 슬러지와 여과지의 역세척 시 발생되는 배출수이다. 배출수에 포함되는 물질로는 탁도유발물질, 미생물로부터 기인하는 물질, 그리고 약품처리에 의해 발생되는 물질 등을 들 수 있다. 약품침전지의 침전슬러지 및 급속여과지의 세정배수 중의 슬러지는 각각의 역할을 다하도록 처리·처분해야 한다. 배출수의 처리법을 크게 나누면 약품처리와 무약품처리의 2종류가 있다. 슬러지는 탈수성이 매우 나쁘므로 탈수성의 개선을 목적으로 다양한 처리가 행해진다. 배출수의 처리방법으로는 약품처리법, 무약품처리법(동결융해법, 기계탈수법, 자연건조법, 탈수·열건조법), 하수처리장 이송처리법 등이 있다. 정수장 배출수 처리는 하수처리장 슬러지 처리방법과 유사하게 조정, 농축, 개량, 탈수, 처분의 단계를 거쳐 처리되는데, 조정단계에서 사용되는 시설은 배출수조(여과지 역세척배출수 조정)와 배슬러지조(침전슬러지 조정)가 있다. 농축단계에서 사용되는 시설은 농축조가 있는데, 슬러지 내 물을 제거하기 위하여 중력식 농축조(회분식과 연속식)가 가장 많이 쓰이고 있다. 개량방법으로는 약품(고분자 응집제)을 이용한 응집처리가 일반적으로 사용되고 있다. 탈수방법으로는 탈수기(벨트프레스, 가압탈수, 진공탈수, 원심탈수)나 모래건조상 등이 있다. 정수슬러지의 처분방법으로는 함수율을 85% 이하로 하여 매립하는 것이 일반적이지만 그밖에도 성토재, 복토재, 시멘트원료, 재생벽돌, 토양개량제 등으로 활용할 수 있다. 추가적인 슬러지 처리방법에 대해서는 Part 3의 Chapter 6의 슬러지처리를 참고하기 바란다.

### 6.6.1 약품처리

#### 1) 산(acid)처리법

황산을 가하여 pH를 낮추고 슬러지를 점토입자와 알루미늄 이온으로 분리하며 점토분의 침강농축성을 증가시키기 위해 석회를 가해 기계탈수하는 방법이다. 본 법은 알루미늄이온과 황산으로부터 생기는 황산알루미늄을 재생응집제로서 이용할 수 있다는 이점이 있는데 철이나 망간 등도 알루미늄과 동시에 용출하므로 관리상 주의를 요한다. 또한 석회첨가에 의해 탈수케이크의 양은 증대하나 케이크 자체의 pH가 높고 함수량도 비교적 많으므로 매립 처분에 있어서 토질적 성상은 좋지 않다. 그러나 응집제 주입량이 많은 정수장에서는 유효하다.

### 2) 석회처리

슬러지에 석회를 가하여 기계탈수시키는 방법이다. 석회의 효용은 명확하지 않은데 석회의 커다란 입자의 혼입이 슬러지의 입도조성을 변경시키거나 또는 석회와 슬러지 입자사이에 침상결정을 형성하여 탈수성이 개선된다고 보고 있다. 이 방법도 첨가된 석회로 인한 케이크양의 증대, 처분시 높은 pH에 의한 문제가 남는다.

### 3) 고분자 응집제처리

폴리아크릴 아마이드, 폴리아크릴산 등 합성고분자 응집제를 사용하여 슬러지의 침강성, 농축성, 탈수성의 향상을 기하려고 하는 것이다. 응집제의 종류에 따라 최적 주입량을 파악해 두어야 하는데 보통 슬러지량의 0.2～0.3%이다. 또한 처리된 물의 독성에 관한 문제가 있으므로 무제한적으로 사용할 수는 없다.

### 4) 펠렛(pellet) 탈수법

슬러지에 고분자 응집제를 첨가하여 수중에서 펠렛(pellet)상으로 만들고, 회전드럼 중에서 덩어리상으로 결합시킴과 동시에 중력에 의해 탈수시키는 방법이다. 펠렛화되어 있으므로 건조, 소성 등의 공정과 조합이 가능하다.

## 6.6.2 무약품처리

### 1) 자연건조처리

천일건조상에 의한 처리와 라군을 이용한 처리가 있다. 이 두 방법은 소규모 정수장에 적합하며 기상조건이 좋고 용지의 확보가 쉬운 곳에서는 유지관리 및 경제적으로 유리한 방법이다.

### 2) 동결융해법

슬러지를 동결시키면 이때의 강력한 빙압에 의해 응집수화형이 파괴되어 점토 입자가 서로 결합하여 괴상으로 된다. 그리고 융해하면 쉽게 물이 분리된다. 탈수방법은 자연탈수, 기계탈수의 어떤 것도 가능한데 케이크의 토질적 성상이 양호하여 점토의 대용으로서의 이용가치도 있다. 또한 분리수의 수질도 양호하다. 이 방법은 갖가지 성상의 슬러지에 있어서도 유효한데 경제성에 문제가 있으나 장래성이 있는 방법이다.

### 3) 열처리법

유기물이 많이 함유된 슬러지에 유효한 처리법이다. 탈수성은 가온에 의해 개선되는데 분리수의 성상은 나쁘다. 또한 200℃ 이상의 가열이 필요하기 때문에 비용이 많이 들어 실용상 문제가 많다.

### 4) 분무건조법

농축슬러지를 건조탑 중에서 분무상으로 하여 건조시키는 방법이다. 건조된 케이크는 토질적으로도 양호하여 제품화·자원화의 이용도 고려되고 있다.

# 배 수

## 7.1 배수방식

배수는 적당한 수압 하에서 소요수량을 항상 공급할 수 있게 하는 것이 중요하다. 배수방식으로서 배수지식(service reservoir)과 펌프직송식이 있다.

배수지식은 송수된 물을 일단 배수지에 저류시켜 놓고 배수구역에 공급하는 방식이다. 배수량은 시간적으로 변동이 심하므로 수량을 조절할 필요가 있는데 이 방식은 그것이 가능하다. 즉, 야간의 잉여수를 저류하여 소비가 큰 주간이나 화재 시에 대비할 수 있다. 또한 상류측의 시설에 사고가 있어서 송수가 정지되어도 일정시간 정도는 단수시키지 않고 배수할 수 있는 이점도 있다.

펌프직송식은 배수지를 경유하지 않고 정수장으로부터 펌프로 물을 직접 배수구역으로 공급하는 방식이다. 이 방식은 동력이 정지하면 즉시 단수되고 사용량의 변동에 따라 관내에 수격작용(water hammering)이 생길 염려가 있으며 수량조절도 할 수 없다. 펌프직송식은 많은 단점을 가지고 있으므로 가능한 한 배수지식을 사용해야 한다.

배수지식에는 자연유하식, 펌프가압식 및 이의 병용식 등이 있다. 배수구역에 적당히 높은 지대가 있으면 여기에 배수지를 설치하고 이로부터 자연유하로 배수할 수 있다. 배수의 안전확보를 기하기 위해서는 자연유하식이 가장 바람직하다. 그러나 적당히 높은 지대가 없으면 배수지의 출구쪽에 펌프장을 설치하고 펌프가압식으로 배수한다. 또한 지형에 따라 일부 자연유하식으로 하고 수압이 부족한 부분에 대해서는 배수지의 위치 또는 배수구역의 도중에 펌프장을 설치하여 병용식으로 하는 경우도 있다.

배수된 물은 직접 마실 수 있는 청정한 물이므로 절대로 외부로부터의 오염이 없도록 각별히 주의해야 한다.

## 7.2 배수지

### 7.2.1 용량

배수지의 용량은 주간 시간대의 변동에 대해 수급의 균형을 기할만한 수량을 저류할 수 있는 크기로 해야 한다. 그림 7.1의 사선부에 보였듯이 이 수량은 계획 1일 최대급수량의 1시간분을 초과하는 시간급수량을 누계한 것인데 이것은 5.68시간분(사선부의 면적)이 되고 있다. 따라서 여기에 소화용수 및 기타 여유를 주어 배수지의 용량을 계획 1일 최대급수량의 8~12

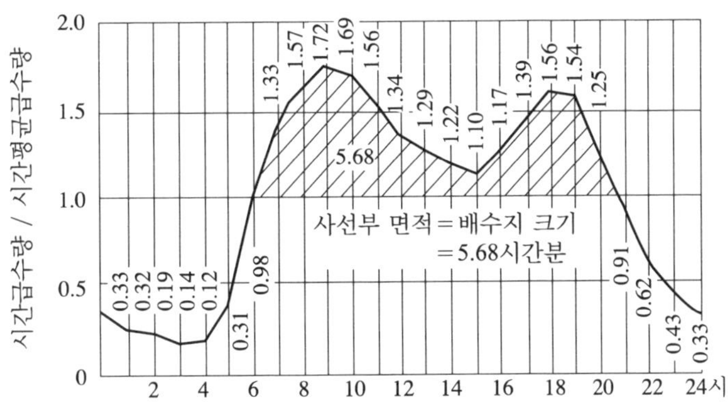


그림 7.1 배수량의 시간적 변화

표 7.1 배수지의 용량에 가산해야 할 인구별 소화용수량

| 인구(인) | 소화용수량($m^3$) |
|---|---|
| 5,000 미만 | 50 |
| 10,000 | 100 |
| 20,000 | 200 |
| 30,000 | 300 |
| 40,000 | 350 |
| 50,000 | 400 |

시간분을 표준으로 하는데 최소한 12시간분 이상을 필요로 한다. 급수인구가 적은 도시일수록 저류용량에 비해 소화요수량이 점하는 비율은 크게 되며 표준용량만으로는 화재시 일반급수에 지장을 줄 염려가 있다. 따라서 5만 명 이하의 수도에서는 표준량 외에도 표 7.1의 소화용수량을 가산하고 있다.

## 7.2.2 위치

배수지를 나온 물은 배수구역 내의 수요자에게 모두 공급해야 하므로 그 위치는 배수구역 내의 중앙부근으로 하는 것이 이상적이다. 이렇게 하면 말단부까지의 배수관의 연장은 짧아지게 되어 손실수두가 작아지므로 관경도 작게 할 수 있다. 또한 전체적으로 수압이 평균화되어 균등한 급수가 가능하다. 그러나 실제로 중앙부근에 부지를 확보하는 것은 매우 어렵기 때문에 배수구역 내의 주변부나 배수구역에 근접한 장소에 설치하는 것이 일반적이다. 자연유하로 배수되는 것이 바람직하므로 배수지는 적당히 높은 장소에 설치한다. 단, 이 경우 배수지 내의 수위가 저수위일 때라도 배수관 내의 최소동수압을 1.5 $kg/cm^2$를 확보할 수 있고 고수위시에는 배수관에 걸리는 최대정수두가 표 5.6에 보인 관의 최대 사용 정수두를 넘지 않도록 높은 장소에 설치해야 한다. 만약 적당히 높은 장소가 없으면 후술하는 배수탑이나 펌프가압식을 적용할 수밖에 없다.

배수구역 내에 지반의 고저가 현저할 때는 고지대, 저지대 또는 고지대, 중지대, 저지대와 같이 구역을 2∼3구로 나눠 각 구별로 배수지를 따로따로 설치한다. 단, 고저차가 있는 구역이 작은 범위라면 따로 배수지를 설치하지 않고 낮은 구역에는 감압밸브에 의해 수압을 낮추든가, 높은 구역에는 증압펌프에 의해 수압을 높이는 것이 경제적이다.

## 7.2.3 구조

철근콘크리트구조, PS 콘크리트구조 또는 강철제로 한다. 소규모인 경우에는 강철제가 경제적인데 일반적으로 철근콘크리트구조는 평면형상이 장방형인 것이 많다. 배수지는 정수를 저류하는 시설이므로 우수나 기타 오염물질이 들어가지 않도록, 그리고 햇빛이 입사되지 않도록 반드시 복개를 해야 한다. 또한 보온을 위해서 특히 한랭지나 혹서지에서는 두께 30∼60 cm의 복토로 덮으면 좋다.

지의 측벽부는 수심이 얕은 경우에는 옹벽식으로 축조하는 것이 보통인데 깊은 경우는 부벽식 또는 라멘식으로 한다(그림 7.2). 측벽, 상하 상판, 지주를 일체로 하는 라멘구조가 가장 안전하다. 상판은 플랫 슬라브 구조가 많이 이용된다. 배수지의 유효수심은 3∼6 m를 표준으

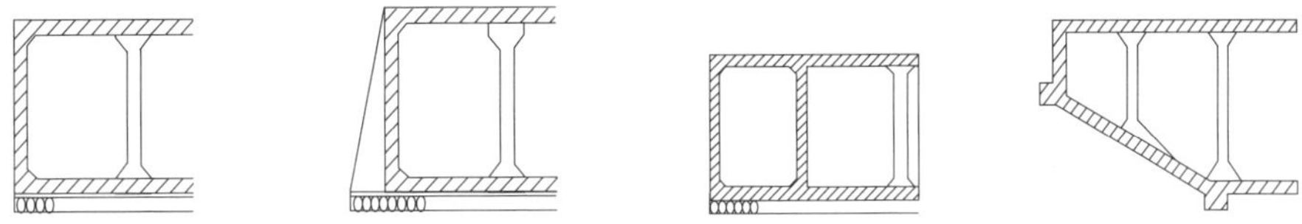

(a) 옹벽식　　(b) 부벽식　　(c) 라멘식　　(d) 경사식

그림 7.2　배수지 측벽의 예

로 하고 주벽의 상단은 고수위보다 30 cm 이상 높게, 배수지 바닥은 저수위보다 15 cm 이상 낮게 한다.

배수지는 방수성이 강하게 요구되므로 주의하여 시공해야 한다. 특히 항타공법의 시공이 사용된다. 방수성을 유지시키기 위해 양질의 콘크리트를 사용하고 필요에 따라 방수몰탈이나 아스팔트 도장 등의 방수공법을 실시한다. 철근콘크리트의 경우는 20 m 간격 정도로 신축접합을 설치한다.

신축접합에는 고무 또는 경질염화비닐제의 지수판을 사용한다. 상판의 표면에는 1/100～1/300 정도의 경사를 두어 배수를 좋게 하고 배수지 바닥에는 배수구를 향하여 1/100～1/500의 경사를 만든다.

배수지는 청소나 점검을 위해 비울 때도 있으므로 2지 이상으로 분할하는 것이 바람직하며 1지의 경우는 격벽으로 양분할 필요가 있다. 또한 배수지 내의 물이 정체하지 않도록 도류벽을 설치하는 경우도 있는데 배수지는 1일간의 수위변동이 매우 크므로 그다지 고려할 필요는 없다. 유입관과 유출관은 배수지 내의 물이 정체를 일으키기 어려운 위치에 설치하고 유출관의 중심높이는 저수위보다 관경의 2배 이상 낮게 한다. 일반적으로 배수지 바닥보다 1단 낮게 핏트(pit)를 설치하여 이 가운데로 관을 내는 것이 보통이다.

유입관과 유출관에는 제수밸브를 설치하고, 관이 벽을 관통하고 있는 곳은 특히 방수에 주의해야 한다.

## 7.2.4 부대설비

### 1) 배수관

배수지를 비우기 위해서는 배수지의 최저부에 설치한 배수관에 제수밸브를 붙인다. 배수관의 크기는 저수위 이하의 수량을 고려하여 결정하는데 단시간 내에 배수하기 위해서는 클수록 좋다. 그러나 일반적으로 유입관경의 1/3～1/2 정도가 좋고, 저수위까지의 수량은 유출관에 의해 처리한다.

### 2) 월류관

지 내의 수위가 고수위를 넘을 때 초과분을 자연적으로 배제하기 위해 설치하는 관이다. 월류관은 배수관의 제수밸브의 하류측에 접속시킨다. 월류관의 크기는 배수지의 면적, 여유고, 유입량을 고려하여 결정한다.

### 3) 측관

사고 또는 청소, 점검 등으로 배수지를 정지시키는 경우 배수지를 경유하지 않고 직접 배수할 수 있도록 유출입관을 연결시키기 위해 설치하는 관이다. 측관의 크기는 유입관 또는 유출관과 같은 관경으로 하고 반드시 제수밸브를 설치한다.

### 4) 환기장치

환기장치는 지 내 수위의 상승, 하강에 따른 공기의 출입을 자유롭게 하기 위해 설치하는 것이다. 따라서 환기구의 크기는 그다지 크게 할 필요는 없으며 유출관의 단면적 정도만 되면 충분하다. 또한 그 수는 가능한 한 적어도 1~2개소 정도로 하면 좋다. 환기구를 통해 우수, 먼지, 곤충 등이 절대로 들어오지 못하게 하는 구조로 하고 환기구에는 체눈이 작은 망을 씌운다.

### 5) 맨홀

청소나 점검 시 사람이 지 내에 들어가기 위해 설치하는 설비이다. 맨홀에는 반드시 덮개를 설치하여 오염물이 절대로 침입하지 않는 구조로 해야 한다. 덮개에는 반드시 자물쇠를 설치한다.

### 6) 수위계

지내의 수위를 알아보기 위해서 보기 쉬운 장소에 수위계를 설치한다. 필요에 따라 수위지시계와 연동하는 경보장치를 설치하면 작업상 편리하다.

## 7.3 배수탑 및 고가탱크

배수구역 내 혹은 그 부근에 배수지를 설치할 적당히 높은 장소가 없는 경우에는 배수량의 조정 또는 배수펌프의 수압조정용으로서 배수탑 또는 고가탱크를 설치한다.

지상에서 높이 설치된 구조물이므로 배수지에 비해 단위용적당 건설비는 높게 되며 대용량의 것을 축조하면 비경제적이다. 최근에는 소규모의 수도 이외에는 거의 사용되지 않는다. 배수탑 또는 고가탱크를 설치하는 장소는 배수지와 같이 구역 내의 중앙부가 바람직한데 가능한 한 지반이 조금이라도 높은 곳을 선택하면 그만큼 유리하게 된다. 또한 충분한 지지력을 가진 양호한 지반상에 설치해야 한다.

배수탑 및 고가탱크는 철근콘크리트구조, PS 콘크리트구조 또는 강철제로 하고, 복개를 하여 우수나 기타 오염물의 침입을 방지할 수 있는 구조로 해야 한다. 구조계산에 있어서는 풍압과 만수시의 지진력을 고려하여 충분히 안전하도록 설계해야 한다. 또한 지상보다 높은 구조물이므로 도시의 미관에 대해서도 고려할 필요가 있다. 일반적으로 형상은 원통형이 많이 사용된다.

배수탑 및 고가탱크의 용량은 원칙상 배수지의 용량에 준하는데 공사비 등의 이유로 실제로 크게 건설하는 것이 어려우며 일반적으로 계획 1일 최대급수량의 1～3시간분을 표준으로 하고 배수조절을 위해서 부족한 수량은 별도로 배수지를 설치하는 것이 보통이다.

배수탑의 총수심은 20 m 정도를 한도로 하고, 고가탱크는 수심을 3～6 m 정도로 한다. 배수탑은 탑 내 전체수심에 걸쳐서 저수하는데 유효수심 이하의 물은 수두관계상 실제로는 사용할 수 없고 단순히 유효수위 이상의 물을 저수하고 있음에 지나지 않으므로 설치에 있어서는 가능한 한 이만큼의 수량을 적게 할 수 있는 위치를 선정하여 수심을 유용하게 이용할 수 있도록 노력하는 것이 중요하다. 수심이 깊으므로 특히 방수에 주의가 필요하며, 탑의 높이는 직경의 1.5～3배 정도로 하고 고수위로부터 평균수위까지의 여유고는 30 cm 이상으로 한다.

높이와 직경과의 관계는 소형인 경우 높이를 직경과 같게 하던지 또는 약간 크게 하고 대형인 경우에는 반대로 작게 하면 외관상으로나 경제상 유리하다. 강철제인 경우에는 원통형이나 구형 또는 회전타원체 등으로 만들어지고 있다.

배수탑 및 고가탱크의 기초는 충분한 밑면적과 중량을 가져 안정하게 해야 한다. 부득이 연약지반 위에 설치하는 경우에는 객토, 항타 등에 의해 지반의 개량을 행하고 기초의 안전성을 확보해야 한다. 고가탱크의 지주는 강구조 또는 철근콘크리트구조로 한다. 이것은 탱크의 하중을 견디어 기초에 안전하게 전달하는 역할을 가지고 있으므로 기초에 고정되고 탱크에도 견고히 연결시켜 일체구조로서 지진이나 풍압에 견딜 수 있도록 해야 한다. 부대설비에 대해서는 배수지에 준한다. 그림 7.3에 고가탱크의 설치 예를 나타내었다.

그림 7.3 고가탱크

## 7.4 배수관

### 7.4.1 계획배수량

배수관의 계획배수량은 평상시에 있어서는 계획시간 최대급수량, 화재 시에 있어서는 계획 1일 최대급수량과 소화용수량과의 합계량으로 한다. 가장 수요량이 많은 시간대에 화재가 발생하는 경우 급수량의 부족을 가져오지 않도록, 계획배수량은 계획시간 최대급수량과 소화용수량과의 합계를 계산하는 것이 이상적인데 이 때문에 배수관의 관경이 크게 되고 특히 급수인구가 작은 도시는 매우 비경제적 계획이 된다. 또한 실제로 이 같은 사태가 생길 가능성이 있는 것은 여름철의 오후뿐이므로 연간을 통해서 매우 작으므로 계획시간 최대급수량은 다음의 식을 표준으로 한다.

$$\begin{matrix}\text{계획시간}\\\text{최대급수량}\end{matrix} = \frac{\text{계획 1일 최대급수량}(\mathrm{m^3/d})}{24(\mathrm{hr/d})} \times \begin{cases} 1.3 - \text{대도시 및 공업도시의 경우} \\ 1.5 - \text{중도시의 경우} \\ 2.0 - \text{소도시의 경우} \end{cases} \qquad (7.1)$$

소화용수량은 도시의 성격, 소방시설, 인구밀도, 건물의 종류, 기상조건 등을 고려하여 정해야 하는데 일반적으로 우리나라의 급수인구 10만 명 이상의 도시에서는 1인 1일 최대급수량이 크기 때문에 시간최대급수량은 1일 최대급수량에 소화용수량을 합한 양의 1시간분보다도 크게 되며 특별히 소화용수량을 고려하지 않는다. 급수인구 10만 명 이하의 도시의 경우 계획 1일 최대급수량에 가산해야 할 소화용수량은 표 7.2와 같다.

**표 7.2** 계획1일 최대급수량에 가산하는 인구별 소화용수량

| 인구(만 명) | 소화용수량($m^3$/min) | 인구(만 명) | 소화용수량($m^3$/min) |
|---|---|---|---|
| 0.5 미만 | 1 이상 | 6 | 8 |
| 1 | 2 | 7 | 8 |
| 2 | 4 | 8 | 9 |
| 3 | 5 | 9 | 9 |
| 4 | 6 | 10 | 10 |
| 5 | 7 | | |

## 7.4.2 수압

배수관의 최대정수압은 사용하는 관의 최대사용 정수두를 넘지 않도록 하는 것이 원칙이다. 최소동수압은 주택 및 급수장치의 경우 1.5 kg/cm$^2$를 표준으로 한다. 수세식 화장실이 대부분 보급되어 있으므로 가능하면 2 kg/cm$^2$ 또는 그 이상으로 하는 것이 바람직한데 항상 수압이 높으면 누수량이 증가하고 급수장치가 파손되는 경우가 있으므로 주의를 요한다.

화재 시에는 소방펌프에 의해 가압시켜 방수시키므로 화재장소 부근에서 (−)수압이 되지 않을 정도의 수압이 유지되면 좋다.

## 7.4.3 관의 배치방식

배수관의 배치방식에는 수지상식과 격자식이 있다(그림 7.4). 수지상식은 관이 상호 연결되어 있지 않고 나뭇가지 모양으로 나뉘어져 가는 방식이다. 말단으로 갈수록 관은 가늘어지므로 수압의 저하가 현저하다. 또한 말단부에서는 물이 정체하기 쉽고 수질의 악화나 관의 부식의 원인이 되는 경우가 있으므로 방수할 필요가 있다. 사고 시에는 단수구역이 크게 되므로 지형적으로 부득이한 경우에만 사용한다.

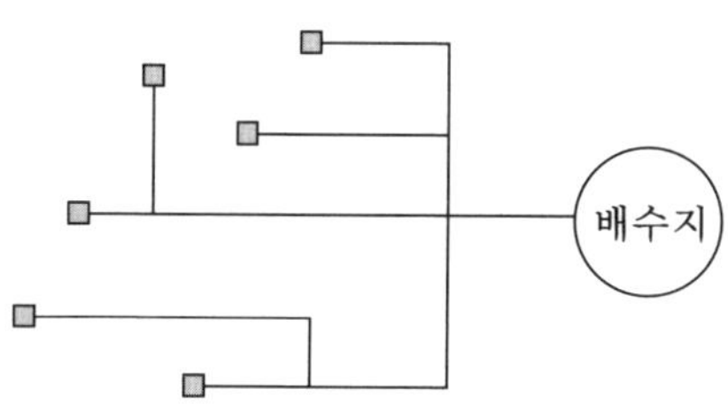


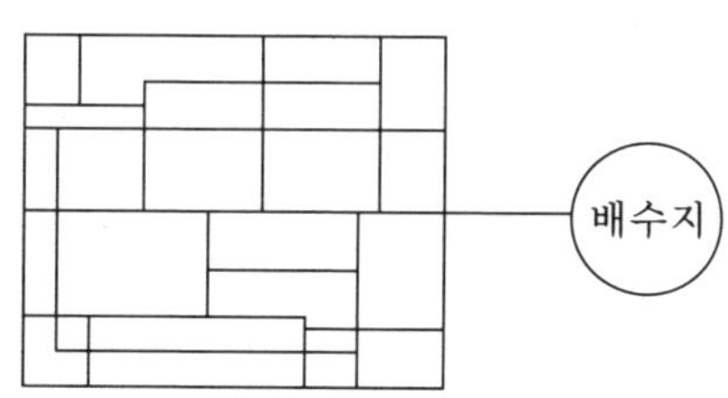


**그림 7.4** 배수관의 배치방식

격자식은 관이 상호 연결되어 격자상으로 된 방식이다. 물은 정지되지 않고 수압은 구역 내에 거의 일정하게 분포한다. 사고 시는 단수구간을 최소한으로 정지시킬 수 있으므로 현재 널리 사용하는 방법이다. 그러나 관경산정을 위한 수리계산은 수지상식보다 복잡하다. 지형상 부득이한 경우를 제외하고는 가능한 한 격자식 배치로 계획해야 한다.

배수관망의 유량계산 방법으로는 등치관법과 하디크로스(Hardy Cross, 1885～1959)법이 있는데, 등치관이란 관 내부에 일정한 양의 물이 흐를 때 생기는 수두손실이 같은 유량($Q_1 = Q_2$)에 대하여 동일한 손실수두($h_{L_1} = h_{L_2}$)를 주도록 한 관을 의미한다. 직경이 $D_1$인 관을 $D_2$로 바꾸는 경우

$$Q_1 = kCD_1^{2.63} h_{L_1}^{0.54} L_1^{-0.54}, \qquad Q_2 = kCD^{22.63} h_{L_2}^{0.54} L_2^{-0.54}$$

$Q_1 = Q_2$, $h_{L_1} = h_{L_2}$이므로

$$\frac{Q_1}{Q_2} = 1 = \left(\frac{D_1}{D_2}\right)^{2.63} \left(\frac{L_2}{L_1}\right)^{0.54}$$

그러므로,

$$L_2 = L_1 \left(\frac{D_2}{D_1}\right)^{4.87}, \qquad Q_1 = Q_2 \left(\frac{L_2}{L_1}\right)^{0.54}$$

하디크로스법은 Hazen-Williams 공식에 의해서 반복조사계산법(시산법, 시행착오법)으로 관망의 유량을 계산하는 방법이다. 원형관의 경우

$$Q = Av = \frac{\pi D^2}{4} \times 0.84935\, CR^{0.63} I^{0.54} = k\left(\frac{h_L}{L}\right)^{0.54}$$

$$h_L = kQ^{1/0.54} = kQ^{1.85}$$

---

**예제 7.1**

배수관에서 유량을 Hazen-Williams 공식으로 $Q = kCD^a I^b$와 같이 나타내었을 때 $K$, $a$, $b$값은? (단, 여기서 $D$는 관의 직경이며 $I$는 동수경사이다.)

**풀이**

$$Q = Av = \frac{\pi D^2}{4} \times 0.84935\, CR^{0.63} I^{0.54} = \frac{\pi D^2}{4} \times 0.84935\, C\left(\frac{D}{4}\right)^{0.63} I^{0.54}$$

$$= 0.27853\, CD^{2.63} I^{0.54}$$

그러므로, $K = 0.27853$, $a = 2.63$, $b = 0.54$

하디크로스법(Loop method)은 다음과 같이 배수관망의 각 격점에서 연속성의 법칙(law of continuity)을 만족시켜 유량이 분배된다는 가정 하에 계산을 하는데, 이런 가정유량의 보정은 관망 내 각 폐회로(loop) 내에서 허용수준으로 감소될 때까지 반복계산하게 된다. 관수로 내 가정유량을 $Q_a$, 실제유량을 $Q$라고 했을 때, 보정값 $\delta$는 다음식과 같다.

$$\delta = Q - Q_a \quad 혹은 \quad Q = Q_a + \delta$$

앞에서와 같이 1개의 관수로에서 손실수두($h_L$)와 유량과의 관계는 Hazen-Williams식으로부터 다음식과 같이 정리할 수 있다.

$$h_L = kQ^n$$

하디크로스법에서 $n$값은 상수로 가정하는데, Hazen-Williams식에서는 1.85, Darcy-Weisbach 식에서는 2이다. Hazen-Williams식을 적용하면,

$$h_L = kQ^{1.85}, \quad k = \frac{L}{470D^{4.87}}$$

관로 내 실제 손실수두는

$$h_L = k(Q_a + \delta)^n$$

위 식을 이항정리로 전개하면 다음 식과 같고

$$h_L = k\left(Q_a^n + nQ_a^{n-1}\delta + \frac{n(n-1)}{2}Q_a^{n-2}\delta^2 + \cdots + \delta^n\right)$$

위 식에서 $\delta$값은 $Q$에 비해 매우 작다고 가정하였을 때, 식 우변의 제3항 이하는 무시할 수 있으므로 다음 식과 같이 간략하게 할 수 있다.

$$h_L = k(Q_a^n + nQ_a^{n-1}\delta)$$

폐회로에서 손실수두의 합은 0이어야 하므로,

$$\Sigma k(Q_a^n + nQ_a^{n-1}\delta) = 0 \quad 혹은 \quad \Sigma kQ_a^n = -\Sigma knQ_a^{n-1}\delta$$

같은 폐회로 안에서 $\delta$는 동일하므로, 위 식은 다음 식과 같이 정리할 수 있다.

$$\Sigma kQ_a^n = -\delta\Sigma knQ_a^{n-1}$$

다시 위 식을 $\delta$에 관해서 정리하면

$$\delta = -\frac{\Sigma kQ_a^n}{\Sigma nkQ_a^{n-1}}$$

모든 폐회로에서 $\delta$는 같은 부호(방향)이므로, 위 식에서 분자는 유수방향과 관계가 있으나 분모는 유수방향과 관계가 없으므로 절대값을 취할 수 있다.

$$\delta = -\frac{\Sigma k Q_a^n}{\Sigma \left| n k Q_a^{n-1} \right|} \quad \text{혹은} \quad \delta = -\frac{\Sigma h_{L_a}}{n \Sigma \left| \frac{h_{L_a}}{Q_a} \right|}$$

여기서, $h_{L_a}$ : 가정유량 $Q_a$에서의 손실수두

위 식에서 분자는 가정유량으로 계산한 폐회로에서의 손실수두의 합이고, 유량과 유수방향을 가정한 후 관경을 가정하면 쉽게 손실수두를 계산할 수 있으므로 $kQ_a^{n-1}$이나 $h_L/Q_a$도 계산할 수 있다. 위 식에서 구한 $\delta$값을 가정유량에 가감해서 1차 보정하고, $\Sigma h_L = 0$이 될 때까지 계산을 반복하여 $\Sigma h_L = 0$일 때의 유량이 실제유량이 된다. 실제유량과 가정유량의 오차가 클수록 많은 반복계산을 해야 하므로 가정유량을 될 수 있는 대로 오차가 작게 하여야 한다. 위와 같이 계산기를 써서 해결하는 방법 이외에 계산을 위해 사용되는 스프레드시트(spreadsheet) 또는 표 계산은 표 형식의 계산용지를 컴퓨터에서 사용할 수 있게 구현한 표 계산 프로그램을 활용하는 방법이 있고, 컴퓨터 프로그램을 이용하여 계산하는 방법 등이 있다.

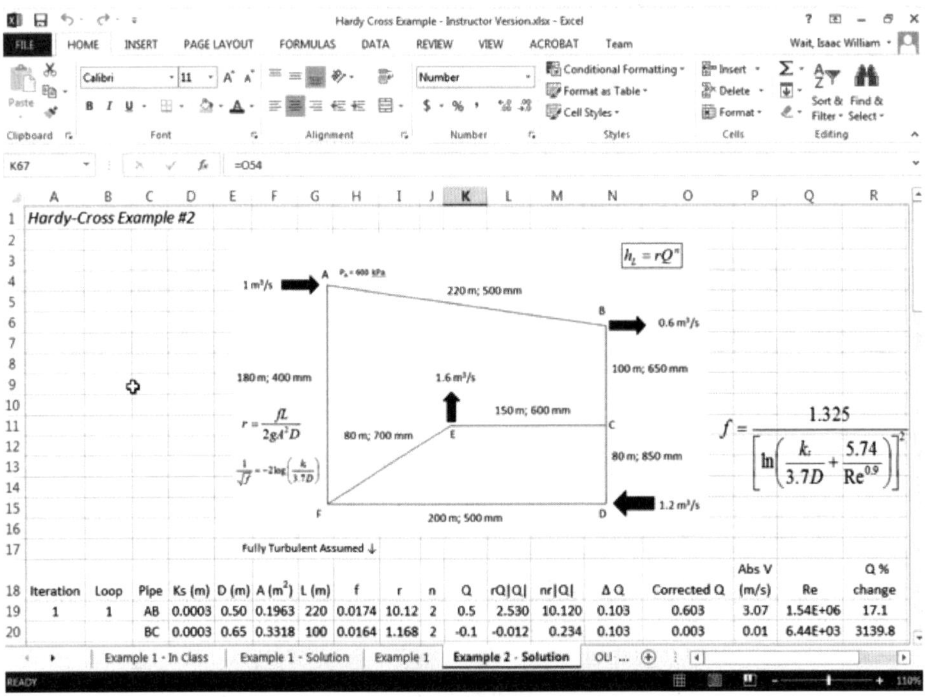


그림 7.5 스프레드시트를 활용한 하디크로스법

**예제 7.2**

아래 그림과 같은 관경과 관로길이를 갖는 배수관망에서의 손실수두와 1회 보정 후의 보정유량을 계산하시오.

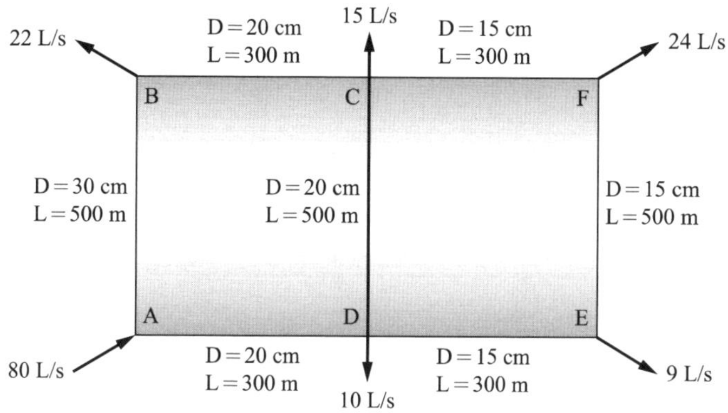


**풀이**

연속성의 법칙을 고려하여 각 관로에서 가능한 유량과 유향을 먼저 가정하고, 이후 두 개의 폐회로(ABCD, CDEF)를 하디크로스법에 의해 아래 표와 같이 분석하고, 보정유량을 계산한다.

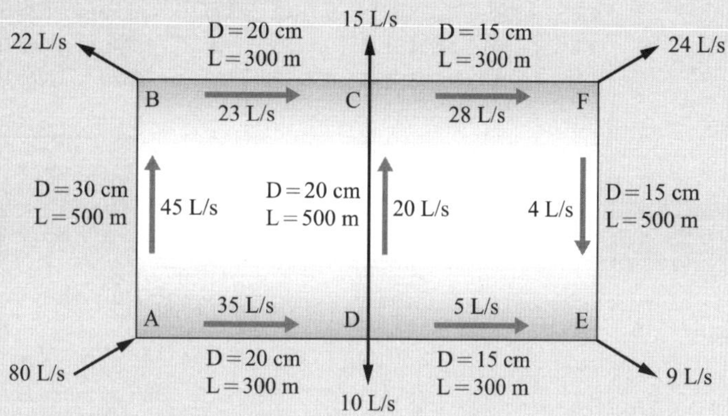


폐회로 ABCD에 대해 각 항들을 계산하면 다음 표와 같다.

| 관로번호 | 가정유량 ($Q_a$) | | 관경($D$) | | 관로길이 (m) | $k = \frac{L}{470 D^{4.87}}$ | $Q_a^{1.85}$ | $h_L = kQ_a^{1.85}$ | $\lvert h_L / Q_a \rvert$ |
|---|---|---|---|---|---|---|---|---|---|
| | L/s | m³/s | $D$ | $D^{4.87}$ | | | | | |
| AB | (+)45 | +0.045 | 0.30 | $2.85\times10^{-3}$ | 500 | 373 | $3.2\times10^{-3}$ | +1.20 | 26 |
| BC | (+)23 | +0.023 | 0.20 | $3.95\times10^{-4}$ | 300 | 1615 | $9.4\times10^{-4}$ | +1.52 | 66 |
| CD | (−)20 | −0.020 | 0.20 | $2.85\times10^{-4}$ | 500 | 2690 | $7.2\times10^{-4}$ | −1.94 | 97 |
| DA | (−)35 | −0.035 | 0.20 | $2.85\times10^{-4}$ | 300 | 1615 | $2\times10^{-3}$ | −3.23 | 92 |
| Σ | | | | | | | | −2.45 | 281 |

폐회로 ADCD에서,

$$\delta = -\frac{\Sigma h_{L_a}}{n\Sigma\left|\frac{h_{L_a}}{Q_a}\right|} = -\frac{-2.45}{1.85\times 281}(\mathrm{m^3/s}) = -\frac{-2.45\times 1000}{1.85\times 281}(\mathrm{L/s})$$

$$= 4.7\ \mathrm{L/s}$$

그러므로, 1차 보정 후 보정유량은 다음과 같다.

| 관로 | AB | BC | CD | DA |
|---|---|---|---|---|
| 1차 보정 후 보정유량(L/s) | +49.7 | +27.7 | −15.3 | −30.3 |

폐회로 ABCD에서와 같이 폐회로 CDEF에 대해 각 항들을 계산하면 다음 표와 같다.

| 관로 번호 | 가정유량 ($Q_a$) | | 관경($D$) | | 관로 길이 (m) | $k=\frac{L}{470D^{4.87}}$ | $Q_a^{1.85}$ | $h_L=kQ_a^{1.85}$ | $\|h_L/Q_a\|$ |
|---|---|---|---|---|---|---|---|---|---|
| | L/s | $m^3/s$ | $D$ | $D^{4.87}$ | | | | | |
| DC | (+)20 | +0.020 | 0.20 | $3.95\times10^{-4}$ | 500 | 2690 | $7.2\times10^{-4}$ | +1.94 | 97 |
| CF | (+)28 | +0.028 | 0.15 | $9.7\times10^{-5}$ | 300 | 6580 | $1.3\times10^{-3}$ | +8.80 | 314 |
| FE | (−)4 | −0.004 | 0.15 | $9.7\times10^{-5}$ | 500 | 10940 | $3.6\times10^{-5}$ | −0.40 | 100 |
| ED | (−)5 | −0.005 | 0.15 | $9.7\times10^{-5}$ | 300 | 6580 | $5.6\times10^{-5}$ | −0.37 | 74 |
| Σ | | | | | | | | +9.9 | 585 |

폐회로 CDEF에서,

$$\delta = -\frac{\Sigma h_{L_a}}{n\Sigma\left|\frac{h_{L_a}}{Q_a}\right|} = -\frac{+9.9}{1.85\times 585}(\mathrm{m^3/s}) = -\frac{+9.9\times 1000}{1.85\times 585}(\mathrm{L/s})$$

$$= -9.1\ \mathrm{L/s}$$

그러므로, 1차 보정 후 보정유량은 다음과 같다.

| 관로 | DC | CF | FE | ED |
|---|---|---|---|---|
| 1차 보정 후 보정유량(L/s) | +10.9 | +18.9 | −13.1 | −14.1 |

위와 같은 방법으로 2차, 3차 보정을 하여 $\Sigma h_L=0$가 될 때까지 반복 계산을 하면 관수로에 필요한 실제유량을 얻을 수 있다.

위의 예제와 같이 하디크로스법에 의한 관망해석의 순서를 다시 정리하면,

① 연속성의 법칙에 입각하여, 최초의 유량과 유수방향을 추정한다.
② 아래 표를 작성한다.

| 관로 번호 | 가정유량($Q_a$) | | 관경($D$) | | 관로길이 (m) | $k=\dfrac{L}{470D^{4.87}}$ | $Q_a^{1.85}$ | $h_L=kQ_a^{1.85}$ | $\lvert h_L/Q_a \rvert$ |
|---|---|---|---|---|---|---|---|---|---|
| | L/s | m³/s | $D$ | $D^{4.87}$ | | | | | |
| | | | | | | | | | |
| Σ | | | | | | | | | |

③ 최초계산에서는 완전난류상태의 마찰손실계수($f$)값을 사용한다.
④ 1차 보정 후 계산에서는 Jain식을 사용하여 마찰손실계수($f$)값을 사용한다.

제인(Jain)식 : $$f=\frac{1.325}{\left[\ln\left(\dfrac{n}{3.7D}+\dfrac{5.74}{Re^{0.9}}\right)\right]^2}$$ [$n$ : 조도계수(roughness height), mm]

⑤ 반복 보정 후 수렴하였을 때의 손실수두를 구한다.
⑥ 시작점(A)으로부터 각 격점에서의 수두를 계산하고, 이 값을 사용하여 압력을 구한다.
⑦ 수두(수압)가 적정하게 될 때까지 보정을 계속한다.

하디크로스법에 의한 배수관망 설계방법은, 첫 번째 단계로서 각 관로의 유향을 가정하고 그 후에 관경을 가정한다. 관경의 가정은 유속이 1～2 m/s 정도 되는 관경을 유량계산도표에서 찾아 가정하는 것이 좋고 배수지에서 멀수록 관경을 줄여 나간다. 단 배수지와 첫 번째 격점간의 관경을 가정하여도 되고 $h_L=kQ^n$에서 필요한 $h_L$을 역산으로 구할 수도 있다. 두 번째 단계로는 각 관로의 $Q$, $I$, $h_L$을 구하고, $h_L$을 이용하여 각 격점의 잔수두(RH)를 구한다. 각 격점의 RH가 15～50 m 정도로 적정한가를 점검하여, 잔수두가 낮은 지역은 $D$를 올려주고 잔수두가 높은 지역은 $D$를 낮춰준다. 전 지역이 15 m 이하인 경우는 배수지의 GH를 올려줘야 하고, 50～70 m 이상인 경에는 배수지의 GH를 낮추어야 하며, 또한 국부적으로 잔수두가 낮은 지역은 펌프장을 이용하는 것이 경제적이다. 이어서, 재차 가정된 관경 또는 배수지 조건으로 앞의 두 번째 단계를 반복하며, 수두가 적정화 될 때까지 두 번째 단계서부터 마지막 단계까지 반복한다.

수량의 효율적 관리, 안정적 용수공급, 유수율 제고를 위해 그림 7.6과 같이 배수블록시스템이 요구되는데, 이는 복잡한 급수체계를 대·중·소 블록으로 분할하여 유량 및 수압에 대한 관망감시체계를 구축하는 것이다.

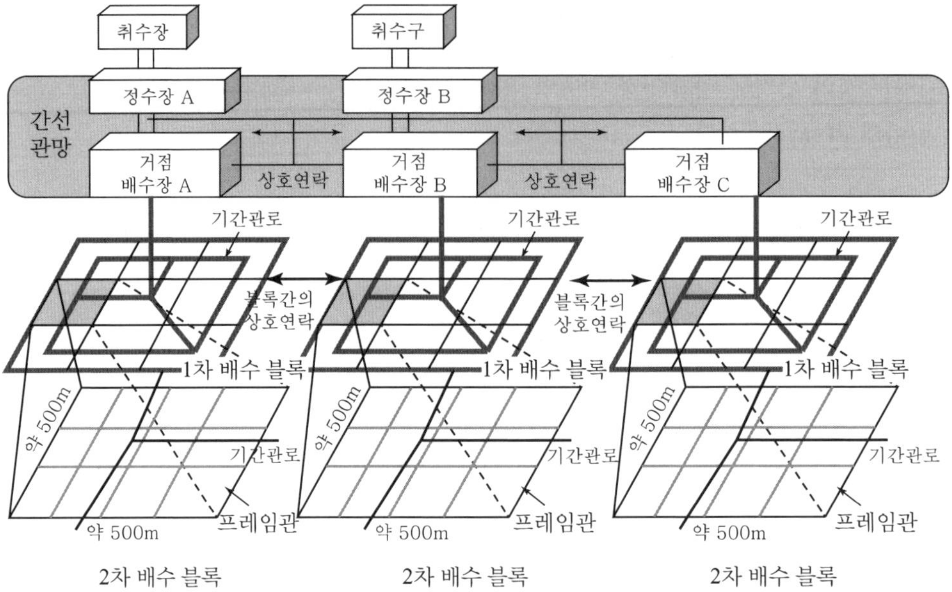


그림 7.6 배수블록시스템(한국상하수도협회, 일본 오오사카 수도국)

### 7.4.4 관의 설치

배수관은 시가지의 공공도로 밑에 설치하는 것이 보통인데 그 위치나 깊이 등에 대해서는 미리 도로관리자와 협의해 두어야 한다. 일반적으로 도로의 폭이 그다지 넓지 않은 경우에는 한쪽에 설치한다. 그러나 폭이 매우 좁은 경우, 한쪽에 하면 오히려 차량의 바퀴 바로 밑이 되어 사고의 염려가 있으므로 상황에 따라서 오히려 중앙 쪽에 설치하는 것이 좋다. 폭이 넓은 경우에는 도로중앙부에 배수본관을, 가장자리 한쪽에는 배수지관을 설치하며 급수를 위한 분기는 배수지관으로 행한다. 특히 넓은 간선도로에서는 양측에 배수지관을 설치하면 급수에 편리하다.

보도에 있어서 매설깊이는 90 cm를 표준으로 하는데 노면 교통량이 많은 도로에서는 가능한 한 깊게 하는 것이 안전하다. 배수관이 다른 지하매설물과 교차 또는 근접할 때는 적어도 30 cm 이상의 간격을 유지해야 한다. 굴착할 때는 구덩이 밑은 편평하게 하고 관과의 접촉을 좋게 한다.

제수밸브는 분기관, 본관의 분기점 하류측 및 기타 부분에 500～1,000 m 간격으로 설치한다. 소화전은 도로의 교차점, 분기점, 기타 상황에 따라 100～200 m 간격으로 설치한다. 또한 관의 말단부에도 설치한다. 관경 300 mm 이상인 때에 안전밸브는 펌프의 출구, 기타 수격작용이 생기기 쉬운 장소에 설치한다. 곡관, T자관 등에는 콘크리트로 방호할 필요가 있다.

## 7.4.5 관의 부식 및 대책

### 1) 부식

산성의 공장폐수 등이 침투하는 곳, 염분을 다량으로 함유한 해안근처 또는 유황분을 함유한 습한 토양에 철관을 설치하면 산, 염수, 황화수소 등에 의해 철관이나 밸브 등이 부식된다.

전차궤도 가까이 철관을 설치하면 레일을 통해 변전소로 돌아가는 전류의 일부가 침목으로부터 대지, 철관을 통해 다시 대지로 나와 변전소로 돌아가는 경우가 있다. 이때 전류가 관으로부터 유출하는 부분에 핀홀(pin hole)이 생기게 되며 이것이 반복되면 점차 관에 구멍이 나게 된다. 이러한 부식을 전기부식 또는 전식이라고 하는데 사례가 많고 커다란 피해를 가져오는 한 가지 원인이 되고 있으며, 고압 송전선의 부근에서도 일어날 수 있다.

정부에서는 수도관의 부식으로 인한 노후화를 늦추어 수도관의 수명을 늘이기 위하여 먹는물 수질감시항목에 부식성지수(랑게리아지수)를 설정하여 관리하고 있다. 정수처리에 따른 수질의 계절적인 부식성 변화와 외국의 기준 등을 평가한 결과, 국내 적용가능한 부식성지수로 랑게리아지수(LI, Langelier saturation Index)를 선정하였다. 부식성지수란 수돗물이 금속이나 시멘트의 부식에 미치는 정도를 말하며, 일반적으로 랑게리아지수(LI)를 사용하고 0 이하이면 수도관에 대하여 부식성이 있음을 의미한다.  일반적으로 원수, 정수, 배수지수, 수도꼭지수의 단계별 부식성지수(LI) 평균은 각각 －1.3, －1.6, －1.6, －1.5로 정수처리 시 응집제 등 수처리제의 사용으로 pH 및 알칼리도가 감소하여 정수처리 후 부식성은 증가하는 경향을 보였다. LI는 수돗물에서 탄산칼슘의 포화(포화, 불포화, 과포화) 상태를 표현하는 지수이며, 수돗물에서 탄산칼슘이 불포화상태로 존재하면 금속부식이 촉진되며 상수도관의 라이닝 재료로

그림 7.7 부식된 상수도관의 내부 단면

**표 7.3** 외국의 부식성 관리기준

| 미국<br>NSDWR[1] | 일본<br>수질관리 목표항목[3] | 프랑스<br>Reference Quality[4] |
|---|---|---|
| 부식성 없음<br>(LI 사용)[2] | LI = −1 ∼ 0<br>(pH 7.5) | 탄산칼슘포화 |

※ 1) NSDWR, National Secondary Drinking Water Regulation : 먹는물 중 냄새, 맛 등 심미적 영향 원인이 되는 오염물질의 권고기준
2) 미국 뉴욕시 환경보호국에서는 LI 적용
3) 처리 또는 검사기술 관점에서의 권고기준
4) 먹는물 법령 권고기준

사용하고 있는 시멘트에 칼슘이온의 용출을 촉진하고 시멘트를 중화시켜 결국 내부 금속이 부식되어 녹물을 발생시킨다. LI가 0 이상이면 탄산칼슘이 과포화되어 있는 상태로 탄산칼슘 스케일이 생성될 가능성이 크고 관 내부 부식이 억제될 수 있음을 의미하고, LI가 0이면 탄산칼슘이 포화상태이고, LI가 0 미만이면 물에 탄산칼슘이 불포화되어 탄산칼슘이 용해되는 것을 의미한다.

$$LI = pH_a - pH_s$$

여기서, $pH_s$ : 탄산칼슘($CaCO_3$) 포화 시 수돗물의 pH
수온, $pH_a$, 칼슘이온농도, 알칼리도, 전기전도도 값으로 산출
$pH_a$ : 실제 수돗물에서 측정된 pH

정수에서 배수지수, 수도꼭지까지의 단계별 농도가 증가하는 주요 항목은 표 7.4와 같이 구리, 철, 아연으로 조사되었다. 원수, 정수, 배수지수, 수도꼭지의 단계별 부식성지수(LI) 평균은 각각 −1.3, −1.6, −1.6, −1.5로 정수처리 시 약품의 사용에 따른 pH 등의 변화로 부식성이 증가하는 경향을 보였으며 정수에서 수도꼭지까지 값의 변화는 크지 않았다. 4, 6, 8, 10월 중 원수와 수도꼭지수의 평균 LI는 8월에 모두 −1.6으로 4, 6, 10월에 비해서 부식성이 증가한 것을 알 수 있다.

**표 7.4** 전국 주요수계 공급계통별 수질변화

| 항목 | 단위 | 원수 | 정수 | 배수지수 | 수도꼭지수 | 먹는물 수질기준 |
|---|---|---|---|---|---|---|
| pH | - | 7.6<br>(6.8～9.0) | 7.1<br>(6.6～7.5) | 7.1<br>(6.6～7.5) | 7.2<br>(6.6～7.9) | 5.8～8.5 |
| 과망간산칼륨 소비량 | mg/L | 6.4<br>(1.4～22.4) | 1.5<br>(0.0～3.2) | 1.6<br>(0.0～4.1) | 1.5<br>(0.0～4.8) | 10 |
| 염소이온 | mg/L | 15.1<br>(4.2～39.7) | 22.6<br>(7.5～48.9) | 21.9<br>(6.7～48.0) | 23.0<br>(7.0～54.6) | 200 |
| 황산이온 | mg/L | 20.7<br>(4.6～52.5) | 23.6<br>(4.7～63.0) | 22.5<br>(4.7～63.0) | 23.4<br>(4.6～62.0) | 250 |
| 구리 | mg/L | 0.0013<br>(불검출～0.0047) | 0.0011<br>(불검출～0.0070) | 0.0048<br>(불검출～0.1201) | 0.0176<br>(불검출～0.4558) | 1.0 |
| 철 | mg/L | 0.1891<br>(0.0057～0.9372) | 0.0041<br>(불검출～0.0180) | 0.0100<br>(불검출～0.0759) | 0.0255<br>(불검출～0.2900) | 0.3 |
| 아연 | mg/L | 0.0189<br>(불검출～0.1829) | 0.0067<br>(불검출～0.0549) | 0.0085<br>(불검출～0.0611) | 0.0346<br>(불검출～0.8485) | 3.0 |
| 부식성지수 (LI) | - | −1.3<br>(−2.5～0.8) | −1.6<br>(−2.8～−1.6) | −1.6<br>(−2.9～−1.6) | −1.5<br>(−2.9～−1.5) | - |

**표 7.5** 배 · 급수계통 수돗물의 부식성지수(LI) 평균 변화

| 구분 | 원수 | 정수 | 배수지수 | 수도꼭지수 |
|---|---|---|---|---|
| 4월 | −1.3 | −1.6 | −1.5 | −1.5 |
| 6월 | −1.4 | −1.6 | −1.6 | −1.5 |
| 8월 | −1.6 | −1.8 | −1.8 | −1.6 |
| 10월 | −0.8 | −1.5 | −1.4 | −1.3 |

부식성 지수(corrosion index)로 사용되는 것은 잘 알려진 LI 이외에도 여러 가지가 있는데, 다음과 같다.

### (1) 랑게리아 지수(LI)

$$LI = pH_a - pH_s$$

여기서, $pH_a$ : 물의 실제 pH

$pH_s$ : 이론적인 pH

$$pH_s = (9.3 + a + b) - (c + d)$$

$$a = \frac{\log TDS - 1}{10}$$

$$b = -13.2 \times \log(273 + ℃) + 34.55$$

$$c = \log[Ca^{2+} \text{ as } CaCO_3] - 0.4$$

$$d = \log[Alk]$$

$[Ca^{2+}]$ : 칼슘경도(mg/L as $CaCO_3$)

Alk : 알칼리도(mg/L as $CaCO_3$)

LI > 0 : 비부식성, LI = 0 : 평형상태, LI < 0 : 부식성

### (2) 탄산칼슘 침전능(CCCP, Calcium Carbonate Precipitation Potential)

$$CCCP = \frac{-b + \sqrt{b^2 - 4ac}}{2a}$$

여기서, $a = 2$

$$b = -2[Ca^{2+}] - Alk$$

$$c = Alk \cdot [Ca^{2+}] - \frac{K_s}{2} - [Ca^{2+}]$$

$K_s$ : 포화상수

혹은, $CCCP = 50,000(Alk_a - Alk_{eq})$

여기서, $Alk_a$ : 물의 실제 알칼리도

$Alk_{eq}$ : 평형상태의 알칼리도

CCCP > 0 : $CaCO_3$ 침전 형성, CCCP < 0 : 침전 형성 없음

### (3) 라슨 비(LR, Larson's Ratio)

$$LR = \frac{[Cl^-] + 2[SO_4^{2-}]}{[HCO_3^-]}$$

LR > 0.4 : 부식성, LR < 0.4 : 비부식성

### (4) 공격성 지수(AI, Aggressive Index)

$$AI = pH + \log(Alk \cdot [Ca^{2+}])$$

$AI \geq 12$ : 비부식성, $10 < AI < 11.9$ : 중간정도 부식성, $AI < 10$ : 높은 부식성

$AI = 12$이면 $LI = 0$과 같다.

### (5) 리즈나 안정화지수(RSI, Ryznar Stability Index)

$$RSI = 2pH_s - pH_a$$

$RSI < 6$ : 스케일 형성, $7 < RSI < 8$ : $CaCO_3$ 형성, $RSI > 8$ : 약한 부식성

### (6) 퍽코리우스 스케일지수(PSI, Puckorius Scaling Index)

$$PSI = 2pH_s - pH_{eq}$$

여기서, $pH_s$ : $CaCO_3$나 방해석(calcite)로 포화되었을 때의 pH

$$pH_{eq} = 1.465\log[Alk] + 4.54$$

$$[Alk] = [HCO_3^-] + 2[CO_3^{2-}] + [OH^-]$$

$PSI < 6$ : $CaCO_3$ 침전(스케일) 형성, $PSI > 6$ : 부식성(스케일 용해)

### (7) 리딕 부식지수(RCI, Riddick Corrosion Index)

$$RCI = \left(\frac{75}{Alk}\right) \times [CO_2 + 0.5(Hard - Alk) + Cl^- + 2NO_3^-] \times \frac{10}{SiO_2} \times \frac{DO + 2}{DO_s}$$

여기서, Hard : 경도(mg/L as $CaCO_3$)

$DO_s$ : 포화용존산소농도

$0 < RCI < 5$ : 스케일 형성, $6 < RCI < 25$ : 비부식성, $26 < RCI < 50$ : 약한 부식성

$51 < RCI < 75$ : 중간 부식성, $76 < RCI < 100$ : 높은 부식성, $RCI > 101$ : 심한 부식성

### (8) 라슨 - 스콜드 지수(LSI, Larson-Skold Index)

$$LSI = \frac{epm\,Cl^- + epm\,SO_4^{2-}}{epm\,HCO_3^- + epm\,CO_3^{2-}}$$

여기서, epm : equivalent per million(백만분의 1당량) $= \text{meq/L} = \dfrac{\text{mg/L}}{\text{eq.wt.(당량)}}$

LSI > 1.2 : 높은 부식성, 0.8 < LSI < 1.2 : 중간 부식성, LSI < 0.8 : 스케일(film) 형성

### (9) 추진력 지수(DFI, Driving Force Index)

$$\text{DFI} = \frac{[\text{Ca}^{2+}][\text{CO}_3^{2-}]}{K_s}$$

DFI < 0 : 부식성

### (10) 완충강도(BI, Buffer Intensity)

$$\text{BI} = \frac{\Delta \text{Alk}}{\Delta \text{pH}}$$

BI > 0.5 : 약한(good) 부식성

표 7.6 주요 부식지수 비교표

| LI | RSI | PSI | 활동성 |
|---|---|---|---|
| 3.0 | 3.0 | 3.0 | 높음 ↑ 스케일 형성 ↓ 낮음 |
| 2.0 | 4.0 | 4.0 | |
| 1.0 | 5.0 | 5.0 | |
| 0.5 | 5.5 | 5.5 | |
| 0.2 | 5.8 | 5.8 | |
| 0.0 | 6.0 | 6.0 | |
| −0.2 | 6.5 | 6.5 | 낮음 ↑ 스케일 용해 ↓ 높음 |
| −0.5 | 7.0 | 7.0 | |
| −1.0 | 8.0 | 8.0 | |
| −2.0 | 9.0 | 9.0 | |
| −3.0 | 10.0 | 10.0 | |

급수관 사용 경과년수에 따라 철은 농도가 증가하는 경향을 보인 반면, 구리와 아연은 농도 증가 경향을 보이지 않았고, 급수관 사용 경과년수를 10년 미만, 10~20년, 20년 이상으로 구분할 때 철 평균농도는 각각 0.0172 mg/L, 0.0242 mg/L, 0.0371 mg/L로 노후화의 영향을 받는 것으로 나타났다. 수돗물의 부식성 증가(LI < 0)에 따라 구리와 아연의 농도가 증가하는 경향을 보였으며 철 농도는 증가 영향을 보이지 않았다.

### 2) 대책

산 등에 의한 부식에 대해서는 아스팔트, 콜타르 또는 합성수지계의 도료로 외부면을 충분히 피복하면 좋다. 또한 이러한 도료는 전기적 절연물이기도 하므로 전기부식에도 효과가 있다. 관로의 도중에 전기적 절연장치를 적당한 장소에 설치하여 전류가 흐르기 어렵게 하는 것도 전기부식방지의 한 방법이다. 기타 전기부식 방지대책으로서는 관을 흐르는 전류가 직접 대지에 유출되지 않도록 전류를 일괄하여 레일 등에 소류시키는 선택배류법, 관으로부터 유출하는 전류를 강제로 배류시키는 강제배류법 등이 있다. 또한 기존 정수처리공정에 알칼리제와 이산화탄소를 주입하여 pH 및 알칼리도를 동시에 제어하여 수질의 부식성을 저감시킴으로써, 상수관로에서 발생되는 금속용출을 억제시켜 부식에 따른 상수도관로의 악화를 감소시키고 누수감소 및 관 수명 연장 등의 효과를 기대할 수 있다.

## 7.4.6 교차연결(cross connection)

상수와 상수가 아닌 물 사이의 물리적 연결을 교차연결이라 한다. 예를 들면, 상수도와 공업용 수도를 제수밸브로 연결하면 이것은 교차연결이 된다. 제수밸브는 물을 100% 차단할 수 없으므로 공업용 수도의 수압이 상수도보다 높게 되면 수질이 나쁜 물이 상수관으로 침입할 염려가 있다. 또한 교차연결은 수인성 전염병의 원인도 되므로 절대로 해서는 안 된다.

관의 배출구가 수조의 만수위보다도 밑에 있는 경우에도 교차연결이 된다. 단수 등으로 관내에 부(−)압이 생기면 수조의 오염수가 관 안으로 흡입되는 경우가 있기 때문이다. 따라서 배출구는 항상 만수위보다 관경 이상의 높이에 설치해야 한다.

Chapter 8

# 급 수

## 8.1 급수장치

### 8.1.1 개설

급수장치란 공공도로 밑에 설치되어 있는 배수관으로부터 분기하여 각 수도꼭지에 이르기까지의 설비인데 설치비 및 공사비의 대부분은 모두 토지소유주 또는 건물소유주가 부담한다.

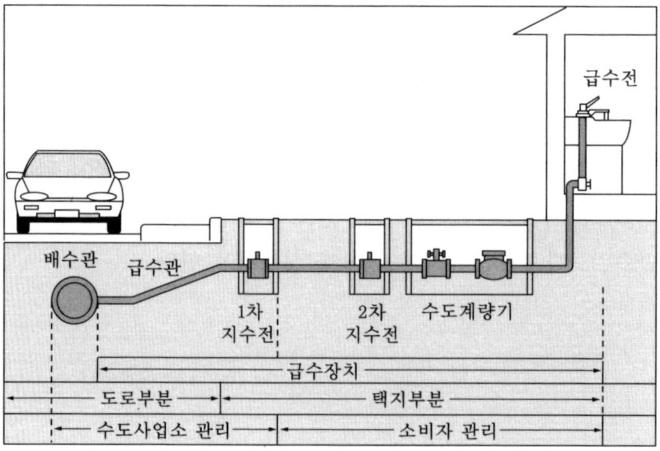


그림 8.1 급수장치의 구성

급수장치는 항상 사용자가 필요로 하는 수량을 충분히 공급할 수 있고 수압에 대해 안전하며 위생상으로도 안전하고 유지관리에 용이해야 한다. 그림 8.1은 표준 급수장치의 모식도이다.

### 8.1.2 급수관

급수관과 그 조인트에는 여러 종류의 것이 있으나 원칙적으로 「수도법시행령」 제24조의 2와 「수도법시행령」 제24조 기준에 적합한 규격으로 승인된 것을 사용해야 한다. 급수관은 대부분 직경 50 mm 이하의 것이 이용되며 관의 종류로서는 다음과 같은 것들이 있다.

#### (1) 아연도금강관

이것은 탄소강관에 용융 아연도금을 한 것으로서 내압, 외압에 대해서는 강하지만 산이나 해수에 부식되기 쉬우며 가공이 복잡하다. 접합방법은 관을 필요한 길이만큼 자른 후 소켓과 콘센트를 만들어 접속시켜 나간다. 형태가 다른 각종 관들이 있다.

#### (2) 동관

동관은 가볍고 만곡성이 크며 인장강도가 크고 시멘트에 침식되지 않지만 두께가 얇기 때문에 찌그러지기 쉽고 운반 및 취급에 주의를 요한다. 또한 유리탄산이 많은 수도물에는 적합하지 않다.

#### (3) 경질염화비닐(PVC)관

이것은 인장강도가 비교적 크고 부식되지 않으며 가볍고 가공이 매우 쉬우나 열이나 충격에는 약하다. 접합은 접착제를 이용하여 접속시켜 간다. 각종 형태의 관이 있다.

#### (4) 폴리에틸렌(PE)관

이것은 경질염화비닐관에 비해 만곡성도 크고 경량이지만 내한성, 내충돌강도가 작고 가연성이며 고온에 대해 약하다. 접합에는 특수한 가열기를 사용하여 용착한다.

#### (5) 기타

관경이 50 mm 이상인 것을 사용하는 경우에는 상기의 관 이외에 주철관, 강관, 석면시멘트관 등도 이용된다.

### 8.1.3 분수전(snap tap) 및 지수전(stop cock)

그림 8.2 새들(saddle) 분수전

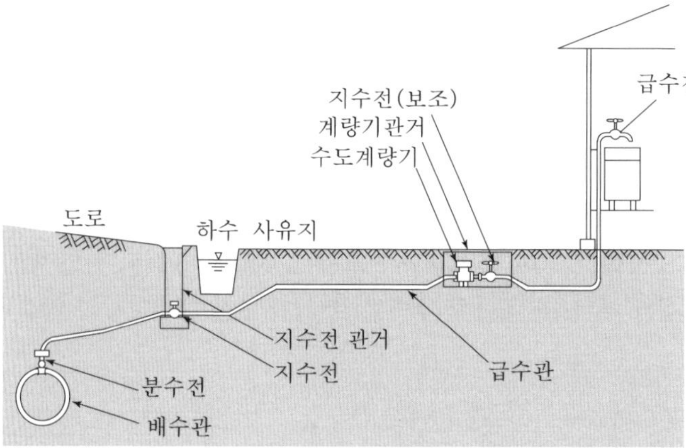


(a) 지수전 도로설치

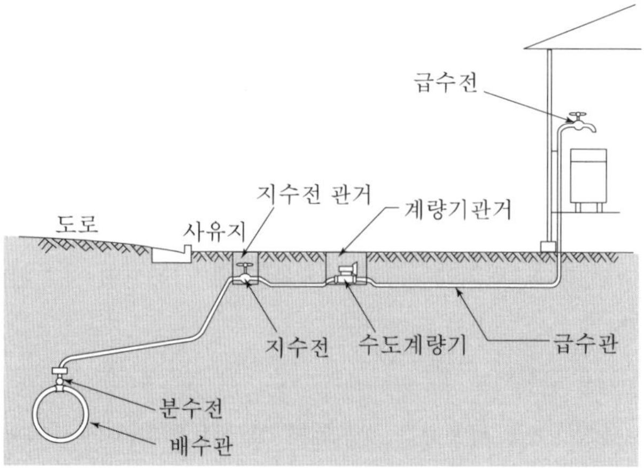


(b) 지수전 사유지설치

그림 8.3 지수전 설치 방법

분수전은 배수관으로부터 분기하는 경우에 배수관정에 설치하는 것으로서 직접 또는 새들(saddle) 분수전(그림 8.2)을 넣어 안착시킨 기구이다. 분수전은 나사식과 코크식으로 개폐가 된다. 나사식은 코크식보다 손실수두가 크며 한랭지에서는 동결 면에서 볼 때 코크식보다 유리하다.

지수전은 급수의 정지, 개시, 장치의 수리 등의 목적으로 급수관의 도중에 설치하는 기구인데, 나사형, 코크형 등이 있다(그림 8.3).

지수전의 설치위치는 일반적으로 측조의 외측 30 cm 내외의 장소 또는 사유지 내에 설치하고 반드시 덮개 있는 주철 또는 콘크리트 관거 내에 설치한다. 또는 장치의 일부 통수를 제한하기 위해서 적당한 장소에 별도로 설치할 수 있다.

### 8.1.4 수도계량기(water meter)

수도계량기는 사용수량을 정확히 계량하기 위해서 급수관의 도중에 설치하는 것이다. 이것의 설치장소는 부지 내에서 점검이 쉽고 건조한 장소로서 관거 내에 설치한다.

최근 들어 우리나라는 인구의 증가와 중화학공업의 발전, 문화생활의 향상 등으로 인하여 상수도의 수요는 날로 증가하고 있는 반면, 용수의 부족현상을 겪고 있다. 이에 따라 상수도의 절약과 철저한 관리가 요구되고 있으며, 이의 효율적 관리를 위해서는 수도계량기의 정밀도 향상과 상수도 사용량의 정확한 계량이 우선적이어야 한다. 수도계량기에는 여러 가지 종류가 있는데 현재 주로 이용되고 있는 것은 실측식(그림 8.4)과 추측식 수도계량기이다. 수도계량기는 원칙상 급수관과 같은 구경의 것을 급수전보다 낮은 위치에 수평으로 설치한다.

그림 8.4 수도계량기

### 8.1.5 급수전(faucet, 수도꼭지)

이것은 급수관의 끝에서 사용자가 자유로이 개폐하여 필요로 하는 수량을 얻는 기구이다. 급수전에는 사용목적에 따라 다양한 형상의 것이 만들어지고 있다. 볼탭이나 플러시밸브도 급수전의 일종이다. 볼탭은 물탱크에 설치하여 사용하는 자동개폐전으로 수세식변기의 세정조나 일반적인 물탱크 등에 설치된다. 플러시밸브는 수세식변기의 세정에 이용되며 핸들을 누르면 일정량의 물이 빠르게 유출된다. 동파방지 급수전은 한랭지에 있어서 겨울철에 급수관의 시작점이 얼지 않도록 고안한 급수전인데, 동파방지 급수전을 사용하는 대신에 시작점 부근의 물을 빼내는 배수전을 설치하는 경우도 있다.

## 8.2 급수방식

### 8.2.1 직결식 급수

이것은 배수관의 수압을 이용하여 급수전까지 급수하는 방식이다. 배수관의 관경 및 수압은 사용수량이 충분한 경우에 이용된다. 배수관의 최소동수압은 1.5 kg/cm$^2$를 표준으로 하고 있으므로 일반적으로 가정에는 거의 이 방식으로 급수되고 있으며 2층으로 설치해도 지장이 없다.

### 8.2.2 물탱크식 급수

이것은 물을 일단 물탱크에 저장한 후 급수하는 간접적인 방식으로 배수관의 수압이 부족한 경우, 또는 배수관의 관경이 불충분하여 일시에 대량의 물을 사용할 수 없는 경우에 사용된다. 고층건물에서의 급수는 대부분 이 방식을 채택한다. 물탱크식 급수에는 여러 가지 방식이 있다.

#### 1) 수압은 충분하나 수량이 부족한 경우

이것은 배수관의 관경이 작은 경우도 있어 그림 8.5와 같이 건물 옥상의 높은 위치에 물탱크를 설치하고 여기에 일단 저수하여 급수한다. 높은 위치에 있는 물탱크에 급수할 때에는 배수관의 수압을 이용하므로 건물의 높이에는 한계가 있다. 배수관의 수압이 장치를 파손할 만큼 과대할 경우에는 이 방식을 사용할 수도 있다.

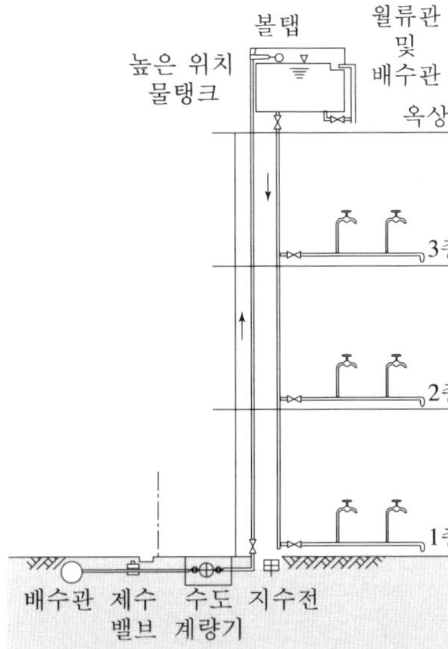


그림 8.5 물탱크식 급수

## 2) 수압이 부족한 경우

이것은 가장 일반적인 물탱크식 급수이다. 건물이 고층이 아닌 경우에는 그림 8.6과 같이 낮은 위치의 물을 펌프로 가압조에 송수하고 가압조 내에 압축된 공기의 반발력을 이용하여 급수하는 방법이다. 그림 8.7과 같이 낮은 위치에 물탱크를 설치하여 일단 여기에 물을 받고 양수펌프를 이용하여 높은 위치 물탱크로 올려 여기에서 급수한다.

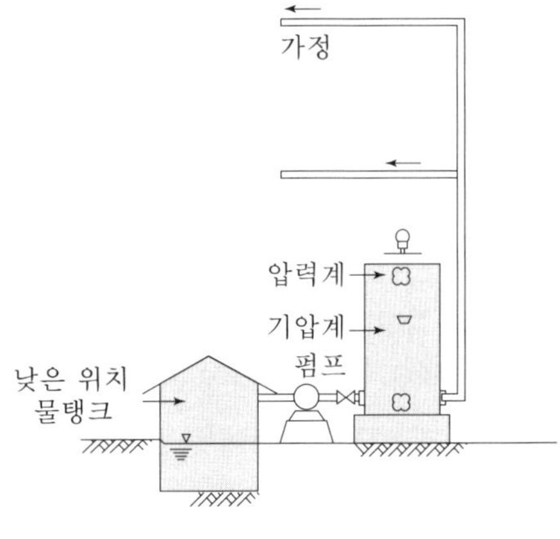


그림 8.6 가압조식 급수

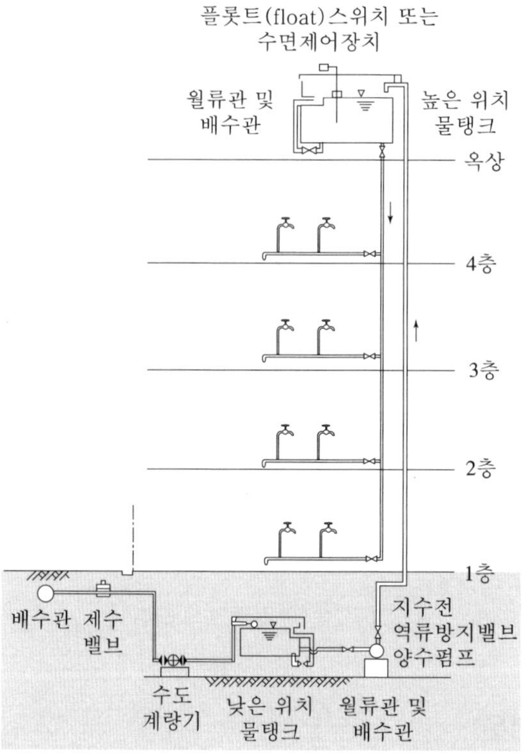


그림 8.7 물탱크식 급수(높은 위치 물탱크와 낮은 위치 물탱크)

펌프는 급수관과 직접 연결시키면 안 된다. 직접 연결하면 배수관의 수압을 저하시키거나 펌프의 급격한 정지에 따른 급수관 내의 수세작용의 원인이 된다. 건물이 초고층인 경우에는 중간의 높이에 또 하나의 물탱크를 설치하여 상층에 급수할 수 있도록 높은 위치 물탱크를 2층으로 설치하는 방법이 취해지고 있다.

## 8.2.3 병용식 급수

고층건물에서 2~3층 정도까지는 직결식 급수로 하고 그 이상의 층은 물탱크식 급수를 행하는 방식이다(그림 8.8). 물탱크는 항상 밝고 환기가 잘 되며 점검이 쉽고 절대적으로 오염을 받지 않는 장소에 설치해야 한다. 특히 낮은 층 물탱크는 위치결정에 유의할 필요가 있다. 물탱크는 철근콘크리트 또는 강철로 제작하고 상부에는 덮개를 설치하여 방수에 충분히 주의한다.

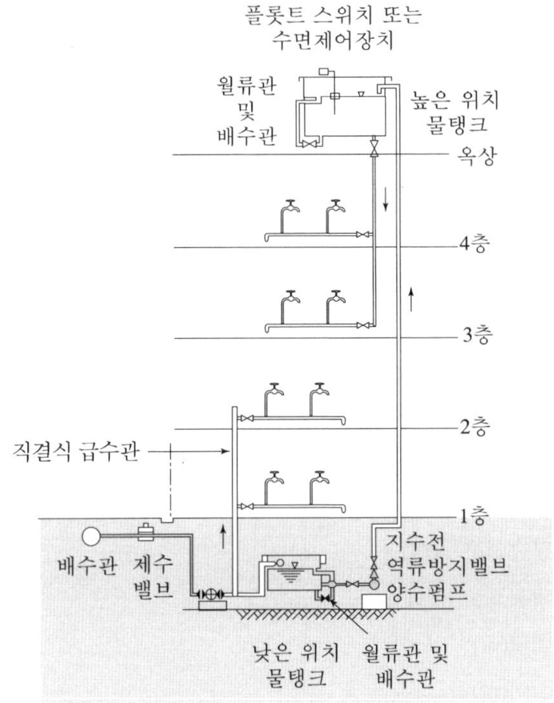


그림 8.8 병용식 급수

낮은 위치 물탱크에는 볼탭을 붙이며 높은 위치 물탱크에는 펌프가 자동적으로 작동하는 플롯트 스위치 등을 설치한다. 그 밖에 물탱크에는 월류관, 배수관을 설치하고 펌프의 하류측에는 지수전, 역지밸브를 설치한다. 물탱크는 수도법에 명시된 대로 정기적으로 청소해야만 한다.

## 8.3 설계

### 8.3.1 설계 수량

급수장치의 설계수량은 업종별 1인 1일 사용수량과 사용자 수와의 곱으로부터 구한 수량, 업종별 단위면적당 사용수량과 전체면적과의 곱으로부터 구한 수량, 용도별 수도전의 사용수량과 동시 사용률을 고려한 급수전 수와의 곱으로부터 구한 수량 중 한 가지에 의해 구한 수량을 표준으로 하는데, 마지막 방법에 의해 구한 수량을 이용하는 것이 일반적이다. 단 공장,

학교, 역 등의 세면대, 화장실 등과 같이 동시 사용률이 매우 높은 곳에서는 경우에 따라 증가시킬 필요가 있다. 또한 물탱크식 급수의 경우 낮은 위치 물탱크 및 높은 위치 물탱크의 용량은 각각 업종별 1인 1일 사용수량과 사용자 수와의 곱으로부터 구한 수량 또는 업종별 단위면적당 사용수량과 전체면적과의 곱으로부터 구한 수량의 1일당 사용수량이 적어도 4~6시간 분 및 0.1~1시간 분으로 하는 것이 바람직하다.

### 8.3.2 관경

관경 50 mm 이하의 급수관의 단면산정에는 다음의 Weston공식이 이용된다.

$$h_L = \left(0.0126 + \frac{0.01739 - 0.1087d}{\sqrt{v}}\right) \cdot \frac{L}{d} \cdot \frac{v^2}{2g} \tag{8.1}$$

여기서, $h_L$: 관 마찰손실수두(m)

$v$ : 관내 평균유속(m/s)

$d$ : 관의 내경(m)

$L$ : 관의 길이(m)

$g$ : 중력가속도(9.8 m/s$^2$)

급수장치에 있어서 손실수두는 관 마찰손실수두 이외에 수도꼭지, 수도계량기, 관 접합부 등에서 발생하는 기타 손실수두가 있는데 이러한 기타 손실수두는 관 마찰손실수두에 비해 무시할 수 없을 정도의 크기를 갖는다. 따라서 급수관의 단면산정에 기타 손실수두도 고려하여 결정할 필요가 있다.

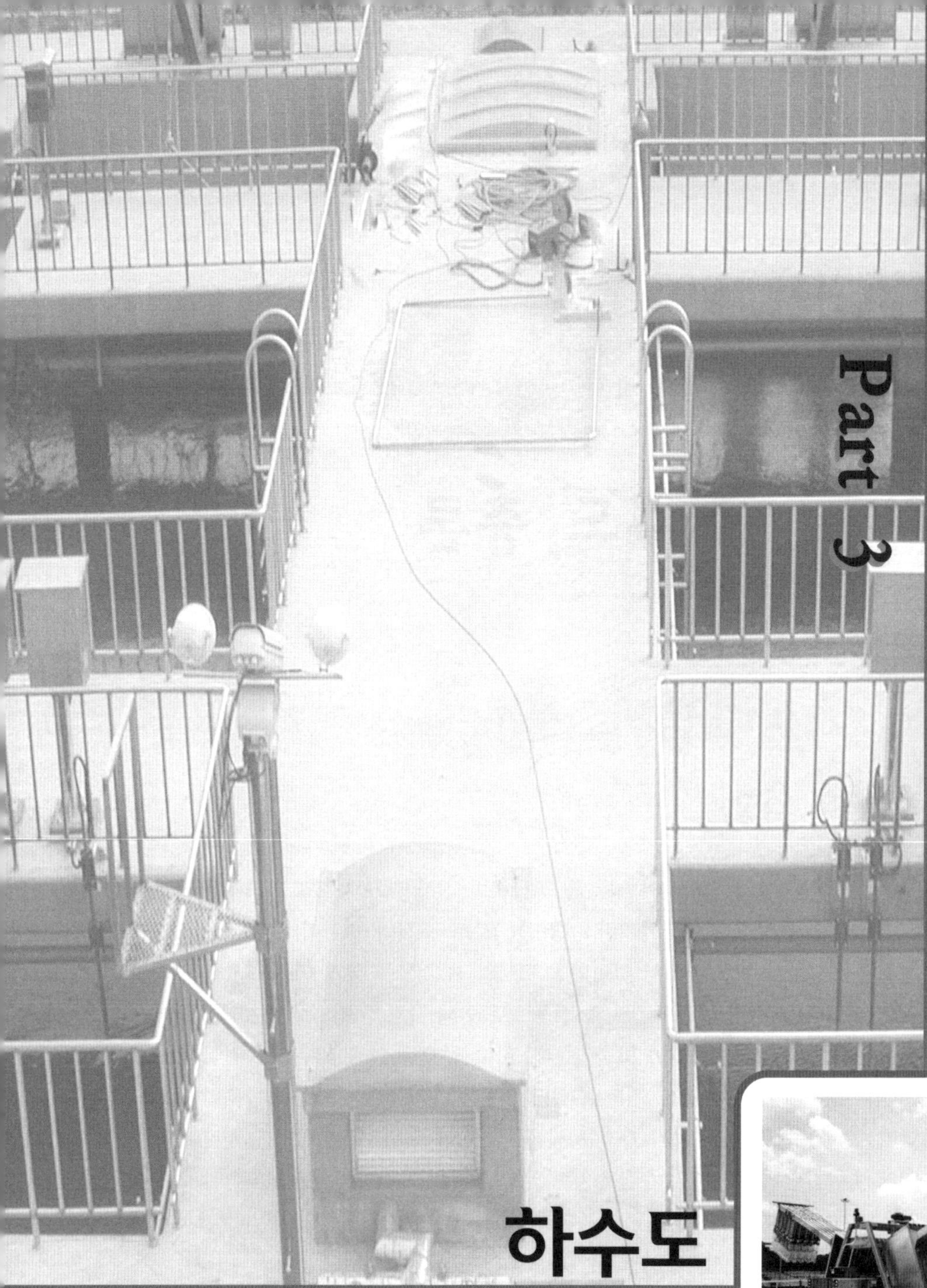

Part 3

# 하수도

1. 하수도 총론
2. 하수도 시설계획
3. 하수관로 시설
4. 하수처리
5. 하수고도처리
6. 슬러지처리

Chapter 1

# 하수도 총론

## 1.1 하수도의 역할

인간의 몸에서 혈관이 혈액 영양분과 산소를 공급하며 신장은 노폐물을 걸러내는 중요한 역할을 하듯이 상수도와 하수도는 국가기반시설(SOC)로서 도시의 혈관이며 신장의 역할을 하는 매우 중요한 시설로서 어느 한쪽이 결여되면 도시의 제 기능을 잃게 되는 중요한 도시하부구조의 2대 시설이다. 상수가 인간의 생활과 활동으로 인해 가정, 공장, 기타 여러 장소에서 사용된 후에는 다량의 하수로 변화되어 방출되는데, 하수 중에는 인체에 수인성 전염병을 발생시키는 병원성 미생물이나 유해물질, 기타 부패되기 쉬운 유기물질이 다량 포함되어 있으므로 그대로 방치하면 공중보건학상 여러 가지 문제를 야기하게 된다. 또한 하수를 처리하지 않고 인근 수역에 방류하면 방류수역의 수질은 악화되고 역겨운 악취와 오염된 물 색깔로 인해 도시의 미관이 크게 훼손되고 상수원수로서의 가치도 떨어지며 자정능력의 범위를 초과하게 되면 서서히 환경을 파괴하기 시작하여 인간에게 큰 피해를 줄 수 있다.

하수도는 하수를 모아서 신속하게 하수처리장으로 보내어 다양한 방법으로 처리하는 관거시설과 하수처리장 시설 전체를 의미하며 공공수역의 수질저하를 방지함과 동시에 자연환경을 보전하는 큰 사명과 역할을 전담하고 있다. 또한 하수도는 하수뿐만 아니라 빗물도 배제하여 강우 시에 침수피해를 방지하고 인명과 재산을 보호하는 시설이기도 하다.

**표 1.1** 미처리하수 내 오염물질의 종류와 농도분포의 예

| 항 목 | 농도(mg/L) | | |
|---|---|---|---|
| | 강 | 중 | 약 |
| 총고형물(TS) : | 1,250 | 800 | 450 |
| 총용존성고형물(TDS) : | 890 | 560 | 350 |
| 강열잔류용존고형물(FDS) | 295 | 295 | 185 |
| 휘발성용존고형물(VDS) | 595 | 265 | 165 |
| 총부유성고형물(TSS) : | 360 | 240 | 100 |
| 강열잔류부유고형물(FSS) | 145 | 75 | 25 |
| 휘발성부유고형물(VSS) | 215 | 165 | 75 |
| 침강성고형물, mL/L | 7 | 5 | 3 |
| 생화학적산소요구량($BOD_5$) | 400 | 200 | 100 |
| 화학적산소요구량(COD) | 910 | 455 | 230 |
| 총유기성탄소(TOC) | 290 | 145 | 75 |
| 총질소(T-N) : | 75 | 40 | 16 |
| 유기성질소(Org-N) | 40 | 20 | 8 |
| 암모니아성질소($NH_3$-N) | 35 | 20 | 8 |
| 아질산성질소($NO_2$-N) | 0 | 0 | 0 |
| 질산성질소($NO_3$-N) | 0 | 0 | 0 |
| 총인(T-P) : | 15 | 8 | 4 |
| 유기인 | 5 | 3 | 1 |
| 무기인 | 10 | 5 | 3 |
| 염소이온 | 83 | 42 | 21 |
| 알칼리도(as $CaCO_3$) | 200 | 100 | 50 |
| 유분(그리즈) | 40 | 20 | 5 |

**표 1.2** 미처리하수 내 미생물의 종류와 농도의 예

| 종 류 | 농도 (MPN/100 mL) | 감염량 (마리) |
|---|---|---|
| 박테리아 : | | |
| 박테로이드균(Bacterioides) | $10^7 \sim 10^{10}$ | |
| 총대장균(Total Coliform) | $10^7 \sim 10^9$ | |
| 분변성대장균(Fecal Coliform) | $10^6 \sim 10^8$ | $10^6 \sim 10^{10}$ |
| 클로스트리디움 퍼프린젠스(Clostridium perfringens) | $10^3 \sim 10^5$ | $1 \sim 10^{10}$ |

| | | |
|---|---|---|
| 장구균(Enterococci) | $10^4 \sim 10^5$ | |
| 분변성연쇄상구균(Fecal streptococci) | $10^4 \sim 10^7$ | |
| 녹농균(Pseudomonas aeruginosa) | $10^3 \sim 10^6$ | |
| 쉬겔라(Shigella) | $10^0 \sim 10^3$ | $10 \sim 20$ |
| 살모넬라(Salmonella) | $10^2 \sim 10^4$ | $10^1 \sim 10^8$ |
| 원생동물 : | | |
| 작은와포자충(Cryptosporidium parvum) | $10^1 \sim 10^3$ | $1 \sim 10$ |
| 이질아메바(Entamoeba histolytica) | $10^{-1} \sim 10^1$ | $10 \sim 20$ |
| 람블편모충(Giardia lamblia) | $10^3 \sim 10^4$ | $< 20$ |
| 기생충 : | | |
| 기생충알(Ova) | $10^1 \sim 10^3$ | |
| 회충(Ascaris lumbricoides) | $10^{-2} \sim 10^0$ | $1 \sim 10$ |
| 바이러스 : | | |
| 장내바이러스(Enteric virus) | $10^3 \sim 10^4$ | $1 \sim 10$ |
| 박테리오파지(Coliphage) | $10^3 \sim 10^4$ | |

지난 160여 년 동안 인류 건강에 가장 큰 역할을 한 것으로 하수도가 꼽혔는데, 영국의 의학잡지 '브리티시 메디컬 저널(BMJ)'이 현대의학의 성과(medical milestones) 15개를 골라 네티즌 투표에 부친 결과 하수도와 깨끗한 물이 항생제와 백신 등을 제치고 1위를 차지하였다. 20세기에 늘어난 인간의 평균수명 35년 중 30년이 하수도와 깨끗한 물 등 개인위생(sanitation) 시설의 발전 때문인 것으로 평가되었다. 이렇듯 하수도는 인간의 생활환경의 질을 향상시키고 도시의 발전을 구축하는 기반이 되므로 인간이 거주하는 공간에서는 필수불가결한 시설이라고 할 수 있다. 영국의 '더 타임즈(The Times)'도 인류가 고통 받는 질병 중에서 80%는 이질, 장티푸스, 콜레라, 렙토스피라증, 간디스토마, 폐디스토마와 같은 수인성 전염병이며 아직도 하수도의 미비로 인하여 하루에 14,000여명이 사망하고 있다고 보도하였다.

**예제 1.1**

하수도의 효과에 대한 설명으로 틀린 것은?

가. 공중위생 효과　　나. 도시환경 개선

다. 하천 수질보전　　라. 토지이용 감소

**풀이**

하수도의 효과는 공중위생효과, 도시환경개선, 하천수질보전, 자연환경보전, 침수피해방지, 도시발전의 기반 등을 들 수 있다.

## 1.2 하수도의 역사

하수도는 역사가 매우 오래되었는데 역사학자들에 의해 계속 유물이 발견되면서 새로운 기록들이 속속 보고되고 있다. 최고의 기록은 B.C. 7세기경 바빌론, 아시리아, 예루살렘 등에서 이용되었던 소규모의 하수관거이다. B.C. 6세기 바빌론에서는 토관을 이용한 소규모 하수관거로써 하수시설의 일종인 공형하수거가 발견되었고, 가장 유명한 것은 로마시대의 하수도인데 B.C. 510년에 축조되어 지금도 일부를 사용하고 있는 크로아카 막시마(Cloaca Maxima, "greatest sewer")가 있다. 이것은 7개의 구릉으로 둘러싸인 포룸(Forum) 계곡의 배수를 위해서 축조된 것으로서 차츰 각 가정의 하수관거와도 연결되었고, 화장실에 수세장치를 완벽하게 갖추면서 발생하는 하수 전체를 티베르(Tiber)강에 유입시켰다고 한다. 그리스 아테네에서는 궁전과 각 가정에서 발생한 하수를 계란형도관을 사용하여 도수하였으며 관개용수로도 사용하였다.

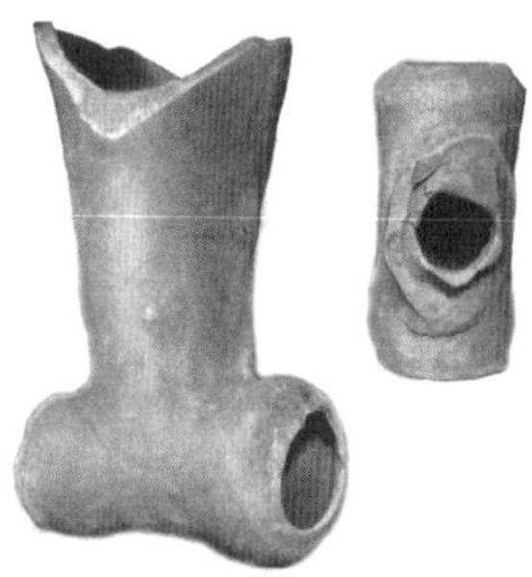

그림 1.1 기원전 4,000년경 바빌론 시대의 하수관거 이음부

그림 1.2 크로아카 막시마 (Cloaca Maxima "Greatest sewer")

그림 1.3 영국 브라이튼(Brighton)의 차집관거 (intercepting sewer) (1874년)

근대식 하수도의 도입은 19세기 영국에서 시작되었으며, 산업혁명으로 도시에 몰려든 빈민층 사이에 전염병이 퍼지자 채드윅(E. Chadwick) 변호사가 1834년 빈민구호법 수정안(Poor Law Amendment Act)을 통해 하수도에 대한 아이디어를 제시했고, 런던시가 이를 가장 먼저 도입하였다. 1830년대 유럽에서 시작된 하수도 시설이 본격화된 것은 1854년 콜레라가 수인성 전염병이라는 사실이 스노우(J. Snow)에 의해 밝혀진 뒤였다. 최초의 하수처리는 1762년 영국에서 약품침전으로 처리하는 방법이었으며 1810년경에는 런던에서 수세식 화장실이 발명되었고, 1844년부터는 런던에 대형 하수관거 공사가 시작되기도 하였다. 따라서 상하수도 혁명(sanitary revolution)은 19세기의 산업혁명(industrial revolution)과 함께 시작되었다고 해도 과언이 아니다. 1870년경부터는 비료가치가 있는 하수를 농경지에 유입시켜 활용하는 관개법이 도입되어 유행하였고, 그 후 살수여상법, 접촉여상법, 부패조 등이 1880년을 전후하여 도입되었다. 2층으로 개량된 부패조가 1903년 영국에서는 트래비스(Travis) 탱크, 1907년 독일에서는 임호프(Imhoff) 탱크로 출현되었다. 이후 1913년에는 영국 맨체스터(Manchester)에서 아던(E. Ardern), 로켓(W.T. Lockett), 파울러(G. Fowler) 등 3인에 의하여 현재에도 전 세계적으로 가장 많이 쓰이고 있는 표준활성슬러지법이 개발되었다. 개발이후 1920년대부터 활성슬러지 공법이 사용되기 시작하였고, 이후에는 살수여상 공법이 도입되었다. 1950년대부터 혐기성소화 공법이 사용되기 시작하였고, 1960년대에는 질소와 인(생물학적 인 제거는 예외) 제거에 관한 연구가 수행되었으며, 1970년대에 남아프리카공화국에서 생물학적 인 제거기술이 개발되었고 미국과 유럽에서는 이후에 개발되었다. 막(멤브레인)을 이용한 하수처리 공법은 20년 전부터 개발이 진행 중이다.

우리나라의 하수도 역사를 살펴보면 서울을 왕도로 정한 조선시대로 거슬러 올라 갈 수 있는데, 조선시대 때 도성 내 청계천 개수정비가 하수도 사업의 전부이었음이 역사적 문헌을 통해 알려지고 있다. 당시 성 안의 하수를 성 바깥으로 유출시키던 청계천(=개천)은 우기에는 하천범람으로 인해 가옥침수가 극심하였고, 하수구도 여기에 연결되어 있어 불결상태도 극심하여 전염병이 발생하는 등 어려운 문제의 하나로 인식되어 왔다. 조선 초기인 1394년(태조 3년) 10월 개성에서 한양으로 환도한 이후부터 하수처리가 시작되었는데, 1411년(태종 11년)에는 개거도감(후에 개천도감으로 바뀜)을 설치한 이래 주로 청계천을 개수하고 준설하였고, 1411~1434년(태종 11년~세종 16년)에는 자연형 하천인 청계천의 범람을 방지하기 위해 최초로 하천에 제방을 쌓고 하천 폭을 넓히는 공사와 더불어 수문과 수중보를 만들었으며, 영조 즉위년인 1725년 무렵 하천 바닥이 평지와 같은 높이에 이르자 1759년(영조 35년)에 준천사를 두고 이듬해인 1760년에는 홍수피해를 막기 위해 대대적인 청계천 개수 및 준설작업이 있었다. 1773년(영조 49년)에도 청계천 정비공사를 다시 시작해 양쪽 기슭의 석축과 수로의 직선화를 마무리 하였다. 일제의 침략으로 1910년 한일합방이 이루어진 경성부 시대에는 1918

년부터 1940년까지 4기로 나누어 청계천 중심의 약 225 km의 간선 하수관거와 지선 하수관거의 하수도 개수공사가 이루어져 근대적 하수도가 형성되었다. 청계천 본류와 지천의 바닥을 파내고 하천 양쪽 기슭에 석축을 쌓았는데 이로 말미암아 청계천에 놓여 있던 대부분의 아름다운 다리들이 철거되거나 콘크리트 다리로 개조시켜 우리의 찬란한 역사적 문화유산을 훼손하였으며 품격이 떨어지는 볼품없는 새로운 다리가 설치되었다.

그림 1.4 1900년경 청계천의 모습(동아일보)

해방 후 1949년부터 1950년까지 청계천 준설작업이 있었으며, 1954년에는 전쟁 후 복구사업과 함께 하수도 개량공사가 시작되면서 발전하여 1970년대 이후 개수로 형태의 콘크리트관이 주종을 이루는 관거시설에 의한 빗물처리 위주의 하수도 공사가 시행되어 특히 저지대의 침수방지를 위하여 유수지 빗물펌프장을 건설하여 침수로 인한 인명과 재산피해를 줄이는데 투자하였다. 8·15광복 후에도 청계천의 유지관리에 힘써 왔고, 1958년 6월부터 복개공사에 착수, 1960년 4월에 너비 50 m의 간선도로를 만들었으며, 1967~1976년 청계고가도로를 건설하여 상류에서 하류인 성동구 사근동까지의 5.4 km 구간은 복개되었으나 중랑천 합류 지점까지의 2.4 km 구간은 복개되지 않은 채 남아 있었다. 청계천 주변의 복개도로와 고가도로의 안전문제가 제기되자, 1994~1999년에 걸쳐 남산 1호 터널에서부터 청계천4가에 이르는 길이 2 km의 상판과 다리기둥, 들보를 보수하였다. 2002년 청계천4가에서 성동구 마장동 사이에 이르는 길이 3.8 km의 상판을 교체하는 보수를 마쳤다. 2003년 7월부터 시작된 서울시의 청계천 복원사업 구간은 광화문 동아일보사 앞에서 성동구 신답철교까지의 구간으로 5.8 km

에 이른다. 2005년 10월 1일 2년여의 공사를 마치고 청계천 위에 놓인 총 22개의 다리를 중심으로 정조반차도를 비롯한 역사적 자료를 복원한 도심 속의 하천으로 개통하여 서울의 관광명소로 변모되었다.

한편, 하수에 의한 공공수역의 수질오염 문제가 사회문제로 대두되면서 하수처리에 대한 검토가 최초로 거론되어 1976년 6월에 국내 처음으로 하루에 15만 $m^3$의 하수를 처리할 수 있는 청계천 하수처리장이 준공되었으며 1979년에는 21만 $m^3$ 규모의 중랑하수처리장이 추가로 건설된 이후 가양하수처리장, 난지하수처리장, 탄천하수처리장, 서남하수처리장 등이 건설되어 1987년에는 하루 200만 $m^3$의 하수를 처리할 수 있는 하수처리장들이 완공되었다. 하수사업의 재원확보를 위하여 원인자 부담금 원칙(PPP)에 따른 하수도 사용료를 1984년부터 징수하기 시작하여, 서울올림픽이 개최된 1988년부터 본격적인 하수처리 시대가 시작되었다. 도시여건 변화에 따라 증가하는 하수를 처리하기 위하여 하수처리장 증설공사를 시작하여 시설용량을 확보하고 기존 시설을 개수하여 용량증설사업이 추진되어 2021년 말에는 하수도보급률(공공하수처리인구보급률)은 94.8%로 2018년 93.9%에서 0.9% 증가했으며, 이로 인해 하수도서비스를 받는 총 인구수(처리인구)는 49,968천 명으로 2018년에 비해 134천 명 증가했다.

## 1.3 하수도의 정의와 목적

하수란 생활이나 사업에 기인하여 발생되는 오수 또는 우수를 말하며, 하수도란 하수를 배제·처리하기 위하여 설치되는 하수관거, 하수종말처리시설, 기타의 공작물과 시설의 총체를 말한다. 공공하수도란 지방자치단체가 설치 또는 관리하는 하수도를 말하며, 마을하수도란 농어촌지역의 수질오염을 초기단계에서 예방하기 위하여 자연마을단위로 설치하는 공공 하수도를 말한다. 배수구역이란 공공하수도에 의하여 하수를 배제할 수 있는 지역을 말하고, 하수처리구역은 하수를 하수종말처리시설에서 처리할 수 있는 지역을 말한다. 하수종말처리시설이란 하수를 최종적으로 처리하여 하천이나 바다, 기타 공유수면에 방류하기 위한 처리시설과 이를 보완하는 시설을 말하고, 공공하수도관리청이란 공공하수도를 관리하는 지방자치단체를 말한다. 하수도는 시가지의 우수나 오수를 신속하게 배제하여 도시의 생활환경의 향상을 도모하는 것을 목적으로 한다.

## 1.4 하수도의 구성

배수설비란 토지나 건물의 소유자가 건물에서 발생하는 하수를 공공하수도에 유입시키기 위하여 설치하는 각종 위생기구, 배수관, 물받이로의 접속관까지를 말한다. 하수도가 정비된 지역 내에서는 배수설비의 설치가 의무화되고 그 전까지 수로, 측구 등으로 배출하던 배수를 공공하수도로 유입되도록 개조하는 것이 필요하며, 하수도의 보급은 배수설비 설치에 의해 완성되는 것이지만 현실적으로는 배수설비의 설치가 늦어져 하수도 보급의 큰 장애가 되므로 행정담당자와 치밀한 대응이 필요하다.

관거시설에서 관거란 하수를 유하시켜 우수는 공공수역으로, 오수는 하수종말처리장으로 운반하기 위한 것이며, 우수와 오수를 각각의 관거로 배제하는 분류식과 동일한 관거로 배제하는 합류식이 있다. 하수관거는 자연유하를 원칙으로 하기 때문에 적절한 경사(구배)를 가질 필요가 있다.

하수종말처리시설은 공공수역의 수질오염방지라는 하수도의 큰 목적을 달성하기 위한 가장 중요한 시설이며, 크게 하수처리시설과 슬러지 처리시설의 2가지로 나눌 수 있다. 하수의 처리방식으로는 하수의 성분, 상태, 그리고 요구되는 처리수질 등에 따라 여러 가지 방법이 채택되고 있으며, 최근에는 공공수역의 부영양화를 방지하기 위하여 영양염류를 제거하기 위해 설치하는 고도처리 공정의 도입이 일반화되고 있으며 지금까지 하수처리방식은 대부분이 표준활성슬러지법으로 운영되어 왔으나 고도처리 공정으로의 개선이 이루어지고 있다. 하수종말처리시설과 중계펌프장 등은 인근 주민으로부터 혐오시설로 인식되는 경향이 있기 때문에 최근에는 시설 내의 녹화, 공원화를 도모함과 함께 미관의 향상, 악취와 소음방지를 위해 완전 복개화 등 주변환경과의 조화에 노력하고 있다.

## 1.5 하수도의 현황 및 전망

우리나라는 경제개발 계획을 성공적으로 수행함으로써 놀라운 경제성장과 산업화를 이룩하였다. 경제성장은 생활수준의 향상을 가져왔지만 환경을 고려하지 않은 급속한 산업화와 개발, 인구의 도시집중은 환경오염을 가중시켜 심각한 환경문제에 부딪히게 되었다. 우리나라의 연강우량의 약 70%가 6월부터 9월의 장마와 태풍기간에 집중되어 있고, 갈수기인 11월부터 이듬해 4월까지 6개월간의 강우량은 연강우량의 20%에 불과하여 하천수량이 크게 부족하므로 이때의 수질오염은 매우 심각하다. 따라서 이용가능한 수자원의 확보를 위해 다목적댐을 많이 건설하여 왔는데 댐건설에 의해 조성된 호소의 체류시간이 길어 부영양화가 진행될

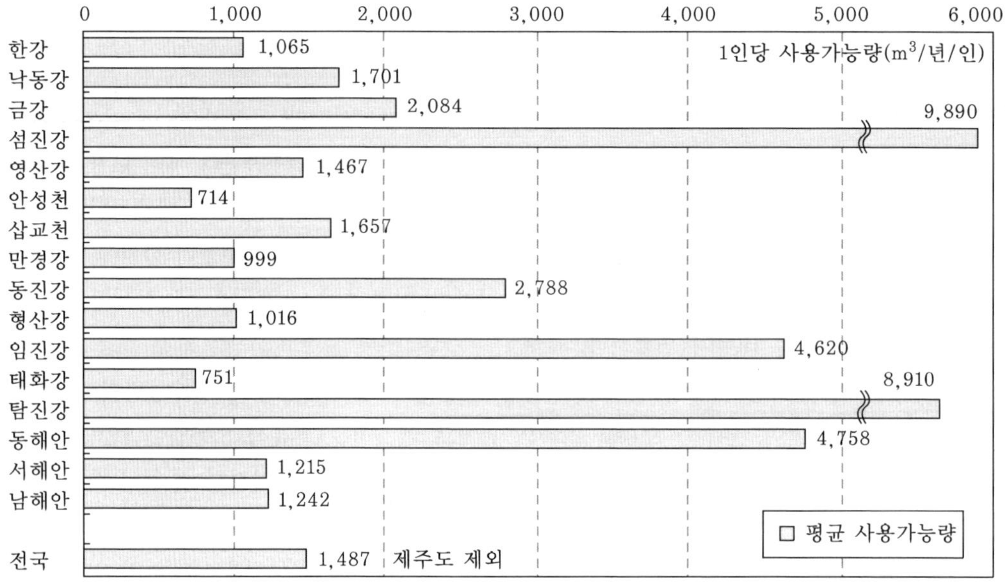


그림 1.5 1인당 이용가능한 수자원 양

가능성이 많다. 따라서 호소의 수질문제에 많은 관심을 가져야 하며 이미 확보된 수자원의 수질보호가 매우 중요하다. 또한 유역별로 1인당 이용가능한 수자원 양이 지역적으로 편중이 심하여 섬진강, 임진강, 탐진강은 매우 높은 반면에 한강, 태화강, 안성천은 매우 낮은 실정이다.

수질오염은 생활하수와 공장폐수 등을 적절하게 처리하지 않고 방류시켰을 때 그 피해가 커지며, 2021년 말 기준으로 하수도 보급률이 약 95%에 육박하지만 지방의 많은 도시의 하수도 시설이 대도시에 비해 낮은 수준이므로 지방하수도 보급률의 향상에 많은 관심과 투자가 지속되어야 할 것이다. 우리나라는 1970년대에 들어서면서 수질오염방지를 위한 각종 법규의 제정이 이루어졌고, 행정조치가 시작되면서 수질오염방지시설의 확충이 시작되었는데 초기에는 주로 분뇨의 관리와 분뇨처리장의 설치 및 폐수배출업소에 대한 수질규제를 만족시키기 위한 폐수처리시설의 설치로부터 시작되었다. 도시하수처리장의 확충은 1986년 아시안게임과 1988년 서울올림픽게임을 치르고 생활수준이 향상되면서 쾌적한 환경에서 살고자하는 욕망이 커지고 환경보전의식이 향상되면서 하수처리장의 건설이 활발하게 진행되어, 2021년 기준 하수도 보급률은 전국 평균 95%에 가깝지만 지방 특히 전 국민의 식수원수가 위치해 있는 전국 14개 다목적댐 상류지역의 하수도 보급률은 낮은 실정이다.

과거에는 첨단 기술과 풍부한 경험이 많이 축적되어 있지 않은 상태에서 하수처리장을 건설하여 운전하는 과정에서 여러 가지 문제점이 도출되기도 하였지만, 현재에는 지금까지의 시행착오를 겪으면서 축적된 경험을 바탕으로 하수 및 분뇨슬러지의 처리에 대한 문제점을

표 1.3 하수도 보급현황

| 구 분 | | 단위 | 2009 | 2011 | 2013 | 2015 | 2016 | 2019 | 2021 |
|---|---|---|---|---|---|---|---|---|---|
| 총 인구 | | 천명 | 50,644 | 51,717 | 52,127 | 52,672 | 52,858 | 53,122 | 52,974 |
| 처리인구 | | 천명 | 45,264 | 47,034 | 48,016 | 48,925 | 49,275 | 50,075 | 50,081 |
| 하수처리시설 | | 개소 | 2,770 | 3,363 | 3,774 | 3,907 | 3,963 | 4,216 | 4,281 |
| 하수처리시설 용량 | | 천$m^3$/일 | 24,925 | 25,228 | 25,330 | 25,398 | 25,671 | 26,360 | 26,543 |
| 보급률 | 전국 | % | 89.4 | 90.9 | 92.1 | 92.9 | 93.2 | 94.3 | 94.8 |
| | 농어촌 | % | 52.0 | 59.5 | 63.7 | 67.1 | 68.7 | 70.7 | 76.7 |
| 관로 총 연장 | 합계 | km | 107,843 | 118,329 | 126,606 | 137,193 | 143,168 | 160,093 | 1,674,409 |
| | 합류식 | | 49,386 | 47,510 | 45,415 | 44,228 | 43,738 | 43,376 | 42,601 |
| | 오수 | | 33,584 | 41,739 | 47,935 | 54,721 | 58,334 | 67,458 | 72,621 |
| | 우수 | | 24,873 | 29,080 | 33,256 | 38,245 | 41,096 | 49,259 | 52,186 |
| 하수찌꺼기 처리량 | | 천톤/일 | 8,286 | 8,481 | 9,671 | 10,526 | 9,811 | 4,222 | 4,527 |
| 하수처리수 재이용 | | 톤/년 | 727,833 | 781,104 | 907,443 | 1,027,456 | 1,121,048 | 1,148,665 | 1,126,994 |
| 개인하수처리시설 | 오수 | 개소 | 396,941 | 410,061 | 453,774 | 464,875 | 517,297 | 519,920 | 563,003 |
| | 정화조 | 개소 | 2,613,900 | 2,528,846 | 2,458,798 | 2,426,050 | 2,326,048 | 2,262,240 | 2,185,590 |
| 전국 하수도 투자비 | | 억원/$m^3$ | 63,284 | 65,140 | 73,113 | 89,132 | 96,910 | 120,920 | 110,378 |
| 하수처리비용 (총괄원가) | | 원/$m^3$ | 715.6 | 807.1 | 930.7 | 1017.8 | 1061.9 | 1248.1 | 1329.5 |
| 하수도 요금 (평균) | | 원/$m^3$ | 274.0 | 289.3 | 356.9 | 410.9 | 469.1 | 597.8 | 602.1 |
| 하수도요금 현실화율 | | % | 38.3 | 35.8 | 38.3 | 40.4 | 44.2 | 47.9 | 45.3 |

검토하여 환경선진국으로 도약하기 위한 합리적인 처리 기술의 개발이 이루어지고 있고, 더불어 체계적인 관리 기법도 선진국 수준으로 끌어올려 상하수도 기술과 환경기술을 외국에 수출하는 국가가 되었다.

2021년 말 기준 전국 하수관거 설치연장은 하수관거 정비사업의 활성화를 통해 167,409 km로 2019년 160,093 km보다 7,316 km (4.3%) 증가한 것으로 확인됐다. 이 중 합류식관거는 42,601 km (25.4%), 분류식관거는 124,807 km (74.6%)이며, 분류식관거의 경우 매년 꾸준히 증가추세를 보이고 있다. 한편, 하수도요금은 전국 지자체에서 평균 602.1원/$m^3$을 징수하고 있으나, 이는 전국 평균 하수처리원가 1,329.5원/$m^3$의 45.3% 수준으로 요금현실화율이

45%에 그쳐 국가 및 지방 재정에 부담으로 작용하는 것으로 확인되었다.

2021년 말 기준, 전국 지자체에서 운영하고 있는 분뇨처리시설은 총 186개소로 시설용량은 42,149 $m^3$/일이다. 또한, 개인이 운영하는 오수처리시설은 563,003개소이고, 정화조는 2,185,590개소이다.

수질 오염원은 수질오염의 원인이 되는 물질을 배출하는 시설이나 토지 등을 말하며 크게 점오염원(point sources)과 비점오염원(non-point sources)으로 대별할 수 있다. 점오염원은 일정한 배출경로를 갖고 있는 오염원으로 통상 생활하수, 산업폐수, 축산폐수를 일컫는다.

생활하수는 가정, 상업시설 등 가정생활 및 영업활동에 기인하는 오염원으로서, 생활하수는 생활이나 사업활동으로 발생되어 각종 하수와 함께 하수종말처리장에서 정수과정을 거친 후 방류관거를 통해 하천이나 강, 바다로 방류된다. 생활하수는 독성은 강하지 않지만 오염부하량이 크고 양이 많으며 오염원이 넓게 퍼져 있어 이를 정화하려면 많은 비용이 든다.

생활하수의 주 오염물질은 음식찌꺼기, 합성세제, 분뇨 등이다. 생활하수 중 부엌에서 나오는 하수는 36%, 화장실이 30%, 목욕탕이 23%, 세탁이 11%를 차지하는데, 부엌에서 나오는 음식찌꺼기가 가장 많은 유기물을 포함하고 있다. 하천을 오염시키는 원인 중 생활하수가 차지하는 비율은 60% 정도여서 수질오염의 주원인이 되고 있다.

**표 1.4** 하수도 보급률 추이

| 구분 | 2007 | 2008 | 2009 | 2010 | 2011 | 2012 | 2013 | 2014 | 2015 | 2016 | 2019 | 2021 |
|---|---|---|---|---|---|---|---|---|---|---|---|---|
| 전국 보급률(%) | 87.1 | 88.6 | 89.4 | 90.1 | 90.9 | 91.6 | 92.1 | 92.5 | 92.9 | 93.2 | 94.3 | 94.8 |
| 도시 보급률(%) | 91.5 | 92.5 | 93.4 | 93.8 | 94.2 | 94.6 | 94.9 | 95.0 | 95.1 | 95.5 | 96.2 | 98.6 |
| 농어촌보급률(%) | 45.7 | 48.0 | 52.0 | 55.2 | 59.5 | 62.1 | 63.7 | 65.9 | 67.1 | 68.7 | 73.3 | - |

**표 1.5** 하수관로 보급률 추이(단위 : %)

| 구분 | | 2007 | 2009 | 2011 | 2013 | 2015 | 2016 | 2019 | 2021 |
|---|---|---|---|---|---|---|---|---|---|
| 계획연장(km) | | 140,249 | 149,520 | 161,321 | 156,688 | 171,803 | 178,951 | 194,547 | 194,931 |
| 시설 연장 (km) | 합계 | 96,280 | 107,843 | 118,329 | 126,606 | 137,193 | 143,168 | 160,093 | 167,409 |
| | 합류식 | 49,636 | 49,386 | 47,510 | 45,415 | 44,228 | 43,738 | 43,376 | 42,601 |
| | 오수 | 26,532 | 33,584 | 41,739 | 47,935 | 54,721 | 58,334 | 67,458 | 72,621 |
| | 우수 | 20,111 | 24,873 | 29,080 | 33,256 | 38,245 | 41,096 | 49,259 | 52,186 |
| 하수관거보급률(%) | | 68.6 | 72.1 | 73.4 | 80.8 | 79.9 | 80.0 | 82.3 | 85.9 |
| 분류식화율 | | 48.4 | 54.2 | 59.8 | 64.1 | 67.8 | 69.4 | 72.9 | 74.6 |

* 자료 : 2019년 하수도통계

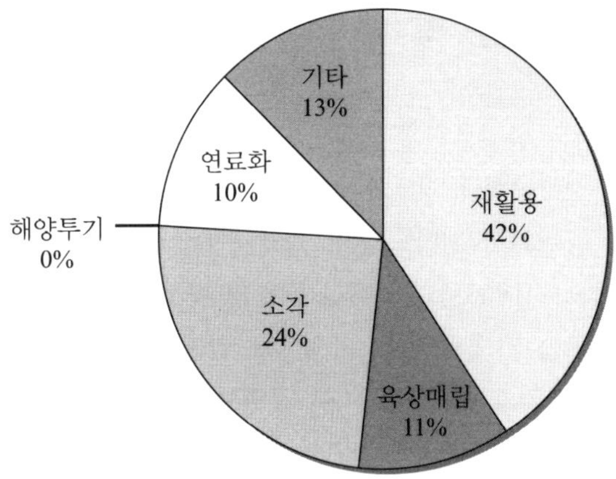


그림 1.6 하수슬러지 처리방법

산업폐수는 공장 등 산업활동에 기인하는 오염원으로서, 산업활동으로 인해 방출되는 폐수는 생활하수나 농·축산폐수에 비해 생화학적산소요구량(BOD)과 부유물질농도가 높을 수 있으며, 고농도의 독성물질을 포함하기 때문에 생물체를 치사시킬 확률이 크다. 산업폐수에 포함되어 있는 화학물질은 5백만 종이 넘고 이 중에서 상업적으로 생산되는 것만 해도 8만여 종이며 하천이나 식수에서 검출되었거나 확인된 물질은 1,500 여종이다. 그러나 실제로 몸 속에 들어있는 화학물질은 그것의 10배 가량 된다. 이 가운데 독성이 강하고 먹이사슬을 통해 농축되는 물질을 법으로 규제하고 있는데 카드뮴, 비소, 시안, 수은, 유기인, 페놀, 납, 6가 크롬 등 한정된 물질만을 대상으로 하기 때문에 다른 유해 물질들은 공장에서 배출되어도 규제할 수 없는 실정이다.

축산폐수 및 분뇨는 소, 돼지 등 가축사육활동에 기인하는 오염원으로서, 농업활동에 쓰이는 각종 농약에는 살충제, 살균제, 제초제, 착색제, 방부제, 항생제, 낙과방지제, 생장조절제, 훈증제 등 그 종류가 400여 종에 달한다. 빗물이 토양을 통과하거나 지표수로 흐를 때 농약성분은 수질을 악화시키는 원인이 되고, 이 물이 하천이나 해양으로 유입되어 수질을 오염시킨다.

우리나라에서 발생하는 가축분뇨는 50% 정도만이 처리되거나 유기질 비료로 재이용되고 나머지는 하천, 강, 바다 등으로 흘러든다. 축산폐수는 발생량은 적지만 오염부하량이 커서 정화하는 데에 많은 양의 물이 필요하다.

비점오염원은 불특정 배출경로를 갖는 오염원으로 양식장, 야적장, 농경지배수, 도시노면배수 등이 이에 해당된다. 비점오염물질은 농지에 살포된 비료 및 농약, 대기오염물질의 강하물, 지표상 퇴적 오염물질, 합류식하수관거 월류수 내 오염물질 등으로 주로 강우 시 강우유출수와 함께 유출되는 오염물질을 말하며, 이러한 비점오염물질을 발생시키는 곳을 비점오염원이라 한다.

## 1.6 하수도 관련법규 및 수질현황

환경법의 생성 및 발전은 환경문제에 대한 인식의 정도와 밀접한 관계가 있다. 우리나라에서 본격적인 환경문제는 제3공화국 정부가 경제개발 5개년 계획을 수립하여 공업화를 추진하기 시작한 1960년대에 들어와서 시작되었다. 경제개발에 수반하여 발생하는 환경오염 등에 대처하기 위한 대응방안으로 1963년 우리나라 최초의 환경법인 공해방지법이 제정되었다. 동법은 "공장이나 사업장 또는 기계·기구의 조업으로 인해 야기되는 대기오염·하천오염·소음·진동으로 인한 보건위생상의 피해를 방지하여 국민보건의 향상을 기하는데" 그 구체적 목적이 있었다. 그러나 공해방지법은 전문이 21개조에 불과하여 규제내용이 크게 미흡하였을 뿐 아니라 동법 시행규칙이 1969년 7월에야 제정되는 등 후속입법이 미비하였고, 경제개발을 최우선적으로 추진하는 당시의 사회분위기 등으로 인하여 실효성을 거둘 수도 없었다. 1960년대 후반부터 환경문제에 대한 관심이 언론매체를 중심으로 국민적인 관심을 불러일으키기 시작하면서 1971년 1월 그동안 사문화되다시피 한 공해방지법을 대폭 수정·강화하여 배출허용기준, 배출시설설치허가제도, 이전명령제도 등을 도입하였다. 급속한 산업화·도시화가 이루어지던 1970년대에는 환경문제가 더욱 심각하게 인식되었기 때문에 소극적인 공해의 규제를 목적으로 하는 종래의 공해방지법 체계로는 다양하고 광역적인 환경문제에 효과적으로 대처하는데 한계가 있어 이를 대체하는 환경보전법을 1977년 12월 31일 제정·공포하게 되었다. 환경보전법에서는 환경파괴 또는 환경오염의 사전예방뿐 아니라 오염된 환경을 개선함으로써 보다 적극적·종합적으로 환경문제에 대응하기 위한 환경영향평가제도, 환경기준, 오염물질의 총량규제제도 등을 새로이 도입하였다. 종래의 공해방지법이 대기오염, 수질오염 등의 공해적 측면만을 대상으로 한데 비하여 환경보전법에서는 그 대상을 자연환경을 포함하는 전반적인 환경문제와 사전예방적 기능으로까지 확대되었다. 또한 공해방지법이 현재의 국민보건의 향상만을 목적으로 하였다면 환경보전법은 현재의 국민은 물론 장래의 세대까지 건강하고 쾌적한 환경에서 생활할 환경권을 보장하고 있다. 1980년에 개정된 헌법에 환경권에 관한 규정이 처음으로 신설된 이후 산업화의 진전으로 인한 경제구조의 고도화로 환경 문제가 심각화·다양화되자 오염분야별 대책법의 제정이 불가피하다는 인식하에 우리나라의 환경법은 복수법 체계로 이행하게 되었다. 즉, 1990년 8월 1일에 환경보전법이 환경정책기본법·대기환경보전법·수질환경보전법·소음·진동규제법·유해화학물질관리법·환경분쟁조정법 등 6개 법으로 분법화되었던 것이다.

1990년대에는 독도를 비롯한 도서지역의 생물다양성과 수려한 경관을 보전하기 위한 독도 등 도서지역의 생태계 보전에 관한 특별법, 한강수계의 수질개선을 위한 한강수계 상수원 수질개선 및 주민지원 등에 관한 법률, 습지를 효율적으로 보전·관리하기 위한 습지보전법이 제정되었으며, 정부조직 개편에 의하여 자연공원법, 조수보호 및 수렵에 관한 법률이 환경부로 이관되었다.

2002년 1월 낙동강, 영산강, 금강 수계의 수질을 개선하여 주민에게 맑은 물을 공급하기 위하여 상하류간의 공존의 정신을 바탕으로 오염물질총량관리제도 등 기존의 오염물질의 사후처리위주의 정책을 사전예방중심으로 획기적인 전환을 가져오는 낙동강특별법, 영산강특별법, 금강특별법이 제정되었으며, 2003년에는 수도권대기환경개선 대책의 추진을 위한 수도권대기환경개선에 관한 특별법, 건설폐기물의 효율적 처리 및 재활용을 위한 건설폐기물의 재활용촉진에 관한 법률, 백두대간의 생태계보전을 위한 백두대간 보호에 관한 법률 등 3개법이 제정되었으며, 2004년에는 야생 동·식물보호법(조수보호 및 수렵에 관한 법률 폐지), 악취방지법, 남극활동 및 환경보호에 관한 법률, 친환경 상품구매촉진에 관한 법률이 제정되었고, 2006년에는 문화유산과 자연환경자산에 관한 국민신탁법, 가축분뇨의 관리 및 이용에 관한 법률, 환경분야 시험·검사 등에 관한 법률이 제정되었으며, 2007년에는 잔류성 유기오염물질의 체계적인 관리를 위한 잔류성 유기오염물질 관리법, 전기·전자제품 및 자동차의 재활용촉진 등을 위한 전기·전자제품 및 자동차의 자원순환에 관한 법률, 국가 및 지방자치단체의 지속가능발전을 위한 법적·제도적 기반 마련을 위한 지속가능발전 기본법이 제정되었고, 2008년에는 환경교육진흥법, 환경보건법 등 2개 법률이 제정되었으며, 2009년에는 한국환경공단법이 제정되었고, 2010년에는 석면피해구제법, 2012년에는 세계자연보전총회 지원특별법 등 2개 법률이 제정되어 환경부가 관장하는 법률은 총 60여개에 이르게 되었다.

하·폐수 및 분뇨의 처리와 관련된 법은 10여종에 달하나 중요한 관련법규는 하수도법, 환경정책기본법, 수질 및 수생태계 보전에 관한 법률과 가축분뇨의 관리 및 이용에 관한 법률에서 관장하고 있으며, 하수처리장 방류수 수질기준과 자가방지시설 및 공단폐수 종말처리장에 대하여는 물환경보전법에서 관장하도록 되어있다. 하수도법은 1966년 8월에 제정되어 2023년 6월에 최종 개정되어 현재에 이르고 있다. 수질환경보전법은 환경보전법(1977년 12월)을 모법으로 하고 있는데, 1990년 8월 환경정책기본법 및 수질환경보전법 등으로 세분화되었다가, 2007년 4월 수질환경보전법은 수질 및 수생태계 보전에 관한 법률로 개정되었다가 수질 및 수생태계에서 물환경 전반으로 보전의 대상을 확대하기 위하여 2017년 1월에 법률의 제명을 「수질 및 수생태계 보전에 관한 법률」에서 「물환경보전법」으로 변경하고 분리된 법이다. 이 법의 중요사항은 하수종말처리장의 방류수 수질기준, 폐수배출업소의 방지시설과 산업폐수 종말처리에 관한 행정사항 등 각종 수질기준에 관한 사항으로서 환경부가 관장하고 있어, 이 법에 근거하여 전국 수계의 목표수질 및 총량관리를 하천 구간별로 설정하고 있다. 가축분뇨의 관리 및 이용에 관한 법률은 오물청소법을 모법으로 하여 폐기물관리법, 오수, 분뇨 및 축산폐수처리에 관한 법률로 개정되어 2006년 9월에 오수분야를 분리시켜 현재의 법률로 제정되었으며 환경부가 관장하고 있다.

표 1.6은 하수종말처리시설의 방류수 수질기준을 나타내고 있고, 표 1.7은 개인하수처리시설의 방류수 수질기준을, 그리고 표 1.8은 전국의 대표적인 하수처리장 현황을 나타내고 있다.

표 1.6a 공공하수처리시설의 방류수 수질기준

가. 방류수 수질기준

<table>
<tr><th colspan="2">구분</th><th>생물화학적 산소요구량 (BOD)(mg/L)</th><th>화학적 산소요구량 (COD)(mg/L)</th><th>부유물질 (SS) (mg/L)</th><th>총질소 (T-N) (mg/L)</th><th>총인 (T-P) (mg/L)</th><th>총대장균 군수 (개/mL)</th><th>생태 독성 (TU)</th></tr>
<tr><td rowspan="4">1일 하수처리용량 500 $m^3$ 이상</td><td>Ⅰ지역</td><td>5 이하</td><td>15 이하</td><td>10 이하</td><td>20 이하</td><td>0.2 이하</td><td>1,000 이하</td><td rowspan="6">1 이하</td></tr>
<tr><td>Ⅱ지역</td><td>5 이하</td><td>15 이하</td><td>10 이하</td><td>20 이하</td><td>0.3 이하</td><td rowspan="5">3,000 이하</td></tr>
<tr><td>Ⅲ지역</td><td>10 이하</td><td>25 이하</td><td>10 이하</td><td>20 이하</td><td>0.5 이하</td></tr>
<tr><td>Ⅳ지역</td><td>10 이하</td><td>25 이하</td><td>10 이하</td><td>20 이하</td><td>2 이하</td></tr>
<tr><td colspan="2">1일 하수처리용량 500 $m^3$ 미만 50 $m^3$ 이상</td><td>10 이하</td><td>25 이하</td><td>10 이하</td><td>20 이하</td><td>2 이하</td></tr>
<tr><td colspan="2">1일 하수처리용량 50 $m^3$ 미만</td><td>10 이하</td><td>25 이하</td><td>10 이하</td><td>40 이하</td><td>4 이하</td></tr>
</table>

※ 비고

1. 공공하수처리시설의 페놀류 등 오염물질의 방류수수질기준은 해당 시설에서 처리할 수 있는 오염물질항목에 한하여 「물환경보전법 시행규칙」 별표 13 제2호 나목 페놀류 등 수질오염물질 표 중 특례지역에 적용되는 배출허용기준 이내에서 그 처리시설의 설치사업 시행자의 요청에 따라 환경부장관이 정하여 고시한다.
2. 1일 하수처리용량이 500 $m^3$ 미만인 공공하수처리시설의 겨울철(12월 1일부터 3월 31일까지)의 총질소와 총인의 방류수수질기준은 2014년 12월 31일까지 60 mg/L 이하와 8 mg/L 이하를 각각 적용한다.
3. 다음 각 지역에 설치된 공공하수처리시설의 방류수수질기준은 총대장균군수를 1,000개/mL 이하로 적용한다.
   가. 「물환경보전법 시행규칙」 별표 13에 따른 청정지역
   나. 「수도법」 제7조에 따른 상수원보호구역 및 상수원보호구역의 경계로부터 상류로 유하거리(流下距離) 10 km 이내의 지역
   다. 「수도법」 제3조 제17호에 따른 취수(取水)시설로부터 상류로 유하거리 15 km 이내의 지역
4. 영 제4조 제3호에 따른 수변구역에 설치된 공공하수처리시설에 대하여는 1일 하수처리용량 50 $m^3$ 이상인 방류수수질기준을 적용한다.
5. 생태독성의 방류수수질기준은 물벼룩에 대한 급성독성시험을 기준으로 하며, 다음의 요건 모두에

해당하는 공공하수처리시설에만 적용한다.

가. 「물환경보전법 시행규칙」 별표 4 제2호3), 12), 14), 17)부터 20)까지, 23), 26), 27), 30), 31), 33)부터 40)까지, 46), 48)부터 50)까지, 54), 55), 57)부터 60)까지, 63), 67), 74), 75) 및 80)에 해당하는 폐수배출시설에서 배출되는 폐수가 유입될 것

나. 1일 하수처리용량이 500 $m^3$ 이상일 것

6. 생태독성(TU) 방류수수질기준 초과원인이 오직 염(산의 음이온과 염기의 양이온에 의해 만들어지는 화합물을 말한다. 이하 같다)으로 증명된 경우로서 「물환경보전법」 제2조 제9호의 공공수역 중 항만·연안해역에 방류하는 경우 생태독성(TU) 방류수수질기준을 초과하지 않은 것으로 본다.
7. 제6호에 따른 생태독성(TU) 방류수수질기준 초과원인이 오직 염이라는 증명에 필요한 구비서류, 절차·방법 등에 관하여 필요한 사항은 국립환경과학원장이 정하여 고시한다.

### 나. 지역 구분

| 구분 | 범 위 |
|---|---|
| Ⅰ지역 | 가. 「수도법」 제7조에 따라 지정·공고된 상수원보호구역<br>나. 「환경정책기본법」 제38조 제1항에 따라 지정·고시된 특별대책지역 중 수질보전 특별대책지역으로 지정·고시된 지역<br>다. 「한강수계 상수원 수질개선 및 주민지원 등에 관한 법률」 제4조 제1항, 「낙동강수계 물관리 및 주민지원 등에 관한 법률」 제4조 제1항, 「금강수계 물관리 및 주민지원 등에 관한 법률」 제4조 제1항 및 「영산강·섬진강수계 물관리 및 주민지원 등에 관한 법률」 제4조 제1항에 따라 각각 지정·고시된 수변구역<br>라. 「새만금사업 촉진을 위한 특별법」 제2조 제1호에 따른 새만금사업지역으로 유입되는 하천이 있는 지역으로서 환경부장관이 정하여 고시하는 지역 |
| Ⅱ지역 | 「물환경보전법」 제22조 제2항에 따라 고시된 중권역 중 화학적 산소요구량(COD) 또는 총인(T-P)의 수치가 같은 법 제24조 제2항 제1호에 따른 목표기준을 초과하였거나 초과할 우려가 현저한 지역으로서 환경부장관이 정하여 고시하는 지역 |
| Ⅲ지역 | 「물환경보전법」 제22조 제2항에 따라 고시된 중권역 중 한강·금강·낙동강·영산강·섬진강 수계에 포함되는 지역으로서 환경부장관이 정하여 고시하는 지역(Ⅰ지역 및 Ⅱ지역을 제외한다) |
| Ⅳ지역 | Ⅰ지역, Ⅱ지역 및 Ⅲ지역을 제외한 지역 |

## 표 1.6b 간이공공하수처리시설의 방류수 수질기준

### 가. 방류수 수질기준

| 구분 | 생물화학적 산소요구량(BOD) (mg/L) | | 총대장균군수 (개/mL) | |
|---|---|---|---|---|
| Ⅰ지역 | 2014년 7월 17일부터 2018년 12월 31일까지 | 60 이하 | 2014년 7월 17일부터 2018년 12월 31일까지 | - |
| | 2019년 1월 1일부터 2023년 12월 31일까지 | 60 이하 | 2019년 1월 1일 이후 | 3,000 이하 |
| | 2024년 1월 1일 이후 | 40 이하 | | |

| 구분 | 생물화학적 산소요구량(BOD) (mg/L) | | 총대장균군수 (개/mL) | |
|---|---|---|---|---|
| Ⅱ지역 | 2014년 7월 17일부터 2019년 12월 31일까지 | 60 이하 | 2014년 7월 17일부터 2019년 12월 31일까지 | - |
| | 2020년 1월 1일부터 2024년 12월 31일까지 | 60 이하 | 2020년 1월 1일 이후 | 3,000 이하 |
| | 2025년 1월 1일 이후 | 40 이하 | | |
| Ⅲ · Ⅳ지역 | - | | - | |

※ 비고

1. 위 방류수수질기준은 1일 하수처리용량이 500 $m^3$ 이상인 공공하수처리시설에 유입되는 하수가 일시적으로 늘어날 경우 이를 처리하기 위하여 설치되는 간이공공하수처리시설에 대해서만 적용한다.
2. 환경부장관은 2014년 7월 17일부터 2018년 12월 31일까지의 기간에 새로 설치되는 간이공공하수처리시설에 대해서는 위 방류수수질기준보다 완화된 기준을 정하여 고시할 수 있다.

나. 지역 구분 : 표 1.6a의 나목과 같다.

**표 1.7** 개인하수처리시설의 방류수 수질기준

| 구분 | 1일 처리용량 | 지역 | 항목 | 방류수 수질기준 |
|---|---|---|---|---|
| 오수처리시설 | 50 $m^3$ 미만 | 수변구역 | 생물화학적 산소요구량(mg/L) | 10 이하 |
| | | | 부유물질(mg/L) | 10 이하 |
| | | 특정지역 및 기타지역 | 생물화학적 산소요구량(mg/L) | 20 이하 |
| | | | 부유물질(mg/L) | 20 이하 |
| | 50 $m^3$ 이상 | 모든 지역 | 생물화학적 산소요구량(mg/L) | 10 이하 |
| | | | 부유물질(mg/L) | 10 이하 |
| | | | 총질소(mg/L) | 20 이하 |
| | | | 총인(mg/L) | 2 이하 |
| | | | 총대장균군수(개/mL) | 3,000 이하 |
| 정화조 | 11인용 이상 | 수변구역 및 특정지역 | 생물화학적 산소요구량 제거율(%) | 65 이상 |
| | | | 생물화학적 산소요구량(mg/L) | 100 이하 |
| | | 기타지역 | 생물화학적 산소요구량 제거율(%) | 50 이상 |

토양침투처리방법에 따른 정화조의 방류수수질기준은 다음과 같다.

가. 1차 처리장치에 의한 부유물질 50퍼센트 이상 제거

나. 1차 처리장치를 거쳐 토양 침투시킬 때의 방류수의 부유물질 250 mg/L 이하

골프장과 스키장에 설치된 오수처리시설은 방류수수질기준 항목 중 생물화학적 산소요구량은 10 mg/L 이하, 부유물질은 10 mg/L 이하로 한다. 다만, 숙박시설이 있는 골프장에 설치된 오수처리시설은 방류수수질기준 항목 중 생물화학적 산소요구량은 5 mg/L 이하, 부유물질은 5 mg/L 이하로 한다.

비고

1. 이 표에서 수변구역은 영 제4조 제3호에 해당하는 구역으로 하고, 특정지역은 영 제4조 제1호·제2호·제4호·제5호 및 제10호에 해당하는 구역 또는 지역으로 한다.
2. 수변구역 또는 특정지역이 영 제8조에 따라 고시된 예정하수처리구역이나 「물환경보전법 시행규칙」 제67조에 따라 고시된 기본계획의 폐수종말처리시설 처리대상지역에 해당되면 그 지역에 설치된 정화조에 대하여는 기타지역의 방류수수질기준을 적용한다.
3. 특정지역이 수변구역으로 변경된 경우에는 변경 당시 그 지역에 설치된 오수처리시설에 대하여 그 변경일부터 3년까지는 특정지역의 방류수수질기준을 적용한다.
4. 기타지역이 수변구역이나 특정지역으로 변경된 경우에는 변경 당시 그 지역에 설치된 개인하수처리시설에 대하여 그 변경일부터 3년까지는 기타지역의 방류수수질기준을 적용한다.
5. 겨울철(12월 1일부터 3월 31일까지)의 총질소와 총인의 방류수수질기준은 2014년 12월 31일까지 60 mg/L 이하와 8 mg/L 이하를 각각 적용한다.
6. 하나의 건축물에 2개 이상의 오수처리시설을 설치하거나 2개 이상의 오수처리시설이 설치되어 있는 경우에는 그 오수처리시설 처리용량의 합계로 방류수수질기준을 적용한다.
7. 영 제8조에 따라 고시된 예정하수처리구역이나 「물환경보전법 시행규칙」 제67조에 따라 고시된 기본계획의 공공폐수처리시설 처리대상지역에 설치된 오수처리시설에 대하여는 1일 처리용량 50 $m^3$ 미만인 오수처리시설의 방류수수질기준을 적용한다.
8. 2001년 12월 31일까지 「하수도법」(법률 제7460호로 개정되기 전의 것을 말한다) 제6조에 따라 인가를 받은 하수종말처리시설, 같은 법 제6조의2에 따라 협의를 마친 마을하수도 또는 「수질환경보전법」(법률 제6829호로 개정되기 전의 것을 말한다) 제26조에 따른 승인을 받아 설치된 폐수종말처리시설로 유입하여 처리할 예정인 지역에 해당되는 경우 그 지역에 설치된 오수처리시설의 방류수수질기준은 2011년 12월 31일까지 아래의 표를 적용한다.

| 지역 | 항목 | 1일 처리용량 100 $m^3$ 미만 | 1일 처리용량 100 $m^3$ 이상 200 $m^3$ 미만 | 1일 처리용량 200 $m^3$ 이상 |
|---|---|---|---|---|
| 특정지역 | 생물화학적 산소요구량(mg/L) | 20 이하 | 20 이하 | 20 이하 |
| | 부유물질(mg/L) | 20 이하 | 20 이하 | 20 이하 |
| 기타지역 | 생물화학적 산소요구량(mg/L) | 80 이하 | 60 이하 | 40 이하 |
| | 부유물질(mg/L) | 80 이하 | 60 이하 | 40 이하 |

골프장에 설치된 오수처리시설의 방류수수질기준은 생물화학적 산소요구량 10 mg/L 이하, 부유물질량 10 mg/L 이하로 한다.

이 표에서 특정지역은 「수도법」 제7조에 따른 상수원보호구역과 같은 법 제3조 제17호에 따른 취수시설로부터 유하거리 4 km 이내의 상수원상류지역, 「환경정책기본법」 제22조 제1항에 따른 특별대책지역, 「지하수법」 제12조에 따른 지하수보전구역, 「자연공원법」 제2조 제1호에 따른 공원구역과 같은 법 제25조에 따른 공원보호구역으로 한다.

**표 1.8** 전국 주요 하수처리장 현황(2021년 말 현재)

| 처리장 명칭 | 시설용량 (천$m^3$/일) | 처리방법 | 가동 개시일 | 방류수역 | |
|---|---|---|---|---|---|
| | | | | 지류 | 본류 |
| 전국 처리장 총계 4,281개소 | 26,543 | 500 $m^3$/일 이상 - 704개소<br>500 $m^3$/일 미만 - 3,635개소 | | | |
| 서울특별시 중랑 | 1,590.0 | 고도(SBAF, MLE) | 1976.09.21 | 중랑천 | 한강 |
| 탄천 | 900.0 | 고도(MLE) | 1987.12.09 | 탄천 | |
| 서남 | 1,630.0 | 고도(MLE, BNR) | 1987.06.01 | 한강 | |
| 난지 | 860.0 | 고도($A_2O$, MLE) | 1987.06.30 | 한강 | |
| 부산광역시 강변 | 450.0 | 고도($A_2O$) | 1990.12.01 | 남해 | 남해 |
| 수영 | 452.0 | 고도(MLE, MBR) | 1988.05.01 | | |
| 대구광역시 서부 | 520.0 | 고도($A_2O$) | 1997.08.01 | 대명천 | 금호강 |
| 신천 | 680.0 | 고도($A_2O$) | 1993.06.01 | 금호강 | |
| 인천광역시 가좌 | 350.0 | 고도(MLE+응집, 4stage BNR) | 1992.02.01 | - | 서해 |
| 승기 | 275.0 | 고도(MLE+응집) | 1995.01.01 | | |
| 광주광역시 제1 | 600.0 | 고도(NPR+Actiflo) | 1991.01.15 | - | 영산강 |
| 대전광역시 대전 | 900.0 | NPR, MLE, SAC | 1990.01.01 | 갑천 | 금강 |
| 울산광역시 용연 | 250.0 | 고도(DeNiPho) | 1995.08.18 | - | 동해 |
| 세종특별자치시 조치원 | 20.0 | 고도(DeNiPho) | 1998.10.01 | 미호천 | 금강 |
| 경기도 성남시 성남 | 460.0 | 고도(NPR, $A_2O$) | 1994.06.01 | 탄천 | 한강 |
| 부천시 굴포 | 900.0 | 고도(DeNiPho, 4stage BNR) | 1993.02.01 | 굴포천 | |
| 강원도 춘천시 춘천 | 150.0 | 고도(DeNiPho, BNR) | 1990.01.10 | 의암호 | 한강 |
| 원주시 원주 | 156.0 | 고도(NPR) | 1994.12.15 | 원주천 | |
| 충청북도 청주시 청주 | 280.0 | 고도(CNR) | 1992.04.30 | 미호천 | 금강 |
| 충청남도 천안시 천안 | 220.0 | 고도(DNR, HANT) | 1994.09.23 | 곡교천 | 삽교호 |
| 전라북도 전주시 전주 | 403.0 | 고도(CNR, CSBR) | 1990.03.30 | 전주천 | 만경강 |
| 전라남도 목포시 남해 | 100.0 | 고도(NPR) | 1998.07.01 | - | 남해 |
| 경상북도 포항시 포항 | 232.0 | 고도(Bio-sac) | 1995.08.28 | 형산강 | 낙동강 |
| 구미시 구미 | 330.0 | 고도(DNR) | 1987.07.21 | 광암천 | |
| 경상남도 창원시 덕동 | 500.0 | 고도(NPR) | 1993.06.01 | 진해만 | 남해 |
| 제주특별자치도 제주 | 130.0 | 고도(CNR) | 1994.03.01 | - | 제주북해 |

2

Chapter

# 하수도 시설계획

## 2.1 계획년도와 계획구역

Part 2의 상수도 편에서도 기술했듯이 도시의 인구는 해마다 증가하고, 공업도 해마다 계속 발전해 왔으며, 이에 따라 가정오수, 공장폐수의 양도 생활수준에 맞추어 계속해서 증가하고 있다. 또한 하수도 건설은 상당한 기간이 필요하므로, 단기적인 수량의 증가에 맞추면서 단계적으로 시설능력을 필요할 때마다 증대시키는 것은 불가능하다. 그러므로 계획은 장기적 전망에 따라 행할 필요가 있는데, 도시의 사정에 따라 일률적으로 논할 수는 없지만 하수도 계획의 목표년도는 20년 후로 두는 것을 원칙으로 한다.

계획구역이란 계획년도까지 시가지화 될 것이 예상되는 구역인데, 행정상의 경계에 한정하지 않고 지형적 조건을 고려하여 광역적, 종합적으로 정해야 한다. 현재 시가지화 조정구역이라 해도 장래 시가지화 구역이 될 가능성을 가지고 있으면 미리 계획구역에 포함시켜 두어야 하며, 공장, 학교, 병원에 포함시킬 수 있는 경우에는 이를 미리 포함시키는 것이 바람직하다. 계획구역은 하수도시설 계획의 기본이 되는 것이므로, 충분히 검토하여 구역을 설정하고, 계획년도까지 그 구역 내에 하수도가 완전히 설치되도록 계획을 세워야 한다.

## 2.2 계획인구

계획인구는 계획오수량 산정의 기초가 되는데 계획년도에 있어서 계획구역 내의 인구를 말하며 추정에 의해 구하는데, 인구추정법은 Part 2 상수도 편의 2.2와 같은 방법으로 구한다.

계획구역 내에도 상업지나 주거지에 따라 인구밀도가 높은 지역과 낮은 지역이 있으므로, 인구분포에 대해서도 추정할 필요가 있는데, 토지이용계획에서 용도지역별 인구밀도를 참고하여 전체인구를 배분하면 좋다. 일반적으로 인구라고 하면 상주인구를 의미하는데 주간에 인구유입이 현저한 대도시와 중소도시에서는 계획오수량에 커다란 영향을 주므로, 이러한 도시에서는 주간 인구를 참고할 필요가 있다.

## 2.3 하수량

### 2.3.1 계획오수량

계획오수량은 생활오수량, 공장폐수량, 지하수 유입량으로 크게 나누어 각각을 산정하고 이것들을 합산하여 구한다.

#### 1) 생활오수량

생활오수량은 일반가정으로부터 배출되는 기초 생활오수량과 사무실, 백화점, 학교, 병원, 식당 등으로부터 발생되는 영업오수량으로 구성되며 이러한 것의 합으로 나타낸다.

기초 생활오수량은 생활습관에 따라 각 가정별로 약간의 차이가 있는데 지역적으로는 큰 차이가 별로 없다. 그러나 영업오수량은 용도지역에 따라 상당한 차이가 있으며 특히 상업지역에 있어서는 영업오수량이 많게 되어 전체오수량에서 차지하는 비율이 커지고, 이것이 커질수록 1인당 생활오수량은 크게 된다. 이것은 직접관리계획에도 영향을 미치며, 특히 분류식인 경우 오수관을 계획할 때 중요하다. 따라서 특정한 지역에 있어서는 용도지역별 영업오수량에 영업용수율을 곱한 것으로, 여기서 영업용수율이란 기초 생활오수량에 대한 영업오수량의 비를 말한다. 표 2.1은 용도지역별 영업용수율의 일례를 나타낸 것이다.

각 가정이나 사업소 등에서 사용된 물 중에서 일부는 지하로 침투하거나 증발하므로 모두가 하수관으로 배출되는 것은 아니다. 그러나 알 수 없는 양의 하천수나 지하수 등이 하수관 내에 유입되는 수도 있다. 일반적으로 영업오수는 상수도를 사용함으로써 발생되는 경우가 많으므로, 가정오수량은 수도의 사용수량과 같다고 생각해도 큰 차이는 없다. 따라서 1인 1일 최대오수량은 계획연도에 있어서 그 지역의 1인 1일 최대급수량을 기준으로 하여 정하는 것이 보통이다.

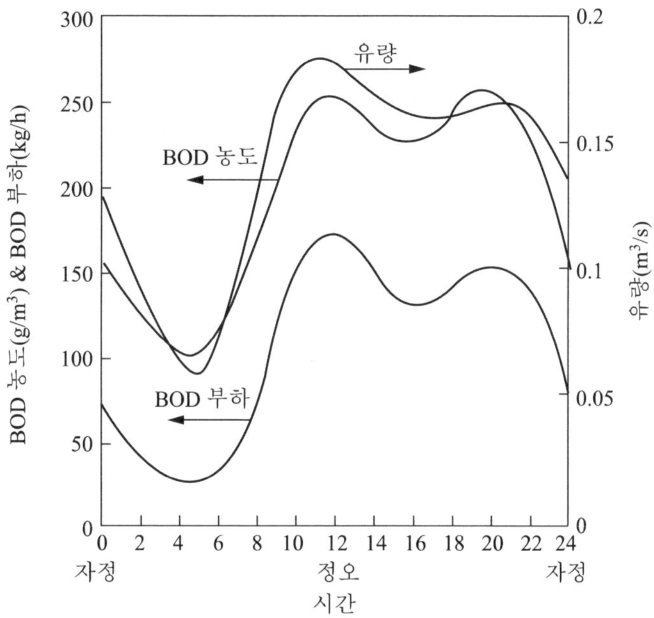


그림 2.1 일일 생활오수 발생량 및 농도 추이[22)]

표 2.1 용도지역별 영업용수율

| 용도지역 | 영업용수율 | 영업오수량(L/인/일) |
|---|---|---|
| 상가지역 | 0.6～0.8 | 180～280 |
| 주거지역 | 0.3 | 90～105 |
| 준공업지역 | 0.5 | 150～175 |
| 공업지역 | 0.2 | 60～70 |

## 2) 공장폐수량

공장폐수량은 공업의 종류, 공장의 규모에 따라 상당히 다르므로, 일반적인 방법으로 발생량을 말할 수는 없다. 또한 수질적으로 문제가 없는 냉각수 등은 직접 하천에 방류할 수 있고, 공장에 따라서는 용수를 순환 재이용하는 경우도 있으므로, 공업용수가 모두 공장폐수라고 하기에는 무리가 있다. 따라서 각각의 공장에 대해서 실태조사를 할 필요가 있는데, 상수도를 사용하고 있는 중소규모의 공장에 대해서는 1인당 급수량, 즉 가정오수량에 포함하여 생각하면 좋다. 그러나 공업용 수도 등을 사용하는 경우에는 정확한 폐수발생량을 예측할 필요가 있다. 또한 출하액당 용수량 또는 부지면적당 용수량으로부터 업종별 장래 배수량을 추정할 수 있다.

### 3) 지하수량

관거가 지하수면 아래에 매설된 경우에는 관거의 접합부 등으로부터 지하수가 다소 유입된다. 지하수의 유입은 특히 소구경관일 경우 좋지 않으므로 유입되지 않도록 신중히 시공해야 하지만 이것이 아주 없도록 하는 것은 기술적으로 불가능하다. 유입을 실제로 구하는 것도 어려운데 관거의 길이당, 배수면적당 유입량을 산정하는 방법도 있으나 경험적으로 볼 때 1인 1일 최대오수량의 10～20% 정도를 지하수량으로 보는 것이 보통이다.

### 4) 계획오수량

#### (1) 계획 1일 최대오수량

계획 1일 최대오수량은 1인 1일 최대오수량에 계획인구를 곱하고, 필요하다면 공장폐수량, 지하수량, 기타 배수량을 합한 것이다. 이 값은 하수처리시설의 용량을 결정하는 기초가 된다.

#### (2) 계획 1일 평균오수량

계획 1일 평균오수량은 계획 1일 최대오수량의 70～80%를 표준으로 한다. 오수량의 일일 변화는 중소규모의 하수도일수록 크고, 계획 1일 최대오수량에 대하여 중소규모는 70%, 대규모 도시나 공업도시는 80% 정도이다. 이 값은 하수처리장 유입하수의 수질을 추정할 때 사용된다.

#### (3) 계획시간 최대오수량

계획시간 최대오수량은 계획 1일 최대오수량의 1.3～1.8배를 표준으로 한다. 이 값은 관거 및 펌프장의 용량을 결정하는 기초자료가 된다. 오수량의 시간적 변동은 소도시 등에서 커지고, 대도시 일수록 평균화되어 작아지게 되는데, 대도시나 공업도시는 1.3배, 중소도시는 1.5배, 아파트나 주택단지는 1.8배를 해준다.

**예제 2.1**

계획오수량에 대한 설명 중 적합하지 않은 것은?

가. 계획시간 최대오수량은 계획1일 최대오수량의 1시간당 수량의 1.3~1.8배를 표준으로 한다.

나. 계획오수량은 생활오수량, 공장폐수량 및 지하수량으로 구분할 수 있다.

다. 지하수량은 1인 1일 평균오수량의 5~10%로 한다.

라. 계획1일 평균오수량은 계획1일 최대오수량의 70~80%를 표준으로 한다.

**풀이**

경험적으로 볼 때 1인 1일 최대오수량의 10~20% 정도를 지하수량으로 보는 것이 보통이다.

**예제 2.2**

계획인구 10만 명인 어떤 도시의 오수처리 계획에서 1인 1일 최대오수량이 300 L/인/일이고, 지하수량은 1인 1일 최대오수량의 10%, 공장폐수량은 1인 1일 최대오수량의 5%라면 이 도시의 계획1일 최대오수량($m^3$/day)은?

**풀이**

계획1일 최대오수량
= 1인 1일 최대오수량 × 계획인구 + 공장폐수량 + 지하수유입량 및 기타배수량
= (300 L/인/일 + 30 L/인/일 + 15 L/인/일) × 100,000인
= 345 L/인/일 × 100,000인
= 34,500 $m^3$/day

## 2.3.2 우수량

모든 우수가 하수관거에 유입되는 것이 아니고, 하수관거에 유입되기까지 일부 우수는 지하침투, 증발, 하천이나 호소에 직접 유출 등이 발생한다. 하수관거에 유입되는 우수량의 산정에는 원칙상 다음에 설명하게 될 합리식을 이용하는데, 충분한 자료를 분석하여 검토를 한 경우에는 해당지역에 적합한 실험식을 이용할 수 있다.

### 1) 강우강도

강우량은 학술적으로 일정시간 동안에 강우가 몇 mm 내렸는지로 표시한다. 그러나 강우는 내리기 시작하여 끝날 때까지 일정한 강도로 계속해서 내리지 않으므로, 강우의 강도를 표현하는 경우 어느 일정시간 중에 내린 강우량을 1시간당으로 계산한 강우강도가 이용되며, 이 시간을 강우지속시간이라 한다. 즉, 임의의 강우지속시간 $t$(min)에 대응하는 강우량을 $R$(mm)이라 하면, 강우강도 $I$는

$$I = R\frac{60}{t}\ \text{(mm/hr)} \tag{2.1}$$

일반적으로 강우지속시간을 짧게 할수록 강우강도가 크게 된다. 하수관의 크기 결정에는 단시간에 강하게 내린 강우를 대상으로 해야 하지만, 몇 십 년에 한 번 내릴까 말까 하는 강우의 강도를 대상으로 하는 것은 오히려 무의미하다. 우리나라에서는 5~10년에 한 번 발생하는 강도의 강우를 대상으로 하는 것을 원칙으로 하고 있으며, 이를 확률년수 또는 재현기간이라 한다. 확률강우강도는 대상지역 근처에 있는 기상관측소의 20년 이상의 강우자료를 토대로 하여 확률계산으로 구한다. 확률계산을 위해 5분, 10분, 20분, 30분, 40분, 60분, 80분, 120분과 같은 최소 8개의 강우지속시간에서 $N$년 강우강도자료를 대상으로 $N$개를 선택한다. 이때 각 연도에서 최대값 1개씩을 선택하는 매년최대값법과 전체자료 중에서 최대값부터 $N$개를 선택하는 비매년최대값법이 있는데, 매년최대값법의 경우 확률년을 1년 증가시킴으로써 (10년인 경우 11년으로 함) 자료부족으로 인한 오차를 보정하고, 비매년최대값법은 20년 이상의 강우자료가 없을 때 이용한다. 확률계산법으로는 토마스(Thomas) 도표법, 헤이즌(Hazen) 도표법, 이와이법 등이 있는데, 이중 가장 간단한 토마스 도표법을 많이 사용한다. 토마스 도표법은 각 시간별로 다음 식으로 구한 토마스 플롯 $P$와 여기에 대응하는 $I$를 대수확률지에 나타내어 확률강우강도를 구하는 방법이다.

$$P = \frac{J}{N+1}$$

여기서, $P$ : 토마스 플롯

$J$ : 강우강도순위 $(=1,\ 2,\ 3,\ \cdots,\ N)$

$N$ : 자료의 수

플롯 점의 직선경향선에서 $n$년 확률강우강도는 $P=\frac{1}{n}$(매년최대값법의 경우 $P=\frac{1}{n+1}$)에 대응하는 $I$로 구할 수 있다. 이와 같이 각 강우지속시간 $t$에 대응하는 $n$년 확률강우강도 $I$를 각각 구한다.

x축에는 지속시간, y축에는 확률강우강도로 하여 그래프를 그리면 곡선이 얻어지는데, 이것을 강우강도곡선이라고 부르며, 이 곡선형을 나타내는 $I$와 $t$의 관계식을 강우강도 공식이라 부른다. 강우강도 공식은 다음과 같은 것들이 있다.

Talbot형 $$I = \frac{a}{t+b} \tag{2.2}$$

Sherman형 $$I = \frac{a}{t^n} \tag{2.3}$$

Semi-Log형 $$I = a + b \cdot \log\ t \tag{2.4}$$

Japanese(Hisano · Ishiguro)형 $$I = \frac{a}{\sqrt{t} \pm b} \tag{2.5}$$

여기서, $I$ : 확률 강우강도(mm/hr)

$t$ : 강우지속시간(min)

$a,\ b,\ n$ : 재현기간과 지역특성에 따른 상수(최소자승법에 의해 결정할 수 있음)

보통규모의 하수도계획에 있어서 원칙상 Talbot형이 채용되고 있다. Talbot형은 Talbot이 미국 기상청 등의 강우기록을 분석한 결과를 토대로 1891년에 발표한 것으로 록키산맥 동쪽 지역에 적합하도록 만들어졌다. 이 식은 단시간의 강우강도가 매우 크지 않은 강우특성을 가진 경우에 다른 형의 식에 비해서 적합도가 높다고 알려지고 있다. 더구나 식의 형태가 간단하여 강우강도 공식으로서 가장 광범위하게 이용되고 있다. Sherman형은 Sherman이 미국 동부 Boston 등의 강우자료를 분석한 결과를 바탕으로 1905년에 발표한 공식으로 Talbot형처럼 간단하다. Sherman형은 단시간의 강우강도가 강한 강우 특성을 가진 경우에 적합도가 높다고 알려지고 있으며, 지수 $n$은 대부분의 경우 0.3～0.6의 범위에 있으며, 특히 0.5, 즉 $\sqrt{t}$ 부근이 많다. Japanese형은 1927년 일본인 Hisano와 Ishiguro가 착안한 것으로서, 일본 대부분의 지역에서 평균편차 5% 이내에서 적합하다는 것이 확인되었다. 이 형태는 Sherman형의 특수한 형태이다. 수도시설 기준에서는 Talbot형은 지속시간 5～120분 사이에서 Sherman형 및 Hisano · Ishiguro형보다 약간 안전한 값을 얻을 수 있다고 하였으며, 유달시간이 짧은 관거 등의 유하시설을 계획할 경우에는 원칙적으로 Talbot형을 채택하는 것이 좋다고 하였다. 이밖에도 다음과 같은 통합형 강우강도 공식이 사용된다.

통합형 I $\quad I = \dfrac{a + b\log T}{t^n + C}$ (재현빈도 50년 적용)

통합형 II $\quad I = \dfrac{a + b\ln\dfrac{T}{t^n}}{C + \ln\dfrac{\sqrt{T}}{t} + \sqrt{t}}$

여기서, $C$ : 유출계수(도로 0.85, 지붕 0.90, 잔디 0.25)

유입시간 : 평균 7분 적용(큰 인구밀도 5분, 작은 인구밀도 10분,
간선하수관거 5분, 지선하수관거 7～10분)

$T$ : 재현기간(년)

### 2) 유출계수

유출계수란 지표를 흘러 하수관으로 유입하는 강우량의 총강우량에 대한 비율을 말하며 지역 상황, 지형, 지질, 지표 상황 등에 따라 변화한다. 유출계수는 지역 종류별 유출계수와 지

표면의 형태에 따른 유출계수가 있는데, 각각의 종류와 구성으로부터 구해진 총괄유출계수를 사용하는 것을 원칙으로 하되 총괄유출계수의 산정에는 다음 식을 이용한다.

$$C = \frac{\sum_{i=1}^{n} C_i A_i}{\sum_{i=1}^{n} A_i} \tag{2.6}$$

여기서, $C$ : 총괄유출계수

$C_i$ : 임의 지역 종류의 기초유출계수

$A_i$ : 임의 지역 종류의 총면적

$n$ : 지역 종류의 수

지역 종류를 대별하면, 침투지역과 불침투지역의 두 종류가 있는데, 침투지역은 토질, 식생 등에 의해, 불침투지역은 관거의 접합정도 등에 의해 유출계수가 달라진다. 이렇게 지역의 종류를 세분화하여, 세분화된 지표면의 형태별 유출계수 표준치를 표 2.3에 나타내었다. 또한, 지표 종류의 면적은 건폐율, 도로율, 포장률 등의 자료가 있으면 정확히 결정할 수 있다. 표 2.4는 위의 식으로부터 구한 용도별 총괄유출계수의 표준치이다.

**표 2.2** 우리나라 권역/재현기간별 강우강도공식

| 권역 \ 재현기간 | 확률강우강도식 | | | | |
|---|---|---|---|---|---|
| | 2년 | 5년 | 10년 | 50년 | 100년 |
| I | $\frac{372}{t^{0.59}}$ | $\frac{520}{t^{0.58}}$ | $\frac{612}{t^{0.58}}$ | $\frac{806}{t^{0.58}}$ | $\frac{886}{t^{0.57}}$ |
| II | $\frac{218}{\sqrt{t}-2.69}$ | $\frac{306}{\sqrt{t}-2.76}$ | $\frac{360}{\sqrt{t}-2.81}$ | $\frac{475}{\sqrt{t}-2.88}$ | $\frac{521}{\sqrt{t}-2.91}$ |
| III | $\frac{426}{t^{0.60}}$ | $\frac{581}{t^{0.60}}$ | $\frac{678}{t^{0.60}}$ | $\frac{876}{t^{0.60}}$ | $\frac{955}{t^{0.60}}$ |
| IV | $\frac{184}{t^{0.47}}$ | $\frac{239}{\sqrt{t}-1.60}$ | $\frac{289}{\sqrt{t}-1.25}$ | $\frac{401}{\sqrt{t}-1.35}$ | $\frac{450}{\sqrt{t}-1.29}$ |

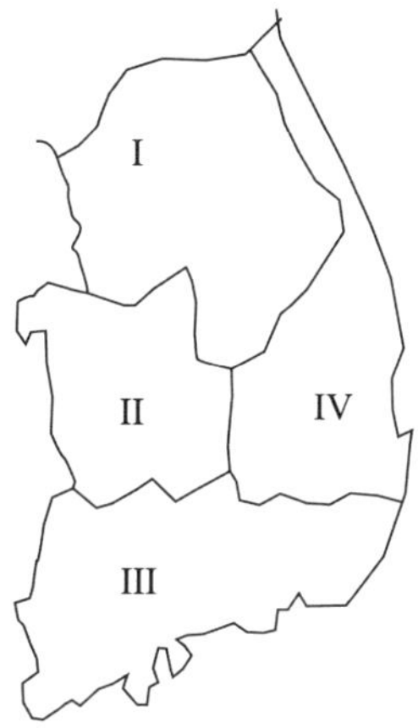


그림 2.2 표2.2의 권역구분

표 2.3 지역종류별 및 지표면의 형태별 유출계수 표준치

| 지역의 종류 | 유출계수 | 지표면의 형태 | 유출계수 |
|---|---|---|---|
| 아파트단지 | 0.50～0.70 | 아스팔트 도로 | 0.85～0.90 |
| 단독주택 | 0.30～0.50 | 콘크리트 도로 | 0.80～0.95 |
| 상업지역 | 0.70～0.95 | 포장된 차도, 보도 | 0.75～0.85 |
| 운동장 | 0.20～0.35 | 모래땅 평지잔디밭 | 0.05～0.10 |
| 교외주거지역 | 0.25～0.40 | 중점토 평지잔디밭 | 0.13～0.17 |

표 2.4 용도별 총괄유출계수 표준치

| 용도 | 총괄유출계수 |
|---|---|
| 상업지역이나 여유부지가 없는 주거지역 | 0.80 |
| 야외작업장 등이 약간 있는 공장지역이나 정원이 있는 주거 지역 | 0.65 |
| 중층 주거단지나 독립주거가 많은 지역 | 0.50 |
| 정원이 많은 고급주거지역이나 경작지 등이 상당히 남아 있는 교외지역 | 0.35 |

**예제 2.3**

아파트 단지 10,000 $m^2$, 단독주택 6,000 $m^2$, 콘크리트 포장도로 3,000 $m^2$, 운동장 1,000 $m^2$, 나머지 40,000 $m^2$는 중점토 평지 잔디밭으로 되어 있는 도시지역에서 하수구의 유출계수는?

**풀이**

$$C = \frac{\sum_{i=1}^{n} C_i A_i}{\sum_{i=1}^{n} A_i}$$

$$\sum_{i=1}^{n} A_i = 10,000 + 6,000 + 3,000 + 1,000 + 40,000 = 60,000\ \mathrm{m}^2$$

(0.5～0.7) × 10,000 / 60,000 = 0.08～0.12
(0.3～0.5) × 6,000 / 60,000 = 0.03～0.05
(0.8～0.95) × 3,000 / 60,000 = 0.04～0.05
(0.2～0.35) × 1,000 / 60,000 = 0.00～0.01
(0.13～0.17) × 40,000 / 60,000 = 0.09～0.11

Σ0.24～0.34

위에서 구한 범위 0.24～0.34에서 설계빈도가 25년 이상 정도로 크면 안전 측면에서 큰 값을 보통 채택하여 설계한다.

### 3) 유달시간

유달시간이란 유입시간과 유하시간의 합을 말한다. 유입시간은 어느 단위배수구의 가장 먼 지점에 내린 우수가 하수관거의 최상류에 유입하기까지의 시간으로서 이것은 배수구의 사면거리, 경사, 지표의 조도 등에 의해 변화한다. 유입시간은 이론적인 산정식을 이용하여 구하는 것을 원칙으로 하는데, 특수한 장소 이외에는 경사, 조도 등을 정확히 파악할 수 없으므로 경험에 의한 수치를 이용하는 것이 일반적이다. 우리나라에서 이용되고 있는 유입시간의 표준치는 인구밀도가 큰 곳은 5분, 인구밀도가 작은 곳은 10분, 평균 7분이며, 또는 간선 5분, 지선 7～10분이 적용되고 있다.

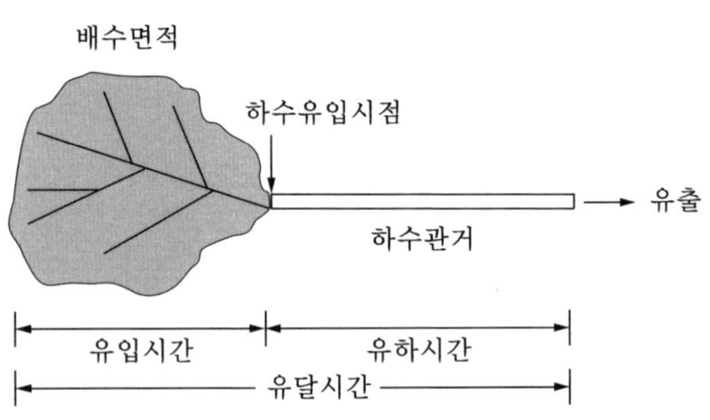


그림 2.3 유달시간 개념

유하시간은 하수관거의 최상류에 유입된 우수가 그 단위 배수구의 최하류까지 흐르는데 요구되는 시간을 말하며, 하수관거 길이를 $L$(m), 관거 내 평균유속을 $v$(m/sec)라 하면, 유하시간은 $L/v$(min)이 된다. 또한 유하시간은 배수로의 길이를 배수로의 경사와 조도계수에 따른 유속으로 나누어 계산되는데, Rhiha공식, Kraven공식, Kennedy-Watt공식, Linsley공식, Kirpich공식 등이 사용된다. 일반적으로 유달시간은 다음 식으로 구해진다.

$$T = t + \frac{L}{v} \tag{2.7}$$

여기서, $T$ : 유달시간(min)

$t$ : 유입시간(min)

$L$ : 관거길이(m)

$v$ : 유속(m/min)

유달시간 $T$와 강우지속시간 $t$와의 사이에서 $T \le t$의 관계가 있을 때는 전체 배수면으로부터의 우수가 동시에 하수관거 시점에서 $L$(m)점에 모이는 때가 있는데, 이 점이 최대우수유출량이 된다. 또한 $T > t$일 때는 가장 멀리 떨어진 우수가 그 점에 도달하기 이전에 비가 멈춰, 하류 측의 지점으로부터의 우수가 그 점을 통과한 후에 비로소 도달한다. 따라서 최대유량에는 관계가 없다. 이 현상을 유출의 지체라고 하며, $vt/L$을 지체계수라 하는데, 이 계수가 1보다 작을 때는 반드시 지체현상이 생긴다.

**예제 2.4**

우수배제계획에서 계획우수량을 산정할 때 고려할 사항이 아닌 것은?

가. 유출계수　　나. 유속계수

다. 배수면적　　라. 확률년수

**풀이**

계획우수수량을 산정할 때에는 유출계수, 배수면적, 강우강도, 확률년수 등을 고려하여야 한다.

**예제 2.5**

어떤 지역의 배수구역 내 최원격지에서 하수관거의 입구까지 빗물이 유하하는데 20분이 소요되었다. 하수관거의 길이가 1,200 m, 하수관거 내 유속이 2 m/sec일 때 유달시간은 얼마인가?

**풀이**

$$T = t + \frac{L}{v} = 20\ \mathrm{min} + \frac{1{,}200\ \mathrm{m}}{120\ \mathrm{m/min}} = 30\ \mathrm{min}$$

### 4) 합리식에 의한 우수량의 산정

합리식은 홍수도달시간이 짧은 단기간 호우에 의한 작은 유역의 홍수량 산정에 가장 많이 쓰이고 있는데, 유역면적이 5 $km^2$ 이내인 지점에서 적용이 가능하다. 그러나 유역표층의 조건과 강우조건이 같은 경우에는 유역면적이 50 $km^2$ 이상까지도 이용 가능하다. 합리식에 의해 계산한 우수 유출량은 도시 우수로 단면, 경지정리 배수로 단면, 소류지 물넘이 단면, 비행장 배수로 단면, 도로횡단 암거 단면을 구하는데 사용되며, 이런 용도로 사용되는 합리식은 다음 식으로 표시된다.

$$Q = \frac{1}{360}\,CIA \quad \text{혹은} \quad Q = \frac{1}{3.6}\,CIA \tag{2.8}$$

여기서, $Q$ : 최대계획우수유출량($m^3/s$)
$C$ : 유출계수
$I$ : 확률강우강도(mm/hr)
$A$ : 배수면적(ha), 우측 식에서는 $A$ 단위는 $km^2$ 적용

앞에서 서술했듯이, 최대유출량이 주어지는 것은 유달시간이 강우지속시간과 같아지거나 작아질 때이다. 따라서 확률강우강도 $I$ 를 산출할 때, 강우지속시간 $t$ 대신에 지형도만으로 구하는 것은 곤란하므로 이때는 도로, 수로, 철도, 공원, 공장 등의 배치 등을 충분히 조사하여 경계를 확정할 필요가 있다. 배수면적은 유량에 비례하여 영향을 미치므로 신중하고 정확하게 구해야 한다. 위 식에서 유출계수 $C$ 는 지역의 종류와 지표면의 형태에 따라 가장 적합한 유출계수 값(표 2.2~2.3)을 적용하는 것이 중요하다.

---

**예제 2.6**

유출계수 0.5, 강우강도 2 mm/min, 배수면적 8 $km^2$인 H지역의 우수량을 합리식으로 구하면 얼마인가?

**풀이**

$Q = \frac{1}{3.6}\,CIA$

$C = 0.5$

$I = 2\ \mathrm{mm/min} = 120\ \mathrm{mm/hr}$

$A = 8\ \mathrm{km}^2$

$Q = \frac{1}{3.6} \times 0.5 \times 120 \times 8 = 133.3\ \mathrm{m^3/sec}$

### 5) 실험식에 의한 우수량의 산정

실험식에 의하여 우수량을 산정하는 방법은 다음 식으로 나타낼 수 있다.

$$Q = CIA^{n}\sqrt{\frac{S}{A}} \tag{2.9}$$

여기서, $Q$ : 최대계획우수유출량($m^3$/s)

$C$ : 유출계수

$I$ : 확률강우강도(mm/hr)

$A$ : 배수면적(ha)

$S$ : 지표평균경사(‰)

$n$ : 정수(4 또는 6)

실험식은 특정지역의 우수유출 관측에 의해 만들어진 식으로 해당지역에 적합한 강우강도와 지표면 경사를 고려해야 하며, 유달시간에 따라 변하지 않고 일정한 강우강도를 갖는 배수면적의 크기를 적용하므로 우수유출량 산정이 간단하다. 또한 실험식을 이용하는 경우는 상세한 관측 또는 실적에 근거하여 충분한 검토를 하고, 계획구역에 합치하는지 여부를 확인하며 또는 약간의 수정을 가하여 이용하여야 한다.

---

**예제 2.7**

H지역 강우강도 $\frac{4,100}{t+30}$ mm/hr, 하수관거 길이 10 km, 하수관 내 유속 40 m/min, 유출계수 0.5, 배수면적 5 ha, 유입시간 8분 일 때 하수관거의 유량($m^3$/s)은?

**풀이**

유달시간 $t$ = 유입시간 + 유하시간

$$= 8\ \text{min} + \frac{10,000\ \text{m}}{40\ \text{m/min}} = 258\ \text{min}$$

$$I = \frac{4,100}{258+30} = 14.24\ \text{mm/hr}$$

$$Q = \frac{1}{360} \times 0.5 \times 14.24 \times 5 = 0.098\ \text{m}^3/\text{s}$$

---

**예제 2.8**

강우강도 $\frac{530}{t^{0.47}}$ mm/hr ($t$ : 분), 배수면적 2 $km^2$, 유입시간 6분, 유출계수 0.75, 관내유속 1.2 m/sec인 경우 길이가 720 m인 하수관에서 배출되는 우수량은 몇 $m^3$/s인가?

**풀이**

$$\text{유달시간 } t = \text{유입시간} + \text{유하시간}$$
$$= 6\,\text{min} + 720\,\text{m}/1.2\,\text{m/sec}\,(60\,\text{sec/min})$$
$$= 6 + 10 = 16\,\text{min}$$

$$I = \frac{530}{16^{0.47}} = 144\,\text{mm/hr}$$

$$Q = \frac{1}{3.6}CIA = \frac{1}{3.6} \times 0.75 \times 144 \times 2 = 60\,\text{m}^3/\text{s}$$

Chapter 3

# 하수관로 시설

## 3.1 하수배제방식

하수의 배제방식에는 합류식과 분류식이 있다. 합류식 배제방식과 분류식 배제방식에 대해서 아래에 자세히 설명하였으므로 각 배제방식의 특징과 내용을 잘 검토하여 해당지역의 특성상 어떤 방식으로 하수를 배제하는 것이 적절한지 다각도로 검토하여 현명한 판단을 내려야하고, 이렇게 하였을 때 비로소 하수종말처리장에서는 처리효율을 설계치대로 처리하여 방류할 수 있으므로 하수배제방식을 선정하는 것이 무엇보다도 중요하다 할 수 있다.

### 3.1.1 합류식

합류식은 그림 3.1에 나타냈듯이 오수와 우수를 동일한 관거로 배제하는 방식이다. 따라서 하나의 계통으로 하면 되므로 지하부설물이 많은 기존의 시가지에 합류식 하수관거(sewer)를 설치하는 경우에는 편리하다. 오수는 우수에 비해 수질 면에서는 매우 나쁘고 양적으로는 매우 적은 특징이 있으며, 이렇게 수질과 수량에서 서로 다른 두 가지를 혼합하여 흐르게 하는 것이므로, 맑은 날에는 커다란 관거에 소량의 오수만이 흐르게 된다. 그 결과 충분한 유속을 확보할 수 없고, 하수관거 내에 부유물의 침전과 부패가 생길 염려가 있다. 이러한 상태일 때 강우가 발생하면, 초기 우수에 의해 관거 내 부패한 침전물이 유하되어 수질이 나쁜 하수가 일시에 처리장으로 도달하여 처리에 커다란 악영향을 미친다. 특히 처리시설의 처리용량 측면

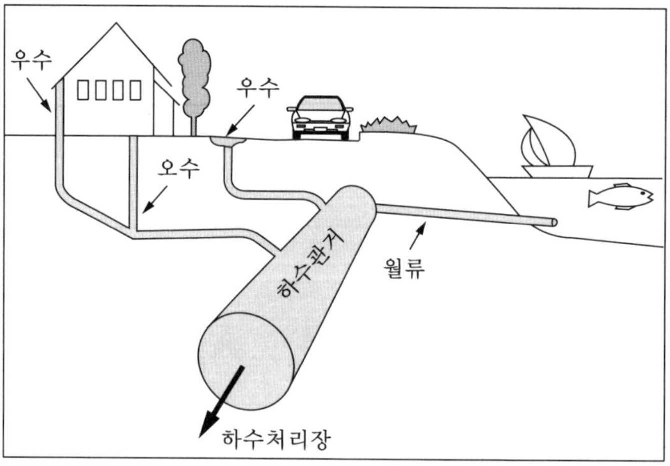


**그림 3.1 합류식 하수관거 시스템**

에서 전체 하수량이 오수량의 3배 이상이 되면 그 이상의 하수는 부근의 하천으로 직접 방류하게 되므로 일부의 오수는 처리되지 않은 채 공공수역으로 유출되어 큰 문제가 야기된다.

우리나라의 종래 하수도는 우수배제를 주목적으로 했으므로 대부분이 합류식으로 설계되어 여러 가지 문제가 파급되자 최근에는 각 지자체별로 이런 문제점들을 보완하기 위하여 하수관거를 갱생하거나 교체하여 분류식 하수배제방식으로 전환하려는 노력을 기울이고 있는 실정이다. 합류식 하수도에서 강우 시에 관거에서 유출시킬 수 있는 용량 이상의 빗물이 유입되는 경우 하수(오수 + 우수)의 일부가 처리되지 않고 공공수역에 그대로 방류되는 월류수를 합류식 하수관거 월류수(CSOs, combined sewer overflows)라고 하는데, CSOs에는 처리되지 않은 유기물질이 포함되어 있어 이것이 하천을 흐르다가 퇴적되어 부패되는 현상을 초래할 수도 있다. 이러한 현상을 방지하기 위해서는 우수저류조를 설치하여 초기강우를 우수저류조에 저장하였다가 맑은 날에 하수처리장으로 유입시켜 처리하거나, 이 방법이 여의치가 않을 때에는 관거 중간이나 토구(outfall) 전에 간이처리시설을 설치하여 선회와류에 의한 관성력을 이용하여 고액분리를 시켜 오염물질을 제거하는 방법이 있다.

### 3.1.2 분류식

분류식은 그림 3.2에 나타냈듯이 오수와 우수를 별도의 오수관(sanitary sewer)과 우수관(storm sewer)에 의해 배제되는 방식이다. 관로가 2원 계통이므로 시공은 합류식에 비해 상당히 복잡하게 되지만 수집된 오수 전량을 처리장으로 보내어 처리할 수 있다. 또한 오수의 수량과 수질의 변화가 합류식에 비해 상당히 작으므로 처리관리가 쉽다. 단, 오수관은 규격이

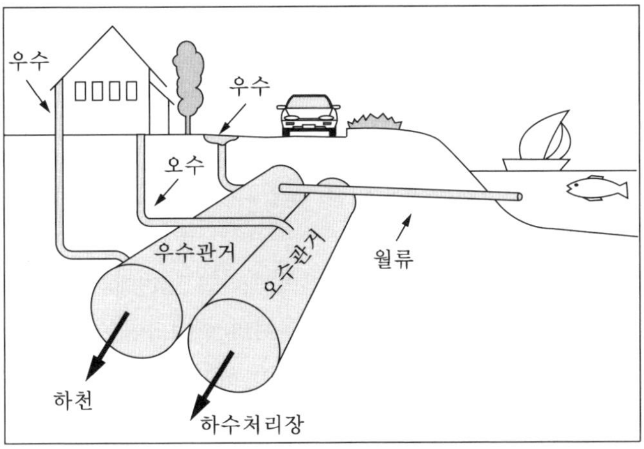


그림 3.2 분류식 하수관거 시스템

작으므로 청소나 환기 문제에 대해서 충분히 검토하여 안전한 대응책을 세워야 한다.

또한 강우초기에는 노면상의 각종 오염물질이 우수와 함께 우수관에 유입되는데, 초기강우는 어떤 지역에서는 오수보다 더 높은 오염물질을 함유하기도 하므로 초기강우를 직접 공공수역에 방류시키기 보다는 방류 전에 초기강우나 가로세정 배수에 대하여는 적당한 처리를 하여 방류하는 것이 중요하다.

분류식 하수관거에서 오수관거나 맨홀로 불명수가 유입되어 하수처리장의 처리용량 이상의 하수가 유입되어 미처리되어 하천에 방류되는 것을 분류식 하수관거 월류수(SSOs, sanitary sewer overflows)라고 하는데, SSOs에는 유기물질과 같은 오염물질이 다량 포함되어 CSOs와 같이 공공수역을 오염시킬 수 있고, 하수처리장에 과부하를 주기 때문에 하수처리장의 처리효율이 감소되어 또 다른 하천오염의 원인이 될 수 있다. 이런 문제를 해결하기 위해서는 관거 설치공사를 수행할 때 품질을 확보해야하고 SSOs가 발생했을 때 원인을 철두철미하게 조사하고 문제가 되는 시설을 시급히 보완해야 한다. 또한 하수처리장의 여유용량을 SSOs를 처리하는데 활용하거나 별도의 SSOs 처리시설을 설치하는 방법을 적용할 수 있다.

최근에는 국민들의 생활수준 향상으로 여유시간이 많아지고 공공수역 주변에서 많은 시간을 여가활동으로 보내기 때문에 공공수역의 수질오염방지가 크게 요구되고 있고 하수도의 역할이 과거보다 크게 강조되고 있는 실정이다. 물론 우수배제도 중요하지만 수질보전의 입장에서는 원칙적으로 분류식을 적용해야만 하고 정부도 이를 적극 권장하고 있다. 그러나 분류식의 채택이 매우 곤란하고, 합류식으로도 공공수역의 수질을 보전하는 면에 있어서 지장이 없다고 판단되며, 방류수역의 여러 조건에 대응한 적절한 대책이 강구되는 경우에는 합류식으로 설치해도 좋다고 할 수 있다.

## 3.2 하수 배수계통

### 3.2.1 간선과 지선

간선(main sewer)은 하수종말처리장에 연결, 도입되는 모든 노선을 말하는데, 하류로 갈수록 단면이 커지고 매설깊이도 깊어지기 때문에 공사비가 증가되므로 자연유하식으로 배치하여야 한다. 지선(branch sewer)은 각 건물로부터의 배수와 노면배수를 원활하게 하기 위하여 설치된 하수관을 말하며 준간선 또는 간선 하수관거와 연결되어 있는 하수관거도 포함된다. 지선을 배치할 때에는 배수상의 분수령을 고려하여야 하고 우회 및 굴곡을 피하여야 하며 신속히 간선에 유입시키도록 해야 한다. 또한 교통이 혼잡한 도로나 지하매설물이 많은 곳은 대구경관의 매설을 피하여야 하고 급한 언덕에서는 경사를 급하게 하지 않고 계단을 두는 방식으로 하여야 하며 대구경관의 급경사는 피하는 것이 좋다. 그리고 폭이 넓은 가로(street)는 연결관의 유지관리를 고려해 2조로 도로 양측의 보도부분에 설치하는 것이 좋다.

### 3.2.2 하수관거 배치방식

#### 1) 직각식(perpendicular system)

하수관거를 방류수면에 직각으로 배치하는 방식으로서 하수배제가 가장 신속하고 경제적인 방식이지만 토구의 수가 비교적 많아진다는 단점이 있어서 도시중심에 하천이 흐르거나 해안을 따라 발달한 도시에 적당하다.

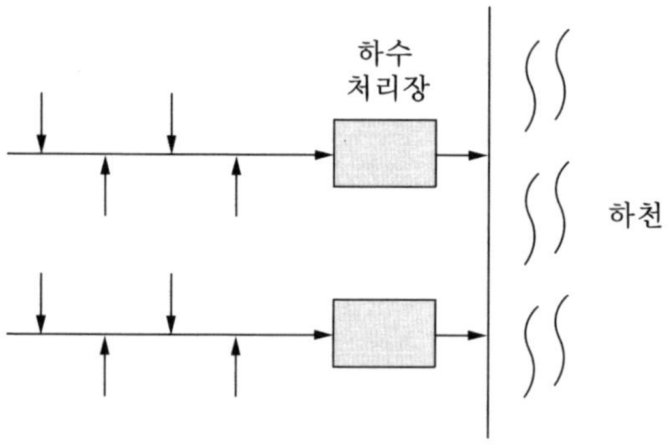


그림 3.3 직각식 관거배치

### 2) 차집식(intercepting system)

직각식을 개량한 방식으로서 하천오염을 미연에 방지하기 위해 하천과 나란히 차집관거를 설치하고 하류지점까지 오수를 수송한 후 하류에 설치되어 있는 하수처리장에서 처리 후 방류하는 방식이다.

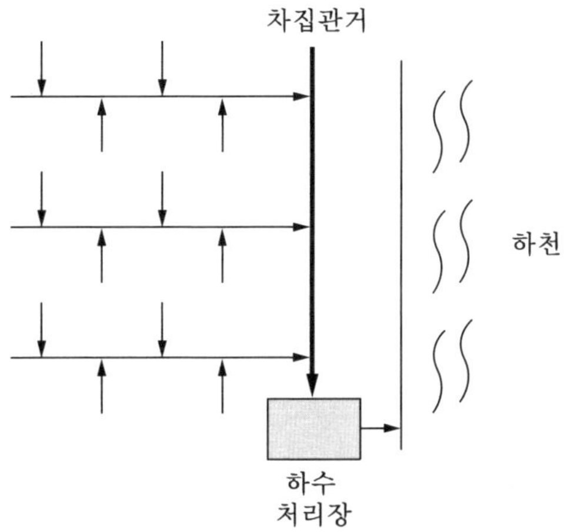


그림 3.4 차집식 관거배치

### 3) 선형식(선상식 : fan system)

지형이 한쪽방향으로 경사져 있을 경우에 적용하는 방식으로서 전체지역의 하수를 어떤 한정된 장소로 집중시켜야 할 경우 적용하며 시가지 중심에 하수간선, 펌프장 등이 집중된 대도시에는 부적당하다.

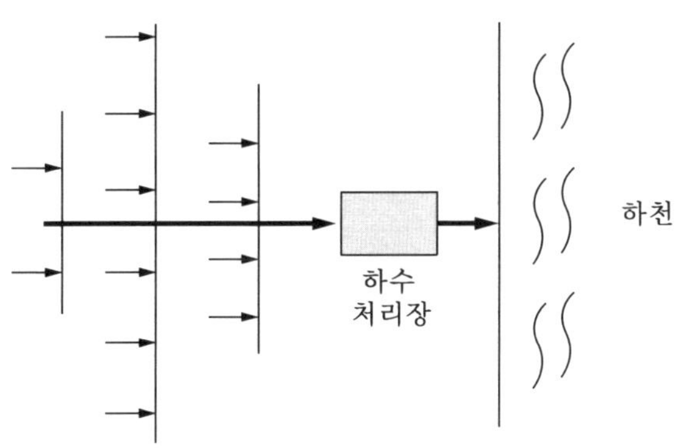


그림 3.5 선형식 관거배치

### 4) 방사식(radial system)

지역이 광대하여 하수를 한 곳으로 배수하기 곤란할 때에는 방사식을 적용하는 것이 좋다. 배수지역을 여러 개로 구분해서 중앙에서 방사형으로 배관하고 시가지 중앙부가 높고 주변에 방류수역이 분포되어 있는 경우에 적용하며, 방류수역 방향이 경사져 있는 경우에 경제적이고 대도시에 적합하다. 또한 관거의 최대연장이 짧으며 소구경으로 할 수 있으므로, 관거 매설비용이 절약되지만 처리장이 증가하거나 단일처리장인 경우 수송에 문제가 있다.

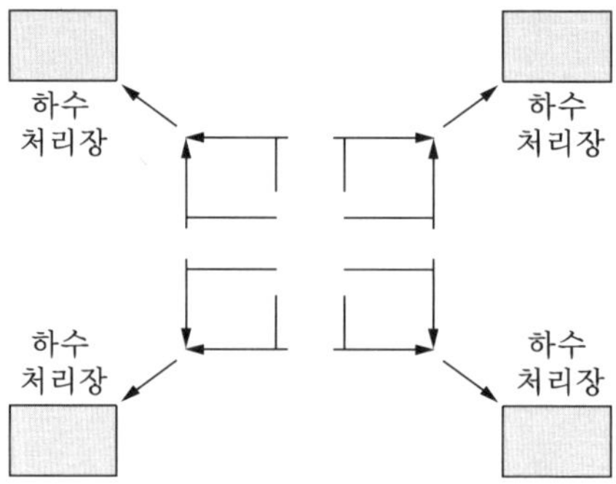


**그림 3.6** 방사식 관거배치

### 5) 평행식(parallel system)

평행식은 지역의 고저차가 심할 때에 적합하며 고저에 따라 저지구, 고지구로 구분하여 독립적으로 배수하고 도시가 저지대와 고지대로 구분되는 경우 적합하다. 또한 광대한 대도시에 합리적이고 경제적인 관거배치 방식이다.

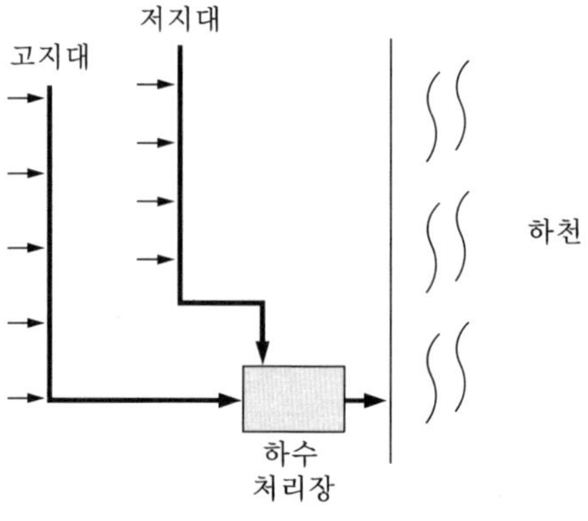


**그림 3.7** 평행식 관거배치

### 6) 집중식(centralization system)

주변사방에서 중앙의 1개 지점으로 향하여 집중적으로 흐르게 한 후 다음 지점으로 수송하거나 저지대의 하수를 중계펌프장으로 집중시켜 양수하는 방식으로서 도심지 중심부가 저지대인 경우에 적합하다.

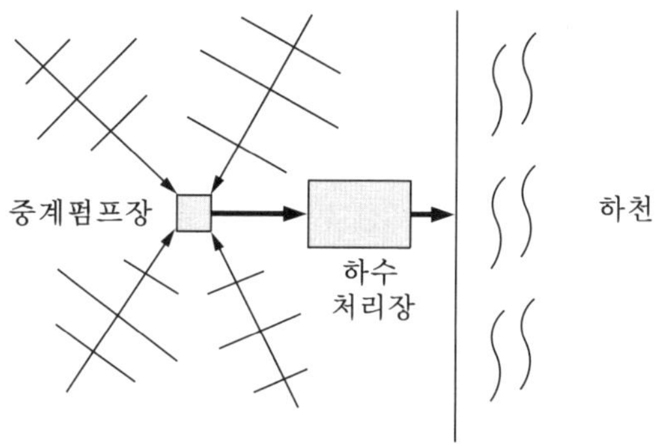


그림 3.8 집중식 관거배치

**예제 3.1**

지역의 고저차가 심하며 고저에 따라 저지구, 고지구로 구분하여 독립적으로 배수하고 도시가 저지대와 고지대로 구분되는 경우 적합한 배수 계통방식은?

1) 집중식 2) 직각식
3) 평행식 4) 방사식

**풀이** 저지대와 고지대로 구분되는 경우에는 평행식으로 하는 것이 합리적이다.

### 3.2.3 토구(outfall)

토구는 하수도 시설에서 여러 단계를 거쳐 방류수 수질기준에 맞춰 깨끗하게 처리한 처리수를 하천과 같은 공공수역에 방류하는 시설을 주로 일컬으며, 그밖에 분류식 하수관거의 우수관거에서 비점오염원에 오염되어 있는 초기우수를 제외한 우수를 하천으로 방류하는 토구, 빗물펌프장의 토구, 합류식 하수관거에서 우수가 하수처리장으로 유입되기 전에 처리장의 처리용량 이상이 되는 우수를 하천에 방류하는 토구, 그리고 합류식 펌프장의 토구도 포함이 되는데, 우수라 하더라도 초기강우는 다량의 오염물질이 높은 농도로 포함되어 있기 때문에 토구를 통해 방류수역에 방류할 때에는 신중을 기하여야만 한다.

그림 3.9 하수처리장 토구(좌)와 우수 토구(우)

## 3.3 관로시설

관로시설이란 관거, 맨홀, 배출구 등을 포함한 시설을 통틀어서 일컫는 말이다.

### 3.3.1 관거의 종류와 단면

#### 1) 종류

특수한 경우를 제외하고는 하수는 일반적으로 수압이 작용하지 않는 자연유하식이므로 하수관거는 내압에 대해 고려할 필요가 없다. 따라서 외압에 대해 강도 높은 자재를 사용하여야 하며 내산, 내알칼리, 내마모성이 큰 관거이어야 한다. 이러한 요구를 충족시켜주는 관으로서는 철근콘크리트관, 원심력 철근콘크리트관, 도관 등이 널리 이용되고 있다. 공장에서의 제작이 불가능한 대용량 단면이거나 특수한 단면이 필요할 때는 현장타설 철근콘크리트로 채택하는 것이 좋고, 하수량, 설치장소, 공사비 등을 고려하여 선택하면 좋다.

도관은 내산, 내알칼리성이 좋고 이형관을 만들기 쉬우며 시공도 용이하지만, 내경 450 mm 정도 이하의 구경이 작은 경우에 많이 사용되고 있다. 원심력 철근콘크리트관에 대해서는 Part 2의 5.3.2를 참조한다. 또한 최근에는 공장폐수의 배출을 고려하여 경질염화비닐(PVC)관 등이 사용되는 경향이 있다.

## 2) 단면

### (1) 단면형상

관거단면의 형상은 원형, 장방형, 말발굽(마제)형이 일반적으로 적용되고 있는데, 가장 많이 이용되는 것이 원형이다. 원형관은 공장에서 쉽게 대량으로 제조할 수 있고, 구입이 쉽고 경제적이다. 또한 외압하중에 대해 내구강도가 크고 수리학적으로 유리하며 설치가 용이하다는 등의 이유로 많이 사용되고 있다. 장방형 관거는 공장제품도 있지만, 대부분은 현장 타설 콘크리트로 시공하는 경우가 많다. 마제형 관거는 현장 타설 콘크리트로 축조하는 이외의 방법은 없다. 어떤 형태의 관이나 수리학적으로 유리한 형태인데 현장 타설 콘크리트인 관계로 공사기간이 길게 되는 불리한 점을 갖고 있다.

### (2) 단면결정

하수는 많은 부유물을 포함하고 있지만 수리계산에 지장을 주는 정도는 아니므로 보통의 물이라고 가정하여 계산을 행하고 있다. 계획유량은 오수관거에 대해서는 계획시간 최대오수량, 우수관거에 대해서는 계획우수량, 합류식관거에 대해서는 계획시간 최대오수량과 계획우수량의 합계치를 사용한다.

유량계산에는 일반적으로 Manning공식 또는 Ganguillet-Kutter공식이 이용된다. 관거 내의 평균유속은 관 마찰을 적게 하되 퇴적물이 쌓이지 않을 정도의 유속으로 해야 하며 이상적인 유속은 1.0～1.8 m/s이다. 분류식에서 오수관거에 대해서는 0.6～3.0 m/s, 우수관거와 함께 합류식 관거에 대해서는 0.8～3.0 m/s, 지표경사가 큰 장소에서는 필연적으로 관거의 경사가 급하게 되고, 그 결과 유속이 3.0 m/s 이상으로 되는 경우가 있다. 이때는 적당한 간격으로 접합부를 설치하여 관거의 경사를 완만히 하고, 유속이 항상 3.0 m/s 이하가 되도록 해야 한다. 하수 중의 부유물이 관거 내에 침전되지 않도록 유속은 일반적으로 하류로 갈수록 점차 증가시켜야 한다.

**예제 3.2**

오수관거의 계획하수량을 결정할 때 고려하여야 할 것은?

가. 계획시간최대오수량 나. 계획평균오수량

다. 계획우수량 라. 계획시간최대오수량+계획우수량

**풀이**

오수관거에 대해서는 계획시간 최대오수량

**예제 3.3**

하수관거의 유속과 경사는 하류로 갈수록 어떻게 되도록 설계하여야 하는가?

가. 유속 : 증가, 경사 : 감소　　나. 유속 : 증가, 경사 : 증가

다. 유속 : 감소, 경사 : 증가　　라. 유속 : 감소, 경사 : 감소

**풀이**

하수 중의 부유물이 관거 내에 침전되지 않도록 유속은 일반적으로 하류로 갈수록 점차 증가시켜야 하고, 관거의 경사는 하류로 갈수록 완만히 하되 유속이 항상 3.0 m/s 이하가 되도록 한다.

경사는 이론적으로는 수면경사를 취해야 하는데 배수 및 다른 영향은 없는가를 고려하여 관저경사를 이용하는 것이 보통이다. 일반적으로 경사가 급하면 유속은 크게 되고, 경사가 완만하면 유속은 작게 된다. 하수량은 하류로 감에 따라 증가하므로 이에 따라 관거는 크게 해야 한다. 따라서 경사가 완만하게 되어 있어도 이 경우에는 유속을 크게 할 수 있으므로 경사는 하류로 갈수록 점차 완만히 하도록 한다. 이렇게 하였을 때 굴착깊이는 그만큼 깊게 되지 않으므로 시공상 매우 유리하게 된다.

콘크리트로 설치한 하수관거에 있어서 관거의 경사는 매우 중요한 의미를 지니고 있는데, 하수 내에 혼입되어 있는 유기물질과 무기물질은 관거라는 특수한 환경에서 여러 가지 미생물에 의해서 상태가 변화하게 된다. 특히 높은 기온, 낮은 유속, 낮은 경사, 적은 유량의 조건은 관거 내의 하수를 혐기성 상태로 변화시키고 관거 윗부분에 물방울을 맺히게 하는데, 이러

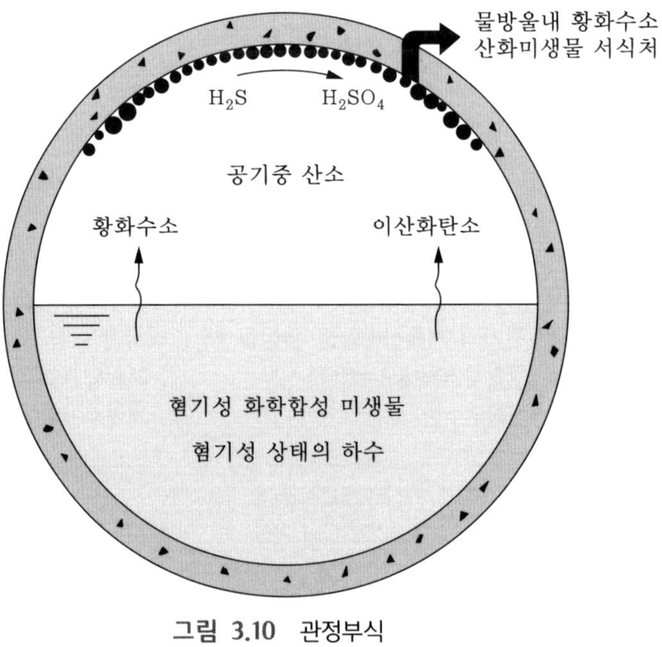


그림 3.10 관정부식

한 혐기성 조건에서 하수에 포함되어 있던 황화합물은 황화수소로 환원이 되고, 환원된 황화수소는 수면 윗부분 공기 중의 산소와 티오바실러스(Thiobacillus)라는 미생물에 의해서 황산으로 산화가 되어 물방울을 강산성으로 변화시킨다. 결국 황산에 의해서 콘크리트관의 윗부분은 부식이 되기 시작하는데 이것을 관정부식(crown corrosion)이라 한다. 관정부식을 방지하기 위해서는 관거의 경사를 증가시키고, 혐기성 가스를 제거하기 위하여 환기를 시키거나 콘크리트관 부식미생물의 성장을 억제하는 약품을 콘크리트와 혼합하여 하수관을 제작하는 등의 방법을 적용할 수 있다.

관거의 크기는 유량과 경사가 결정되면 유속으로부터 산정할 수 있다. 단면결정방법은 Part 2의 5.1.3에서 기술한 것과 같다. 단, 이 경우 원형관에서는 만류, 장방형 관거에서는 수심을 내경높이의 90%, 마제형 관거에서는 수심을 내경높이의 80%로 유량이 흐를 수 있도록 단면의 크기를 결정한다.

**예제 3.4**

하수관거에서 관정부식의 주된 원인 물질은 다음 중 어느 것인가?

1) 질소(N) 2) 황(S)
3) 칼슘(Ca) 4) 비소(As)

**풀이**

황(S)화합물, 혐기성 상태, 산소 등이 관정부식의 원인물질

**예제 3.5**

원형관에서 안지름 1,000 mm, 구배 1.7, 수심 30 cm의 유수가 있을 경우, 관거 내의 유속 및 유량은? (단, 관은 콘크리트관이며, Kutter공식과 조도계수($n$=0.013) 및 원형관 수리특성곡선을 이용한다)

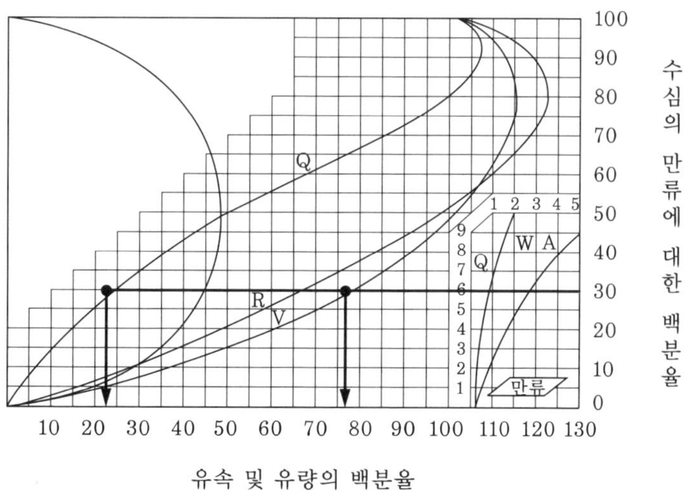

**풀이**

수심의 만류에 대한 백분율은 30 cm/100 cm = 0.3 = 30%이므로 $y$축의 30% 점에서 $x$축에 따라 $V$ 및 $Q$를 나타내는 곡선과의 교점을 구하면 각각 77% 및 23%이다.

$A$(유수단면적) $= \pi d^2/4$ (관의 넓이)

$P$(유수의 윤변 길이) $= \pi d$, $R$(경심) $= A/P = d/4 = 0.25$ (m)

Kutter의 조도계수에서 콘크리트 관의 경우, $n = 0.013$, 수면구배 $I = 0.0017$

위의 값들을 Kutter공식에 적용하면

$V = 1.282\ \mathrm{m/sec}$, $Q = AV = 1.0069\ \mathrm{m^3/sec}$

따라서, 원형관 수리특성 곡선에 의해 보정된 최종 유속과 유량은

$V = 1.282 \times 0.77 = 0.988\ \mathrm{m/sec}$

$Q = 1.0069 \times 0.23 = 0.2316\ \mathrm{m^3/sec}$

## 3.3.2 관거의 설치

### 1) 부설위치 및 깊이

관거는 원칙상 공공도로 밑에 설치한다. 이때 부설위치 및 깊이에 대해서 설계표준도를 작성하고, 여기에 기초하여 도로관리자와 협의하여 결정한다. 관거가 하저나 궤도를 횡단하는 경우에도 하천이나 철도운영관리자와 협의하여 결정해야 한다.

폭이 충분히 넓지 않은 도로에 부설하는 경우는 도로의 중앙부 부근에 관거를 설치한다. 이렇게 하면 도로양측에 있는 우수받이로부터 거리나 경사가 대체로 같아지게 되어 좋다. 또한 폭이 매우 넓은 도로에서는 양측에 관거를 설치하는 것이 보통이다. 그러나 도로 밑에는 각종의 지하부설물이 교차하고 있으므로 이상적으로 실시할 수 없는 경우도 있다. 관거는 가능한 한 지반이 양호한 장소에 설치한다. 지반이 연약할 경우에는 관거가 부등침하를 일으키지 않도록 특별히 기초공사에 신경을 써서 관거가 침하되지 않도록 한다. 기초공사로서는 계단식 통나무시설, 쇄석, 항타작업, 철근콘크리트 기초 등이 있다.

관거의 매설깊이는 원칙상 최소 1 m로 하고 있는데, 대형차량의 동하중과 같은 윤하중 등의 작용관계상 1.5~2.0 m 정도가 바람직하다. 특히 한랭지에서는 관이 얼지 않도록 오수받이를 깊게 하여야 하고 적어도 매설깊이를 1.5~2.0 m로 할 필요가 있다.

**표 3.1** 하수관거 최소 관거크기 및 매설깊이

| 관거종류 | 최소관경 | 최소매설깊이 |
|---|---|---|
| 오수관거 | 200 mm | 최소매설깊이 1 m<br>차도 1.2 m, 보도 1.0 m 이상<br>대개의 경우 1.5~2.0 m 정도 매설 |
| 우수관거 및 합류식관거 | 250 mm | |

## 2) 관거의 접합

관거의 방향, 경사 또는 구경이 변화하는 장소 및 관거가 합류하는 장소에서는 유수의 충돌, 과류, 난류 등이 있으면 현저히 손실수두가 증가되거나 뜻밖의 사고를 초래할 수도 있으므로 항상 유수를 수리학적으로 원활하게 유하시킬 필요가 있다. 따라서 이러한 곳에는 반드시 맨홀을 설치하여 접합하는 것이 바람직하다.

관거의 구경이 변화하는 경우 또는 합류하는 장소의 접합방법에는 일반적으로 수면접합, 관정접합, 관중심접합, 관저접합의 4종류가 있다. 접합 방법에는 각각의 장단점이 있는데 부득이한 경우를 제외하면 원칙상 수면접합 또는 관정접합을 채용한다.

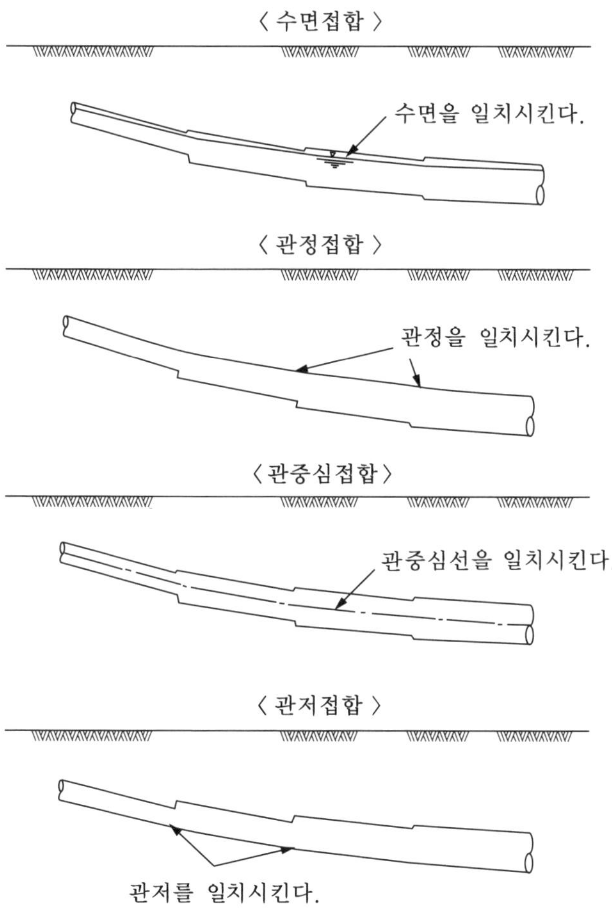


**그림 3.11** 하수관거의 접합방법

① **수면접합** : 접합점에서 상하류의 수면이 일치하므로 수리학적으로 좋다.

② **관정접합** : 관정이 일치하므로 유수는 원활하지만 굴착 깊이가 크게 된다. 또한 펌프배수의 경우는 펌프양정이 증가하여 불리하게 된다.

③ **관중심접합** : 수면접합과 관정접합의 중간적인 것으로서, 계획하수량에 대한 수위의 산출이 불필요하게 된다. 수면접합에 준용되는 수가 있다.

④ **관저접합** : 굴착깊이가 감소하며, 펌프 배수의 경우 유리한데, 상류부에서 동수경사선이 관정보다 상승할 염려가 있다.

2개의 관거가 합류할 경우 유수가 원활하게 되도록 주의해야 한다. 예를 들어, 큰 관거와 큰 관거가 합류할 때에는 모두 유속을 크게 하고, 큰 관거와 작은 관거의 합류 시는 작은 관거의 유수가 큰 관거의 유속에 저해되어 정체를 일으킬 수 있다. 이 때문에 가능한 한 작은 중심교각으로 합류시켜야 한다. 교각은 이상적으로 30～45°인데 도로의 폭 등의 관계상 최대 교각을 60°로 하고 있다. 그러나 큰 관거에 작은 관거가 합류하는 경우 작은 관거의 직경이 큰 관거의 1/2 이상으로 하고, 수면접합 또는 관정접합에 의한 접합 이상으로 낙차를 주면 교각은 90°까지 해도 좋다. 또는 현장 타설 콘크리트로 관거를 합류시키는 경우는 내경의 5배 이상의 곡률반경을 가지도록 접합시키는 것이 바람직하다.

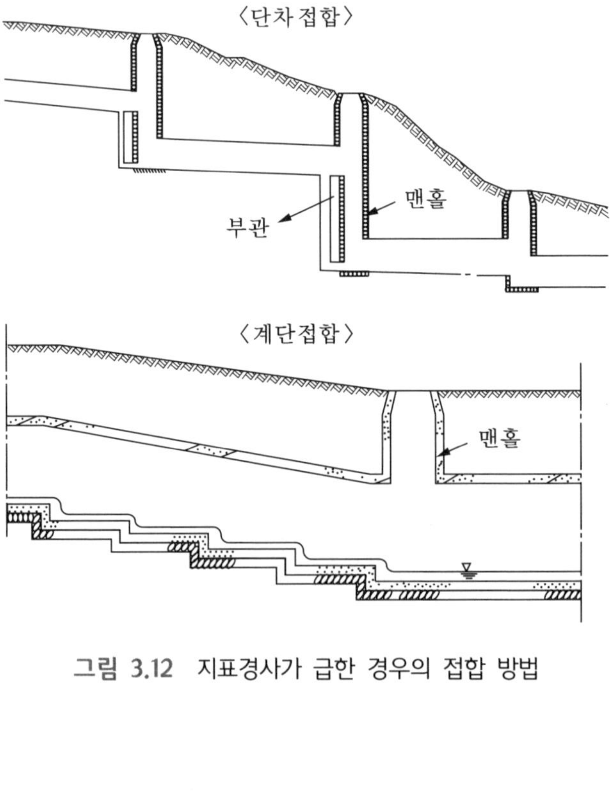


그림 3.12 지표경사가 급한 경우의 접합 방법

지표경사가 급한 경우는 그림 3.12에 나타낸 것과 같이 지표경사에 따라 단차접합 또는 계단접합을 행하며, 적절한 유속 및 최소한도의 토양복개를 한다.

동일한 구경의 관거를 연결할 때에는 방수성 및 내구성이 있는 연결을 해야 한다. 관거 연결에는 소켓연결(socket joint), 맞물림연결(butt joint), 칼러연결(collar joint)이 있는데, 소켓연결은 철근콘크리트관, 무근콘크리트관, 흄관, 도관 등의 600 mm 이하의 소구경 관에 많이 사용하는 방법으로서 고무 링(ring)이나 몰탈(mortar)을 이용하여 쉽게 시공하는 장점이 있지만 접합부분의 균열 등에 의한 수밀성이 문제가 될 수 있다. 맞물림 연결은 대구경관에 많이 사용하는 방법으로서 연결부위가 약해 수밀성이 문제가 되기 때문에 맞닿는 부분에 고무링과 몰탈을 채워 결합한다. 칼러연결은 흄관의 연결에 사용하는데 연결강도는 크지만 수밀성이 부족하고 많은 인력과 철저한 현장관리가 요구된다.

위와 같은 방법으로 관거를 연결하였을 때 관거의 접합부분이 완전하지 못하거나, 지하수위가 높은 경우에는 관거나 맨홀의 균열이 간 부분으로 다량의 지하수가 관내로 유입하기도 하고 해안가 주변에서는 해수가 하수관거로 유입되어 하수처리장에서 처리에 영향을 주는데 이와 같은 물을 침입수(infiltration)라 한다. 또한 주택바닥이나 빗물받이, 포장된 도로, 에어컨 냉각수, 그리고 상업지역이나 공장의 오염되지 않은 방류수 등이 오수관거로 유입되는 물을 유입수(inflow)라 한다. 위의 침입수(infiltration)와 유입수(inflow)를 합쳐서 I/I라고 하는데, I/I가 발생하면 유입하수량이 증가하고 이에 따른 유입수질의 설계치 이하 유입으로 말미암아 하수처리장의 처리효율이 떨어지고 강우 시 SSOs가 발생할 소지가 있다. 이를 방지하기 위해서는 정확한 접합부 시공과 오수관과 우수관을 동시에 시공하고, 기존 노후관을 개량하거나 합류식 하수관거에서 계곡수나 복류수와 같은 지하수의 유입을 방지하여야 한다. 따라서 관거연결은 무엇보다 중요하므로 이러한 상황들을 염두에 두고 시공을 철저히 해야만 한다.

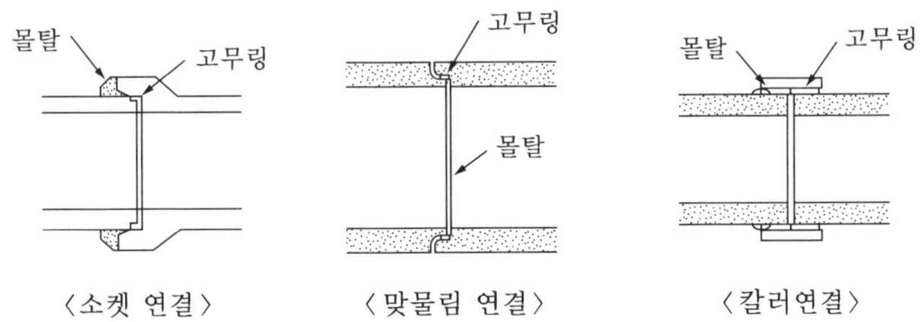


**그림 3.13** 관거연결

**예제 3.6**

하수관거의 연결방법 중 이음부의 강도는 크지만 수밀성이 부족한 방법은?

1) 칼러연결 2) 소켓연결
3) 타이튼연결 4) 맞물림연결

**풀이**

칼러연결은 흄관의 연결에 사용하는데 이음부의 강도는 크지만 수밀성이 부족하고 많은 인력과 철저한 현장관리가 요구되는 방법이다.

### 3) 역사이펀(복월실)

하수관거가 하천, 궤도, 교각이 많은 도로 등을 횡단하는 경우는 동수경사선보다 상당히 깊은 위치에 하수관거를 역사이펀에 의해 횡단하는 것이 보통이다. 복월관거의 시작점과 종점의 수두차가 5 m 이상인 경우는 역사이펀의 중간에 배수펌프 설치대를 설치해 둔다. 역사이펀에는 깊이 0.5 m 정도의 모래받이를 설치한다.

복월관거는 복월실 간을 수평이나 또는 하류로 향하여 약간의 하향 구배로 연결한 것이다. 복월관거는 1개만 설치하지 않고 2개 이상 설치하여 고장, 청소 시에 대비한다. 복월관거의 유속은 토사나 슬러지의 퇴적을 막기 위해서 상류관거에 비해 20~30%를 증가시킨다.

하저를 복월하는 경우, 상류측에 우수배출실이 없을 때는 복월실 상류층에 별도로 비상방류관거를 설치해두면 좋다. 또한 복월관거에서의 슬러지 퇴적을 방지하기 위해서 복월 상류측에 침사실을 설치하는 것도 좋다.

복월관거는 시공 후의 점검, 보수 등이 매우 곤란하므로 장래에 관거의 파손이 절대로 생기지 않도록 해야 한다. 이를 위해서는 부등침하를 일으킬 염려가 있는 지반에 대해서는 완전한 기초공사를 실시하여 관거 자체를 철근콘크리트로 둘러싸서 외압으로부터 보호할 필요가 있다.

교대나 교각의 바로 밑에 복월관거를 부설하는 것은 당연히 피해야 한다. 또한 눈에 잘 띄는 곳에 부설위치를 나타내는 표지판을 세워두면 유지관리상 편리하다.

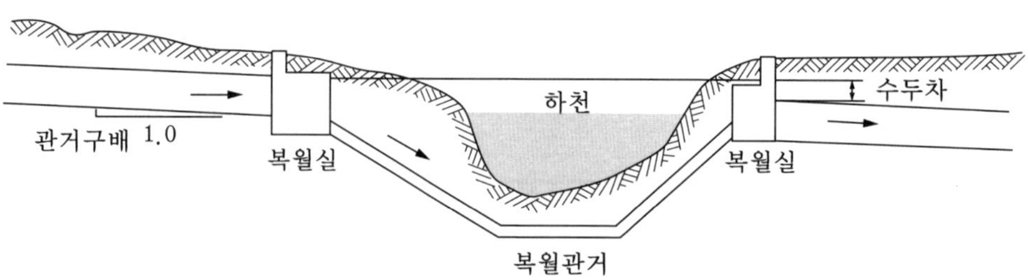


**그림 3.14** 역사이펀(복월실)

**예제 3.7**

관지름 1,100 mm, 동수구배 1.4‰, 유속 1.43 m/sec, 관길이 33 m일 때 역사이폰(복월실)의 손실수두는?
(단, 손실수두에 관한 여유 $\alpha = 0.032$ m)

**풀이**

동수구배 $I = 1.4\,‰ = 1.4/1{,}000 = 0.0014$

$$H = IL + 1.5v^2/2g + \alpha$$
$$= 0.0014 \times 33 + 1.5 \times 1.43^2/(2 \times 9.8) + 0.032$$
$$= 0.0462 + 0.1565 + 0.032 = 0.23\ \mathrm{m}$$

### 4) 하수관 설치공법

하수관 설치공법에는 개착공법(open cut method)과 비개착공법이 있는데, 가장 많이 쓰이고 있는 개착공법은 지표로부터 굴착하여 구덩이를 파고 그 가운데에 관거를 설치하는 방법이다. 비개착공법에는 관추진(jacking)공법과 쉴드(shield)공법이 있는데 개착공법을 적용할 수 없는 궤도나 교통량이 많은 도로가 있는 경우에 적용할 수 있다. 쉴드공법(그림 3.15)에는 구분사용방식, 세그먼트형 강관방식, 점검통로방식, 콘크리트 충진방식이 있는데 하저횡단공사의 경우 완전히 물을 차단하여 공사할 수 있다면 개착공법도 가능하지만 쉴드공법에 의하

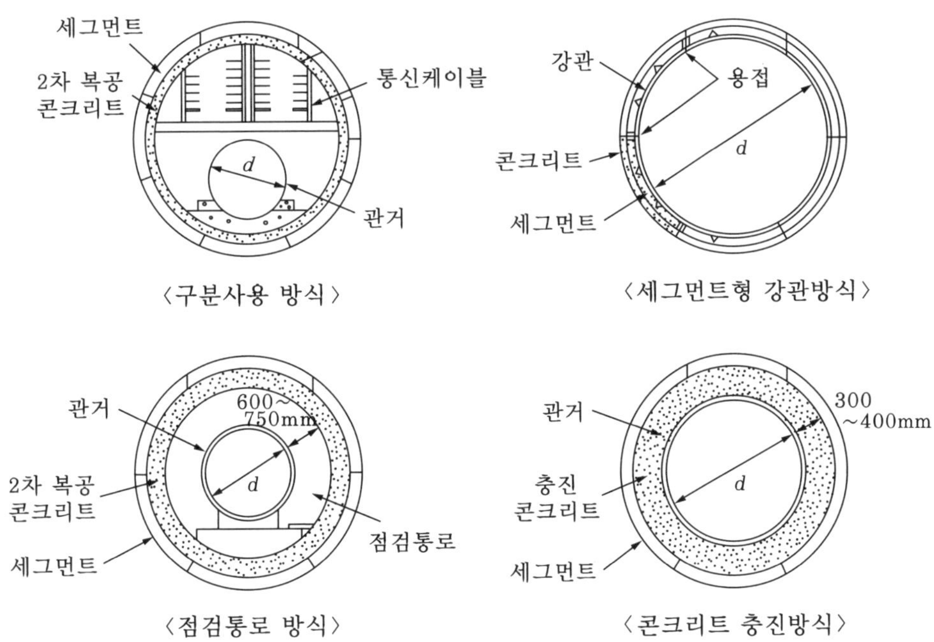


**그림 3.15** 비개착공법(쉴드공법)

여 공사하는 것이 수월하다고 할 수 있다. 하수관이 오랜 시간 경과하게 되면 여러 문제를 야기하는데, 이런 문제를 해결하기 위해서는 하수관을 전체적으로 보수하거나 문제가 있는 부분만을 부분적으로 보수하여야 한다. 하수관의 비굴착 전체보수공법으로는 노후관 내 새로운 관을 형성시키는 SETec (Sewer Environment Technology) 공법이 있고, 부분보수공법으로는 에폭시수지재료로 보수하는 KA-TE 공법, 링(ring)을 이용하는 Snap-Lock 공법과 EPR 공법이 있으며, 이외에도 STRS 공법, MSRS 공법, MPL 공법, RGLC 공법 등이 있다.

### 3.3.3 맨홀

맨홀은 사람이 출입하여 하수관거 내를 점검, 보수, 청소하기 위해 설치된다. 지상과 관거를 연결하는 시설이며, 이에 의해 관거 내의 환기를 실시할 수 있다. 맨홀은 가능한 한 많이 설치하는 것이 바람직한데 공사비 관계상 직선부에 있어서는 표 3.2와 같이 표준간격으로 설치한다. 관거의 방향, 경사, 구경이 변화하는 장소나 합류하는 장소에는 유수를 원활히 하기 위해 반드시 설치한다.

맨홀에는 표준맨홀과 특수맨홀의 2종류가 있는데, 맨홀은 모두 현장 타설 콘크리트에 의해 축조하는 경우와 하부 현장 항타, 상부 슬래브 쌓기를 하는 경우의 2종류 구조가 있는데 시공, 공사기간의 면에서 후자가 편리하다. 덮개는 바퀴의 하중을 충분히 견딜 수 있어야 한다. 일반적으로 차도에서는 주철제, 보도에는 철근 콘크리트제를 사용하는 것이 좋다. 맨홀 저부

그림 3.16 인버트(invert)

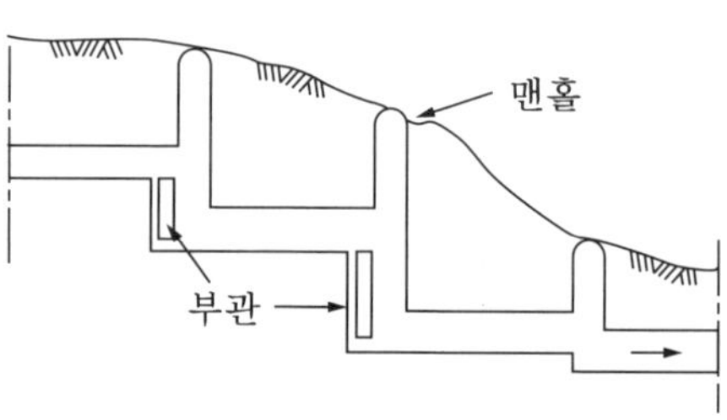


그림 3.17 부관설치 단차접합

표 3.2 맨홀의 관경별 최대 간격

| 관 경(mm) | 600 이하 | 1,000 이하 | 1,500 이하 | 1,650 이상 |
|---|---|---|---|---|
| 최대간격(m) | 75 | 100 | 150 | 200 |

는 하수가 원활히 흘러갈 수 있도록 접합의 상황에 따라 그림 3.16과 같이 인버트(invert)를 설치한다. 또한 접합에 있어서 낙차가 60 cm 이상이 되는 경우는 그림 3.17과 같이 수류의 낙하에 의한 저부의 손상 방지를 위하여 하수량에 부응하는 크기의 부관(by-pass pipe)을 설치하여 일부의 하수를 부관으로부터 배출시킨다. 발디딤쇠는 부식에 강한 재질로 해야 한다.

## 3.3.4 물받이 및 연결관

각 가정으로부터의 오수 및 우수 또는 노면배수는 각각 오수받이 및 우수받이로 들어가고, 여기에서 연결관을 통하여 하수관거로 유입된다. Part3의 그림 3.1과 그림 3.2는 이러한 관계를 나타낸 것이다.

### 1) 물받이

우수받이는 도로상에 설치하는 것을 원칙으로 하며, 인도와 차도의 구별이 있는 도로에서는 그 경계에, 구별이 없는 도로에서는 도로와 사유지와의 경계에 설치한다. 노면배수를 위한 우수받이는 측구를 따라 약 30 m 간격으로 설치한다. 분류식의 경우 사유지 내의 우수배수는 노면배수와 따로 분리하여 고려하면 좋다. 오수받이는 도로와 사유지와의 경계부근의 도로상에 설치한다. 합류식의 경우 사유지 내의 우수는 오수받이에 유입시켜 합류받이로서 사용하는 것이 보통이다. 우수받이, 오수받이는 모두 원형 또는 각형의 콘크리트 또는 철근콘크리트 재질이 사용된다. 물받이의 깊이는 80～100 cm 정도, 오수받이는 70～100 cm 정도로 하고, 우수받이에 대해서는 깊이 15 cm 이상의 모래받이를 설치한다. 또한 오수받이의 아래 부분에는 인버트를 붙인다.

물받이 덮개는 주철 또는 철근콘크리트 재질로 하고 우수받이의 경우는 우수의 유입이 쉽도록 격자형 구멍이 있는 덮개를 사용하며 오수받이는 밀폐형 덮개로 한다. 우수받이 덮개는 노면의 일부로서 바퀴하중이 걸릴 가능성이 많고 구멍도 뚫려 있으므로, 특히 견고해야 한다.

### 2) 연결관

물받이와 하수관거를 연결하는 관으로서, 통상 PE관이나 도기관이 이용되고 있다. 연결관의 관경은 최소 150 mm로 하고 경사는 10‰로 한다. 연결관은 본관에 가깝게 본관과 직각인 방향으로 설치하는데, 관내의 흐름을 좋게 하기 위해서 원칙적으로 본관 연결부에서는 60°의 각도로 합류시킨다. 단, 본관의 구경이 매우 큰 경우에는 직각으로 접속시켜도 좋다. 연결위치는 본관의 중심선보다 위쪽으로 해야 한다. 만약 연결관의 관저가 본관의 중심선보다 밑에 오면 유수에 저항이 생겨 원하는 유량이 흐르지 않게 되고, 하수본관으로부터 하수가 역류되어 슬러지가 침적하여 연결관이 폐색될 염려가 있기 때문이다.

### 3.3.5 우수배출실

합류식 하수도에 있어서 강우로 인해 하수량이 우천시의 계획하수량(즉, 우수량의 약 3배) 이상으로 되는 경우, 전체 하수를 처리장까지 보내지 않고 계획하수량 이상의 하수(합류식 하수도 월류수 CSOs)는 우수배출실로부터 직접 하천으로 방류시킨다. 우수배출실은 가능한 한 방류수역에 가깝고 고수위일 때도 물이 역류되지 않고, 충분히 방류할 수 있는 위치에 설치해야 한다. 또한 방류에 의해 하천이 오염될 우려가 있으므로 유수방향, 수도의 취수, 레크리에이션, 어업 등에 영향을 주지 않는 장소에 배출구가 설치되도록 우수배출실의 위치를 선정해야 한다. 우수배출실은 개수를 많이 하는 것보다 어느 정도 통합 설치하여 방류량을 대량으로 하는 것이 경제적이다. 우수배출실은 방류해야 할 하수량과 처리장으로 보내는 하수량을 계획대로 정확하게 자동적으로 분할할 수 있으며, 유지관리가 쉬워야 하기 때문에 월류위어방식이 현재 많이 채용되고 있다. 월류위어(weir) 방식은 완전월류를 원칙으로 한다. 월류위어는 가능한 한 직선이 바람직한데, 이 때문에 우수배출실이 상당히 길게 될 때에는 부득이 곡선으로 해도 무방하다. 위어의 길이 계산은 다음 식에 따른다.

$$L = \frac{Q}{1.8\,H^{3/2}} \tag{3.1}$$

여기서, $L$ : 위어의 길이(m)

$Q$ : 월류량(방류량, $m^3/s$)

$H$ : 수두(m)

월류량은 계획하수량에서 오수로 취급하는 하수량, 즉 우천시의 계획 수량을 뺀 값을 이용한다. 월류위어의 유량에 대한 수심은 계획하수량과 월류위어의 유량과의 비에 의해 수리특성곡선으로부터 구할 수 있다. 우수배출실 내의 오수유출관거의 수위는 월류위어보다 높지 않게 하고 그 관저높이는 유입관거의 높이보다도 낮게 한다. 오수유출관거의 우수방류관거는 소정의 유량이 충분히 흘러야 한다. 또한 오수유출관거는 수로로 될 염려가 있으므로, 게이트나 적당한 방법으로 조정하여 원하는 유량 이상은 흐르지 않도록 한다. 우수배출실에는 위어나 관거의 점검이 가능하도록 유입구를 설치해야 한다.

### 3.3.6 배출구(=토구)

우수관거로부터의 우수, 우수배출실의 방류관거로부터의 하수, 처리장의 방류관거로부터의 처리수는 각 관거의 끝부분에 설치된 배출구로부터 하천으로 방출된다. 배출구를 선착장 등에 설치하면 배출시의 유속의 크기에 따라서 운항에 지장을 줄 수 있으므로 이러한 장소에 설치하는 것은 피하는 것이 좋다. 또한 배출구의 유속이 너무 크면 침식에 의해 호안 등을 붕괴시킬 염려가 있으므로 주의해야 한다. 따라서 배출구 부근에는 물받이관을 설치하거나 콘크리트로 바닥포장을 하여 침식을 방지할 필요가 있다. 배출구의 저면높이는 방류수역의 도수위와 저수위의 중간에 위치시켜야 하는데, 배출구가 저수위보다 상당히 높을 때는 침식이 생길 염려가 있으므로 주의해야 한다. 또한 배출구의 저면은 어떠한 경우에도 반드시 하천의 저면보다 높게 한다. 배출구는 하천의 수류 또는 바다의 조류를 따르는 방향으로 설치하고, 결코 흐름을 방해하지 않도록 한다. 또한 방류수가 정체하기 쉬운 장소는 피해야 한다.

그림 3.18 우수배출구의 실례

### 3.3.7 배수설비

가정, 공장 등으로부터 나오는 하수를 공공하수도로 배제하기 위해, 토지의 소유자, 사용자가 설치한 배수관거 및 기타의 설비를 배수설비라고 한다. 따라서 여기에 소요되는 비용은 모두 개인이 부담하게 된다. 배수설비의 좋고 나쁨은 공공하수도에 직접 영향을 주는 것이므로 그 설비방법, 구조 등은 공공하수도에 준하여 정해야 한다. 배수설비에는 옥내배수설비와 옥외배수설비가 있다. 옥내배수설비는 건물 내의 배수 및 건물 외 벽면에서 밖으로 1 m 지점까지 배수를 행하고, 옥내배수설비에 접속된 공공하수도까지의 배수설비가 옥외배수이다.

## 1) 옥내배수설비

옥내배수설비의 시점은 싱크대, 세면기, 수세식화장실의 변기, 욕조 등인데, 이러한 것을 총칭하여 위생기구라고 한다. 위생기구로부터 오수는 건물 내에 설치된 배수관에 의해 옥외로 배제된다. 이때 급수관 내에서 생긴 부압(—)에 의한 역사이펀 작용에 의해 위생기구 내의 오수가 접합부 등에서 급수관 내로 역류하는 일이 절대로 없도록 위생기구를 설치해야 한다. 또한 위생기구에 근접하여 트랩(trap, 그림 3.19)을 설치할 필요가 있다. 트랩은 배관의 중간을 구부리는 등으로 배수 일부가 그 부분에 남게 한 것인데, 배수관 내의 냄새와 벌레 등이 위생기구의 배구수로부터 옥내로 침입하는 것을 막기 위한 기구로서 트랩에 남아 있는 물(봉수, seal water)에 의해 냄새와 벌레의 침입을 차단하는 구조로 되어 있다. 봉수의 깊이는 50~100 mm 범위이고, 너무 깊으면 세정력이 약화되어 찌꺼기가 쌓이기 쉽고 너무 얕으면 봉수의 유지가 어려운 상황이 발생한다. 트랩은 관트랩, 벨트랩, 드럼트랩 등이 있는데, 옥내배수에는 주로 관트랩이 사용된다. 관트랩은 P트랩, S트랩, U트랩 등의 3가지 종류가 있다. 봉수는 자기 사이펀 작용, 유도 사이펀 작용(흡입작용), 역사이펀 작용(분출작용), 모세관현상, 증발현상 등에 의해서 파괴된다. 옥내 배수관 끝부분의 고형물을 배출하는 배출구에는 여과장치로서 유효간격 10 mm 이하의 스크린을 설치하기도 한다. 또한 유지류를 배제하는 배수관에는 유지차단장치를 설치하여 유지류가 공공하수도로 유입되는 것을 방지한다. 지붕에 내린 우수는 물받이에 의해 수집되고 우수관을 거쳐 옥외로 배제된다.

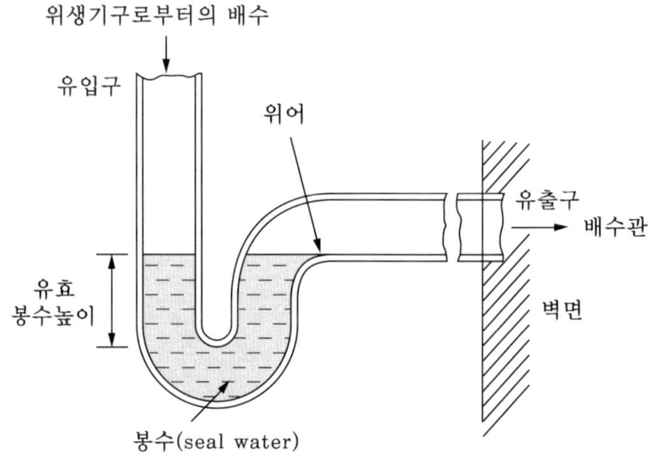


그림 3.19 트랩(trap)

## 2) 옥외배수설비

배수관거로서 분류식인 경우에 오수관거 및 우수관거, 합류식인 경우는 합류관거가 있다. 우수관거와 합류관거는 반드시 암거로 한다. 우수관거 및 합류관거에는 콘크리트관, 철근콘크리트관, 도기관, 경질염화비닐관 등이 이용되는데 일반적으로 콘크리트관이 많다. 어떤 관을 사용하던지 오수가 누출되어 부근을 오염시키지 않도록 연결부는 끝마무리가 완전해야 한다. 관거의 표준 크기는 오수관거는 표 3.3에, 그리고 우수관거 및 합류관거는 표 3.4에 나타낸 것과 같다. 단, 오수를 배제하기 위한 오수관거의 지관으로 연장이 3 m 미만인 것과 우수관거의 지관으로 연장이 3 m 미만인 것은 관경 75 mm를 사용해도 좋다.

배수량이 특히 많은 곳에서는 표 3.5를 기준으로 한다. 또한 오수중의 부유물이 관거 내에 침전되지 않았어도, 관거의 유속은 0.6～1.5 m/s의 범위에 있어야 한다. 관거가 어떠한 이유로 막힌 경우에는 쉽게 청소할 수 있도록, 즉 유지관리가 쉽도록 적당한 장소에 물받이를 해야 한다. 설치장소로서는 관거의 기점, 종점, 합류점, 굴곡점, 관거의 종류 및 관경의 변화점 등이 되는데 기타 직선부에 있어서도 관경의 120배 이하의 간격으로 설치한다.

**표 3.3** 배수인구별 오수관거의 크기

| 배수인구(인) | 150 이하 | 300 이하 | 600 이하 | 1,000 이하 |
|---|---|---|---|---|
| 관 경(mm) | 100 이상 | 150 이상 | 200 이상 | 250 이상 |

**표 3.4** 배수면적별 우수관거 및 합류관거의 크기

| 배수면적($m^2$) | 200 미만 | 600 미만 | 1200 미만 | 1200 이상 |
|---|---|---|---|---|
| 관 경(mm) | 100 이상 | 150 이상 | 200 이상 | 좌측의 비율로서 관경 또는 관의 수를 증가시킨다. |

**표 3.5** 배수량에 의한 관거의 크기

| 배수량($m^3$/일) | 1,000 미만 | 2,000 미만 | 4,000 미만 | 6,000 미만 | 6,000 이상 |
|---|---|---|---|---|---|
| 관 경(mm) | 150 이상 | 200 이상 | 250 이상 | 300 이상 | 좌측의 비율로서 관경 또는 관의 수를 증가시킨다. |

**표 3.6** 깊이별 물받이의 내경 또는 내부 치수

| 깊 이(cm) | 내경 또는 내부 치수(cm) | 깊 이(cm) | 내경 또는 내부 치수(cm) |
|---|---|---|---|
| 30 이상 60 미만 | 30 | 90 이상 120 미만 | 50 |
| 60 이상 90 미만 | 40 | 120 이상 150 미만 | 60 |

물받이는 벽돌, 콘크리트 또는 철근콘크리트로써 내경 또는 내부 치수가 30 cm 이상의 원형인 것이 사용된다. 깊이에 따라 물받이의 크기가 변하는데, 표준은 표 3.6과 같다. 우수관거의 물받이에는 깊이 15 cm 이상의 진흙받이를 설치하며 오수관거 및 합류관거의 경우에는 저부에 인버트를 설치한다. 뚜껑은 콘크리트 또는 주철제의 밀폐덮개로 하고 우수관거의 물받이는 격자덮개로 한다.

관을 손상시키거나 하수종말처리장에서의 처리기능을 저하시킬 염려가 있는 공장폐수는 공공하수도에 배제하기 전에 적절한 처리를 해야 하고 하수도 시설에 손상을 입히지 않도록 해야 하는데, 이러한 전처리를 위한 시설을 제해시설이라 한다. 일반적으로 제해시설을 설치해야 하는 폐수는 온도가 높은 폐수, 산 및 알칼리 폐수, BOD가 높은 폐수, 대형 부유물질을 함유한 폐수, 침전성 물질을 함유한 폐수, 유지류를 함유한 폐수, 페놀이나 시안 등의 독성물질을 함유한 폐수, 중금속을 함유한 폐수, 기타 하수도 시설에 영향을 줄 수 있는 폐수 등이다.

## 3.4 펌프장 시설

### 3.4.1 개설

펌프장은 용도에 따라 다음과 같이 세 가지로 분류된다.

① **배수펌프장** : 지반이 낮은 지역에서 자연유하로는 우수를 방류수역으로 배수할 수 없는 경우와 오수를 처리장으로 송수할 수 없는 경우에 설치하는 펌프장
② **중계펌프장** : 어떤 배수구의 하수를 다른 배수구에 있는 처리장으로 보내기 위해 또는 관거매설깊이가 다른 곳에서 하수를 중계하기 위해 설치하는 펌프장
③ **처리장 내의 펌프장** : 처리장에 도달한 하수를 자연유하방식으로 처리하고 마지막으로 하천으로 일정시간 방류할 수 있도록 양수하기 위해 설치하는 펌프장

펌프장은 청천시의 하수를 연속배제하기 위한 오수펌프와 우천시에만 작동하는 우수펌프로 구성된다. 펌프장에서 계획하수량은 오수에 대해서는 분류식의 경우 계획시간 최대오수량, 합류식의 경우 우천 시의 계획오수량으로 하고, 우수에 대해서는 계획우수량으로 한다. 펌프장의 위치는 가장 적합한 수리조건, 입지조건, 동력조건을 갖춘 지점을 선택하여야 한다.

### 3.4.2 침사지 및 스크린

하수는 토사, 기타 협잡물을 다량으로 함유하고 있으므로, 그대로 두면 펌프의 고장이 속출하거나 방류수역을 오염시키게 된다. 따라서 펌프의 손상이나 수역에서의 토사의 퇴적을 방지하기 위해 미리 이러한 불순물을 제거할 필요가 있다. 침사지나 스크린은 이런 이유 때문에 설치하는 시설이다. 침사지 및 스크린은 모든 협잡물을 제거하는 것은 아니고 대체로 직경 0.2 mm 이상의 무기물질(주로 토사류) 및 씻긴 부유물질(주로 흙, 음식입자, 섬유, 고무제품 등)을 대상으로 한다.

#### 1) 침사지

형상은 일반적으로 직사각형 또는 정사각형으로 하는데, 가능한 한 편류나 와류가 생기지 않도록 형상을 고려하여야 한다. 유입하수량은 끊임없이 변동하며, 특히 합류식에는 그 차이가 현저하므로, 침사지 내에서의 유속을 적절히 유지하기 위해서는 2개 이상의 침사지가 필요한데, 특히 침사지의 청소, 점검, 수리를 위해서도 예비침사지는 필요하다. 침사지의 수는 유량 및 그 변동폭에 따라 결정하면 된다. 침사지는 방수기능의 철근콘크리트로 한다. 저부에는 청소와 수리 시에 배수가 잘 되도록 1/100～3/100 정도의 경사를 준다. 단 미터식 침사수집기, 버킷컨베이어(bucket conveyor) 침사수집기, 그랩식 양사기, 회전식 침사수집기 등의 기계적 제사설비를 설치하는 경우는 경사를 주지 않아도 된다. 침사지는 매우 비위생적이므로, 호우 시에는 단시간에 다량으로 토사가 유입하여 장시간 방치하면 침전된 유기물이 부패하여 하수수질을 악화시키므로, 인력에 의한 간헐적인 제사작업을 가능한 한 피하고, 항상 연속적으로 제사할 수 있는 기계적 제사설비를 설치해야 한다. 또한, 합류식에서 청천 시에는 오수전용, 우천 시에는 우수전용으로 구분하여 각각의 기능에 적합한 침사지를 설치하면 좋다. 침사지의 평균 유속은 0.3 m/s를 표준으로 한다. 폭은 정사각형지에서는 3 m 이하, 직사각형지에서는 5 m 이하, 유효수심은 유입관의 유효수심에 따르는 것으로 하고, 깊이 30 cm 이상의 모래받이를 설치한다. 또한 체류시간은 30～60초 정도로 한다. 기존의 침사지는 토사 이외에 유기물도 상당량 침전되는데, 침사량의 약 20～40%가 유기물인 경우에는 침사의 처분은 곤란하게 된다. 이런 문제점을 해결하기 위하여 침사지에서는 토사만을 침전시키고 유기물은 침사지에서 침전시키지 않고 통과시키는 방식의 폭기식 침사지가 개발되었다. 이것은 침사지의 바닥부분 가까이에 설치된 산기장치로부터 공기를 유출시켜 침사지 내의 하수에 선회류를 줌으로써 가벼운 유기물입자는 선회류를 타고 침사지를 통과하게 되며, 무거운 토사만 침사지 아래로 침전하여 호퍼에 의해 수집된다. 폭기식 침사지의 예를 그림 3.20에 나타내었다.

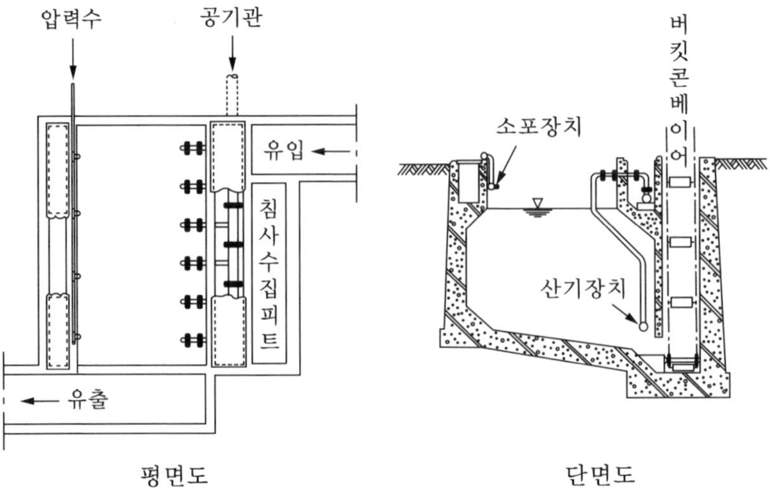


그림 3.20 폭기식 침사지

폭기식 침사지의 체류시간은 1～2분간으로 하고 유효수심은 2～3 m, 여유높이는 50 cm를 표준으로 하며, 침사지의 바닥부분에는 깊이 30 cm 이상의 모래받이를 설치한다. 침사효과를 높이기 위해서는 선회류(vortex)에 의해 사수(dead water)가 생기지 않도록 해야 한다. 제사에는 에어리프트(air lift) 펌프가 많이 사용되는데, 대규모인 경우에는 버킷 컨베이어(bucket conveyor)가 이용된다. 송기량은 일반적으로 하수량 1 $m^3$에 대해 1～2 $m^3$, 산기장치는 침사지 바닥면보다 60 cm 이상 되는 곳에 설치하며, 송기량을 조절할 수 있는 밸브를 가지고 있어야 한다. 또한, 하수 중에 포함된 세제에 의해 발포현상이 일어나므로, 압력수에 의한 소포장치를 설치할 필요가 있다. 폭기식 침사지는 폭기에 의해 하수를 호기성 상태로 유지하고, 하수수질의 악화를 방지할 수 있는 장점이 있으며, 비교적 유량이 일정한 오수에 대해 유효한데, 유량변동이 큰 우수에는 운전조작상 부적당하다. 침사지의 입구에는 게이트(gate)식 수문을 설치하고 출구에는 게이트식 또는 각락(stop log)식 수문을 설치한다. 게이트의 개폐는 동력 또는 수동으로 행한다. 입구의 게이트는 강우 시에 유량이 많아지게 되어 흐르는 힘이 강하게 되므로 동력식으로 하는 것이 좋다. 단, 소규모의 침사지에서는 수동으로 해도 지장은 없다. 게이트와 테두리는 내식성이 있는 주철제로 하는 것이 좋다.

침사지의 표면부하율은 오수 침사지의 경우 1,800 $m^3/m^2 \cdot day$ 정도, 우수 침사지의 경우 3,600 $m^3/m^2 \cdot day$ 정도로 한다.

$$v = \frac{Q}{L \times W} \tag{3.2}$$

여기서, $v$ : 표면부하율($m^3/m^2 \cdot sec$)

$L$ : 침사지의 유효길이(m)
$W$ : 침사지의 유효폭(m)
$Q$ : 유입하수량($m^3$/sec)

침전된 입자에 걸리는 힘은 입자 위를 흐르는 물과의 마찰에 의해 발생하므로 바닥에서 다시 떠오르지 않도록 수평속도를 작게 잡아야 한다. Camp는 임계속도(소류속도)를 다음과 같이 유도하였다.

$$v_H = \left[ \frac{8\beta(s-1)gd}{f} \right]^{1/2} \tag{3.3}$$

여기서, $v_H$ : 소류가 일어나는 임계속도(cm/sec)
$\beta$ : 상수(모래 0.04, 응집성 입자 0.03)
$s$ : 비중
$g$ : 중력가속도(980 cm/sec$^2$)
$d$ : 입자직경(cm)
$f$ : Darcy－Weisbach 마찰계수

**예제 3.8**

비중이 2.5, 직경이 0.2 mm인 입자를 침사지에서 제거할 때 한계 소류속도(cm/sec)를 구하시도. (단, $v_H = \left[ \frac{8 \cdot \beta \cdot g \cdot d \cdot (s-1)}{f} \right]^{1/2}$ 이고, 침사지의 마찰계수＝0.03, $\beta$＝0.04이다.)

**풀이**

$$v_H = \left[ \frac{8 \times 0.04 \times 980 \times 0.02 \times (2.5-1)}{0.03} \right]^{1/2} = 17.71\,\text{cm/sec}$$

## 2) 스크린

스크린은 일반적으로 침사지의 앞이나 뒤에 설치하며 오수용, 우수용, 오수·우수겸용 등이 있다. 우수용 스크린은 원칙상 우수전용 침사지의 뒤에 설치한다. 침사지의 앞에 설치하면 호우시에 유입부의 유속이 강해져 스크린 여과물인 협잡물(screenings)을 제거하는 작업이 곤란하게 될 뿐 아니라, 협잡물 때문에 우수를 불어나게 하여 침수를 초래할 염려가 있으므로 이에 대한 대처를 해야 한다.

스크린의 형식은 일반적으로 편평한 강철제 격자형의 봉(bar)스크린이 이용된다. 봉의 유효간격은 20～50 mm, 경사각은 협잡물 제거 장치가 있는 경우 수평에 대해 70° 정도, 손으로

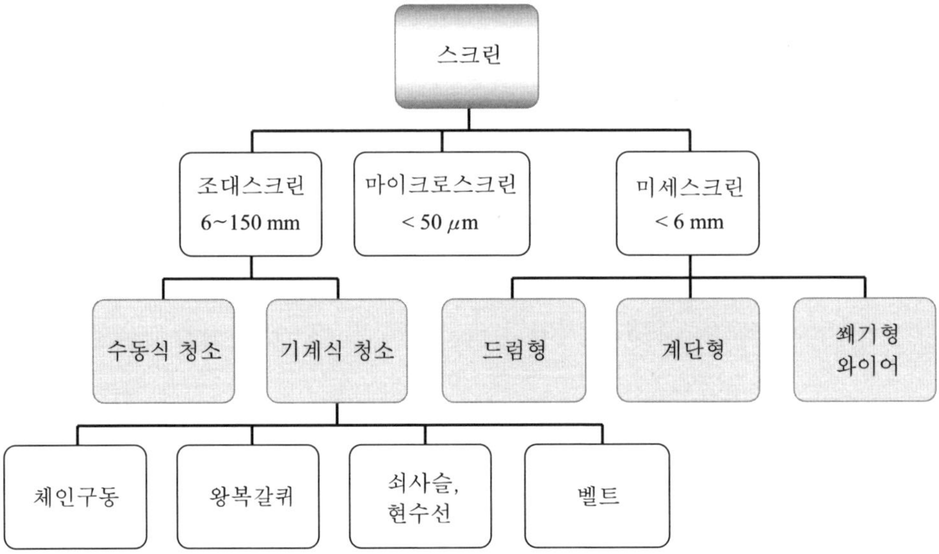


그림 3.21 스크린의 종류

제거하는 경우는 45~60°로 한다. 침사지 앞에 설치하는 스크린은 유효간격 60~150 mm인 것을 사용한다.

오수용 스크린은 원칙적으로 오수전용 침사지의 앞부분에 설치한다. 오수는 유량 변동이 작도록 하는데, 이는 가능한 한 협잡물을 침사지 내로 유입시키지 않도록 하기 위해서이다. 단, 토사의 유입이 많은 곳에서는 토사가 스크린의 앞에 퇴적하는 수가 있으므로 이에 대한 대책을 강구할 필요가 있다. 스크린 봉의 유효간격은 15~25 mm, 경사각은 협잡물 제거 장치의 유무에 관계없이 70° 전후로 한다. 오수전용 침사지는 유속이 느리고, 수심도 얕으므로 70°의 경사각에서도 수작업이 가능하다. 그러나 연계처리 시 분뇨가 섞여 있는 경우에는 수작업이 매우 비위생적이므로 오수용 스크린은 협잡물 제거 장치를 설치하는 것이 바람직하다. 오수·우수 겸용 스크린은 청천 시에 부유물이 침사지에 침전하지 않도록 침사지 앞에 설치하는 것이 바람직한데, 이때 호우 시에 협잡물 제거 작업을 완전히 수행할 수 있도록 해야 한다. 스크린의 통과유속이 너무 크면 침전효율이 나쁘게 되고, 협잡물을 걷어내는 작업에도 영향을 미치므로 표준 유속은 계획유량에 대해 0.45 m/s로 하는 것이 좋다. 수작업의 우수용 스크린에 대해서는 0.3 m/s 정도로 하면 안전하다.

스크린은 충분한 강도를 가지고 있어야 한다. 스크린의 전후 수위차는 실제로는 10~30 cm 정도인데 강도계산 시에는 상·하류의 수위차가 1 m 이상 생기도록 설계한다. 봉스크린은 두께 6~12 mm, 폭 60~100 mm의 편평한 강철판을 등간격으로 배열하여 설치한다(그림 3.22).

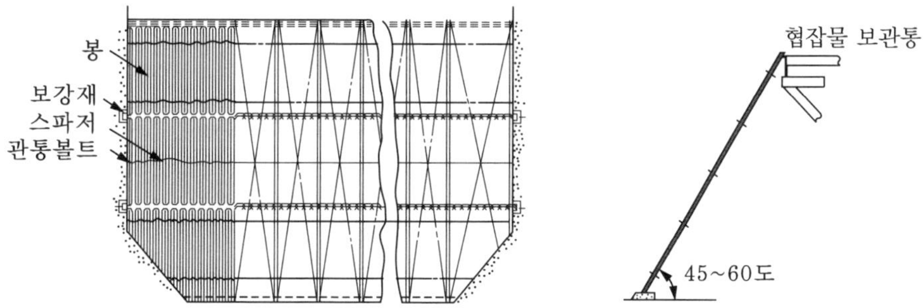


입면도 측면도

**그림 3.22** 봉(bar) 스크린

스크린 협잡물의 제거는 인력 또는 기계력에 의해 이루어지는데, 침사지의 수심이 깊은 경우, 유량이 큰 경우, 협잡물이 많이 혼입되어 있는 하수나, 분뇨가 섞여 있는 오수의 경우에는 기계식 제거장치를 설치하여야 한다. 스크린 협잡물의 양은 하수의 수질, 스크린의 종류나 구조 등에 따라 다른데, 하수량 1,000 $m^3$당 대략 0.007~0.039 $m^3$이다.

스크린의 강도는 전후의 수위차를 100 cm 이상으로 취하여 계산한다. 스크린에 의한 손실수두는 Kirschmer공식에 의하여 표시한다.

$$h_L = \beta \sin\alpha \left(\frac{t}{b}\right)^{4/3} \cdot \frac{v^2}{2g} \tag{3.4}$$

여기서, $h_L$ : 손실수두(m)

$\beta$ : 봉 형상계수 : 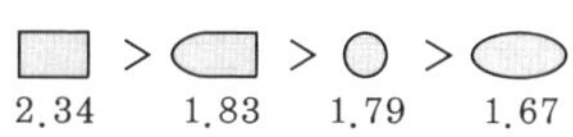


$b$ : 스크린의 유효간격(cm)

$t$ : 스크린 봉의 두께(막대굵기, cm)

$v$ : 통과속도(m/sec)

$\alpha$ : 스크린의 수평에 대한 경사각

$g$ : 중력가속도(9.8 $m/sec^2$)

---

**예제 3.9**

스크린의 일종인 Bar Rack를 이용하여 폐수를 거르려 하는 경우, 다음 조건에서 Bar Rack의 손실수두(m)를 계산하시오(단, Kirschmer공식을 적용할 것).

[조건] Bar의 형상계수 : 1.79　　Bar의 순간격 : 1.5 cm
Bar의 설치각도 : 60°　　통과 유속 : 0.45 m/sec
Bar의 형상(단면) : 원형(직경 2.0 cm)

**풀이**

$$h_L = \beta \sin\alpha \left(\frac{t}{b}\right)^{4/3} \cdot \frac{v^2}{2g}$$ 에서

$\beta = 1.79$, $\alpha = 60°$, $t = 2.0\,\mathrm{cm}$, $b = 1.5\,\mathrm{cm}$, $g = 9.8\,\mathrm{m/sec^2}$, $v = 0.45\,\mathrm{m/sec}$

$$\therefore\ h_L = 1.79 \times \sin 60° \times \left(\frac{2.0}{1.5}\right)^{4/3} \times \frac{0.45^2}{2 \times 9.8} = 2.35 \times 10^{-2}\,\mathrm{m}$$

### 3) 침사 및 스크린 협잡물의 처분

침사는 일반적으로 매립하거나 해양투기 등에 의해 처분되는데, 침사와 함께 어느 정도의 유기물도 침전되어 있으므로 처분 전에 침사를 물로 씻어서 유기물은 하수로 되돌리고 유기물 함량을 되도록 저하시켜 처분하는 것이 바람직하다. 이를 위해 가능한 한 특히 오수펌프장에서는 침사세정장치를 설치하는 것이 좋다. 침사지로부터 세정장치까지 침사를 이동시킬 때에는 컨베이어 등을 이용한다. 세정방법으로는 침사 세정장치 내에서 침사를 세정수와 혼합시켜 세정 후에 침전된 모래를 컨베이어, 버킷 엘리베이터 또는 스크린 컨베이어로 반출하여 처분한다. 세정배수는 월류위어로부터 침사지로 되돌린다. 스크린 협잡물에는 헝겊, 종이, 고무제품, 목재 등이 섞여 있고 다량의 부패성 유기물을 함유하고 있는 경우가 많아 악취가 발생하므로 단시간에 확실히 처분할 필요가 있다. 특히 주위가 주택지인 경우에는 더욱 그렇다. 제거된 스크린 여과물은 컨베이어에 의해 1개소로 수집되어 즉시 소각로에서 소각하거나 또는 장외로 반출하여 매립처분해야 한다.

## 3.4.3 펌프물받이

침사지를 거친 하수는 일시적으로 펌프물받이에 저장되었다가 양수된다. 펌프 물받이는 침사지에 직결하여 설치하는 것이 바람직한데, 침사지와 펌프물받이가 떨어져 있는 경우에는 도수관으로 연결한다. 도수관 내의 유속은 1 m/s를 표준으로 하는데, 펌프물받이 내에 선회류가 생기거나 공기의 흡입이 일어나지 않도록 펌프물받이 입구에서는 0.5 m/s 이하의 유속이 되도록 한다. 또한 도수관은 가능한 한 굴곡을 피하고 연장을 짧게 하며, 펌프물받이의 긴쪽 방향과 직각으로 접속시킨다. 펌프 물받이는 방수 철근콘크리트로 하고 유지관리상 오수전용과 우수전용으로 구별하여 설치한다. 펌프 흡입관의 손실수량을 최소로 하기 위해서 펌프물받이는 펌프설치 위치 바로 밑에 설치하는 것이 바람직한데, 부득이한 경우에는 가능한 한 가깝게 설치해야 한다.

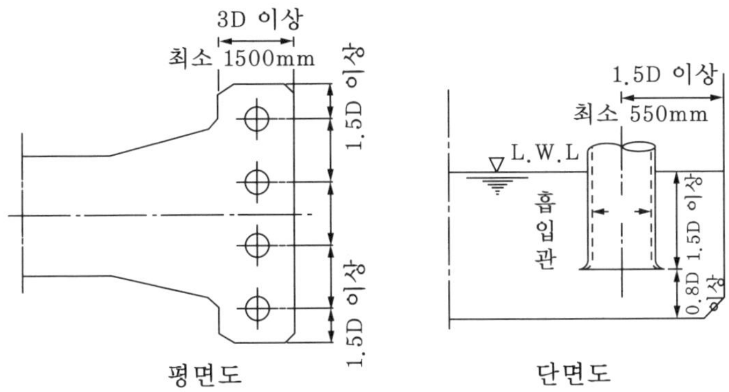


(a) 수직흡입식

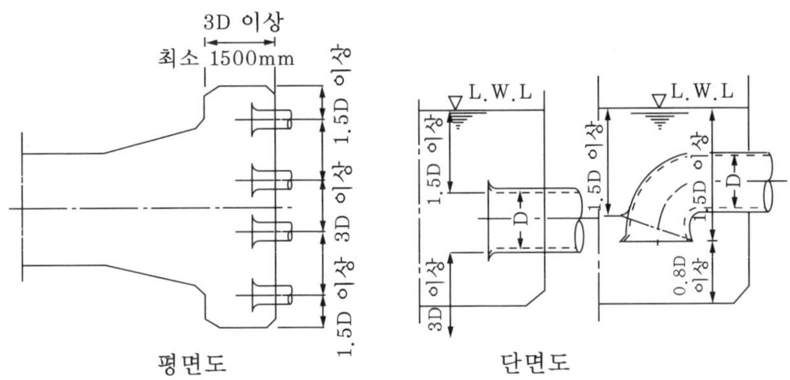


(b) 수평흡입식

**그림 3.23** 펌프물받이

펌프물받이는 난류나 선회류가 생기지 않는 구조, 형상, 크기로 해야 한다. 난류가 있게 되면 공기를 흡입하여 펌프의 운전상태가 불안정하게 되거나 양수불능이 되는 수가 있기 때문이다. 또한 2대 이상의 펌프를 설치하는 경우는 각 펌프의 흡입조건이 같도록 해야 한다. 또한 펌프물받이는 수위의 변동을 작게 하기 위해 충분한 용량을 주도록 해야 한다. 펌프물받이에는 적당한 위치에 물받이의 내부점검, 청소를 위한 맨홀을 설치한다. 맨홀은 침수방지, 냄새방지를 고려하여 방수구조로 해야 한다.

### 3.4.4 펌프

펌프에는 여러 가지 종류가 있는데 이 중 원심펌프는 구조가 간단하고, 크기가 작으며, 광범위한 양수한도 및 큰 수량에 적합하고, 가격도 저렴하다. 또한, 연속양수가 가능하고, 운전이 간단한 점 등 많은 장점을 가지고 있다. 따라서 하수도(상수도의 경우도 마찬가지)에는 원심펌프가 많이 이용되는데, 기타 사류펌프 및 축류펌프도 이용된다. 또한 원심펌프 중에 볼류트펌프가 있는데, 일반적으로 볼류트펌프를 사용한다. 펌프의 종류와 적용범위를 표 3.7에 나타내었다.

**표 3.7 펌프의 분류와 적용범위**

| 분 류 | | | | 적용범위 | |
|---|---|---|---|---|---|
| | | | | 구경(mm) | 양정(m) |
| 원심펌프 | 횡축형 | 편흡입 | 1단<br>다단 | 40~160<br>40~300 | 5~50<br>20~150 |
| | | 양흡입 | 1단<br>2단 | 160 이상<br>300 이상 | 5~100<br>60~150 |
| | 입축형 | 편흡입 | 1단<br>다단 | 40~800<br>50~300 | 5~50<br>20~150 |
| | | 양흡입 | 1단 | 300 이상 | 5~50 |
| 사류펌프 | | 횡축형 | 1단 | 300 이상 | 3~8 |
| | | 입축형 | 1단<br>2단 | 200 이상<br>200~500 | 5~16<br>16~40 |
| 축류펌프 | | 횡축형 | 1단 | 300 이상 | 4 이하 |
| | | 입축형 | 1단 | 200 이상 | 5 이하 |

펌프의 대수는 계획수량을 기본으로 하여 정하는데, 다음의 여러 점들을 고려해야 한다.

① 펌프는 가능한 한 최고효율점 부근에서 운전하도록 용량과 대수를 정한다.
② 유지관리상 대수는 가능한 한 적게 하고 동일용량의 것을 사용한다.
③ 펌프는 대용량일수록 효율이 좋으므로 가능한 한 대용량의 것으로 한다.
④ 수량변동이 심한 곳에서는 용량이 다른 펌프를 설치하면 편리하다.

표 3.8은 합류식인 경우의 계획수량에 대한 펌프대수의 표준이다. 분류식인 경우도 여기에 준하면 된다.

**표 3.8** 합류식에서 펌프의 설치대수

| 오 수 펌 프 | | 우 수 펌 프 | |
|---|---|---|---|
| 계획오수량($m^3$/s) | 대수(대) | 계획우수량($m^3$/s) | 대수(대) |
| 0.5 이하 | 2~4 (예비1) | 3 이하 | 2~3 |
| 0.5~1.5 | 3~5 (예비1) | 3~5 | 3~4 |
| 1.5 이상 | 4~6 (예비1) | 5~10 | 4~6 |

**예제 3.10**

펌프로 유속 1.81 m/sec 정도로 양수량 0.85 $m^3$/min을 토출할 때 펌프흡입관의 지름은 얼마인가?

**풀이**

$$D = 146\sqrt{\frac{Q}{v}} = 146\sqrt{\frac{0.85}{1.81}} = 100\,\text{mm}$$

펌프의 크기는 구경에 의해 나타내는데 흡입구경과 토출구경이 다른 경우는 양자를 함께 표기한다. 원심펌프는 일반적으로 배출구경이 작은데 높은 양정일수록 더욱 작게 된다. 사류, 축류펌프는 주로 낮은 양정에 이용되며, 흡입구경과 토출구경은 동일하게 하는 경우가 많다. 흡입구경은 다음 식으로 구할 수 있다.

$$D = 146\sqrt{\frac{Q}{v}} \tag{3.2}$$

여기서, $D$ : 펌프의 흡입구경(mm)

$Q$ : 펌프의 배출량($m^3$/min)

$v$ : 흡입구의 유속(m/s) (단, $v$는 1.5~3.0 m/s를 표준으로 한다.)

**예제 3.11**

유량 0.15 $m^3$/sec의 상수를 하부수조에서 상부수조로 양수하는데 필요한 펌프의 마력수는? (단, 각종 손실수두의 합은 5.59 m, 수조간의 높이차는 15 m, 펌프효율은 70%)

**풀이**

펌프 전양정 = 실양정 + 마찰손실수두 + 관말단 잔류속도수두

$= 15 + 5.59 + 0 = 20.59\,\text{m}$

$$P(\text{HP}) = \frac{13.33\,QH}{\eta} = \frac{13.33 \times 0.15 \times 20.59}{0.7} = 59\,\text{HP}$$

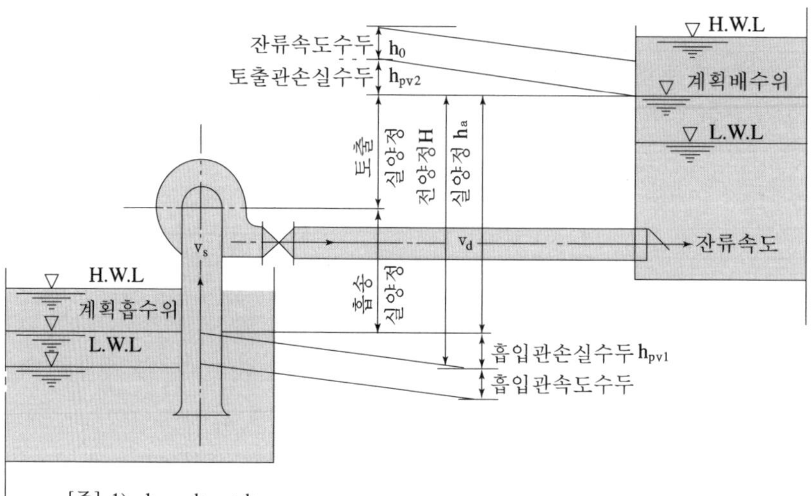


[주] 1) $h_{pv} = h_{pv1} + h_{pv2}$

2) 본 그림의 계획배수위는 배수관거의 손실수두 $h_f$를 포함한다.

**그림 3.24 펌프의 전양정**

원심펌프의 배출구경은 흡입구경보다 1단 또는 2단 작게 되고 전양정, 비교회전도 등을 고려하여 정한다. 펌프의 배출수면과 흡입수면과의 수위차를 실양정이라고 하며, 실양정에 흡입관, 배출관, 밸브류 및 배수관거 등의 손실수두와 배출된 말단의 잔류속도수두를 합한 것을 전양정이라고 한다. 이러한 관계를 도시하면 그림 3.24와 같으며 다음 식과 같이 나타낼 수 있다.

$$H = h_a + h_{pv} + h_o + h_f \tag{3.3}$$

여기서, $H$ : 전양정(m)

$h_a$ : 실양정(m)

$h_{pv}$ : 흡입 및 토출관의 손실수두의 합(m)

$h_0$ : 관말단 잔류속도수두(m)

$h_f$ : 토출관의 끝에서 토출구까지의 손실수두(m)

실양정은 펌프의 흡수위 및 배수위의 변동수위, 계획수량, 펌프특성 등을 고려하여 정한다. 비교회전도는 펌프의 형식을 나타내는 지표로서, 이것이 동일하면 펌프의 대소에 관계없이 같은 형식의 펌프가 되고, 특성도 대체로 같게 된다. 따라서 펌프는 계획조건에 가장 적합한 표준특성이 되도록 비교회전도를 정해야 한다. 비교회전도는 다음 식으로 구한다.

$$N_s = N \frac{Q^{1/2}}{H^{3/4}} \tag{3.4}$$

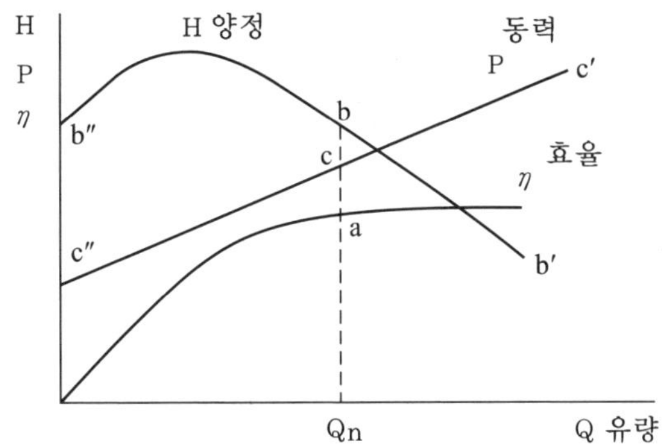


그림 3.25 펌프특성곡선

여기서, $N_s$ : 비교회전도(rpm)

$N$ : 규정회전수(rpm)

$Q$ : 펌프의 규정 토출량($m^3$/min) (양흡입식인 경우는 1/2로 한다.)

$H$ : 펌프의 규정양정(m)

일반적으로 $N_s$가 작으면 수량이 적은 높은 양정의 펌프가 되며, $N_s$가 크면 수량이 많은 낮은 양정의 펌프로 된다. 펌프의 형식과 비교회전도와의 관계는 표 3.9와 같다. 또한 비교회전도가 클수록 흡입성능은 나빠지게 되며 펌프에 공기가 흡입되어 임펠러에서 소음, 진동과 부식을 일으키는 현상인 공동현상(cavitation)이 발생하기 쉽게 된다. 펌프의 축동력은 다음 식에 의해 정한다.

$$P(\mathrm{HP}) = \frac{13.33\rho QH}{\eta}, \quad P(\mathrm{kW}) = \frac{9.8\rho QH}{\eta} \tag{3.5}$$

표 3.9 펌프의 형식과 비교회전도

| 형 식 | | | 비교회전도(rpm) |
|---|---|---|---|
| 원심펌프 | 터빈펌프 | 1단식 편흡입 및 양흡입<br>다단식 | 100～250<br>100～200 |
| | 볼류트펌프 | 1단식 편흡입<br>1단식 양흡입<br>다단식 | 100～450<br>100～750<br>100～200 |
| 사류펌프 | | — | 700～1,200 |
| 축류펌프 | | — | 1,100～2,000 |

**예제 3.12**

구경 400 mm인 모터의 직결펌프에서 양수량 10 $m^3$/min, 전양정 40 m, 회전수 1,050 rpm일 때 비교회전도(Ns)는 얼마인가?

**풀이**

$$N_S = N \times \frac{Q^{1/2}}{H^{3/4}} = 1{,}050 \times \frac{10^{1/2}}{40^{3/4}} = 209 \text{ rpm}$$

**예제 3.13**

80%의 효율을 가진 모터에 의해서 가동되는 85% 효율의 펌프가 300 L/sec의 폐수를 25 m 양수할 때 요구되는 동력(kW, HP)은 각각 얼마인가?

**풀이**

$$P(\text{HP}) = \frac{13.33\rho QH}{\eta} = \frac{13.33 \times 0.3 \times 25}{0.8 \times 0.85} = 147 \text{ HP}$$

$$P(\text{kW}) = \frac{9.8\rho QH}{\eta} = \frac{9.8 \times 0.3 \times 25}{0.8 \times 0.85} = 108 \text{ kW}$$

여기서, $P$ : 펌프의 축동력(HP, kW)

$Q$ : 펌프의 배출량($m^3$/sec)

$H$ : 펌프의 전양정(m)

$\rho$ : 물의 밀도(kg/L) (상수·하수 모두 $\rho = 1$로 한다)

$\eta$ : 펌프의 효율

펌프의 효율은 펌프의 형식 및 배출량에 따라 달라지는데, 대개 0.4～0.8 범위이다. 펌프를 운전하는 모터의 출력은 축동력에 여유를 주도록 다음 식으로 유도한다.

$$P = P_s\ (1 + \alpha) \tag{3.6}$$

여기서, $P$ : 모터 출력(kW)

$P_s$ : 펌프의 축동력(kW)

$\alpha$ : 여유율

$\alpha$는 펌프의 형식, 모터의 종류 및 양정에 따라 달라지는데, 대부분의 모터는 0.1～0.25, 내연기관의 경우는 0.15～0.35이다. 하수용 펌프는 항상 양정이 변동하고, 특히 배수펌프에서는 변동 폭이 크다. 따라서 가장 많이 사용되는 양정일 때에 효율이 좋으며, 최대 양정일 때에도 양수가 가능한 펌프를 선택해야 한다. 표 3.10은 펌프선정의 요령을 나타낸 것인데, 펌프의 표준특성과 실양정에 대해서도 검토하고, 사용목적, 설치장소에 적합한 것을 선정하는 것이 중요하다. 또한, 입축형의 사류, 축류펌프의 전양정은 표 3.10의 2배 정도로 하면 된다. 또한 침수의 염려가 있는 장소, 설치면적이 좁은 장소, 흡입조건이 나빠서 공동현상(cavitation)이

표 3.10 전양정에 대한 펌프의 형식

| 전양정(m) | 형 식 | 펌프의 구경(mm) |
|---|---|---|
| 4 이하 | 축류펌프 | 300 이상 |
| 3～12 | 사류펌프 | 200 이상 |
| 4 이상 | 원심펌프 | 100 이상 |

발생할 염려가 있는 경우는 입축형을 사용하면 좋다.

펌프는 내부에서 폐쇄가 되지 않고 분해하여 청소하기 쉬운 구조로 내부식성, 내마모성을 가진 것이어야 한다. 펌프를 운전하면 상당한 소음이 발생하므로 주택지 근처에 펌프장을 설치하는 경우는 특히 소음방지대책에 유의해야 한다.

원심펌프나 축류펌프, 송풍기 등 터보기계에는 상사(similarity)법칙이 적용되는데, 회전속도, 임펠러의 외경 및 부착각도 중 어떤 것을 바꾸는 것에 의하여 특성을 바꿀 수 있다. 회전수가 각각 $n_1$, $n_2$인 서로 상사가 되는 성능곡선을 나타내면 성능곡선상에서의 유량을 $Q$, 임펠러 직경을 $D$, 전양정을 $H$, 축동력을 $P$라 하면, 두 펌프 사이에는 다음과 같은 상사법칙이 성립한다.

$$Q_2 = Q_1\left(\frac{D_2}{D_1}\right)^3\left(\frac{n_1}{n_2}\right)$$

$$H_2 = H_1\left(\frac{D_2}{D_1}\right)^2\left(\frac{n_1}{n_2}\right)^2$$

$$P_2 = P_1\left(\frac{D_2}{D_1}\right)^5\left(\frac{n_1}{n_2}\right)^3$$

관내를 가득차서 흐르는 물의 유속이 급격히 변하면 수압도 더불어서 급격히 변하게 된다. 이런 현상을 수격(water hammer)작용이라고 한다. 운전 중이던 펌프에 갑자기 사고가 발생하면 펌프의 회전속도가 급격히 줄어들고 토출능력이 소실되면서 관내 압력이 급격히 저하되어 하강 관로에서 부압이 되는 지점이 생기며, 부압의 크기가 $-10$ m까지 하강하면 관로 내 물에 공동부분이 발생하여 물기둥, 즉 수주가 분리된다. 이후 물기둥이 재결합할 때 매우 높은 충격압을 발생시킨다. 부압(수주분리) 발생을 방지할 수 있는 방법으로는 플라이휠 설치, 조압수조 설치, 압력수조 설치 등이 있으며, 거꾸로 압력상승을 방지할 수 있는 방법으로는 체크밸브 설치나 콘밸브/니들밸브/볼밸브 설치 등이 있다. 또한 펌프의 송출유량과 송출압력 사이에 주기적인 변동이 발생하여 펌프운전 중에 흡입/토출의 진공계와 압력계의 지침이 흔들리면서 토출유량이 변화하는 현상을 맥동(surging)현상이라고 한다.

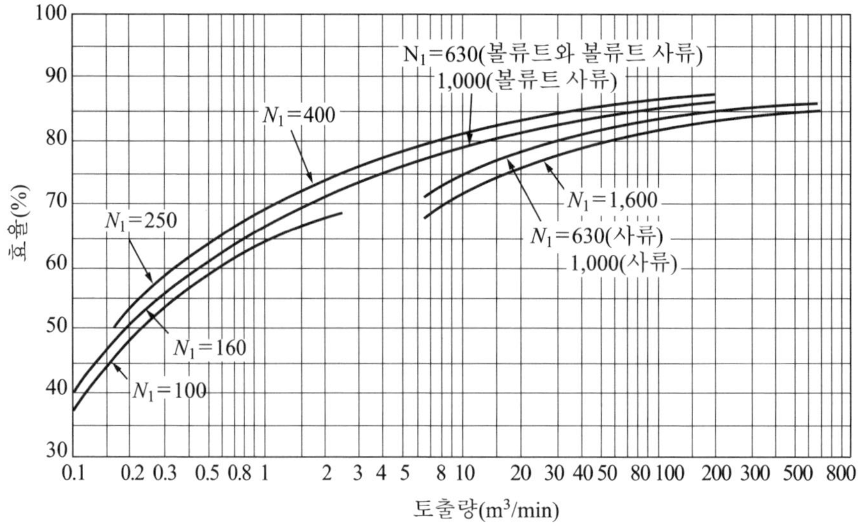


그림 3.26 펌프 토출량과 효율 곡선

4 Chapter

# 하수처리

## 4.1 개설

배출된 하수는 인공적으로 방류수 수질기준에 맞게 처리하여, 무해화, 안정화 또는 경우에 따라서는 재이용하는 것이 바람직 하지만, 특히 수질오염방지의 관점에서 모든 하수를 처리한 이후에는 공공수역으로 방류시켜야 한다. 처리방법에는 물리적, 화학적, 생물학적 방법이 있는데 이들을 적당히 조합시켜 처리가 이루어진다. 하수성분의 주체는 유기물이고, 유기물 제거에 대해 가장 경제적이고 확실한 생물학적 처리가 주류를 이루고 있다.

그림 4.1은 하수처리의 전형적인 흐름을 나타내고 있다. 그림에 나타낸 것처럼 1차 침전지까지를 1차 처리(primary treatment, 예비처리, preliminary treatment)라고 하며, 그 이후 생물학적 처리과정이 포함되는 경우를 2차 처리(secondary treatment)라고 한다.

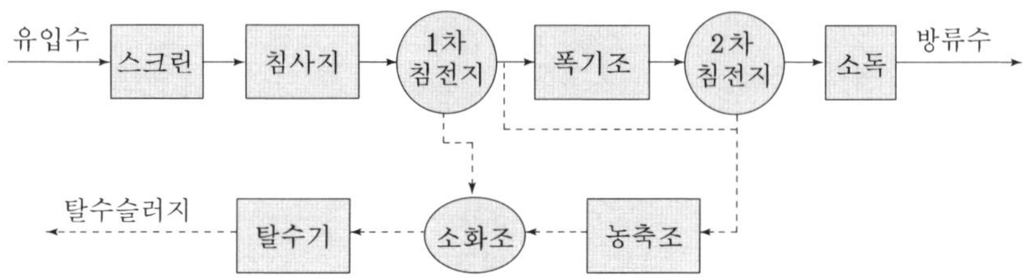


그림 4.1 전형적인 하수처리 흐름도

어떠한 처리를 선택할 것인가는 생하수의 수질, 수량, 방류수역의 유량, 물의 이용상황, 수질환경기준, 처리장의 규모, 입지조건, 유지관리조건 등을 고려하여 정해야 하는데 일반적으로 2차 처리 이상의 고도처리를 채택하는 것이 원칙이다. 표 4.1은 처리방법의 선택기준이 될 수 있도록 각 처리공정에서의 BOD와 부유물질(SS)을 비롯한 처리대상 물질의 대체적인 제거효율을 나타낸 것이다. 또한 표 4.2에는 2차 처리 공정의 성능에 영향을 미치는 주요인자를 나타내었다.

**표 4.1** 처리방법별 제거율

| 처리단위 | 성분제거효율, % | | | | | |
|---|---|---|---|---|---|---|
| | BOD | COD | SS | P | Org-N | $NH_3$-N |
| 스크린(Bar racks) | 무 | 무 | 무 | 무 | 무 | 무 |
| 침사지 | 0~5 | 0~5 | 0~10 | 무 | 무 | 무 |
| 1차 침전지 | 30~40 | 30~40 | 50~65 | 10~20 | 10~20 | 0 |
| 표준활성슬러지 | 80~95 | 80~85 | 80~90 | 10~25 | 15~50 | 8~15 |
| 살수여상 | | | | | | |
| 고율, 돌여재 | 65~80 | 60~80 | 60~80 | 8~12 | 15~50 | 8~15 |
| 초고율, 플라스틱여재 | 65~85 | 65~85 | 65~85 | 8~12 | 15~50 | 8~15 |
| 회전원판(RBCs) | 80~85 | 80~85 | 80~85 | 10~25 | 15~50 | 8~15 |
| 염소소독 | 무 | 무 | 무 | 무 | 무 | 무 |

**표 4.2** 전형적인 2차 처리공정의 성능에 영향을 미치는 인자

| 공 정 | 조작 기능에 영향을 미치는 인자 | | |
|---|---|---|---|
| 활성슬러지 (Activated sludge) | 반응조 형태<br>수리학적 체류시간<br>수리학적 부하<br>유기물질 부하 | 폭기능력<br>미생물 평균 체류기간(MCRT)<br>먹이/미생물(F/M) 비<br>슬러지 반송률 | 영양소<br>환경인자(pH, 온도) |
| 살수여상 (Trickling filter) | 여재형태 및 깊이<br>수리학적 부하<br>유기물질 부하 | 통풍<br>여재층<br>반송률 | 유량분배 |
| 회전원판 (RBCs) | 단계의 수<br>유기물질 부하<br>수리학적 부하 | 구동 장치<br>매체, 밀도<br>축 선택 | 반송률<br>잠김(submergence)<br>회전속도 |

최근 수질환경기준의 달성을 위해 엄격한 수질을 요구하는 방류수역이 나타나고 있는데 이 경우에는 2차 처리 후에 고도처리 또는 3차 처리(tertiary treatment)를 필요로 한다. 고도처리 및 3차 처리는 2차 처리에서 처리되지 않고 남아 있는 질소, 인, 부유물, 유기물, 무기염류 등을 제거하는 것이 목적이다. 하수처리는 일정한 원리에 따라 이루어지는 것이므로 그 원리를 무시하거나 처리순서를 바꾸면 좋은 결과를 얻지 못하거나 좋지 않은 결과를 초래하므로 충분히 주의를 하여 계획하고 관리해야 한다. 처리시설의 계획 하수량은 계획1일 최대오수량을 기준으로 한다. 처리장은 작은 것을 많이 설치하는 것보다 합쳐서 하나의 커다란 처리장을 설치하는 것이 경제적, 유지관리적인 면에서 유리하지만 이에 따른 문제점도 무시할 수 없다. 또한 처리장 주변의 환경보존에 대해서 충분히 고려하여 악취, 소음, 바람에 의한 오수의 비산 등의 대책을 강구해 두어야 한다.

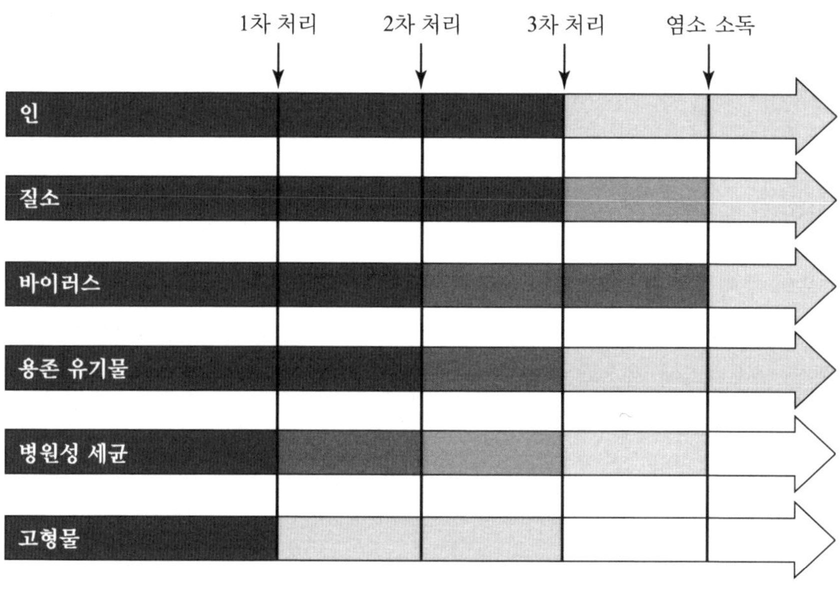


**그림 4.2** 하수처리 단계별 오염물질 제거

## 4.2 처리방법

하수 내의 오염물질은 물리적, 화학적, 그리고 생물학적 방법으로 제거된다. 각각의 처리방법은 대개 물리적 단위조작, 화학적 단위공정, 그리고 생물학적 단위공정으로 분류된다. 처리시설에서 이들 단위조작과 공정이 다양하게 조합되어 있지만 그 기본원리는 변하지 않기 때문에 이들의 과학적 기초를 따로 공부하는 것이 유리하다고 판단된다.

### 4.2.1 물리적 단위조작

물리적 힘이 적용되는 처리 방법을 물리적 단위조작(physical unit operation)이라 한다. 이들 방법은 대부분 인간의 자연에 대한 관찰에서 유도되었기 때문에 하수처리에 가장 먼저 사용되었던 방법이다. 스크리닝(screening), 혼합, 응결(flocculation), 침전(sedimentation), 부상(flotation), 여과 그리고 가스전달(gas transfer)은 전형적인 단위조작들이다.

### 4.2.2 화학적 단위공정

화학약품의 주입이나 또는 화학적 반응에 의하여 오염물질을 제거 또는 변화시키는 처리방법을 화학적 단위공정(chemical unit process)이라 한다. 화학적 침전(precipitation), 흡착 그리고 소독은 하수처리에 사용되는 가장 흔한 방법들이다. 화학적 침전은 침전가능한 화학적 침전물을 형성시켜 수행된다. 대부분의 경우, 침전물은 주입된 화학약품과 반응한 물질 및 침전물이 침전되면서 동반 하강한 물질을 포함하고 있다. 흡착은 물질간의 인력(attraction force)을 활용하여 하수 내의 특정물질을 고체표면에 흡착시켜 제거한다.

### 4.2.3 생물학적 단위공정

생물학적 현상에 의하여 오염물질을 제거하는 방법을 생물학적 단위공정(biological unit process)이라 한다. 생물학적 처리는 주로 하수 내의 유기물질(콜로이드성 또는 용존성)을 제거하는 데 사용된다. 기본적으로 이들 물질들은 대기 중으로 방출되는 가스와 침전에 의하여 제거되는 미생물세포로 전환시킨다. 생물학적 처리는 하수 내의 영양소(질소 및 인)의 제거에도 사용된다. 적절한 환경의 조절에 의하여 대부분의 경우 하수는 생물학적으로 처리가 가능하다. 따라서 기술자는 적절한 환경을 조성하여 생물학적 처리공정이 효율적으로 운전되도록 하여야 한다.

### 4.2.4 공정선택

처리장 설계 시 가장 중요한 점은 배출허용기준을 달성할 수 있는 처리공정의 분석과 선택이다. 공정선택에 이르는 공정분석의 방법에는 설계기술자의 경험과 계획의 복잡성에 따라 변하는 여러 가지 평가 절차가 포함된다. 공정을 분석할 경우

① 공정선택의 중요한 요소
② 속도해석에 근거한 공정선택
③ 경험적인 관계식에 근거한 공정선택
④ 공정설계에서 하수량과 성분부하의 변동이 미치는 영향
⑤ 요구되는 성능을 발휘할 수 있는 공정의 신뢰도

등을 고려할 필요가 있을 것이다.

## 4.3 1차 처리

### 4.3.1 개요

그림 4.1에 나타낸 것과 같이 1차 처리는 생하수 중의 토사, 조대부유물, 일부 유기성 부유물을 물리적으로 제거하는 과정이다. 1차 처리만으로 방류 처분하는 경우도 있는데 그 후의 생물학적 처리를 보다 효과적으로 수행하기 위해서도 불가피한 과정이다. 여기서 생하수란 처리과정을 거치지 않은 하수를 말한다. 조대부유물은 침사지의 앞 또는 뒤에 설치한 스크린에 의해 제거되며, 토사는 침사지 내에서 침전된다. 유기성 부유물의 일부는 최초 침전지에서 제거되므로 침전하수의 BOD부하는 다소 감소한다.

### 4.3.2 예비폭기조

예비폭기조는 반드시 설치해야 되는 시설은 아니며, 만약 설치하게 되면 최초침전지의 앞에 설치한다. 예비폭기조의 이점은 침사지로부터 나온 하수를 폭기함으로써 하수의 혐기성화를 방지하고 동시에 하수 중의 유기물의 제거 및 냄새발생을 방지하는 것이다. 또한 필요에 따라 잉여슬러지를 반송하면 최초침전지에서 침전효율을 높일 수 있다. 폭기조의 형상은 장방형 또는 정방형을 표준으로 한다. 폭기시간(조의 체류시간)은 10～20분, 잉여슬러지를 반송하

는 경우는 20～30분으로 한다. 폭기방식은 가능한 한 선회식으로 하고, 송기량은 계획 1일 최대 오수량과 같은 정도를 표준으로 한다. 잉여슬러지를 반송하는 경우, 반송슬러지량은 계획1일 최대오수량의 1～2% 정도로 한다. 기타 구조설비 등은 폭기조의 항에서 설명한다.

### 4.3.3 최초침전지

최초침전지의 목적은 생하수 중의 미세한 부유물, 특히 부유성 유기물을 가능한 한 침전시켜, 하수로부터 분리하고 동시에 수면으로 부상한 부유물이나 유지를 제거하여 생물학적 처리를 보다 효율적으로 진행시키고자 하는 것이다. 또한 1차 처리만으로 처분하는 경우에는 적어도 유기물양이 적은 하수를 방류하기 위해서도 필요하다. 수면에 부상한 부유물이나 유지를 스컴(scum)이라고 하며, 침전된 슬러지를 최초침전지 슬러지(1차 슬러지) 또는 생슬러지라고 한다. 침전이론, 침전지의 형상, 구조에 대해서는 모두 상수도편에서 기술하였으므로 여기에서는 하수의 침전지로서 특히 필요한 사항에 대해서만 기술하기로 한다. 형상은 장방형, 정방형, 또는 원형이 이용된다. 장방형지의 폭과 길이는 1 : 3～5 정도로 하고 폭은 슬러지 수집기의 종류에 따라 정한다. 침전된 슬러지는 부패하기 쉬우므로 가능한 한 빨리 수집하여 별도 시설로 빼내어 처리할 필요가 있다. 이 때문에 침전지의 바닥경사는 상수도의 침전지보다 약간 급하게 하고, 가능한 한 슬러지 수집기를 설치하는 것이 좋다. 슬러지 수집기를 설치하지 않는 경우는 호퍼(hopper)식으로 하고 수평에 대해 60° 이상의 경사를 가진 호퍼를 침전지 바닥에 병렬로 배치하고 각 호퍼의 아래에 슬러지 배출관을 설치한다. 슬러지 수집기는 어느 것이든 침전물을 교란시키지 않고 제거할 수 있도록 가능한 한 느린 속도로 수집해야 한다. 또한 이러한 슬러지 수집기에는 스컴 제거장치를 장착하면 편리하다. 슬러지 수집기에 의해 슬러지 피트(pit)에 수집된 슬러지는 직경 200 mm 이상의 슬러지 배출관으로부터 배출되는데, 슬러지를 빼내는 것은 밸브의 개폐 또는 슬러지 펌프로 수행한다. 슬러지는 연속적으로 빼내는 것이 보통이며, 그렇지 못할 경우에는 빈도를 자주 하여 단시간에 배출하는 것이 좋다. 또한 호퍼식인 경우는 타이머 등에 의해 자동적으로 배출한다. 침전시간이 길수록 부유물의 제거율은 향상되는데, 너무 길게 되면 부패를 일으켜 수질이 악화된다. 따라서 분류식인 경우의 침전시간은 계획 1일 최대 오수량의 1.5～3 시간을 표준으로 하고 있다. 처리방법별로는 1차 처리만으로 방류하는 경우는 3시간, 2차 처리로 살수여상법을 채용할 경우는 2시간, 활성슬러지법을 채용하는 경우에는 1.5시간으로 하고, 합류식인 경우의 침전시간은 모두 3시간을 표준으로 한다. 또한 지내의 평균유속은 30 cm/min 이하로 한다. 수면적 부하(수면부하율)는 25～50 $m^3/m^2$/일 정도로 한다. 참고로 침전시간, 유효수심, 수면적 부하의 상호관계를 표 4.4에 나타내었다. 지내에 와류나 난류가 생기기 않도록 유입부에는 유공 정류벽을 설치해야 한다. 또한, 유입구로부터 직접 유입될 때 유속을 감쇄시키기 위해 유입구의 바로 앞에 정류관을 설치하면 효과적이다.

**표 4.3** 상하수처리장 침전지 표준설계값

| | 체류시간 | 표면부하 | 고형물부하 |
|---|---|---|---|
| 상수처리장 응집침전지 | 2∼4 hr | 20∼40 $m^3/m^2 \cdot d$ | - |
| 하수처리장 침사지 | 0.75∼1.5 | ∼60 | - |
| 1차 침전지 | 1.5∼2.5 | 분류식=35∼70,<br>합류식=25∼50 | - |
| 1차 침전지(AS 반송 있을 시) | 1.5∼2.5 | 24∼32 | - |
| 2차 침전지 | 2∼3 | 20∼30 | 40∼125 $kg/m^2 \cdot d$ |

유출부는 전체 폭에 걸쳐 동시에 유출시키기 위해 월류위어를 설치하여 월류시킨다. 위어의 부하율은 250 $m^3$/m/일 이하가 바람직하다. 하수의 침전지에는 반드시 스컴이 발생하므로 스컴 제거장치(그림 4.3)를 설치할 필요가 있다. 스컴은 자연적으로 흘러가든가 또는 스컴 제거기에 의해 유출부로 운반되므로 스컴이 유출되지 않도록 월류위어 앞에 스컴 정지판을 수면 위로 10 cm, 수면 아래로 30∼40 cm 정도로 설치해야 한다. 스컴 정지판에서 스컴은 기계적으로 제거되며 물과 분리한 후 처분한다.

**그림 4.3** 최초침전지의 스컴 제거기

**표 4.4** 유효수심별 침전시간과 수면적부하와의 관계

| 침전시간(시) / 유효수심(m) / 수면적부하 ($m^3/m^2$/일) | 침 전 시 간 | | | |
|---|---|---|---|---|
| | 2.5 | 3.0 | 3.5 | 4.0 |
| 25 | 2.4 | 2.8 | 3.3 | 3.8 |
| 30 | 2.0 | 2.4 | 2.8 | 3.2 |
| 40 | 1.5 | 1.8 | 2.1 | 2.4 |
| 50 | 1.2 | 1.4 | 1.7 | 1.9 |

**예제 4.1**

깊이가 5 m이고, 지름이 20 m인 원형 1차 침전지에서 유입하수량이 300 $m^3$/hr일 때 표면부하속도와 체류시간을 구하시오.

**풀이**

$$\text{표면부하율} = \frac{Q}{A} = \frac{300\,\mathrm{m^3/hr}}{\left(\frac{\pi \times 20^2}{4}\right)\mathrm{m^2}} = 0.955\,\mathrm{m^3/m^2 \cdot hr}$$

$$\therefore\ \text{표면부하속도} = 0.955\,\mathrm{m/hr}$$

$$\text{체류시간}(t) = \frac{V}{Q} = \frac{AH}{Q} = \frac{(\pi \times 20^2/4)\,\mathrm{m^2} \times 5\,\mathrm{m}}{300\,\mathrm{m^3/hr}} = 5.24\,\mathrm{hr}$$

## 4.4 2차 처리

### 4.4.1 개요

2차 처리는 최초 침전지로부터 유출하는 하수를 대상으로 이루어지므로 2차 처리의 주체가 되는 것은 생물학적 처리이다. 적당한 환경조건을 줌으로써 자연적으로 번식한 호기성 미생물은 유기물의 일부를 영양원으로 하여 체내에 섭취한 후 이를 분해하여 에너지를 얻고, 자신의 생명을 유지함과 동시에 새로운 세포를 합성해 간다. 생물학적 처리는 이러한 미생물의 대사작용을 공학적으로 응용한 것이다. 즉, 분해작용을 유지하기 위해서 인공적으로 환경조건을 조성해 주면, 이것들은 안정화됨과 동시에 침전성이 좋은 고형물질로 변하여 침전제거가 쉽게 된다. 생물학적 처리 방식은 주로 폭기조의 형태와 운전방식 및 미생물의 상태에 따라서 부유미생물법과 부착미생물법(생물막법)으로 구분되며, 현재 사용되고 있는 방식들은 다음과 같다. 생물학적으로 처리된 하수는 최종침전지에서 고액분리가 되고, 상징수는 소독처리 후 방류된다.

## 1) 부유미생물법

- 표준활성슬러지법[conventional activated sludge (A/S)]
- 순산소활성슬러지법(pure oxygen A/S)
- 계단폭기법(step aeration)
- 장기폭기법(extended aeration)
- 접촉안정법(contact stabilization)
- 산화구법(oxidation ditch)
- 산화지법(lagoon 혹은 oxidation pond)

## 2) 부착미생물법

- 살수여상법(trickling filter)
- 회전원판법(RBC, rotating biological contactor)
- 호기성여상법(aerobic filter)

**표 4.5** 부유미생물법과 부착미생물법의 비교

| 부유미생물법 | 부착미생물법 |
|---|---|
| • 다양한 미생물 산재 | • 미생물 더욱 다양(달팽이!) |
| • 고에너지 시스템 | • 통풍에 의존한 공기 공급 |
| • 모델링에 의한 처리공정 제어 | • 유기물부하와 수리학적 부하에 기초한 경험적 처리공정 제어 |
| • 충격부하에 약함 | • 충격부하에 강함 |
| • 미생물 반송 있음 | • 미생물 반송 거의 없음 |
| • 높은 고형물 생산, 침전 용이 | • 낮은 고형물 생산, 침전 어려움(low floc formers) |
| • 높은 처리효율 | • 낮은 처리효율 |
| • DO 2～3 mg/L | • 높은 DO 요구됨 |
| • N & P 제거 이루어짐 | • N & P 제거 미미(의심쩍음) |

**예제 4.2**

다음 하수처리 방법에 대한 설명 중 옳지 않은 것은?

가. 활성슬러지법은 부유생물을 이용한 처리방법이다.
나. 호기성 여상법은 부유생물을 이용한 처리방법이다.
다. 회전생물접촉법은 생물막을 이용한 처리방법이다.
라. 산화지법은 부유생물을 이용한 처리방법이다.

**풀이**

호기성 여상법은 여재에 호기성 미생물막을 부착시켜 하수를 처리하는 부착처리방법이다.

## 4.4.2 살수여상법

### 1) 이론

자갈, 쇄석 또는 인공 여재를 쌓고, 여기에 하수를 살포하면 하수는 여재의 공극을 따라 위에서 아래로 내려가는 사이에 여재 표면에 부착되어 있는 미생물에 의하여 점차로 분해되어 안정한 처리수가 얻어진다. 살포를 개시하여 1~3개월 정도 경과하면 여재의 표면에 자연적으로 호기성 미생물이 부착하여 여재 표면은 무수한 미생물이 서식하는 막으로 덮이게 된다. 하수는 이 막에 차례차례 접촉되면서 아래로 흐르는 동안에 하수 중의 유기물은 생물막에 흡착되어 산화 분해되고, 점차 안정화되어 간다. 또한 이 방법은 특히 질소화합물의 산화가 현저히 이루어진다는 것이 특징이다.

처리수는 외관적으로는 나쁘지만 수질은 매우 안정되어 있다. 또한 하수의 농도나 수질이 다소 변동해도 지장 없이 처리할 수 있는 확실성이 있으므로 공장폐수에 대해 유리하며 유지관리도 비교적 쉽다. 생물막은 수시로 여재로부터 탈리하는데, 특히 연 1회 봄에서 여름사이에 생물막이 겨울형에서 여름형으로 변하기 때문에 겨울형 미생물은 사멸하고 여재로부터 떨어져 탈리하게 된다. 이때는 여재의 정화력이 현저히 저하된다. 가을에도 생물막의 변화가 생기기는 하지만 봄만큼 심하지는 않다. 대량 탈리는 연 1회 정도 있는데, 이외에도 생물막이 점차로 두꺼워져 어떠한 두께에 이르게 되면 중력에 의해 생물막의 일부가 탈리하는 수도 있다. 탈리된 생물막은 처리수와 함께 유출되는데 이것은 생하수의 부유물과는 성질이 달라서 침전성이 좋고 부패성은 거의 없다.

생물막의 발육은 하수의 수질, 수량, 살수상태, 통기상태, 온도, 여재의 조건 등에 의해 좌우된다. 따라서 처리효과는 이러한 여러 조건에 따라 다소 다른데, 본 방법에 의해 대개 BOD는 75~85%, SS는 70~80%, 세균류는 70~90% 정도 제거된다.

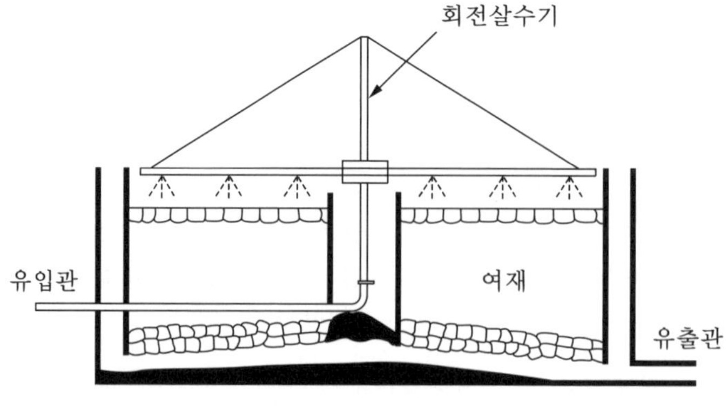


그림 4.4 살수여상법

그림 4.5 살수여상 충진용 인공여재

## 2) 처리방식

살수여상법에는 표준살수여상법과 고속살수여상법의 2종이 있는데, 후자는 일종의 변법이다. 일반적으로 전자는 고급처리, 후자는 중급처리에 속한다. 처리방식은 시설의 규모, 방류수질, 슬러지 처분방법, 주위의 환경 등에 의해 각종 시설의 조합이 사용된다. 그림 4.6은 1단여상의 경우를, 그림 4.7은 2단 여상의 경우 통상 사용되는 대표적인 조합을 나타낸 것이다.

표준살수여상법은 통상 단일여상으로 운전되는데, 고속살수여상법은 2단여상으로 하는 경우가 있다. 어떤 경우에는 순환반송을 하는 경우가 많고, 최종침전지 유출수의 일부 또는 여과수의 일부가 반송된다. 순환반송을 하게 되면 유입하수의 유량, 수온, 유독물질 등에 의한 영향을 작게 할 수 있고, 하수의 농도를 희석시켜 유입하수를 신선하게 유지하기 때문에 악취는 감소하고, 여상의 벌레 발생이 줄어드는 이점이 있다.

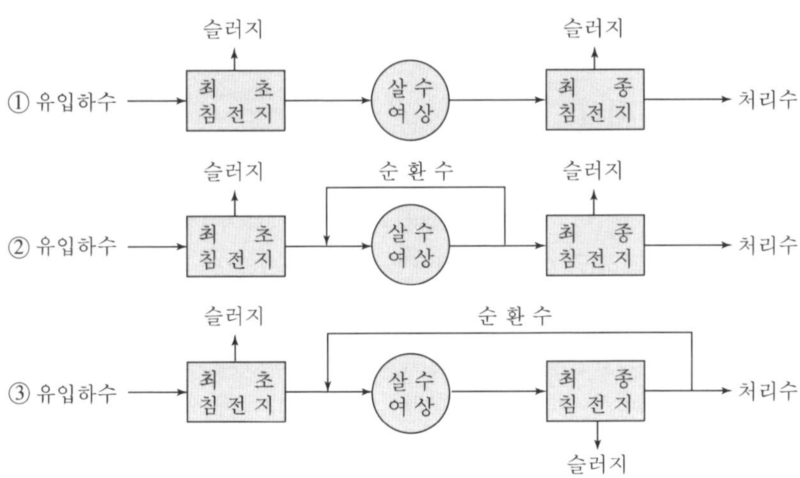


그림 4.6 단일여상의 흐름도

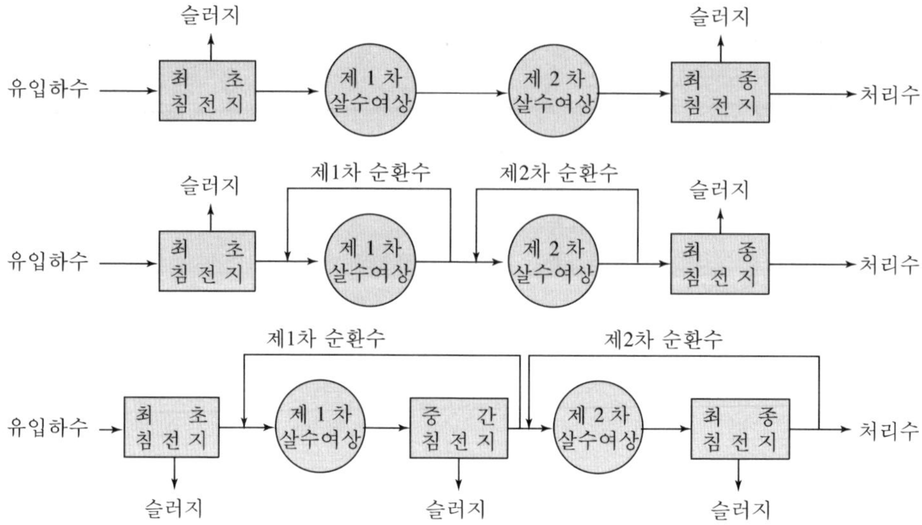


그림 4.7 2단여상의 흐름도

## 3) 살수부하

### (1) BOD 용적부하, 살수강도

살수부하란 여상에 1일 살수되는 하수량을 여상 면적으로 나눈 것으로 이것은 BOD부하와 살수강도에 의해 정해진다. BOD 용적부하란 단위체적의 여상에 1일 부하되는 BOD의 양인데, 결국 여상에 살수되는 하수의 BOD와 살수부하와의 곱을 여상깊이로 나눈 것이다. 예를 들면, 살수되는 하수의 BOD (kg/m$^3$), 유량(살수량)이 $Q$ (m$^3$/일), 여상부피가 $V$ (m$^3$), 여상면적이 $A$ (m$^2$), 여상깊이가 $H$ (m)일 때, BOD 용적부하는

$$\frac{\text{1일 BOD 유입량}}{\text{여상부피}} = \frac{\text{BOD} \cdot Q}{V} \ (\text{kg/m}^3/\text{일}) \tag{4.1}$$

이 된다. 여재가 받는 부하에는 한계치가 있으며, 부하가 미생물의 분해능력을 넘지 않도록 해야 한다. 살수강도(수리학적 부하)란 여상면의 임의의 부분에 순간적으로 살수되는 하수량, 구체적으로 말하면 24시간 연속하여 살수할 때의 하수량을 말한다. 여상 내에서 하수의 유하상태는 살수강도에 좌우되며 살수강도가 너무 크면 하수는 여재 표면을 감싸듯이 하여 유하할 수 없게 되고, 처리효과가 저하된다. 따라서 살수강도가 한계치를 넘지 않도록 살수부하를 정해야 한다.

$$\text{살수부하 } q = \frac{\text{유입하수량}(\text{m}^3/\text{d})}{\text{여상면적}(\text{m}^2)} = \frac{Q}{A} \ (\text{m}^3/\text{m}^2/\text{일}) \tag{4.2}$$

예제 4.3

유량 3,000 $m^3$/day, BOD농도 200 mg/L인 하수를 500 $m^3$ 용량의 살수여상에서 처리할 때 BOD 용적부하(kg/$m^3$/일)는 얼마인가?

풀이

BOD 용적부하 = BOD · $Q/V$ = BOD/$t$
= 200 (mg/L) × 3,000 ($m^3$/일) / 500 ($m^3$)
= 200 (g/$m^3$) × 3,000 ($m^3$/일) / 500 ($m^3$)
= 1,200 (g/$m^3$/일)
= 1.2 kg BOD/$m^3$/일

### 4) 표준살수여상

형상은 살수방법에 따라 다른데 회전 살수기를 사용하는 경우는 원형, 주행 살수기나 고정노즐의 경우는 정방형 또는 장방형이 일반적으로 이용된다. 또한 원형의 경우, 회전살수기의 직경은 45 cm를 한도로 한다. 살수부하는 1～3 $m^3/m^2$/일을 표준으로 하고, BOD부하는 0.3 kg/$m^3$/일을 넘지 않도록 한다.

여재는 생물이 부착하기 쉽도록 표면이 거칠고, 단위체적당 표면적이 크며, 풍화, 파쇄, 침식하지 않는 내구성이 있는 것으로 해야 한다. 이를 위해 석영, 조면암, 안산암, 화강암 등의 쇄석이 이용된다. 또한 여재는 크기가 일정해야 한다. 한편, 최근에 쇄석대신에 도기제나 합성수지제의 여재가 이용되고 있다. 여재의 크기가 작을수록 처리능률은 향상되지만 반면 여재 내의 공극은 작아져 눈막힘 현상을 일으키기 쉽고, 통기도 나빠져 오히려 처리에 악영향을 미치는 수도 있으므로 여재의 크기는 표준으로서 25～50 mm 정도의 것을 사용하고 여상의 깊이는 1.5～2.0 m 정도로 한다. 여상의 저부는 콘크리트로 편평하게 시공하고 여과수 및 여과수중의 슬러지가 쉽게 유출될 수 있도록 1/100～2/100의 경사를 둔다. 저부에서 10 cm 이상 높이의 위치에 집수용 유공판(그림 4.8)을 설치하는데 집수부분의 단면은 통기를 고려하여 집수소요단면의 2배 이상으로 한다. 유공판의 구멍으로부터 여재가 떨어지지 않도록 유공판 위에 100～150 mm 정도 크기의 쇄석을 20～30 cm의 두께로 깔아서 여재를 지지해준다. 주벽은 철근콘크리트구조로 하고 여상면 위의 여유고는 30 cm 이상, 또한 주벽 하부에는 처리수의 유출구를 설치하여 낙수공 또는 밸브를 설치한다. 살수는 연속적으로 하는 것을 원칙으로 하지만 만약 살수 휴지기간을 설정하는 경우는 가능한 한 짧게 해야 한다.

살수설비로서 회전살수기, 주행살수기, 고정노즐 등이 있다. 회전살수기는 원형 여상에 많이 사용된다. 중심에 관을 집어넣고 올려서 상위에 설치하고 여기에서 수평으로 2개 또는 4개의 지관을 뻗게 한다. 지관의 한쪽 면에는 적당한 간격으로 노즐이 설치되며 하수가 노즐로부터 분사할 때 그 반동으로 지관은 중심이 되는 중공축 주위를 수평으로 회전한다. 회전시키기

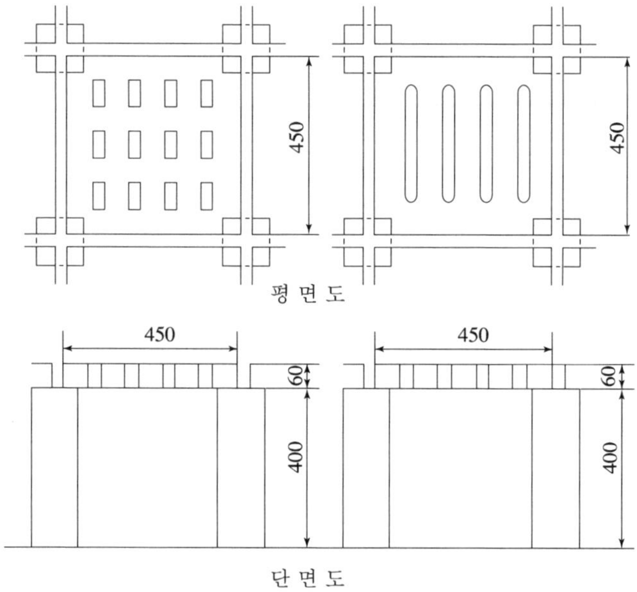


**그림 4.8 집수용 유공판(단위 : mm)**

위해서는 50～100 cm 정도의 수두가 필요하다. 여상의 직경이 큰 경우는 회전모터를 사용할 수도 있다. 지관과 여상면과의 간격을 15 cm 정도로 한다. 주행살수기는 장방형 여상에 사용된다. 여상의 측벽상에 설치된 레일에 「가드」가 왕복주행하여 「가드」에 부착된 유공통 또는 유공관으로부터 하수가 살수된다. 이것은 살수주기가 길어지게 되는 것이 결점이다. 고정노즐은 자동배수조와 연동시켜 사용한다. 자동배수조로부터의 배수관을 여상 내에 설치하고 이로부터 직경 50 mm 정도의 노즐을 부착할 관을 분기시키고 여기에 노즐을 부착한다. 노즐은 여상 전면에 균등히 살수할 수 있도록 여상면으로부터 15～20 cm 높이에서 50～100 cm의 간격으로 배치한다. 노즐로부터 방출한 하수는 우산모양으로 퍼져 여상면에 도달하게 된다. 처리장에 유입하는 하수량이 시간적으로 크게 변동하는 경우에는 여상에 연속적으로 균등하게 살수하기 위해 필요한 수량이나 수두가 부족하고, 만족스런 살수가 불가능할 수도 있다. 이러한 경우에는 부득이 자동배수조를 설치하여 간헐적으로 살수하여 최소 필요량과 수두를 확보해야 한다. 자동배수조는 사이펀 작용에 의해 살수, 휴지가 이루어지므로 사이펀은 유량변화에 대해 확실하게 작동하고, 부유물에 의해 막힘이 없고, 재질은 내부식성이 있는 것이어야 한다. 또한, 휴지시간이 길면 여러 가지 어려운 문제가 생기므로 1일 사이클의 휴지시간은 가능한 한 짧게 한다.

조의 용량은 살수에서 휴지기까지의 1사이클이 5～15분으로 종료할 수 있도록 하고, 조 내의 고수위와 저수위의 차이는 40～75 cm를 표준으로 한다. 또한 자동 사이펀의 최대 배출량은 유입하수의 최대유량과 같게 하고, 최소 배출량은 최대 배출량의 50% 이상이 되도록 정한다.

표준살수여상의 결점은 여상 벌레가 다수 발생하여 이것이 비산하며, 악취가 발산하여 부근의 주택가에 영향을 미치는 점이다. 이 때문에 주벽 또는 덮개를 설치하고 환기장치를 하며, 필요하면 탈취설비를 설치하여 주변의 환경을 보전할 필요가 있다.

## 5) 고속살수여상

고속살수여상은 살수부하가 높으므로, 부지면적의 절감이 가능하지만, 처리수의 수질은 표준살수여상에 비해 다소 떨어지고, BOD 제거율은 65∼75%, SS제거율은 65∼75% 정도가 된다. 그러나 고속 살수여상은 통상 대량의 순환반송이 이루어지므로 2)에서 기술한 이점을 가지고 있다. 또한 살수부하가 높기 때문에 생물막은 매우 조금씩 끊임없이 탈락, 유출하고 정시적인 대형 탈락은 일어나지 않는다. 살수부하는 생하수의 BOD를 고려하여, 표 4.6의 값을 표준으로 하는데, 순환반송을 하는 경우는 다음 식에 의해 결정한다.

$$q = \frac{Q'}{A} = (1+R)\frac{Q}{A} \tag{4.3}$$

여기서, $q$ : 살수부하($m^3/m^2$/일)

$A$ : 여상면적($m^2$)

$Q'$ : 순환반송을 하는 경우의 살수량($m^3$/일)

$Q$ : 계획하수량($m^3$/일)

$R$ : 순환반송비

또한 BOD 용적부하는 1.20 kg/$m^3$/일을 넘지 않도록 한다. 단일여상의 경우 여재는 50∼60 mm 정도의 크기를 사용하는데 2단여상의 경우에는 1차 여상은 50∼60 mm보다 약간 큰 것, 2차 여상은 50∼60 mm보다 약간 작은 것을 사용하는 것이 보통이다. 여상의 깊이는 1.5∼2.0 m 정도로 하고 2단 여상으로 하는 경우에는 각각 1.0 m 정도의 깊이로 한다. 고속살수여상에서 회전살수기의 회전속도는 살수부하를 고려하여 표 4.7의 값을 표준으로 한다. 기타 사항은 표준살수여상과 같다.

**표 4.6** 생하수의 BOD에 의한 살수부하

| 생하수의 BOD(mg/L) | 살수부하($m^3/m^2$/일) |
|---|---|
| 120 | 25 |
| 150 | 20 |
| 200 | 15 |

**표 4.7** 살수부하 회전속도

| 살수부하($m^3/m^2$/일) | 살수기 지관(arm) 4개(회/min) | 살수기 지관(arm) 2개(회/min) |
|---|---|---|
| 15 | 1.0 | 2.0 |
| 20 | 2.0 | 3.0 |
| 25 | 2.0 | 4.0 |

## 6) 살수여상의 설계 및 해석을 위한 공식

재순환을 하지 않는 살수여상의 용해성 BOD의 제거효율은 식 (4.4)를 사용하여 계산할 수 있다.

$$\frac{L_e}{L_0} = e^{-KD/q^n} \tag{4.4}$$

여기서, $L_e$ : 유출수의 BOD (mg/L)

$L_0$ : 유입수의 BOD (mg/L)

$K$ : 비표면적에 의해 결정되는 반응계수

$D$ : 여상깊이(m)

$q$ : 수리학적 부하($m^3/m^2$/일) $= \dfrac{Q}{A}$

$n$ : 비표면적과 매질의 형태에 따라 결정되는 상수

재순환이 있는 경우, 유입수의 BOD는 재순환수에 의해 희석이 되며, 여상에 가해지는 BOD는 식 (4.5)로 구할 수 있다.

$$L_a = \frac{L_o + RL_e}{R+1} \tag{4.5}$$

여기서, $L_a$ : 여상에 주입되는 하수의 BOD (mg/L)

$L_o$ : 유입수의 BOD (mg/L)

$L_e$ : 유출수의 BOD (mg/L)

$R$ : 재순환율$\left(\dfrac{Q_R}{Q}\right)$

따라서 재순환이 실시되는 여상의 BOD제거율은 다음 공식을 사용하여 계산할 수 있다.

$$\frac{L_e}{L_o} = \frac{e^{-KD/q^n}}{(1+R) - Re^{-KD/q^n}} \tag{4.6}$$

식 (4.4)나 식 (4.6)에서 사용되는 $K$ 값은 온도에 따라 변하는데, 그 관계는 다음 식과 같다.

$$K_T = K_{20}(1.035)^{T-20} \tag{4.7}$$

여기서, $K_{20}$ : 20℃에서의 $K$

$K_T$ : T℃에서의 $K$

한편, 미국의 NRC (National Research Council)는 군기지에서 운영되는 살수여상시설로부터 경험적인 공식을 만들어 냈는데 이것을 NRC공식이라 하며, 1단살수여상을 위한 NRC공식은 식 (4.8)과 같다.

$$E_1 = \frac{100}{1 + 0.443\left(\dfrac{W_1}{VF}\right)^{0.5}} \tag{4.8}$$

여기서, $E_1$ : 20℃에서 1단 여상의 BOD제거율(%)

$W_1/V$ : BOD부하(kg/m$^3$/일)

$F$ : 재순환계수 $= \dfrac{1+R}{(1+R/10)^2}$

$R$ : 재순환율

2단여상의 두 번째 여상을 위한 NRC공식은 다음 식 (4.9)와 같다.

$$E_2 = \frac{100}{1 + \dfrac{0.443}{1-E_1}\left(\dfrac{W_2}{VF}\right)^{0.5}} \tag{4.9}$$

여기서, $E_2$ : 20℃에서 두 번째 여상의 BOD제거율(%)

$E_1$ : 첫 번째 여상에 의한 BOD제거율(%)

$W_2/V$ : 두 번째 여상에 가해진 BOD부하(kg/m$^3$/일)

하수의 수온이 여상의 효율에 미치는 영향은 다음 공식으로 나타낼 수 있다.

$$E_T = E_{20}(1.035)^{T-20} \tag{4.10}$$

여기서, $E_{20}$ : 20℃에서의 BOD제거효율

$E_T$ : T℃에서의 BOD제거효율

위의 NRC공식에 의해서 계산되는 BOD제거효율은 최종침전지도 포함하므로 중간침전지

가 없는 2단 살수여상에서는 NRC공식을 사용할 수 없게 되며, 따라서 이 경우에는 첫 번째 여상의 효율을 50%로 가정하고, 식 (4.9)로부터 두 번째 여상의 효율을 구한다.

---

**예제 4.4**

$BOD_5$가 200 mg/L인 $7.5 \times 10^6$ L/d의 도시하수를 처리하는 2단 고율 살수여과상 처리장이 있다. 이 두 여과상은 직경과 깊이가 같고 반송률도 같다. 이 처리장에 대한 관계자료는 1차 침전조에서 $BOD_5$ 제거효율 30%, 여과상 직경 = 20 m, 여과상의 깊이 = 1.7 m, 그리고 재순환율 = 1.0일 때 여과상 유출수의 $BOD_5$는?

**풀이**

1단여상의 BOD부하량( $W_1$ )

$$= 200\ \mathrm{g/m^3} \times 7{,}500\ \mathrm{m^3/d} \times 10^{-3}\ \mathrm{kg/g} \times (1-0.3) = 1{,}050\ \mathrm{kg/d}$$

여상의 부피( $V$ ) $= (\pi D^2/4) \cdot H = (3.14 \times 20^2/4) \times 1.7 = 533.8\ \mathrm{m^3}$

재순환계수( $F$ ) $= (1+1)/(1+R/10)^2 = 1.65$

$$E_1(\%) = \frac{100}{1+0.443 \times \sqrt{\dfrac{1{,}050}{533.8 \times 1.65}}} = 67.4\%$$

2단여상의 BOD부하량( $W_2$ ) $= 1{,}050 \times (1-0.674) = 342.3\ \mathrm{kg/d}$

$$E_2(\%) = \frac{100}{1+\dfrac{0.443}{1-0.674} \times \sqrt{\dfrac{342.3}{533.8 \times 1.65}}} = 54.1\%$$

유출수의 BOD $= 200(1-0.3)(1-0.674)(1-0.541) = 20.9\ \mathrm{mg/L}$

---

## 4.4.3 활성슬러지 공법

하수 중에 충분한 산소를 불어넣어 교반시키면 하수 중의 부유물은 점차로 용적이 증가하고 다갈색을 띤 젤라틴 모양의 플록으로 변해간다. 이것은 하수 중에 존재하고 있는 각종 호기성 미생물이 충분한 산소의 공급을 받아 활발하게 수중의 유기물을 먹이로 하여 증식한 결과로 생긴 일종의 호기성 미생물 응집덩어리인데 이것을 활성슬러지라고 한다. 활성슬러지는 산화력과 응집, 흡착력이 매우 강하고, 또한 정치시키면 쉽게 침전하며 그 상징액은 상당히 깨끗하다. 새롭게 활성슬러지를 생성시키려면 상당한 시간이 필요하다. 그러나 생하수량에 대해 적당한 비율로 활성슬러지를 생하수에 첨가하고 충분히 공기를 불어 넣어 활성슬러지와 하수를 충분히 혼합시키면 하수는 단시간에 정화된다. 하수 중에 용해되어 있거나 부유하고 있는 유기물은 첨가된 활성슬러지에 흡착되고, 활성슬러지법의 호기성 미생물에 의해 산화분해 또는 동화되어 무해 안정화되며, 세균류도 미생물에 의해 거의 도태된다. 이러한 반응은 폭기조에서 이루어지는데 생하수에 첨가하는 활성슬러지는 최종 침전지에서 침전 분리된 슬러지의 일부를 폭기조로 반송하여 이용한다. 이것을 반송슬러지라고 하며, 관로에서 빼내어 처리되는 슬러지를 잉여슬러지라고 한다.

활성슬러지는 하수수질의 변동에 상당히 민감하다. 즉 하수농도, 하수의 상태, 영양염류함량, pH, 온도 등이 적절히 유지되지 않으면 활성슬러지는 이상현상을 일으켜 처리효율이 감소된다. 활성슬러지법을 유효적절하게 수행하기 위해서는 유입하수의 수질을 항상 일정하게 감시, 관리, 조정함은 물론 하수와 활성슬러지의 혼합액을 충분히 폭기하여 호기성 상태로 유지하고 혼합액을 교반시켜 활성슬러지를 항상 부유 상태로 유지하면서 하수와 충분히 접촉시켜야 한다. 또한 폭기조의 미생물 농도를 일정하게 유지시키기 위하여 계속해서 필요한 양의 활성슬러지를 폭기조로 반송시킴과 동시에 침전슬러지의 부패를 막기 위해 천천히 잉여슬러지를 배출해야 하는 것 등이 중요하다. 활성슬러지법에는 각종 변법이 있는데 표준 활성슬러지법의 경우 대개 BOD는 85～95%, SS는 80～90%, 세균류는 95～99% 정도 제거된다.

### 1) 기초개념

활성슬러지공법은 1차 처리된 하수의 2차 처리를 위해서 혹은 1차 처리를 거치지 않은 하수를 호기성으로 완전 처리하기 위하여 채택된다. 일반적으로 많이 채택되는 표준활성슬러지법에서는 그림 4.9에서와 같이 하수를 폭기조(aeration tank)로 유입시켜 미생물이 유기물을 섭취 분해하고 성장한 미생물은 응결되게 한다. 응결된 미생물은 최종침전지에서 침전되어

그림 4.9 활성슬러지 폭기조

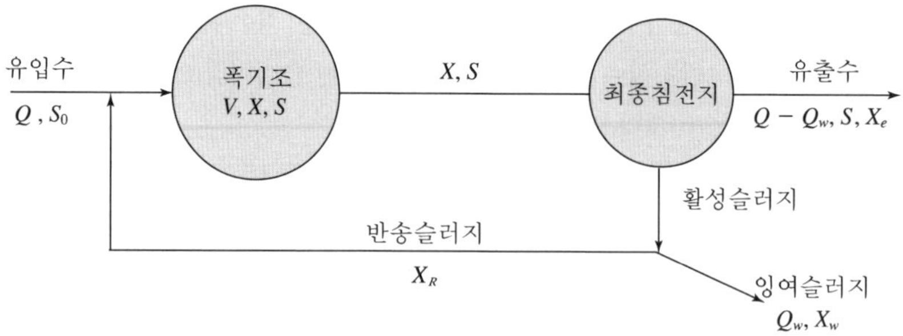


**그림 4.10 표준활성슬러지법의 계통도**

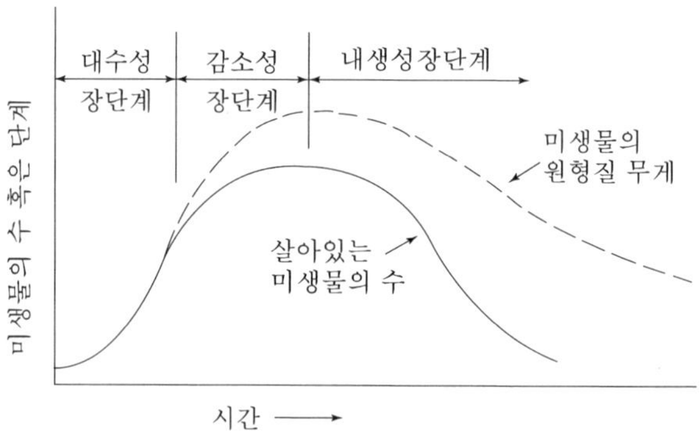


**그림 4.11 회분배양시의 미생물 성장곡선**

활성슬러지(activated sludge)로서 폭기조로 일부 반송되며 일부는 잉여슬러지로서 폐기된다. 최종침전지의 깨끗한 상징액(supernatant)이 처리장의 유출수가 된다(그림 4.10).

이분열법으로 번식하는 미생물을 배양하는 경우의 일반적인 성장곡선은 그림 4.11과 같다. 최초로 배양액에 미생물을 접종시키면 미생물은 분체 번식을 시작하여 미생물의 수가 증가하며 양분이 충분하므로 미생물도 최대의 비율로 번식하게 된다. 이를 대수성장단계(log growth phase)라고 한다. 이런 경우, 영양분은 충분하므로 미생물의 물질대사율은 영양분을 분해할 수 있는 미생물의 능력에 의해 좌우된다. 미생물의 수가 점차로 증가하여 영양분이 모자라게 되면 미생물의 번식률이 사망률과 같게 될 때까지 번식률은 감소하게 되며, 그 결과 살아있는 미생물의 무게보다 미생물 원형질의 전체무게가 더 크게 된다. 이를 감소성장단계(declining growth phase)라고 한다. 내생성장단계(endogenous growth phase)에서는 살아있는 미생물들이 조금밖에 없는 영양분을 두고 서로 경쟁을 하게 되므로 결국 신진대사율은 계속 더 큰 비율로 감소하고 따라서 살아있는 미생물의 수도 크게 감소한다. 그 결과 번식률은 사망률보다 낮아지게 되고 살아있는 미생물들은 그들 자신의 원형질을 분해시켜 에너지를 얻게 되므로 원형질의 전체 무게도 줄어든다. 세포는 늙어서 죽은 후에 용해(lysis)하므로 영양분이 다시 용액 속으로 들어가게 된다. 그러나 4.11에 나타낸 회분 배양시의 미생물 성장곡선은 하수가 연속적으로 흐르는 활성슬러지법에 그대로 적용될 수 없다. 활성슬러지법에서 하수는 계속 폭기조로 주입되고 하수 내의 유기물을 섭취 분해시키는데 알맞은 미생물의 양을 폭기조 내에서 유지하기 위하여 여분의 미생물은 폐슬러지로 계속적으로 또는 간헐적으로 제거된다. 하수 내의 유기물은 폭기조 내에서 미생물에 의하여 섭취 분해될 수 있도록 충분한 기간이 주어져야 한다. 그런 다음 미생물은 최종침전지에서 침전되어 폭기조로 반송되어 하수 내의 유기물을 다시 섭취 분해할 수 있는 기회가 주어진다. 미생물에 의해 섭취되지 않은 유기물이나 최종침전지에서 침전되지 않은 미생물은 유출수에 포함되어 배출되므로 유출수의 질이 저하된다. 미생물에 의한 유기물의 섭취 분해는 미생물의 증가를 초래하므로 영양분의 공급과 폭기조내의 미생물 사이에 평형을 유지하기 위하여 여분의 미생물은 폐슬러지로 제거되는데 이러한 평형을 F/M (food to microorganism)비라고 한다. 폭기조에서 유지되는 F/M비는 활성슬러지 시스템의 운영을 결정한다. 그림 4.12에 나타낸 것처럼 F/M비가 높으면 미생물은 대수성장단계에 있으며 시스템 내의 양분은 과도하게 존재하고 신진대사율은 최대가 된다. 비록 하수 내의 유기물이 최대의 비율로 제거되기 위해서는 대수성장단계가 바람직하지만, 이 경우 미생물은 응집되지 않고 분산되어 성장하므로 침전지에서 잘 침전되지 않는 단점이 있고, 또한 유출수 내에 제거되지 않은 유기물이 많이 존재하게 되므로 결국 높은 F/M비에서 BOD제거효율은 떨어지게 된다.

낮은 F/M비에서는 폭기조 내에서의 전체 물질대사가 내생적이라고 할 수 있다. 이 경우 계속적으로 폭기를 하게 되면 세포의 분해와 재합성에 의한 그리고 원생동물이 박테리아를 잡아먹는 약육강식에 의한 미생물체의 자산화(auto-oxidation)를 초래한다. 비록 내생성장단계에서 미생물의 신진대사율이 비교적 낮다고 하더라도 유기물의 섭취분해는 거의 완전하게 달성되며, 미생물이 빨리 응결되기 때문에 최종침전지에서 쉽게 침전된다. 따라서 높은 BOD 제거율이 요구되는 경우는 활성슬러지 시스템을 이 내생성장단계로 운영하는 것이 좋다. 활성슬러지 공법에서는 살수여상과는 달리 미생물이 용존산소를 함유하는 액체 내에 부유하고 있으므로 진정한 의미에서의 호기성 처리공법이며 폭기조 내에서 항상 호기성 상태가 유지되도록 해야 한다. 그러나 최종침전지에서는 용존산소농도가 아주 낮게 될 수 있다.

활성슬러지공법에 출현하는 우점 미생물로는 Aspidisca, Vorticella, Trachelophyllum, Opercularia, Euplotes 등이 있고, 장기폭기법에서는 Actinophrys, Amoeba (소형), Cyclidium, Monas, Pleuromonas 등의 미생물이 우점종미생물이다. 활성슬러지법에서는 다양한 조건들이 연출되는데, 표준부하 조건에서 출현하는 미생물로는 Amoeba (대형), Amphileptus, Arcella, Aspidisca, Carchesium, Chilodonella, Litonotus, Paramecium, Trithigmostoma, Vorticella, Zoothamnium, Suctoria (흡관충류)와 미생물플록에 고착하는 원생동물이 많이 출현한다. 고부

하 조건에서는 Actinophrys, Amoeba (소형), Cyclidium, Colpidium, Monas, Pleuromonas 등과 소형편모충 및 회전성 유영의 중형섬모충류 등이 출현하며, 극단적인 고부하 조건에서는 Bodo, Monas, Oikomonas, 분산세균 및 소형의 편모충류 등이 출현할 수 있다. 슬러지 일령이 클 때나 저부하 상태에서는 Blepharisma, Centropyxis, Chaetonotus, Colepus, Euglypha, Macrobiotus, Prorodon, Rotaria와 껍질이 있는 원생동물과 후생동물들이 출현하며, 극단적인 저부하 상태에서는 Aeolosoma와 Moina가 출현한다. 용존산소가 부족할 때에는 활성슬러지가 검은 색으로 변하며, 출현하는 미생물로는 Beggiatoa, Metopus, Paramecium, Pleuromonas, Poteriodendron, Spirochaeta와 자유유영형 소형편모충류가 많이 발생하고 소량의 대형섬모충이나 나선균 등도 출현한다. 용존산소가 극단적으로 부족할 때에는 Beggiatoa, Spirochaeta, Tetramitus, Trepomonas 등이 출현한다. 또한 폭기조에서 폭기를 과잉으로 수행하였을 때에는 Amoeba radiosa가 출현하고, 암모니아 농도가 높은 조건에서는 Colepus가 출현하며, 독성물질이 유입되었을 때에는 Aspidisca가 급격히 감소하게 된다.

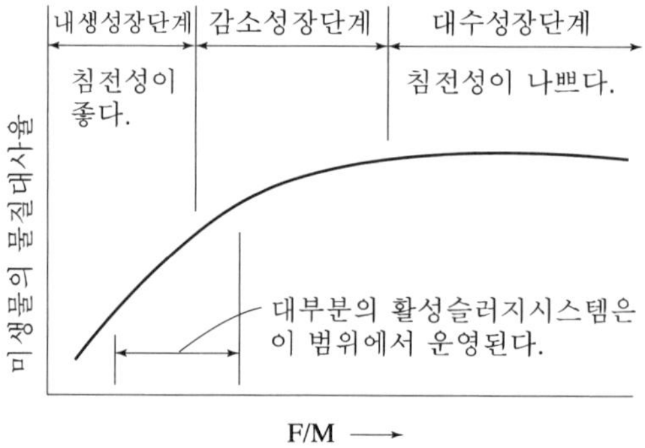


그림 4.12 F/M비와 물질대사율간의 관계

## 2) BOD 용적부하와 폭기시간

도시하수를 처리하는 여러 활성슬러지공법의 일반적인 부하와 운영요소들을 표 4.8에 나타내었다. 폭기조의 BOD용적부하는 오로지 유입수 내의 BOD만을 고려하고 반송슬러지 내의 BOD는 무시한다. BOD용적부하는 표 4.8에 주어진 바와 같이 폭기조 부피 1,000 $m^3$당 하루에 가해지는 BOD의 무게로 혹은 혼합액 부유고형물(MLSS, mixed liquor suspended solids)의 단위무게당 하루에 가해지는 BOD의 무게로 나타내는데 후자를 통상 F/M비라고 하며, 혹은 혼합액 휘발성 부유고형물(MLVSS)을 사용하여 F/Mv로 표현하기도 한다.

폭기시간은 하수가 폭기조 내에 머무는 시간을 뜻하며 하수의 양만을 고려하고 반송슬러지의 양은 고려하지 않는다. 반송비는 원폐수량에 대한 반송슬러지량의 비를 뜻한다. 표 4.8에 나타낸 것과 같이 BOD 용적부하와 폭기시간은 공법에 따라서 큰 변화가 있으며, 이 차이는 폭기조의 크기나 모양 등에 의해 더 크게 된다. 그러나 실질적으로 모든 활성슬러지공법은 그림 4.13에 나타낸 것과 같이 생물학적인 견지에서 비슷하다. 그러나 상대적인 F/M비를 사용하여 여러 가지 활성슬러지 공법을 비교하면 뚜렷한 차이점을 발견할 수 있다.

**표 4.8** 활성슬러지법의 부하와 운영요소

| 방 법 | BOD부하 | | 폭기기간 (hr) | 슬러지반송률 (%) | BOD제거효율 (%) |
|---|---|---|---|---|---|
| | kg BOD/1,000 $m^3$ | kg BOD/kg MLSS-day | | | |
| 고율(완전혼합) | 1670 이상 | 0.5～1.0 | 2.5～3.5 | 100 | 85～90 |
| 계단식 폭기법 | 500～835 | 0.2～0.5 | 5.0～7.0 | 50 | 90～95 |
| 재래식(점감식폭기) | 500～670 | 0.2～0.5 | 6.0～7.5 | 30 | 95 |
| 접촉안정법 | 500～835 | 0.2～0.5 | 6.0～9.0 | 100 | 85～90 |
| 장기폭기법 | 167～500 | 0.05～0.2 | 2.0～3.0 | 100 | 85～95 |

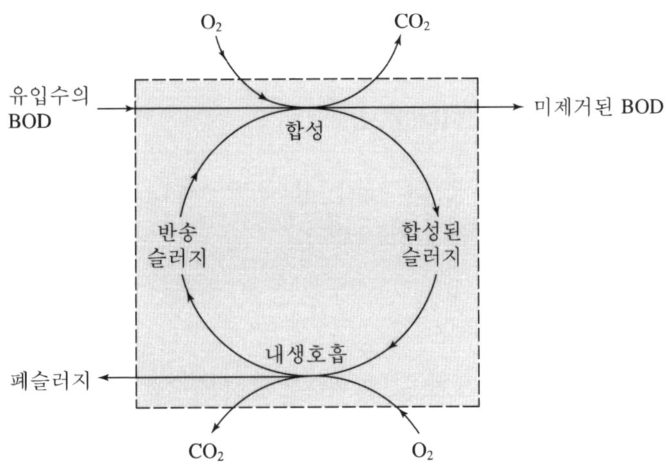


**그림 4.13** 활성슬러지법에서의 일반적인 생물학적 반응

**예제 4.5**

폭기조의 부피가 600 $m^3$인 처리장에 하루에 1,200 $m^3$의 하수가 유입된다. 폭기시간은 얼마인가? (단, 슬러지의 반송은 고려하지 않는다)

**풀이**

$t = V/Q = 600\ m^3/1,200\ m^3/day = 0.5\ day = 12$ 시간

**예제 4.6** 하수처리장 유입수의 평균 BOD는 2,000 mg/L, 유출수의 평균 BOD는 200 mg/L, 평균유량은 2,000 $m^3$/day, MLSS는 2,500 mg/L, 폭기조의 부피는 14,000 $m^3$일 때 BOD 용적부하와 F/M비는 각각 얼마인가?

**풀이**

$$\text{BOD 용적부하} = \frac{\text{BOD} \cdot Q}{V}$$

$$= \frac{2\,(\text{kgBOD/m}^3) \cdot 2{,}000\,(\text{m}^3\text{/day})}{14{,}000\,(\text{m}^3)} = 0.29\ \text{kgBOD/m}^3\text{/일}$$

$$\text{F/M비} = \frac{\text{BOD} \cdot Q}{X \cdot V} = \frac{\text{BOD}}{X \cdot t}$$

$$= \frac{2\,(\text{kgBOD/m}^3) \cdot 2{,}000\,(\text{m}^3\text{/day})}{2.5\,(\text{kgMLSS/m}^3) \cdot 14{,}000\,(\text{m}^3)} = 0.1\ \text{kgBOD/kgMLSS} \cdot \text{일}$$

$$\text{BOD 용적부하} = \frac{\text{1일 BOD 유입량}}{\text{폭기조 용적}} = \frac{\text{BOD} \cdot Q}{V} \tag{4.11}$$

$$\text{F/M 비} = \frac{\text{1일 BOD 유입량}}{\text{MLSS량}} = \frac{\text{BOD} \cdot Q}{X \cdot V} \tag{4.12}$$

여기서, $X$ : 폭기조 내 부유물(MLSS) 농도

슬러지일령(sludge age, SA)은 폭기조 내의 MLSS양을 유입수 내의 SS양으로 나눈 것을 말한다. 이 값을 일반화 할 수 있는 근거는 없다.

$$\text{슬러지일령(일)} = \frac{X \cdot V}{\text{SS} \cdot Q} \tag{4.13}$$

따라서 물질수지식으로부터 유도된 값인 미생물평균체류시간 또는 고형물체류시간(SRT, solids retention time)을 슬러지일령을 대체하여 사용하고 있다. 그림 4.10에서 미생물 질량에 대하여 물질수지식을 세우면 "축적 = 유입 − 유출 + 순성장"이 될 것이다. 이것을 기호로 표시하면 다음 식과 같다.

$$\frac{dX}{dt}V = QX_0 - [(Q - Q_w)X_e - Q_w X_R] + r_g V \tag{4.14 a}$$

유입수 내 미생물 농도를 무시하고 정상상태$(dX/dt = 0)$로 가정하면 다음과 같이 간단히 된다.

$$\frac{(Q-Q_w)X_e + Q_w X_R}{VX} = -Y\frac{r_{su}}{X} - k_d = \frac{1}{\mu} \tag{4.14 b}$$

좌측항의 역수는 다음과 같이 고형물체류시간(SRT)으로 정의된다.

$$\mathrm{SRT} = \frac{VX}{(Q-Q_w)X_e + Q_w X_R} \fallingdotseq \frac{VX}{X_R Q_w} \tag{4.14 c}$$

여기서, $X$ : 폭기조 내의 부유물(MLSS) 농도(mg/L)

$V$ : 폭기조의 용적($m^3$)

$Q$ : 유입수의 유량($m^3$/day)

$X_R$ : 반송슬러지의 MLSS 농도(mg/L)

$Q_w$ : 잉여슬러지의 유량($m^3$/day)

$Q$ : 유입하수의 유량($m^3$/day)

$X_e$ : 유출수 내의 SS 농도(mg/L)

$X_0$ : 유입수 내의 SS 농도(mg/L)

$k_d$ : 내생분해계수

$r_g$ : 미생물 성장률

$r_{su}$ : 기질 이용률

$Y$ : 최대성장계수

통상 $X_e$ 값은 대단히 낮으므로, 식 (4.14)에서 무시될 수 있다.

표준활성슬러지공법에서의 MLSS농도는 1,500~3,000 mg/L 정도이며 고율활성슬러지 공법에서는 4,000~5,000 mg/L가 된다.

---

**예제 4.7**

하수의 생물학적 처리에 활성슬러지법을 사용하는 하수처리장 내 폭기조 용적 2,800 $m^3$, 폭기조 내 MLSS 3,600 mg/L, 유입하수량 140 $m^3$/day, 반송슬러지를 포함하여 폭기조로 유입하는 SS농도가 12,000 mg/L, 잉여슬러지량이 50 $m^3$/day일 때 슬러지 일령(SA)과 고형물 체류시간(SRT)는 각각 얼마인가?

**풀이**

$$\mathrm{SA} = \frac{X \cdot V}{X_0 \cdot Q} = \frac{3.6\,(\mathrm{kgMLSS/m^3}) \cdot 2{,}800\,(\mathrm{m^3})}{12\,(\mathrm{kg/m^3}) \cdot 140\,(\mathrm{m^3/day})} = 6\text{일}$$

$$\mathrm{SRT} = \frac{X \cdot V}{X_R \cdot Q_w} = \frac{3.6\,(\mathrm{kgMLSS/m^3}) \cdot 2{,}800\,(\mathrm{m^3})}{12\,(\mathrm{kg/m^3}) \cdot 50\,(\mathrm{m^3/day})} = 16.8\text{일}$$

### 3) 산소전달과 공기요구량

활성슬러지공법에서는 산기관을 이용하여 혹은 터빈이나 패들 등의 기계를 사용하여 미생물이 요구하는 산소를 공급한다. 산소는 하수 내에 용해되고 미생물은 용존산소를 이용하게 된다. 미생물에 의한 용존산소이용률 $r$ 은 밀폐된 용기에 혼합액(mixed liquor)을 채워서 시간에 따른 용존산소의 감소율을 측정함으로써 구할 수 있는데, 표준 또는 고율활성슬러지 공법에서는 30～100 mg/L-hr 정도이다. 물론 $r$ 은 F/M비, 혼합상태, 온도, 그리고 미생물의 유기물 분해능력 등에 의해 결정된다. 정상상태(steady state)에서는 용존산소로의 산소전달률 $dO/dt$ 가 미생물에 의한 용존산소 이용률 $r$ 과 같게 된다. 용존산소의 농도가 어떤 한계치 이상으로 되면 호기성 미생물의 물질대사율이 용존산소농도와는 무관하며, 이 한계치 이하가 되면 호흡에 필요한 산소의 부족으로 그 효율이 저하하게 된다. 활성슬러지공법의 종류와 하수의 특성에 따라서 최저 용존산소농도는 0.2～2.0 mg/L 범위에서 변하는데 통상 0.5 mg/L정도이다. 폭기조에서 미생물의 성장과 하수의 혼합을 위해 요구되는 공기량은 활성슬러지공법의 종류, BOD부하율, 그리고 폭기장치의 산소전달효율에 의해서 결정되며, 최대 BOD부하에서도 용존산소농도가 호기성 물질대사에 필요한 최소치 이하가 되지 않도록 충분히 공급되어야 한다. 산소전달률(oxygen transfer rate)은 공급된 산소에 대한 용존된 산소의 비를 말하는데, 보통 1～10% 정도이며 기계식 및 산기식 폭기를 함께 사용하는 고율 폭기조에서는 10%를 넘을 수도 있다.

**표 4.9** 폭기장치에 따른 산소전달률 비교

| 종 류 | 산소전달률(%) |
|---|---|
| 미세기포 산기관(바닥설치형) | 20～32 |
| 미세기포 산기관(측벽설치형) | 11～15 |
| 제트폭기기(미세기포) | 22～27 |
| 고정식 폭기기 | 12～14 |
| 표면폭기기 | 2.5～3.5 |

미국의 10개주 기준에 따르면 산기식 폭기의 경우 최소한 다음과 같이 공기공급이 이루어져야 한다.

① 표준식, 계단식, 접촉안정식인 경우 : BOD 부하 1 kg 당 95 $m^3$의 공기
② 고율 활성슬러지공법인 경우 : BOD 부하 1 kg 당 25～95 $m^3$의 공기
③ 장기폭기법인 경우 : BOD 부하 1 kg 당 125 $m^3$의 공기

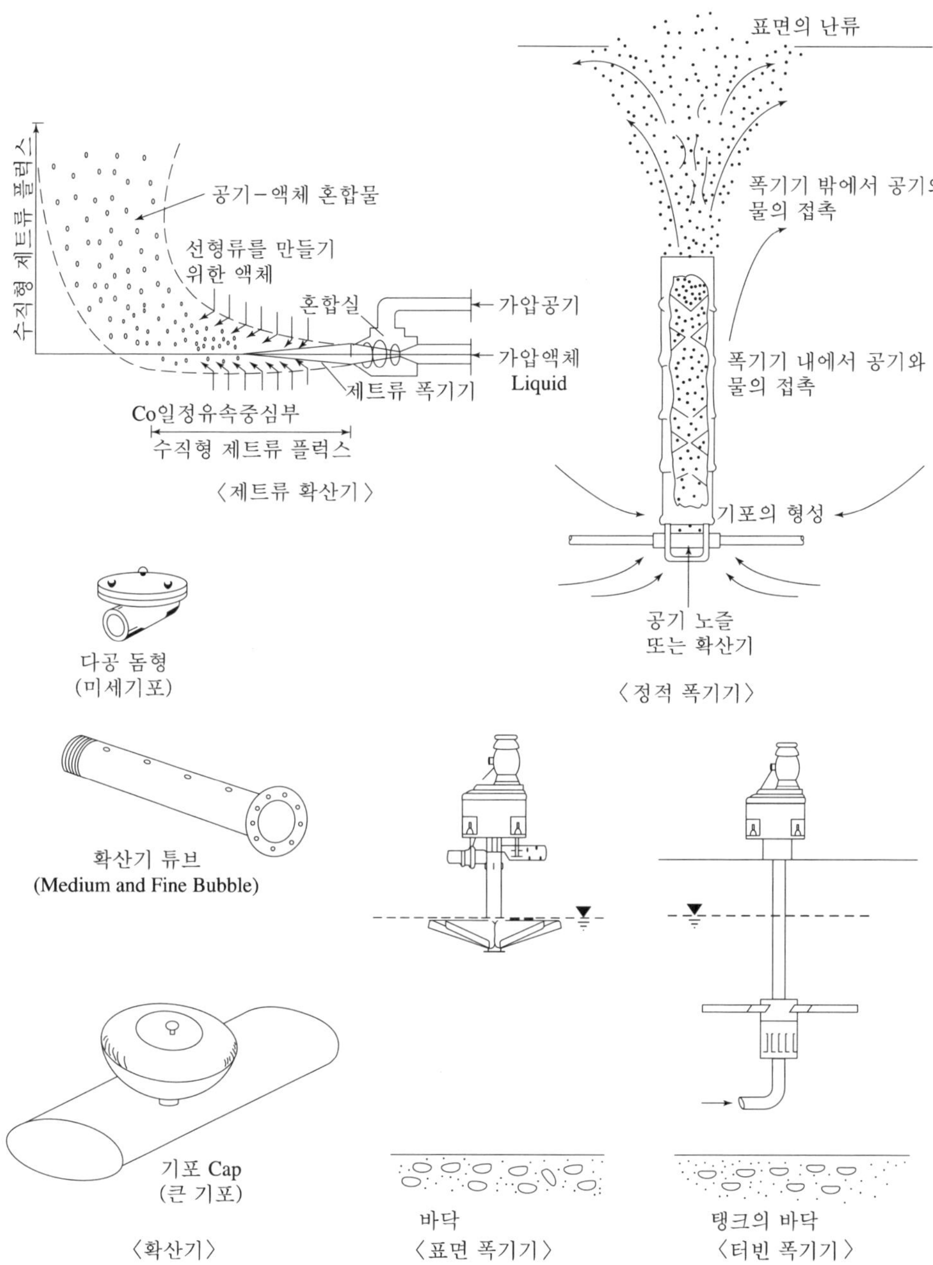


**그림 4.14 폭기기의 종류**

위의 요구는 폭기기가 BOD 부하 1 kg당 혼합액(mixed liquor)에 최소한도 1 kg의 산소를 전달할 수 있다는 가정 하에 결정된 것이다. 어떠한 경우에도 폭기기는 혼합액의 용존산소농도를 항상 2.0 mg/L 이상 유지시키면서 혼합액을 충분히 혼합시킬 수 있어야 한다. 폭기조에서의 공기공급은 미생물에 의한 탄소성 BOD (CBOD)의 제거, 질산화(NBOD의 제거), 내생호흡 등이 충분하도록 실시되어야 하는데 통상 질산화와 내생호흡에 필요한 산소량은 탄소성 BOD 제거에 필요한 산소량에 비하여 매우 적기 때문에 이 양을 무시하면 탄소성 유기물의 제거를 위해 요구되는 이론적인 산소량은 다음의 식 (4.15)로 구할 수 있다.

$$R_0 = Q(S_0 - S) - 1.42\,P_x \tag{4.15}$$

여기서, $R_0$ : 총산소요구량(g $O_2$/day)

$Q$ : 하수량($m^3$/day)

$S_0$ : 하수의 BODu 농도(mg/L)

$S$ : 처리수의 BODu농도(mg/L)

$P_x$ : 폐슬러지량(g/day)

## 4) 운영과 통제

활성슬러지 처리공정의 운영은 폭기조에 공급되는 공기의 양, 활성슬러지의 반송비, 잉여슬러지의 양을 조절함으로써 통제할 수 있다. 활성슬러지 시스템의 운영을 확인하기 위해서는 혼합액의 용존산소농도, 유입수 및 유출수의 BOD, 폭기조 내의 MLSS의 농도와 침전가능성 등을 시험해야 한다. 슬러지 부피지수(SVI, sludge volume index)는 부피를 mL로 나타낸 값으로 식 (4.16)을 사용하여 계산할 수 있다.

$$\mathrm{SVI} = \text{침전 후의 슬러지부피}(\mathrm{SV})(\mathrm{mL/L}) \times \frac{1000}{X(\mathrm{mg/L})} \tag{4.16}$$

슬러지 부피(SV, sludge volume)는 1 L의 혼합액을 임호프콘(Imhoff cone)이나 눈금이 있는 실린더에 넣어서 30분간 침전시킨 후 침전된 부유물이 차지하는 부피를 말한다. 따라서 SVI는 활성슬러지의 침전가능성을 나타내는 값으로 슬러지 벌킹(sludge bulking) 여부를 확인한다. 슬러지의 벌킹(팽화)은 폭기조 내의 용존산소농도, pH, BOD 부하율 등이 정상적인 미생물의 성장에 부적합하여 사상성(filamentous) 미생물이 많이 번식하거나, 혹은 미생물이 분산성장단계에 있기 때문에 침전지에서 쉽게 침전되지 않는 것을 말한다. 그림 4.15는 SVI에 따른 슬러지 반송률을, 그림 4.16은 SRT에 따르는 산소소요량을 나타내고 있다.

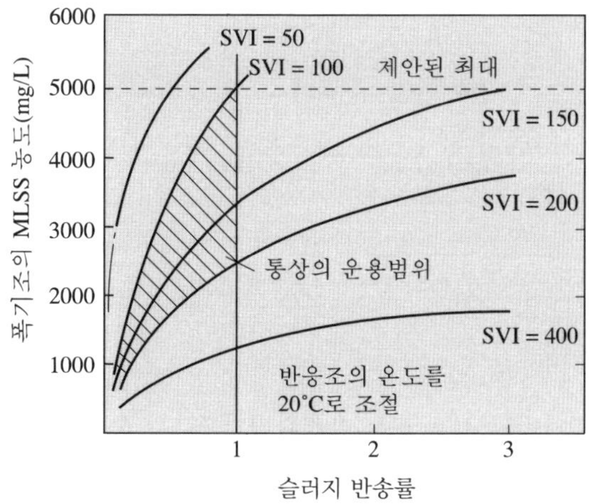


그림 4.15 SVI에 따르는 슬러지 반송률

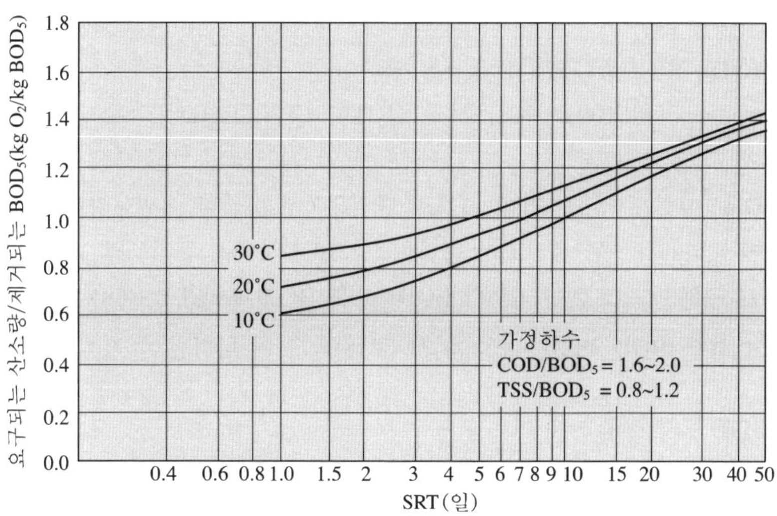


그림 4.16 SRT에 따른 산소소요량

---

**예제 4.8**

500 mL의 폭기조 혼합액을 30분간 침전시킨 결과 슬러지가 135 mL이었다. 폭기조의 MLSS가 1,625 mg/L이면 SV(%)와 SVI는 각각 얼마인가?

**풀이**

$$SV(\%) = \frac{30\text{분 침전 후 슬러지 부피 (mL)}}{\text{처음 혼합액의 부피 (mL)}} \times 100$$

$$= \frac{135\ \text{mL}}{500\ \text{mL}} \times 100\% = 27\%$$

$$SVI = \frac{SV(mL/L)}{X(mg/L)} \times 1{,}000$$

$$SVI = \frac{SV(\%)}{X(mg/L)} \times 10{,}000 = \frac{27\%}{1{,}625\ mg/L} \times 10{,}000 = 166$$

## 5) 운용지표

### (1) BOD부하

BOD부하는 활성슬러지법의 설계 또는 운전관리지표로서 중요하다. BOD부하가 너무 크면 BOD제거율이 감소하고 양호한 처리수를 얻을 수 없다. 또한, BOD부하에 따라 활성슬러지의 침강성이 달라진다. BOD부하에는 BOD-SS부하(BOD-슬러지 부하)와 BOD용적부하 등이 있다. BOD-SS부하는 단위시간에 단위슬러지량에 공급되는 유기물량을 의미하는 것으로서 다음 식으로 나타낸다.

$$\begin{aligned} &\text{BOD}-\text{SS부하(kgBOD/kgSS/일)} \\ &= \frac{\text{1일 BOD 유입량}}{XV} = \frac{\text{BOD} \cdot Q}{XV} = \frac{\text{BOD}}{X \cdot t} \end{aligned} \tag{4.17}$$

또한 BOD용적부하는 단위시간에 폭기조 단위용적에 공급된 유기물량을 의미하므로 식 (4.11)과 같이 나타낸다. 즉, 폭기조의 단위용적당 BOD부하는 폭기조의 MLSS와 BOD-SS부하의 곱으로 구해진다. 또한 처리수의 BOD농도를 $BOD_e$ (mg/L), BOD 제거율을 $r$, 폭기시간을 $t$라고 하면, BOD-SS부하는 다음 식 (4.18)과 같이 나타낼 수 있다.

$$\text{BOD}-\text{SS부하} = \frac{1}{1-r} \cdot \frac{1}{t} \cdot \frac{\text{BOD}_e}{X} \tag{4.18}$$

BOD-SS 부하는 처리수의 수질과 방류지점의 상황에 따라 정해야 한다.

### (2) 슬러지 지수

슬러지 지수는 슬러지의 침강성을 나타내며 슬러지 부피지수(SVI, sludge volume index)와, 슬러지 밀도지수(SDI, sludge density index)가 있다. SVI는 폭기조 내의 혼합액을 30분간 정치한 경우에 침강한 1 g의 활성슬러지가 차지하는 용적을 mL로 나타낸 것으로 다음 식과 같다.

$$SVI = \frac{V_{30}}{V_t \cdot X} = \frac{SV(mL/L) \cdot 10^3}{X} = \frac{SV(\%) \cdot 10^4}{X} \tag{4.19}$$

여기서, SV(%) : 활성슬러지 30분간 침전율(%)

$V_{30}$ : 활성슬러지 30분간 침전부피(mL)

$V_t$ : 침강실린더 총부피(L)

SV(mL/L) : 활성슬러지 30분간 침전율(mL/L)

또한 SDI는 폭기조 내의 혼합액을 30분간 정치한 경우에 침전슬러지량 100 mL 중에 포함된 활성슬러지 부유물을 건조중량(g)으로 나타낸 것으로 다음식과 같다.

$$\mathrm{SDI} = \frac{X}{\mathrm{SV(mL/L)} \cdot 10} = \frac{X}{\mathrm{SV(\%)} \cdot 100} \tag{4.20}$$

따라서,

$$\mathrm{SDI} = \frac{100}{\mathrm{SVI}} \tag{4.21}$$

정상적인 활성슬러지의 SVI는 일반적으로 80～120의 범위이며, 운전관리상 120 이하로 되는 것이 바람직하다. 그러나 SVI는 유입하수의 BOD, 폭기시간, BOD-SS 부하, 수온 등에 의해 영향을 받으므로 SVI가 커진 경우에도 충분히 대처할 수 있도록 설계해 두어야 한다.

### (3) 슬러지 반송비

슬러지 반송비는 유입하수량에 대한 반송슬러지량을 백분율로 나타낸 것으로서 이것은 SVI 및 폭기조의 MLSS 농도 $X$와 밀접한 관계가 있다. 슬러지반송비를 $R$, 반송슬러지의 평균부유물 농도를 $X_R$ (mg/L)이라고 하면 $R$, $X_R$, $X$ 사이에는

$$R = \frac{X}{X_R - X} \quad \text{또는} \quad X = X_R \cdot \frac{R}{1+R} \tag{4.22}$$

이 된다. 이 식으로부터 슬러지의 침강성을 고려한 슬러지 반송비를 구할 수 있고, $X$(MLSS)를 정하면 이에 따라 이론적인 슬러지 반송비를 결정할 수 있다. 폭기조의 최종 침전지의 설계 시에는 위 식을 만족시키도록 해야 한다.

---

**예제 4.9**

폭기조 크기가 10,000 $m^3$, 유입하수의 BOD와 SS는 200 mg/L이다. 2차 침전지의 침전된 슬러지의 농도가 0.8%일 때 유입수량이 50,000 $m^3$/day이다. 폭기조 내 MLSS농도를 2,000 mg/L로 하기 위해서는 슬러지 반송률을 얼마로 해야 하는가?

**풀이**

$$\text{슬러지반송비} = \frac{\text{폭기조 MLSS농도} - \text{유입수 SS농도}}{\text{반송슬러지 SS농도} - \text{폭기조 MLSS농도}}$$

$$= \frac{2{,}000 - 200}{8{,}000 - 2{,}000} = 0.3$$

∴ 슬러지반송율은 30%

### (4) 슬러지 일령

슬러지 일령은 폭기조 내 혼합액의 평균부유물 농도와 폭기조 유입하수의 부유물 농도와의 관계를 나타낸 것으로서 다음 식으로 나타낸다.

$$\text{슬러지일령} = \frac{X \cdot V}{SS \cdot Q}\ (\text{일}) \tag{4.23}$$

여기서, SS : 유입하수 중의 부유물 농도(mg/L)

이 값은 유입하수 1일당 총 부유물 중량에 대한 혼합액 중의 총부유물 중량비이며, 또한 부유물 1개 입자가 폭기를 받고 있는 평균시간이라고도 한다. 슬러지일령은 또한 BOD-SS 부하, 유입하수의 SS농도, 유입하수의 BOD 농도와의 사이에는 다음의 식 (4.24)로 나타낼 수 있다.

$$\text{슬러지일령} = \frac{\text{BOD}}{\text{BOD-SS 부하} \cdot \text{SS}} \tag{4.24}$$

### (5) 폭기시간

폭기는 활성슬러지법의 기본이며, 따라서 폭기시간은 처리효율에 커다란 영향을 준다. 폭기시간이 짧으면 슬러지 플록은 가볍게 되고 침전하기 어렵게 된다. 또한 너무 길게 되면 슬러지 플록이 파괴되어 처리효율이 나빠지게 된다. 폭기시간은 계획하수량으로 정하는데 일반적으로 반송슬러지량은 고려하지 않는다. 즉,

$$t = \frac{V}{Q} \tag{4.25}$$

또한 식 (4.17)로부터

$$t = \frac{\text{BOD}}{X \cdot \text{BOD-SS 부하}} \tag{4.26}$$

이 된다.

## (6) 처리방식

활성슬러지법에는 표준법 이외에도 여러 가지 변법이 있으며 BOD-SS부하, 방류수질, 유지관리의 난이, 시설의 규모, 주위의 환경조건, 경제성 등을 고려하여 처리방식을 결정해야 한다.

### ① 표준활성슬러지법

그림 4.17에 표준활성슬러지법의 처리흐름도를 나타내었다. 최종침전지에서 침전된 슬러지의 일부는 폭기조로 반송되어 유입하수와 함께 폭기조로 유입되고 일정시간 폭기되어 최종침전지로 간다. 최종침전지의 상징액은 살균 후 하천으로 방류되고 침전슬러지의 일부는 다시 폭기조로 반송된다. 이 방식은 매우 뛰어난 방법이지만 토지면적을 많이 필요로 하고 조작관리가 복잡하다. 표 4.10에 일반적인 조작조건을 나타내었다.

일반적으로 폭기조의 유입부와 유출부에서는 BOD-SS 부하와 생물상이 다른데 혼합액의 산소소비량은 유출부에 가까울수록 작아지게 된다. 그러므로 폭기조 내 혼합액의 산소소비량에 대응하여 송기량을 조정하고 점차로 유출부로 갈수록 작게 하는 방식이 고안되었는데, 이것을 점감식 폭기(tapered aeration)라고 한다(그림 4.18).

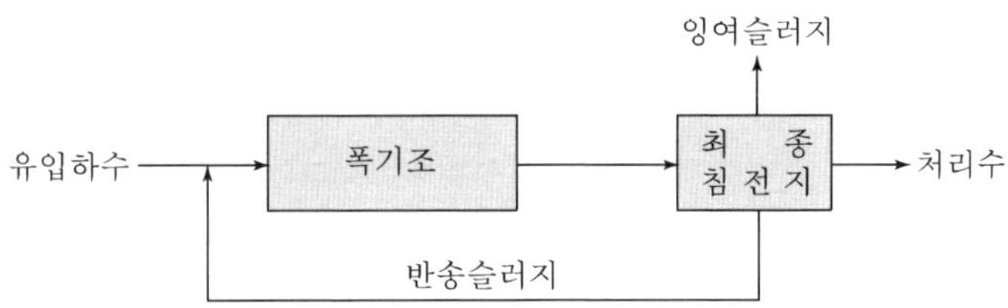


그림 4.17 표준활성슬러지법의 흐름도

표 4.10 각종 활성슬러지변법의 조작조건

| 조작조건 / 처리방식 | BOD부하 | | 폭기조 혼합액 부유물질 농도 [MLSS] (mg/L) | 슬러지 일령 (일) | 송기량 (배하수량) | 폭기 시간 (시간) | 슬러지 반송비 (%) |
|---|---|---|---|---|---|---|---|
| | BOD-SS 부하 (kg/SSkg/일) | BOD용적 부하 (kg/m$^3$/일) | | | | | |
| 표준활성슬러지법 | 0.2～0.4 | 0.3～0.8 | 1,500～2,000 | 2～4 | 3～7 | 6～8 | 20～30 |
| 계단폭기법 | 0.2～0.4 | 0.4～1.4 | 2,000～3,000 | 2～4 | 3～7 | 4～6 | 20～30 |
| 접촉안정화법 | 0.2 | 0.8～1.4 | 2,000～8,000 | 5 | 12 이상 | 5 이상 | 50～100 |
| 장기포기법 | 0.03～0.05 | 0.15～0.25 | 3,000～6,000 | 15～30 | 15 이상 | 16～24 | 50～150 |
| 개량포기법 | 1.5～3.0 | 0.6～2.5 | 400～800 | 0.3～0.5 | 2～4 | 1.5～2.5 | 5～10 |
| 고속폭기침전지 | 0.2～0.4 | 0.6～2.4 | 3,000～6,000 | 2～4 | 5～8 | 2～3 | 50～150 |
| 산화구법 | 0.03～0.05 | 0.1～0.2 | 3,000～4,000 | 15～30 | | 24～48 | 50～150 |

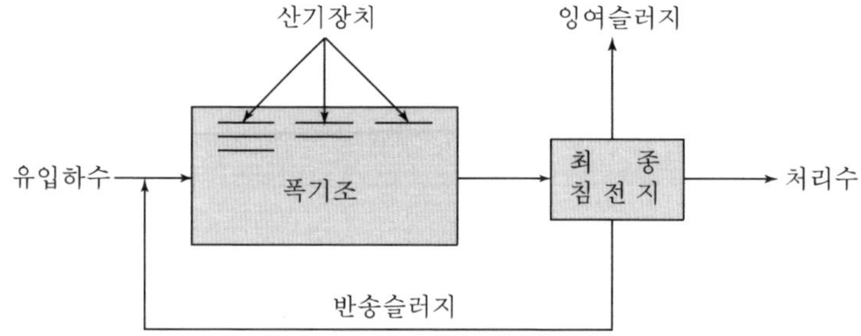


그림 4.18 점감폭기법의 흐름도

② 계단폭기법(step aeration)

그림 4.19에 나타낸 것과 같이 반송슬러지 전량을 유입단에서 폭기조로 유입시키고 하수는 폭기조의 전 길이에 걸쳐 몇 개소(일반적으로 3~4개소)에서 유입시키는 방법이다. 본 공법의 조작조건을 표 4.10에 나타내었다. 본 공법은 폭기조 내 혼합물의 산소이용량이 상당히 균일하게 되고 부하의 변동에 대해서도 쉽게 대처할 수 있다. 또한 본 공법은 표준활성슬러지법의 BOD-SS 부하와 같은 값으로 운전되는데 BOD 용적부하가 현저하게 크게 되어 일정한 BOD량을 제거하는데 필요한 폭기조의 용적을 줄일 수 있다.

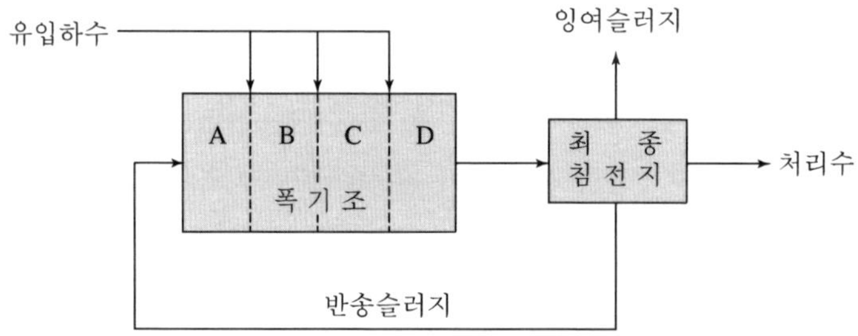


그림 4.19 계단식 폭기법의 흐름도

③ 접촉안정화법(contact stabilization)

활성슬러지는 유기물(BOD)과 활성슬러지 미생물(MLSS)과의 비를 적당히 유지하면 응집, 흡착, 플록 형성능력이 현저히 높아진다. 본 공법은 그림 4.20에 나타낸 것과 같이 이러한 능력이 높은 활성슬러지와 하수를 혼합조 내에서 30~60분간 폭기시키는 방법으로서 생물흡착법이라고도 한다. 단, 이 경우 활성슬러지의 농도를 충분히 높여서 혼합해야 한다. 혼합조 내에서 다량의 유기물을 흡착한 활성슬러지는 안정화조에서 수시간 폭기하면 응집 흡착력과 플록 형성 능력이 강한 활성슬러지가 얻어진다. 이 방식의 조작 조건을 표 4.10에 나타내었다.

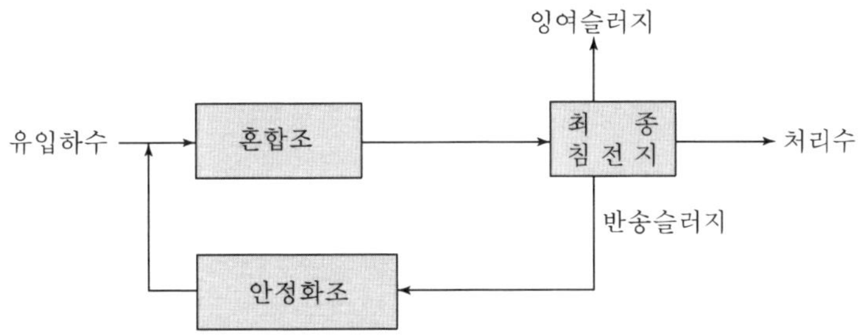


**그림 4.20** 접촉안정화법의 흐름도

④ 장기폭기법

본 공법의 흐름도는 표준활성슬러지법과 같다. 본 공법은 잉여슬러지량을 감소시키기 위해서 고안된 방식으로 BOD-SS 부하를 아주 낮게 하고, 장시간 폭기를 함으로써 폭기조의 활성슬러지를 가능한 한 영양부족 상태로 하여 잉여슬러지의 생성을 적극적으로 제한하는 방법이다. 이 결과 한 번 형성된 슬러지의 플록은 분해하므로 처리수의 수질은 상당히 좋아진다. 이 방식의 조작조건을 표 4.10에 나타내었다.

⑤ 개량폭기법

본 공법의 흐름도는 표준 활성슬러지법과 같다. 본 공법은 폭기시간을 짧게 하고, 혼합액의 슬러지 농도를 낮게 하여 수행하는 방법이다. 필요로 하는 공기량은 적게 되는데 슬러지의 플록 형성이 나빠져 BOD 제거율은 저하하게 된다. 조작조건을 표 4.10에 나타내었다. 본 공법은 일반적으로 저농도 하수나 수량이 현저하게 증대하고 있는 하수의 처리에 이용된다.

⑥ 산화구법(oxidation ditch)

본 공법은 장기 폭기법과 원리적으로는 동일한데, 그림 4.21에 나타낸 것과 같이 형식은 다르며, 깊이 1 m 정도의 도랑(ditch)을 환상으로 설치하여 하수를 순환시키며 처리하는 방법이다. 로터(rotor)의 회전에 의해 폭기는 표면으로부터 공기 중의 산소를 얻을 수 있도록 해주며, 동시에 하수에 흐름을 준다. 이 때 유속은 산화구 바닥의 슬러지가 침전하지 않도록 40 cm/s 이상으로 해야 한다. 수심은 로터의 구조에 따라 정해진다. 본 공법은 광대한 부지를 필요로 하고, 냄새, 거품형성 등에 특히 유의할 필요가 있다. 표 4.10에 조작 조건을 나타내었다.

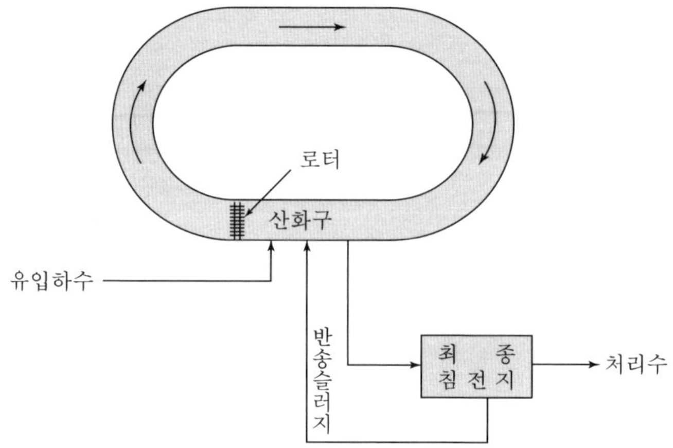


그림 4.21 산화구의 흐름도

⑦ 고속폭기침전지

이것은 폭기조와 최종 침전지를 일체로 한 것이다. 슬러지 반송은 자연적으로 이루어지며, 하수와 활성슬러지의 혼합액은 폭기부와 침전부의 두 부분을 연속적으로 순환하여 흐르고, 처리수는 침전부의 상부로부터 월류한다. 그림 4.22에 장치의 개요를 나타내었다. 본 공법은 조 내의 BOD-SS 부하가 거의 일정하며 폭기시간을 단축할 수 있는데 단락류(short-circuiting)와 교반에 문제가 있다. 순환량과 반송슬러지량의 조절을 위해 폭기부 상부로부터 침전부로 가는 곳에 혼합액의 유량을 조절할 수 있는 장치를 설치해야 한다. 또한, 폭기부에는 폭기설비를 설치한다. 침전부의 상부에서 폭기부까지의 부분은 슬러지가 원활하게 소통되어 막히지 않는 구조로 해야 한다.

슬러지 배출관은 잉여슬러지를 배출하여 장치 내의 슬러지량을 적당하게 유지할 필요가 있으므로 타이머에 의해 자동적으로 슬러지를 배출할 수 있도록 한다. 폭기부의 체류시간은 2～2.5시간으로 한다. 또한 수면적 부하는 30～40 $m^3/m^2$/일로 하는 것이 좋다. 폭기 설비에는 산기장치만 있는 경우와 산기장치와 교반장치를 병용하는 경우가 있다. 송기량은 전자의 경우 계획하수량 1 $m^3$에 대해 5～8배, 후자의 경우는 2～4배를 표준으로 한다. 교반기의 회전수는 20～50 rpm 정도가 좋다. 기타 조작조건을 표 4.10에 나타내었다.

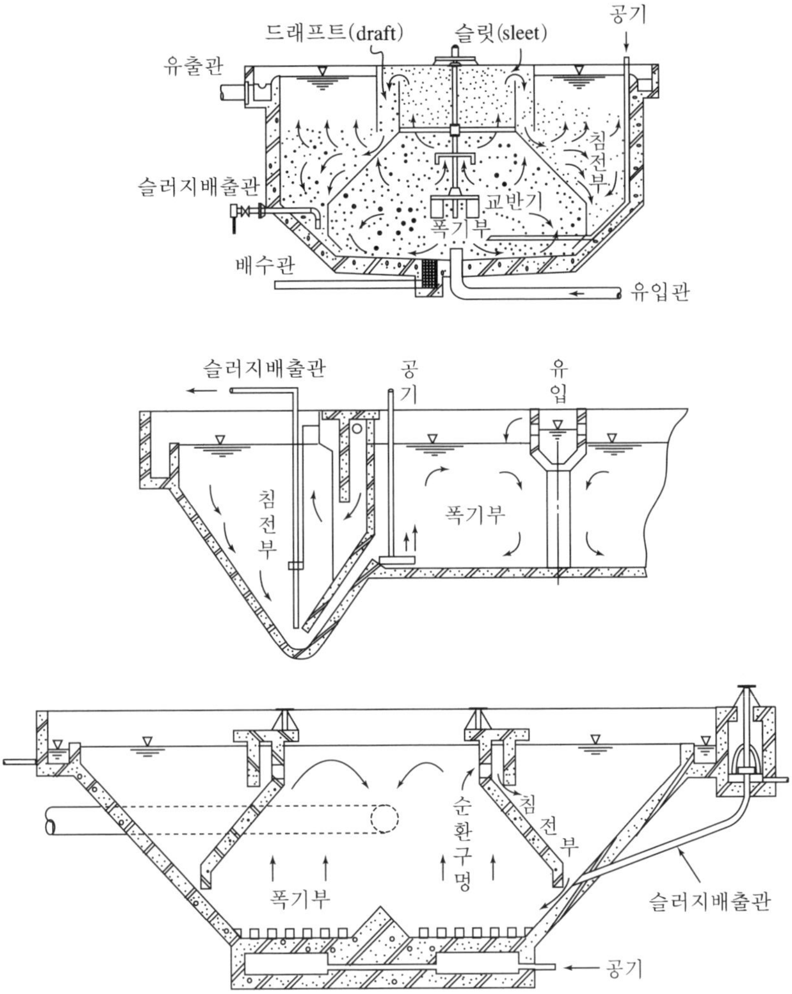


**그림 4.22 고속폭기침전지**

## (7) 폭기조

폭기방식에는 산기식과 기계교반식이 있다.

### ① 산기식

이것은 송풍기(blower)로부터 보내진 공기를 폭기조 내에 설치한 산기장치에서 미세한 기포를 수중에 분출시켜 기포의 상승에 따라 하수와 활성슬러지를 혼합함과 동시에, 활성슬러지 미생물에 산소를 공급하는 방식이다. 폭기조의 용량은 계획 1일 최대오수량을 기준으로 하며, 폭기시간 또는 BOD－SS 부하로부터 결정한다. 폭기조의 형상은 정방형 또는 장방형으로 하고 유로의 폭은 수심의 1～2배로 한다. 유효수심은 4～6 m를

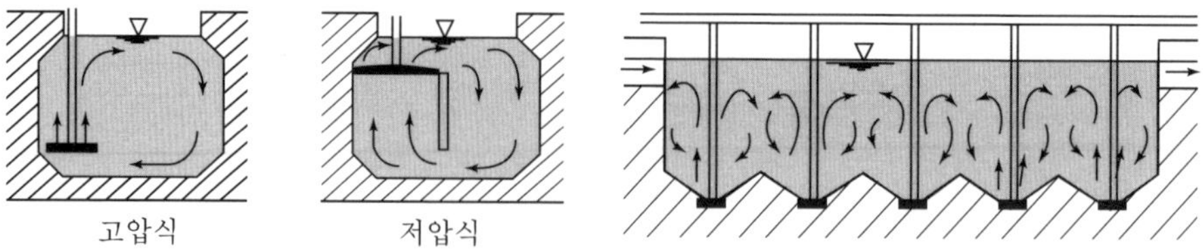


**그림 4.23 폭기방식**

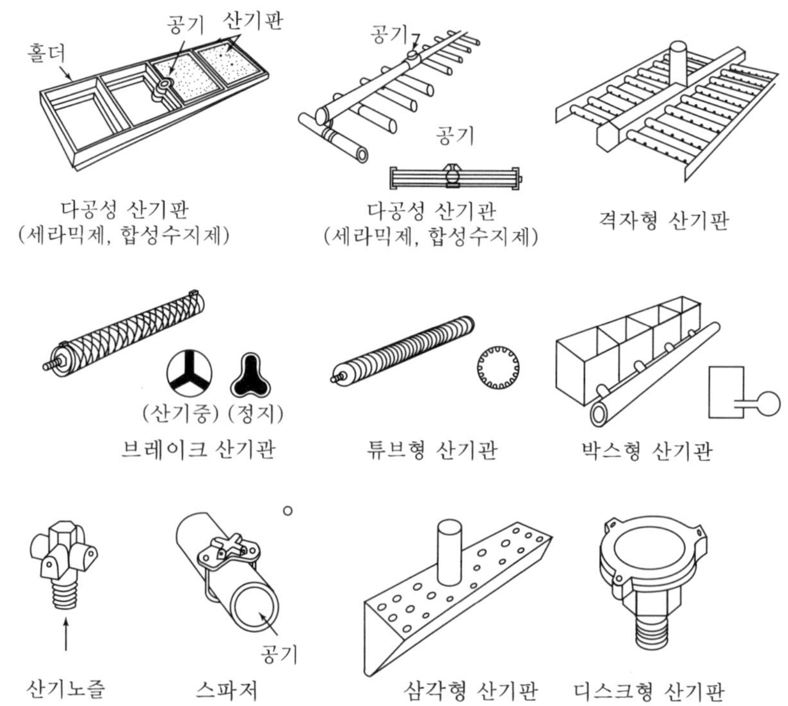


**그림 4.24 산기장치**

표준으로 한다. 폭기방식에는 폭기조 형상과 산기장치의 배치에 의해 그림 4.23에 나타낸 것과 같이 선회류식과 만곡도랑식이 있다. 선회류식에는 고압식과 저압식이 있다. 선회류식은 폭기조 바닥을 편평하게 하고, 폭기조의 길이방향의 한쪽에 산기장치를 설치한 것이다. 고압식은 산기장치가 바닥부근에 있는 것을 말하며, 수면아래 80 cm 전후에 있는 것을 저압식이라고 한다. 저압식은 송기압을 저감시킬 수 있는 반면에 송기량은 고압식의 몇 배가 필요하다. 만곡도랑식은 흐름의 방향에 직각으로, 일정 간격별로 바닥을 만곡형으로 하고, 곡부에 산기장치를 설치한 것이다. 폭이 좁은 폭기조에는 적합한 방법이지만 그다지 적용되지는 않는다. 산기장치로서 산기판, 산기관, 산기노즐 등이 있다. 모두 내구성, 내산성, 내알칼리성의 재질을 사용하며, 눈막힘이 없이 균일하게 공기를 분출하도록 해야 한다. 그림 4.24에 각종 산기장치를 나타내었다. 기타 부대 설비로서 하수량과 반송슬러지량의 계량설비, 송기관, 송풍기, 반송슬러지 펌프, 소포장치 등이 있다.

② 기계교반식

이것은 폭기조의 수면을 터빈날개, 또는 수차 등으로 교반하고, 하수를 비산시켜 폭기함과 동시에 선회류를 일으켜 하수와 활성슬러지를 혼합하는 것이다.

회전축에 따라 종축회전식과 횡축회전식이 있다. 종축회전식에는 그림 4.25에 나타낸 것과 같이 수직원통을 가지는 경우와 가지지 않는 경우가 있다. 장방형의 조를 한 변의 길이가 6.5～10 m인 정방형으로 분할하고, 각 정방형의 중심부에 교반기를 설치한다. 수직원통을 가지는 경우는 내경 75～90 cm의 원통과 원통 위에 부착되어 있는 회전날개로 구성되어 있는데, 회전날개를 고속으로 회전시키면 원통 바닥으로부터 하수가 원통 내부를 통해 상승하게 된다. 원통은 폭기조 바닥으로부터 15～20 cm 이상 떨어져 설치한다.

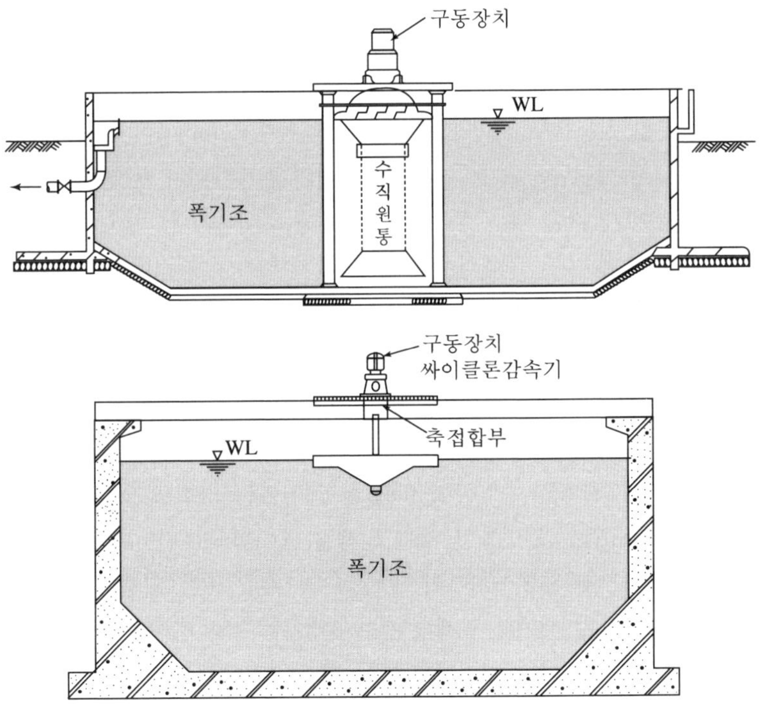


그림 4.25 종축회전식 폭기장치

수직원통을 갖지 않은 경우는 회전날개를 수면아래 0.6～1.2 m 정도의 깊이에 담가 고속회전시킨다. 그리고 회전날개의 회전방향을 서로 반대로 한다. 횡축 회전식은 폭기조의 수심이 얕은 경우에 이용되며, 교반기의 종류에 따라 로터식과 패들식이 있다. 폭기조 수심은 패들식에서는 1.2～1.6 m, 로터식에서는 이보다 다소 크게 하고, 폭은 수심의 1～1.2배 정도로 한다. 수로 도중의 여러 곳에 로터 또는 패들을 수로에 직각으로 설치하는데, 이것들의 회전에 의해 수류가 생기며, 하수는 여러 번 수로를 순환하면서 유출된다. 수로 내의 유속은 45～60 cm/sec 이상으로 하고, 패들식은 필요에 따라 수로의 도중에 20～50 m마다 저류벽을 설치한다. 로터의 회전반경은 0.5～0.7 m 이상, 회전수는 60～120 rpm 정도를 표준으로 하고, 변속장치를 설치한다. 패들의 날개는 4～8매로 하고, 직경은 폭기조 수심의 2배, 폭은 수로폭의 0.6배 정도, 수심의 약 30배 간격마다 설치한다. 또한, 패들의 회전수는 15～30 rpm, 날개 1매당 면적은 유수면적의 약 1/10로 한다.

③ 활성슬러지의 이상 현상

가. 팽화(벌킹, bulking) : 활성슬러지의 SVI가 현저히 증가하여 응집성을 잃고, 침전이 곤란하게 되는 현상을 활성슬러지의 팽화(벌킹)라고 한다. 슬러지 팽화는 조내의 유기물 부하가 과잉으로 되었을 때, 또는 조에서 용존산소가 부족할 때나 최종 침전지의 운전불량시에 발생한다. 슬러지벌킹이 발생되면 슬러지플록의 침전성과 압축성이 결여되어 침전지 효율이 감소된다. 추가적인 발생원인으로는 폭기조 내 F/M비가 클 때 충분한 산소를 공급하지 못하면 사상균(주로 fungi)이 과다성장하게 된다. 이에 대한 대책으로는 농도가 높은 탈수시설의 탈수액이나 농축조와 혐기성소화조의 상징수를 부하가 작을 때 유입시켜 F/M비를 조절하거나, 반송슬러지에 염소, 과산화수소, 고분자폴리머, 소석회, 활성탄 등을 투입하여 개선할 수 있다. 또 다른 발생원인으로는 처리장 유입수에 공장폐수가 유입되어 영양소가 부족한 경우나 유기물을 많이 포함하는 경우 분해속도가 매우 커서 DO 결핍현상 발생하여 fungi가 과다성장하여 발생하게 되는데, 이에 대한 대책으로는 공장폐수 유입원을 조사하여 유입을 금지시키고, 폭기조 내 용존산소를 증가시켜 2 mg/L 정도 유지되도록 하거나, 반송 슬러지에 염소를 주입하여 fungi를 제거하는 방법도 있다. 이외에 pH, 온도, 유입수질 및 유입수량 변동이 많이 발생할 때 팽화가 일어날 수 있는데 이때에는 유량조정조나 저류조를 설치하여 방지할 수 있다. 또한 최종침전지의 반송 슬러지 공급능력이 부족할 때에도 발생되는데 이때에는 반송펌프의 용량을 증대시키면 되고, 폭기조에 단락류가 생기거나 혼합이 잘 안 되는 경우에도 벌킹이 발생되는데 이에 대한 대책으로는 폭기기(aerator)의 상태를 점검하거나 폭기조의 구조적 검토가

면밀히 필요하다. 그 밖의 대책으로는 팽화슬러지 전량을 폐기한 후 새로운 활성슬러지로 교체하거나 염소 등을 살수하거나 반송슬러지에 10～20 mg/L 염소를 주입하여 일시적인 효과를 얻을 수 있고, 석회, 소화슬러지, 규조토 등과 같은 슬러지 중량개량제를 주입하여 SVI를 200 이하로 감소시키는 방법도 있다.

나. 부상(rising) : 최종침전지에서 침전된 슬러지가 침전지 바닥으로부터 수면에 떠오르는 상태를 슬러지부상이라고 하는데, 폭기조에 과잉의 폭기와 고형물체류시간(SRT) 증가에 따라 질산화가 발생하게 되고, 최종침전지에서 탈질산화가 일어나 $N_2$ 가스가 발생하여 이것이 슬러지에 부착하여 슬러지와 함께 부상한다. 이에 대한 대책으로는 질산화가 일어나지 않도록 폭기량을 감소시키거나 반송슬러지량을 증가시키는 방법이 있다. 또 다른 부상의 원인으로는 최종침전지 슬러지를 제대로 배출되지 않을 경우 혐기성분해가 일어나 $CO_2$ 가스가 발생하여 이것이 슬러지에 부착하여 슬러지와 함께 부상하게 되는데 폐슬러지량을 증가시켜 미생물 체류시간을 단축시키는 방법이 있다.

다. 해체(pin floc) : 활성슬러지 플록이 파괴되어 미세한 입자형태로 되고 분산상태가 되어 SVI가 낮음에도 불구하고, 침전성이 나쁘며 처리수의 투시도도 극단적으로 저하하는 현상을 해체라고 한다. 이것은 폭기의 과잉, 미생물의 이상번식, 유해물질의 유입 등에 의해 일어난다. 또한 해수의 혼입에 의해 해체와 같은 현상을 보이는 경우가 있다. F/M비가 극히 낮아 플록이 해체되면 반송슬러지량을 조정하거나 폭기량을 감소시키면 되고, 미소한 아메바 등의 이상증식이 발생되는 경우에는 F/M비가 높은 경우에 발생되므로 반송슬러지량을 증가시키거나 공기량을 증가시켜 해체를 방지하고, 펌프 등의 과도한 교반으로 플록이 파괴되거나 다량의 해수가 유입되거나 독극물이 유입될 때도 해체될 수 있으므로 이에 대한 적절한 대책을 수립하여야 한다.

### 4.4.4 회전원판법

#### 1) 원리

회전원판법은 1960년대에 독일에서 개발되었는데, 자연계에서 미생물군을 주체로 한 자정작용을 공학적으로 이용하는 생물학적 수처리법으로서 생물막법인 살수여상과 유사한 원리를 가지고 있다. 그러나 살수여상법이 부착 생물막을 고정하여 대량의 오수를 상부로부터 이동시키는 것에 대해 회전원판법은 하수를 반정치시켜 미생물을 가볍고 견고한 원판체에 부착생육시키며 하수상에서 부력을 가진 원판체를 회전 접촉시킨다. 그 원리를 나타낸 것이 그림 4.26

이다. 장치는 중심축에 고정된 다수의 가볍고 견고하며 얇은 원판이 부착된 원통상의 접촉반응조, 구동장치 등으로 이루어져 있다.

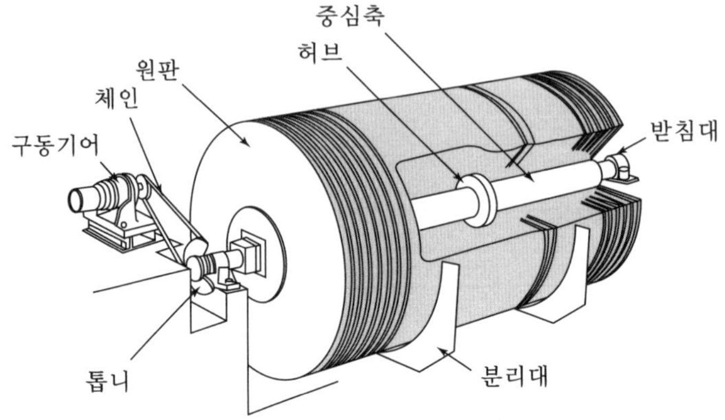


그림 4.26 회전원판법

원판표면적의 약 40%를 오수 중에 침적시켜 구동장치에 의해 저속회전시킨다. 원판체는 하수와 공기에 교대로 접촉하여 하수 중에서는 오염물질을 흡수하고, 공기 중에서는 미생물이 필요로 하는 산소가 투입되어 생물분해가 이루어진다. 원판체의 회전에 의해 접촉조 내의 교반이나 조 내의 DO도 증가한다. 생물막의 두께는 원수의 농도나 기질에 따라 달라지는데 0.1 ~5.0 mm 정도이며 원판체의 외측으로부터 그림 4.27의 (b) 단면에 나타낸 것과 같이 부착액막, 호기성 생물막, 혐기성 생물막으로 구성된다. 활성이 쇠약해진 미생물군은 원판 회전전단력에 의해 탈리된다. 원판법의 기본형은 그림 4.27(a)와 같이 축에 직각류이며 일반적으로 원판 주변속도는 18 m/분 이하로 저속 회전시킨다.

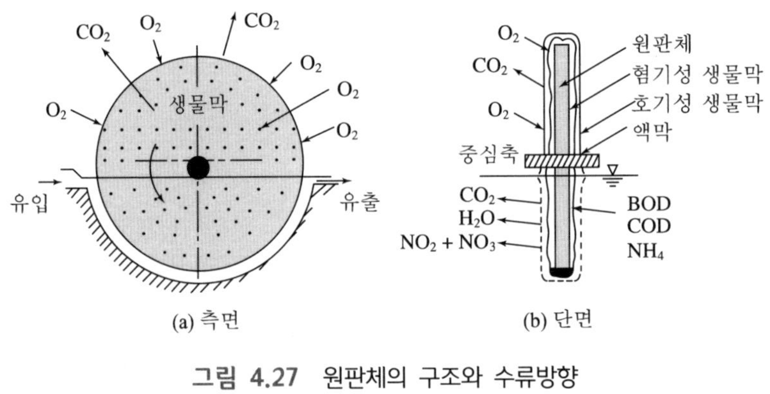


그림 4.27 원판체의 구조와 수류방향

## 2) 특징

회전원판법의 특징을 열거하면 다음과 같다.

① 미생물군이 필요로 하는 산소량은 원판이 공중에 있을 때 대기 중으로부터 섭취하므로 접촉반응조에서의 폭기는 불필요하며 슬러지를 반송할 필요도 없어 동력운전비는 표준 활성슬러지법에 비해 적게 소요된다. 표 4.11은 원판단위면적당 처리수량과 전력소비량을 나타낸 것이다. 이 표에서 수리학적 부하가 50 L/$m^2$/일인 경우는 활성슬러지법과 같은 전력소비량이 되지만 수리학적 부하가 증가할수록 전력소비량이 작아져, 예를 들면 100 L/$m^2$/일의 2차 처리부분을 비교하면 활성슬러지법의 절반정도가 되고, 총 전력소비량에서는 약 40%가 감소한다. 또한 가장 가벼운 폴리스틸렌을 원판으로 사용하는 경우에는 소비전력이 더욱 감소한다.

② 유지관리가 쉽고 고도의 운전관리기술을 요하지 않는다. 활성슬러지법과 같이 폭기조 내에서의 MLSS나 산기량의 조절이 필요 없고, 슬러지 팽화(bulking) 현상도 생기지 않는다. 복잡한 기계장치도 적으며, 일상적인 정비도 구동장치의 정기적인 관리정도이고, 관리면에서는 원판체상의 균체관찰로 처리상태를 파악할 수 있다.

**표 4.11** 활성슬러지법과 소비전력량의 비교예

| 수리학적 부하 | 회전원판법 | 활성슬러지법 |
|---|---|---|
| (L/$m^2$ · 일) | 원판동력(kw · 시/$m^3$) | kw · 시/$m^3$ |
| 2차 처리부분만의 비교 | | |
| 50 | 0.144 | 0.143 |
| 80 | 0.090 | 0.143 |
| 100 | 0.072 | 0.143 |
| 150 | 0.048 | 0.143 |
| 총소비전력량의 비교 | | |
| 50 | 0.249 | 0.260 |
| 80 | 0.195 | 0.260 |
| 100 | 0.177 | 0.260 |
| 150 | 0.153 | 0.260 |

③ 단시간의 접촉반응시간으로 높은 정화율을 얻으며 부하변동에도 강하다. 그리고 원판표면에 부착 생육하는 미생물량이 많다. F/M비가 0.05～0.1로서 표준활성슬러지법의 0.2～0.5에 비해 몇 분의 1밖에 안되고 짧은 시간에 정화가 가능하고 다단이 될수록 부하변동에 강하다.

④ 슬러지 발생량이 적다. 생물막법에서는 미생물의 먹이연쇄가 길고 슬러지 발생량은 표준활성슬러지법의 1/2 정도이다. 도시하수에 대한 BOD 제거율과 슬러지 발생량의 관계는 그림 4.28과 같다.

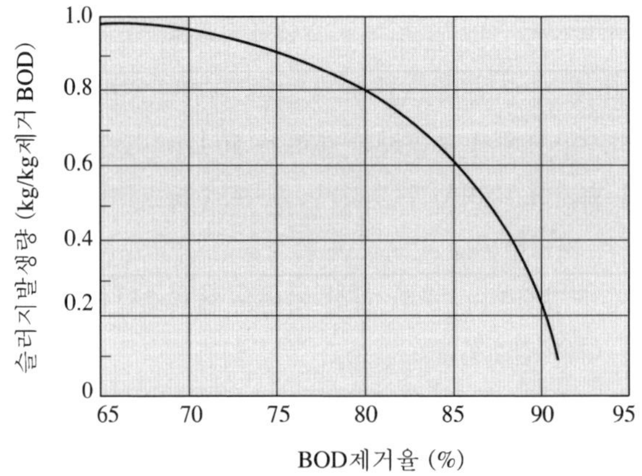


**그림 4.28** BOD제거율과 슬러지 발생률

⑤ 원수 수질은 고농도에서 저농도까지 광범위한 처리가 가능하다. BOD가 30 mg/L가 되면 질산화가 쉽게 진행되고, 후단에 완전침수 원판체를 설치하여 탈질을 수행할 수 있다. 또한 소화법으로서 혐기성 메탄발효를 하게 되면 고농도에서 저농도까지 단시간에 처리가 가능하며 도시하수에 대해서도 적용할 수 있다.

⑥ 벌레, 악취, 거품, 여상폐색, 소음 등의 2차 공해가 발생하지 않는다.

⑦ 이미 설치된 활성슬러지법의 2차 처리시설의 부가시설로서 이용하면 추가적인 고도 처리가 가능하다. 특히, 질산화와 탈질에 유효하다. 또한 이미 설치된 1차 침전지, 폭기조, 최종침전지 등에 본 방법을 병용할 수 있다.

⑧ 인의 제거는 원판접촉조 내에 황산알루미늄을 첨가하여 8% 이상 제거가 가능하다. 본법은 슬러지 반송이 불필요하므로 최종침전지에 응집제를 첨가하여 콜로이드성 SS나 인을 제거할 수 있다. 원판체에 얇은 철판을 부착하여 인을 제거할 수도 있다.

⑨ 슬러지 반송이 필요없고, 발생량이 적기 때문에 드럼필터나 기타 스크린을 사용하여 최초, 최종침전지를 설치하지 않을 수 있다.

⑩ 원판체 주변부에 공기받이를 한 공기구동식, 또는 오수받이를 부착한 낙차이용 수차방식 등에서는 기계구동식보다 더욱 낮은 동력으로 처리가 가능하다.

이상과 같은 회전원판법의 여러 가지 특징을 각 항목별로 활성슬러지법과 비교하면 표 4.12와 같다.

**표 4.12** 회전원판법과 활성슬러지법의 비교

| 비교항목 \ 공법 | 회전원판법 | 활성슬러지법 |
|---|---|---|
| 산소공급방식 | 원판표면 및 자유수면으로부터 공급, 소요동력이 작다. | 기포, 기계폭기에 의한 강제공급, 소요동력이 크다. |
| 미생물 증식형식 | 고정생물막 형식 | 부유현탁 형식 |
| 생물상의 성상 | 생물상은 다양하며 먹이연쇄가 길다. | 생물상은 단순하며 먹이연쇄가 짧다. |
| 발생슬러지의 성상 | 슬러지량은 적으나 슬러지 농도는 높아서 처리가 쉽다. | 슬러지량은 생물처리 중 최대, 고액분리처리가 어렵다. |
| 유입수농도의 적용범위 | 유입수의 농도범위가 크다. | 유입농도에 상하한이 있으며 범위가 좁다. |
| 처리수질 | 고액분리가 불량한 경우에도 양호하다. | 고액분리가 양호한 경우에만 양호한 수질을 얻는다. |
| 수량·수질변동의 대응성 | 생물량이 많고 생물상도 다양하기 때문에 변동에 강하다. | 고액분리, 슬러지성상에 영향을 받으며 변동에 약하다. |
| N·P의 제거능력 | 질산화는 매우 쉬우며 탈질, 탈인도 가능하다. | N·P의 제거는 극히 적다. |
| MLSS의 조정 | 조정을 필요로 하지 않으며 슬러지반송이 불필요하다. | 조정을 요하며 슬러지반송이 필요하다. |
| 설비증설, 능력향상 | 설비증설, 능력향상 모두 쉽다. | 증설, 향상 모두 쉽지 않다. |
| 냄새, 소음의 발생 | 혐기성이 되지 않으면 냄새가 없으며 소음도 없다. | 냄새·거품이 발생하고 소음은 상대적으로 크다. |

**예제 4.10**

어느 도시의 하수량이 1일 400 m$^3$, BOD 200 mg/L인 것을 배출하고 있다. 이 하수를 BOD 표면적 부하 5 g/m$^2$·day로 회전원판법으로 처리하고자 한다. 필요한 회전원판의 총면적(m$^2$)과 수리학적 부하(m$^3$/m$^2$·day)를 구하시오.

**풀이**

BOD 표면적 부하(g BOD/m$^2$·day)

$$= \frac{\text{BOD 농도}(\text{g/m}^3) \times \text{유입하수량}(\text{m}^3/\text{day})}{\text{원판 표면적}(\text{m}^2)} = \frac{\text{BOD} \cdot Q}{A}$$

$$A = \frac{\text{BOD} \cdot Q}{\text{BOD 표면적 부하}} = \frac{200\,\text{g/m}^3 \times 400\,\text{m}^3/\text{day}}{5\,\text{g/m}^2 \cdot \text{day}} = 16{,}000\,\text{m}^2$$

수리학적 부하(m$^3$/m$^2$·day)

$$= \frac{\text{유입하수량}(\text{m}^3/\text{day})}{\text{원판면적}(\text{m}^2)} = \frac{400\,\text{m}^3/\text{day}}{16{,}000\text{m}^2} = 0.025\,\text{m}^3/\text{m}^2 \cdot \text{day}$$

### 4.4.5 최종침전지

최종침전지의 목적은 생물학적 처리의 결과로 발생한 슬러지를 침전 제거하고 깨끗한 처리수를 얻는 것이다. 여기서는 최초 침전지와 다른 점만을 기술하기로 한다.

침전시간은 계획 1일 최대하수량에 대해서 2.5시간 정도로 한다. 수면적 부하는 20～30 $m^3/m^2$/일 정도를 표준으로 한다. 유출설비는 월류위어로 하고, 특히 장방형지에서는 트로프 등을 설치하면 좋다. 침전슬러지는 유기물이 주성분인데, 가볍고 유출하기 쉬우므로 월류부하율은 150 $m^3$/m/일 정도로 가능한 한 작게 하여 침전슬러지의 부상, 유출을 제한하는 것이 중요하다. 특히 활성슬러지의 경우에는 이러한 고려가 필요하다.

## 4.5 소독

최종침전지로부터 유출된 처리수는 수역에 방류시키기 전에 방류수 수질기준에 따라 소독시킨다. 하수는 인체 안에서 여러 가지 질병을 일으킬 수 있는 각종 바이러스나 박테리아를 함유하고 있기 때문에 최근 들어 방류수의 소독은 매우 중요한 하수처리 공정 중의 하나가 되었다. 하수처리장에 유입된 하수 중의 매우 작은 크기의 미생물은 침전공정에 의해 완전제거가 불가능하다. 따라서 이렇게 작은 크기의 수중 병원성 미생물을 불활성화시키는 공정이 필요한데 이를 소독(disinfection)이라 한다. 수인성 전염병을 야기할 수 있는 병원성 미생물은 적절한 소독 공정에 의해 제거되어야만 하는데, 일반적으로 소독은 잠재적으로 인체에 해로운 미생물을 불활성화시키는 것을 말한다. 원생동물, 바이러스, 세균 순으로 강하므로, 원생동물에 대한 안전성을 평가하면 대체로 나머지에 대한 안전성은 확보될 수 있다.

과거에 하수처리장 처리수의 소독은 주로 염소, 오존, 이산화염소, 차아염소산나트륨 등을 적용하였지만 소독부산물의 영향과 처리수 내 소독약품이 공공수역에 방류되었을 때 생태계에 미치는 영향을 고려하여 현재에는 자외선 조사법이 많이 쓰이고 있다.

### 4.5.1 염소

소독에는 주로 액체염소가 이용되며, 이외에 긴급용으로서 염소화합물(차아염소산나트륨 또는 표백분)을 이용하는 경우가 있다. 염소와 처리수의 혼합을 촉진하기 위해서 접촉조를 설치하고, 염소를 접촉조 입구부에 주입한다. 접촉시간은 염소주입 후 접촉조와 방류관거를 합쳐서 15분 이상으로 하는 것이 좋다. 염소주입률은 대장균군수가 1,000～3,000개/mL 이하가 되도록 정한다. 염소는 처리수중의 유기물이나 환원성 무기물에 의해서도 소비되며, 주입된 염소가 모두 세균에 대해서 쓰이는 것은 아니다. 표 4.13에 일반적인 표준으로서 각종 하수의 소독에 필요한 염소주입률을 나타내었다. 이 주입률에 의하면 잔류염소는 0.2～1.0 ppm 이상, 대장균군은 99.9% 제거된다고 한다. 기타에 대해서는 상수도 편에서 언급하였다.

**표 4.13 염소주입률**

| 하수의 종류 | 주입률(ppm) |
|---|---|
| 생하수 | 6～12 |
| 부패생하수 | 12～25 |
| 최초침전지 유출수 | 5～10 |
| 살수여상 처리수 | 3～10 |
| 활성슬러지 처리수 | 2～8 |

염소는 가장 널리 사용되고 있는 소독제로서 소독력이 강하고 잔류성이 뛰어나며 가격이 저렴한 반면, 잔류염소농도가 감소하면 종속영양세균이 유기탄소 등의 영양물질을 이용하여 재성장을 할 수 있다. 미생물의 재성장을 방지하기 위해 과잉의 염소를 주입하면 수중의 용존 유기물질과 염소가 반응하여 발암물질인 THMs (trihalomethanes) 및 기타 소독 부산물을 생성한다.

염소소독의 장점은 ① 가스, 액체, 분말의 형태로서 쉽게 이용이 가능하고, ② 다른 소독제에 비해 가격이 저렴하고, ③ 비교적 용해도(7,000 mg/L)가 높아 쉽게 적용이 가능하고, ④ 잔류성이 있으며 인체에 무해하고, ⑤ 산화력이 강해 대부분의 미생물에 강한 독성을 나타내 미생물의 대사활동을 정지시킬 수 있다. 반면 염소소독의 단점으로는 독성가스이므로 취급 및 저장에 주의해야만 한다. 기체상태의 염소는 20℃, 1기압 하에서 7,160 mg/L 정도 용해하며, 암모니아가 존재하지 않을 때 수중에 염소를 주입하면 빠르게 가수분해되어 차아염소산(HOCl)과 차아염소산이온($OCl^-$)이 형성되며, 이들을 유리염소 또는 유리잔류염소라 부른다. HOCl과 $OCl^-$의 상대적인 농도는 pH에 따라 달라진다. 즉 25℃, pH 7.5에서 HOCl과 $OCl^-$은 거의 동등한 농도로 존재한다. 반면 pH 5 이하에서는 HOCl이 주로 존재하고, pH 9.0 이상에서는 유리잔류염소의 약 95% 정도가 $OCl^-$로 존재한다. pH 11이나 12에서 HOCl은 거의 모두 $OCl^-$로 된다. pH가 증가하면 $OCl^-$의 상대적인 양이 증가하는데 $OCl^-$의 소독효과가 HOCl의 1/80～1/100인 점을 고려한다면 높은 pH에서는 염소소독이 제 효능을 발휘하지 못하게 된다. 결론적으로 가장 효과적인 염소소독을 위해서는 산성 하에서 소독이 이루어져야 한다. 암모니아 존재 시 유리염소는 클로라민이라는 결합잔류염소를 생성하며, 3종류의 클로라민이 생성된다.

결합잔류염소는 유리잔류염소에 비해 소독력은 약 25배 정도 약하나, 안정하고 잔류성이 뛰어나며 THM을 최소화할 수 있는 장점이 있어 많이 이용되고 있는 추세이다. 통상 염소소독과 관련하여 소독능을 가지는 유리잔류염소(free chlorine)이라 함은 $Cl_2(aq)$, HOCl, $OCl^-$를 합한 것을 가리키며, 암모니아와 반응하여 생성되는 클로라민(chloramines)인 $NH_2Cl$과 $NHCl_2$를 결합잔류염소(combined chlorine)라 부른다. 이들은 모두 소독력을 가지나 표 4.14와 같이 그 소독력에는 형태별로 큰 차이를 보이고 있다.

**표 4.14 잔류염소의 형태별 소독성능 비교**

| 형 태 | 화학식 | HOCl 대비 소독성능 |
|---|---|---|
| 차아염소산(hypochlorous acid) | HOCl | 1 |
| 차아염소산이온(hypochlorite) | $OCl^-$ | 1/100~1/80 |
| 모노클로라민(monochloramine) | $NH_2Cl$ | 1/150 |
| 디클로라민(dichloramine) | $NHCl_2$ | 1/80 |

클로라민은 1차 소독제라기보다 2차 오염을 방지하기 위한 소독제로서 염소와 암모니아성 질소를 반응시켜 얻은 모노클로라민을 주입하는 방법이다. 모노클로라민의 생성은 염소주입량과 암모니아의 비, pH와 밀접한 관계가 있으며, 일반적으로 염소주입량이 암모니아에 비해 5배일 때까지와 pH 8.5 이상에서 주로 생성된다. 클로라민 공정은 암모니아와 염소를 어떻게 주입하는가에 따라,

① 별도의 공정에서 고농도의 염소와 암모니아 주입(preformed chloramine)
② 염소와 암모니아의 동시 주입(concurrent addition)
③ 염소 주입 후 암모니아 주입(postammoniation)
④ 암모니아 주입 후 염소주입(preammoniation)

으로 나눌 수 있다.

클로라민 소독제의 이용은 THMs와 같은 유해소독부산물의 생성을 최소화할 수 있을 뿐만 아니라 유리염소에 비하여 잔류성이 뛰어나 일정 잔류농도를 지속적으로 유지시킬 수 있다. 수중에 포함되어 있는 암모니아의 양에 따라 최대점까지 증가하다 이후 잔류염소량은 감소되어 0에 가깝게 된다. 염소 주입량을 계속 증가시키면 이 후에는 그 증가량에 비례하여 유리잔류염소가 증가하게 된다. 유리잔류염소가 검출되기 시작하는 점을 불연속점이라고 하며, 이 점을 지나 유리잔류염소가 검출되도록 염소를 주입하는 방법을 불연속점 염소처리(breakpoint chlorination)라고 한다. 불연속점까지의 염소 주입량은 수중에 철, 망간, 박테리아 등의 염소

소비물질이 존재하지 않을 경우 $NH_3$-N 1 mg당 7.6 mg의 염소($Cl_2$)가 소요되나, 현실적으로 약 10 mg의 염소가 요구된다.

과잉염소처리를 행한 경우 처리수에 다량의 잔류염소가 존재하면 냄새가 발생함으로 이를 제거하기 위해서는 탈염소처리를 해야만 한다. 탈염소처리에는 활성탄, 아황산가스, 아황산나트륨에 의한 방법이 있다. 아황산가스에 의한 방법은 아황산가스를 수중에 주입하여 다음 반응식과 같이 탈염소하는 것을 말한다.

$$Cl_2 + SO_2 + 2H_2O \rightarrow H_2SO_4 + 2HCl$$

하수의 염소소독은 방류수역의 수질한계를 고려하여 살균만을 위한 염소소독이 바람직하다. 염소처리시 발생하는 THM의 위해성, 환경에 미치는 2차적 독성, 수생생물에 대한 영향 등으로 인하여 염소소독에 대한 재검토 작업이 활발히 전개되고 있으며, 2003년부터 하수종말처리장의 방류수 수질기준에 대장균수를 신설하여 염소소독 이외에 자외선소독, 이산화염소소독에 대한 연구가 활발히 진행되고 있으며, 현장 적용도 많은 실정이다.

이산화염소($ClO_2$, chlorine dioxide)는 이미 1950년대 초부터 주로 맛과 냄새를 제어하기 위해 유럽지역에서 이용되어 왔다. THM 생성을 억제할 수 있고, 알칼리 조건에서 염소보다 강한 소독제로서 중금속에 대한 강한 산화력을 가지며, pH에 의한 영향을 받지 않을 뿐만 아니라 맛과 냄새 및 조류 제거 등의 장점이 있으나, 황록색의 불안정 가스로서 폭발성이 있으므로 현장에서 염소와 차아염소산나트륨(NaOCl)을 반응시켜 제조하여 사용해야 하는 단점이 있다. 이산화염소와 관련된 부산물로는 chlorite ($ClO_2^-$)와 chlorate ($ClO_3^-$)가 있다.

---

**예제 4.11**

암모니아성 질소 2 mg/L를 불연속점 염소처리법으로 제거할 때 이론적으로 필요한 염소량은 얼마인가?
(단, Cl, N, H, O의 원자량은 각각 35.45, 14, 1, 16임)

**풀이**

수중의 암모니아성 질소와 염소의 반응식은 다음과 같다.

$$Cl_2 + H_2O \rightarrow HOCl + HCl$$

$$2NH_3 + 3HOCl \rightarrow N_2\uparrow + 3HCl + 3H_2O$$

$$2NH_3 + 3Cl_2 \rightarrow N_2\uparrow + 6HCl$$

$$2N : 3Cl_2 = 2\times14 : 3\times70.9$$

$$\therefore \text{ 염소 필요량} = 2\,\text{mg/L} \times \frac{3\times70.9}{2\times14} = 15.2\,\text{mg/L}$$

### 4.5.2 오존

오존에 의한 소독은 유럽에서 특히 프랑스를 중심으로 오랫동안 널리 사용되어 오고 있다. 미국과 일본 뿐 아니라 우리나라에서도 염소소독에 의한 THM 발생이 문제된 후로 많은 관심을 끄는 기술이 되었다.

오존($O_3$)은 산소의 동소체(산소원자 3개가 결합한 분자)로서 공기나 산소를 직접 또는 간접적으로 전기장 안으로 통과시킴으로서 발생되는 불안정 가스이며, 독성이 매우 강하고, 자극성의 냄새를 유발하는 엷은 청색의 가스이다. 오존은 세균의 세포벽을 직접 파괴하는 것으로 알려져 있으며, 염소보다 훨씬 강력한 산화력을 갖고 있어 수중 유기화합물의 산화 및 생분해 증진뿐만 아니라 바이러스의 불활성화 효과가 크며, 염소요구량을 감소시켜 THM과 같은 유기염소화합물의 생성량을 감소시키는 장점이 있으나, 불안정하므로 반감기가 20~30분으로 매우 짧아 잔류성이 없고, 에너지 비용이 많이 들고, 오존발생장치가 필요하여 전력비용이 과다한 단점이 있다. 오존은 저농도에서도 염소보다 강력한 산화제이지만, 임계잔류농도 이하에서는 거의 작용을 하지 않는다.

한편, 염소소독을 주로 행하고 있는 미국과 일본 등에서는 최근에 오존소독이 크립토스포리디움과 바이러스와 같은 염소소독에 저항성이 강한 병원성 미생물의 제어에 효과적이기 때문에 더욱 주목을 끌고 있다. 오존처리와 관련된 부산물로는 발암성 물질인 브롬산이온($BrO_3^-$, bromate)과 알데하이드 등이 있으며, 이중에서도 브롬산이온이 주로 관심의 대상이 되고 있다. 브롬산이온은 수중의 브롬이온과 오존이 반응하여 생성되는 것으로 알려져 있으며, 수중에 암모니아가 공존하거나 pH가 낮아지면 그 생성이 억제되는 효과가 있음이 알려져 있다.

### 4.5.3 자외선 조사

자외선 소독은 주파장이 254 nm인 자외선이 미생물 세포 내의 핵산(DNA)에 흡수되어 세포구조를 파괴하는 것이다. 자외선 소독은 화학물질을 첨가하지 않으므로 인체나 생물에 해가 없어 안정성이 높고, 냄새 제거에 용이하고, 유지관리가 용이하다. 하수처리에서의 자외선 조사법에서는 254 nm를 주파장으로 하여 조사하는 자외선램프가 사용되고 있으며, 자외선램프는 일반 형광램프와 거의 유사하며 유리관의 재료는 자외선 투과율이 우수한 석영유리를 사용한다. 에너지 주 광원의 발생은 저압 수은 아크 램프로부터 나오는데 아크램프에서 나오는 자외선 에너지의 85% 정도가 254 nm의 파장이기 때문이다. 이 자외선은 수은가스를 통하여 발생되며 이 수은을 자극하여 생긴 에너지의 방출이 자외선 방사가 되는 것이다. 자외선 조사의 장점은 무독성이므로 처리장 관리자에게 안전하며 소독부산물이 생성되지 않고 별도의 유지관리 건물이 불필요하므로 유지관리비가 다른 소독제에 비하여 낮은 편이다. 자외선 소독의 영향인자를 살펴보면 자외선 투과율, 총부유물질, 총경도, 철분 함유량, 처리수량, 석영 슬리브의 청결상태, 사용시간 및 노후상태, 반응조의 설계형태 등을 꼽을 수 있다. 자외선 투과율은 방류수 1 $cm^2$에 자외선이 통과한 후에 흡수되지 않고 남은 254 nm 파장을 가진 자외선의 백분율(%)로 정의되는데, 이 투과율은 수중의 용존물질이나 부유상태의 물질의 정도에 따라 좌우되는데, 투과율이 낮으면 수중에서 자외선 강도가 떨어지므로 적절한 조사량을 유지시키기 위해서는 더 많은 램프와 에너지가 소요되거나 오랜 시간동안 자외선을 조사하여야 한다. 일반적으로 투과율(%T)은 60% 이상 유지하는 것이 바람직하다.

그림 4.29 하수처리 방류수의 자외선 소독용 자외선 방출기(좌) 및 접촉조(우)

부유물질은 자외선을 분산시키거나 흡수함으로서 자외선 투과를 떨어뜨리며, 박테리아가 자외선에 노출되는 것을 방해하여 살균효과를 감소시킨다. 방류수의 TSS 농도가 높으면 자외선 조사량은 커지게 되는데, 일반적으로 방류수의 TSS 농도는 5～30 mg/L 범위에 있어야 좋다. 총경도는 처리수에 존재하고 있는 Ca, Mg과 같은 무기물질에 의해서 발생하는데 이것들은 석영 슬리브에 스케일과 같은 막을 형성하여 투과율을 감소시킨다. 철분은 자외선을 흡수하는 성질이 있으며 슬리브에 점착되어 자외선 조사를 방해하기도 하고 부유물질과 결합하여 자외선을 흡수하거나 반사한다. 이런 이유 때문에 처리수의 철분 농도는 0.3 mg/L 이하로 제한하여야 한다. 석영 슬리브는 항상 청결한 상태를 유지하여야 하는데 1년에 6～24회 정도의 세척 빈도가 요구된다. 자외선 램프를 1년 사용한 후의 투과 강도는 100시간 동안 사용한 후의 투과강도의 약 65%에 해당되며 2년 후에는 58% 정도로 감소한다.

소독반응조의 수리학적 특성은 소독효과에 큰 영향을 미치는데 소독에 있어서 가장 적절한 수리학적 상태는 등류상태이어야 하고 압출유형(plug flow)이어야 하며 손실수두가 적은 구조이어야 한다.

일반적인 의미에서 소독이라 할 때는 가열처리, 태양광에 의한 소독, 약품소독 등이 포함될 것이나 하수처리의 경우에 사용되는 중요한 소독방법은 염소(chlorine), 자외선(UV), 이산화염소(chlorine dioxide), 오존(ozone), 클로라민(chloramine) 등이 대표적으로 표 4.15에 중요한 소독제의 특성을 정리하였다.

**표 4.15 하수처리에 사용되는 대표적인 소독제의 비교**

| 비교항목 | 염소 | 이산화염소 | 오존 | 자외선 |
|---|---|---|---|---|
| 적용 규모 | 모두 | 중/소 | 중/대 | 중/소 |
| 신뢰성* | 양호 | 불명 | 대체로 좋음 | 대체로 좋음 |
| 취급의 안전성 | 요주의 | 요주의 | 대체로 안전 | 안전 |
| 바이러스제거 | 약간 약함 | 좋음 | 좋음 | 좋음 |
| 유해부산물 | 생성 | 생성 | 생성 | 없음 |
| 잔류효과 | 있음 | 있음 | 없음 | 없음 |
| 접촉시간 | 길다 | 중간 | 중간 | 짧다 |
| 암모니아와 반응성 | 반응 | 무반응 | 반응(높은 pH에서) | 무반응 |
| 색도제거 | 중간 | 효과 | 효과 | 효과 없음 |
| 기술적 난이 | 중/하 | 중 | 고 | 중/하 |

* 적용실적의 예가 많고 적음에 따름

Chapter 5

# 하수고도처리

## 5.1 개설

하수고도처리는 2차 처리수 이상의 방류수 수질을 원할 때 행하는 것이고, 3차 처리는 최종 침전지에서 유출되는 처리수를 대상으로 행하는 것을 말한다. 종래에는 2차 처리까지 만으로도 충분하였기 때문에, 많은 도시에서는 2차 처리수를 공공 수역으로 방류해 왔다. 그러나 최근 엄격한 수질을 요구하는 수역이 늘어나 이 경우 2차 처리수의 수질로서는 불충분하게 되었다. 또한 2차 처리수 중에는 부유물, 용해성 부유물, 무기염류, 인, 암모니아, 중금속 등이 잔존하고 있는데, 이 중에서 부영양화의 최대의 원인물질인 인과 질소의 처리를 주목적으로 하는 것이 고도처리이다. 2021년 말 기준으로 전체 하수처리시설용량은 26,543천 $m^3$/일인데 그 중에서 고도처리시설용량은 26,084천 $m^3$/일로서 약 98.2% 이상의 하수처리시설이 고도처리 능력을 가지고 있으며, 앞으로도 고도처리시설용량은 증가할 것으로 예상된다.

### 5.1.1 부유물 제거

우선 이미 설치된 침전지의 강화가 고려되고 있는데, 침전만으로는 100%의 효과를 얻을 수 없으므로 2차 처리수에 약품침전, 급속 모래여과를 수행하면 오염물을 거의 100% 제거할 수 있다. 그러나 약품침전의 효과는 그다지 크지 않고, 2차 처리수를 직접 모래여과를 해도 가능하다는 연구결과도 있다. 또한, 모래여과 대신에 마이크로 스트레이너를 사용해도 무방하다. 부유물을 제거하면 잔존 유기물은 상당히 감소하고 BOD는 저하한다.

### 5.1.2 용해성 유기물 제거

부유물이 없어도 용해성 유기물은 잔존하고 있다. 이러한 것의 제거에는 현재 활성탄 흡착 또는 활성탄과 오존처리의 병용이 가장 유효하다고 생각되고 활성탄에는 분말과 입상이 있는데, 재생 반복사용의 관점에서 볼 때 입상으로 된 것이 경제성이 있으며, 활성탄 여과가 일반적으로 되어 왔다. 활성탄 여과수에 오존을 불어 넣고, 다시 활성탄 여과를 하게 되면 처리수는 더욱 양호하게 된다. 활성탄 흡착에 의해 용해성 유기물을 상당히 제거할 수 있는데, 활성탄 여과를 수행하는 경우에는 미리 부유물을 완전히 제거해야 한다.

### 5.1.3 무기염류, 중금속 제거

대부분의 무기염류나 중금속은 응집, 모래여과, 활성탄 흡착으로써 제거할 수 없다. 이러한 것을 제거하기 위해서는 이온교환, 전기투석, 역삼투, 증발, 냉동 등의 방법이 있는데 모두 비용이 고가이다. 이러한 처리방식은 모두 처리 전에 부유물을 제거할 필요가 있다.

중금속 중에서 비소는 수중에서 아비산($As_2O_3$)의 형태로 존재하는데 이것도 응집, 약품침전, 급속모래여과에 의해 거의 100% 제거할 수 있다.

### 5.1.4 질소 제거

질소는 수중의 용존산소를 대량으로 소비하거나, 어류에 대해 독성을 나타내므로 제거해야 한다. 생물학적 처리는 질산화균의 작용에 의해 우선 암모니아를 아질산에서 질산의 형태로 변화시키고, 다음에 탈질세균의 작용으로 질소가스 상태로 공중으로 방출시키는 방법이다.

### 5.1.5 인 제거

2차 처리수 중의 대부분의 인은 용해성 정인산(orthophosphate) 형태로 존재하고 있는데, 여기에 양이온을 첨가하면 난용성의 인산염이 형성되어 물과의 분리가 가능하게 된다. 따라서, 응집제를 첨가하여 약품침전, 급속 모래여과를 하게 되면 부유물질과 함께 인의 제거가 가능하다.

# 5.2 질소와 인의 고도처리기술

## 5.2.1 질소와 인

천혜의 수자원이 없는 우리나라는 모든 수자원을 강수량에 의존할 수밖에 없다. 우리나라의 연평균 강수량은 약 1,274 mm로써 세계평균의 1.5배 정도가 되나 여기에 높은 인구 밀도를 감안하면 인구 1인당 강수량은 세계평균의 1/11에 불과하다. 더구나 이 강수량의 2/3가 6~9월에 편중되어 대부분 홍수로 유출되고 이용가능한 평상시 유출은 총수자원양의 23%에 불과한 실정이다. 따라서 대규모 댐 건설에 의해 저수지를 조성하여 필요한 수자원을 확보해야만 하는데 대규모 댐 건설에 적합한 지역이 많지 않아 기왕에 확보된 저수지의 수질을 여러 가지 목적으로 이용하기에 적합한 수준으로 유지하는 것이 중요한 문제가 되고 있다.

특히 우리나라는 각종 용수원으로서 지표수에 대한 의존도가 높고 이중에서 호소수에 대한 의존도가 40% 정도에 달하는 실정이므로 호소수의 수질보전의 중요성은 아무리 강조해도 지나치지 않다. 저수지 등 호소수는 하천수에서 적용하는 BOD나 부유물질의 농도 증가에 의해 수질을 판단하기보다는 호소수의 영양상태에 따라 물이 각종 용수원으로서의 구실을 할 수 있는가를 판단하게 된다.

우리나라 주요 저수지의 영양상태는 대부분 중영양상태에서 부영양상태로 진행되고 있으며 현재와 같이 오염물질의 유입이 계속된다면 모든 저수지가 부영양상태가 되어 각종 용수원으로 이용되기에 적합하지 못한 상태가 될 것으로 전망된다.

호소수의 부영양화에 대한 대책으로 호소수의 폭기와 순환 그리고 조류와 수초를 제거하는 방안 등 사후관리차원의 대책을 고려할 수 있으나 근본적으로 질소와 인이 호소로 유입되는 것을 막아야 할 필요가 있다. 또한 우리나라는 3면이 바다로 둘러싸여 있고 해안선의 굴곡이 심해 생태학적으로 중요한 의미를 갖고 있는 만(bay)이 많이 있고, 처리수나 하폐수를 방류하는 지역이 많아 만의 적조현상 등도 문제가 되고 있어 이의 방지를 위해서도 질소와 인의 관리와 처리는 중요하다. 따라서 질소와 인의 영향과 발생원에 대해서 살펴보고 제거방법을 정리하여 제한된 수자원의 수질보전에 기여하고자 한다.

## 5.2.2 질소와 인의 발생과 관리현황

질소와 인은 자연 상태에서 발생되기도 하며 인간활동에 의해 발생되기도 하는데 자연 상태에서 발생되는 양은 자정작용에 의해 순환되거나 제거될 수 있는 양이지만 문제는 인간활동이 다양해지고 인구가 증가되면서 늘어나는 질소와 인의 발생이다.

질소(N)의 주요 발생원은 분뇨, 비료 및 산업폐수 등이며 도시하수의 질소농도는 15～75 mg/L 정도가 된다. 도시하수 중의 질소는 약 60%가 암모니아성 질소이며 나머지는 유기질소인데 질소에 의한 문제점은 부영양화의 촉진 이외에도 질산화가 진행되면서 산소를 소모한다는 것이다. 따라서 부영양화가 우려되는 지역에서는 총질소에 대한 규제를 하고 있으나 그 외의 지역에서는 총질소보다는 질산화에 의한 산소소모를 방지하기 위해 암모니아성 질소에 대한 규제만을 하는 것이 보통이다.

인(P)의 발생원도 다양하여 가정하수와 산업폐수에 포함되어 자연수계로 유입되며 농경지 유출수나 축산폐수로부터 발생되는 양도 무시할 수 없다. 특히 우리나라의 경우 강 상류에 산재되어 있는 소규모 축산업 등 비점오염원의 영향이 커서 이에 대한 적절한 대책마련이 필요하다. 도시생활하수에는 5～15 mg/L의 인이 함유되는 것이 보통인데 이중 30～50%가 분뇨나 음식물 찌꺼기로부터 발생되고 합성세제로부터 발생되는 양이 50%를 넘는다. 실제로 미국의 예를 보면 합성세제의 인 함유율의 규제가 없었던 1970년대에 도시하수 중의 인 농도가 10 mg/L이었으나 세제 중 인 함유량을 0.5% 이하로 규제하고 있는 최근에는 하수중의 인 농도가 5 mg/L 정도로 감소되고 있다.

질소와 인에 의한 부영양화를 막기 위해서 호소수의 수질기준에 총질소와 총인의 농도를 표 5.1과 같이 정하여 관리하고 있다. 이와 같은 수질을 유지하기 위해 하수종말처리시설의 방류수의 질소와 인 기준이 표 5.2에 정리된 바와 같이 2012년 1월 1일 이후 강화된 방류수 수질기준에 포함되어 있다. 표 5.3은 외국에서 정하고 있는 처리수의 질소와 인의 기준을 정리한 것으로 규제가 필요한 지역은 우리나라보다 훨씬 강한 기준을 정하고 있는 것을 알 수 있다. 또한 일반적으로 처리수의 질소 · 인에 대한 규제는 일률적인 기준에 의해서 정해지지 않고 방류수역의 특성에 따라 총량적인 개념을 근본으로 하여 기준이 정해지고 있는 것을 알 수 있으며 이를 위해서는 사전에 많은 조사작업을 수행해야만 한다.

**표 5.1** 하천·호소수에 대한 질소·인 수질기준

| 항목 / 등급 | 하천 | 호 소 | |
|---|---|---|---|
| | T-P(mg/L) | T-P(mg/L) | T-N(mg/L) |
| 매우 좋음, Ia급 | 0.02 이하 | 0.01 이하 | 0.2 이하 |
| 좋음, Ib급 | 0.04 이하 | 0.02 이하 | 0.3 이하 |
| 약간 좋음, II급 | 0.1 이하 | 0.03 이하 | 0.4 이하 |
| 보통, III급 | 0.2 이하 | 0.05 이하 | 0.6 이하 |
| 약간 나쁨, IV급 | 0.3 이하 | 0.10 이하 | 1.0 이하 |
| 나쁨, V급 | 0.5 이하 | 0.15 이하 | 1.5 이하 |
| 매우 나쁨, VI급 | 0.5 초과 | 0.15 초과 | 1.5 초과 |

**표 5.2** 공공하수처리시설 방류수 수질기준 (단위 : mg/L)

<table>
<tr><th colspan="2">구분</th><th>생물화학적 산소요구량 (BOD)(mg/L)</th><th>화학적 산소요구량 (COD)(mg/L)</th><th>부유물질 (SS) (mg/L)</th><th>총질소 (T-N) (mg/L)</th><th>총인 (T-P) (mg/L)</th><th>총대장균 군수 (개/mL)</th><th>생태 독성 (TU)</th></tr>
<tr><td rowspan="4">1일 하수처리 용량 500 $m^3$ 이상</td><td>Ⅰ지역</td><td>5 이하</td><td>15 이하</td><td>10 이하</td><td>20 이하</td><td>0.2 이하</td><td>1,000 이하</td><td rowspan="7">1 이하</td></tr>
<tr><td>Ⅱ지역</td><td>5 이하</td><td>15 이하</td><td>10 이하</td><td>20 이하</td><td>0.3 이하</td><td rowspan="6">3,000 이하</td></tr>
<tr><td>Ⅲ지역</td><td>10 이하</td><td>25 이하</td><td>10 이하</td><td>20 이하</td><td>0.5 이하</td></tr>
<tr><td>Ⅳ지역</td><td>10 이하</td><td>25 이하</td><td>10 이하</td><td>20 이하</td><td>2 이하</td></tr>
<tr><td colspan="2">1일 하수처리용량 500 $m^3$ 미만 50 $m^3$ 이상</td><td>10 이하</td><td>25 이하</td><td>10 이하</td><td>20 이하</td><td>2 이하</td></tr>
<tr><td colspan="2">1일 하수처리용량 50 $m^3$ 미만</td><td>10 이하</td><td>25 이하</td><td>10 이하</td><td>40 이하</td><td>4 이하</td></tr>
</table>

**표 5.3** 외국의 질소와 인의 방류수 기준 예 (단위 : mg/L)

| 지 역 | T-N | T-P | 지 역 | T-N | T-P |
|---|---|---|---|---|---|
| 독일 | 18 | 1～2 | 미국 | | |
| 호주 | 5～10 | 1.0 | 오대호지역 | 3.2～19.3* | 1.0 |
| 스위스 | - | 1.0 | 플로리다주 | 3 | 0.4～7.5 |
| 스웨덴 | - | 1.0 | 워싱턴 D.C. | - | 0.23 |
| 일본 동경 | 20 | 1.0 | Lake Tahoe | - | 1.0 |

* 암모니아성 질소만 규제

2021년 말 현재 국내에는 4,281여개소의 하수처리장이 가동 중에 있어 하수처리율이 94.8%에 달하고 있으며 2차 처리공법으로 표준 활성슬러지법을 많이 적용하고 있다. 활성슬러지법은 미생물의 활동에 의해 유기물질을 제거하고 고형물질을 침전제거하는 것이 주된 기능으로서 인과 질소의 제거효율은 20～40%에 불과하여 부영양화가 우려되는 지역에 적용되지만 미흡한 방법이다. 또한 폐수종말처리장과 농공단지 오·폐수처리시설들이 대부분 활성슬러지법에 의존하고 있어 역시 부영양화의 방지에는 부적합한 실정이다.

최근의 설계 또는 건설 중인 처리장은 질소와 인의 제거기능을 보강하고 있으며 우리나라 호소수의 수질상태를 고려할 때 질소와 인의 제거를 보다 심각하게 고려해야 할 것이다. 표 5.4는 질소와 인의 제거에 사용되는 대표적인 방법과 제거효율을 정리한 것으로 처리장의 건설과 운전관리에 막대한 비용이 소요되기 때문에 하수의 성상과 지역특성을 감안하여 경제적으로 가장 높은 처리율을 얻을 수 있는 방법을 선정, 사용해야 한다.

표 5.4 대표적인 질소·인 처리방법과 효율

| 방 법 | 제거효율(%) | |
|---|---|---|
| | 질소 | 인 |
| 공기탈기법(Air stripping) | 80～98 | - |
| 생물학적 질산화－탈질산화법(Biological nitrification-denitrification) | 60～95 | - |
| 파괴점 염소주입법(Breakpoint chlorination) | 80～95 | - |
| 조류수확법(Algae harvesting) | 50～50 | 다양 |
| 표준활성슬러지법(Conventional activated sludge) | 30～50 | 10～30 |
| 이온교환법(Ion exchange) | 80～92 | 86～98 |
| 전기화학적 처리법(Electrochemical treatment) | 80～85 | 80～85 |
| 전기투석법(Electrodialysis) | 30～50 | 30～50 |
| 역삼투압법(Reverse osmosis) | 65～95 | 65～95 |
| 증류법(Distillation) | 90～98 | 90～98 |
| 토지살포법(Land application) | 다양 | 60～90 |
| 화학응집법(Chemical precipitation) | - | 88～95 |
| 화학응집 후 여과법(Chemical precipitation with filtration) | - | 95～98 |
| 흡착법(Sorption) | - | 90～98 |

## 5.2.3 질소의 제거

질소의 제거를 위해 물리/화학적인 처리방법과 생물학적 처리방법을 사용할 수 있는데 물리/화학적 처리방법은 총질소의 제거보다는 암모니아성 질소($NH_3$-N)의 제거가 주된 목적이며 질산성 질소(nitrate)나 아질산성 질소(nitrite)형태의 질소 제거에는 효과적이지 못하다. 또한 생물학적 질소제거 방법은 미생물에 의한 질산화와 탈질 반응을 이용하는데 인의 제거와 동시에 반응이 진행되도록 개발된 방법들이 많다.

### 1) 물리/화학적 질소제거방법

일반적으로 생물학적 질소제거가 효율적이긴 하지만 특별한 경우 물리/화학적 처리가 더욱 경제적인 경우가 많으며 대표적인 방법으로는 파괴점 염소주입법(breakpoint chlorination), 암모니아 탈기(ammonia stripping)와 선택적 이온교환방법이 있다.

#### (1) 파괴점 염소주입법(breakpoint chlorination)

파괴점 염소주입법은 파과점 또는 불연속점 염소주입법이라고도 하며 다음과 같은 반응으로 진행된다. 이론적으로는 pH 6～7에서 반응이 15초 정도에 완료된다고 하나, 실제로는 다른 염소요구물질을 제거하는 등의 이유 때문에 길게는 2시간 정도 소요될 수 있으므로 하수의 특성에 따라 적절한 접촉시간을 부여해야 한다.

$$NH_4^+ + 1.5HOCl \rightarrow 0.5N_2 + 1.5H_2O + 2.5H^+ + 1.5Cl^- \tag{5.1}$$

반응식에 의하면 Cl/$NH_4^+$-N 질량비가 7.6 : 1 정도이나 실제적으로 95～99%의 제거효율을 얻기 위해서 8 : 1에서 10 : 1 정도의 질량비가 요구된다. 따라서 암모니아를 제거한 후에 $SO_2$ 등에 의해 잔류염소를 $Cl^-$로 변화시키는 탈염소를 해주는 것이 보통이며 탈염소를 위해 활성탄을 사용하기도 하지만 비용문제가 있기 때문에 잔류염소 제거가 꼭 필요한 지역에서만 활성탄을 사용한다.

### (2) 암모니아 탈기법(ammonia stripping)

하수의 pH를 10.5～11.5로 유지하면서 공기와 접촉시켜 유리 암모니아(free ammonia)를 제거시키는 방법으로서 상대적인 공기의 양, 온도 등에 영향을 받으며 탈기탑(stripping tower)의 길이와 충진(packing) 물질에도 영향을 받는다.

이스라엘에서는 암모니아 탈기연못(ammonia stripping pond)을 사용하여 효과를 보고 있는데 폭기를 하지 않고 pH 10.5 이상으로 130시간을 방치했을 때 50%의 제거효율을 얻었으며 폭기를 시킬 경우는 50% 제거에 소모되는 시간이 9～16시간으로 단축되었다.

### (3) 선택적 이온교환법

그림 5.1은 이온교환에 의한 암모니아 제거공정을 나타내는 것으로 자연산 지오라이트(zeolite)인 클리노플로라이트[clinophlolite, $(Na, K, Ca)_{2\sim3}Al_3(Al, Si)_2Si_{13}O_{36} \cdot 12H_2O$]는 $NH_4^+$에 대한 강한 이온교환 친화력을 지니고 있어서 선택적으로 암모니아를 치환하는 것을 이용한다.

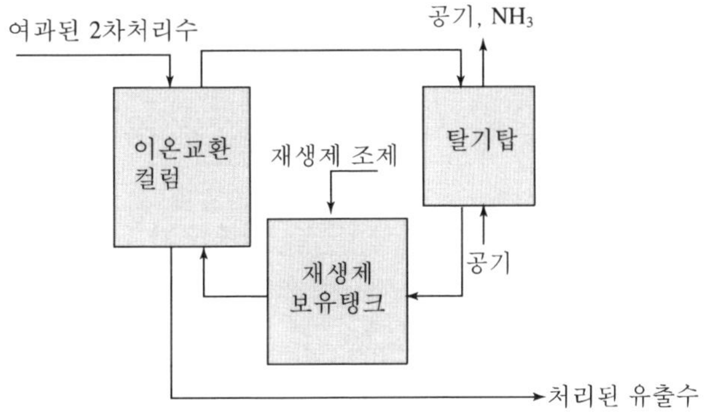


그림 5.1 이온교환에 의한 질소제거 공정도

이온교환에 의해 암모니아를 제거하기 위해서는 고형물질에 의한 영향이 없도록 여과를 거쳐야 하며 90~97%까지 제거가 가능하나 $NO_x$나 유기성 질소는 전혀 제거되지 않는다. 이온교환칼럼의 재생은 높은 pH 재생에 의하는 것이며 재생 회수를 위해서 공기탈기법을 이용한다.

## 2) 생물학적 질소의 제거

생물학적 질소의 제거는 기본적으로 다음 3가지 형태의 공정으로 구분할 수 있는데 물리/화학적 처리보다 유지관리가 용이하고 경제성이 높아 널리 사용되고 있으며 물리/화학적 처리는 생물학적 처리공정의 보완공정으로 주로 사용된다.

① 세포합성에서 세포구성요소의 하나로 사용
② 질산화 미생물에 의해 암모니아와 유기성 질소를 질산으로 변화
③ 탈질 미생물에 의해 질산성 질소를 질소가스로 변화

그림 5.2는 생물학적 처리공정에서의 질소의 변화를 나타낸 것으로 세포의 12.5% (건조무게 기준)가 질소이기 때문에 이만큼의 양이 세포합성에 사용되면서 제거된다.

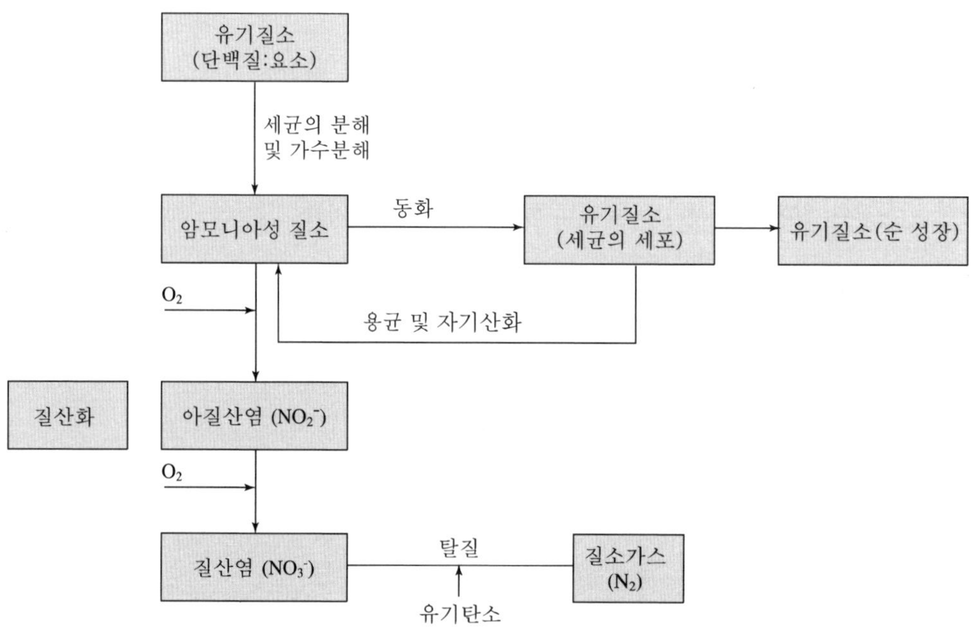


그림 5.2 생물학적 처리공정에서 질소의 변화

### (1) 세포합성에 의한 질소의 제거

질소가 세포합성에 필수적인 요소이기 때문에 생물학적 처리과정에서의 세포합성에 따라 세포구성에 필요한 만큼 질소가 제거되며 F/M비의 변화에 따라 제거되는 BOD당 $NH_3$-N이 제거되는 비율은 다음 식과 같이 표현된다.

$$\frac{\mathrm{dNH_3-N}}{\mathrm{dBOD}} = 0.125\mathrm{Y} - \frac{0.125X_a k_b}{\mathrm{F/M}} \tag{5.2}$$

여기서, $Y$ : 세포생성계수(gVSS/gBOD)

$X_a$ : 분해가능한 MLVSS

$k_b$ : 반응속도 상수

만약 F/M비가 $0.1\mathrm{day}^{-1}$로 운전될 경우 $dNH_3$-N/dBOD비는 0.018이 되어 유입수의 BOD가 120 mg/L이고 유입수 질소농도가 30 mg/L인 도시하수를 활성슬러지법으로 처리할 때 질소제거 효율은 8～20% 정도가 된다. 그러나 일부 산업폐수 등 BOD가 높은 폐수를 처리할 경우는 단순히 세포합성에 의해 제거되는 질소의 양도 상당한 양이 될 수 있다.

### (2) 질산화(nitrification)

질산화는 호기성 상태에서 암모니아가 니트로조모나스(Nitrosomonas)와 니트로박터(Nitrobacter)에 의해 아질산을 거쳐 질산으로 산화되는 과정으로 아래와 같이 표현된다.

$$2NH_4^+ + 3O_2 \xrightarrow{\text{Nitrosomonas}} 2NO_2^- + 2H_2O + 4H^+ + \text{cells} \tag{5.3}$$

$$2NO_2^- + O_2 \xrightarrow{\text{Nitrobacter}} 2NO_3^- + \text{cells} \tag{5.4}$$

니트로조모나스와 니트로박터의 생성계수(yield coefficient)는 각각 0.05～0.29 gVSS/$gNH_3$-N과 0.02～0.08 gVSS/$gNO_2$-N이며, 설계목적으로는 일반적으로 0.15 gVSS/$gNH_3$-N이 사용된다. 결국 1 g의 $NH_3$-N이 제거됨에 따라서 4.33 g의 산소가 소모되고 7.1 g의 알칼리도가 제거되며 0.15 g의 새로운 세포가 합성되는데, 알칼리도가 제거되기 때문에 석회(lime) 등에 의한 pH조절이 필요하다.

질산화 미생물의 활동은 여러 종류의 화학물질에 의해 저해를 받으며 표 5.5는 활성슬러지 질산화공정에 영향을 미치는 물질과 각 물질들이 약 75%의 저해영향을 미치는 농도를 정리한 것이다.

표 5.5 활성슬러지 질산화에 영향을 미치는 물질

| 물 질 | 농도(mg/L)[a] | 물 질 | 농도(mg/L)[a] |
|---|---|---|---|
| Acetone[b] | 2,000.0 | 8-Hydroxyquinoline | 72.5 |
| Allyl alcohol | 19.5 | Mercaptobenzothiazole | 3.0 |
| Allyl chloride | 180.0 | Methylamine hydrochloride | 1,550.0 |
| Allyl isothiocyanate | 1.9 | Methyl isothiocyanate | 0.8 |
| Benzothiazole disulfide | 38.0 | Methyl thiuronium sulfate | 6.5 |
| Carbon disulfide[b] | 35.0 | Phenol[b] | 5.6 |
| Chloroform[b] | 18.0 | Potassium thiocyanate | 300.0 |
| *o*-Cresol | 12.8 | Skatol | 7.0 |
| Diallyl ether | 100.0 | Sodium dimethyl dithiocarbamate | 13.6 |
| Dicyandiamide | 250.0 | Sodium methyl dithiocarbamate | 0.9 |
| Diguanide | 50.0 | Tetramethyl thiuram disulfide | 30.0 |
| 2, 4-Dinitrophenol | 460.0 | Thioacetamide | 0.53 |
| Dithiooximide | 1.1 | Thiosemicarbazide | 0.18 |
| Ethanol[b] | 1,400.0 | Thiourea | 0.076 |
| Guanidine carbonate | 16.5 | Trimethylamine | 118.0 |
| Hydrazine | 58.0 | | |

a : 75% 저해하는 농도, b : 산업체에서 많이 사용하는 물질

### (3) 탈질(denitrification)

미생물이 유기물을 분해할 때 산소대신 질산성 질소를 최종 전자수용체로 사용하면서 질산성 질소가 질소가스로 변화되는 것이 탈질반응이다. 글루코오스를 사용할 때 산소가 최종 전자수용체인 경우 글루코오스의 분해과정에서 38ATP가 생성되고 질산성 질소가 최종 전자수용체인 경우 26ATP가 생성되기 때문에 산소와 질산성 질소가 같이 존재할 경우 산소를 선호하게 된다.

산소가 존재하지 않는 상태에서 탈질반응이 진행되나 약산성상태에서는 산소가 존재해도 탈질이 진행된다고 보고되어 있다. 탈질반응은 유기물의 분해반응이기 때문에 탄소원이 필요하며 탄소원으로는 메탄올이 주로 사용되고 진행되는 반응은 다음과 같다.

$$6NO_3^- + 5CH_3OH \rightarrow 3N_2 + 5CO_2 + 7H_2O + 6OH^- \tag{5.5}$$

$$\begin{aligned} & NO_2^- + 1.08CH_3OH + 0.24H_2CO_3 \\ & \quad \rightarrow 0.056C_5H_7NO_2 + 0.47N_2 + 1.68H_2O + HCO_3^- \end{aligned} \tag{5.6}$$

**표 5.6** 탄소원에 따른 탈질률

| 탄소원 | 탈질률(gNO$_3$- N/g VSS/day) | 온도(℃) |
|---|---|---|
| 메 탄 올 | 0.21∼0.22 | 25 |
| 에 탄 올 | 0.12∼0.90 | 20 |
| 하 수 | 0.03∼0.11 | 15∼27 |
| 아세트산 | 0.072∼0.72 | - |
| 내생호흡 | 0.019∼0.048 | 12∼20 |

따라서 1 g의 $NO_3^-$-N이 탈질됨에 따라 2.47 g의 메탄올(3.7 g의 COD)이 소요되고 0.45 g의 세포가 합성되며 3.57 g의 알칼리도가 형성된다. 또한 내생호흡 반응에서도 세포의 탄소를 탄소원으로 하여 탈질이 진행될 수 있다. 탈질반응은 0차 반응으로 해석되는 것이 일반적이고 표 5.6과 같이 탄소원의 종류에 따라 탈질률이 달라진다. 호기성 상태에서의 탈질률은 0.006 mg$NO_3^-$-N/mgVSS/일로 미미한 것으로 보고되었으며, 특히 DO농도가 1.0 mg/L 이상이면 탈질은 무시하는 것이 보통이다.

**예제 5.1**

활성슬러지 폭기조 유출수에 아질산성 질소가 15 mg/L, 암모니아성 질소가 50 mg/L가 함유되어 있다. 3차 처리로서 생물학적 질산화 공정을 도입할 때 완전한 질산화에 소요되는 이론적인 산소요구량(mg/L)을 산출하시오.

**풀이**

아질산성 질소의 질산화 소요산소량

$$NO_2^- + \frac{1}{2}O_2 \rightarrow NO_3^-$$

14 g : 16 g

$$15\,mg/L \times \frac{16}{14} = 17.143\,mg/L$$

암모니아성 질소의 질산화 소요산소량

$$NH_3 + 2O_2 \rightarrow NO_3^- + H^+ + H_2O$$

14 g : 64 g

$$50\,mg/L \times \frac{64}{14} = 228.571\,mg/L$$

∴ 완전질산화 산소요구량 = 17.143 + 228.571 = 245.714 mg/L

### (4) 생물학적 질소제거 공정

생물학적 질소 제거공정은 질산화된 하수를 탈질시키는 공정으로서 기본적으로 그림 5.3과 같은 3종류의 형태를 고려할 수 있다. 각 형태들 중에서 BOD제거와 질산화를 분리하는 공정도 있으나 일반적으로 하나의 폭기조에서 BOD제거와 질산화를 진행시킨다.

그림 5.3의 2단계 시스템은 전형적인 질산화/탈질공정으로서 첫 번째 단계에서 탄소원이 대부분 제거되므로 탈질을 위해서 탄소원으로 메탄올을 별도로 투여하는데 실제 소요되는 메탄올의 양은 앞의 (3)에 제시된 반응식에 의한 산정량의 2~3배가 되는 것이 보통이다.

1단계 시스템(그림 5.3)은 별도의 탄소원 공급이 없이 하수 내 유기물이 탄소원이 되어 탈질이 진행되도록 하여 산소소요량과 화학약품사용량을 절감시키는 장점이 있으나 내부 반송비에 따라 처리효율이 달라지는데, 적절한 내부반송비는 다음 식에 의해 개략적으로 정해질 수 있다.

$$R = \left( \frac{(NH_3 - N)_i - (NH_3 - N)_e}{(NO_3 - N)_e} \right) - 1 \qquad (5.7)$$

여기서, $R$ : 반송비(mixed liquor + 반송슬러지)

$(NH_3 - N)_i$, $(NH_3 - N)_e$ : 유입수와 유출수 암모니아성 질소 농도(mg/L)

$(NO_3 - N)_e$ : 유출수 질산성질소 농도(mg/L)

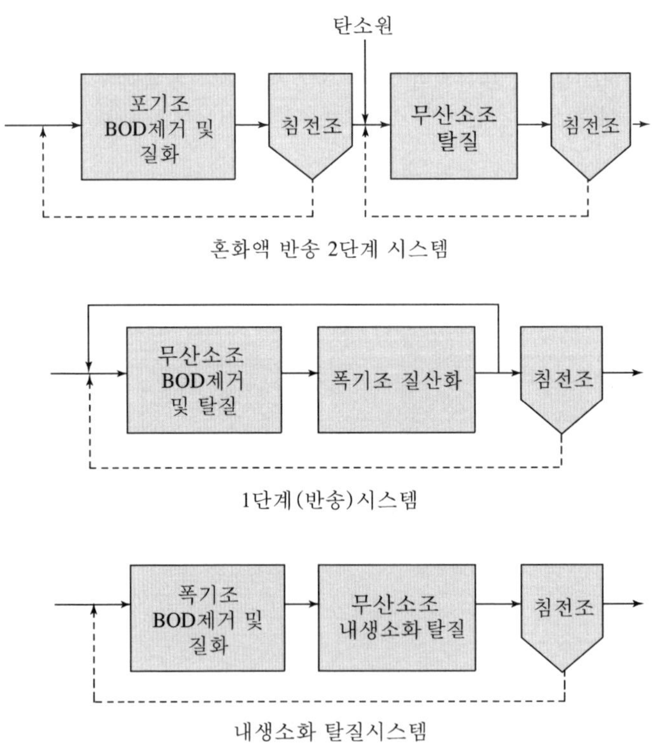


**그림 5.3** 생물학적 질소제거공정의 3가지 형태

또한 2개의 무산소(anoxic)조가 사용된다고 할 경우 첫 번째 무산소조의 탈질률은 F/M비에 비례하며 다음과 같이 그 관계를 나타낼 수 있고 2번째 무산소조의 20~50% 정도가 된다. 그러나 이 같은 관계식은 도시하수를 사용하는 경우에 국한되는 경험식이고 메탄올 등의 다른 탄소원이 사용되는 경우에 적합한 관계식을 찾아내어 설계에 적용해야 한다.

$$\mathrm{SRDN_1 = 0.03(F/M_1) + 0.029} \tag{5.8}$$

여기서, $SRDN_1$ : 첫번째 무산소조의 비(specific)탈질속도($gNO_x$-N/gMLSS/day)

$F/M_1$ : 첫번째 무산소조의 F/M비(gBOD/gMLSS-day)

생물학적 질소제거를 위해 개발된 공정은 그림 5.3과 같이 전형적인 질산화/탈질 시스템 외에 바덴포(Bardenpho)를 비롯한 여러 방법들이 있으며, 바덴포를 제외한 다른 방법들은 인의 제거가 동시에 이루어진다.

① 바덴포(Bardenpho, Barnard – denitrification – phosphorus) 공정

남아프리카의 바나드(J. Barnard)에 의해 개발된 방법으로서 기본공정도는 그림 5.4와 같으며 질소 제거 외에 인의 제거도 어느 정도 가능한 방법으로 이 공정의 단계별 체류시간과 진행되는 반응은 표 5.7에 정리하였다.

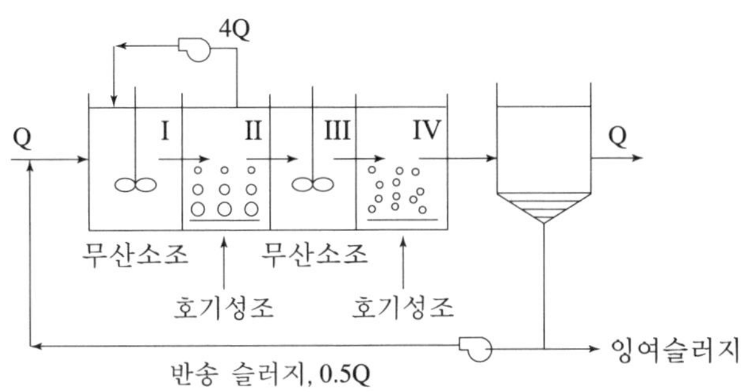


그림 5.4 바덴포(Bardenpho) 공정

표 5.7 바덴포 공정의 운전

| 단 계 | 반 응 | 체류시간 | |
|---|---|---|---|
| | | 20℃ | 10℃ |
| I | 탈질, 인방출 | 2 | 4 |
| II | 질산화, BOD제거, 인과잉섭취 | 6 | 12 |
| III | 탈질 | 2 | 4 |
| IV | 재폭기 | 0.5 | 1 |

② 충진상 탈질조(packed bed denitrification reactor)

그림 5.5는 플라스틱 여재가 채워진 충진상 시스템을 보여주는데 살수여상과 같은 형태로 질산화된 하수가 가해진다. 여재에 부착된 미생물이 떨어져 나가기 때문에 침전이나 여과가 필요하나 그림 5.5의 방법은 상(bed)안에서 여과가 진행되기 때문에 별도의 침전조가 필요하지 않으며 다만 필요에 따라 역세척을 해주어야 한다.

BOD제거와 질산화를 2단계로 실시하고 마지막 단계로 충진상 탈질조를 설치한 실제 규모의 처리에서 적용한 결과 처리수의 총질소 농도가 3 mg/L 이하로 유지되었다.

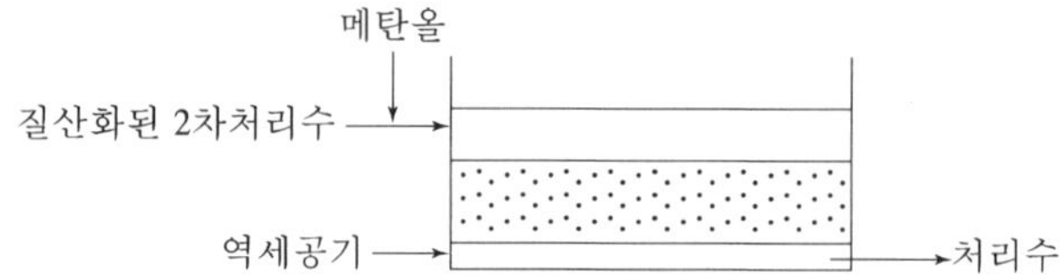


그림 5.5 충진상 탈질조

③ 연속회분식반응조법(SBR) 및 산화구법(OD)

소규모시설에 많이 사용되는 연속회분식반응조(SBR)나 산화구(OD)법 등은 호기성, 혐기성이 교차되면서 질소의 제거가 가능하다. 그림 5.7은 산화구법에서 질소가 제거되도록 설계된 것으로 유입수가 혐기구역으로 유입된 후 호기구역으로 흐르게 함으로써 질소의 제거가 가능하도록 한 것이다.

그림 5.6 산화구법

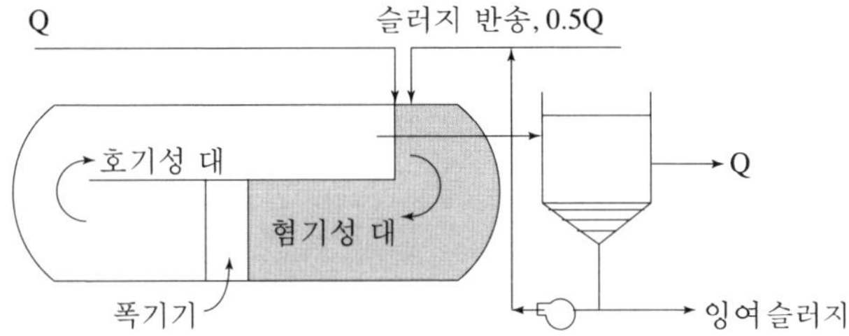


그림 5.7 산화구법에 의한 질소제거 공정도

④ 기타 방법

가. 순환식 질산화탈질법

㉠ 개요 : 순환식 질산화탈질법(선탈질법 ; MLE Process)은 그림 5.8에서 볼 수 있듯이, 반응조를 무산소(탈질)반응조, 호기(질산화)반응조의 순서로 배열하여, 유입수 및 반송슬러지를 무산소반응조에 유입시키고, 한편으로는 연속되는 호기반응조의 질산화 혼합액의 일부를 무산소 반응조에 순환시켜 처리하는 방식이다. 호기반응조에서는 유입된 암모니아성질소가 아질산성질소로, 그리고 다시 질산성질소로 산화되며 무산소반응조에서는 질산성질소가 유입수 중의 유기물의 산화반응에 의해서 질소가스로 환원된다.

본 공법은 하수 중의 유기물의 일부가 탈질 반응시 수소공여체로 이용되기 때문에 질산화촉진형 활성슬러지법에 비해 BOD제거에 필요한 산소공급량이 적어지게 된다. 또한 질소제거율 향상을 목적으로 그림 5.9에 나타나 있는 것처럼 2단 순환방식이 있다. 이 방식에서는 무산소반응조 및 호기반응조를 2단 직렬로 조합시켜, 유입수를 각 단의 무산소반응조에 단계유입시킴으로써 높은 MLSS농도와 긴 SRT를 가능하게 한다. 이와 같은 조작에 의해 전단의 질산화반응조로부터의 유출수를 후단의 무산소반응조로 유입시키는 것이 가능하여 높은 질소제거율을 얻을 수 있다(Bardenpho공법은 본 방식에서 ①의 step 유입 및 ②의 질산화액 순환이 없는 방식임).

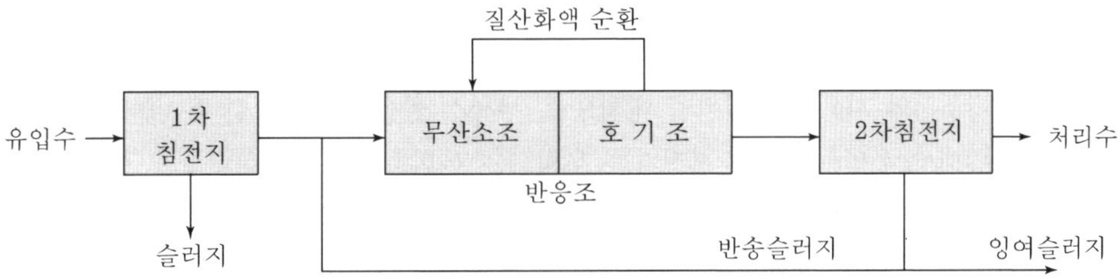


그림 5.8 순환식 질산화탈질법의 처리계통

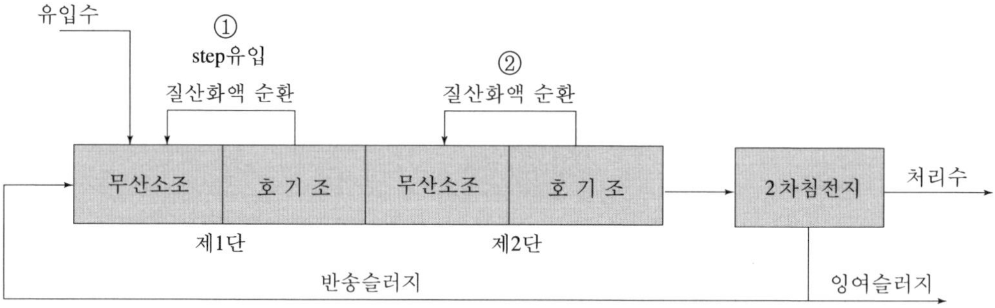


그림 5.9 2단 순환방식의 처리계통

㉡ **처리특성** : 일반 도시하수의 경우, 유입수(1차 침전지 유출수)에 대하여, 총질소(T-N) 제거율은 평균 60~70%를 기대할 수 있으며, 동시에 표준 활성슬러지법과 비교해서 BOD, SS에 대해서도 제거율이 높은 편이다.

㉢ **설계 및 유지 관리상의 유의점** : 본 공법의 질소제거 성능은 유입수의 수온, 유입수의 질소 및 유기물농도, 호기반응조의 고형물체류시간(SRT), 순환비, MLSS 농도, 호기반응조 DO농도, pH 등에 의해 지배된다. 그러므로 설계목표수질을 정하는 경우에는 이러한 사항을 충분히 고려할 필요가 있다. 다단식 순환법을 채용하는 경우, 총질소 제거율은 1단식에 비해 10% 정도 향상되지만, 질소제거성능을 전술한 인자들뿐만 아니라 각 단에의 단계 유입비, 전단과 후단의 반응조 용량비 등에 의하여 크게 좌우되기 때문에, 운전관리는 그리 쉽지 않다.

본 법(1단)의 설계 및 유지관리상의 유의점은 다음과 같다.

- 질소제거율의 목표치를 60~70%로 설정한 경우, 반응조의 용량을 표준활성슬러지법의 반응조의 용량에 비하여 크게 한다.
- 무산소 반응조는 무산소 상태가 항상 유지될 수 있는 구조로 하여야 한다.
- 질산화액을 순환시키기 위해 펌프 등이 필요하다. 질산화액의 순환방법으로는 순환펌프를 사용하면서 호기반응조의 폭기와 동반한 에어리프트 효과에 의한 순환류를 이용하는 방법이 있다. 단, 이 경우는 순환수량의 파악이 어렵기 때문에 반송수 유입게이트의 형상 등에 대하여 검토가 필요하다.
- 강우시와 사용개시 시점의 대책으로, 무산소 반응조에 필요한 유기물을 확보하기 위해서 유입수가 1차 침전지를 우회하는 우회수로를 설치한다.
- 반응조의 MLSS농도는 활성슬러지법에 비해 높은 2,000~3,500 mg/L를 유지하여야 한다. 따라서 2차 침전지에의 유입고형물부하가 크게 되므로 수면적부하를 작게 하고 유효수심을 크게 할 필요가 있다.

- 무산소반응조에서 스컴 발생이 많은 것으로 보고되고 있으므로 스컴파쇄장치의 설치가 바람직하다.

### 나. 질산화 내생탈질법

㉠ **개요** : 질산화 내생탈질법은 그림 5.10의 처리계통에 나타나 있는 것처럼, 질산화공정 이후에 탈질공정을 배치하여 탈질반응에 필요한 수소공여체로서 활성 슬러지에 흡착되어 세포 내에 축적된 유기물을 이용하게 된다. 따라서 탈질반응에 필요한 유기물을 외부로부터 첨가하지 않으며, 질산화액의 순환도 행하지 않는다.

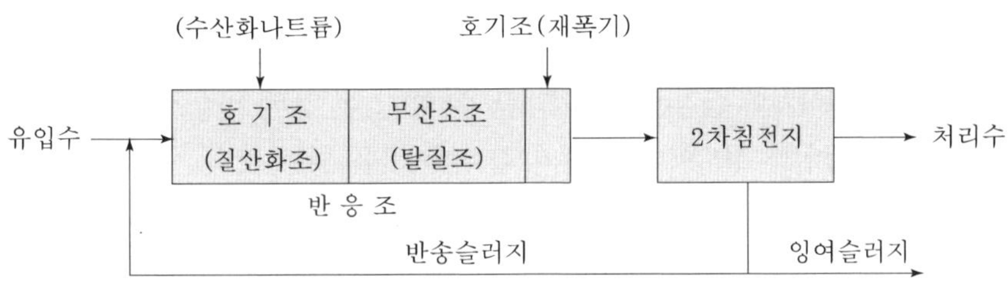


**그림 5.10 질산화 내생탈질법의 처리계통**

본 공법에서는 전단의 호기반응조에서 질산화된 질소의 전량을 후단의 무산소반응조에서 탈질하는 것이 가능하기 때문에 높은 질소제거율이 가능하다. 반면, 탈질반응의 수소공여체로서 활성슬러지에 흡착되어 세포 내에 축적된 유기물을 이용하게 되기 때문에 탈질 속도가 느리고, 큰 무산소반응조가 필요하게 된다.

일반적인 도시하수인 경우에는 탈질을 위해 메탄올 등의 첨가가 필요하지 않으나 유입수의 수질에 따라서는 질산화에 의한 알칼리도의 저하를 보충하기 위하여 수산화나트륨의 첨가를 필요로 하는 경우도 있다. 후단의 재폭기 반응조는 무산소 반응조로부터 유출하는 혼합액을 2차 침전지에서의 탈질에 의한 슬러지 부상을 방지하고, 방류수의 용존산소농도를 확보하기 위해서 설치한다.

㉡ **처리특성** : 일반적인 도시하수의 경우, 1차 침전지를 설치하지 않은 하수처리장에 있어서 T-N 제거율은 70～90% 정도가 가능하며, 처리수의 총질소 농도는 5 mg/L 이하까지 되는 것이 가능하다.

㉢ **설계 및 유지 관리상의 유의점** : 본 공법은 질소제거율의 목표치가 높은 경우 또는 장기폭기법과 같은 정도의 시설을 설치할 여유가 있는 경우에 유리한 처리공정이다. 또한 기존의 장기폭기법의 처리시설에 질소제거의 기능을 부가하는 방법으로 본 공법을 충분히 활용할 수 있다. 그러나 본 공법의 질소제거율은 유입수의 총질소 및 유기물 농도, 호기반응조(질산화반응조 및 재폭기 반응조) 및 무산소 반응에 있어서의 HRT, 수온, pH, MLSS 농도, SRT, DO 농도 등에 의하여 지배를 받는다.

본 공법과 순환식 질산화탈질법(순환법)과의 중요한 차이점은 다음과 같다.

- 순환법의 질소제거율 목표치가 60～70%인데 비하여, 본 공법에서는 그 목표치를 70～90%의 범위로 높게 설정할 수 있다.
- 질산화반응조 이후에 무산소반응조가 설치되기 때문에, 생물반응조 말단에 재폭기반응조를 설치할 필요가 있다.
- 질산화액의 반송을 위해 순환펌프가 필요하지 않다.
- 본 공법의 생물반응조 용량은 통상 순환법 용량의 1.2～1.3배가 필요하다.
- 내생탈질용의 유기탄소원을 확보하기 위해 1차 침전지를 생략한다.
- 본 공법에서는 질산화반응조의 용존산소농도를 0.5 mg/L 정도에서 유지하여, 호기조건 하에서의 탈질반응도 기대할 수 있다. 이 경우, 반응조의 용량은 순환법의 용량과 동일한 정도이며, 고율의 질소제거율을 얻는 것도 가능하다.

㉣ 순환법에서는 탈질공정이 선행되기 때문에 이 공정에서 알칼리도의 생성이 있고 후속 질산화공정에서 소비되는 알칼리도의 일부를 보충할 수 있다. 본 공법에서는 통상 70～100% 정도의 높은 슬러지반송률에 의해 탈질공정에서 생성하는 알칼리도를 질산화공정에서 이용할 수 있다. 그러나 유입수의 알칼리도, 총질소 농도에 따라서는 전단에 질산화공정이 설치되어 있기 때문에, 알칼리도 소비에 의한 pH 저하대책을 확실히 세워야 할 필요가 있다. 알칼리도의 보충이 필요한 경우, 통상 수산화나트륨 주입 설비를 설치한다.

다. **외부탄소원 탈질법** : 순환식 질산화탈질법과 질산화 내생탈질법의 경우에 있어서도 탈질에 필요한 수소공여체(예 : 유기물 또는 $H_2$)가 절대적으로 부족할 경우에는 외부로부터 메탄올 등의 탄소원의 주입이 필요하게 된다. 그러나 본 공법은 분리단계 질산화공정의 경우처럼 C-BOD제거와 질산화－탈질이 분리된 반응조에서는 탈질을 유도하기 위하여 외부탄소원을 사용하게 되는 경우를 의미하는데 필요이상의 외부탄소원이 유입될 경우에는 유출수의 수질악화를 초래하게 되므로 설계 및 운전시에 주의가 필요하다.

메탄올을 탄소원으로 사용할 경우 탈질의 화학양론은 다음과 같다.

$$\text{총괄 에너지반응}: 6NO_3^- + 5CH_3OH \rightarrow 5CO_2 + 3N_2 + 7H_2O + 6OH^- \quad (5.9)$$

한편 전형적인 합성반응은 다음과 같다.

$$3NO_3^- + 14CH_3OH + CO_2 + 3H^+ \rightarrow 3C_5H_7O_2N + H_2O \quad (5.10)$$

실질적으로 에너지로 요구되는 메탄올량의 25～30%가 합성에 소요된다. 질산성 질소의 총괄제거반응은 다음 식과 같이 표현될 수 있다.

$$NO_3^- + 1.08\,CH_3OH + H^+ \rightarrow 0.065\,C_5H_7O_2N + 0.47N_2 + 0.76CO_2 + 2.44H_2O \qquad (5.11)$$

만일 모든 질소가 질산염의 형태로 존재한다면 총메탄올 요구량은 식 (5.11)을 이용하여 구할 수 있다. 그러나 생물학적으로 탈질을 해야 할 유입수에는 약간의 아질산염과 용존 산소가 있을 수 있다. 따라서 질산염, 아질산염 그리고 용존산소가 존재한다면 메탄올 요구량은 다음의 경험식에 의하여 계산할 수 있다.

$$C_m = 2.47N_0 + 1.53N_1 + 0.87D_0 \qquad (5.12)$$

여기서, $C_m$ : 요구되는 메탄올 농도(mg/L)

$N_0$ : 초기 질산성질소 농도(mg/L)

$N_1$ : 초기 아질산성질소 농도(mg/L)

$D_0$ : 초기 용존산소 농도(mg/L)

라. 단계 혐기호기법

㉠ 개요 : 단계 혐기호기법은 표준활성슬러지법의 문제점인 빈번한 벌킹 발생, T-N 제거기능 등을 보완하기 위하여 유입하수를 2단 이상으로 분리하여 유입시키면서 생물반응조를 혐기(무산소), 호기, 무산소, 호기(재폭기) 반응조의 순서로 배치하여 질산화, 내부순환 없는 내생탈질 반응이 동시에 일어나게 하는 방법이다. 본 공법의 기본적인 처리계통은 그림 5.11과 같다. 본 공법은 가정하수를 주로 처리하는 분류식 하수처리장의 벌킹대책과 질산화 및 탈질화를 위하여 적용되고 있다.

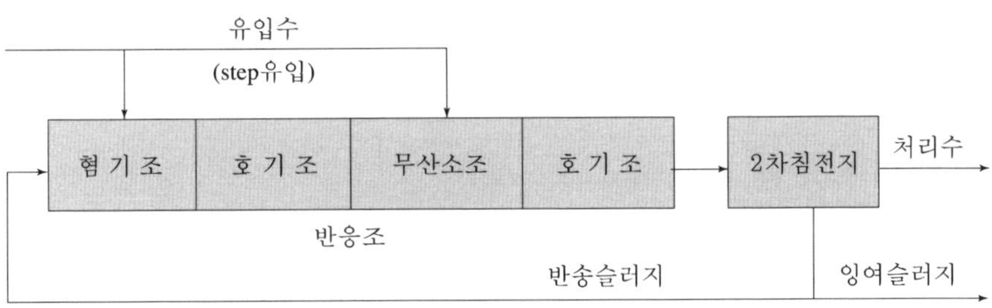


그림 5.11 단계혐기호기법

㉡ 처리특성 : 유입부하의 변동과 수온저하에 대해서 안정된 처리를 기대할 수 있으며, 특히 동절기의 사상성 벌킹을 방지할 수 있다. 질소제거는 내부순환 없이 탈질반응에 필요한 탄소원을 내부탄소 및 유입하수를 직접 이용하기 때문에 질소제거 효율이 50~60%로 안정적이다. 또, 혐기조 운전에 따라서는 인 제거도 가능하다.

마. 연속회분식 활성슬러지법 : 연속회분식 활성슬러지법에서는 SRT를 길게 하여 유

기물 부하를 낮게 설정할 수 있는 경우에는 질산화반응이 진행되고 탈질공정을 도입하여 동일한 반응조에서 용이하게 질소제거를 행할 수 있다.

바. **간헐폭기법** : 간헐폭기법은 단일단계 질소제거방법으로 활성슬러지법에서 폭기를 일정주기로 간헐적으로 행함으로써 호기성 및 무산소 단계를 반복하여 질소를 제거하는 방법으로 다음과 같은 운전 요건을 필요로 한다.

- 폭기기에 타이머를 연결하여 일정시간비의 호기—무산소 단계를 주기적으로 수행한다.
- 질산화와 탈질을 위하여 반응조의 용량을 적절히 조절한다.
- 탈질단계에서는 혼합액 혼합, 유입수의 유입을 위한 설비를 설치한다.

사. **산화구법** : 산화구법은 SRT가 길기 때문에 처리과정에서 질산화반응이 일어나기 쉽다. 반응조 내에 무산소 상태를 도입하여 탈질반응을 발생시키고 생물학적 질소제거를 도모함으로써 안정성의 향상을 기할 수 있다.

아. **탈질 생물막법** : 부유성장식의 순환식 질산화탈질법, 질산화 내생탈질법, 외부탄소원 탈질법 등은 여재를 이용한 생물막법에 의해서도 가능하다. 즉 무산소, 호기 생물막 반응조를 조합하고, 다양한 여재를 활용하여 부착성장식의 안정적인 질소제거가 이루어질 수 있다. 부유성장식에 비하여 SRT를 용이하게 길게 할 수 있고 질산화, 탈질미생물의 분리배양이 가능하여 체류시간의 감소가 가능하다.

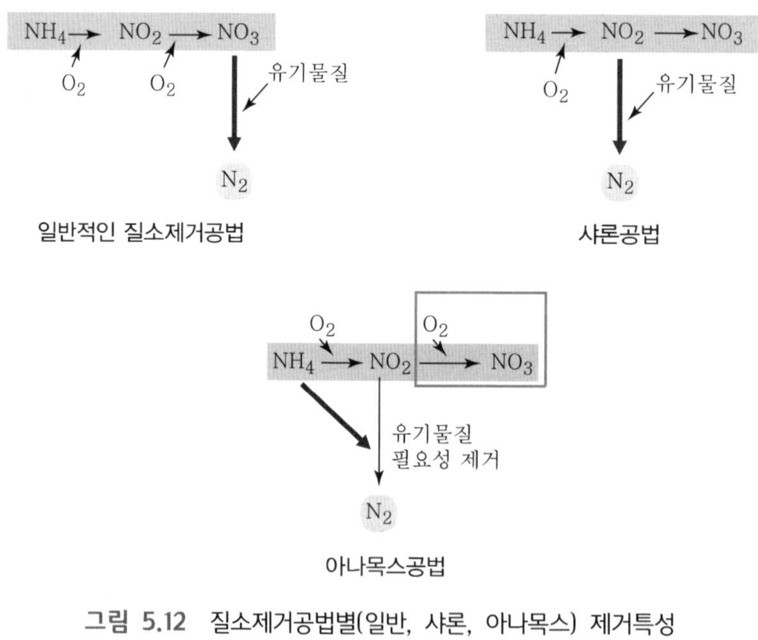


**그림 5.12** 질소제거공법별(일반, 샤론, 아나목스) 제거특성

자. 기타 : 위에 제시된 공법 이외에 부유성장식과 부착성장식이 조합된 공법 등 다양한 질소제거공법들이 개발 또는 연구 진행 중인데, 대표적으로 그림 5.12에 나타낸 바와 같이 $NO_2^-$에서 $NO_3^-$를 거치지 않고 외부탄소원의 도움으로 바로 $N_2$ 가스로 전환되게 하는 샤론(Sharon)공법과 외부탄소원의 도움 없이 $NO_2^-$에서 바로 $N_2$ 가스로 전환되게 하는 아나목스(Annamox)공법이 있다.

## 5.2.4 인(P)의 제거

우리나라 호소수의 부영양화는 질소보다는 인의 과다유입에 의한다고 알려져 있으며 부영양화의 방지를 위한 하·폐수로부터의 인 제거 방법으로는 화학적인 방법과 생물학적인 방법을 사용할 수 있다.

종래에는 화학적인 처리방법이 인 제거에 주로 사용되었으나 경제적이면서 효율이 높은 생물학적 인제거 방법이 개발되면서 미생물을 이용하여 인을 제거하는 생물학적 처리시설이 증가되어 왔으며 최근에는 점차 인의 방류수 기준이 까다로워짐에 따라 보다 안정적인 수질을 얻기 위해 생물학적 처리방법과 화학적 처리방법을 병용하는 시설이 늘어가고 있다.

### 1) 정석(晶析) 탈인법(Phosphorus Crystalization Process ; 화학적 제거법)

정석 탈인법은 화학공업분야에서 넓게 이용되고 있는 원리를 적용한 것으로서, 하수처리분야에는 1970년대 후반부터 개발이 활발하게 진행되어온 기술이다. 이 방법은 종결정으로 불리는 인광석, 고로슬래그 등을 충전한 반응조에 하수를 유입시켜 인을 석출하여 제거한다.

인의 화학적 제거는 침전제거가 용이한 수용성의 정인산(orthophosphate)의 형성에 의존하는데 인은 생슬러지나 2차 슬러지와 함께 분리·제거된다. 인의 침전제거에 사용되는 화학제는 주로 금속염이며 첨가되는 위치는 그림 5.13과 같이 다양하고 적절한 투여위치는 원하는 처리정도에 따라 정해진다. 도시하수 처리의 경우 투여되는 지점에 따라 얻을 수 있는 효과를 표 5.8에 정리했는데 일반적으로 처리수의 인 농도가 1 mg/L 이상이어도 무방한 경우는 2차 처리과정에서 금속염을 투여할 수 있다.

그러나 1 mg/L 이하를 유지해야 하는 경우는 2차 처리수에 금속염을 투여하는 3차 처리과정이 필요하며 화학응집 침전조나 화학제 투입 후 여과지를 거치도록 하여 인을 포함하는 고형물질을 제거함으로써 처리수의 인 농도를 낮추게 된다.

가장 널리 사용되는 금속염은 소석회[$Ca(OH)_2$], Alum, $NaAlO_2$, $FeCl_3$, $Fe_2(SO_4)_3$, $FeSO_4$와 $FeCl_2$이며 제철공장에서 발생되는 산세척액(pickle liquor)도 인의 침전제거에 효과적이다.

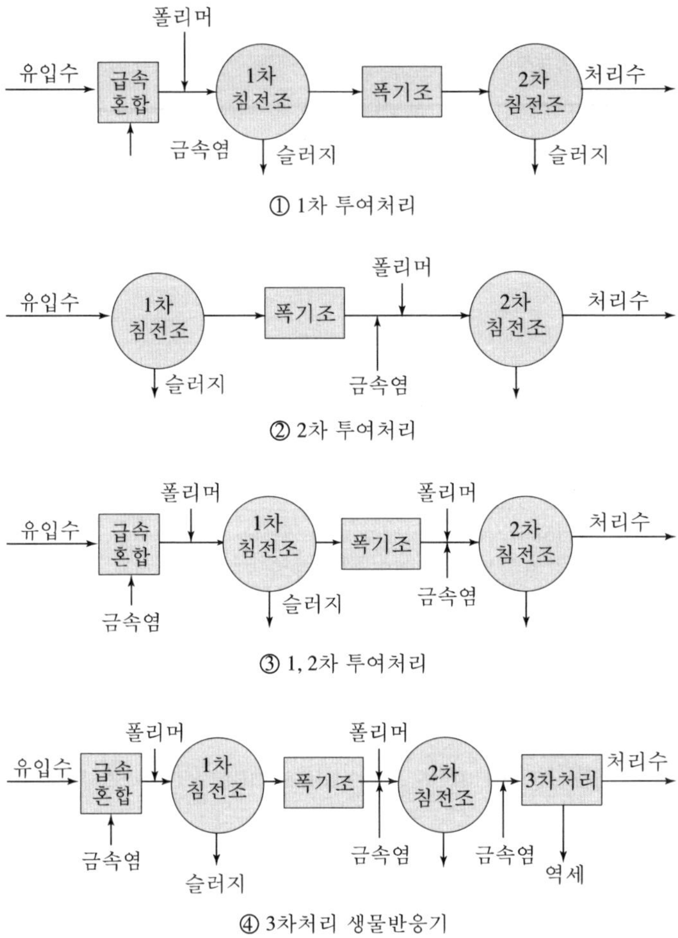


그림 5.13 인 제거를 위한 화학약품 투여위치

**표 5.8 화학약품 투여 위치에 따른 처리수의 수질예측**

| 투여위치 | 처리수의 인농도(mg/L) | 비 고 |
|---|---|---|
| 1차 처리 | > 1 | 화학약품의 효율적 사용, 응집을 위해 고분자 응집제 필요 |
| 2차 처리 | > 1 | 비효율적인 화학약품 사용, MLSS에 무기고형물 증가 |
| 1차 처리와 2차 처리 | 0.5～1.0 | 비용증가 |
| 3차 처리 | < 0.5 | 과도한 비용증가 |

인의 화학적 처리는 많은 양의 슬러지를 발생시키며 황산알루미늄이나 철염에 의해 형성된 슬러지는 혐기성 소화과정에서 인을 방출시키지 않으나 소석회 슬러지는 혐기성 소화과정에서 인을 방출시키기 때문에 슬러지의 처리과정에서도 인의 화학적 제거를 위해서 소석회보다는 황산알루미늄이나 철염을 사용하는 예가 많다.

## 2) 응집제첨가 활성슬러지법

### (1) 개요

응집제 첨가 활성슬러지법의 인 제거 메커니즘은 3가 금속이온이 하수중의 3가 인산이온과 반응하여 난용성의 인산염을 생성하는 반응에 기초를 둔다.

$$M^{3+} + PO_4^{3-} \rightarrow MPO_4 \downarrow \qquad (5.13)$$

통상적으로 중성부근에서 침전물을 생성하는 알루미늄이나 3가 철염이 응집제로 사용된다. 이와 같은 원리에 기초한 제거공정은 응집제와 하수와의 혼화, 플록형성 및 침전분리의 3가지 공정이 필요하지만, 본 법에서는 혼화 및 플록형성은 반응조 내의 흐름에 따라 이루어지고 생물플록과 합쳐진 플록을 형성하며, 이것이 2차 침전지에서 침전 분리된다. 본 법에 적용가능한 응집제로서는 황산알루미늄, 폴리염화알루미늄(PAC), 염화제이철, 황산제일철 등이 있다. 본 법의 기본적인 처리계통은 그림 5.14와 같다.

본 법은 활성슬러지법에 의한 처리시설에 응집제 주입설비와 배관, 제어시스템 등을 부가한 방식이다. 따라서 기존의 처리시설에도 간단히 적용가능하다. 또한, 응집제 첨가위치는 응집제로서 알루미늄염, 제이철염 등을 사용하는 경우는 반응조의 끝부분에 첨가한다. 응집제로서 제일철염을 사용하는 경우는 제일철이 반응조의 말단부분에서 제이철로 산화되는 것이 가능한 위치로 한다.

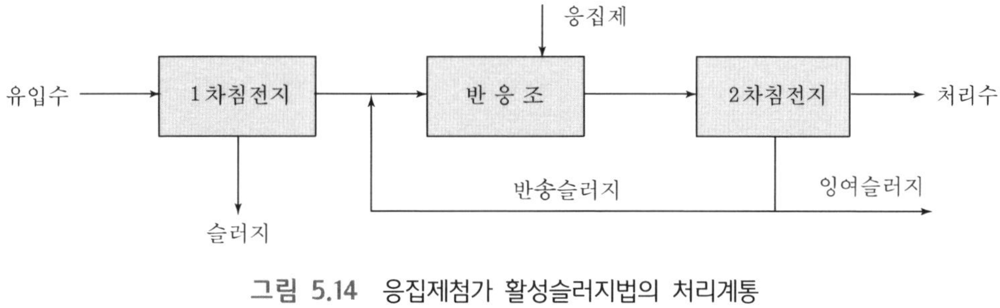


그림 5.14 응집제첨가 활성슬러지법의 처리계통

### (2) 처리특성

① **인의 제거** : 본 법은 적절한 운전조건을 선택하면 용해성 총인농도 0.3 mg/L 이하, 총인농도 0.5 mg/L 이하의 처리수를 얻는 것이 가능하다.

② **유기물 제거** : 본 법과 표준활성슬러지법 사이에 유기물 제거에 대하여는 특별한 차이가 없다.

### (3) 설계 및 유지관리상의 유의점

① **응집제의 선정** : 응집제의 선정에 있어서는 응집제의 성질, 처리시설의 특성, 응집제의 가격 등을 고려하여 선정한다.

② **응집제 첨가 몰(mole)비** : 유입수의 용해성 총인농도에 대한 응집제의 첨가 몰비는 목표 처리수 인농도와 응집제 몰비의 관계로부터 설정한다. 응집제의 종류에 따라 첨가 몰비는 달라진다.

③ **생물에의 영향** : 각종 응집제가 활성슬러지 미생물의 생물활성에 거의 악영향을 주지는 않지만, 어느 응집제를 사용하여도 본 법에 의한 처리 개시 시에는 활성슬러지의 응집제에 대한 순응이 필요하다. 본 법의 응집 반응에 동반되는 알칼리도 소비에 따라 질산화 반응이 저해를 받을 가능성이 있지만, 반응조 말단에 첨가하는 경우에는 그런 가능성이 거의 없다.

④ **슬러지 발생량** : 응집제로서 알루미늄염을 사용하는 경우는 첨가한 알루미늄량의 5배 정도의 SS가, 철염을 사용하는 경우에는 첨가된 철의 3.5배의 SS가 발생하여 잉여슬러지량이 증가하게 된다. 본 법에서는 2～4 g $Al^{3+}/m^3$의 알루미늄염을 첨가하는 경우, 잉여슬러지량이 5～20% 증가한 사례가 있다. 잉여슬러지의 농축성, 탈수성은 표준활성슬러지법의 잉여슬러지와 거의 같다.

## 3) 생물학적 인(P)의 제거

### (1) 기본원리

세포 내의 인 함량은 건조무게비로 1.5～2% 정도가 되어 기존 활성슬러지법에 의해서는 세포합성에 필요한 양 만큼의 인이 제거되기 때문에 처리효율이 낮다. 그러나 그림 5.15에 나타낸 바와 같이 혐기성 상태에서 인을 방출하고 호기성 상태에서 인을 과잉섭취(excess uptake)하는 처리방법은 인을 함유한 하수가 혐기성과 호기성 상태를 거치면서 인이 방출되고 또 과잉섭취 됨으로써 높은 인 제거효율을 얻을 수가 있다.

과잉섭취에 대해서는 아직도 여러 학설이 대립되고 있는 실정이나 Acinetobacter가 중요한 역할을 하며 혐기성 상태에서 유기물은 폴리하이드록시부티레이트(PHB)형태로 저장되고 다중인산염(polyphosphate)이 정인산염(orthophosphate)으로 변화되어 방출되고 호기성 상태에서 축적과 유기물의 산화분해가 진행되면서 인을 과잉섭취한다는 기본개념은 일치한다(그림 5.16)

또한 중요한 사실은 호기성 상태에서 인의 과잉섭취가 일어나는 것과 같이 산소 외에 다른 전자수용체, 즉 $NO_3^-$와 같은 물질들이 존재하면 산소가 없는 상태에서도 인의 방출이 방해를 받게 되어 혐기성조에서 인의 방출을 효율적으로 하기 위해서는 $NO_3^-$를 제거해야 한다는 것이다. 즉, 혐기성조는 DO = 0 mg/L, $NO_3$-N = 0 mg/L인 반응조로서 인 축적 미생물이 BOD를 이용하여 인을 방출하는 반응조인데 $NO_3$-N이 존재한다면 인 방출이 안 되어 인의 제거도 안 된다. 반면, 무산소조는 DO = 0 mg/L이지만 $NO_3$-N이 존재하는 반응조로서 탈질미생물이 BOD를 이용하여 $NO_3$-N을 $N_2$ 가스로 전환시키는 공정인데, 이 제거기작은 호기성 반응조와 같지만 다만 무산소조는 $NO_3$-N을 이용하고 호기조는 $O_2$를 이용한다는 차이가 있다. 호기조에는 $O_2$가 있어서 BOD 제거, 질산화와 인 과잉섭취가 발생하는 하는데, 인이 세포 내에 축적된 상태에서 침전지에서 침전되고 일부는 반송된다.

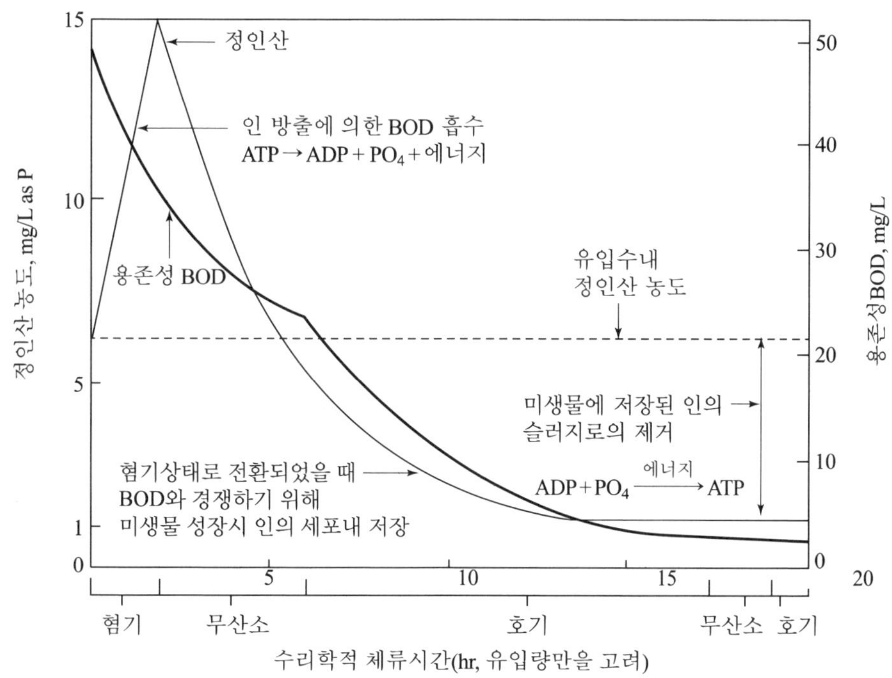


**그림 5.15 생물학적 인제거의 기본 개념**[23)]

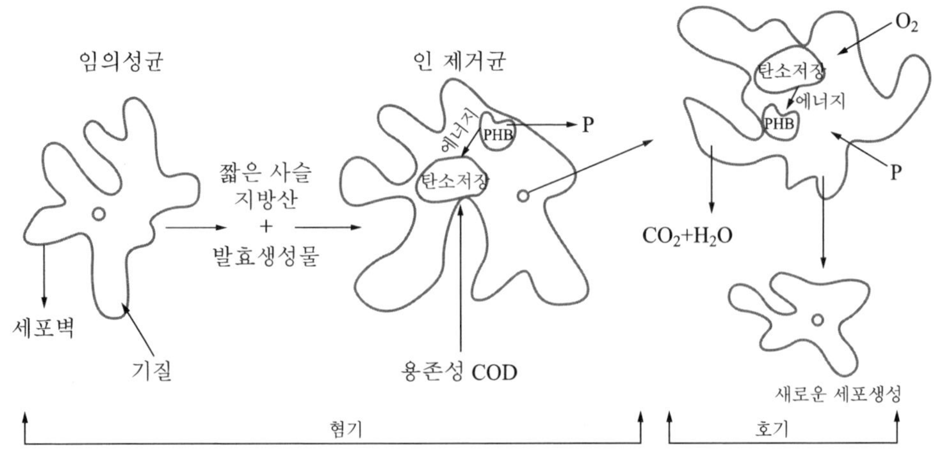


그림 5.16 과잉섭취에 의한 인 제거 메커니즘[23)]

## (2) 생물학적 인 제거 모델

생물학적 인 제거작용을 설명하기 위한 모델들이 제시되어 있는데 이 모델들은 모두 다음과 같은 공통사항을 갖고 있다.

① 생물학적 인 제거를 위해서는 혐기성/호기성의 반복진행(sequencing)이 필요하다.

② 아세트산염(acetate)과 같은 짧은 사슬 지방산(SCFA, short chain fatty acid)이 혐기성 단계에서의 반응에 중요한 역할을 한다.

생물학적 인 제거에는 여러 종류의 미생물이 관여하게 되는데 이들을 PAOs (polyphosphate accumulating organisms) Bio-P 또는 Poly-P 미생물이라고 하며, 이들 중 아시네토박터균이 대표적인 미생물이다. 이들은 그람음성(gram negative) 미생물로서 탄수화물의 분해를 위한 경로 중의 하나인 포도당분해(glycolysis)를 거치는 기능이 결여되어 있으나 TCA (트리카르복시산)회로를 거치기에 필요한 효소들은 보유하고 있다.

## (3) 생물학적 인 제거 공정

앞에서 설명한 개념을 이용하여 여러 종류의 생물학적 인 제거방법이 개발되어 있는데 모두 기존의 활성슬러지 공정을 개선하여 2차 처리 단계에서 인을 제거하도록 변형시킨 방법들이다.

① A/O와 $A^2/O$ Process

A/O공정의 기본 공정도는 그림 5.17과 같으며 앞에서 설명한 혐기성과 호기성 상태에

서 인의 방출과 섭취의 개념을 이용한 기본적인 방법이며 인을 과잉섭취 하여 인 함유량이 높은(4～6%) 잉여슬러지(미생물)를 폐기함으로써 인이 제거된다.
혐기성과 호기성조는 몇 개의 조로 나뉘어져 있으며, 기존의 활성슬러지의 공정 중 앞부분의 폭기조에 공기공급을 중단하는 등 간단한 방법으로 A/O공정과 비슷한 개념의 공정으로 변화시킬 수가 있어 기존시설의 개선방법으로 많이 사용되고 있다.

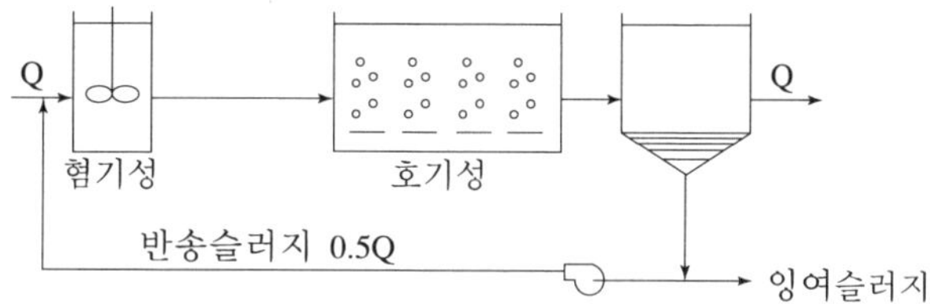


**그림 5.17** A/O 공정

처리수의 인 농도는 불안정한 편이며 방류수의 인 농도기준이 1 mg/L 이하인 경우에는 처리수의 여과장치가 별도로 필요하게 된다. 그림 5.18은 A/O 공정을 개량하여 질소 제거가 가능하도록 무산소조를 추가한 $A^2$/O공정을 나타내었다. $A^2$/O에 의해 얻을 수 있는 총질소 제거효율은 40～70% 정도이고 인의 제거는 A/O와 비슷한 수준이다.

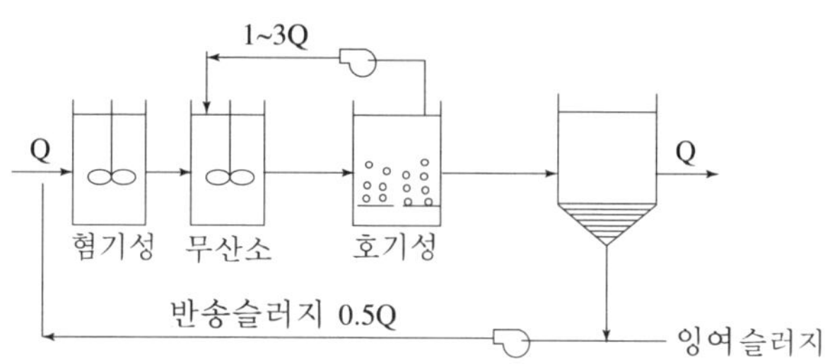


**그림 5.18** $A^2$/O공정

② 수정 바덴포(modified Bardenpho)

바덴포 공정의 앞에 무산소조를 추가하여 $NO_x$가 혐기성 상태에서 인의 방출을 저해할 수 있는 가능성을 막고 유입수 내 유기물을 분해하면서 70% 정도의 $NO_x$가 맨 앞의 무산소조에서 제거되어 질소와 인의 제거효율을 높이도록 한 것이 그림 5.19에 나타낸 수정 바덴포 공정이다. 수정 바덴포 공정을 사용하기에 적합한 유입수의 조건은 BOD/TP > 20와 $BOD_5$/TKN > 4이며 전체적인 SRT는 6～15일 정도로 유지해 주고 있다.

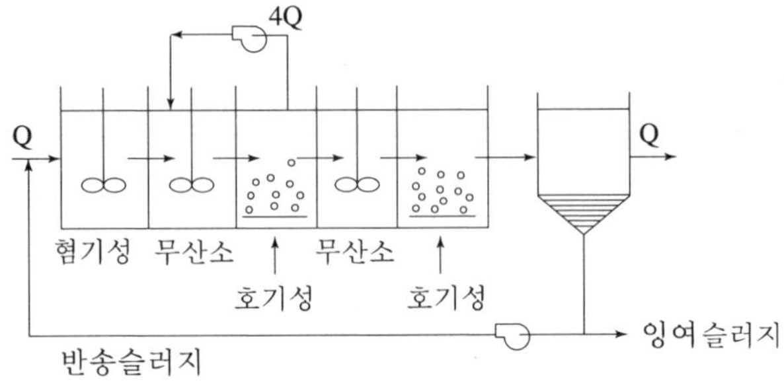


**그림 5.19 수정 바덴포 공정**

③ UCT (University of Cape Town) 공정

UCT 공정은 수정 바덴포 공정을 더욱 변형시킨 방법으로 반송슬러지가 혐기조가 아니고 무산소조로 반송되며 무산소조로부터 혐기조로 반송시키는 2단계 반송을 한다. 이 공정은 그림 5.20과 같이 혐기조에서 $NO_3$-N부하를 낮게 유지함으로써 혐기성 상태에서 인의 방출을 방해하지 않도록 한다. 따라서 무산소조의 $NO_3$-N농도를 낮게 유지하는 것이 이 공정의 효율을 정하게 되며 결국 질산화를 충분히 시키지 않게 되는 경우가 많다. 이 문제점들을 보완하기 위해 수정 UCT 공정이 개발되었는데 이 공정은 혐기조와 폭기조 사이에 무산소조를 두 개 설치함으로써 충분한 질산화와 탈질이 진행되도록 한다. 수정 UCT 공정에서 혐기조로의 슬러지반송펌프는 두 무산소조에 모두 연결되도록 설계하여 UCT 공정도 운전이 가능하도록 하는 것이 보통이다.

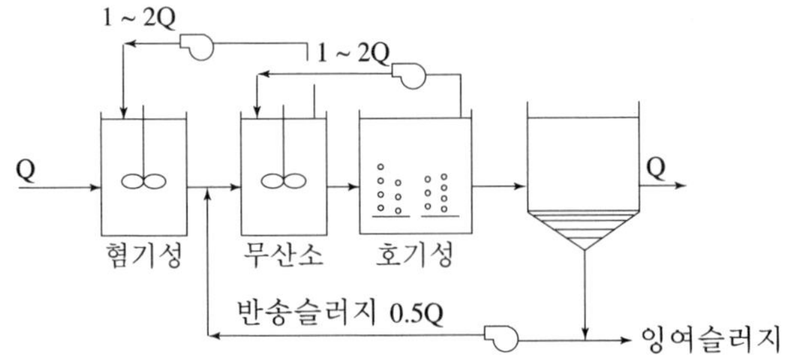


**그림 5.20 UCT 공정**

④ VIP (Virginia Initiative Plant) 공정

그림 5.21에 나타난 바와 같이 VIP 공정은 UCT 공정과 비슷한 방법이나 다음 두 가지 사항이 다르다. 첫 번째로 UCT 공정은 각 반응조가 하나의 CSTR로 되어 있으나 VIP 공정은 12개 이상의 CSTR을 직렬로 배치함으로써 인의 과잉섭취 능력을 증가시킨다.

두 번째로 UCT 공정의 SRT가 13～25일인데 비해 VIP 공정은 SRT가 5～10일이어서 활성 미생물량의 비율이 높다.

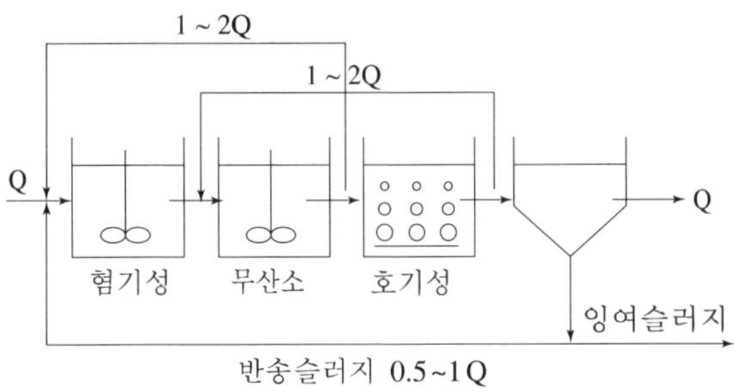


그림 5.21 VIP 공정

⑤ 포스트립(Phostrip) 공정

A/O나 바덴포 공정이 인을 과잉 섭취한 슬러지를 잉여슬러지로 폐기함으로써 인의 제거가 이루어지기 때문에 인 제거효율이 안정적이지 못한 반면 포스트립 공정은 생물학적 인 제거와 화학적 처리를 병용함으로서 보다 안정적인 인 제거가 가능하게 한다. 그림 5.22와 같이 반송슬러지의 일부가 탈인조(P stripper)에 투입되면서 혐기성 상태에서 인의 방출이 진행된다. 탈인조의 SRT는 대개 8～12시간 정도인데 Bio-P 미생물에 의한 인의 방출시에도 탈인조에서 파괴된 미생물이 인을 방출하기도 한다. 탈인조에 사용되는 세정수로는 1차 처리수나 2차 처리수가 주로 사용되며 인이 농축된 탈인조 상징액의 화학처리에는 별도의 화학침전조가 설치되기도 하고 1차 침전조에 투여되어 침전 제거되기도 한다.

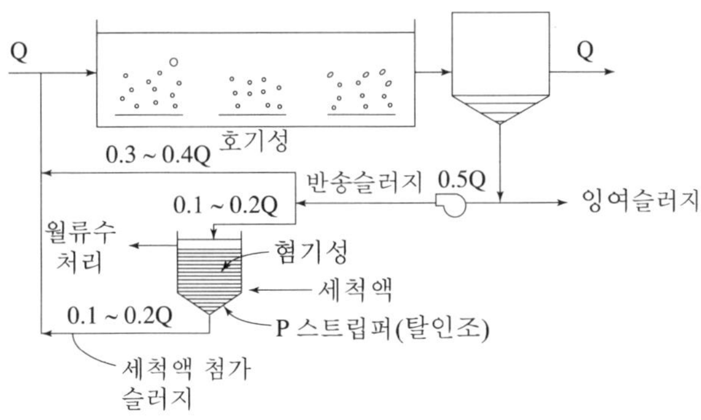


그림 5.22 포스트립 공정

⑥ 연속회분식 활성슬러지법(SBR, sequencing batch reactor)

회분식 활성슬러지법은 활성슬러지가 처음 나왔을 때 유입 및 배출(fill-and-draw) 방식으로 운전된 것이 시초이지만 제어의 문제로 실용화되지 못했다. 그림 5.23에 보여준 SBR 공정의 일반적 운전법으로 1970년대 말부터 1980년대에 이르러서 각종 자동화장치의 개발과 더불어 다시 사용되는 예가 증가하였다.

SBR은 하나의 반응조안에서 혐기성 상태와 호기성 상태가 가능하기 때문에 인의 제거가 가능하며 또한 운전상에 변화가 용이하여 특히 소규모처리에 효과적인 것으로 알려져 있다.

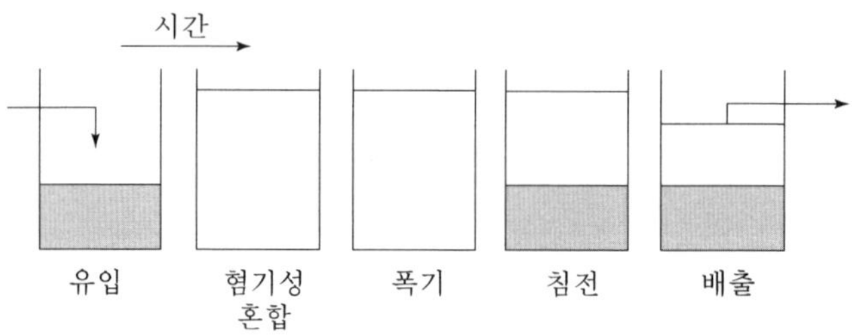


그림 5.23 SBR 공정 흐름도

(4) 생물학적 인 제거에 미치는 영향 인자

생물학적 인 제거 효율에는 많은 인자들이 영향을 미치는데 이들은 다음과 같이 분류할 수가 있다. 요약하면 환경조건에서는 DO, 온도, pH에 의해 영향을 받을 수 있으며, 설계인자에서는 SRT, 혐기조의 체류시간, 호기조의 체류시간 등에 의해 영향을 받으며, 유입수의 특성에서는 휘발성 지방산(짧은 사슬 지방산, SCFA)의 존재여부와 $NO_x$의 존재여부이다.

① 환경조건

- 호기성조에서의 산소농도와 인의 제거효율과의 관계는 특별히 조사된 결과가 없으나 초기의 연구결과로는 2 mg/L 이상의 DO농도를 유지해주면 큰 영향은 없다고 하였다.
- 온도의 영향은 주로 낮은 온도가 인의 제거에 더 바람직하다는 결과가 보고되고 있다. 즉, 5℃에서는 15℃에 비해 40% 높은 인 제거효율을 나타냈으나 실제 처리상에서는 온도변화에 의해 제거효율이 크게 변하지는 않았다.
- pH의 범위는 7.5～8.0 사이에서는 큰 차이가 없는 것으로 보고되어 있으며, pH가 6.5 이하에서는 계속 제거효율이 감소되었으며 5.2 이하에서는 전혀 제거되지 않았다.

② 설계 및 운전조건

- SRT에 따라서 BOD가 제거되는 양과 인이 제거되는 양의 비가 변화되는 것을 조사한 결과에 의하면 SRT가 길수록 더 많은 BOD가 제거되어야 하는 것으로 보고되고 있다.

- 유입수의 TBOD : TP비와 처리수의 인 농도에 대한 조사결과 TBOD/TP비가 클수록 처리수의 인 농도는 낮았으며 SRT가 낮은 경우 처리수의 인 농도를 1 mg/L 이하로 유지하기 위해서는 TBOD/TP비가 20～30 정도 되어야 한다.
- 유입수의 BOD/P비의 변화에 대해 A/O, $A^2/O$의 바덴포 공정은 매우 민감하다. UCT와 VIP는 큰 영향을 받지 않으며 포스트립 공정은 가장 영향을 적게 받는 것으로 알려져 있다. 우리나라는 유입하수의 BOD가 낮은 경우가 많아 BOD/P비가 낮게 되어 BOD/P비에 민감한 A/O, $A^2/O$, 바덴포 공정이 더 효과적일 수도 있다.
- 이분해성 COD (또는 짧은 사슬 지방산, SCFA)의 형성을 촉진시키는 공정이 있어야 한다.

앞에서 설명된 바와 같이 혐기성 상태에서 인의 방출을 촉진시키기 위해서는 아세트산과 같은 짧은 사슬의 휘발성 지방산(SCFA)인 이분해성(readily biodegradable) COD (RBCOD)가 존재해야 한다. 이를 위해서 1차 침전조의 슬러지가 1단계로 산발효(acid fermentation)를 거치도록 하여 생성된 SCFA가 많이 포함된 상징액을 생물학적 인제거 공정으로 유입시키는 등 RBCOD를 증가시키는 방법들이 제시되고 있다. 이 방법들의 실용성 여부는 앞으로 계속 연구되어야 할 것이나 일부 산업폐수의 생물학적 처리에 고려해볼만한 방법이라고 판단된다.

#### (5) 처리수 수질목표에 적용가능한 처리방법

① T-P 농도기준이 1 mg/L 이하인 경우는 2차 처리 후 금속염 추가에 의한 응집침전을 사용해야 하며 이 경우 금속염과 인의 몰 비($M^+/P$)는 1.2/1 이상이어야 한다. 생물학적 처리방법으로는 UCT, VIP, 포스트립 공정이 이 기준을 만족시킬 수 있고, A/O나 바덴포 공정은 금속염에 의한 후처리가 필요하다.

② T-P 농도기준이 0.3～0.5 mg/L인 경우는 화학침전법 사용이 가능하다. 생물학적 처리나 화학적 처리 모두 처리수는 여과를 거쳐야 한다.

③ T-P 농도기준이 0.2 mg/L로 고도처리해야 할 경우는 어느 방법이 사용되든 처리수에 소석회(Lime) 침전이 필요하고 처리수의 여과가 필수적이다.

## 5.2.5 질소, 인 동시 제거

### 1) 혐기 무산소 호기조합법

#### (1) 개요

혐기 무산소 호기조합법은 생물학적 인 제거 공정과 생물학적 질소제거 공정을 조합시킨

처리법으로 활성슬러지 미생물에 의한 인 과잉 섭취현상 및 질산화, 탈질을 이용한 것이다. 본 공법에 적용한 인제거 공정은 혐기 호기 조합법이며, 혐기반응조, 무산소(탈질)반응조, 호기(질산화)반응조의 순서로 배치하여, 유입수와 반송슬러지를 혐기반응조에 유입시키면서 호기반응조 혼합액을 무산소반응조에 순환시키는 방법이다. 본 공법의 기본적인 처리계통은 그림 5.24와 같다. 그리고 이런 기본적인 처리계통을 토대로 하여 그림 5.24의 (1)과 같이 혐기조로의 질산성질소 유입을 방지하기 위하여 무산소조로부터 혐기조로의 순환을 추가하고 (2)와 같이 반송슬러지 유입을 무산소조로 변경하여 적용한 공법(VIP공법, UCT공법) 등이 있으며, 호기조 이후에 무산소조와 호기조를 추가한 공법(5단계 Bardenpho공법) 등이 있다.

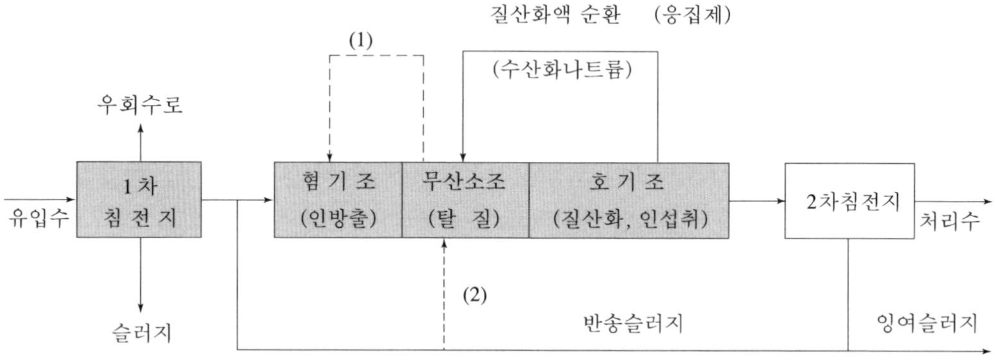


그림 5.24 혐기무산소호기조합법의 처리계통

## (2) 처리특성

일반적인 도시하수의 경우, 1차 침전지 유출수에 대하여 총질소 제거율 60～70% 정도, 총인 제거율 70～80% 정도가 기대된다. 본 공법의 질소, 인제거 성능은 유입수의 질소, 인, 유기물 농도, 슬러지처리 계통으로부터의 인 반류부하 등에 지배된다. 본 공법의 처리성능, 특히 인제거 성능은 우천시에 저하하는 경향이 있기 때문에 보다 안정적인 처리수의 인 농도를 확보할 필요가 있는 경우에는 보완적 설비로서 응집제 첨가 등의 물리화학적 인제거 공정의 병용이 필요한 경우가 많다. 또한 기존의 생물반응조 말단에 응집제를 첨가하여 인제거를 행하는 처리장에 본 공법을 적용하면 응집제의 절감이 가능하다고 보고되고 있다.

## (3) 설계 및 유지관리상의 유의점

본 공법의 설계 및 유지관리상의 유의점은 다음과 같다. 우천시나 공용개시시의 초기대책으로 혐기반응조 또는 무산소반응조에 필요한 유기물을 확보하기 위해 유입수가 1차 침전지를 우회하는 우회수로를 설치하는 것이 바람직하다. 일반적인 도시 하수의 경우에는 탈질을 위한 메탄올이나 pH조정용의 수산화나트륨 등의 첨가가 필요 없지만, 유역특성에 의해 유입수중의 알칼리도가 낮은 경우나 강우 등의 영향이 큰 경우에는 알칼리제나 메탄올 등의 탈질 보조제의 주입 설비가 필요하게 된다. 질산화액의 순환은 기본적으로 순환펌프에 의하지만 호기반응조의 산기에 동반된 에어리프트효과에 의한 순환류를 이용할 수도 있다. 인 제거를 효과적으로 행하기 위해서는 1차 침전지 슬러지와 잉여슬러지의 농축을 분리하는 것이 바람직하며, 슬러지처리계통으로부터의 인 반류부하가 적은 슬러지처리공정을 선택할 필요가 있다. 방류수의 인농도를 안정적으로 확보할 필요가 있는 경우에는 호기반응조의 말단에 응집제(PAC 등)를 첨가할 설비를 설치하는 것이 바람직하다.

## 2) 응집제 병용형 생물학적 질소제거법

### (1) 개요

응집제 병용형 생물학적 질소제거법은 순환식질산화탈질법 또는 질산화내생탈질법의 생물반응조에 응집제를 첨가하여 기존의 생물처리기능에 인제거 기능을 부가한 고도처리공정이며, 인 및 질소를 동시에 제거할 수 있는 공정이다. 인의 제거기작에 대해서는 응집제첨가 활성슬러지법의 항을 질소의 제거기작에 대해서는 순환식질산화－탈질법 및 질산화내생탈질법의 항을 참조한다. 순환식질산화－탈질법 및 질산화내생탈질법의 기본적인 처리계통은 그림 5.25, 그림 5.26과 같다.

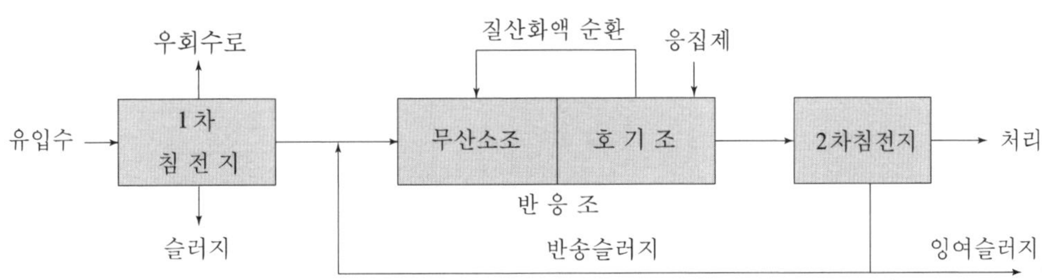


그림 5.25 응집제 병용형 순환식질산화탈질법의 처리계통

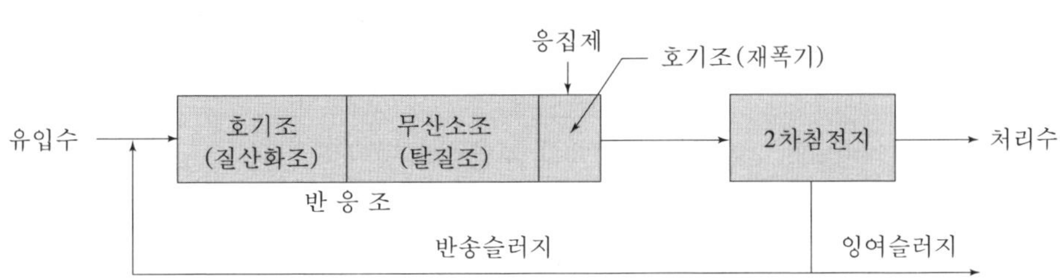


그림 5.26 응집제병용형 질산화내생탈질법의 처리계통

(2) 처리특성

① 응집제 병용형 순환식 질산화 탈질법

표준 도시하수의 경우, 유입수(1차 침전지 유출수)에 대한 총 질소 제거율은 60～70%, 총인 제거율은 70～80%로 기대할 수 있다.

② 응집제 병용형 질산화내생탈질법

표준도시하수의 경우, 유입수(1차 침전지 유출수)에 대한 총질소 제거율은 70～90%, 총인 제거율은 70～80%를 기대할 수 있다.

### 3) 기타 공정

질소와 인을 동시에 제거하기 위해 고안된 공정은 기존의 포스트립 공정에서 탈인조 앞에 탈질조를 설치하여 탈질과 후속되는 탈인조에서 질산성질소의 영향을 최소화하여 탈인 효율을 높인 수정 포스트립 공정, 이에 더하여 폭기조 이전에 미생물 선택조를 추가하여 낮은 F/M비에 의한 사상성미생물의 슬러지 벌킹을 방지하는 공정 등이 있다. 수정 포스트립 공정을 그림 5.27에 나타내었다.

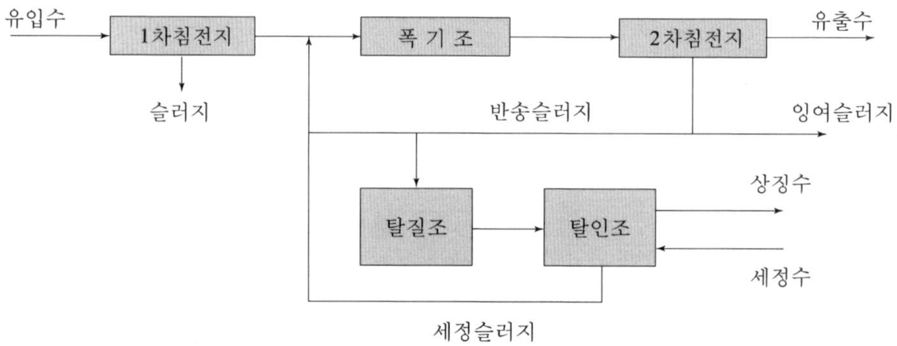


**그림 5.27 질소, 인 동시제거 수정 포스트립 공정**

## 5.2.6 앞으로의 과제

호소수에 대한 의존도가 높은 우리나라에서 부영양화 방지를 위해 질소와 인을 처리하는 것은 매우 중요한 일이다. 앞에서 질소와 인을 제거할 수 있는 방법들을 살펴보았는데 주로 하수처리장이나 폐수종말처리장 등 혼합폐수를 처리하는 경우에 적합한 방법들이다(그림 5.28).

<table>
<tr><th colspan="6">N 제거공법</th><th>P 제거공법</th><th colspan="4">N, P 동시제거공법</th></tr>
<tr><td colspan="4">부유성장식</td><td>부착성장식</td><td rowspan="3">파과점<br>염소주입</td><td rowspan="3">- SBR<br>- 포스트립<br>- A/O<br>- OWASA<br>- 응집침전법</td><td colspan="4">부유성장식</td></tr>
<tr><td>단일슬러지<br>(다상식,<br>multi-phased)</td><td colspan="2">단일슬러지<br>(다단식,<br>multi-stage)</td><td>다중슬러지<br>(다영역식,<br>multi-zone)</td><td rowspan="2">(다상식)<br>- 고정상<br>- 유동상<br>- 이동상</td><td>단일슬러지<br>(다상식,<br>multi-phased)</td><td colspan="2">단일슬러지<br>(다단식,<br>multi-stage)</td><td>단일슬러지<br>(측류식,<br>sidestream)</td></tr>
<tr><td>- SBR<br>- BIODENITRO<br>- 교대폭기법</td><td>2단계<br>- MLE<br>- Wuhrman</td><td>4단계<br>- 바덴포</td><td>- Carrousel<br>- Orbal<br>- Screiber</td><td>- SBR<br>- PID</td><td>3단계<br>- $A^2/O$<br>- UCT<br>- VIP<br>- Orbal</td><td>5단계<br>- 바덴포</td><td>포스트립II</td></tr>
</table>

그림 5.28 영양염류 제거를 위한 고도처리공정의 분류

표 5.9 고도처리공법별 질소와 인의 처리효율 비교

| 제거율 | 질소 제거공법 | 질소/인 동시제거공법 | 인 제거공법 | 제거율 |
|---|---|---|---|---|
| 0% (40 ppm)<br>30% (28 ppm) | 활성슬러지공법<br>(10~30%) | 활성슬러지공법 | 활성슬러지공법<br>(10~25%) | 0% (10 ppm)<br>30% (7 ppm) |
| 30% (28 ppm)<br>80% (8 ppm) | - MLE<br>- $A^2/O$<br>- 포스트립<br>- 산화구<br>- Biodenitro<br>- Simpre<br>- UCT&VIP | - 수정 바덴포<br>- $A^2/O$ with denite filters<br>- Biodenipho<br>- UCT<br>- 포스트립 | - A/O<br>- 포스트립<br>- SBRs<br>- OWASA | 30% (7 ppm)<br>80% (2 ppm) |
| 80% (8 ppm)<br>95% (2 ppm) | - 4-stage 바덴포<br>- 수정Wuhrman<br>- Dual Sludge<br>- Three Sludge<br>- Postaeration anoxic tank with methanol<br>- PID | - Dual sludge with chemical<br>- 수정바덴포 with chemical<br>- $A^2/O$ with denite filters and chemicals<br>- Three sludge with chemicals | - 포스트립<br>- 화학침전 +여과 | 80% (2 ppm)<br>98% (0.2 ppm) |

특정한 산업폐수에서의 질소와 인의 처리는 우선적으로 생산공정 내에서 질소와 인의 발생을 최소화하는 사전 오염예방(pollution prevention)이 우선되어야 할 것이며 배출이 불가피할 경우 적절한 처리방법의 선정은 조사실험을 통해 이루어져야 한다.

질소와 인의 제거는 초기에 화학적 처리로 시작했었으나 주로 경제성 문제로 인해 생물학적 처리를 검토하게 되었으며 최근에는 보다 안정적이면서 고도의 처리효율을 얻기 위해 생물학적 처리와 화학적 처리를 병용하는 경우가 늘어가고 있다.

미생물의 인제거능력을 향상시키는 방법과 인과 질소를 보다 안정적으로 처리할 수 있도록 기술개발방향을 정립해야 할 것이다.

하수관리에서 새로운 개념과 기술이 필요한 분야로는 크게 6가지를 들 수 있는데, 첫째로는 기존 하수처리장의 성능개선(upgrading) 및 보강(retrofitting), 둘째로는 영양염류의 제거와 회수(recovery), 셋째로는 새로운 오염물질의 제거(removal)방법 모색, 넷째로는 물관리 시스템의 보안(security), 다섯째로는 하수 및 고형물 처리의 최적화(optimization), 여섯째로는 에너지 보존방법 강구 및 재생가능한 에너지원 색출이라 할 수 있다. 기존 하수처리장의 성능개선(upgrading) 및 보강(retrofitting)에서는, 신규(emerging)기술을 적용한 성능개선이나 정착(established)기술의 보완, 혁신적인 하수집수시스템을 설계하여 관리상 판단에 도움이 되는 실시간 평가자료 제공, 신규기술의 장기적 성능유지와 생애주기비용의 효율성 판단, 그리고 에너지 소비를 최소화하는 선진 관거시스템을 설계에 반영하는 것이다. 영양염류의 제거와 회수(recovery)에서 영양염류는 과도한 조류의 성장을 촉진시키고, 수생생물에 암모니아 독성을 야기할 수 있으므로 영양염류의 방류 기준은 더욱 엄격해질 것으로  예상된다. 앞으로는 많은 에너지가 소요되는 활성슬러지법을 대체하는 저에너지 처리공법이 필요할 것이다. 또한 탈암모니아화(deammonification)와 아질산화(nitritation)/탈질화(denitritation) 공정의 적용과 호기성공정의 에너지효율 향상 위한 MBfR 기술의 사용, 하수처리장에서 생산된 처리수 내 유기성질소(organic nitrogen) 최소화를 위한 새로운 공정 개발, 저농도의 인(P) 측정방법 개선, 발생원(회색수, 흑색수, 소변)에서의 자원회수(영양염류, 탄소, 물)를 위한 혁신기술 개발, 처리기능이 강화된 혐기성소화와 고형물전환(conversion)공정 개발 등이 있다. 새로운 오염물질의 제거(removal)방법 모색에서는 EDC (내분비 장애물질)의 인간과 야생동물에의 다양한 역효과 연관성 규명, PhACs의 난분해성 및 EDCs 역할 가능성, EDCs, PhACs, PBDEs, Prions, PPCPs 제거를 위한 저비용/고효율 혁신기술 개발, 소독부산물에 대한 논란이 없는 병원성미생물 살균을 위한 개선되고 지속가능한 기술 개발, 하수로 유입되는 EDCs, PhACs, PBDEs, Prions, PPCPs 등의 유입방지 및 경감 방안 모색 등이 있다. 물관리 시스템의 보안(security)에서는 새로운 바이러스와 박테리아에 의한 전 세계적 유행병에 대비한 하수처리장의 비상상황 준비, 자연재해 시 하수처리장 재해경감전략 수립, 생물테러(bioterrorism)에 대한 예방 및 준비전략 수립 등이 있다. 하수 및 고형물 처리의 최적화(optimization)에서는 하수와 고형물을 함께 처리하는 방법을 최적화하면 에너지, 유지관리, 인력, 기타 운전비용 절감될 것이고, 하수처리에 사용되는 에너지의 비용효율적인 관리를 위한 전략, 방법, 공정, 도구의 개발이 필요하고, 수질의 악화 없이 하수처리 슬러지고형물의 발생부피 및 양의 최소화를 위한 비용효율적인 방법의 개발이 필요하고, 열추출, 영양염류 조사 및 회수(암모니아, 질소, 인, 등), 하수와 생물고형물의 재이용을 들 수 있다. 에너지 보존방법 강구 및 재생가능한 에너지원 색출에서는 에너지비용의 상승은 에너지 자급자족을 요구하게 되고 높은 에너지효율의 기술공정·운전기법의 개발을 요구하게 되며, 혐기성소화조 발생가스의 생산능력 강화, 전기생산/열발생유도 위한 소화조가스의 효과적인 사용, 연료전지, 태양열전지, 풍력발전, 수력발전, 하수로부터 에너지를 추출하는 고효율의 재생에너지원 발굴, 생물연료 생산을 위한 생물고형물 사용 등이 있다. 하수처리장의 각 처리시설을 거치면서 과도한 손실수두(=에너지손실)가 발생하는데, 아래의 수리학적 종단면도(hydraulic profile)에서 볼 수 있듯이 물의 흐름을 중력으로 흐르게 하기 위해서는 어느 정도의 수두차가 있어야 하지만 과도한 수두차는 결국 많은 에너지 손실을 유발한다.

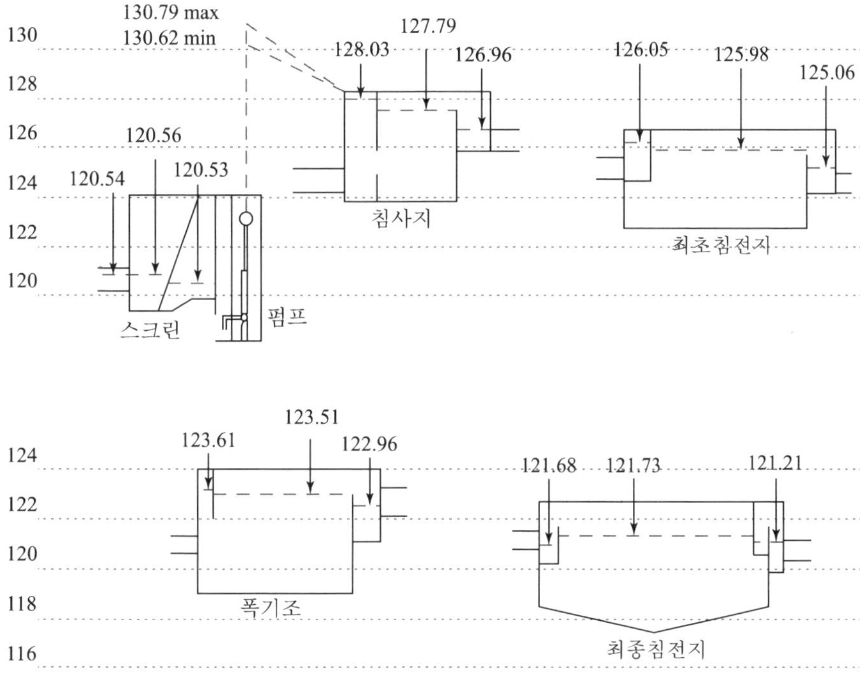


그림 5.29 하수처리장 수리학적 종단면도(hydraulic profile)의 예

# 5.3 잔류 부유물질 및 용존유기물 제거

## 5.3.1 급속여과법

### 1) 개요

급속여과법은 안정된 처리성능을 얻을 수 있고 운전도 용이하며, 2차 처리수질의 향상을 기대할 수 있는 고도처리의 기본공정이다. 급속여과법은 모래, 안스라사이트 등의 입상여재로 이루어진 여층에 비교적 높은 속도로 유입수를 통과시켜 여재에의 부착 또는 여층 내에 걸리는 등의 처리기작에 의해 부유물을 제거하는 방법이다. 부유물질제거는 2차 처리수의 청정도를 향상시킬 뿐만 아니라 질소, 인 제거를 목적으로 하는 공정과 소독공정 등에서 효율을 증대시킨다.

### 2) 분류

급속여과지의 형식, 여과압, 여과방식, 여층의 형태에 따라 그림 5.30과 같이 분류할 수 있다. 처리수의 재이용을 위한 여과시설로서는 압력식 여과장치와 상향류 이동상형 여과장치가 대다수를 점하고 있지만 고도처리를 위한 대형시설로서는 중력식 하향류 여과지 및 상향류 여과지가 많이 채용되고 있다.

여층의 구성 형태에 따라 단층여과와 다층여과로 나누어진다. 단층여과는 여층의 깊이에 따라 천층여과기, 중층여과기, 심층여과기로 구분되며, 다층여과는 여재의 구성 및 수에 따라 이층여과 및 삼층여과 등으로 구분된다.

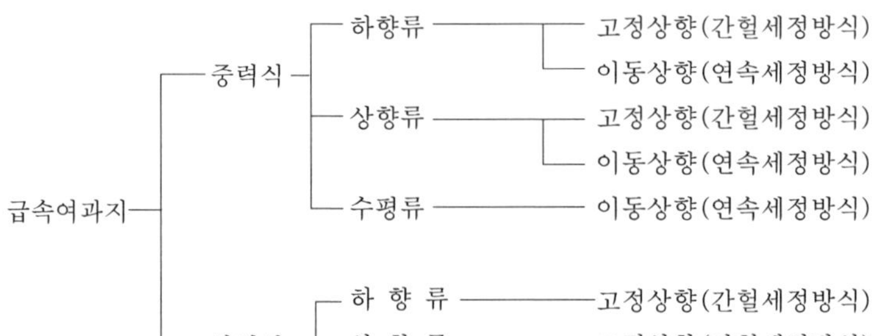


그림 5.30 급속여과지 형식의 분류

### 3) 설계수량

급속여과지의 설계수량(표 5.10)은 계획1일 최대여과수량으로, 배관설비는 계획시간 최대여과수량으로, 여과지수는 계획시간 최소여과수량으로 한다.

표 5.10 설계수량

| 시 설 | 계획여과량 | 적 용 |
|---|---|---|
| 급속여과지 | 계획1일최대여과수량 | 세정용 펌프, 송풍기 |
| 처리시설 연결관거 | 계획시간최대여과수량 | 원수양수 펌프 |
| 여과지수 | 계획시간최소여과수량 | 세정수를 여과수로 하는 경우 |

### 4) 유입수질 성상

여과지 유입수의 성상은 부유물질 농도, 입경분포, 플록강도 등에 따라 다양하다. 일반적으로 여과지 유입수는 생물학적으로 제거된 2차 처리수, 화학적으로 처리된 1차 처리수 등이다. 특히 여층에 유입되는 물질 중에서 미생물 응결물같이 유기성일 경우 점착성은 무기성 물질의 경우보다 강하다. 따라서 2차 침전지 내 부유물질의 응집정도는 유출수질의 성상에 영향을 주며 여과시 영향을 미친다.

### 5) 여재의 특성

#### (1) 종류

여재의 종류는 단층 또는 다층 여과에 따라 달라진다. 일반적으로 가장 많이 사용되는 여재는 모래, 안스라사이트, 석류석, 일메나이트, 활성탄 등인데, 단층여과인 경우 모래가, 다층여과인 경우 모래와 안스라사이트의 조합이 사용된다.

#### (2) 입경

여재의 입경에 따라 여과지의 여층깊이가 결정된다. 여과 시 여재입경은 여과효율 및 손실수두에 영향을 준다. 여재가 작을 경우 여층의 저항극복을 위해 여과 구동력 소모가 많고, 제거된 고형물은 표면에 쌓이며, 결과적으로 여과지속시간이 짧아진다. 반대로 여재의 크기가 너무 크면 유입수 내의 작은 입자는 직접적으로 여층을 통과하여 여과효과가 떨어진다.

### (3) 형태

형태는 구형에 가까울수록 좋고 편평한 것은 피해야 하는데, 그 이유는 여재의 비표면적과 손실수두는 비례하기 때문이다. 여재가 구형일 경우 역세척 시 인접 입자와 부딪혀 여재에 부착된 고형물을 제거한다. 모래의 구형률은 대략 0.9이고, 안스라사이트는 0.7 정도이다.

### (4) 비중

여재로 사용된 전형적인 물질의 비중은 석류석 4.2, 일메나이트 4.5, 모래 2.55~2.65, 안스라사이트 1.4 정도이다. 이보다 가벼운 여재일 경우, 여과지에 체류시키기 위해서 더 큰 여유고가 필요하다. 비중이 다른 여재를 2단 이상 이용하여 여과지를 구성할 경우 성층을 막아주고 여과지속시간을 연장할 수 있으며, 여과속도를 증진시킨다.

### (5) 강도

모래는 모오스(Moh's)강도가 7이고, 안스라사이트는 2~3이다. 고밀도 세척수일 경우 효과적으로 여과지 세척이 가능하지만, 여재가 깨질 수 있다. 여재의 손상은 여과지속시간을 짧아지게 하고 역세척 손실은 증가하므로 여재의 강도는 강하면 강할수록 좋다.

## 6) 여과

여과방법은 중력식과 압력식이 있고, 그 선택은 설치 조건, 계획수량 등에 따라서 정한다. 중력식 여과장치는 여과지 내에 자유수면을 가지며, 지내의 수위와 유출수 수위의 수두차를 이용해서 여과가 이루어진다. 압력식 여과장치는 밀폐구조로 되어 있는 여층의 위쪽 면에 압력이 걸리게 되어있다(그림 5.31 참조). 중력식에서는 손실수두를 크게 취하기 위해 측벽을 높게 하지만, 압력식에서는 유입압력을 높이는 것만으로도 여과조작이 가능하다. 여과속도는 일반적으로 300 m/일 이하로 한다.

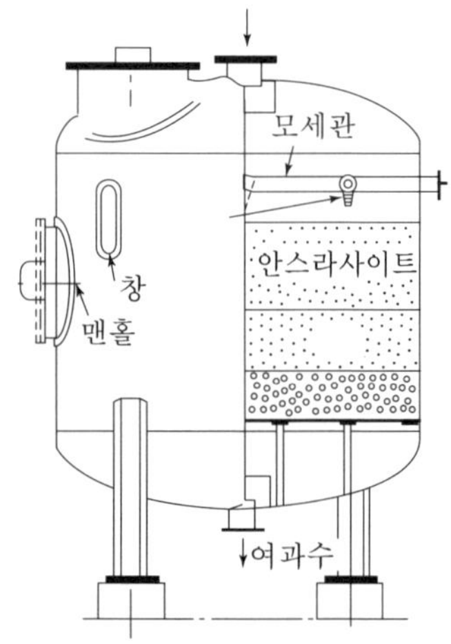


그림 5.31 압력식 여과장치

## 7) 역세척

일반 급속여과지에서는 여과수질이 악화되기 시작하면 여과를 중지하고 여층을 유동시켜 역세척을 함으로써 여재를 재생시킨다. 역세척은 여층의 하부에서 역세척수를 주입하여 여층의 상부에서 배수하는 방법이 일반적이다. 또한 역세척을 촉진하기 위해 하향류식 여과에서는 표면세척과 공기세척을 함께 하고, 상향류식 여과에서는 여층의 하부에서 역세척수와 공기를 동시에 주입하여 세척한다. 역세척에는 물로만 역세척하는 방법, 물과 공기를 동시에 분출시켜 역세척하는 방법, 공기로 여층을 교반한 후 물로 역세척하는 방법, 표면세척기를 사용하여 기계적으로 교반한 후 물로 역세척하는 방법 등이 있다. 그리고 역세척속도는 여재의 입경 및 역세수의 수온에 따라 그 범위가 다양하며, 일반적인 역세속도는 표 5.11과 같다.

**표 5.11** 역세속도

| 여과지의 종류 | 최소역세속도(m/분) |
|---|---|
| 단층여재(모래) | 1.8～2.0 |
| 이층여재(안스라사이트와 모래) | 0.8～1.2 |
| 삼층여재(안스라사이트, 모래 및 석류석/일메나이트) | 0.8～1.2 |

## 8) 여과면적, 지수 및 형상

### (1) 여과면적

여과면적은 계획여과수량을 여과속도로 나누어서 구한다. 계획여과수량을 $Q$ ($m^3$/일), 여과속도를 $v$ (m/일)라 하면 소요 여과면적 $A$ ($m^2$)는 식 (5.14)와 같다.

$$A = \frac{Q}{v} \tag{5.14}$$

### (2) 지수 및 형상

여과지수는 일반적으로 배관 및 건설비용을 저감시키기 위해 최소화해야 하지만 지수는 1지당 최대여과면적, 세척시 세척수량 확보 및 과잉역세척수량의 유입방지, 세척 시 여과운전 중의 여과지 유입수량의 증대, 한 여과지가 역세척으로 운전이 중지될 때 남은 여과지로의 순간 부하량, 예비지, 계획여과수량 등을 고려하여 결정한다. 여과지의 형상은 하부집수장치, 통로배수구, 표면세척방법 및 건설비, 내용년수 등을 고려해서 결정하며 여과지 형상은 일반적으로 중력식일 경우 직사각형을, 압력식일 경우 원형을 많이 사용한다.

## 9) 설계 및 유지 관리상의 유의점

계획유입수질은 미리 충분히 조사하여 결정해야 하며, 여과지 유입수의 시료를 얻기 어려운 경우에는 SS농도를 20 mg/L로 한다. 여과속도는 계획1일 최대여과수량에 대하여 300 m/일을 상한으로 하고, 계획시간 최대오수량에 대하여 450 m/일을 상한으로 한다. 여과를 계속하게 되면 포착된 부유물질에 의해 여층의 손실수두가 증대하기 때문에 설정수두에 도달하거나 탁질이 유출되면 정기적으로 세정할 필요가 있다. 여과를 개시한 후 세정을 하기 전까지 여층에 포착된 SS량을 SS포착량이라 한다. SS포착량은 하향류에서는 2∼5 kg/m$^2$ (여상면적) 정도이고 상향류에서는 사용여재가 크고 여층이 깊기 때문에 그 값이 보다 커진다. 상향류는 격자에 의해 여층의 팽창이 억제되어 하향류보다 세정이 어렵기 때문에 세정이 복잡하고 소요시간이 길다. 세정수는 하향류에서는 여과수를, 상향류에서는 2차 처리수를 사용한다. 2차 처리수의 SS농도가 높으면 여층이 단시간에 막히게 되어 세정빈도가 증가한다. 또한 미세입자와 콜로이드는 처리되기 어려우며 처리효율을 저하시킨다. 따라서 급속여과지를 정상으로 운영하기 위해서는 2차 처리의 적정한 관리가 불가결하다.

**표 5.12** 급속여과장치

<table>
<tr><th colspan="3">여과 형식</th><th rowspan="2">여층 구성</th><th rowspan="2">최대<br>여과속도<br>(m/일)</th></tr>
<tr><th>여과압 종류</th><th>여과 방향</th><th>여층 형태</th></tr>
<tr><td rowspan="2">중력식</td><td rowspan="2">하향류</td><td>이동상</td><td>① 여재로써 모래를 사용할 경우, 모래의 유효경은 1.0 mm<br>② 단층여과장치를 표준으로 하고, 여사 두께는 1 m<br>③ 모래의 균등계수는 1.4 이하</td><td rowspan="3">300</td></tr>
<tr><td rowspan="2">고정상</td><td>① 여재를 모래로 할 경우 단층을 표준으로 하고, 여사두께는 1.0∼1.8 m<br>② 여사는 유효경 1∼2 mm 정도, 균등계수 1.4 이하<br>③ 여층표면하 10 cm에 그릿(grit) 설치</td></tr>
<tr><td>압력식</td><td>상향류</td><td>① 안스라사이트와 모래로 된 2층여과지를 표준으로 하고 모래층의 두께는 안스라사이트층의 60% 이하<br>② 안스라사이트의 유효경은 1.5∼2.0 mm<br>③ 안스라사이트의 유효경은 모래 유효경의 2.7배 이하<br>④ 안스라사이트와 모래의 균등계수는 1.4 이하<br>⑤ 안스라사이트와 모래로 된 여층의 두께는 60∼100 cm</td></tr>
</table>

## 5.3.2 마이크로스트레이너

### 1) 개요

마이크로스트레이너(microstrainer)는 주로 2차 처리유출수 중의 잔류부유물질을 여과망에 통과시킴으로써 제거하는 시설로서, 대표적인 설비는 그림 5.32와 같고, 마이크로스크린이라

고도 불린다. 마이크로스트레이너는 가변저속(4 rpm까지)의 중력유하식으로 운전되는 회전드럼여과기의 일종으로서 여과망은 23～35 $\mu$m의 간격을 가지며, 드럼주위에 설치되어 있다.

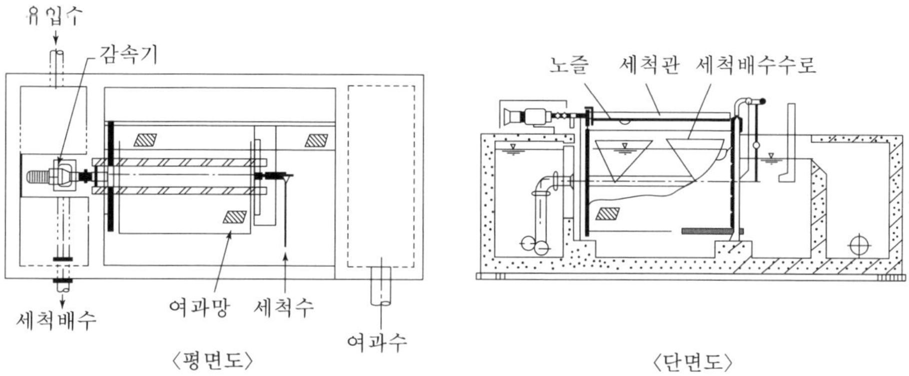


**그림 5.32** 마이크로스트레이너

## 2) 특징

유입수는 드럼 내부로 유입되어 회전 여과망을 통과해 유출된다. 연속적으로 역세척되어 제거된 고형물은 드럼외부 상부에 위치한 고압 세척노즐에 의하여 역세척되어 드럼 내부 상부의 세척배수 수로를 통하여 배출되며, 이러한 역세척은 자동으로 이루어진다. 또한 폐수종말처리장에서 수량이 매우 적은 경우 목적수질이 1단의 스트레이너로 얻어지지 않으면 순차적으로 여과망이 작은 스트레이너를 2단, 3단으로 직렬로 설치할 수도 있다. 마이크로스트레이너는 유지 관리비가 저렴하고 손실수두가 작으며 건설비가 낮은 등의 이점이 있으나 사여과나 응집침전 등에 비하여 처리효율이 떨어지는 단점이 있다.

## 3) 설계인자

### (1) 제거대상 고형물

제거대상 고형물(부유물질)의 농도 및 성상을 파악하여야 하고, 고형물 특성에 따른 수리학

**표 5.13** 스트레이너의 여과망의 간격

| 여과망 간격 | 25～150$\mu$m | 0.2～4 mm |
|---|---|---|
| 여과방법<br>운전방식 | 마이크로스트레이닝<br>중력식 및 압력식 | 마이크로스트레이닝<br>중력식 |

적 및 고형물부하량의 기대범위에서 요구되는 설계성능을 제공할 설계 변수값을 선정하여야 한다.

## (2) 여과망

여과망 간격은 폐쇄 및 역세척에 소요되는 수량을 고려하여 정하여야 한다. 유기물질이 많을 경우 100～150 μm, 단단한 무기물질이 대부분일 경우 40～50 μm가 적당하다. 표 5.13에서 일반적으로 마이크로스트레이너를 이용한 고도처리는 25～150 μm의 범위이고 0.2 mm 이상의 여과망 간격을 가진 스트레이너는 물리적 처리에서 이용하는 스크린의 역할을 한다. 마이크로스트레이너가 하수처리에서 고도처리로서 사용되는 경우에는 대부분 2차 처리 유출수 내의 부유물질을 제거하기 위하여 사용되는데, 이 경우 여과망의 간격은 일반적으로 15～60 μm 범위이며, 대표적인 간격은 30 μm 정도이다. 여과망의 재질은 스테인리스스틸이나 폴리에스테르 등이 있다.

## (3) 부하율

스트레이너의 수리학적 부하율은 수면 하에 잠긴 드럼의 표면적을 기준으로 3～6 $m^3/m^2$·분이다. 이러한 장치에서 전형적인 부유물질 제거율은 약 55%이고, 그 범위는 유입수 성상 등에 따라 10～80% 정도이다.

## (4) 역세척기구

또한 스크린의 처리용량을 유지하기 위한 역세척 및 세척시설의 설비 등을 고려한다.

## (5) 기타

드럼의 직경은 일반적으로 3 m가 많이 사용되며, 작은 크기의 드럼일 경우 역세척의 필요성이 증가한다. 또한 여과망의 손실수두가 20 cm 이상일 때 우회수로를 설치하여야 한다. 일반적인 마이크로스트레이너의 대표적인 설계자료는 표 5.14에 제시되어 있다.

**표 5.14** 2차 침전지 유출수처리를 위한 마이크로스트레이너의 대표적 설계자료

| 종 류 | 대 표 값 | 비 고 |
|---|---|---|
| 여과망 간격 | 20～35 μm | 15～60 μm 범위의 스테인리스스틸이나 폴리에스테르(polyester) 여과망 |
| 수리학적 부하율 | 3～6 $m^3/m^2$·분 | 수면 하에 잠긴 드럼의 표면적 기준 |

| | | |
|---|---|---|
| 여과망에서의 손실수두 | 8～15 cm | 손실수두가 20 cm 이상일 때 우회수로 설치 |
| 부유물질 제거율 | 55% | 유입수의 성상에 따라 10～80% |
| 드럼의 수중부분 | 높이의 70～75%<br>면적의 60～70% | 스크린 설계에 따라 가변적 |
| 드럼 직경 | 2.4～4.9 m | 3 m의 크기가 가장 흔함. 작은 크기의 드럼은 역세척 필요성 증가 |
| 드럼 회전속도 | 8 cm손실수두에서 5 m/분<br>15 cm손실수두에서 35～46 m/분 | 최대회전속도는 46 m/분으로 제한 |
| 역세척수량 | 3.5 $kg/cm^2$에서 여과수의 2%<br>1.1 $kg/cm^2$에서 여과수의 5% | |

### 4) 수직형 회전식스트레이너

수직형 회전식스트레이너(그림 5.33)는 유입수를 수직으로 설치된 회전여과망에 통과시킴으로써 여과한다. 스트레이너의 간격을 작게 하면 부유물질의 포획률이 양호하게 되며, 폐쇄가 일어나지 않도록 세척회수를 증가시켜야 한다. 회전식스트레이너는 일반적으로 배관 도중에 삽입되고, 펌프의 송수압을 이용해서 여과하는 방식이다. 여과망이 폐쇄되었을 때 스트레이너는 대기압과 송수압력 등의 차이를 이용하여 자동적으로 역세척된다. 이 경우 스트레이너의 손실수두는 스트레이너 간격 및 역세척기구에 따라 차이가 있다. 또한 회전식스트레이너의 역세척압력은 스트레이너의 입구에서 1.5 $kg/cm^2$ 이상으로 유지하는 것이 좋으며, 스트레이너의 여과망의 크기는 5 mm에서 170 $\mu$m 정도의 것이 쓰이고 있으나 그 크기가 너무 작은 것

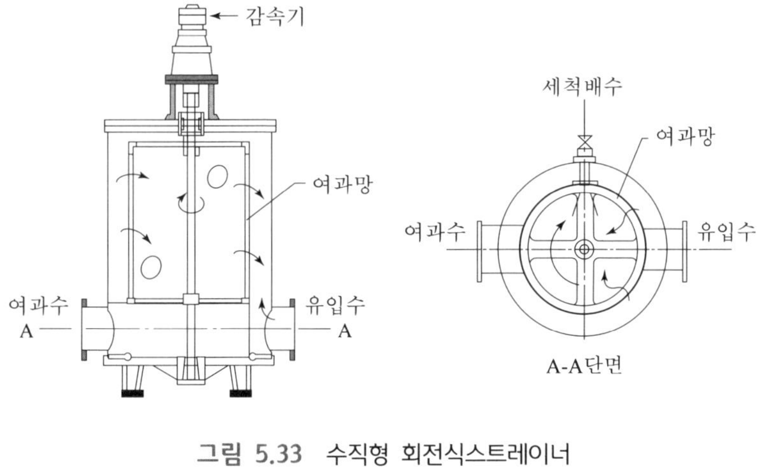


그림 5.33 수직형 회전식스트레이너

은 막히기 쉬우므로 보통 500 $\mu$m 정도의 것을 쓴다. 또한 원하는 수질을 얻기 위하여 여과망의 크기가 큰 순서대로 배열하여 2단, 3단으로 직렬 연결하여 설치할 수도 있다.

## 5.3.3 활성탄 흡착법

### 1) 개요

활성탄(activated carbon)은 다양한 종류의 유기화합물을 흡착하므로 정수처리, 하수의 고도처리, 그리고 유기성산업폐수의 처리에 광범위하게 사용되고 있다. 하수의 활성탄 처리는 일반적으로 정상적인 생물학적 처리를 거친 물의 최종처리 공정으로 이용되고 있으며, 이때 활성탄은 잔류용존유기물의 제거에 사용된다. 흡착이란 흡착제(adsorbent)를 사용하여 용액으로부터 오염물을 제거하는 것으로서 흡착장치는 회분식(batch), 칼럼식(고정상과 역류이동) 또는 유동층 흡착조 등이 있으며, 하수처리에서 사용되는 활성탄은 과립 형태의 입상활성탄을 일반적으로 사용하고 있다.

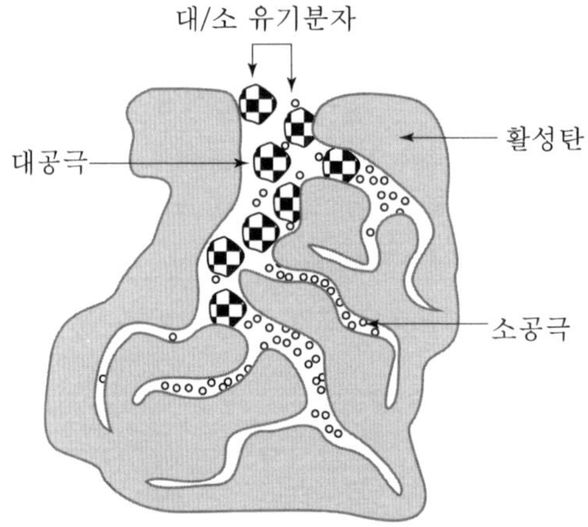


그림 5.34 입상활성탄에서 입자의 흡착 개념도

### 2) 흡착

#### (1) 원리

흡착은 통상 물리적 흡착과 화학적 흡착으로 분류되는데, 물리적 흡착은 주로 반데르발스(Van der Waals)힘에 의하여 가역적으로 발생한다. 즉, 용질과 흡착제 사이에서 분자의 인력이 용질과 용매사이의 인력보다 클 때 용질은 흡착제 표면에 달라붙게 된다. 활성탄에 의한 흡착은 이와 같은 물리적 흡착의 대표적인 예이다. 화학적 흡착은 화학반응이 흡착제와 흡착된 용질 사이에서 발생하며, 그 반응은 보통 비가역적으로 하수처리의 경우에는 매우 미약하므로 고려하지 않는다. 흡착제에 흡착될 수 있는 흡착질의 양은 흡착질의 농도와 온도의 함수이다. 일반적으로 흡착되는 물질의 양은 일정 온도에서 농도의 함수로 나타내는데 이를 등온흡착(isothermic adsorption)이라 한다. 등온흡착 자료를 나타내는데 자주 쓰이는 식으로는 Freundlich, Langmuir 그리고 Brunauer, Emmet 및 Teller (BET) 등의 식이 있다. 활성탄을 이용한 하수처리에서는 Freundlich와 Langmuir의 식이 주로 사용된다.

① Freundlich 등온흡착

실험식으로서 식 (5.15)와 같다.

$$\frac{x}{m} = X = KC^{1/n} \tag{5.15}$$

여기서, $x$ : 흡착된 용질의 양
$m$ : 흡착제(활성탄)의 양
$X$ : 흡착제 단위질량당 흡착된 용질의 질량
$C$ : 용질의 평형농도
$K,\ n$ : 상수

위의 식은 log그래프상에서 $x/m$을 $y$축에, $C$를 $x$축에 놓았을 때 직선으로 나타남을 알 수 있다. 이 직선의 기울기($1/n$)로부터 $n$값을 구할 수 있고, $K$값은 절편으로부터 구한다.

② Langmuir 등온흡착

이론적으로 유도한 것으로 식 (5.16)과 같다.

$$\frac{x}{m} = X = \frac{ab\,C}{1+aC} \tag{5.16}$$

여기서, $x$ : 흡착된 용질의 양
$m$ : 흡착제(활성탄)의 양
$X$ : 흡착제 단위질량당 흡착된 용질의 질량
$C$ : 용질의 평형농도
$a,\ b$ : 상수

③ B.E.T 등온흡착

Langmuir의 단일층(mono-layer) 모델에 반하여, B.E.T 흡착식은 흡착제의 표면에 분자가 쌓여 무한정으로 흡착된다는 다중층(multi-layer) 모델로서 다음 식 (5.17)과 같다.

$$\frac{x}{m} = X = \frac{V_m A_m C}{(C_s - C)[1 + (A_m - 1)\left(\frac{C}{C_s}\right)} \tag{5.17}$$

여기서, $X$ : 흡착제 단위질량당 흡착된 용질의 질량
$C_s$ : 포화농도
$C$ : 용질의 평형농도
$V_m$, $A_m$ : 단일층 흡착시 최대흡착량과 흡착에너지 상수

(2) 영향인자

활성탄은 원료 및 활성화 방법에 따라 그 흡착능력이 다르다. 활성탄과 액체간의 흡착에 영향을 미치는 요소들을 열거하면 용질에 대한 활성탄의 인력, 용매에 대한 활성탄의 인력, 용질에 대한 용매의 용해능력, 분자의 회합(association), 이온화, 두 물질간의 경계면에서 정위(orientation)에 대한 용매의 영향, 여러 종류의 용질이 존재하는 경우 흡착면에 대한 상호경쟁, 상호흡착(co-adsorption), 분자의 크기, 활성탄의 공극크기 분포, 활성탄의 표면적, 용질의 농도 등이다.

### 3) 유입수 및 활성탄 특성

(1) 유입수의 특성

유입수는 가능한 한 균등한 수질과 유량을 유지해야 한다. 그리고 처리효율에 악영향을 줄 수 있는 부유물질, BOD, 계면활성제, 용존산소 등을 고려해야 한다.

(2) 활성탄의 특성

활성탄 흡착은 활성탄의 원료와 활성화 과정에 따라 크게 달라진다. 활성탄은 분말활성탄과 입상활성탄으로 분류되며, 일반적으로 낮은 pH에서 저분자물질, 불포화유기물에 대해 흡착능이 우수하다.

### 4) 흡착탑 설계

활성탄 흡착탑은 유입양식, 유체의 흐름, 활성탄의 상태 등에 따라 구분된다. 유입수의 가압여부에 따라 가압식과 중력식, 유입수의 유입위치에 따라 상향식과 하향식, 활성탄의 상태에 따라 고정상과 유동상으로 나누어진다. 그리고 활성탄의 크기는 접촉시간, 수리학적 부하

율, 활성탄층의 깊이, 흡착탑의 수에 따라 결정된다.

### (1) 접촉시간

접촉시간은 활성탄에 의해서 점유된 부피를 기준으로 계산된다. 고도처리의 경우 유출수의 COD가 10～20 mg/L 되도록 요구된다면 15～20분의 접촉시간을 주고, 5～15 mg/L이면 30～35분의 접촉시간을 준다. 물리·화학적 하수처리 방법에서는 접촉시간이 통상 20～35분이지만 평균 30분 정도이다. 일반적 접촉시간은 15～35분이다.

### (2) 수리학적 부하율

상의 단면적 1 $m^2$에 대하여 상향식인 경우 2.5～6.8 L/초, 하향식인 경우에는 2.0～3.3 L/초의 수리학적 부하가 적용된다. 실제 운영 시 압력은 상의 깊이 0.3 m당 0.07 $kg/cm^2$ 이상이 되는 경우가 드물다.

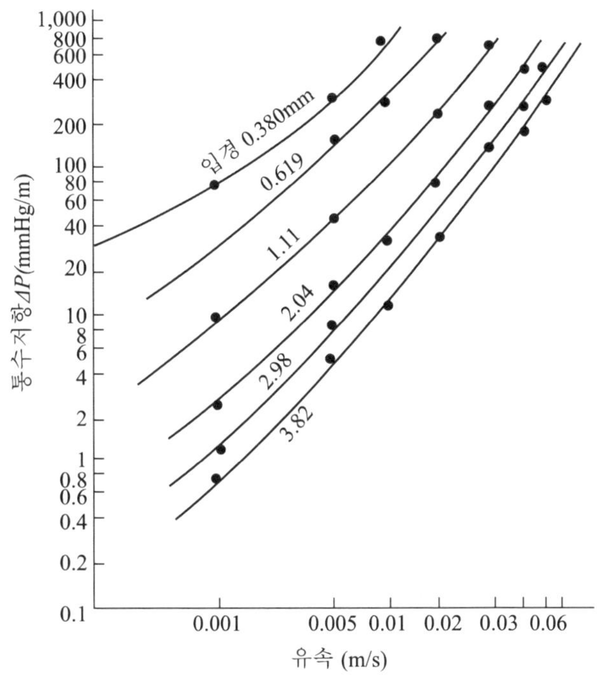


**그림 5.35** 입상활성탄의 통수저항곡선

### (3) 활성탄층의 깊이

상의 깊이는 주로 접촉시간에 따라 상당히 변하는데 3～12 m 정도이다. 최소 깊이는 3 m

이하가 되어서는 안 된다. 활성탄층의 깊이는 4.5～6 m가 보통이며, 역세척 시나 유동상의 경우 10～50%의 팽창을 고려하여 여유고를 두어야 한다.

#### (4) 흡착탑의 수

최소한 2개의 흡착탑을 병렬로 배치해야 한다. 이렇게 해야만 1개의 흡착탑을 재생시키거나 새로운 활성탄으로 교환할 때 나머지 1개로 하수처리를 계속할 수 있게 된다.

### 5) 흡착탑 운영방법

활성탄 흡착탑에는 운영방법에 따라 여러 가지로 분류될 수 있다. 첫째로 동력요구에 따라 중력식과 압력식이 있는데 가능하다면 중력식으로 하는 것이 운영비가 적게 요구된다. 둘째로 유체의 흐름에 따라 상향식과 하향식으로 구분되며, 마지막으로 활성탄층이 고정되든지 아니면 팽창되는지에 따라 고정상과 유동상으로 구분된다.

#### (1) 상향류식 활성탄 흡착탑

하수가 밑에서 위로 흐르기 때문에 활성탄이 유기물을 흡착함에 따라 활성탄 입자의 겉보기 비중과 입자의 밀도가 증가하여 흡착탑의 바닥 또는 유입구로 활성탄을 떨어뜨리려는 경

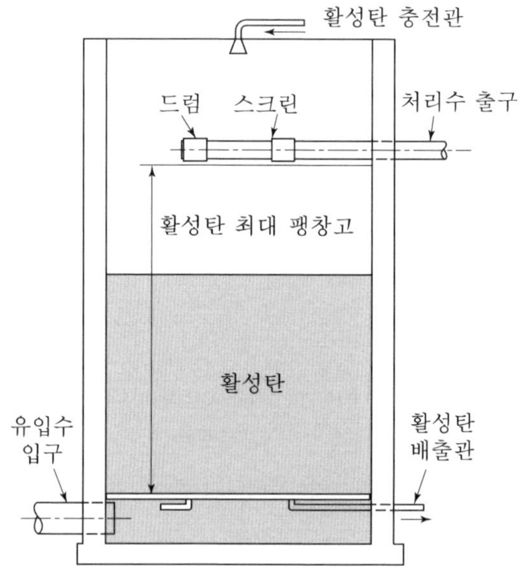


그림 5.36 개방형 상향류식 흡착탑

향을 가지게 된다. 그리고 상향식에서는 하향식에 비하여 유출수에 미세한 탄소입자를 더 많이 함유한다.

### (2) 하향식 활성탄 흡착탑

통상 2∼3개의 흡착탑이 직렬로 연결되어 사용되며, 유체의 흐름이 바뀌어도 계속 사용할 수 있도록 배관되어 있다. 하향식을 채택하면 유기물의 흡착과 여과가 동시에 일어나는 이점이 있지만 배관이 좀 더 복잡하기 때문에 시설비의 절감은 기대할 수 없다. 여과는 상향식에 비해서 잘되는 장점도 있지만 부유물이 많을 경우 손실수두가 커지고 활성탄의 흡착능력이 감소되는 단점이 있다.

### (3) 고정상 흡착탑

하수 내의 부유물이 축적되므로 역세척이 필요하다. 고정상에서 상향식이면 부유물이 상의 바닥에 모여 역세척으로도 제거하기 어려우므로 통상 하향식으로 하며, 상의 바닥에는 모래나 자갈을 깔아서 활성탄층을 지지하도록 할 수도 있다.

### (4) 유동상 흡착탑

상향식 흡착탑에서는 하수가 밑에서 위로 흐르며, 활성탄층은 유동상이 되도록 하여 부유물이 층 내에 축적되지 않도록 한다. 흡착능력이 소모된 활성탄은 밑에서 제거되므로 새로운 혹은 재생된 활성탄을 그 만큼 위에서 보충시켜야 한다. 유동상에서 유기물제거율은 고정상과 비슷하지만, 반면에 낮은 펌프압력이 요구되고 휴지기간이 짧으며 활성탄 표면의 포기가 보다 쉽다.

## 6) 역세척

역세척은 흡착탑 내에 축적된 부유물을 제거하기 위하여 충분한 양의 물을 통과시킴으로써 실시되는데, 역세척률과 횟수는 수리학적 부하, 하수 내 부유물질(SS)의 성질과 농도, 탄소입자의 크기, 그리고 접촉방법에 의하여 좌우된다. 역세척 회수는 시간간격, 손실수두, 탁도와 같은 운전기준에 따라 결정되고, 역세척 시간은 대략 10∼15분이다.

### (1) 상향식 흡착탑

상향식의 충전상에서 축적된 부유물을 제거하기 위해서는 두 가지 단계를 거쳐야 한다. 먼저 상을 임시로 하향식으로 운영함으로써 바닥에 축적된 부유물을 느슨하게 하며, 그 다음에

상의 중앙에 축적된 부유물은 상을 팽창시켜서 제거해야 한다. 상의 바닥이 부유물에 의하여 막히는 것을 방지하기 위하여 역세척시간이 더 길어야 하고 수질이 좋은 물을 대량 사용해야 한다. 역세척시간은 일반적인 흡착탑의 역세척 시간인 10～15분보다 두 배 더 길다.

#### (2) 하향식 흡착탑

하향식 흡착탑은 부유물의 축적 때문에 주기적으로 역세척을 철저히 실시해야 한다. 일반적으로 역세척수의 양은 층의 두께가 0.8 m인 경우 처리된 물의 5% 이하이며, 층의 두께가 4.5 m인 경우에는 10～20% 정도 된다. 입상 활성탄에서 일반적인 역세척수의 유량은 8 × 12 또는 12 × 30체눈(mesh) 크기의 활성탄에서 8.2～13.7 L/$m^2$ · 초이다.

### 7) 미생물에 의한 영향

미생물은 흡착능력과 유기물제거 능력이 있기 때문에 미생물의 활동은 흡착현상과 밀접한 관계를 가지고 있다. 따라서 흡착탑 내의 활성탄층에 미생물이 번식할 경우 예측했던 활성탄 값보다 유기물 흡착능력이 50～100% 더 클 수도 있다. 이런 경우 예측했던 흡착능력이 다 소모된 후에도 미생물의 활동 때문에 흡착은 계속 일어나게 된다. 흡착탑에서 용존산소공급이 불충분하면 혐기성상태가 발생할 수도 있다. 이러한 경우 질산염, 황산염, 탄수화물 등의 산화물과 미생물에 의하여 잘 분해되는 유기물이 함께 존재하면 이들 산화물과 유기물이 혐기성 미생물에 의하여 반응하여 질소, 황화수소, 메탄가스 등이 발생하게 되고, 발생된 가스는 유출수의 수질을 악화시킨다.

### 8) 활성탄 교환 및 제거

활성탄의 주입량은 표 5.15처럼 유입수질에 따라 다르므로 사용된 활성탄은 제거되어야 한다. 하향식 흡착탑에서는 모든 활성탄을 한꺼번에 제거하고, 다시 재생된 활성탄 또는 새로운 활성탄으로 채운다. 그러나 상향식 유동상 흡착탑에서는 재생시키기 전에 활성탄을 철저히 이용하기 위하여 전체의 5～25%만을 한 번에 제거한다. 흡착탑에서 활성탄을 제거할 때 층이 수평이 되도록 일정하게 제거해야 하는데 그림 5.37과 같이 흡착탑의 밑 부분을 원추형으로 하고 물분사 설비를 하면 이 목적을 달성할 수 있다. 이때 활성탄층을 지지하기 위한 자갈이 활성탄과 함께 제거되지 않도록 주의해야 한다.

표 5.15 활성탄 흡착탑의 유입수 수질에 따른 활성탄 주입량

| 전처리 | 활성탄 주입률(g/m$^3$) |
|---|---|
| 응집, 침전, 여과된 활성슬러지 유출수 | 24～48 |
| 여과된 이차 유출수 | 48～72 |
| 응집, 침전, 여과된 유입하수 | 72～216 |

주) 각 재생사이클 동안의 활성탄 손실은 5～10%이다.

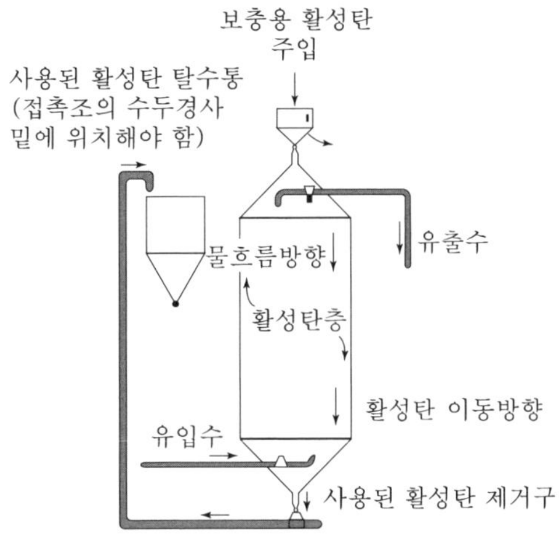


그림 5.37 상향식 흡착탑

## 9) 활성탄 재생

활성탄을 흡착제로 사용하면 공극이 유기물에 의해서 점유되므로 활성탄의 흡착능력은 저하되게 된다. 따라서 활성탄을 재생시켜야 하는데 재생활성탄의 흡착능은 새로운 활성탄에 비하여 다소 떨어진다. 활성탄의 재생방법은 흡착제의 제거, 또는 증발을 위한 낮은 압력의 증기 통과, 용매로 피흡착제 추출, 열처리, 산화가스에 활성탄을 노출시키는 방법 등이 있으며, 가장 대표적인 재생방법은 열처리방법으로 재생률은 90～95% 이상이다. 재생공정에서 발생하는 반송수는 하수처리공정에 유입되므로 농도와 유량을 고려해야 한다.

Chapter 6

# 슬러지처리

## 6.1 개설

최초침전지 및 최종침전지로부터 발생하는 슬러지는 부피가 크고 유기물을 다량으로 함유하므로 그대로 방치하면 부패하여 악취를 발산하게 된다. 만약 처리하지 않고 매립 또는 해양에 투기하면 환경은 파괴되고, 위생적으로도 큰 해를 입게 된다. 따라서 슬러지를 최종처분하기 전에 처리를 행하여 슬러지부피를 감소시키고 위생적으로 안전하게 할 필요가 있다.

계획슬러지량은 1차 슬러지 및 2차 슬러지의 합으로 계산되지만 실용적으로 계획 1일 최대오수량을 기준으로 하여, 부유물 농도 및 슬러지의 함수율로부터 산정할 수 있다(하수도 시설기준). 즉,

$$\text{계획슬러지량}(m^3/\text{일}) = \text{계획 1일 최대오수량}(m^3/\text{일}) \times \text{하수 중의 부유물 농도}(mg/L) \times \frac{1}{1,000,000} \times \frac{100}{100-\text{함수율}(\%)} \times \text{부유물 제거율} \quad (6.1)$$

하수중의 부유물 농도는 도시에 따라 차이가 있지만 대략 150～300 mg/L이라고 생각하면 된다. 또한 슬러지의 함수율은 최초침전지 슬러지 96～98%, 활성슬러지 99～99.5%, 살수여상 슬러지 96～98%, 최초침전지 슬러지와 활성슬러지를 혼합한 것을 농축한 경우는 96～97%, 또한 부유물 제거율은 최초침전지 30～40%, 고속살수여상 65 ～75%, 표준살수여상 70～80%, 활성슬러지법 80～90%로 산정하여 계산한다.

슬러지처리에는 농축(thickening), 소화(digestion), 탈수(dehydration), 건조(drying), 소각

(incineration) 등이 있으며, 이러한 것을 여러 가지로 조합시켜 처리한다. 통상 이용되고 있는 대표적인 조합을 그림 6.1에 나타내었다. 슬러지 처리방식은 최종처분의 방법, 도시의 상황, 시설의 규모, 처리장의 입지조건 등을 고려하여 방법을 선정해야 한다. 슬러지처리는 건설비, 유지비가 상당히 고가이므로 소화의 단계에서 발생하는 가스를 이용하거나 소각회를 재이용하여 경비의 절감에 노력해야 한다. 최종처분으로는 매립, 비료 또는 토양개량제로써 농지에 환원, 해양투기, 소각회로부터 벽돌, 경량골재 등으로 제품화하는 것들이 있다.

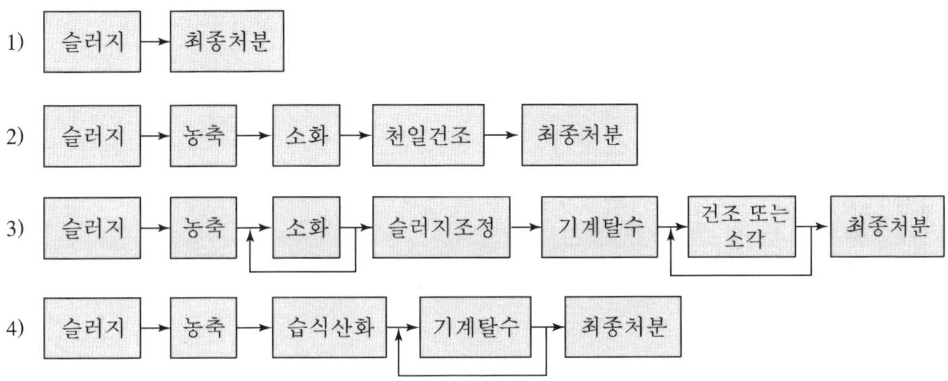


그림 6.1 슬러지처리의 대표적인 조합

---

**예제 6.1**

슬러지의 처분에 관한 일반적인 계통도로 알맞은 것은?

가. 생슬러지 – 개량 – 농축 – 소화 – 탈수 – 최종처분
나. 생슬러지 – 농축 – 탈수 – 소각 – 개량 – 최종처분
다. 생슬러지 – 농축 – 탈수 – 개량 – 소각 – 최종처분
라. 생슬러지 – 농축 – 소화 – 개량 – 탈수 – 최종처분

**풀이**

일반적으로 슬러지는 농축 – 소화 – 개량 – 탈수 – 최종처분의 과정을 거친다. 그러나 하수처리장의 상황에 따라 혐기성(호기성) 소화를 생략할 수도 있다.

## 6.2 슬러지 수송

슬러지를 한 곳에서 집약처리하는 경우 또는 하수처리장과 슬러지 처리시설이 떨어져 있는 경우에는 슬러지를 수송해야 한다. 일반적으로 수송은 관로에 의해 행한다.

슬러지 수송관은 슬러지가 막히지 않도록 150 mm 이상의 관경인 것을 사용한다. 관내 유

속은 1.0～1.5 m/s를 표준으로 하는데, 관로 연장이 긴 경우에는 마찰손실을 적게 하기 위해 1 m/s 전후로 한다. 손실수두는 깨끗한 물의 2～4배 정도로 한다. 관로는 가능한 한 굴곡을 피하고 직선으로 설정해야 한다. 제수밸브, 슬러지 배출관, 공기밸브는 필요에 따라 설치한다.

슬러지 수송관의 사고에 대비하여 슬러지 저류조를 설치하는 것이 바람직하다. 특히 장거리 수송의 경우는 더욱 그렇다. 조는 평균 1일 발생량분 이상의 용량으로 하고 조에 모래제거 설비를 설치할 수 있다. 또한 슬러지농도를 균일하게 유지하기 위해 간단한 교반장치를 설치해도 좋으며, 조로부터 냄새가 발생하므로 복개나 환기 등을 고려할 필요가 있다. 슬러지펌프는 슬러지 중의 협잡물도 쉽게 빨아올릴 수 있어야 하므로 내마모성이 높은 소재로 하며 청소나 정리를 위해 분해, 조립이 쉬운 구조를 선정한다.

## 6.3 슬러지 농축

### 6.3.1 개요

슬러지 농축의 목적은 슬러지의 함수율을 낮춰 슬러지 부피를 감소시키는 것이다. 슬러지 부피는 함수율에 따라 크게 좌우된다. 농축 전의 함수율을 $P_1$, 슬러지 부피를 $V_1$, 농축 후의 것을 각각 $P_2$, $V_2$ 이라고 하면, 함수율과 슬러지 부피와의 사이에는

$$V_2 = \frac{100 - P_1}{100 - P_2} \times V_1 \qquad (6.2)$$

의 관계가 있다. 이 식으로부터 함수율 94%의 슬러지 부피는 함수율 98%의 슬러지부피의 1/3인 것을 알 수 있다. 슬러지 부피가 감소하면 처리장치의 규모도 이에 따라 축소할 수 있으므로 경제적이다. 슬러지 부피는 주로 수분함량에 좌우되며 고형물의 특성과는 상관성이 낮다. 또한 고형물의 비중은 다음 식으로 계산된다.

$$\frac{W}{S} = \frac{W_s}{S_s} + \frac{W_w}{S_w} \qquad (6.3)$$

여기서, $W$ : 총슬러지 무게
$S$ : 겉보기 비중
$W_s$ : 고형물 무게
$S_s$ : 고형물 비중
$W_w$ : 물 무게

$S_w$ : 물 비중

슬러지 농축 방법에는 또한 감압법과 가압법이 있는데 가압법이 많이 이용된다. 부상법은 미세한 슬러지를 농축시키는데 효과가 있으며, 농축 후 슬러지는 다음의 처리과정까지 펌프 수송해야 하므로 농축후의 함수율은 최저 90%에 머물도록 해야 한다.

**예제 6.2**

함수율이 99%인 슬러지 2,000 $m^3$/day를 탈수하여 350 $m^3$/day의 농축 슬러지를 얻었을 때 농축슬러지의 함수율은 얼마인가?

**풀이**

$V_1(100-P_1) = V_2(100-P_2)$

$2{,}000(100-99) = 350(100-P_2)$

$P_2 = 100 - 2{,}000/350 = 94\%$

## 6.3.2 슬러지 농축조

중력식 슬러지 농축조 내부는 그림 6.3에 나타낸 것처럼 3영역으로 나눠진다. 함수율 98% 또는 그 이상의 슬러지는 유입 후 침강영역에서 중력 침강을 하여 저부의 압밀영역에서 압밀 농축된다. 슬러지로부터 분리된 탈리액은 청정영역을 지나 월류하고 최초 침전지로 반송된다. 이 결과 슬러지의 함수율은 95% 이하로 된다. 조의 형상은 원형, 정방향 또는 장방향으로 하는데 원형이 일반적이다. 조 용량은 계획 슬러지량의 12시간분 정도로 하고 유효수심은 4 m 정도로 한다. 또한 조의 면적은 현탁물질의 상승류에 의해 부상하여 월류하지 않을 정도의 크기로 해야 한다. 조의 고형물 부하는 60～90 kg/$m^2$/일을 표준으로 한다.

그림 6.2 슬러지 농축조

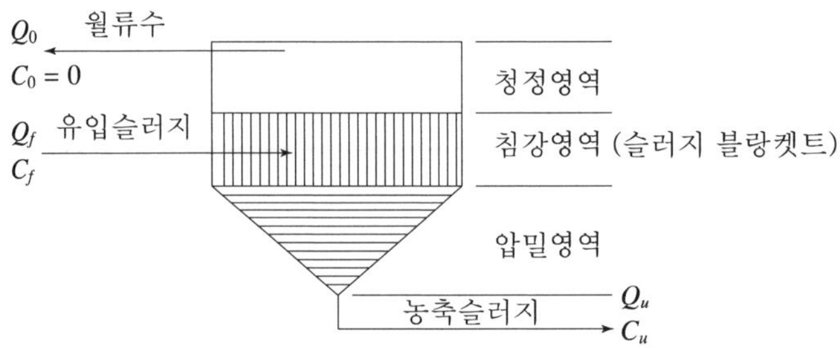


그림 6.3 슬러지 농축조 내의 각 영역

조에 슬러지 수집기를 설치하는 경우는 조의 바닥경사를 5/100 이상으로 하고, 설치하지 않는 경우 저부는 수평에 대해 45～60도 경사의 호퍼로 한다. 일반적으로 수집 효율이 좋은 회전식 레이크(rake)가 많이 사용된다. 조의 수는 점검, 수리 등을 고려하여 최저 2기 이상으로 해야 한다. 조에는 스컴이 발생하는 수도 있으므로 스컴 제거장치를 설치해 두면 좋다.

또한 조로부터 냄새가 발산되지 않도록 덮개를 설치하거나 탈취 설비를 설치하는 것이 좋다. 기타 부대설비로서 슬러지 투입관, 슬러지 인발관, 탈리액 유출관 등이 필요하다.

### 6.3.3 슬러지 부상 농축조

슬러지 농축에는 가압부상법이 이용되기도 한다. 별도의 밀폐식 조에 2～5 kg/m$^2$의 압력으로 공기를 불어 넣어서 용해, 포화시킨 후 이 가압수를 부상 농축조에 도입시키면 대기압으로 감압된 가압수중의 용해공기는 50～100 $\mu$m의 미세한 기포로 되고 슬러지에 부착함과 동시에 부상하고 슬러지는 농축된다.

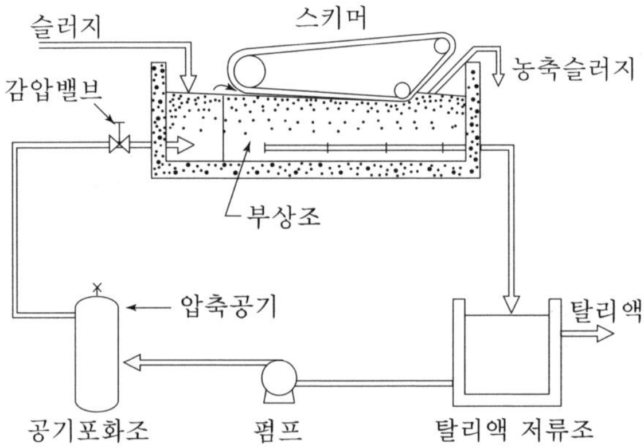


그림 6.4 가압부상법

일반적으로 가압수로서 분리액의 일부가 이용되며 치환이용하는 방법이 취해지고 있다. 그림 6.4에 가압부상법의 일례를 나타내었다.

농축조의 체류시간은 기포가 부착한 슬러지의 상승속도와 조의 수심에 의해 결정된다. 상승속도는 공기 대 고형물의 비(A/S)가 0.01～0.02 g/g의 범위에서는 실험적으로 0.02～0.04 m/min 정도이다. 또한 유효수심은 3 m 정도로 하고 일반적으로 체류시간은 2시간 이상으로 하는 것이 바람직하다.

조에는 부상슬러지 수집기와 침전슬러지 수집기를 설치하여 부상슬러지의 배출량 조정을 위한 설비를 설치할 필요가 있다. 본 법에서는 가압펌프 공기도입장치, 가압수의 체류시간이 1분 이상인 공기 포화조를 필요로 한다.

---

**예제 6.3**

함수율이 90%인 슬러지의 겉보기 비중이 1.02이다. 이 슬러지를 탈수하여 함수율이 65%인 슬러지를 얻었다면 탈수된 슬러지가 갖는 비중은 얼마인가?

**풀이**

슬러지의 비중공식 $\frac{W}{S} = \frac{W_s}{S_s} + \frac{W_w}{S_w}$

탈수 전의 슬러지 $\frac{1}{1.02} = \frac{0.1}{S_s} + \frac{0.9}{1} \quad \therefore S_s = 1.25$

탈수 후의 슬러지 $\frac{1}{S} = \frac{0.35}{1.25} + \frac{0.65}{1} \quad \therefore S_s = 1.075$

---

**예제 6.4**

하수처리장의 처리수량은 10,000 $m^3$/day이고, 제거되는 SS농도는 200 mg/L이다. 잉여슬러지의 함수율이 98%일 경우 잉여슬러지의 건조중량(kg/day), 발생체적($m^3$/day)은 각각 얼마인가?
(단, 잉여슬러지 비중 1.02)

**풀이**

슬러지 건조중량(kg/day) = 처리수량($m^3$/day) × 제거 SS농도(kg/$m^3$)

$$= 10{,}000(\mathrm{m^3/day}) \times 0.2(\mathrm{kg/m^3})$$
$$= 2{,}000\ (\mathrm{kg/day})$$

$$\text{슬러지 발생체적} = \frac{\text{슬러지 건조중량(kg/day)}}{\text{비중}} \times \frac{100}{100 - \text{함수율}}$$

$$= \frac{2{,}000(\mathrm{kg/day})}{1.02} \times \frac{100}{1000-98} = 98{,}039\ \mathrm{kg/day}$$

$$= 98\ \mathrm{m^3/day}$$

## 6.4 슬러지 소화

### 6.4.1 혐기성 소화

슬러지 중의 유기물을 혐기성 미생물의 작용에 의해 무기물로 분해하여 안정화(stabilization)하는 것을 소화라고 하며 무기화된 슬러지를 소화슬러지라고 한다.

소화과정을 대별하면 액화와 가스화의 2단계로 된다. 우선 슬러지 중의 유기물은 혐기성 미생물로부터 분비된 효소에 의해 가수분해되고 최종적으로 표 6.1과 같이 초산, 프로피온산, 부틸산 등의 휘발성 지방산으로 된다. 이러한 지방산은 탄산가스와 메탄가스로 되어 유기물은 무기물화 된다. 이 결과 슬러지는 탈수성이 향상되고 불쾌한 냄새가 감소하며 슬러지 중의 병원균은 거의 사멸하여 위생적으로 안전하게 된다. 이때 슬러지 부피는 소화전에 비해 1/3~1/5로 감소한다. 소화슬러지는 조성이나 성질이 퇴비에 가까워 비료로서의 가치를 가지고 있다. 또한 발생한 가스는 연료로도 이용할 수 있다. 국내외의 혐기성 소화조 운영상 문제점으로는 낮은 소화효율과 낮은 소화가스 발생량을 들 수 있고, 추가적인 가온연료가 다량으로 소모될 수 있으며, 소화조 내 퇴적물의 준설이 제때에 실시되지 못하는 것이며, 설계치보다 낮은 소화조 유입 부하량 등이다. 이런 문제점들을 해결하기 위해서는 유입수질을 개선하거나, 농축조의 운영효율을 개선하여야 한다.

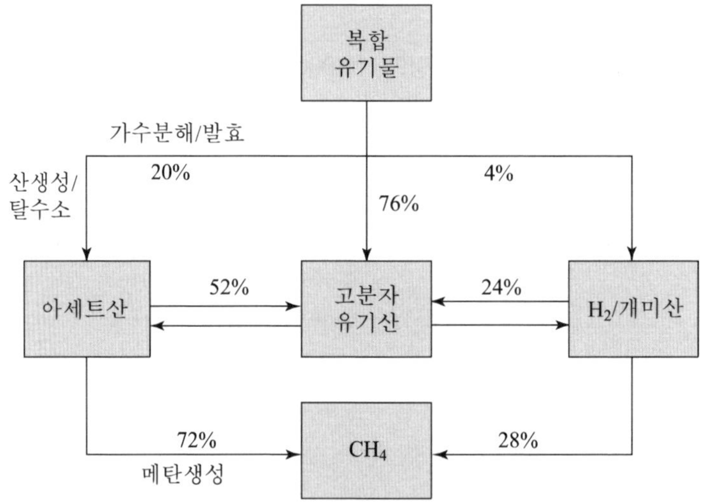


그림 6.5 혐기성 소화시 메탄 생성 경로[24)]

표 6.1 휘발성지방산(VFA) 종류

| VFA (R-COOH) 종류 | 명 칭 |
|---|---|
| HCOOH | 포름산(formic acid), 개미산 |
| $CH_3COOH$ | 아세트산(acetic acid), 초산 |
| $CH_3CH_2COOH$ | 프로피온산(propionic acid) |
| $CH_3CH_2CH_2COOH$ | 부틸산(butyric acid) |
| 5-C | 발레르산(valeric acid) |
| 6-C | 카프로산(caproic acid) |
| 7-C | 카프릴산(caprilic acid) |

소화는 6℃ 정도의 저온에서도 진행되어 가스도 발생하지만 효율은 좋지 않다. 온도의 상승에 따라 가스 발생량은 증가하고 분해속도는 빨라진다. 25~28℃에서 가스발생량은 최대가 되고 그 이상의 온도가 되면 가스발생량은 감소하는데 유기물의 분해는 35~37℃에서 가장 왕성하다. 더욱 온도가 높게 되면 분해속도는 느려지는데 42~43℃에서 다시 분해가 왕성해지고 50~55℃에서 최대가 된다(그림 6.6).

그림 6.6 혐기성 소화조 및 소화조 상부 모습

이렇게 슬러지 소화는 낮은 온도에서부터 높은 온도에 이르기까지 광범위하게 행해지는데 불연속대를 경계로 하여 고온 소화대와 중온 소화대로 나눌 수 있다. 실제로는 40℃ 이상을 고온 소화대, 40℃ 이하는 중온 소화대라고 한다. 두 개의 소화대는 관여하는 혐기성 미생물의 종류가 다르기 때문에 발생한다.

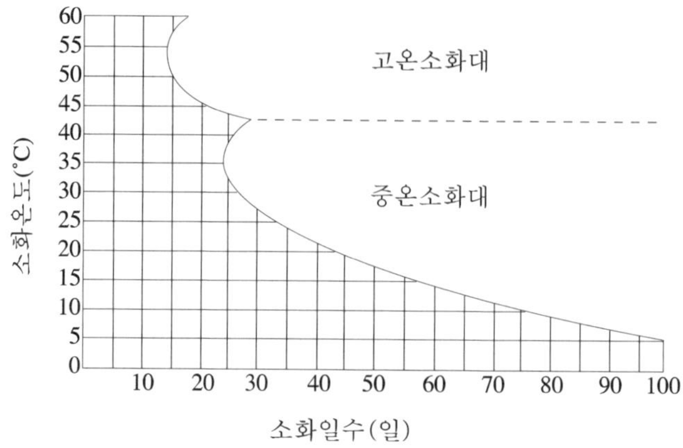


그림 6.7 소화온도에 따른 분류

고온소화는 가스발생량과 부하를 증대시킬 수 있고 소화일수를 단축할 수 있는 이점을 가지나 온도 변화에 민감하고 경제적으로 불리하므로 널리 적용되지 않고 일반적으로 중온소화가 이용되고 있다.

중온소화에는 가온식과 비가온식이 있다. 가온식은 발생가스를 연료로 하여 소화조 내의 온도를 항상 30℃ 전후로 유지시켜 소화하는 방법이다. 비가온식에서 소화조 내의 온도는 슬러지 온도에 좌우되며 특히 겨울에는 저온으로 효율이 나빠지므로 소화일수를 길게 해야 한다. 슬러지량이 매우 적은 경우에는 비가온식이 채택되는 것도 있지만 대부분은 가온식이다.

## 6.4.2 혐기성 슬러지 소화조의 설계

### 1) 형상 및 구조

형상은 내경 25 m 이하의 원형으로 하고 깊이는 내경의 1/2 정도로 한다. 저부에는 소화슬러지 인발을 위해 25/100 이상의 경사를 둔다. 조의 수는 수리나 점검으로 운전을 정지해야 하는 경우도 있으므로 2기 이상으로 하는 것이 바람직하다.

조는 방수, 공기 밀폐의 콘크리트구조로 한다. 특히 소화조는 다른 구조물과 달라서 내부에 가스가 발생하고 덮개에는 고정 덮개 또는 물에 뜨는 덮개가 이용된다. 고정 덮개는 소화조 내의 가스량에 따른 조절이 전혀 행해지지 않으므로 안전을 위해 가스조에 연결하여 슬러지면이 저하할 경우 가스가 상승과 하강에 따라 움직이므로 스컴의 억제, 탈리액의 유출, 소화슬러지의 인발에 관하여 특별한 고려를 할 필요는 없다. 그러나 물에 뜨는 덮개는 혐기성 소화조가 약간의 부등침하가 발생하면 덮개가 소화조의 내면에 끼게 되어 상하운동하지 않게 되는 수가 있다. 일반적으로는 구조적인 면에서나, 관리적인 면에서 단순한 고정덮개가 많이 채용된다. 또한 소화조는 열의 방출을 막고 열효율을 상승시키기 위해서 보온할 필요가 있다. 다음 그림은 계란형 소화조의 예인데, 계란형 소화조의 장점으로는 혼합성능이 향상되고 고형물제거가 수월하다는 것이다.

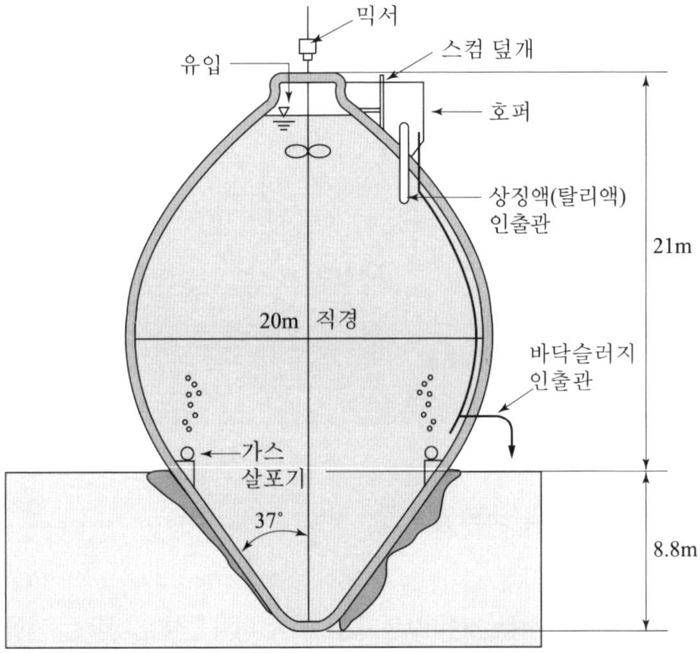


**그림 6.8** 계란형 혐기성 소화조 설계 예[25)]

## 2) 용량

일반적으로 소화조 용량을 결정하는 경우, 슬러지 내의 유기물은 소화일수에 비례하여 감소된다는 것에 의해 다음 식으로 계산된다.

$$V = \left( \frac{Q_1 + Q_2}{2} \right) T \tag{6.4}$$

여기서, $V$ : 소화조의 용량($m^3$)

$Q_1$ : 투입 슬러지량($m^3$/일)

$Q_2$ : 폐기 소화슬러지량($m^3$/일)

$T$ : 소화일수(일)

**예제 6.5**

슬러지 소화조에 TS가 6%, 유기물 함유율이 60%인 생슬러지를 400 $m^3$/day로 유입시키고 있는데, 이 슬러지를 20일간 체류시켜 유기물의 50%까지 소화시킨 함수율 88%의 소화슬러지를 얻고자 한다. 이때 소화조의 용적($m^3$)을 계산하여 답하시오.

**풀이**

$V = \dfrac{Q_1 + Q_2}{2} \times T$에서

$Q_1$ (투입슬러지량) $= 400\ \mathrm{m^3/d}$

투입슬러지 중 고형물(TS)량 $= 400\ \mathrm{t/d} \times 0.06 = 24\ \mathrm{t/d}$

유기물(VS)량 $= 24 \times 0.6 = 14.4\ \mathrm{t/d}$

무기물(FS)량 $= 24 - 14.4 = 9.6\ \mathrm{t/d}$

소화 후 잔존 고형물량 $= 9.6 + (14.4 \times 0.5) = 16.8\ \mathrm{t/d}$

$Q_2$ (소화슬러지량) $= 16.87\ \mathrm{t/d} \times \dfrac{100}{100-88} \div 1\ \mathrm{t/m^3} = 140\ \mathrm{m^3/d}$

$T$ (소화기간) $= 20\ \mathrm{d}$

$\therefore\ V = \dfrac{400+140}{2} \times 20 = 5{,}400\ \mathrm{m^3}$

### 3) 소화조 내의 온도 및 소화일수

가온식의 경우는 발생된 가스를 연료로 하여 소화조 내의 온도를 약 30℃로 가온하는 경우 소화일수는 30일 정도로 하는 것이 보통이다. 또한 비가온식인 경우는 겨울의 슬러지 온도를 기준으로 하여 정하고 소화일수를 60~90일로 해야 한다.

### 4) 교반 혼합

생슬러지를 소화할 때 소화가 상당히 진행되고 있는 슬러지에 생슬러지를 혼합하면 효과적으로 소화가 촉진된다. 즉, 소화조 내의 슬러지를 균질로 하는 것은 가온과 함께 소화효율을 높이는 중요한 요소가 된다. 투입슬러지를 소화조 내에 완전히 분산시키고 소화조 내의 온도분포를 균일하게 하기 위해 소화조에 교반장치를 설치하는 것이 좋다. 교반 방법에는 기계적으로 교반하는 방식과 발생한 가스를 불어 넣어 교반하는 방식이 있다.

기계적으로 교반하는 경우는 교반기에 의한다. 몇 종의 교반기가 있으며 장치, 방법이 모두 간단하다. 그러나 교반기 부근 밖은 교반되지 않거나 투입슬러지가 단회로(short-circuiting) 현상을 일으킬 수가 있으므로 교반기의 수와 배치, 슬러지 투입 장소에 대해서 충분히 고려할 필요가 있다. 가스를 이용한 경우는 소화조로부터 발생한 가스를 그대로 이용한다. 가스 드럼

또는 가스 홀더로부터 가스를 배출시키고 가스 압축기로 가압하여 소화조 저부의 산기장치로부터 분출시켜 내용물을 완전혼합시키는 것이다. 이것의 이점은 교반력이 크며 일정하게 유지할 수 있고 고장이 적다는 점이다.

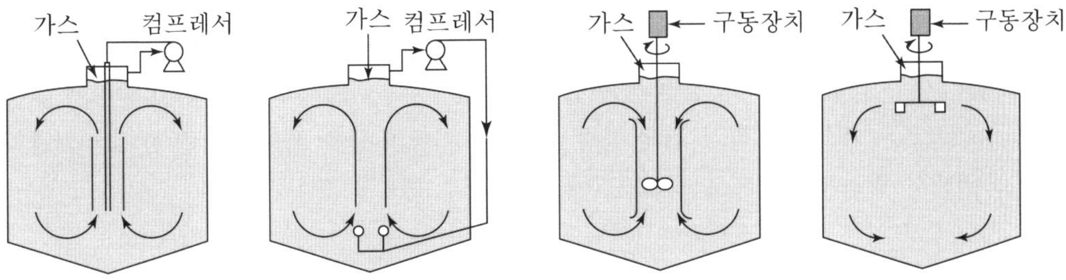


(a) 가스순환 & 흡출관 (b) 가스순환 & 가스주입 (c) 임펠러 & 흡출관 (d) 임펠러

**그림 6.9** 혐기성소화조의 교반 방식

## 5) 가온

가온에는 다음과 같은 3가지 방법들이 있다.

① 가온관을 소화조 내에 설비하고 가온관으로 온수를 통과시키는 방법은 건설비가 적고 조작도 간단하지만, 가온관 내의 온수가 60℃ 이상으로 되면 관의 주위에 슬러지가 부착하여 열전도율을 저하시킬 염려가 있다. 온수의 평균 온도는 55℃ 정도로 하는 것이 좋다.

가온관에는 내경 75 mm의 주철관 또는 50 mm 이하의 아연도금강관이 이용된다. 가온관에 의해 생기는 열대류를 슬러지 온도의 균일화에 쓸 수 있는 위치에 배치해야 한다.

② 열교환기를 이용하여 가온하는 방법은 슬러지용 강철관을 내관으로, 온수용 주철관을 외관으로 한 이중관 식으로 되어 있다. 관내의 흐름은 각각 반대방향으로 하고 유속 슬러지는 1.5～2.0 m/s, 온수는 1.0～1.5 m/s로 한다. 이 방법은 설비비가 높고, 열전도율이 좋을 때 소화조 밖에 설치할 수 있고, 유지가 편리하다.

③ 고압의 증기를 직접 슬러지 중에 불어 넣어 가온하는 방법은 설비비가 적고 조작도 간단하지만 불어 넣는 증기량에 상당한 물을 끊임없이 보급해야 한다. 가온에 필요한 총열량은 투입 슬러지의 가온에 필요한 열량에 소화조로부터 외계로, 열원으로부터 소화조까지 발산되는 열량을 가산하여 구한다. 어떠한 가온방법을 쓰더라도 보일러 설비가 필요하다.

### 6) 슬러지의 투입 및 폐기

슬러지 투입관은 생슬러지와 소화슬러지가 충분히 접촉할 수 있도록 소화가 가장 활발하게 행해지고 있는 층 또는 생슬러지가 조 내로 완전히 확산될 수 있는 위치에 위치시켜야 한다. 일반적으로 소화조의 중심부 근처나 수면상에 투입하고 교반에 의해 분산시키는 방법이 취해지고 있다.

소화슬러지는 소화조 저부에 침전 농축하므로 슬러지 배출관은 소화조 저부의 중앙에 설치한다. 슬러지관은 폐쇄를 피하기 위해 직경 150 mm 이상의 관을 사용한다. 또한 슬러지관의 세정을 위해서 탈리액을 펌프로 슬러지관에 압송할 수 있도록 해두면 좋다.

### 7) 탈리액의 처리

소화조에는 저부의 농축된 소화 슬러지층과 수면 부근의 부유고형물을 많이 함유한 층 사이에 고형물이 적은 탈리액 층이 생긴다. 양호한 탈리액이 생기는 깊이는 소화의 정도에 따라 다르므로 깊이가 다른 3～4개소에 관을 설치하여 가장 좋은 위치를 결정하여 배출하도록 한다.

배출된 탈리액은 하수처리장 유입관 또는 최초침전지로 반송하고 유입하수와 함께 처리한다. 탈리액은 유입 하수에 비해 양은 적으나 악취가 나며 SS·BOD가 모두 크기 때문에 처음부터 처리를 고려해 둘 필요가 있다.

### 8) 가스 포집

가스발생량은 소화효율을 나타내는 중요한 지표의 하나인데 소화가 순조로울 때는 투입 슬러지량의 7～10배의 가스가 발생한다. 가스 성분은 투입 슬러지의 질에 따라 다른데 대체로 표 6.2에 보인 정도가 되면 열량은 5,000～6,000 kcal/$m^3$이다. 또한 5～15배의 공기가 섞이면 폭발할 위험이 있으므로 충분히 주의해야 한다.

**표 6.2** 가스성분(단위 : %)

| 메탄 | 탄산가스 | 수소 | 질소 | 황화수소 |
|---|---|---|---|---|
| 57～62 | 33～38 | 0～2 | 0～6 | 0.005～0.010 |

가스는 가스 포집관에 의해 포집되어 계량된다. 가스 포집관은 소화조 덮개의 중앙부에 설치된 가스 드럼으로부터 가스 홀더까지 연결되는 LH 100 mm 이상의 관이다. 소화조 내의

가스 발생량과 가스압력은 시간에 따라 변동하므로, 결코 부압이 되지 않도록 항상 100 mmAq 이상의 가스압을 보전할 수 있는 배관계통이 되도록 해야 한다.

가스 드럼에는 이상고압을 방지하기 위해 가스안전밸브를 부착시킨다. 돔(dome) 내의 포집관 위치는 기포이나 스컴 등이 유입되지 않도록 소화조 내 최고수위보다 적어도 1 m 정도 높게 한다.

소화조의 수가 많은 경우는 가스 총발생량이 비교적 균일하므로, 가스 홀더의 용량은 발생량의 약 1/2일분으로도 충분한데 소화조 수가 적은 경우는 1/2일분 이상을 필요로 한다. 발생하는 가스 중에는 황화수소가 포함되어 있는데, 이것을 제거하는 방법인 탈황법에는 건식과 습식이 있으며, 황화수소 함유율이 높고 발생가스량이 다량인 경우에는 습식이 유리하다. 또한 가스포집관에는 필요에 따라 물의 배출장치 및 가스역류방지장치를 설치하며 잉여가스의 폐기를 위해 연소장치를 설치해 두면 좋다.

### 9) 부대 설비

소화조에 부속기를 일괄수용하는 밸브 조작실을 설치하면 편리하다. 액면에 스컴이 생기면 가스가 발생되어 소화가 억제될 염려가 있으므로 스컴 방지 또는 스컴 파괴 등 스컴방지장치를 설치할 필요가 있다. 제어수단으로서는 액면을 교란시키는 것이 좋으므로 발생가스를 이용하여 수면에 가까운 부분만을 교반시키는 방법이 보급되고 있다.

기타, 월류관, 시료채취 맨홀장치, 온도측정장치, 액위계 등이 필요하다. 소화조 및 부속장치에 대해서 부식방지를 고려해야 한다.

### 10) 2단 소화

소화조에는 유기물을 분해안정화하는 생화학적 기능부분과 압밀농축이 행해지는 물리적 기능부분이 있다. 전자가 교반 및 가온에서 기능을 발휘하는 것에 비해, 후자는 가온할 필요가 없이 조용한 상태에서 행해진다. 1단(one phase) 소화는 이렇게 상반되는 환경조건을 요구하는 두 가지 작용이 동시에 하나의 소화조 안에서 이루어지므로 기능상 모순이 있고 좋지 않다. 이 때문에 1단 소화는 충분한 교반이 되지 않고, 스컴 발생이 많으며, 소화 효과는 낮다.

소화를 2단 또는 다단으로 나누어 행하면 이러한 모순점이 해소된다. 즉, 1차 소화조에서 가온과 교반을 충분히 행하고 다음에 2차 소화조에서 소화슬러지와 탈리액의 분리를 행하면, 소화효과는 크게 높아진다. 이것을 2단(two phase) 소화라고 하며 가장 일반적으로 사용된다. 1단 소화와 2단 소화를 모식적으로 표시하면 그림 6.10과 같다.

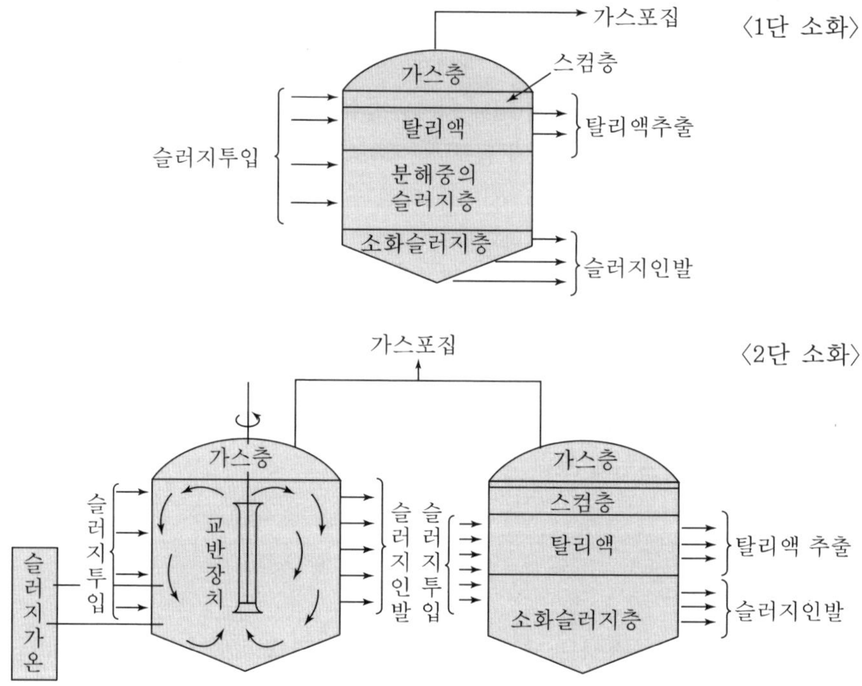


그림 6.10 1단 소화와 2단 소화

2단 소화조에는 이중소화조와 단일소화조 2기의 직렬사용 두 종류가 있다. 이중소화조는 동심원상의 내측조를 1단, 외측조를 2단으로 사용하는 것으로서, 열 경제상 유리하며 대용량인 경우에 적합하다. 또한 1단 소화조와 2단 소화조의 소화일수비는 경험적으로 1 : 2로 하는 것이 보통이다.

단일 소화조를 2기로 직렬 사용하는 경우는 1단과 2단의 소화일수 비는 1 : 1 또는 2 : 1로 하면 좋다. 1단 소화조에 종(seed)슬러지를 포함할 수 있도록 2단 소화조로부터 1단 소화조로 슬러지 반송관을 설치해 두면 편리하다.

다음 표는 혐기성소화조에서 저해를 일으키는 물질들의 농도 범위이다.

## 6.4.3 호기성 소화

호기성 미생물에 의해 슬러지를 소화하는 것을 호기성 소화라고 한다. 이 방법은 슬러지에 장시간 공기를 불어 넣어, 슬러지 중의 유기물을 분해 안정화하는 것이다. 이것은 슬러지 폭기조와 슬러지 농축조로 구성되며 폭기시간(소화일수)은 7～8일을 표준으로 한다.

**표 6.3** 저해유발물질의 저해농도 범위[25)]

| 물질 | 중간 저해농도 (mg/L) | 강한 저해농도 (mg/L) |
|---|---|---|
| $Ca^{2+}$ | 2,500～4,500 | 8,000 |
| $Mg^{2+}$ | 1,000～1,500 | 3,000 |
| $Na^{+}$ | 3,500～5,500 | 8,000 |
| $K^{+}$ | 2,500～4,500 | 12,000 |
| $NH_3$-N | 1,500～3,000 | 3,000 |
| $S^{2-}$(비이온화 가스) | 200 | 200 |
| $Cr^{3+}$ | - | 180～420 (총농도) |
| $Cr^{6+}$ | - | 3.0 (용존성), 200～250 (총농도) |
| Cu | - | 0.5 (용존성), 50～70 (총농도) |
| Ni | - | 2.0 (용존성), 30 (총농도) |
| Zn | - | 1.0 (용존성) |

## 6.5 슬러지 탈수

### 6.5.1 자연 건조

건조상에 소화슬러지를 10～20 cm 두께로 깔고 여과작용 및 증발에 의해 수분을 제거하고 슬러지를 자연건조시키는 것이다. 자연건조이므로 탈수속도는 기후, 기온, 온도, 풍속에 따라 변하는데 통상 건조 일수는 10～20일 정도로 한다. 본 공법은 탈수 이외에 슬러지의 분해를 촉진하는 이점도 가지고 있다.

건조슬러지의 함수율은 대체로 50～60% 정도가 되며 매립용, 복토 또는 비료로 이용된다. 건조시, 표면에 생기는 균열의 상태로 슬러지의 상태를 판단할 수 있다. 균열 틈이 가느다란 것은 잘 소화된 슬러지이며, 이것이 넓은 것은 소화가 불충분하고 점성이 높은 슬러지이다. 생슬러지나 소화가 불충분한 슬러지는 넓은 면적을 필요로 하므로 건조 속도가 느리며 건조 중에 악취를 발산하므로, 건조상에는 잘 소화된 슬러지를 적용하는 것이 바람직하다.

건조상의 형상은 장방형으로 하고, 소요 면적은 다음 식으로 구한다.

$$A = \frac{Q \cdot T}{D} \tag{6.5}$$

여기서, $A$ : 소요면적($m^2$)

$Q$ : 투입슬러지량($m^3$/day)

$D$ : 투입슬러지의 두께(0.1～0.2 m)

$T$ : 일수(10～20일)

건조상의 수는 적어도 15～20개가 바람직하다. 건조상의 벽은 콘크리트 또는 토양 둑으로 하고, 건조상의 최상층은 20～30 cm 두께의 두꺼운 모래층, 그 밑은 20 cm 두께의 자갈층, 자갈층의 밑에는 적당한 경사를 주어 내경 150～200 mm 정도의 관을 2～6 m 간격으로 배열한다. 또한 두꺼운 모래층 표면에서 벽의 평균수위까지는 25～35 cm로 한다.

슬러지의 투입을 균일하게 하기 위해서, 슬러지 투입구 1개소의 수용면적은 200 $m^2$ 이내로 한다. 건조상에는 상징액 폐기 및 폐기장치를 설치하여 폐기된 상징액과 여액은 최초침전지 앞으로 반송한다. 건조상에는 필요에 따라 덮개를 설치하면 좋다.

## 6.5.2 진공 탈수

자연건조에 의한 탈수는 기후에 좌우되며, 광대한 면적을 요하고, 탈수시간도 길게 된다. 기계 탈수는 이러한 결점을 개선할 수 있으며 많이 이용되고 있다.

일반적으로 대부분의 슬러지는 콜로이드성 미립자가 주종이기 때문에 물과의 친화력이 매우 강하고 압축성이 높아서 기계적 탈수를 하는 것은 곤란하다. 따라서 탈수 전에 입자를 탈수성이 좋은 입자로 변화시켜 여과효율을 높일 필요가 있다.

전처리의 방법으로는 슬러지의 세정, 응집제 첨가 등이 있다. 생슬러지에 대해서는 세정효과가 별로 없으므로 비압축성의 비산재 등을 가하여 여과성능을 향상시키는 경우도 있다.

### 1) 슬러지 세정

소화 슬러지는 중탄산염을 많이 함유하고, 알칼리도는 2,000～3,000 ppm에 달한다. 알칼리도가 높으면 응집제를 다량으로 소비하고 매우 비경제적이므로 우선 깨끗한 물 또는 하수처리수 등으로 슬러지를 세정하여 알칼리도를 400～600 ppm 정도까지 저하시킬 필요가 있다.

세정방법에는 1단 세정과 2단 세정 등이 있다. 전자는 하나의 조에서 희석교반, 침전을 행하는 것이고 후자는 그림 6.11에 나타낸 것처럼 두 개의 조를 사용하여 세정수의 효과적인 이용을 도모하는 것이다. 새로운 세정수는 제2단의 세정에만 사용되며 제2단 조로부터의 세정 폐수는 제1단 조의 미세정 슬러지의 세정에 이용한다. 세정 후의 알칼리도는 각각 다음 식에 의해 산출할 수 있다.

$$1단\ 세정의\ 경우\ A_a = \frac{A_b + RA_w}{R+1} \tag{6.6}$$

$$2단\ 세정의\ 경우\ A_a = \frac{A_b + (R^2 + R)A_w}{R+1} \tag{6.7}$$

여기서, $A_a$ : 세정 후 슬러지의 알칼리도(ppm)

$A_b$ : 세정 전 슬러지의 알칼리도(ppm)

$R$ : 슬러지량에 대한 세정수량의 비

$A_w$ : 세정수의 알칼리도(ppm)

세정조의 고형물 부하는 60～90 kg/m$^2$/day을 표준으로 하고, 세정시간은 10～30분 정도로 한다. 세정폐수는 최초 침전지로 반송한다. 세정조에는 슬러지 수집기나 스컴제거장치를 설치하는 것이 좋다.

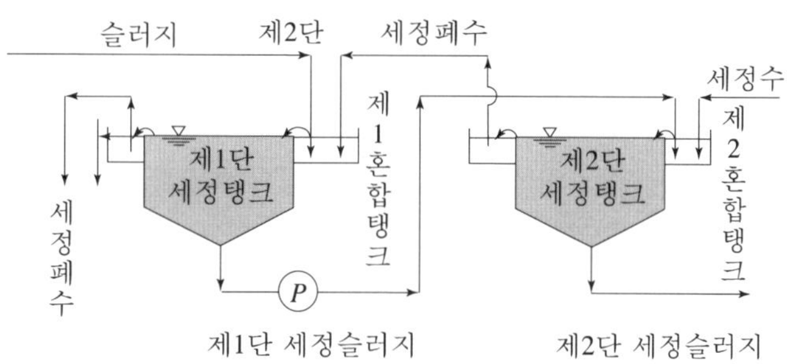


그림 6.11 2단 세정

## 2) 약품 첨가

응집제를 첨가함으로써 미소한 슬러지 입자를 응집시켜 굵은 입자로 만들어 슬러지의 탈수성을 향상시키는 것이다. 응집제로서 염화제2철 또는 황산제1철이 가장 많이 사용되며, 응집보조제로서 소석회를 병용한다. 소석회는 중탄산염에 의한 알칼리도를 제거하며 응집된 플록의 중량을 크게 하는 작용이 있다.

응집제 첨가량은 염화제2철 3～5%, 소석회 10～20% 정도이다. 또한 생슬러지에 있어서는 각각 10%, 20～30%가 보통이다. 다량의 첨가는 오히려 여과효율을 저하시키므로 주의를 요한다. 필요한 시설로서는 약품용해조, 응집조, 약품 저장고 등이 있다.

### 3) 진공탈수기

전처리된 슬러지는 진공탈수기에 의해 탈수된다. 진공탈수기는 그림 6.12에 나타낸 것처럼 드럼식과 벨트식이 있다.

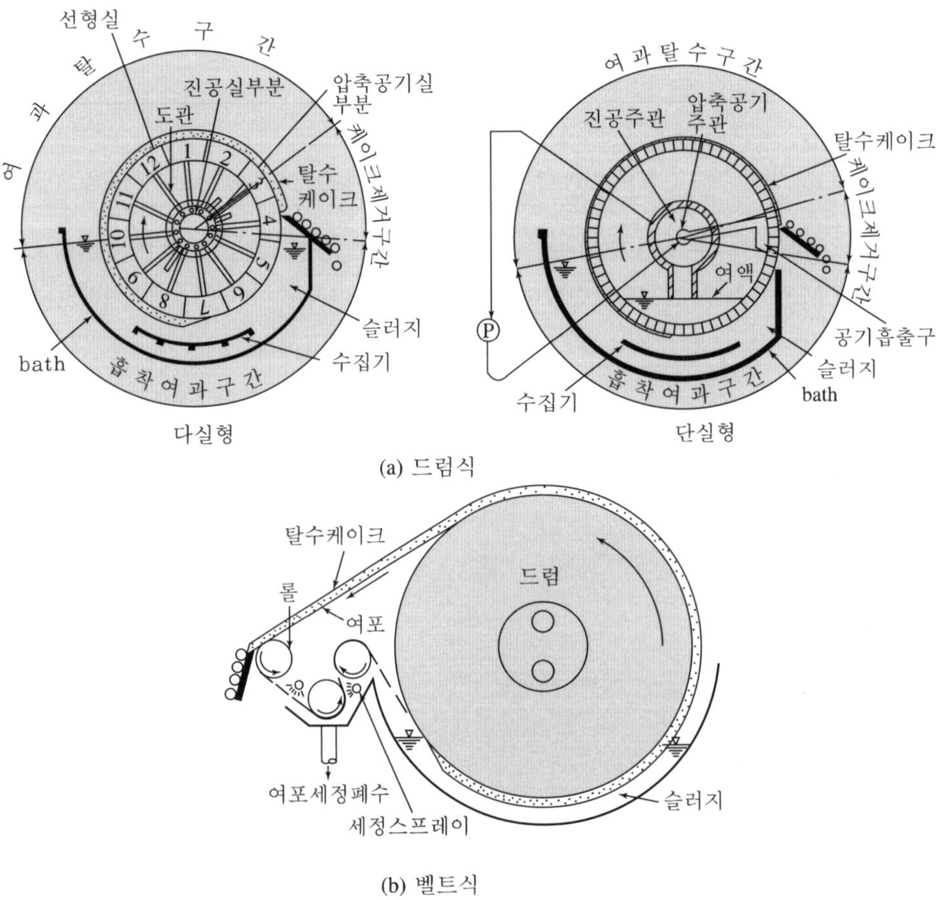


**그림 6.12 진공탈수기**

드럼식은 드럼통에 여포를 감은 것이므로 드럼 내부가 다수의 부채모양의 방으로 나누어져 있는 것을 다실형, 그렇지 않은 것은 단실형이라고 한다. 드럼의 하부는 항상 조 내의 슬러지 중에 침수된 상태에서 일정 속도로 드럼이 회전한다. 드럼 내부는 진공이므로 조 내의 슬러지는 여포에 흡수되어 회전하면서 탈수된다. 탈수 후 압축공기를 불어 넣어 탈수 케이크가 여포로부터 탈리된다.

단실형에서는 케이크 탈리에 그다지 높은 압력의 공기를 사용하지 않아도 되기 때문에 탈리를 쉽게 하기 위해서 드럼의 회전을 빨리하여 케이크의 두께를 얇게 한다. 일반적으로 $\frac{1}{2}$~$\frac{1}{3}$ rpm이 이용된다. 다실형은 충분한 고압의 공기를 사용할 수 있으므로 $\frac{1}{12}$~$\frac{1}{13}$ rpm으로 회전을 느리게 한다.

진공탈수기의 탈수면적은 다음 식으로부터 구한다.

$$A = 1{,}000(1-w)\frac{Q}{v} \tag{6.8}$$

여기서, $A$ : 탈수면적($m^2$)
$Q$ : 슬러지량($m^3$/시)
$v$ : 탈수속도(kg/m/시)
$w$ : 슬러지 함수율

여기서 말하는 탈수속도는 1 $m^2$당 단위시간당 발생하는 케이크의 건조 중량으로 슬러지의 종류에 따라 표 6.4의 값과 같이 적용된다. 드럼의 직경과 길이의 비는 0.5~1.5로 하는데 1.0 전후가 보통이며 3.5를 직경의 최대한도로 한다.

벨트식은 그림 6.13과 같이 여포가 케이크를 부착한 채로 드럼 본채로부터 떨어져 롤러류를 거쳐 케이크를 탈리하고, 여포는 다시 되돌아가 밀착하는 구조로 되어 있다. 벨트식은 케이크 탈리를 위한 압축공기를 필요로 하지 않는다.

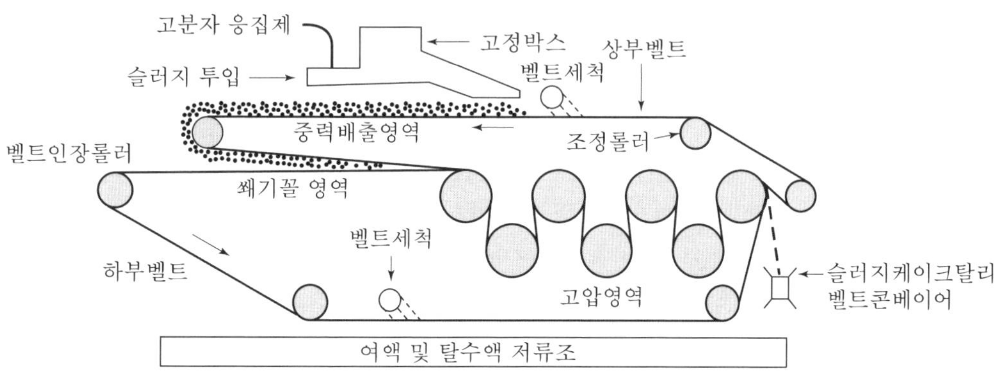


그림 6.13 벨트식 탈수기[26)]

표 6.4 슬러지의 탈수속도

| 슬러지의 종류 | | 탈수속도(kg/m$^2$/시) |
|---|---|---|
| 생슬러지 | 최초침전지슬러지 | 35～50 |
| | 최초침전지슬러지 + 살수여상슬러지 | 30～40 |
| | 최초침전지슬러지 + 활성슬러지 | 15～25 |
| | 활성슬러지 | 10～15 |
| 소화슬러지 | 최초침전지슬러지 | 25～40 |
| | 최초침전지슬러지 + 살수여상슬러지 | 20～35 |
| | 최초침전지슬러지 + 활성슬러지 | 15～25 |

슬러지 케이크는 함수율 75% 이하를 목표로 하며, 여포는 눈 막힘이 안 되고 내구성이 있는 것을 사용해야 한다.

조 내에는 슬러지 교반기를 설치하고 여포세정용 살수장치를 갖출 필요가 있다. 기타 부대 시설로는 진공펌프, 공기압축기, 여액 탱크, 여액 펌프, 분리조, 공기탱크 등이 필요하다.

### 6.5.3 가압탈수

가압탈수기는 그림 6.15와 같이 여포를 깐 주철제 여과판을 합칠 수 있는 탈수실로 슬러지를 강제유입시키고 탈수판 전체를 유압으로 강력하게 가압함으로써 슬러지 중의 수분을 추출하는 기계이다. 탈수액은 탈수판상에 새겨진 다수의 작은 홈을 통하여 탈수판 하부의 배출구로부터 배출된다. 탈수실 내에 케이크가 충분하면 슬러지 압입을 정지하고 압축공기를 밀어내어 케이크 중의 수분을 압출한다. 다음에 이것을 열면 케이크는 탈수포로부터 자연적으로 또는 탈수포를 진동시킴으로써 탈리하여 낙하된다.

가압탈수기의 탈수면적은 진공탈수기와 같이 구한다. 표준 운전의 사이클은 닫기 3분, 슬러지 압입 5분, 가압 3분, 공기 흡입 및 여는 시간 3분, 탈수포 세정 5분으로 전체 20분을 필요로 하므로 탈수속도는 이러한 시간을 포함하여 결정해야 한다. 탈수 압력은 탈수포의 수명 등을 고려하여 4～5 kg/cm$^2$으로 하고 케이크의 함수율은 65% 이하를 목표로 한다. 기타 필요한 부대설비로서 슬러지 압입 펌프, 공기압축기, 슬러지조, 공기조 등이 있다.

그림 6.14 슬러지 탈수기(벨트식)

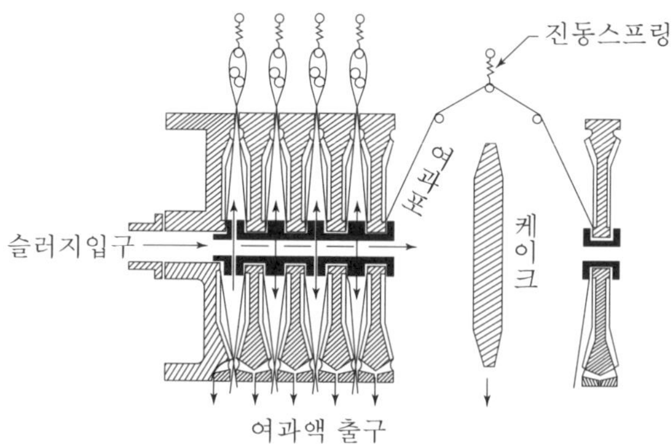


그림 6.15 가압탈수기

## 6.5.4 열처리

슬러지를 170~210℃에서 20~120분간 가열하고 슬러지 중의 콜로이드 물질을 변질시켜 탈수성과 농축성이 좋은 슬러지로 만드는 방법이다. 열처리된 슬러지를 진공탈수기로 탈수하면 탈수케이크의 함수율은 60~70%, 가압 탈수기에서는 함수율이 45~55%로 된다.

열처리장치 흐름도를 그림 6.16에 나타내었다. 농축슬러지는 파쇄기에 의해 직경 4~5 mm 정도로 파쇄된다. 이것은 장치 내의 슬러지에 의한 폐쇄를 방지하기 위함이다.

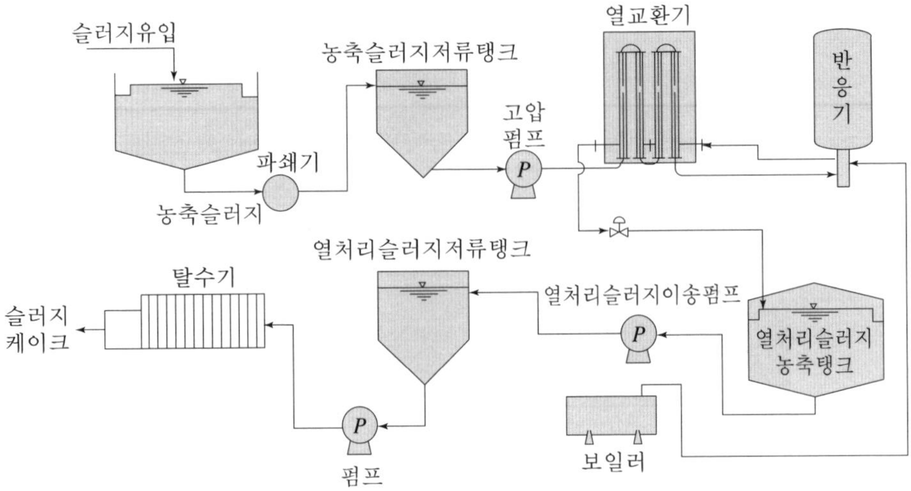


그림 6.16 열처리장치의 흐름도

파쇄된 슬러지는 펌프에 의해 열교환기를 거쳐 반응기로 보내진다. 반응기 내에서 일정 시간 대기하여 반응을 끝낸 슬러지는 자동 슬러지배출 밸브에서 계속적으로 배출되며 이중관식 열교환기 내를 반응기에 공급된 슬러지와 열교환된다. 열처리된 슬러지는 다시 농축조에서 농축되고 탈수기에서 배출되어 케이크로 된다.

반응기 내에서 발생한 가스는 반응기 상부의 자동배기밸브로부터 배출된다. 가열온도와 가열시간은 슬러지의 질에 따라 결정해야 한다. 가열온도가 결정되면 이에 대응하는 반응기 내의 압력이 결정된다. 또한 170～210℃에 대응하는 압력은 9～17 kg/cm$^2$이며 가열에는 통상 증기가 이용된다. 본 법은 약품을 필요로 하지 않으므로 배출 케이크의 양이 적으며 케이크의 질은 양호하다.

## 6.6 슬러지의 소각

### 6.6.1 소각

배출 슬러지는 고체로 취급할 수 있어 그대로도 처분이 가능하지만 소량의 수분과 유기물을 함유하고 있으므로 이것을 소각하면 용적과 유기물이 더욱 감소하여 취급이 용이하다. 소각에서는 가능한 한 완전연소시켜 배기가스 처리를 확실히 해야 한다. 일반적으로 이용되는 소각로는 입형 다단소각로와 회전 건조소각로이다.

### 1) 입형 다단소각로

소각로의 최상단에 투입된 케이크는 낙하하면서 건조, 연소, 냉각의 과정을 거쳐 소각된다. 따라서 소각로의 필요 면적은 각 과정을 수행하기에 필요한 면적의 합이 된다.

소각로에 투입된 케이크의 함수율은 75% 이상으로 할 필요가 있으며 소각로에 대한 케이크 주입률은 일반적으로 30～40 kg/m$^2$/hr를 표준으로 한다. 케이크는 건조단에서 건조되어 다음의 연소단으로 이동하는데 연소단 입구에서의 케이크의 함수율은 25～30% 정도로 한다.

단수는 6～10단을 표준으로 하고 단 간격은 일반적으로 0.7～1.2 m이다. 바닥의 벽돌 및 벽의 벽돌은 충분한 내화도와 고온 강도를 가지며 내식, 내마모성이 있는 것을 사용해야 한다. 소각로의 중심부에는 축이 있는데 1분간에 1회 전후의 비율로 회전한다. 축에는 각 단 모두 교반 팔(arm)이 부착되어 있으며 단은 서로 슬러지를 중앙부에서 외주부로 긁은 다음 단으로 떨어뜨리는 구조로 되어 있다.

연소온도는 700～900℃를 표준으로 하고 연속운전을 하는 것이 원칙이다. 따라서 정량의 배출 케이크가 직접 연속적으로 공급되도록 해야 한다. 다단로에서는 보조 연소용 버너를 연소단 로벽에 몇 개 부착하며 연료로는 액화가스 또는 중유를 사용한다.

일반적으로 20% 전후의 소석회를 혼입한 탈수케이크 건량중의 회분은 소화 슬러지 케이크로 60～70%, 생슬러지 케이크로 45～55%이다. 소각로에서 배출된 가스 등에 대해서는 배기가스 처리장치를 설치해야 한다. 또한 재는 비산하기 쉬우므로 이에 대해서도 적절한 대책이 필요하다.

### 2) 회전 건조소각로

소각로의 상부에 투입된 케이크는 건조 및 연소의 과정을 거쳐 소각시키므로 소각로의 필요 용적은 각 과정을 수행하기에 필요한 용적의 합이 된다. 소각로는 내경과 길이의 비가 1 : 10 ～ 1 : 15의 중공원통으로 강철제의 밀폐구조 내면에 벽돌 등의 내화재를 길게 쌓은 것이다. 회전로는 2/100 정도의 경사를 가지도록 하며 매분 약 2회 정도로 소각로 자체가 회전한다. 투입된 케이크는 로의 회전에 의해 돌아가면서 중력에 의해 점차로 이동하여 하부의 출구로부터 염으로서 인출된다. 연소방식은 직화식으로 한다. 이것은 소각로의 최하부에 버너가 있고 열가스가 케이크의 진행방향과 반대로 흐르는 방식이다. 본 방식은 열가스와 케이크와의 온도차를 적당히 유지할 수 있고 열효율이 좋다. 연소온도는 700～900℃로 한다. 소각로에는 이외에 기류건조 소각로, 유동상 연소로 등이 있다.

### 6.6.2 습식산화

습식산화는 습식연소라고도 하는데 농축 슬러지를 탈수하지 않고 그대로 슬러지 중의 가연성 물질을 공기 중의 산소를 산화제로 하여 산화하는 방법이다. 직경 9 mm 이하로 파쇄된 농축슬러지는 가압되고 압축 공기와 함께 이중관실 열교환기로 보내진다. 여기에서 열교환에 의해 가온되어 반응탑으로 들어가고 슬러지 중의 유기물은 반응탑 내에서 산화되어 무기화된다. 이 결과 슬러지는 소량의 불활성 고형잔류물·유기물 용해액 및 기체로 된다. 반응을 끝낸 슬러지는 연속적으로 배출되어 열교환기로 돌아가고 열교환에 의해 냉각된 후 기액분리·고액분리를 행한다. 습식산화의 산화도는 40~60% 정도이다. 산화도란 슬러지 중의 유기물의 감소 정도를 중크롬산칼륨 소비량의 감소율로 표시한 것이다. 산화도는 주로 반응온도에 좌우되며 산화도가 클수록 회분량은 감소하나 처리 비용은 높아진다.

반응은 100℃ 이상 372℃까지 범위의 온도로 진행되는데 150℃까지는 반응 속도가 완만하다. 가장 효과적인 온도는 200~300℃라고 하는데 실장치에서는 180~210℃가 이용되고 있다. 또한 압력은 통상 70~100 kg/cm$^2$으로 한다. 반응탑의 용량은 계획슬러지량의 60분간분 또는 그 이상으로 하고 직경과 높이의 비는 1 : 10, 최소경은 75 cm 정도로 한다. 반응탑 입구에는 역류 방지용 밸브를 설치할 필요가 있다. 기타 연화제 주입장치, 탈취설비, 약품 세정설비, 기액분리기, 여과기 등이 필요하다.

## 6.7 하수처리장 악취

### 6.7.1 악취의 원인

악취란 황화수소, 머캡탄류, 아민류, 그 밖에 자극성이 있는 기체상태의 물질이 사람의 후각을 자극하여 불쾌감과 혐오감을 주는 냄새로 정의되며, 대기 중에 미립자로 존재하는 기체상태의 물질로서 모두 냄새를 지니고 있으나 인간의 후각기관에 약하게 적응된 관계로 감지하지 못할 때에는 무취라고 표현하며, 미적응 상태에서 강하게 감지될 때에는 강한 냄새로 표현한다. 냄새는 불쾌한 냄새와 그렇지 않은 냄새로 구분할 수 있는데 통상 일상생활에 지장을 주는 불쾌한 냄새를 악취라고 표현한다. 하수와 슬러지의 냄새유발 물질들은 분자량이 30~150 정도로 작으며, 상대적인 휘발성이 큰 특징이 있다. 이러한 물질의 대부분은 황(S)과 질소(N)가 함유된 유기물로 구성되며 혐기성 분해 산물이다. 하수의 혐기성 분해로 부터 생성되는 무기성 가스들은 일반적으로 황화수소, 암모니아, 이산화탄소 및 메탄을 함유하고 있는데, 이들 중 황화수소와 암모니아는 강한 냄새가 발생한다. 냄새를 발생시키는 물질들은 인돌, 스카톨, 머캡탄류, 질소함유 유기물과 같은 유기성 증기를 함유하며 지역적인 조건에 따라서 이러한 화합물이 모두 하수 중에 들어 있거나 생길 수 있다. 지정 악취물질로는 암모니아, 메틸머캡탄, 황화수소, 다이메틸설파이드, 다이메틸다이설파이드, 트리메틸아민, 아세트알데히드, 스타이렌, 프로피온알데하이드, 뷰티르알데하이드, $n$-발레르알데하이드, $i$-발레르알데하이드, 톨루엔, 자일렌, 메틸에틸케톤, 메틸아이소뷰틸케톤, 부틸아세테이트, 프로피온산, $n$-뷰티르산, $n$-발레르산, $i$-발레르산, $i$-뷰틸알코올 등이 있다. 지역주민에게 거부감과 고통을 주거나, 주변지역의 쾌적성이 훼손됨으로서 님비(NIMBY)현상을 초래하거나 인근 부동산가격이 하락하는 등의 부정적인 외부효과를 나타내기도 한다. 대표적인 악취발생시설은 폐기물 매립장, 음식물쓰레기 처리장, 소각시설, 공동방지시설, 오수처리시설, 하폐수종말처리시설 등의 환경시설이 있다. 매립지, 소각시설, 쓰레기 적환장, 하폐수종말처리시설과 같은 혐오시설은 위험한 것은 아니지만 폐기물, 하수 등을 취급한다는 점에서 혐오감을 주고, 주변지역의 환경오염 문제로 이해당사자간에 갈등을 야기하기도 한다. 하폐수종말처리시설을 혐오시설로 인식하는 요인은 오폐수 등 하수의 유입 및 체류와 슬러지의 탈수, 이송 및 배출 공정 등에서 발생하는 악취로 인한 후각적 요인, 처리시설 운영 시 각종 송풍설비 및 펌프설비의 운전에 따른 소음, 진동으로 인한 청각 및 감각적 요인, 처리시설의 효율성만을 강조하며 발생되는 미관상 저해로 인한 시각적요인, 기타 더럽고 냄새나는 오수를 취급 처리하고 이 과정에서 혐오물질이 배출된다는 관념 및 심리적 요인 등이 있다. 악취는 감각공해이기 때문에 각 물질별 절대적인 농도의 비교보다는 악취감지 한계농도(odor threshold)를 적용하여 악취농도를 산출한 후 예상되는 악취강도(악취농도지수, odor quotient)를 비교하는 것이 더 합리적이고 이해가 쉽다. 악취농도지수는 기기분석에 의해서 측정된 개별악취물질의 농도를 해당 물질의 악취감지한계농도로 나누어 산출한다. 표 6.5는 각 물질의 악취감지한계농도를 나타낸 것이다.

$$\text{악취농도지수(odor quotient)} = \frac{\text{악취물질농도(odor material concentration)}}{\text{악취감지한계농도(odor threshold)}}$$

**표 6.5** 각종 화합물의 악취감지한계농도

| 악취유발물질 | 악취감지한계농도 |
|---|---|
| 암모니아(ammonia) | 150 |
| 황화수소(hydrogen sulfide) | 0.4 |
| 메틸 머캡탄(methyl mercaptan) | 0.07 |
| 디메틸 설파이드(dimethyl sulfide) | 3 |
| 디메틸 디설파이드(dimethyl disulfide) | 2 |

| 아세트 알데히드(acetaldehyde) | 1.5 |
|---|---|
| 프로피온 알데히드(propionaldehyde) | 1 |
| 부틸 알데히드(butyraldehyde) | 0.67 |
| 이소-발레르 알데히드(*i*-valeraldehyde) | 0.2 |
| 노말-발레르 알데히드(*n*-vleraldehyde) | 0.7 |
| 트리메틸 아민(trimethyl amine) | 0.032 |

## 6.7.2 악취 요인 및 대책

### 1) 악취 확산방지

악취가 발생되는 물체를 대기로부터 차단 또는 접촉 면적을 축소함으로써 악취의 확산을 방지하고, 하수유입부 맨홀 및 침사지 등에 그레이팅을 설치한 후 스테인리스 뚜껑 등을 덮는 방법과 옥외에 설치되어있는 침사와 협잡물 호퍼 등도 미관상의 이유와 악취방지의 대책으로 옥내로 내장시키는 사례가 증가되고 있다. 악취에 대한 근본적인 차단대책으로 시설물 전체를 대기와 차단하는 방안으로 시설물을 복개하거나 지하화하고 있다. 이와 더불어 발생 악취를 경제적, 효율적으로 포집하여 악취풍량을 저감시켜 악취처리시설로 이송하거나, 악취발생 대상시설이나 설비를 밀폐화(커버, 후드, 미정압화 등)하여 악취 확산 방지 및 악취풍량을 저감하고, 악취발생 수조(슬러지 저류조 등)를 복개구조로 설치하며 적정한 구경으로 악취흡입배관을 설치한다.

악취방지장치에 비해서 악취포집을 등한시 하는 경우가 많은데, 고성능의 탈취시설을 설치하여도 악취포집을 잘못하거나 불충분하게 하면 결국 악취제거의 목적을 달성하지 못할 수 있으므로, 악취포집 방법의 중요성을 감안하여 철저한 악취포집 계획을 수립 하되 다음의 사항들은 반드시 지켜져야 한다. 첫째, 악취발생원을 가능한 밀폐시켜 외부로 악취가 확산되지 않도록 한다. 둘째, 취기를 발생하는 모든 기계류는 기계자체에 밀폐 커버를 씌우고 소풍량 고농도 악취를 흡입할 수 있도록 함으로써 경제적인 악취포집이 되도록 하고 악취가 확산됨으로 인한 작업환경 구역의 오염을 방지한다. 기계자체를 밀폐시키기 곤란한 구조로 되어 있는 부분들은 가능한 한 후드를 사용하여 소풍량 고농도 악취를 흡입할 수 있도록 한다. 셋째, 기계류 등 악취발생원을 밀폐시키는 부분들은 유지관리에 지장이 없도록 출입문 설치 및 커버의 해체가 용이하도록 계획하며 필요에 따라서는 기계가 잘 보이는 투명한 재료로 밀폐한다.

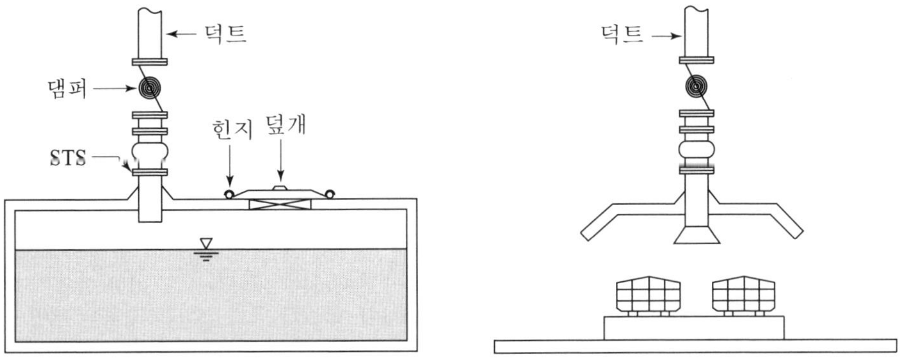


하수유입수로/슬러지 저류조 등 슬러지케이크 호퍼실/각종 건축실 등

**그림 6.17 하수처리장 악취발생시설의 악취흡입방법**

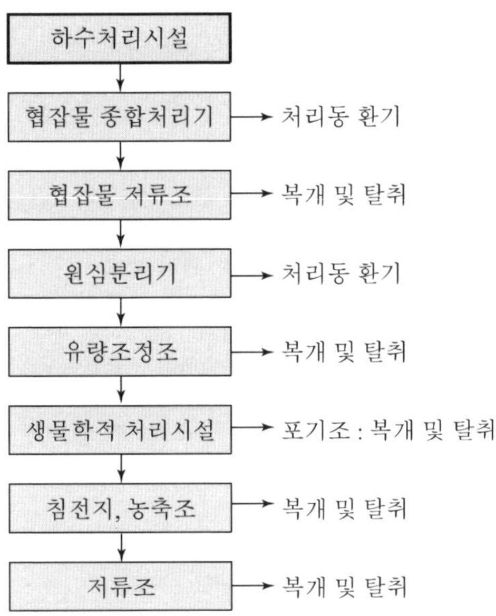


**그림 6.18 처리시설별 탈취방법**

## 2) 악취 제거방법

악취를 제거하는 방법은 악취물질이 수중에 용존된 상태에서 제거하는 방법과 기화된 상태에서 제거하는 방법으로 구분할 수 있다. 액상에서의 악취제거 방법은 냉각법 및 pH조절법 등 여러 가지 방법이 있으나 주로 하수처리과정에서 미생물에 의해 대부분 분해 제거된다. 악취처리대상은 주로 기상으로 존재하며 일반적인 제거방법은 생물학적, 물리적, 화학적 처리방

법이 있으며 다음 표와 같다.

**표 6.6 생물학적 처리방법**

| 구분 | 미생물 필터법 | 토양 탈취법 | HBR-공법 |
|---|---|---|---|
| 제거방법 | 포집 처리 | 포집 처리 | 사전 처리 |
| 원　리 | 유기담체(퇴비, 나무껍질 등)를 이용하여 미생물서식에 필요한 조건을 인위적으로 만들어 악취성분을 산화, 분해함. | 악취가스 성분을 토양에 흡착시키거나 토양에 존재하는 토양미생물에 의하여 악취물질을 산화, 분해함. | 악취성분이 토양미생물의 대사산물과 결합하거나 흡착되고 흡착된 성분은 토양미생물 등의 에너지원이나 미생물 증식에 이용되어 제거됨. |
| 적용물질 | 모든 악취에 적용 | 모든 악취에 적용 | 모든 악취에 적용 |
| 장　점 | •탈취효율 높음.<br>•시설공간 작음.<br>• 장비가 간단하고 자동 운전 쉬움.<br>• 시설비 및 운전비 낮음. | • 탈취효율 높음.<br>• 고농도 악취제거에 효과적<br>• 시설비가 저렴하고 장비 간단<br>• 배출되는 부산물 없음.<br>• 유지관리 용이하고, 관리비 낮음.<br>• 높은 내구연한 | • 탈취효율 높음.<br>• 모든 악취제거에 효과적<br>• 유지관리 쉬움.<br>• 악취의 포집시설 필요 없음<br>• 하수처리 효율도 향상됨. |
| 단　점 | • 초기투자비 높음.<br>• 유입가스가 고온이거나 분진을 포함하고 있으면 전처리 필요<br>• 건기 시 미생물을 위한 살수 필요<br>• 별도의 악취 포집시설 필요 | • 넓은 부지 필요<br>• 토양의 함수율, 통기성에 대한 조사 및 관리 필요<br>• 토양이나 풀에서 냄새 발생<br>• 폭우 시 배수가 불량하면 배기량이 감소하고 건기에는 미생물을 위한 살수 필요<br>• 별도의 악취 포집시설 필요 | • 초기배양 시 기술 요함.<br>• 초기 투자비 높음.<br>• 충진재 보충 필요 |

**표 6.7 물리적 처리방법**

| 방법 | 원리 | 적용대상 악취 | 특성 |
|---|---|---|---|
| 수세법 | 물에 용해시킴으로써 확산량을 감소시켜 대기 중에 방출 | 물에 용해되는 악취물질(지방산, 아민류) | 물과 가스의 접촉이 나빠도 효과가 좋은 다단식 유리. 배수처리 필요 |
| 흡착법 | 활성탄, 실리카겔, 지오라이트 등에 흡착시켜 제거 | 모든 악취가스에 적용가능 | 재생법에 대한 고려가 필요하며 다른 흡착제들은 흡착 후 처리방법 필요 |
| 냉각응축법 | 냉각 후 응축수 중에 가스를 용해시켜 제거 | 수증기를 다량 함유한 고온의 악취가스, 지방산 등 | 배출가스의 악취발생농도가 클 경우에 적합 |
| 공기희석법 | 공기를 희석시켜 취기강도를 저하시킴. | 모든 악취가스에 적합 | 희석하여도 취기물질의 단위변화가 없으며 다량의 희석 공기 필요 |

**표 6.8** 화학적 처리방법

| 방법 | 원리 | 적용대상 악취 | 특성 |
|---|---|---|---|
| 오존처리법 | 오존의 산화 작용을 이용하여 악취가스를 분해 | 불포화유기화합물, 황화수소, 메틸메캅탄류, 알데히드류 | 악취가스에 적절한 오존 첨가량 산정이 필요. 관리용이 |
| 염소처리법 | 악취가스를 활성탄, 실리카겔, 지오라이트 등에 흡착시킴으로서 제거 | 모든 악취가스 | 활성탄은 재생법에 대한 고려가 필요하며 다른 흡착제들은 흡착 후 처리방법 필요 |
| 산/알칼리 용액법 | 산성 악취가스는 악취가스를 냉각 후 응축수 중에 가스를 용해시켜 제거 | 수증기를 다량 함유한 고온의 악취가스와 지방산 등 | 배출가스의 악취농도가 클 경우에 적합 |
| 이온교환수지법 | 공기를 희석시켜 악취강도를 저하시키는 방법 | 모든 악취가스 | 희석하여도 악취물질의 단위변화가 없으며 다량의 희석 공기 필요 |
| 직접연소법 | 악취성분을 700～800℃ 고온에서 연소분해 | 가연성 및 유기성 악취가스 | 악취농도가 높을 경우 유리. 폐열회수를 통한 에너지 절감 |
| 촉매연소법 | 백금 등의 촉매를 사용하여 250～350℃에서 산화분해 | 가연성 및 유기성 악취가스 | 보조연료가 적게 들지만 연료관리의 자동화 필요 |
| 중화제법 | 중화약품을 사용하여 분해 | 중화제에 의한 화학반응 가능한 가스 | 약품비 고가이며 용도에 한계 있음. |
| 마스킹(masking)법 | 방향제를 발산시켜 악취를 위장 | 대부분의 악취가스 | 약품비 고가이며 근본적 제거 아님. |

# Part 4

# 물 재이용

1. 물 재이용

Chapter 1

# 물 재이용

## 1.1 물 재이용 일반론

### 1.1.1 물 재이용

미래에 물과 관련되어서 큰 변화가 예상되는데, 변화의 주요 원인으로는 2023년 현재의 인구가 80억 명 수준인 것이 2050년에는 약 90억 명으로 증가되어 많은 물이 필요하게 된다는 것이며, 또한 전 세계적으로 많은 나라의 생활수준이 향상되어 깨끗한 물 수요가 더욱 증가될 것이라는 예상이고, 마지막으로 지구부존량을 초과하는 물(수자원)소비 증가로 2050년에는 지구 3개만큼의 물이 필요하다는 것이다. 따라서 현재의 물이용 패턴이 물을 취하여 깨끗한 물을 만들어서 쓰고 버리는 것으로부터 앞으로는 물을 취하여 깨끗한 물을 만들어서 쓰고 버리는 것이 아니라 재이용(reuse, reclamation)하거나 순환(recycle)시키는 패턴으로 변화되어야 열악해져 가는 수자원환경을 개선할 수 있을 것이다.

지구온난화로 인한 가뭄의 빈발과 심화되어가는 수질오염으로 인해 사용가능한 깨끗한 물이 줄어들면서 향후에는 물부족 문제가 심화될 가능성이 많이 제기되어 왔다. 이에 지난 2008년 7월 유엔은 세계 물부족 인구가 현재의 약 7억 명에서 2025년에는 약 30억 명에 이를 것이라는 비관적인 전망을 내놓았다. 우리나라는 1인당 강수량이 2,629 $m^3$/년으로 세계 평균의 약 1/8 수준이고, 특히 하천 취수율이 36%로서 물에 관한 스트레스가 높은 국가군에 속하여 가뭄 시에 물이용이 취약한 실정이다. 따라서 기후변화 및 향후 물부족에 선제적으로 대응하기 위하여 한 번 사용한 물과 빗물을 재사용하는 친환경 수자원 확보가 필요한 실정이다.

이에 정부에서는 물의 재이용을 촉진하여 수자원의 효율적인 활용 및 수질에 미치는 해로운 영향을 줄임으로써 수자원의 지속가능한 이용을 도모하고자 2011년 6월 9일에 「물의 재이용 촉진 및 지원에 관한 법」을 시행하게 되었다. 「물의 재이용 촉진 및 지원에 관한 법(약칭 '물 재이용법')」을 시행함으로써 향후 10년간 국가 물재이용 정책의 체계적인 발전과 사업추진을 위한 국가의 기본방침이 확립되었고, 물의 재이용 촉진을 위한 중장기 발전 방안 및 비전이 제시되었으며, 장래 물 재이용 목표 및 단계적인 추진방안 수립과 지원정책 개발이 추진될 것이며, 관련 기술의 국내개발 및 보급 촉진을 위한 지원방안도 수립될 것이다.

물의 재이용이란 빗물, 오수, 하수처리수 및 폐수처리수와 같이 지금까지 쓸모없이 버려져 왔던 물들을 물 재이용시설을 이용하여 처리하고, 그 처리된 물을 생활용수, 공업용수, 농업용수, 조경용수, 하천유지용수 등으로 이용하는 것이다. 지속가능한 물 재이용의 활성화로 친환경 대체용수를 확보하기 위해서는 첫째로, 빗물이용시설의 보급 확대를 위한 제도적, 기술적 기반을 구축하여 전국의 빗물사용량을 증대시키고, 둘째로, 중수도시설의 활성화를 위한 제도 개선과 관리기준 확립을 통한 중수도 사용량을 증대시키며, 셋째로, 하·폐수처리수의 재이용 사업의 확대추진 및 수요처의 확보를 통해 재이용률을 증대시키며, 마지막으로 물 재이용 산업육성을 위한 정부의 지원으로 국내시장 창출 및 해외진출의 기반을 확립·도모할 수 있다.

「물재이용법」의 제1조에서 "이 법은 물의 재이용을 촉진하여 물 자원을 효율적으로 활용하고 수질에 미치는 해로운 영향을 줄임으로써 물 자원의 지속 가능한 이용을 도모하고 국민의 삶의 질을 높이는 것을 목적으로 한다."고 밝히고 있다.

이 법에서 사용하는 용어의 뜻은 다음과 같은데, "물의 재이용"이란 빗물, 오수, 하수처리수, 폐수처리수 및 발전소 온배수를 물 재이용시설을 이용하여 처리하고, 그 처리된 물(이하 "처리수"라 한다)을 생활, 공업, 농업, 조경, 하천 유지 등의 용도로 이용하는 것을 의미하고, "물 재이용시설"이란 빗물이용시설, 중수도, 하·폐수처리수 재이용시설 및 온배수 재이용시설을 의미하며, "빗물이용시설"이란 건축물의 지붕면 등에 내린 빗물을 모아 이용할 수 있도록 처리하는 시설을 말하며, "중수도"란 개별 시설물이나 개발사업 등으로 조성되는 지역에서 발생하는 오수를 공공하수도로 배출하지 아니하고 재이용할 수 있도록 개별적 또는 지역적으로 처리하는 시설을 말하고, "하수처리수"란 「하수도법」 제2조 제9호에 따른 공공하수처리시설에서 처리된 물을 의미하며, "폐수처리수"란 「물환경보전법」 제2조 제17호에 따른 공공폐수처리시설에서 처리된 물을 의미하고, "발전소 온배수"란 취수한 해수를 발전소(원자력발전소는 제외한다)의 발전과정에서 발생한 폐열을 흡수하는 냉각수로 사용하여 수온이 상승된 상태로 방출되는 배출수를 말한다. "하 · 폐수처리수 재이용시설"이란 하수처리수 또는 폐수처리수를 재이용할 수 있도록 처리하는 시설 및 그 부속시설, 공급관로를 말하며, "온배수 재이용시설"이란 발전소 온배수를 재이용할 수 있도록 처리하는 시설 및 그 부속시설, 공급관로를 말한다.

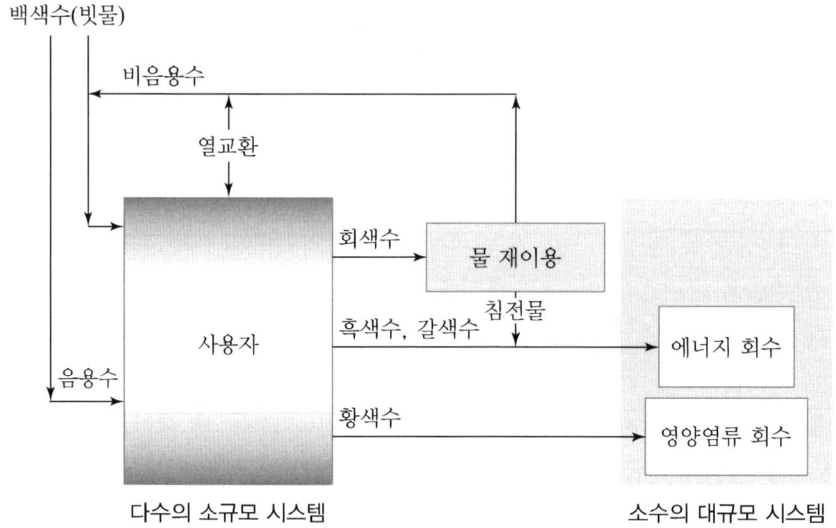


그림 1.1 처리장 중심의 물순환

표 1.1 잠재적 재이용 용도로서의 하수 구성

| 하수의 종류 | 구성 성분 | 잠재적 재이용 분야 |
|---|---|---|
| 백색수(white water) | 빗물 | - 미여과 후 변기세척용수<br>- 여과 후 세탁용수 |
| 회색수(gray water) | 세탁용수, 주방용수, 욕실용수, 샤워용수 등 한번 사용한 물 | 변기세척용수 |
| 황색수(yellow water) | 소변 | 정원용 비료, 영양염류 회수 |
| 갈색수(brown water) | 대변 | 없음(에너지 회수) |
| 흑색수(black water) | 소변+대변 | 없음(에너지 회수) |

성인의 경우 하루에 음료나 음식물로 섭취하는 수분은 약 2.5 L 정도이고 몸 밖으로 빠져나가는 수분량도 약 2.5 L 정도로 추정되며, 인간에게 있어서 중요한 장기 중의 하나인 신장(콩팥)은 혈액에 쌓인 노폐물을 처리하여 성인의 경우 깨끗한 물을 하루에 180 L 정도 재생하여 공급하는데, 이 정도의 수분을 계속 공급하기 위해서는 신장에서 하루에 6회 정도 수분을 재생하여야만 된다. 이렇게 물의 재생이 인간의 몸에서 중요하듯이, 인간이 살고 있는 공간에서도 물공급이 충분하지 않기 때문에 물재생(재이용)이 중요하다고 할 수 있다.

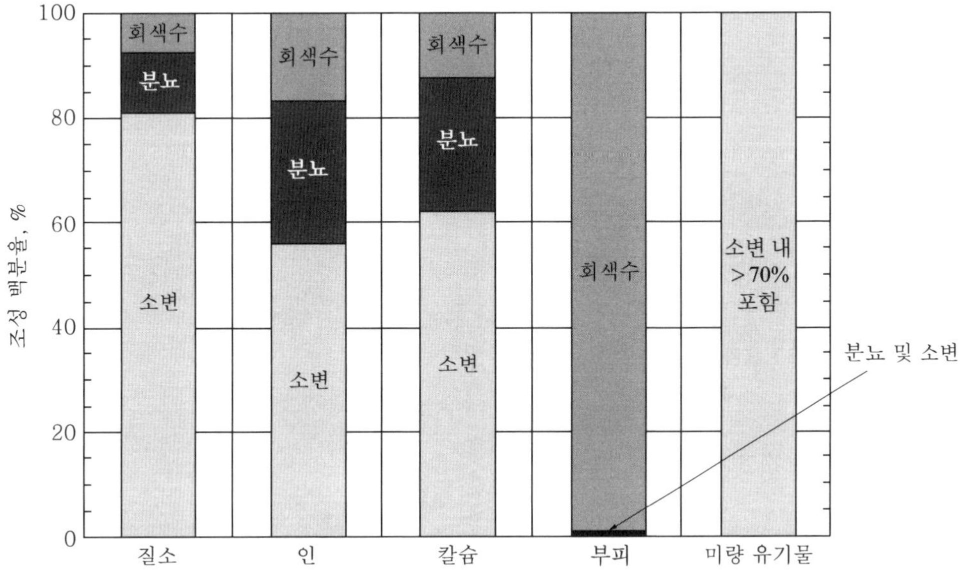


**그림 1.2** 하수의 주요 성분별 조성[30)]

중수란 한 번 사용한 물을 생활용수 및 공업용수 등으로 재활용할 수 있도록 하기 위하여 다시 처리한 물을 일반적으로 의미하며, 중수의 원수로는 빌딩 잡배수 및 오수, 가정하수 처리수 등이 주로 사용된다. 과거 우리나라에서 수질이 양호한 허드렛물을 모았다가 처리없이 다시 이용하는 것도 넓은 의미로 생각하면 중수도라 할 수 있으나 근대적인 의미의 중수도는 18세기 유럽에서 오수를 관개용수로 이용하면서부터 시작되었다. 비음용수인 중수를 별도의 배관을 통하여 공급하는 급수체계를 중수도라 한다. 일반적으로 중수도는 수돗물로 공급되는 많은 용도 중에 음용수와 같이 깨끗하지 않아도 되는 용도에 대해 그 수질에 맞는 물을 공급하는 시설로서 잡용수도의 개념을 포함하고 있다. 또한 하수처리장의 물을 재이용하는 것도 넓은 의미의 중수도로 혼용되고 있다.

상수의 의미가 마시는 물, 하수는 쓰고 버리는 물이라면 중수는 아껴 쓰는 물의 의미를 내포하고 있다. 중수도는 물 순환 시스템을 포함한 모든 물의 재이용시설로 미국에서는 물 재생 및 재이용 시스템(water reclamation & reusing system), 일본에서는 배수 재이용 또는 중수도로 표현하고 있다. 중수의 용도는 해당지역의 특성과 그 사회의 중수도에 대한 허용도에 따라 다르다. 미국의 경우는 간접적인 재이용과 살수용수를 주목적으로 하고 있고, 일본의 경우는 수세식 화장실용수를 주목적으로 하고 있다.

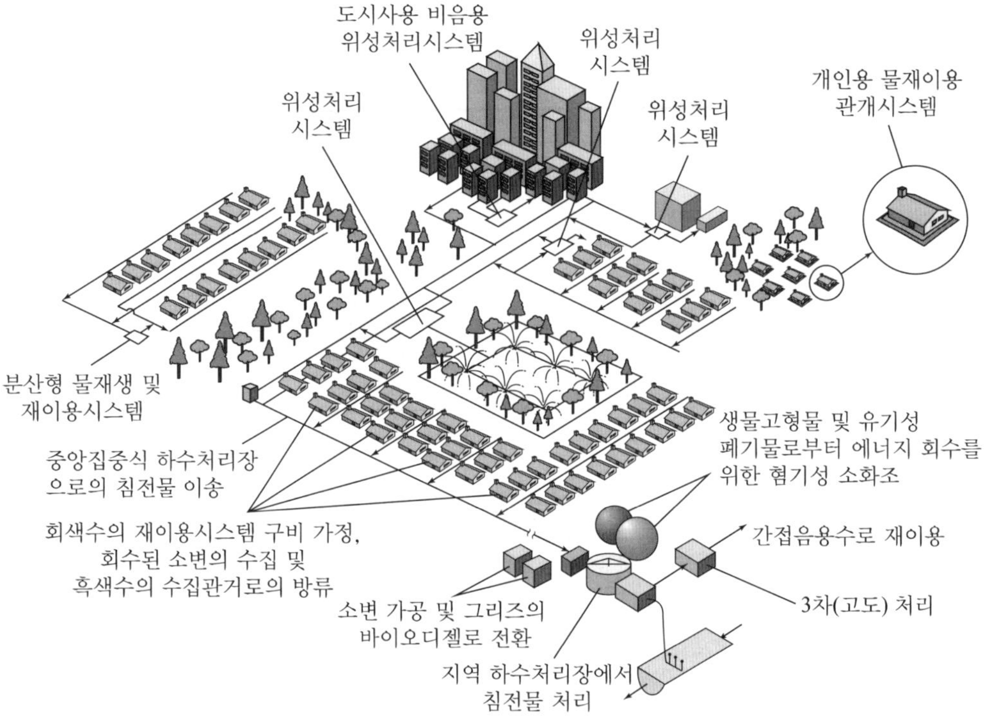


그림 1.3 물재이용 위성처리시스템 개요[30)]

우리나라에서 생활용수에서의 중수도의 용도는 수세식 화장실용수, 세차용수, 살수용수, 가로청소용수, 조경용수(연못, 분수 등) 등의 범위로 한정되어 보급되고 있다. 이 중에서 비교적 수량이 많은 것은 수세식 화장실용수, 에어컨냉각용 보급수, 세차용수, 살수용수 그리고 가로청소용수이며, 비교적 통제하기 쉬운 것은 수세식 화장실용수라고 할 수 있다. 그러므로 현재의 1차적인 중수도의 용도를 수량이 많고 이용자와 접촉을 피하기 쉬운 수세식 화장실용수로의 사용을 확대한다면 상수도 사용량을 절감할 수 있어, 물 수급상황에 도움을 줄 수 있을 것으로 평가되고 있다.

표 1.2 연도별 중수도 시설현황

| 구 분 | 2010 | 2011 | 2012 | 2013 | 2014 | 2015 | 2016 | 2019 | 2021 |
|---|---|---|---|---|---|---|---|---|---|
| 개소수 | 299 | 357 | 364 | 431 | 499 | 523 | 560 | 760 | 886 |
| 건축연면적(천m$^2$) | 46,828 | 52,118 | 48,456 | 57,001 | 60,628 | 60,069 | 58,782 | 182,113 | 132,389 |
| 처리용량(천m$^3$/일) | 2,429 | 1,337 | 1,230 | 1,265 | 156 | 1,201 | 2,022 | 1,809 | 2,361 |
| 중수도 이용수량(천m$^3$/일) | 793 | 901 | 889 | 858 | 1,049 | 822 | 735 | 834 | 254,805 |

표 1.3 공공하수처리수 재이용 현황

| 연 도 | 재이용 하수처리장 | | 재이용시설 | 연간하수 처리량 (천톤/년) | 하수처리수 재이용 총량 (천톤/년) | 처리수 재이용률 (%) |
|---|---|---|---|---|---|---|
| | 개소 | 시설용량 (천톤/일) | 시설용량 (톤/일) | | | |
| 2015 | 625개소 | | | 7,005,179.1 | 1,027,456.2 | 14.7 |
| 2016 | 619개소 | | | 7,165,771.3 | 1,121,047.7 | 15.6 |
| 2017 | 660개소 | 25,836,000.0 | 2,560,693.4 | 7,016,544.5 | 1,113,232.7 | 15.9 |
| 2018 | 671개소 | 25,845,900.0 | 2,008,806.9 | 7,163,716.1 | 1,112,725.6 | 15.5 |
| 2021 | 704개소 | 26,491,730.0 | 2,262,844.0 | 7,335,803.0 | 1,126,994.0 | 15.4 |

2021년 말 현재 중수도 설치건물은 2019년에 비해 681개소에서 704개소로 23개소(3.2%) 증가하였고, 중수도 이용수량은 계속 증가하고 있는데, 수도요금증가와 물부족 등의 이유로 중수도 설치건물의 증가추세는 계속될 것으로 전망된다. 2021년 말 현재 500 $m^3$/일 이상의 전국 704개 공공하수처리시설에서 처리수를 재이용하고 있으며, 연평균 하수처리량 7,335,803천 $m^3$/년 중 15.3%인 1,126,994천 $m^3$/년을 재이용하고 있는 것으로 나타났다.

## 1.1.2 물 재이용의 필요성

생활수준의 향상, 산업의 지속적인 성장 및 하천의 환경적인 유지 문제 등으로 인하여 물수요는 기하급수적으로 늘어나고 있으나 수자원개발은 댐 적지의 감소, 개발비용의 상승으로 인해 개발이 어렵고 대도시권을 중심으로 한 물수급은 점점 더 어려워지고 있다. 이러한 물수급 차질의 해결책으로 중수도의 도입이 필요하게 되었으며, 중수도의 도입을 더욱더 폭넓게 검토할 필요가 있는 것은 다음과 같은 이유 때문이다.

① 장래의 물부족 시대에 대한 준비로서 중수도시스템의 경험을 쌓는 것이 필요하다. 중수도시스템은 종래의 상수도시스템과는 많이 다르므로 실용화를 위해서는 기술적, 위생적, 제도적인 측면에서 충분한 준비기간이 필요하다. 따라서 수자원의 효율적인 이용과 장래의 물부족 해소를 위한 하나의 대책으로서 역할을 할 수 있게 하기 위해서는 경험을 쌓아두는 것이 필요하므로 중수도 보급 확대가 필요하다.

② 도시의 인구증가와 산업집중이 용수수요량을 증가시키고 있으며, 수익자부담, 원인자 부담원칙에 입각할 때 용수 수요자인 도시민 및 도시입지 산업이 스스로의 비용부담으로 용수문제를 해결하는 것은 당연한 것이 된다. 그렇지 않을 경우 추가적인 수자원의 개

발을 위해서는 댐건설 등이 필요하고, 이는 수몰지역 주민의 강제퇴거, 빼어난 자연환경의 파괴 등을 피할 수 없게 한다. 따라서 중수도를 단순히 비용만으로 평가할 것이 아니라, 수익자이고 원인자인 도시민 스스로 용수문제의 일부를 해결함으로서 환경파괴, 민원발생 등의 문제를 사전에 예방한다는 차원에서 중수도 공급의 필요성이 있다.

③ 중수도시스템은 물 처리비용만으로 비교할 경우 경제성이 없지만 중수도시스템의 비용을 무엇과 비교하는가에 따라서는 상당히 다른 결과가 나올 수 있다. 따라서 장기적으로 경제적으로도 합리적인 시스템으로 평가될 수 있다.

④ 도심지역에서 물을 많이 쓰는 빌딩을 신축할 경우 배수능력의 한계가 있는 하수도관의 확장, 공급능력이 부족한 수도관의 확장 문제가 야기되는 경우에는 중수도를 설치함으로써 물 사용량과 하수배출량을 현격히 감소시키므로 이에 따라 상하수도관의 확장이 불필요하게 될 것이다.

### 1.1.3 물 재이용 관련 법규 및 제도

수도법과 하수도법에서 물 재이용 정책추진으로 물 재이용 촉진 및 효율적 이용의 추진력이 저하되고, 두 법의 목적이 서로 다름에 따라 지자체의 운영효율화에 문제가 있는 것으로 파악되었다. 물 재이용 촉진 및 수자원을 효율적으로 활용하여 수질에 미치는 악영향을 줄임으로써 수자원의 지속가능한 이용을 효율적으로 정책을 추진하기 위하여 2007년 6월에 「물의 순환이용 촉진에 관한 법」을 제정하였으나, 수도법과 하수도법에 규정된 빗물이용시설, 중수도, 하수처리수 재이용 내용을 삭제하고 2010년 6월에 「물재이용법」으로 이관하여 변경·제정하였으며, 2011년 6월부터 동법을 시행하고 있다.

2011년 11월에 물 재이용을 촉진하고 관련 기술의 발전을 위하여 물 재이용 기본계획을 수립토록 규정하였는데, 이는 10년 단위 법정계획(5년마다 재검토)이고 물 재이용 관련 국가 최상위계획이며, 물 재이용 정책에 대한 국가기본 방침이며 정책입안 및 물 재이용 업무지침서로서의 역할을 하는 것에 대해 「물재이용법」 제5조에 명시하였다. 또한 동법 제6조에 특별시장, 광역시장, 특별자치시장, 특별자치도지사 및 시장·군수는 물 재이용을 기본계획에 따라 지속적으로 다량의 물 수요가 발생하는 경우 처리수의 공급방안 등 대통령령으로 정하는 사항이 포함된 관할 지역에서의 물 재이용 촉진에 관한 관리계획을 수립토록 규정하였고, 목표년도를 10년으로 하여 2년 단위로 시행단계를 구분하여 수립한 후 5년마다 타당성 여부를 검토하게 하였다.

### 1) 빗물 이용

2001년에 기존의 「수도법」을 개정하여 빗물이용을 법제화하고, 동년 9월에 동법 시행령, 10월에 동법 시행규칙을 제정하였으며, 2010년에는 「물의 재이용 촉진 및 지원에 관한 법」에 의거하여 신축하는 공공청사를 빗물이용 설치 대상에 포함시켰다. 그리고 2011년 6월 이후에는 「물재이용법」 제8조에 지붕면적 1,000 $m^2$ 이상인 종합운동장, 체육관, 공공청사, 공공업무시설은 빗물이용시설을 설치하도록 하였다.

**표 1.4** 빗물이용 관련 법

| | 수도법 | 물의 재이용 촉진 및 지원에 관한 법 |
|---|---|---|
| 항목 | [시행 2009.12.10.]<br>[법률 제9774호, 2009.6.9. 타법 개정]<br>수도법 시행령<br>[시행 2010.2.1.]<br>[대통령령 제22003호, 2010.1.27. 타법 개정]<br>수도법 시행규칙<br>[시행 2008.6.28.]<br>[환경부령 제291호, 2008.6.27. 일부 개정] | [시행 2011.6.9.]<br>[법률 제10359호, 2010.6.8., 제정]<br>[시행 2014.7.17]<br>[법률 제17326호, 2020.5.26, 타법개정]<br>물 재이용 촉진 및 지원에 관한 법 시행령<br>[시행 2013.3.23.]<br>[대통령령 제24451호, 2013.3.23. 타법개정]<br>물 재이용 촉진 및 지원에 관한 법 시행규칙<br>[시행 2011.6.9.]<br>[환경부령 제417호, 2011.6.9. 제정] |
| 정의 | 제3조 16항<br>2010.6.8까지 유효, 물의 재이용 촉진 및 지원에 관한 법제2조로 이관 | 제2조 3항<br>건축물의 지붕면 등에 내린 빗물을 모아 이용할 수 있도록 처리하는 시설 |
| 빗물이용 시설의 설치 | 제16조<br>2010.6.8까지 유효, 물의 재이용 촉진 및 지원에 관한 법 제8조로 이관 | 제8조<br>대통령령으로 정하는 종합운동장, 실내체육관, 공공청사, 공동주택, 학교, 골프장 및 대규모점포를 신축(증축·개축 또는 재축)하려는 자 |
| 빗물이용 시설의 설치대상 | 시행령 제26조<br>2010.6.8까지 유효, 물의 재이용 촉진 및 지원에 관한 법 시행령 제10조로 이관 | 시행령 제10조<br>지붕면적이 1,000 $m^2$ 이상인 시설물로서 지붕이 있는 운동장 또는 체육관, 공공업무시설(군사·국방시설은 제외), 공공기관의 청사 |
| 재정지원 | 제16조 3항<br>2010.6.8까지 유효, 물의 재이용 촉진 및 지원에 관한 법 제23조로 이관 | 제23조<br>국가 및 지방자치단체는 빗물이용시설 설치에 필요한 비용의 일부를 보조하거나 융자할 수 있음<br>지방자치단체는 조례가 정하는 바에 따라 수도요금 또는 하수도 사용료를 경감할 수 있음 |

## 2) 중수도

1991년에 처음으로 중수도 제도에 대한 규정이 제정되었고, 1994년에는 중수도 실무지침서 및 설치모델 개발과 보급을 추진하였으며, 중수도 시설기준 및 유지관리지침을 보급하였고, 중수도 시설투자에 대한 조세감면혜택이 도입되었다. 1997년에는 중수도 확충계획을 수립하였고, 2001년에는 「수도법」 개정에 의거하여 중수도 설치를 의무화하였으며, 2007년에는

표 1.5 중수도 관련 법

| | 수도법 | 하수도법 | 물의 재이용 촉진 및 지원에 관한 법 |
|---|---|---|---|
| 항목 | [시행 2009.12.10.]<br>[법률 제9774호, 2009.6.9. 타법 개정]<br>수도법 시행령<br>[시행 2010.2.1.]<br>[대통령령 제22003호, 2010.1.27. 타법 개정]<br>수도법 시행규칙<br>[시행 2008.6.28.]<br>[환경부령 제291호, 2008.6.27. 일부 개정] | [시행 2010.3.10.]<br>[법률 제9763호, 2009.6.9. 타법 개정]<br>하수도법 시행령<br>[시행 2010.1.1.]<br>[대통령령 제21904호, 2009.12.24. 타법 개정]<br>하수도법 시행규칙<br>[시행 2010.2.26.]<br>[환경부령 제363호, 2010.2.26. 일부 개정] | [시행 2011.6.9.]<br>[법률 제10359호, 2010.6.8., 제정]<br>[시행 2014.7.17]<br>[법률 제11908호, 2013.7.16, 일부개정]<br>물 재이용 촉진 및 지원에 관한 법 시행령<br>[시행 2013.3.23.]<br>[대통령령 제24451호, 2013.3.23. 타법개정]<br>물 재이용 촉진 및 지원에 관한 법 시행규칙<br>[시행 2011.6.9.]<br>[환경부령 제417호, 2011.6.9. 제정] |
| 정의 | 제3조 15항<br>2010.6.8까지 유효, 물의 재이용 촉진 및 지원에 관한 법 제2조로 이관 | 제2조 11항<br>2010.6.8까지 유효, 물의 재이용 촉진 및 지원에 관한 법 제2조로 이관 | 제2조 4항<br>개별시설물이나 개발사업 등으로 조성되는 지역에서 발생하는 오수를 공공하수도로 배출하지 아니하고 재이용할 수 있도록 개별적 또는 지역적으로 처리하는 시설 |
| 중수도의 설치 및 관리 | 제14조<br>2010.6.8까지 유효, 물의 재이용 촉진 및 지원에 관한 법 제9조로 이관<br>시행령 제24조<br>2009.11.17. 삭제.<br>물의 재이용 촉진 및 지원에 관한 법 시행령 제11조로 이관 | 제26조<br>2010.6.8까지 유효, 물의 재이용 촉진 및 지원에 관한 법 제9조로 이관<br>시행령 제21조<br>2010.6.8까지 유효, 물의 재이용 촉진 및 지원에 관한 법 시행령 제11조로 이관 | 제9조<br>시설물을 신축(증축 · 개축 또는 재축)하거나 개발사업을 시행하려는 자는 단독 또는 공동으로 물 사용량의 10% 이상 재이용할 수 있는 중수도 설치, 운영하여야 함. 다만 물 사용량의 10% 이상을 하 · 폐수처리수 재처리수로 공급받거나 빗물을 이용하는 자의 경우에는 그러하지 아니함 |
| 재정 지원 | | 제26조 3항<br>2010.6.8까지 유효, 물의 재이용 촉진 및 지원에 관한 법 제23조로 이관 | 제23조<br>국가 및 지자체는 필요한 설치비용 일부를 보조하거나 융자할 수 있음.<br>지자체는 조례가 정하는 바에 따라 수도요금 또는 하수도 사용료 경감할 수 있음 |

중수도 설치와 관련된 규정이 「하수도법」으로 이관·관리되었고, 2010년에는 「물재이용법」 제9조에 의거하여 국가 또는 지방자치단체, 공기업, 지방공기업에 의해 시행되는 관광단지 개발사업, 도시개발사업, 산업단지개발사업, 택지개발사업에 따른 신축 시설물을 중수도 설치 대상에 포함시켰다. 2011년 6월 이후부터 「물재이용법」 제9조를 개정하여, 건축연면적 6만 $m^2$ 이상인 택지개발사업, 관광단지, 산업단지, 도시개발사업, 물류시설, 숙박업, 목욕장업, 공장, 대규모점포, 운수시설, 업무시설, 교정시설, 방송국 및 전신전화국, 공공기관에서 시행하는 개발사업과 1일 폐수배출량이 1,500 $m^3$ 이상인 폐수배출공장에서는 용수사용량(공장의 경우 폐수배출량)의 10% 이상을 재이용 의무량으로 관리하고 있다.

### 3) 하·폐수 재이용

2007년에 「하수도법」에 근거하여 "공공하수처리시설 처리수의 재이용"이 의무화되었고, 하수처리수 재이용수 수질기준은 2005년에 강제기준이 아닌 권고기준으로 마련되어 보급되었으며, 2010년 「물재이용법」은 제13조 제1항에 따른 폐수종말처리시설의 처리수의 재이용 및 하·폐수 처리수 재이용 사업을 추가하였다. 2008년 9월 이후에 고시·인가·허가된 하수처리용량 5,000 $m^3$/일 이상인 하수처리시설에서는 1일 하수처리량의 10% 이상을 재이용하도록 하였고, 2013년 6월부터는 공공하수도관리청이 공익적 목적으로 공급하는 하·폐수처리수는 도시재이용수, 하천유지용수, 조경용수, 친수용수 및 농업용수 각각에 적용되는 수질기준은 「물재이용법」 시행규칙 별표 2를 따르도록 하였다.

**표 1.6** 하폐수 처리수 재이용 관련 법규

| | 하수도법 | 물의 재이용 촉진 및 지원에 관한 법 |
|---|---|---|
| 항목 | [시행 2009.12.10.]<br>[법률 제9774호, 2009.6.9. 타법 개정]<br>수도법 시행령<br>[시행 2010.2.1.]<br>[대통령령 제22003호, 2010.1.27. 타법 개정]<br>수도법 시행규칙<br>[시행 2008.6.28.]<br>[환경부령 제291호, 2008.6.27. 일부 개정] | [시행 2011.6.9.]<br>[법률 제10359호, 2010.6.8., 제정]<br>[시행 2014.7.17]<br>[법률 제11908호, 2013.7.16, 일부개정]<br>물 재이용 촉진 및 지원에 관한 법 시행령<br>[시행 2013.3.23.]<br>[대통령령 제24451호, 2013.3.23. 타법개정]<br>물 재이용 촉진 및 지원에 관한 법 시행규칙<br>[시행 2011.6.9.]<br>[환경부령 제417호, 2011.6.9. 제정] |
| 정의 | 제2조 9-2항 공공하수처리시설 처리수 재이용 | 제2조 7항 하폐수처리수 재이용시설<br>하수처리수 또는 폐수처리수를 재이용할 수 있도 |

| | | |
|---|---|---|
| | 2010.6.8까지 유효, 물의 재이용 촉진 및 지원에 관한 법 제2조로 이관 | 록 처리하는 시설 및 그 부속시설, 공급관로<br>제2조 8항 하폐수처리수 재이용사업<br>하 · 폐수처리수 재이용시설을 이용하여 하수처리수나 폐수처리수를 재이용할 수 있도록 처리하고, 처리된 물을 공급하는 사업(공공하수도관리청이 공급하는 경우 제외) |
| 공공하수 처리시설 처리수의 공급 | 제21조 1항<br>2010.6.8까지 유효, 물의 재이용 촉진 및 지원에 관한 법 제10조로 이관<br>제21조 3항<br>2010.6.8까지 유효, 물의 재이용 촉진 및 지원에 관한 법 제21조로 이관 | 제10조 1항<br>공공하수도관리청은 하 · 폐수처리수 재처리수를 재이용하거나 이를 필요로 하는 자에게 공급하여야 함. 다만, 하수처리수가 제14조에 따른 용도별 수질기준을 충족할 경우 바로 재이용하거나 공급할 수 있음.<br>제21조<br>하 · 폐수처리수 재처리수를 공급하는 공공하수도관리청 및 하 · 폐수처리수 재이용사업자는 하 · 폐수처리수 재처리수를 공급받는 자에게 환경부령으로 정하는 바에 따라 요금을 받을 수 있음. 다만, 재이용 사업자가 지자체인 경우 해당 지자체의 조례가 정하는 바에 따라 요금을 받을 수 있음. |
| 재정 지원 | – | 제23조<br>국가 및 지자체는 필요한 설치비용 일부를 보조하거나 융자할 수 있음. 지자체는 조례가 정하는 바에 따라 수도요금 또는 하수도 사용료 경감할 수 있음 |
| 공공하수 처리시설의 용량 및 재이용수 공급 또는 이용량 | 시행령 제17조<br>2010.6.8까지 유효, 물의 재이용 촉진 및 지원에 관한 법 시행령 제12조로 이관 | 시행령 제12조<br>대상 공공하수처리시설의 용량 : 1일 하수처리용량이 5,000 $m^3$ 이상<br>이용 또는 공급 양 : 1일 하수처리량의 100분의 10 이상 |
| 하 · 폐수 처리수 재이용 시설의 설치기준 | – | 제13조<br>하 · 폐수처리수 재이용시설을 설치할 때에는 하 · 폐수처리수 재이용시설 설계 · 시공업자에게 설계 · 시공하도록 하여야 함.<br>하 · 폐수처리수 재이용시설의 규모 및 위치, 기자재는 대통령령이 정하는 기준에 맞도록 하여야 함. |
| 하 · 폐수 처리수 재처리수의 수질 | – | 제14조 2항<br>하 · 폐수처리수 재처리수의 용도별 수질기준 및 수질관리 등에 관한 사항은 환경부령으로 정함 |

**표 1.7** 중수도의 용도별 수질기준(「물의 재이용 촉진 및 지원에 관한 법률」 제8조 2항)

| 구분 | 청소·화장실 용수 | 세척·살수 용수 | 조경용수 | 친수용수 | 하천 등 유지용수 | 공업용수 |
|---|---|---|---|---|---|---|
| 총대장균군수 (개/100mL) | 불검출 | 1,000 이하 | 1,000 이하 | 불검출 | 1,000 이하 | 수요자와 공급자간 협의에 따라 정하되, 비고 2의 기준을 따를 것 |
| 결합잔류염소 (mg/L) | 0.2 이상 | - | - | 0.1 이상 | - | |
| 탁도(NTU) | 2 이하 | 2 이하 | 2 이하 | 2 이하 | - | |
| 생물화학적 산소요구량 (BOD)(mg/L) | 5 이하 | 5 이하 | 5 이하 | 3 이하 | 5 이하 | |
| 냄새 | 불쾌하지 않을 것 | 불쾌하지 않을 것 | 불쾌하지 않을 것 | 불쾌하지 않을 것 | 불쾌하지 않을 것 | |
| 색도(도) | 20 이하 | - | - | 10 이하 | - | |
| 총질소 (T-N)(mg/L) | - | - | - | 10 이하 | 20 이하 | |
| 총인 (T-P)(mg/L) | - | - | - | 0.5 이하 | 0.5 이하 | |
| 수소이온농도 (pH) | 5.8～8.5 | 5.8～8.5 | 5.8～8.5 | 5.8～8.5 | 5.8～8.5 | |
| 염화물 (mgCl/L) | - | - | 250 이하 | - | - | |

비고

1. 항목별 수질검사는 「환경분야 시험·검사 등에 관한 법률」 제6조 제1항 제5호에 따른 수질오염물질 공정시험기준에 따라 검사하여야 한다.
2. 공업용수의 수질기준은 제품의 생산공정에 사용하는 경우에만 적용하며, 타 사업장으로 중수도 원수를 이송 후 처리하여 사용하는 경우 중수도 원수는 다음 각 목의 기준을 준수하여야 한다.
   가. 법 제9조 제1항 각 호의 시설물 또는 개발사업의 폐수배출시설에서 발생하는 폐수를 중수도 원수로 사용하는 경우 : 「물환경보전법 시행규칙」 별표 13에 따른 배출허용기준
   나. 법 제9조 제1항 각 호의 시설물 또는 개발사업에서 발생하는 오수를 중수도 원수로 사용하는 경우 : 「하수도법 시행규칙」 별표 3에 따른 오수처리시설의 방류수수질기준

표 1.8 하·폐수처리수 재처리수 및 온배수 재처리수의 용도별 수질기준
(「물의 재이용 촉진 및 지원에 관한 법률」 제14조)

<table>
<tr><th>구분</th><th>청소·화장실용수</th><th>세척·살수용수</th><th>조경용수</th><th>친수용수</th><th>하천 등 유지용수</th><th colspan="2">농업용수</th><th>지하수 충전</th><th>공업용수</th></tr>
<tr><td rowspan="2">총대장균군수 (개/100mℓ)</td><td rowspan="2">불검출</td><td rowspan="2">1,000 이하</td><td rowspan="2">1,000 이하</td><td rowspan="2">불검출</td><td rowspan="2">1,000 이하</td><td>직접 식용</td><td>불검출</td><td rowspan="14">「먹는물 수질기준 및 검사 등에 관한 규칙」 별표 1에 따른 먹는물의 수질기준을 준수할 것</td><td rowspan="14">수요자와 공급자간 협의에 따라 정함</td></tr>
<tr><td>간접 식용</td><td>200 이하</td></tr>
<tr><td>결합잔류염소 (mg/L)</td><td>0.2 이상</td><td>-</td><td>-</td><td>0.1 이상</td><td>-</td><td colspan="2">-</td></tr>
<tr><td rowspan="2">탁도(NTU)</td><td rowspan="2">2 이하</td><td rowspan="2">2 이하</td><td rowspan="2">2 이하</td><td rowspan="2">2 이하</td><td rowspan="2">-</td><td>직접 식용</td><td>2 이하</td></tr>
<tr><td>간접 식용</td><td>5 이하</td></tr>
<tr><td>생물화학적 산소요구량 (BOD)(mg/L)</td><td>5 이하</td><td>5 이하</td><td>5 이하</td><td>3 이하</td><td>5 이하</td><td colspan="2">8 이하</td></tr>
<tr><td>냄새</td><td>불쾌하지 않을 것</td><td>불쾌하지 않을 것</td><td>불쾌하지 않을 것</td><td>불쾌하지 않을 것</td><td>불쾌하지 않을 것</td><td colspan="2">불쾌하지 않을 것</td></tr>
<tr><td>색도(도)</td><td>20 이하</td><td>-</td><td>-</td><td>10 이하</td><td>-</td><td colspan="2">-</td></tr>
<tr><td>총질소 (T-N)(mg/L)</td><td>-</td><td>-</td><td>-</td><td>10 이하</td><td>20 이하</td><td colspan="2">-</td></tr>
<tr><td>총인 (T-P)(mg/L)</td><td>-</td><td>-</td><td>-</td><td>0.5 이하</td><td>0.5 이하</td><td colspan="2">-</td></tr>
<tr><td>수소이온농도 (pH)</td><td>5.8∼8.5</td><td>5.8∼8.5</td><td>5.8∼8.5</td><td>5.8∼8.5</td><td>5.8∼8.5</td><td colspan="2">5.8∼8.5</td></tr>
<tr><td>염화물 (mgCl/L)</td><td>-</td><td>-</td><td>250 이하</td><td>-</td><td>-</td><td colspan="2">-</td></tr>
<tr><td rowspan="2">전기전도도 (μs/cm)</td><td rowspan="2">-</td><td rowspan="2">-</td><td rowspan="2">-</td><td rowspan="2">-</td><td rowspan="2">-</td><td>직접 식용</td><td>700 이하</td></tr>
<tr><td>간접 식용</td><td>2000 이하</td></tr>
</table>

비고

1. 농업용수 수질기준 중 직접 식용은 농산물을 조리하지 않고 날것으로 먹는 경우에 적용하고, 간접 식용은 농산물을 조리를 하거나 일정한 가공을 거쳐 먹는 경우에 적용하며, 농업용수의 경우에는 추가적으로 다음 항목에 대한 수질기준을 만족하여야 한다.

(단위: mg/L)

| 알루미늄 (Al) | 비소 (As) | 총붕소 (B-total) | 카드뮴 (Cd) | 6가크롬 (Cr+6) | 코발트 (Co) | 구리 (Cu) | 납 (Pb) |
|---|---|---|---|---|---|---|---|
| 5 이하 | 0.05 이하 | 0.75 이하 | 0.01 이하 | 0.05 이하 | 0.05 이하 | 0.2 이하 | 0.1 이하 |
| 리튬 (Li) | 망간 (Mn) | 수은 (Hg) | 니켈 (Ni) | 셀레늄 (Se) | 아연 (Zn) | 시안 (CN) | 폴리클로리네이티드비페닐(PCB) |
| 2.5 이하 | 0.2 이하 | 0.001 이하 | 0.2 이하 | 0.02 이하 | 2 이하 | 불검출 | 불검출 |

2. 항목별 수질검사는 「환경분야 시험·검사 등에 관한 법률」 제6조 제1항 제5호에 따른 수질오염물질 공정시험기준에 따라 검사하여야 한다.
3. 제2호에도 불구하고 농업용수의 경우 알루미늄(Al), 총붕소(B-total), 코발트(Co), 리튬(Li) 항목은 「환경분야 시험·검사 등에 관한 법률」 제6조 제1항 제6호에 따른 먹는물 공정시험기준에 따라 검사하여야 한다. 다만, 코발트(Co), 리튬(Li) 항목은 먹는물 공정시험기준의 금속류－유도결합플라스마 원자 발광분광법에 준하되, 코발트(Co)는 측정파장 228.616, 정량한계 0.01 mg/L, 리튬(Li)는 측정파장 670.784, 정량한계 0.50 mg/L로 한다.
4. 하·폐수처리수 재처리수 수질기준은 하수처리수 재처리시설에서 최종 처리하여 송수하는 수질에 대하여 적용하며, 「하수도법 시행규칙」 별표 1에 따른 공공하수처리시설의 방류수수질기준이 재처리수의 기준보다 강할 경우에는 「하수도법 시행규칙」 별표 1을 따른다.

### 1.1.4 물 재이용의 확대

#### 1) 중수도의 문제점 및 과제

수자원의 효율적 이용을 위하여 권장되고 있는 중수도는 다음과 같은 문제점이나 앞으로 해결해야할 과제를 안고 있다.

##### (1) 경제성

중수도를 도입할 경우 도입자는 처리시설을 위한 공사비와 종래 빌딩에는 필요하지 않았던 2중 배관에 따른 추가 공사비가 소요되고, 처리시설의 설치를 위한 공간이 필요하게 되므로 이 또한 부담으로 작용하게 된다. 또 현시점에 있어서 중수의 생산비용은 상수도 요금에 비하여 고가이며, 앞으로 상당 기간까지 그 차이는 줄어들겠지만 고가인 상태가 계속될 것으로 판단된다. 따라서 수질은 나쁘고 생산비는 비싼 모순을 어떻게 해결할 것인가 하는 문제점과 과제가 있게 된다.

### (2) 슬러지의 처리, 처분

중수도의 보급이 적고, 대부분 비교적 소규모이기 때문에 슬러지발생량이 적어 아직은 문제가 되지 않고 있지만, 규모가 커지게 되면 슬러지발생량이 증가하는 것은 당연하고 이것들을 공공하수도에 방류하는 것은 불가능할 것이므로 외부로 반출처리할 것인지 빌딩 내에서 소각처리할 것인지 등에 대한 대책이 필요하다.

### (3) 오접합(cross connection)

현재까지는 중수도의 보급률이 매우 낮으므로 문제가 되지 않고 있지만 보급이 늘어남에 따라 오접합에 의한 사고의 발생이 우려되는 것은 당연하다. 배관재질을 바꾸든지 파이프에 착색을 하여 식별이 용이하게 한다든지 하는 등의 조치가 필요하다.

## 2) 중수도공급 확대방안

중수도의 공급확대는 전적으로 정부 및 각 지자체의 확고한 정책의지 및 실천의지와 국민의 의식전환 및 실행의지에 의존하며 국민의 의식전환과 실행의지는 정부의 정책의지와 실천의지에 따르게 되므로 결과적으로 중수도의 공급확대는 전적으로 정부의 정책의지와 각 지자체의 실천의지에 의한다고 볼 수 있다.

### (1) 정부의 행정시책

중수도를 도입하는 자가 현재의 제도 하에서 얻게 되는 경제적 이득과 중수도를 설치 운영함으로서 추가적으로 지출하는 비용의 이해득실에 대한 분석을 실시하여 이를 토대로 중수도 설치 권장 대상규모의 시설 중 공공시설 등 설치의 유도가 용이한 시설에 대하여는 의무규정으로 변경하여 시설비 전액융자 또는 시설비의 일정규모를 국고에서 지원, 하수도 요금의 감면 또는 면제 등의 대폭적인 지원을 통하여 중수도 설치 대상자들의 자발적인 참여를 유도할 수 있는 추가적인 조치가 있어야 할 것으로 사료된다.

### (2) 지방 자치단체의 행정지도

중수도의 보급확대를 위해서는 정부의 정책 못지않게 각 지방자치단체의 적극적인 행정지도가 중요한 역할을 할 것이다.

## 1.1.5 용도별 수질기준

### 1) 우리나라

우리나라의 경우 재이용수의 수질기준은 앞에서 언급한 바와 같이 물의 재이용 촉진 및 지원에 관한 법률에서 표 1.8과 같이 규정하고 있다. 실제 사용에 있어서는 농업용수 수질기준 및 사업에 따른 별도의 수질을 만족하여야 한다.

### 2) 일본

재이용수는 용도가 다양하고 용도에 따른 수질기준이 각각 다르다. 일본의 경우 농업관계 용수로 많이 이용하는 미국과는 달리 도시에서의 재이용 형태가 많고 수질기준 역시 미국과 많이 다른 형태를 취한다. 즉, 주민과의 접촉이 제한되어 있지 않은 경우 대장균수에 대한 기준은 일본이 훨씬 높다는 것을 알 수 있다. 일본의 중수도 수질기준을 다음 표 1.9에 나타내었다.

**표 1.9** 일본의 중수도 수질기준

| 구 분 | 변소세척수 | 정원관개용수 | 위락용 호수 및 하천환경 (심미적 환경) | 환경(제한적인 공공접촉) | |
|---|---|---|---|---|---|
| 대장균군 (*E. Coli*) (개/100 mL) | ≤ 10 | 불검출 | 불검출 | | |
| 결합잔류염소량 (mg/L) | 검출[(a)] | ≥ 0.4 | 불검출 | | |
| 총대장균군수 (개/100 mL) | | | | < 1,000 | < 50 |
| 외관 | 불쾌하지 않다. | 불쾌하지 않다. | 불쾌하지 않다. | | |
| 탁도(도) | | | ≤ 10 | < 10 | < 5 |
| BOD(mg/L) | | | ≤ 10 | < 10 | < 3 |
| 냄새 | 불쾌하지 않다. | 불쾌하지 않다. | 불쾌하지 않다. | 불쾌하지 않다. | 불쾌하지 않다. |
| pH | 5.8～8.6 | 5.8～8.6 | 5.8～8.6 | 5.8～8.6 | |
| 색도(도) | | | | < 40 | < 10 |

(a) 배수시설 중 가장 마지막 저류조에서

### 3) 미국

현재 미국에는 연방정부 차원에서 재이용수 이용을 제어하는 기준은 존재하지 않으나 미국 환경보호청(EPA)에서 표 1.10과 같이 가이드라인을 제시하였다. 그러나 재이용수를 이용하는 많은 주에서는 각각의 상황에 맞는 기준들을 채택하고 있다. 특히 애리조나주, 캘리포니아주, 플로리다주, 텍사스주 등은 수자원 보존차원에서 재이용을 강하게 권장하고 있으므로 환경이나 공공의 건강을 해치지 않는 범위 내에서 재이용수가 수자원으로서 최대한 이용될 수 있도록 하는 기준을 정하고 있다.

이들 주에서 각각의 재이용수 수질기준을 종합하여 구분하면 약 8가지 정도로 나눌 수 있다.

① 도시에서의 재이용 – 시민과의 접촉이 가능한 경우
② 도시에서의 재이용 – 시민과의 접촉이 제한되어 있는 경우
③ 식용작물에 대한 농업용수로 재이용
④ 비식용작물에 대한 농업용수로 재이용
⑤ 레크리에이션에 재이용 – 시민과의 접촉이 가능한 경우
⑥ 레크리에이션에 재이용 – 시민과의 접촉이 제한되어 있는 경우
⑦ 환경조경용수로 재이용
⑧ 산업용수로 재이용

**표 1.10** 미국의 재이용수의 기준

| 처리수준 | 재이용형태 | 재생수질 | 수질조사 | 허용거리 |
|---|---|---|---|---|
| 3차 처리 소독 | 도시 재이용<br>경작지 관개용수<br>레크리에이션용<br>인공호수 | pH = 6~9<br>$BOD_5$ ≤ 10 mg/L<br>탁도 ≤ 2 NTU<br>대장균군 = 없음<br>잔류염소 ≥ 1 mg/L | pH = 매주측정<br>$BOD_5$ = 매주측정<br>탁도 = 연속측정<br>대장균군 = 매일측정<br>잔류염소 = 연속측정 | 취수장으로부터 15 m 이상 |
| 2차 처리 소독 | 접근제한지역 관개용수<br>경작지 관개용수<br>(상업적 처리)<br>비경작지 관개용수<br>조경용 인공호수<br>(접근제한) | pH = 6~9<br>$BOD_5$ ≤ 30 mg/L<br>총부유물(TSS) = 30 mg/L<br>대장균군 = 200개/100 mL<br>잔류염소 ≥ 1 mg/L | pH = 매주측정<br>$BOD_5$ = 매주측정<br>총부유물 = 매일측정<br>대장균군 = 매일측정<br>잔류염소 = 연속측정 | 공공접근허용<br>30 m 이상<br>취수장으로부터<br>90 m 이상 |

# 1.2 재이용수 관련 시설

## 1.2.1 재이용수 순환체계

재이용수로 이용하는 원수는 각 나라마다 약간씩의 차이를 가지고 있으나 보통 빌딩오수, 하수처리장 유출수, 산업폐수 등이 이용되고 있으며, 미국의 경우에는 현재 재이용 원수(reuse source water)로 하수처리장 유출수만을 이용하고 있다.

### 1) 우리나라 및 일본의 중수도 순환체계

중수도 이용방식은 이용하는 원수 및 이용범위에 따라 개별순환방식, 지역순환방식, 광역순환방식 등으로 나눌 수 있으며, 우리나라의 경우 일본의 중수도 개념을 주로 도입하고 있으므로 이를 적용할 수 있다. 산업폐수 재이용의 경우 그 공장 내의 단위공정에서 재이용하는 경우와 공장에 설치되어 있는 공장폐수 처리장의 유출수를 다시 처리하여 이용하는 경우로 구분할 수 있다.

#### (1) 개별순환방식

개별순환방식은 사무소, 빌딩 등에 있어 그 건물에서 발생하는 오수를 자가처리하여 빌딩 내에서 다시 이용하는 것을 의미한다. 그 과정은 다음 그림 1.4와 같다.

우리나라에서는 2019년 말 현재 서울 잠실의 롯데월드를 비롯하여 약 760개소에서 중수도를 가동하고 있는 것으로 파악되고 있다.

#### (2) 지역순환방식

지역순환방식이란 비교적 한 곳에 집중되어 있는 좁은 지구, 즉 아파트 단지나 새로 건설되는 주거지역 등에서 사업자와 건축물 등의 소유자가 공동으로 중수도를 운영하고 해당 건축물의 수요에 따라 중수를 급수하는 방식을 말한다.

그 개념도를 그림 1.5에 나타내었다. 우리나라에서는 현재 여러 신도시에 지역순환방식의 중수도를 도입 이용하고 있다.

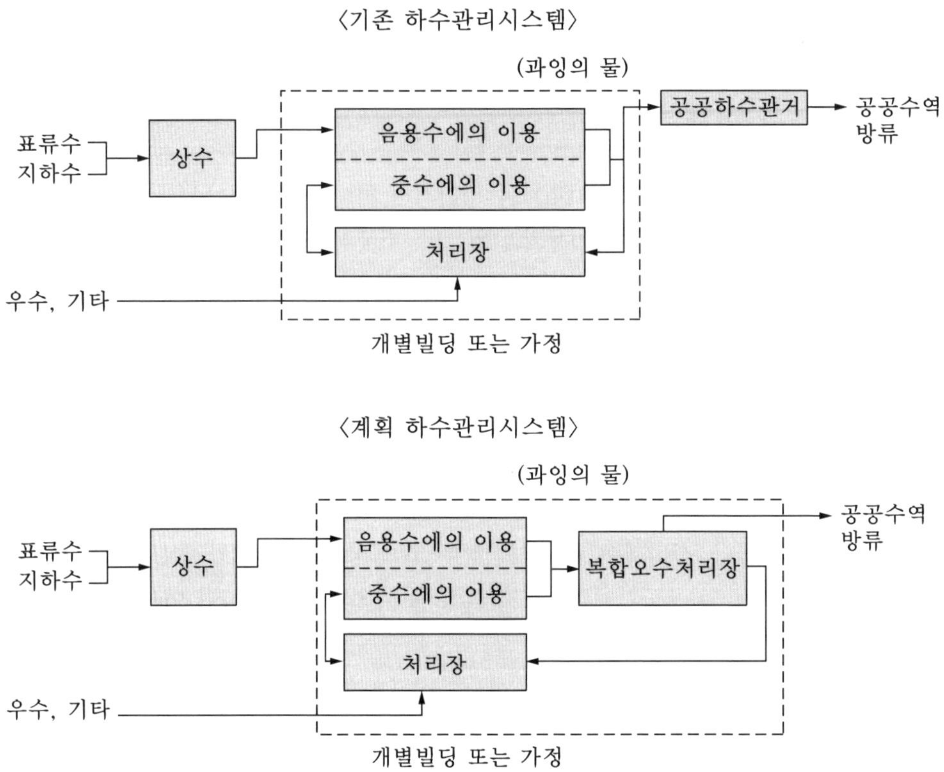


**그림 1.4** 개별순환방식(individual recirculation system)

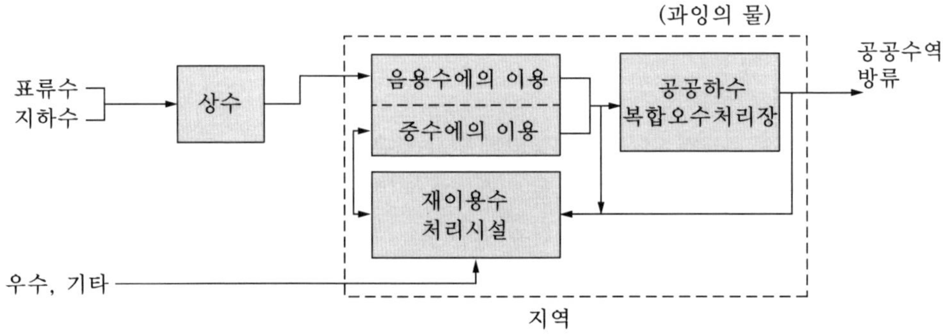


**그림 1.5** 지역순환방식(regional recirculation system)

### (3) 광역순환방식

광역순환방식이란 일정지역 내에서 해당지역 내의 빌딩과 주택 등 일반적인 중수의 수요에 따라 중수도로부터 광역적, 대규모적으로 공급하는 방식을 말한다. 주로 대규모 하수종말처리장 유출수나 공단폐수 종말처리장 유출수를 다시 처리하여 이용한다.

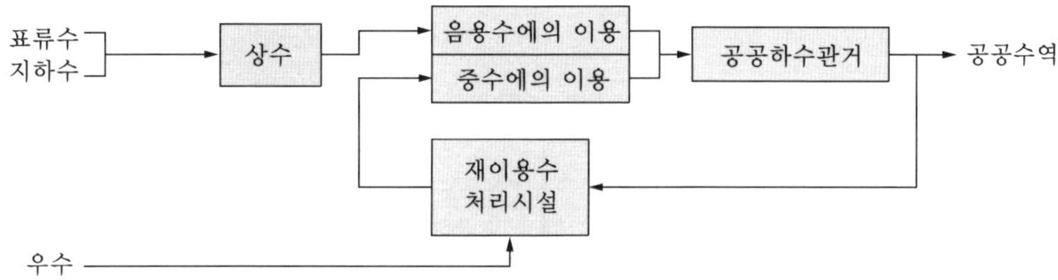


그림 1.6 광역순환방식(large region recirculation system)

## 2) 미국의 물 재이용 순환체계

미국에서는 재이용 계획을 수립하는 초기단계에서 가장 중요한 사항은 아래와 같고, 이에 따라 수립된 물재이용 시스템은 그림 1.7과 같다. 처리시설을 설치하는데 있어서 먼저 대략적으로 주위에 존재하는 수원이 재이용에 적합한가를 파악하고, 사용목적에 따라 재이용수의 수량과 수질을 비교·분석하여야 한다.

① 하수처리 수준(1차 처리, 2차 처리, 3차 처리 등)과 처리공정(산화구, 활성슬러지법, 여과, 살균, 영양물질 제거공정)
② 유출수 수질
③ 유출수 수량(일·월별 평균유량, 최대유량, 최소유량)
④ 산업폐수의 유입여부
⑤ 시스템의 신빙성
⑥ 부대시설의 존재여부(저장조, 펌프 등)

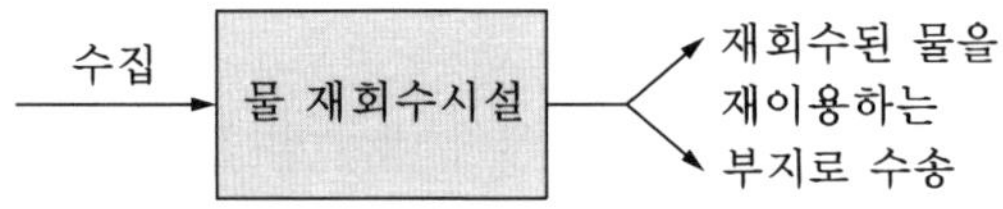


a. 재이용을 하는 부지에서 중앙집중식처리

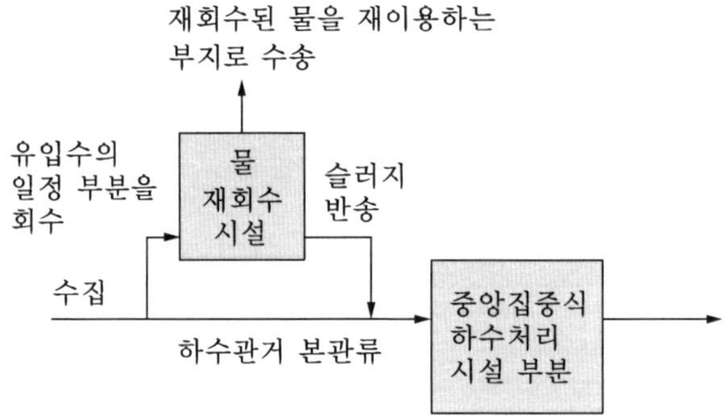


b. 하수의 흐름에서 재회수된 부분

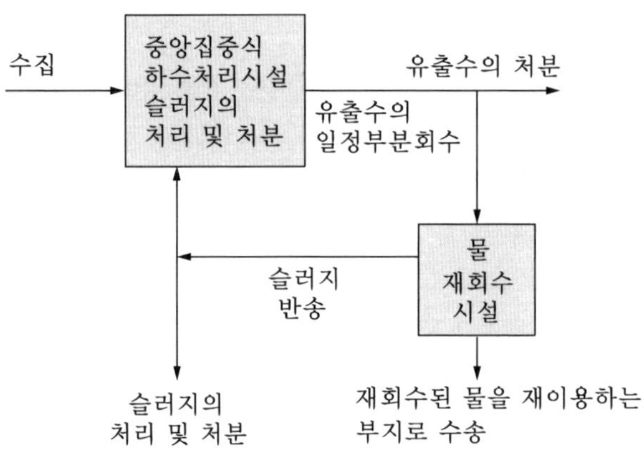


c. 유출수에서 재회수된 부분 유출수의 처분 수집

**그림 1.7** 물 재이용의 세 가지 방법

## 1.2.2 처리시설

처리시설로 유입되는 원수의 성분은 일반 오·폐수(이하 하수) 중에 포함된 성분과 동일하며 다만 원수의 종류에 따라 각 성분의 농도 또는 양이 서로 다를 수 있다. 이러한 관점에서 볼 때 중수처리시설과 하수처리시설은 유사하나 중수처리시설의 경우 처리수를 재이용하여야 하므로 하수처리시설에 비하여 보다 양질의 처리수질을 얻기 위한 여과공정, 소독공정 등이 추가로 설치된다.

하수처리시설의 경우 여러 가지 처리공정 중 유입되는 하수의 성분 및 목표수질기준을 토대로 가장 유리한 공정을 채택하는 것과 마찬가지로 중수처리시설을 설치할 때에도 유입 원수의 수질특성 및 용도별 재이용수의 수질기준을 참고로 처리공정을 도입하여야 한다.

### 1) 원수의 수질

처리시설로 유입되는 원수는 원수의 발생장소, 중수도의 이용방식 등에 따라 생활계 오수, 공장폐수, 하수처리수 등으로 다양하게 구분되는데 이 중 생활계 오수는 화장실세척수, 세면수, 목욕수, 냉각수, 청소수, 주방수 등으로 구분되며 이들의 수질은 다음과 같다.

표 1.11과 표 1.12에 나타낸 바와 같이 처리시설로 유입되는 각종 생활계 배수 및 하수처리수의 성상은 종류별로 차이는 있으나 주로 유기계 오염성분인 BOD, COD를 비롯하여 질소와 인을 포함한 무기계 오염성분, SS와 같은 부유물질로 구성되어 있다. 공장폐수의 경우에는 상기에 명시된 바와 같은 오염성분 이외에 공장에서 사용하고 있는 원료 및 제품제조 공정에 따라 각종 중금속을 비롯한 보다 다양한 오염성분을 포함하고 있다.

### 2) 일반적인 처리방법

중수처리시설로 유입되는 원수의 수질은 하수처리장으로 유입되는 하수의 오염성분과 유사하며 이에 따라 중수처리방법은 일반적인 하수처리방법과 매우 유사하다. 중수의 원수 중에는 부유성 유기물, 용존성 유기물, 질소, 인, 무기염류, 중금속, 색도성분, 냄새성분, 대장균 등이 함유되어 있으며 이러한 오염성분은 각각의 오염성분을 적절히 처리할 수 있도록 고안된 생물학적, 물리적, 화학적 처리공정에 의하여 처리된다.

유기물을 다량 함유하고 있는 생활오수의 경우에는 생물학적 처리공정이 주로 사용되고 있으며 무기물 및 부유물질의 농도가 높은 공장폐수의 경우에는 응집침전, 여과장치, 막처리 등과 같은 물리, 화학적 처리방법이 주로 사용된다. 그러나 처리시설로 유입되는 원수의 오염성분은 다양하므로 하나의 독자적인 처리공정으로 원수를 처리하기는 어려우며 일반적으로 처리시설은 유입되는 원수의 오염성분을 고려하여 각각의 오염성분에 대응되는 처리공정을 조합하여 계획된다. 이러한 처리시설은 크게 전처리, 주처리, 후처리공정으로 구분되며 각각의 공정별 처리방법은 다음과 같다.

표 1.11 생활계 오수의 수질 특성

| 수질항목 | 세면수 | | 목욕수 | 냉각수 (하계) | 주방수 | | 수세식 화장실세정수 | | 혼합수 | |
|---|---|---|---|---|---|---|---|---|---|---|
| | 하계 | 동계 | | | 하계 | 동계 | 하계 | 동계 | Type-1 | Type-2 |
| $COD_{Cr}$ (mg/L) | 106 | 155 | – | 106 | 732 | 844 | 597 | 719 | – | – |
| BOD (mg/L) | 49 | 80 | 48.8 | 4 | 480 | 418 | 197 | 328 | 167 | 260 |
| SS (mg/L) | 41 | 101 | 15.4 | 6 | 218 | 296 | 170 | 444 | 67 | 432 |
| $NH_4^+$-N | – | – | – | – | – | – | 91 | 141 | 2.0 | 12 |
| ABS (mg/L) | 2.8 | 2.0 | 0.2 | 0.3 | 54.4 | 21.7 | 8.7 | 0.7 | 19.9 | 8.9 |
| *n*-Hexane (mg/L) | 2.5 | 7.0 | – | – | 44 | 32 | – | – | – | – |
| $Cl^-$ | – | – | – | – | – | – | 119 | 211 | 43.6 | 0 |
| pH | 7.6 | 6.5 | – | 7.5 | 5.4 | 6.0 | 8.7 | 8.6 | 6.9 | 5.5 |
| 색도 | 8.2 | 50 | – | 60 | – | 51 | – | 286 | – | – |
| 증발잔류물 | – | – | 220 | – | – | – | – | – | – | – |
| T-N | – | – | 4.0 | – | – | – | – | – | – | – |
| 전도율 | – | – | – | 1,473 | – | – | – | – | – | – |
| TDS (mg/L) | – | – | – | 1,254 | – | – | – | – | – | – |

주) 자료 : 건축물에 있어서 배수재이용 실무편람, 일본주택설비 시스템협회
Type-1 : 빌딩 내 식당 및 레스토랑이 입주해 있는 고층빌딩
Type-2 : 빌딩 내 사무실 및 주택이 입주해 있는 혼합빌딩

표 1.12 하수처리수의 수질특성(평균값)

| 수질항목 | 가정하수, 처리결과가 양호한 하수처리수 | 가정하수, 처리결과가 보통인 하수처리수 | 공장폐수를 일부 포함한 하수처리수 |
|---|---|---|---|
| $COD_{Mn}$(mg/L) | 13.4 | 14.9 | 21.4 |
| BOD(mg/L) | 10.7 | 20.2 | 15.0 |
| SS(mg/L) | 12.7 | 29 | 21.4 |
| $NH_4^+$-N(mg/L) | 9.2 | 15.2 | 10.4 |
| ABS(mg/L) | 0.8 | 15.0 | 14.5 |
| $PO_4^{3-}$-P(mg/L) | 7.1 | 8.6 | 4.6 |
| $Cl^-$(mg/L) | 57 | 61 | 362 |
| pH | 7.2 | 7.2 | 7.3 |
| *n*-Hexane(mg/L) | 2.7 | 2.0 | 2.6 |

주) 자료 : 건축물에 있어서 배수재이용 실무편람, 일본주택설비 시스템협회

### (1) 전처리공정

전처리공정은 주처리공정 중에 장해가 되는 원수 중의 불순물 제거 및 원수의 유입유량 조정 역할을 담당하는 공정으로 스크린, 파쇄기, 침사지, 유량조정조 등과 같은 단위공정이 포함

된다.

① **스크린** : 원수 중에 포함된 부유물질 중 상대적으로 규모가 큰 고형물질을 제거하여 각종 기계설비의 파손 방지 및 관로 내부 유체의 흐름을 원활하게 하기 위하여 사용된다.

② **파쇄기** : 원수 중에 함유된 비교적 큰 부유물질을 분쇄하는 설비로 스크린의 보조 및 대용 수단으로 사용된다.

③ **침사지** : 처리시설로 유입되는 음식물과 찌꺼기와 같은 침사(grit)를 제거함으로써 기계류의 마모, 파손 등을 방지하고 관로 내 침사의 퇴적을 방지하기 위하여 사용된다.

④ **유량조정조** : 유입되는 원수의 유량변동으로 인한 처리효율의 저하 및 각 단위공정의 운전에 미치는 악영향을 방지할 목적으로 사용된다.

### (2) 주처리공정

주처리공정은 전처리공정에서 제거되지 않은 미세한 부유물질, 용존성 유기물질 등을 제거하기 위하여 사용되며 주로 활성슬러지법, 접촉산화공정, 장기폭기법 등과 같은 생물학적 처리공법이 사용되나 막을 이용한 특수처리공법도 많이 사용되고 있다.

① 생물학적 처리방법

- **활성슬러지법** : 대표적인 호기성 부유성장식 공정으로 미생물과 오·폐수의 혼합액 내에서 미생물이 부유상태로 성장하면서 오·폐수 내의 유기물을 분해하여 이용 가능한 유기물로 만든 후 새로운 세포나 최종생성물로 전환시키는 공정이다.
- **접촉산화공정** : 호기성 부착성장식 공정으로 폭기조 내 접촉매체의 표면에 생성된 생물막에 의하여 폐수중의 유기물을 제거하는 공정이다.
- **미생물첨가방식** : 기존의 생물학적 처리공정 내에 미생물 배양조를 첨부한 형태의 처리기술로서 배양조 내에서 배양된 임의성 토양미생물을 원수유입조, 침사조, 유량조정조 및 폭기조에 일정량 반송시켜 유기물을 제거하는 처리방법이다.
- **장기폭기법** : 활성슬러지 공법의 일종으로 미생물 성장곡선상의 내생호흡단계로 운전되며 유입 원수의 유기물부하가 낮은 경우에 주로 사용된다.

② 특수처리방법

- **정밀여과법(MF, microfiltration)** : 정밀여과법은 약 0.05～10 $\mu$m의 공경을 가진 막을 이용하여 유입수를 여과하는 방식으로 순수 클리닝, 역삼투막 장치의 전처리, 박테리아의 제거 등을 목적으로 개발되었으며, 원통형 카트리지 방식과 평면형막이 사용되고 있다.
- **한외여과법(UF, ultrafiltration)** : 한외여과법은 반투막을 이용하여 수중에 용해되어 있거나 부유하고 있는 고분자 물질과 콜로이드 입자 등을 분리, 압축하는 방법으로서

순수 제조 및 단백질이나 박테리아와 같은 세균류의 제거를 포함한 오·폐수의 고도처리 등에 주로 사용된다.

- **역삼투법**(RO, reverse osmosis) : 역삼투법은 삼투현상을 역으로 이용하여 농도가 강한 쪽의 용액에 삼투압 이상의 압력을 가함으로써 반투막에 의하여 물을 얻는 방법으로 주로 해수의 담수화에 사용되어 왔으며 오·폐수의 처리에 있어서는 수중에 포함되어 있는 염을 제거하기 위한 탈염장치로 사용된다.

### (3) 후처리공정

후처리공정은 중수로서의 수질을 조정하기 위하여 미세한 입자나 잔류 유기물 등을 제거하기 위한 공정 및 처리수 중의 병원균을 소멸하고 슬라임의 발생 억제를 위한 공정으로 구성된다. 후처리공정의 단위공정으로는 침전지, 응집시설, 여과 및 활성탄 흡착, 소독 등의 공정이 포함된다.

① **침전지** : 침전 가능한 고형물질을 침전 제거함으로써 오염부하를 줄이고 후속처리시설에 적합한 수질을 제공할 수 있도록 하기 위하여 사용된다.

② **응집시설** : 일반적인 생물학적 처리방법으로는 제거가 어려운 미세입자, 부유고형물 등과 같은 물질들을 제거하기 위하여 사용되며 미세입자 등을 제거하기 위하여 응집제를 투입하고 오·폐수와 응집제 간의 접촉을 위한 교반시설을 갖추고 있다. 응집제로는 알루미늄염 또는 철염 등이 널리 사용되고 있다.

③ **여과** : 주처리공정의 유출수에 함유된 부유물질을 제거하기 위한 목적으로 쓰이고 있으며 거름작용에 의하여 부유물질의 제거가 이루어진다. 여과공정은 여과와 세정단계가 교대로 일어나는 반연속식 여과 및 여과와 세정단계가 동시에 일어나는 연속식 여과방식이 있다.

④ **활성탄 흡착** : 활성탄의 흡착작용을 이용하여 유기물을 비롯하여 색도, 탈취, 중금속을 제거하는데 사용한다. 활성탄흡착에 사용되는 여재는 이용형태에 따라 직경 200 mesh 이하의 분말활성탄과 입경 0.1 mm 이상의 입상활성탄으로 분류되며, 분말활성탄의 경우 흡착성능이 우수함에도 불구하고 운전방법의 부족 및 재생기술의 부족으로 인하여 사용이 제한되고 있다.

⑤ **소독** : 소독은 화학적 살균제를 이용하는 살균 방법과 물리적 살균에 의한 방법으로 구분되나 화학적 살균제를 투입하는 방법이 주로 사용되고 있다. 화학적 소독 시 사용되는 약품으로는 염소, 브롬, 요오드 등이 있으나 이 중 염소를 이용하는 경우가 가장 많다. 이 밖에도 오존소독과 자외선처리도 소독공정에 이용되고 있다.

### 3) 오염성분별 처리방법

처리시설로 유입되는 원수의 주요 오염성분은 크게 유기물(BOD, COD, 유분 등), 탁도, 색도, 세균 등이며 이들에 대한 처리방법은 일반적으로 그림 1.8과 같다.

처리방법은 크게 물리적, 화학적, 생물학적 방법으로 구분되며 유입되는 원수의 성분에 따라 적절한 방법이 선택된다. 일반적으로 유기물의 농도가 높은 생활잡배수의 경우에는 주처리공정으로 생물학적 처리방법이 채택되며 이후 응집침전법, 모래여과법, 소독 등과 같은 후처리공정을 통하여 미세 입자 및 병원균 등을 제거한다. 처리방법을 분류하면 표 1.13과 같다.

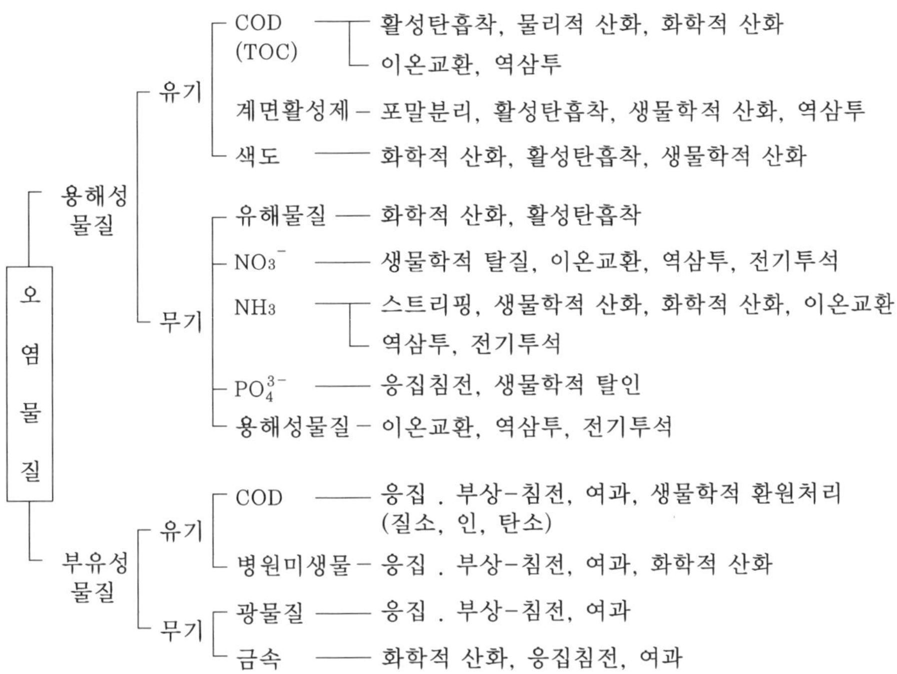


**그림 1.8** 제거 대상물질별 처리방법

**표 1.13** 처리방법별 분류

| 처 리 방 법 | 처 리 공 정 |
|---|---|
| 생물학적 처리 | 활성슬러지법, 생물막법 |
| 물리·화학적 처리 | 스크리닝, 응집침전법, 응집여과법, 모래여과법, 활성탄처리법, 오존처리법, 염소처리법, 막처리법 |

**표 1.14** 처리공정의 구성

| 원 수 | 처 리 과 정 | 적 용 대 상 |
|---|---|---|
| 양질 잡배수<br>(세탁, 세면 및 목욕배수) | (응집침전) → 여과 → 염소<br>(응집침전) → 여과 → 활성탄처리 → 염소 | 공동주택 오수 |
| 일반 잡배수<br>(양질잡배수 + 청소,<br>주방배수) | (생물학적 처리) → 응집침전 → 여과 → 염소<br>(생물학적 처리) → 응집침전 → 여과 → 활성탄처리<br>→ 염소응집침전 → 막처리 → 염소 | 공동주택,<br>대형빌딩 오수 |
| 잡배수 + 오수<br>(잡배수 + 수세식 화장실<br>배수) | 생물학적 처리 → 응집침전 → 여과 → 염소<br>생물학적 처리 → 여과 → 활성탄처리 → 염소<br>생물학적 처리 → 응집침전 → 막처리 → 염소 | 대형빌딩 오수 |
| 하수처리수 | 응집침전 → 여과 → 염소 | 하수처리장<br>처리수 |

**예제 1.1**

다음 중 물의 색도를 제거하기 위한 방법이 아닌 것은?

① 오존처리　　② 염소처리

③ 활성탄처리　　④ 응집침전처리

**풀이**

물의 색도를 제거하는 방법에는 응집침전처리, 오존처리, 활성탄처리, 전염소처리 등이 많이 사용된다.

우리나라의 "중수도 시설기준 및 유지관리지침"에 의하면 유입되는 원수의 성분에 따른 중수처리방법을 그림 1.9와 같이 분류하고 있다.

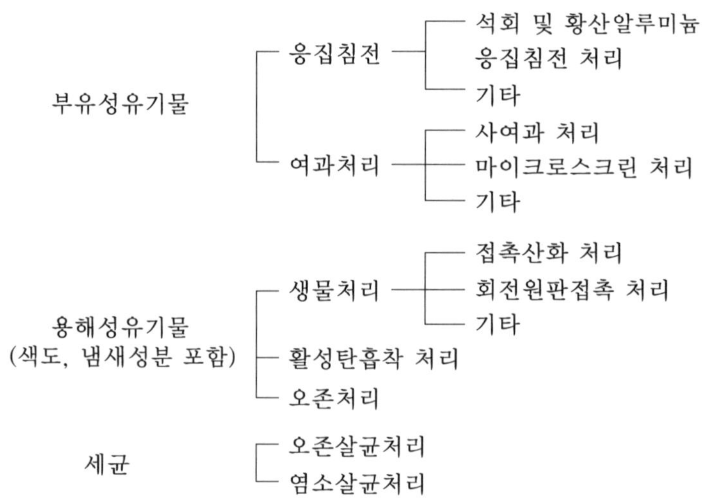


**그림 1.9** 유입 원수의 성분별 처리공정의 분류

물 재이용의 이용방식에 따라 유입되는 원수의 종류를 생활잡배수, 오수, 하수처리수 등으로 구분하고 각각의 원수에 대한 처리방법 및 처리대안을 표 1.15와 같이 제시하고 있다.

표 1.15 처리대안의 기준 설정

| 적용대상 | 전 처 리 | 주 처 리 | 후처리 |
|---|---|---|---|
| 대형빌딩 오수 | 스크린 → 유량조정조 | 응집침전 → 여과 | 염소소독 |
| | 스크린 → 유량조정조 | 응집침전 → 여과 → 활성탄처리 | 염소소독 |
| | 스크린 → 유량조정조 | 응집침전 → 막(MF) → 여과 | – |
| 공동주택 오수 | 스크린 → 유량조정조 | 응집침전 → 여과 | 염소소독 |
| | 스크린 → 유량조정조 | 응집침전 → 여과 → 활성탄처리 | 염소소독 |
| 하수처리장 처리수 | 2차 처리수 | 응집침전 → 여과 | 염소소독 |

## 4) 처리시설 운영 현황

우리나라에서 가동 중인 유형별(공장, 업무용빌딩 및 레저시설) 물 재이용 시설현황은 표 1.16과 같으며 공장의 경우 사용원수는 세면수, 목욕수, 공장폐수, 폐수처리수 등이 주종을 이루고 처리수는 세정수, 냉각수, 공정용수 등으로 주로 사용되고 있다. 업무용 빌딩 및 레저시설의 경우 원수로는 세면수, 목욕수, 오수처리수가 주종을 이루고 처리수는 화장실세정수나 청소용으로 사용되고 있다.

표 1.16 유형별 가동 중인 물 재이용시설 현황

| 구 분 | | 원 수 | 용 도 | 주공법 |
|---|---|---|---|---|
| 공장 | 전기·전자 | 세면수, 목욕수, 세정수, 냉각수, 공정폐수, 폐수처리수, 생활오수 | 청소, 화장실세정수, 공정용수, 세정수, 냉각수, 세척용수, 연마용수 | 화학침전, SF, AC, RO, MF, EDR |
| | 제지 | 폐수처리수, 공정폐수, 세면수, 목욕수, 세정수, 냉각수 | 화장실세정수, 공정용수, 세정수, 냉각수, 청소용수 | 미생물첨가방식, SF, CF, 화학침전, MF |
| | 섬유 | 세면수, 목욕수, 공정폐수, 세정수, 냉각수 | 세정수, 냉각수, 세척수 | 활성슬러지법 |
| | 자동차 | 오수처리수 | 공정용수 | 화학침전, AC, RO, 가압부상 |
| | 철강 항공 | 생활오수, 세정수, 냉각수 | 청소, 화장실세정수, 조경용수, 세정수, 냉각수, 살수용 | UF, CF, 활성슬러지법 |

<table>
<tr><td></td><td>기타</td><td>세정수, 냉각수, 세면수, 목욕수, 폐수처리수</td><td>청소, 조경, 냉각수, 세륜, 세차수</td><td>화학침전, 이온교환</td></tr>
<tr><td rowspan="7">업무용빌딩 및 레저시설</td><td>백화점</td><td>오수처리수, 세면수, 청소수, 목욕수</td><td>청소수, 화장실세정수</td><td>SF, AC, UF, CF, 화학응집, 활성슬러지법, 오존, 응집침전</td></tr>
<tr><td>레저</td><td>목욕수, 세면수, 욕실수, 생활오수</td><td>청소수, 화장실세정수, 조경용수, 축사용수, 제설용, 화장실용수</td><td>SF, AC, CF, 단계폭기법, 응집침전, 가압부상</td></tr>
<tr><td>호텔</td><td>세면수, 욕실수, 생활오수</td><td>냉각수, 화장실세정수, 조경용수</td><td>RBC, 화학침전, SF, AC, 화학응집,</td></tr>
<tr><td>공공</td><td>세면수, 청소수, 목욕수, 오수처리수, 주방배수</td><td>화장실세정수, 청소용수, 조경용수</td><td>활성슬러지법, SF, AC, UF, AF, CF, Uni-F, 화학침전, 오존산화</td></tr>
<tr><td>다세대</td><td>세면수, 목욕수, 생활오수</td><td>화장실세정수</td><td>접촉산화, SF, AC, 탈질, 탈인, 오존산화</td></tr>
<tr><td>병원</td><td>오수처리수</td><td>청소용</td><td>화학응집, AC</td></tr>
<tr><td>기타</td><td>오수처리수, 생활오수</td><td>청소용, 화장실세정수</td><td>화학응집, SF, CF</td></tr>
</table>

주) SF : Sand Filtration, AC : Activated Carbon, UF : Ultra Filtration,
Uni-F : Uni-Filtration, AF : Anthracite Filtration, MF : Micro Filtration,
RO : Reverse Osmosis, BR : Bio-Reactor, EDR : Electrodialysis Reversal(역전 전기투석)
CF : Conventional Filtration

**표 1.17** 2021년 말 주요지역 공공하수처리수 재이용률 현황

| 지역별 주요 공공하수처리시설명 | 재이용률(%) |
|---|---|
| 서울특별시 중랑하수처리장 | 15.9 |
| 부산광역시 해운대하수처리장 | 100 |
| 대구광역시 지산하수처리장 | 100 |
| 인천광역시 만수하수처리장 | 53.9 |
| 광주광역시 효천하수처리장 | 10.1 |
| 대전광역시 대전하수처리장 | 5.0 |
| 울산광역시 언양하수처리장 | 36.8 |
| 세종특별자치시 전의하수처리장 | 40.9 |
| 경기도 별내/광동/강하하수처리장 | 100 |
| 강원도 태백하수처리장 | 0.2 |
| 충청북도 속리산하수처리장 | 0.0 |
| 충청남도 안면하수처리장 | 0.0 |
| 전라북도 진안하수처리장 | 6.6 |
| 전라남도 해남하수처리장 | 1.7 |
| 경상북도 포항하수처리장 | 64.1 |
| 경상남도 진해하수처리장 | 4.8 |
| 제주특별자치도 제주하수처리장 | 2.3 |

**표 1.18** 2021년 말 지역별 주요 중수도시설 현황

| 주요 중수도설치 건축물명 | 처리용량 ($m^3$/일) | 중수도이용량 ($m^3$/일) | 중수도 주용도 |
|---|---|---|---|
| 서울특별시 한국공항공사 | 2,000 | 146 | 청소화장실용수 |
| 부산광역시 부산롯데호텔 | 2,000 | 1,001 | 청소화장실용수 |
| 대구광역시 무림SP(주) | 4,000 | 3,500 | 조경용수 |
| 인천광역시 한국중부발전 | 2,496 | 400 | 공업용수 |
| 광주광역시 국립아시아문화전당 | 400 | 137 | 청소화장실용수 |
| 대전광역시 한국타이어(주) | 2,960 | 517 | 공업용수 |
| 울산광역시 무림P&P | 48,283 | 8,583,905 | 공업용수 |
| 경기도 엘지디스플레이 | 177,895 | 49,351,650 | 공업용수 |
| 강원도 오크밸리 | 2,700 | 295,650 | 청소화장실용수 |
| 충청북도 하이닉스3공장 | 7,300 | 1,605,196 | 공업용수 |
| 충청남도 삼성디스플레이 아산1 | 162,740 | 9,999,999 | 공업용수 |
| 전라북도 (주)전주페이퍼 | 27,000 | 7,283,744 | 공업용수 |
| 전라남도 광양포스코 | 184,000 | 26,525,000 | 공업용수 |
| 경상북도 구미엘지디스플레이 | 10,000 | 2,993,000 | 공업용수 |
| 경상남도 한국철강 | 1,000 | 166,000 | 공업용수 |
| 제주특별자치도 신화역사공원 호텔 | 1,300 | 597 | 청소화장실용수 |

**표 1.19** 2021년 말 주요지역 빗물이용시설 현황

| 지역별 주요 빗물이용시설명 | 저류조용량 ($m^3$) | 연간사용량 ($m^3$/년) | 빗물 주용도 |
|---|---|---|---|
| 서울특별시 문정현대지식산업센터 | 547 | 200 | 조경용수 |
| 부산광역시 엘시티 | 706,265 | 252,000 | 조경용수 |
| 대구광역시 대구은행제2본점 | 252 | 73,000 | 조경용수 |
| 인천광역시 인천경제자유구역청 | 360 | 350 | 조경용수 |
| 광주광역시 광주광역시청 | 300 | 0 | 기타 |
| 대전광역시 한밭종합운동장 | 120 | 1,700 | 세척살수용수 |
| 울산광역시 한국산업안전보건공단 | 595 | 2,778 | 조경용수 |
| 세종특별자치시 컨벤션센터 | 600 | 47 | 조경용수 |
| 경기도 단원구청 | 168 | 61,320 | 조경용수(2019년) |
| 강원도 춘천시청 | 430 | 1,781 | 조경용수 |
| 충청북도 청주센트럴자이 | 600 | 1,589 | 조경용수 |
| 충청남도 경찰대학교 | 600 | 2,000 | 조경용수 |
| 전라북도 식량과학원 | 221 | 1,442 | 조경용수 |
| 전라남도 (주)LF네트워크 | 810 | 12,000 | 조경용수 |
| 경상북도 한국도로공사 | 180 | 1,694 | 조경용수 |
| 경상남도 한국토지주택공사 | 1,000 | 8,416 | 조경용수 |
| 제주특별자치도 롯데호텔제주 | 300 | 7,808 | 조경용수 |

물 재이용 처리시설은 대부분 전처리, 주처리, 후처리 공정으로 이루어져 있으나 물 재이용 원수의 종류, 사용용도 등에 따라 물 재이용처리방법이 다양하며 이에 대한 내용은 다음과 같다.

### (1) 공장에서의 물 재이용 사용

① **원수** : 세면수, 목욕수, 냉각수, 세정수, 공장폐수, 폐수처리수

② **용도** : 청소수, 화장실세정수, 공정용수, 냉각수, 세정수

〈모식도〉

① 스크린 → 유량조정조 → 응집반응조 → 스크린 →
모래여과 → 활성탄여과 → 소독 → 처리수

② 스크린 → 유량조정조 → 응집반응조 → 스크린 →
모래여과 → 역삼투법 → 소독 → 처리수

③ 스크린 → 유량조정조 → 응집반응조 → 스크린 →
미세여과법 → 역삼투법 → 소독 → 처리수

### (2) 상업빌딩에서의 물 재이용 사용

① **원수** : 세면수, 목욕수, 생활오수, 오수처리수

② **용도** : 청소수, 화장실세정수, 조경용수

〈모식도〉

① 원수 → 유량조정조 → 폭기 → 침전 →
모래여과 → 활성탄여과 → 소독 → 처리수

② 원수 → 유량조정조 → 폭기 → 침전 →
모래여과 → 침전 또는 부상 → 여과 → 소독 → 처리수

③ 원수 → 유량조정조 → 화학응집 →
한외여과 → 소독 → 처리수

### (3) 공공빌딩에서의 물 재이용 사용

① **원수** : 세면수, 청소수, 목욕수
② **용도** : 청소수, 화장실세정수

〈모식도〉

① 원수 → 유량조정조 → 폭기 → 침전 → 모래여과 → 활성탄여과 → 소독 → 처리수

② 원수 → 유량조정조 → 폭기 → 침전 → 모래여과 → 침전 또는 부상 → 여과 → 소독 → 처리수

③ 원수 → 유량조정조 → 폭기조 → 한외여과 → 소독 → 처리수

## 5) 최소한의 설치기준

우리나라의 중수도 시설로 유입되는 원수의 종류로는 세면수, 목욕수, 청소수 등과 같은 생활잡배수와 화장실세정수와 같은 오수가 주를 이루고 있으며 이들 원수는 COD, BOD, SS, 탁도, 색도 등과 같은 유기계 성분 및 부유물질로 이루어져 있다.

이러한 성분을 함유한 중수의 원수를 처리하기 위해서는 물리적, 화학적, 생물학적 처리방법을 이용하는 전처리, 주처리, 후처리공정이 필요하나 중수처리시설은 유입원수의 종류 및 중수의 사용용도별로 처리방법이 다양하므로 유입되는 원수의 특성을 고려하여 설치기준을 설정하는 것이 타당할 것이다.

### (1) 주처리공정으로 생물학적 처리방법을 사용하는 경우

① 전처리공정 : 스크린, 유량조정조
② 주처리공정 : 생물학적 처리공정(활성슬러지법 등)
③ 후처리공정 : 침전조, 여과공정, 소독공정

### (2) 주처리공정으로 물리화학적 처리방법을 사용하는 경우

① 전처리공정 : 스크린, 유량조정조

② 주처리공정 : 응집반응조
③ 후처리공정 : 침전조, 여과공정, 소독공정

### (3) 주처리공정으로 막을 이용하는 경우

① 전처리공정 : 스크린, 유량조정조
② 주처리공정 : 막처리공법(MF, UF, RO 등)
③ 후처리공정 : 소독공정

### (4) 오수처리수를 이용하는 경우

① 전처리공정 : 필요 없음
② 주처리공정 : 필요 없음
③ 후처리공정 : 여과공정, 소독공정

유입수의 수질 및 오염부하에 따라 처리공정 중 일부가 생략될 수도 있음을 고려하여 비록 처리공정 중 일부가 생략되더라도 당해 중수처리시설로부터 배출되는 처리수의 수질이 중수 수질기준을 만족하는 경우에는 중수처리시설로 인정하는 것이 타당하다.

## 1.2.3 송배수시설

처리된 재이용수를 사용처로 공급하기 위해서는 적절한 송배수시설이 필요하다. 송배수시설이란 처리된 재이용수를 송수, 저류하고 급수구역으로 배분하는 시설로서 "중수도 시설기준 및 유지관리지침"에는 송배수시설로 송수펌프, 송수관, 배수탱크, 고가탱크, 배수펌프, 배수관 등이 명시되어 있다. 이들을 이용한 일반적인 재이용수처리수의 공급방식은 다음과 같다.

① 재이용수처리시설 → 배수탱크 → 펌프 → 배수관 → 이용시설
② 재이용수처리시설 → 배수탱크 → 펌프 → 송수관 → 배수탱크 → 펌프 → 압력탱크 → 배수관 → 이용시설
③ 재이용수처리시설 → 펌프 → 송수관 → 배수탱크 또는 고가탱크 → 배수관 → 이용시설

재이용수처리수를 이용시설로 이송하기 위해서는 처리장의 위치, 이용설비의 설치위치 등에 따라 다양한 시설이 사용되나 대체로 상기에 명시한 바와 같이 배수탱크, 고가탱크, 배수관, 송수관, 펌프 등으로 구성된다.

그러나 이 밖에도 원활한 재이용수공급을 위해서는 상수관을 배수탱크에 연결할 필요가 있

다. 재이용수도의 원수인 생활잡배수는 계절별, 시간별 유량변동이 심하여 원수공급이 줄어드는 경우가 있는데, 이러한 경우 필요한 양만큼의 재이용수의 생산 및 공급이 어려워지므로 부족한 수량을 공급하기 위하여 상수도관의 연결이 필요하다.

이상의 내용을 종합할 때 송배수를 위해서는 배관시설, 탱크시설, 펌프 등이 반드시 필요하나 사용되는 배관 및 탱크시설의 종류는 건축물의 설계에 따라 변할 수 있다.

**표 1.20** 배수 시설

| | |
|---|---|
| 배 관 | 배수관, 송수관, 상수도관 |
| 탱 크 | 배수탱크, 고가탱크 |
| 펌 프 | 송수펌프, 배수펌프 |

송배수시설에 대한 최소한의 설치기준은 상기에 명시된 배관, 탱크, 펌프시설에 대하여 각각 하나 이상의 설비를 갖추어야 하며, 재이용수도의 사용수량에 대하여는 법적인 근거에 의거하여 사용량이 결정됨을 고려하여 재이용수의 사용수량을 검토하기 위한 유량계는 반드시 설치되어야 한다.

**예제 1.2**

원형인 중수도관의 직경을 2배로 증가시키면 유량은 몇 배로 증가되는가?

① 1배 ② 2배 ③ 3배 ④ 4배

**풀이**

연속방정식 $Q = Av = (\pi D^2/4) \times v$에서 $Q \propto D^2$ 하므로
직경($D$)이 2배 증가되면 유량($Q$)은 4배 증가하게 된다.

# Appendix

# 부록

1. 수도법
2. 하수도법
3. 물의 재이용 촉진 및 지원에 관한 법률
4. 단위환산표
5. 용어해설

# 1. 수도법 (일부 발췌)

[시행 2023.6.28] [법률 제19117호, 2022.12.27, 타법개정]

제1조(목적) 이 법은 수도에 관한 종합적인 계획을 수립하고 수도를 적정하고 합리적으로 설치·관리하여 공중위생을 향상시키고 생활환경을 개선하게 하는 것을 목적으로 한다.

제2조(책무)

제3조(정의) 이 법에서 사용하는 용어의 뜻은 다음과 같다.

1. "원수"란 음용·공업용 등으로 제공되는 자연 상태의 물을 말한다. 다만, 「농어촌정비법」 제2조 제3호에 따른 농어촌용수는 제외하되 가뭄 등의 비상 시 대통령령으로 정하는 바에 따라 환경부장관이 농림축산식품부장관 또는 해양수산부장관과 협의하여 원수로 사용하기로 한 경우에는 원수로 본다.

2. "상수원"이란 음용·공업용 등으로 제공하기 위하여 취수시설을 설치한 지역의 하천·호소·지하수·해수 등을 말한다.

3. "광역상수원"이란 둘 이상의 지방자치단체에 공급되는 상수원을 말한다.

4. "정수"란 원수를 음용·공업용 등의 용도에 맞게 처리한 물을 말한다.

5. "수도"란 관로, 그 밖의 공작물을 사용하여 원수나 정수를 공급하는 시설의 전부를 말하며, 일반수도·공업용수도 및 전용수도로 구분한다. 다만, 일시적인 목적으로 설치된 시설과 「농어촌정비법」 제2조 제6호에 따른 농업생산기반시설은 제외한다.

6. "일반수도"란 광역상수도·지방상수도 및 마을상수도를 말한다.

7. "광역상수도"란 국가·지방자치단체·한국수자원공사 또는 환경부장관이 인정하는 자가 둘 이상의 지방자치단체에 원수나 정수를 공급(제43조 제4항에 따라 일반 수요자에게 공급하는 경우를 포함한다)하는 일반수도를 말한다. 이 경우 국가나 지방자치단체가 설치할 수 있는 광역상수도의 범위는 대통령령으로 정한다.

8. "지방상수도"란 지방자치단체가 관할 지역주민, 인근 지방자치단체 또는 그 주민에게 원수나 정수를 공급하는 일반수도로서 광역상수도 및 마을상수도 외의 수도를 말한다.

9. "마을상수도"란 지방자치단체가 대통령령으로 정하는 수도시설에 따라 100명 이상 2천500명 이내의 급수인구에게 정수를 공급하는 일반수도로서 1일 공급량이 20세제곱미터 이상 500세제곱미터 미만인 수도 또는 이와 비슷한 규모의 수도로서 특별시장·광역시장·특별자치시장·특별자치도지사·시장·군수(광역시의 군수는 제외한다)가 지정하는 수도를 말한다.

10. "공업용수도"란 공업용수도사업자가 원수 또는 정수를 공업용에 맞게 처리하여 공급하는 수도를 말한다.

11. "전용수도"란 전용상수도와 전용공업용수도를 말한다.

12. "전용상수도"란 100명 이상을 수용하는 기숙사·사택·요양소, 그 밖의 시설에서 사용되는 자가용의 수도와 수도사업에 제공되는 수도 외의 수도로서 100명 이상 5천명 이내의 급수인구(학교·교회 등의 유동인구를 포함한다)에 대하여 원수나 정수

를 공급하는 수도를 말한다. 다만, 다른 수도에서 공급되는 물만을 상수원으로 하는 것 중 일일 급수량과 시설의 규모가 대통령령으로 정하는 것과 그 수도 시설의 규모가 대통령령으로 정하는 기준에 못 미치는 것은 제외한다.

13. "전용공업용수도"란 수도사업에 제공되는 수도 외의 수도로서 원수 또는 정수를 공업용에 맞게 처리하여 사용하는 수도를 말한다. 다만, 다른 수도에서 공급되는 물만을 상수원으로 하는 것 중 일일 급수량과 시설의 규모가 대통령령으로 정하는 기준에 못 미치는 것은 제외한다.

14. "소규모급수시설"이란 주민이 공동으로 설치·관리하는 급수인구 100명 미만 또는 1일 공급량 20세제곱미터 미만인 급수시설 중 특별시장·광역시장·특별자치시장·특별자치도지사·시장·군수(광역시의 군수는 제외한다)가 지정하는 급수시설을 말한다.

15. 삭제 <2010.5.25>

16. 삭제 <2010.6.8>

17. "수도시설"이란 원수나 정수를 공급하기 위한 취수·저수·도수·정수·송수·배수시설, 급수설비, 그 밖에 수도에 관련된 시설을 말한다.

18. "수도사업"이란 일반 수요자 또는 다른 수도사업자에게 수도를 이용하여 원수나 정수를 공급하는 사업을 말하며, 일반수도사업과 공업용수도사업으로 구분한다.

19. "일반수도사업"이란 일반 수요자 또는 다른 수도사업자에게 일반수도를 사용하여 원수나 정수를 공급하는 사업을 말한다.

20. "공업용수도사업"이란 일반 수요자 또는 다른 수도사업자에게 공업용수도를 사용하여 원수나 정수를 공급하는 사업을 말한다.

21. "수도사업자"란 일반수도사업자와 공업용수도사업자를 말한다.

22. "일반수도사업자"란 제17조 제1항에 따른 일반수도사업의 인가를 받아 경영하는 자를 말한다.

23. "공업용수도사업자"란 제49조 제1항에 따른 공업용수도사업의 인가를 받아 경영하는 자를 말한다.

24. "급수설비"란 수도사업자가 일반 수요자에게 원수나 정수를 공급하기 위하여 설치한 배수관으로부터 분기하여 설치된 급수관(옥내급수관을 포함한다)·계량기·저수조·수도꼭지, 그 밖에 급수를 위하여 필요한 기구를 말한다.

25. "수도공사"란 수도시설을 신설·증설 또는 개조하는 공사를 말한다.

26. "수도시설관리권"이란 수도시설을 유지·관리하고 그로부터 생산된 원수 또는 정수를 공급받는 자에게서 요금을 징수하는 권리를 말한다.

27. "갱생"이란 관 내부의 녹과 이물질을 제거한 후 코팅 등의 방법으로 통수기능을 회복하는 것을 말한다.

28. "정수시설운영관리사"란 정수시설의 운영과 관리 업무를 수행하는 자로서 제24조에 따른 자격을 취득한 자를 말한다.

29. “상수도관망시설운영관리사”란 상수도관망 및 그 부속시설(이하 “상수도관망시설”이라 한다)의 운영과 관리 업무를 수행하는 사람으로서 제25조의 2에 따른 자격을 취득한 사람을 말한다.

30. "물 사용기기"란 급수설비를 통하여 공급받는 물을 이용하는 기기로서 전기세탁기와 식기세척기를 말한다.

31. "절수설비"란 물을 적게 사용하도록 환

경부령으로 정하는 기준에 맞게 제작된 수도꼭지 및 변기 등 환경부령으로 정하는 설비를 말한다.

32. "절수기기"란 물을 적게 사용하기 위하여 수도꼭지 및 변기 등 환경부령으로 정하는 설비에 환경부령으로 정하는 기준에 맞게 추가로 장착하는 기기를 말한다.

33. "해수담수화시설"이란 정수를 공급하기 위하여 해수 또는 해수가 침투하여 염분을 포함한 지하수를 취수하여 담수화하는 수도시설을 말한다.

제4조(국가수도기본계획의 수립)

제5조(수도정비기본계획의 수립)

제6조(물 수요 관리 목표제의 실시)

제7조(상수원보호구역 지정 등) ① 환경부장관은 상수원의 확보와 수질 보전을 위하여 필요하다고 인정되는 지역을 상수원 보호를 위한 구역(이하 "상수원보호구역"이라 한다)으로 지정하거나 변경할 수 있다.

② 환경부장관은 제1항에 따라 상수원보호구역을 지정하거나 변경하면 지체 없이 공고하여야 한다.

③ 제1항과 제2항에 따라 지정·공고된 상수원보호구역에서는 다음 각 호의 행위를 할 수 없다.

1. 「물환경보전법」 제2조 제7호 및 제8호에 따른 수질오염물질·특정수질유해물질, 「화학물질관리법」 제2조 제7호에 따른 유해화학물질, 「농약관리법」 제2조 제1호에 따른 농약, 「폐기물관리법」 제2조 제1호에 따른 폐기물, 「하수도법」 제2조 제1호·제2호에 따른 오수·분뇨 또는 「가축분뇨의 관리 및 이용에 관한 법률」 제2조 제2호에 따른 가축분뇨를 사용하거나 버리는 행위

2. 그 밖에 상수원을 오염시킬 명백한 위험이 있는 행위로서 대통령령으로 정하는 금지행위

④ 제1항과 제2항에 따라 지정·공고된 상수원보호구역에서 다음 각 호의 어느 하나에 해당하는 행위를 하려는 자는 관할 특별자치시장·특별자치도지사·시장·군수·구청장의 허가를 받아야 한다. 다만, 대통령령으로 정하는 경미한 행위인 경우에는 신고하여야 한다.

1. 건축물, 그 밖의 공작물의 신축·증축·개축·재축(再築)·이전·용도변경 또는 제거

2. 입목 및 대나무의 재배 또는 벌채

3. 토지의 굴착·성토, 그 밖에 토지의 형질변경

⑤ 특별자치시장·특별자치도지사·시장·군수·구청장은 제4항 각 호 외의 부분 단서에 따른 신고를 받은 경우 그 내용을 검토하여 이 법에 적합하면 신고를 수리하여야 한다. <신설 2019.11.26>

⑥ 제1항부터 제4항까지의 규정에 따른 상수원보호구역의 지정절차, 허가의 기준에 필요한 사항은 대통령령으로 정한다.

제7조의2(상수원보호구역 외의 지역에서의 공장설립의 제한) ① 상수원보호구역의 상류지역이나 취수시설(광역상수도 및 지방상수도의 취수시설만을 말한다)의 상류·하류 일정지역으로서 대통령령으로 정하는 지역에서는 「산업집적활성화 및 공장설립에 관한 법률」 제2조 제1호에 따른 공장을 설립할 수 없다.

② 특별자치시장·특별자치도지사·시장·군수·구청장은 관할구역에서 제1항의 취수시설이 설치되거나 변경되는 경우에는 환경부령으로 정하는 바에 따라 지체 없이 공고하여야 한다. <신설 2013.12.30>

③ 시장·군수·구청장은 제1항에도 불구하고 공장설립이 제한되는 지역 중 상수원에

미치는 영향 등을 고려하여 대통령령으로 정하는 지역에는 환경부령으로 정하는 공장의 설립을 승인할 수 있다. 이 경우 상수원보호구역이 다른 시장·군수·구청장의 관할에 속하는 경우에는 해당 시장·군수·구청장과 미리 협의하여야 한다.

④ 제3항에 따른 승인을 받아 공장을 설립한 자는 상수원 보호를 위하여 환경부령으로 정하는 준수사항을 지켜야 한다.

**제7조의3(상수원 정보관리체계 구축 및 운영)** [본조신설 2014.3.24]

**제8조(상수원보호구역의 관리)** ① 상수원보호구역은 해당 구역을 관할하는 특별자치시장·특별자치도지사·시장·군수·구청장이 관리한다.

② 상수원보호구역이 둘 이상의 시·군·구의 관할 구역에 걸치거나 그 밖에 특별한 이유가 있으면 대통령령으로 정하는 시·도지사 또는 시장·군수·구청장이 관리한다.

③ 환경부장관은 상수원보호구역의 관리상태를 환경부령으로 정하는 바에 따라 평가하고 관계 행정기관의 장에게 그 구역의 적정한 관리를 위하여 필요한 조치를 요청할 수 있다.

**제8조의2(상수원보호구역에 대한 수질관리계획)** [본조신설 2013.12.30]

**제9조(주민지원사업)**

**제10조(재원 등)**

**제11조(상수원보호구역의 비용부담)** ① 수도사업자가 상수원보호구역의 지정·관리로 이익을 얻는 경우에는 그 상수원보호구역의 관리와 대통령령으로 정하는 수질오염 방지시설의 운영 등에 드는 비용을 그 상수원보호구역을 관리하는 관리청과 협의하여 그 이익을 얻는 범위에서 대통령령으로 정하는 비용부담 기준에 따라 부담하여야 한다.

② 제1항에 따른 협의가 성립되지 아니하면 다음 각 호에 따라 그 비용부담을 결정한다.

1. 관계되는 시·군·구가 각각 같은 시·도의 관할 구역에 속하면 관할 시·도지사가 결정한다.
2. 관계되는 시·군·구가 각각 다른 시·도의 관할 구역에 속하면 관할 시·도지사 간에 협의하여 결정한다.
3. 수도사업자가 지방자치단체가 아닌 경우에는 그 수도사업자와 해당 상수원보호구역을 관할하는 시·도지사가 협의하여 결정한다.

③ 행정안전부장관은 제2항 제2호 및 제3호에 따른 협의가 성립되지 아니하면 시·도지사의 의견을 들어 관계 중앙행정기관의 장과 협의하여 결정한다.

**제12조(수도사업의 경영 원칙)**

**제13조(영리행위 금지 등)** ① 누구든지 수돗물을 용기에 넣거나 기구 등으로 다시 처리하여 판매할 수 없다.

② 환경부장관 또는 특별시장·광역시장·특별자치시장·시장·군수(광역시의 군수는 제외한다)는 제1항을 위반한 자에게 기구 등의 철거, 수돗물의 공급중지 등 필요한 조치를 할 수 있다.

**제14조(수도용 자재와 제품의 인증 등)** ① 수도시설(취수·저수·도수 시설은 제외한다) 중 물에 접촉하는 수도용 자재나 제품을 제조 또는 수입하려는 자는 미리 환경부장관으로부터 그 수도용 자재와 제품이 대통령령으로 정하는 위생안전기준에 맞는지에 대하여 인증을 받아야 한다.

② 누구든지 다음 각 호의 어느 하나에 해당하는 수도용 자재나 제품을 제조·수입·

공급·판매하여서는 아니 된다. 다만, 학교나 연구기관 등 환경부령으로 정하는 자가 시험·연구 목적으로 수도용 자재나 제품을 제조·수입하는 경우에는 그러하지 아니하다.

1. 제1항에 따른 인증을 받지 아니한 경우
2. 제6항 또는 제7항에 따른 정기검사 또는 수시검사 결과 제8항에 따른 기준에 적합하지 않은 경우

③ 일반수도 또는 전용상수도를 설치하려는 자는 대통령령으로 정하는 기준에 맞는 수도용 자재와 제품을 사용하여야 하며, 물에 접촉하는 수도용 자재와 제품은 제1항에 따라 인증을 받은 수도용 자재와 제품을 사용하여야 한다.

④ 제1항에 따라 인증을 받은 자는 환경부장관으로부터 인증을 받은 사실을 수도용 자재나 제품 및 그 포장에 표시하여야 한다.

⑤ 누구든지 제1항에 따른 인증을 받지 아니한 수도용 자재나 제품 및 그 포장에 인증표시를 하여서는 아니 된다.

⑥ 제1항에 따라 인증을 받은 자는 그 수도용 자재 및 제품에 대하여 인증기관으로부터 정기검사를 받아야 한다. <신설 2013.12.30>

⑦ 제1항에 따라 인증을 받은 자는 수도용 자재나 제품의 품질저하로 소비자에게 피해가 발생하였거나 발생할 우려가 있다고 판단되는 등 환경부령으로 정하는 사유가 있는 경우 인증기관으로부터 검사(이하 "수시검사")를 받아야 한다. <개정 2013.12.30., 2017.12.12>

⑧ 다음 각 호의 사항은 환경부령으로 정한다. <신설 2017.12.12>

1. 제1항에 따라 인증을 받아야 하는 수도용 자재와 제품의 범위, 인증의 방법·절차, 검사기관의 지정, 수수료
2. 제4항에 따른 표시방법
3. 제6항에 따른 정기검사의 주기
4. 제6항에 따른 정기검사와 수시검사의 기준, 방법, 절차 및 수수료 등

[전문개정 2010.5.25]

제14조의2(인증의 취소 등)

제14조의3(검사기관의 지정 등)

제14조의4(검사기관의 지정 취소)

제14조의5(제품등의 수거등의 권고)

제14조의6(제품등의 수거등의 명령)

제14조의7(현장조사 등)

제14조의8(권고 등의 해제 신청 등)

제15조(절수설비 등의 설치) ① 건축주는 대통령령으로 정하는 건축물 및 시설을 건축하려는 경우에 수돗물의 절약과 효율적 이용을 위하여 절수설비를 설치하여야 한다. <개정 2011.7.28>

② 「공중위생관리법」 제2조 제1항 제2호 및 제3호에 따른 숙박업(객실이 10실 이하인 경우는 제외한다) 및 목욕장업 또는 「체육시설의 설치·이용에 관한 법률」 제10조 제1항에 따른 체육시설업을 영위하는 자 또는 「공중화장실 등에 관한 법률」 제2조 제1호에 따른 공중화장실을 설치하는 자는 절수설비 및 절수기기를 설치하여야 한다. <개정 2011.11.14>

③ 특별자치시장·특별자치도지사·시장·군수 또는 구청장은 제2항에 따른 숙박업 및 목욕장업 또는 체육시설업을 영위하는 자나 공중화장실을 설치하는 자가 절수설비 및 절수기기를 설치하지 아니하면 그 이행을 명할 수 있다. <개정 2010.5.25, 2011.7.28, 2011.11.14>

제15조의2(물절약전문업의 등록)

제15조의3(물절약전문업의 등록취소 등)

제15조의4(물절약전문업의 등록 제한)

제16조(물 사용기기의 물 사용량 표시 등)

제17조(일반수도사업의 인가)

제18조(시설 기준 등)

제19조(완공 시 수질검사)

제20조(수도시설의 보호) 누구든지 일반수도사업자의 사전 동의를 받지 아니하고는 일반수도의 기존 수도관으로부터 분기하여 수도시설을 설치하거나, 일반수도의 수도시설을 변조하거나 손괴하여서는 아니 된다.

제21조(수도시설의 관리) ① 일반수도의 수도시설관리권은 일반수도사업자가 가진다. 다만, 급수설비의 수도시설관리권은 대통령령으로 정하는 자가 가진다.

② 제1항 단서에도 불구하고 일반수도사업자는 해당 급수설비의 소유자 또는 관리자의 동의를 받아 급수설비의 상태와 수돗물의 수질을 검사할 수 있다. 다만, 수돗물을 신규로 공급할 때에는 해당 급수설비의 소유자 또는 관리자의 동의를 받아 해당 시설에 급수설비가 적정하게 설치되었는지를 검사하여야 한다. <개정 2013.12.30>

③ 일반수도사업에 의하여 수돗물을 공급받는 자는 그 수도사업자에게 급수설비의 상태와 공급받는 수돗물의 수질에 대한 검사를 요구할 수 있다.

④ 제2항 및 제3항에 따른 급수설비의 검사 기준 및 절차 등 필요한 사항은 환경부령으로 정한다. <신설 2013.12.30>

⑤ 일반수도사업자는 제2항과 제3항에 따른 검사 결과 급수설비가 제4항에 따른 검사 기준에 못 미치거나 수돗물이 제26조 제2항에 따른 수질기준에 위반된 경우에는 해당 지방자치단체의 조례로 정하는 바에 따라 그 급수설비의 소유자 또는 관리자에게 급수설비의 세척·갱생 또는 교체 등 필요한 조치를 하도록 권고할 수 있다. 이 경우 일반수도사업자는 해당 지방자치단체의 조례에 따라 세척·갱생 또는 교체에 필요한 비용의 일부를 보조하거나 융자할 수 있다. <개정 2011.11.14, 2013.12.30>

⑥ 일반수도사업자는 수도에 관한 기술적인 관리 등 대통령령으로 정하는 업무를 수행하기 위하여 대통령령으로 정하는 기준에 맞는 자를 수도시설관리자로 임명하여야 한다. <개정 2013.12.30>

⑦ 일반수도사업자는 정수시설의 효율적인 운영·관리를 위하여 정수시설의 규모 등을 고려하여 대통령령으로 정하는 기준에 따라 정수시설운영관리사를 배치하여 관리하도록 하여야 한다. <개정 2013.12.30>

⑧ 일반수도사업자는 상수도관망시설의 효율적인 운영·관리를 위하여 상수도관망시설의 규모 등을 고려하여 대통령령으로 정하는 기준에 따라 상수도관망시설운영관리사를 배치하여 관리하도록 하여야 한다. <신설 2020.3.31>

⑨ 일반수도사업자는 수도시설의 운영·관리에 소요되는 에너지를 절감하고 수도시설을 효율적으로 운영·관리하기 위하여 다음 각 호의 방안을 이행하도록 노력하여야 한다. <신설 2019.11.26, 2020.3.31>

1. 「신에너지 및 재생에너지 개발·이용·보급 촉진법」 제2조 제2호에 따른 재생에너지의 사용
2. 에너지 절약형 정수처리공법 활용
3. 에너지 절약형 자재 및 제품의 사용

제21조의2(상수도관망의 관리)

제21조의3(상수도관망 중점관리지역 지정 등)

제21조의4(상수도관망관리대행업의 등록 등)

제21조의5(상수도관망관리대행업의 등록취소 등)

제22조(수도사업의 민간자본 유치)

제23조(수도시설 운영·관리 업무의 위탁)

제23조의2(수도시설 운영·관리 실태점검)

제24조(정수시설운영관리사) ① 정수시설운영관리사가 되려는 자는 환경부장관이 실시하는 정수시설운영관리사 자격시험에 합격하여야 한다.

② 다음 각 호의 어느 하나에 해당하는 자는 정수시설운영관리사가 될 수 없다.

1. 미성년자 또는 피성년후견인
2. 파산선고를 받고 복권되지 아니한 자
3. 금고 이상의 실형을 선고받고 그 집행이 종료(집행이 종료된 것으로 보는 경우를 포함한다)되거나 집행이 면제된 날부터 2년이 지나지 아니한 자
4. 금고 이상의 형의 집행유예를 선고받고 그 유예기간 중에 있는 자
5. 정수시설운영관리사의 자격이 취소된 후 3년이 지나지 아니한 자

③ 환경부장관은 제1항에 따른 자격시험에 합격한 자에게 자격증을 교부하여야 한다.

④ 제3항에 따라 교부받은 정수시설운영관리사 자격증을 다른 사람에게 대여하여서는 아니 된다.

⑤ 제1항에 따른 정수시설운영관리사 자격시험의 응시자격, 시험과목, 시험방법, 시험의 일부 면제, 그 밖에 시험에 필요한 사항은 대통령령으로 정한다.

제24조의2(시험부정행위자에 대한 제재)

제25조(정수시설운영관리사의 자격 취소 등)

제25조의2(상수도관망시설운영관리사)

제25조의3(상수도관망시설운영관리사의 자격 취소 등)

제26조(수질기준) ① 수도를 통하여 음용을 목적으로 공급되는 물에는 다음 각 호의 어느 하나에 해당하는 물질이 함유되어서는 아니 된다.

1. 병원성 미생물에 오염되었거나 오염될 우려가 있는 물질
2. 건강에 해로운 영향을 미칠 수 있는 무기물질 또는 유기물질
3. 심미적 영향을 미칠 수 있는 물질
4. 그 밖에 건강에 해로운 영향을 미칠 수 있는 물질

② 제1항에 따른 수질기준에 관하여 필요한 사항은 환경부령으로 정한다.

③ 환경부장관은 제2항의 수질기준의 설정 등을 위하여 원수·정수 중의 미량(微量)유해물질 등 감시가 필요한 항목을 먹는물 감시항목으로 지정할 수 있다. 이 경우 먹는물 감시항목의 지정대상·지정절차, 먹는물 감시항목별 감시기준 및 검사 주기 등에 관한 세부 사항은 환경부장관이 정하여 고시한다. <신설 2013.12.30>

④ 시·도지사는 주민의 건강보호 등을 위하여 필요한 경우 해당 시·도의 조례로 다음 각 호의 어느 하나에 해당하는 사항을 정할 수 있다. 다만, 둘 이상의 시·도에 원수 또는 정수를 공급하는 광역상수도에 대해서는 그러하지 아니하다. <개정 2013.12.30>

1. 제2항에 따른 수질기준 및 제3항에 따른 먹는물 감시항목별 감시기준의 강화
2. 제2항에 따른 수질기준 항목 외의 항목에 대한 수질기준 및 검사방법과 제3항에 따른 먹는물 감시항목 외의 항목에 대한 감시기준 및 검사방법

제26조의2(수돗물 수질기준 위반 보고 등)

제27조(수질기준 위반내용 등의 공지)

제28조(정수처리기준) ① 일반수도사업자는 수도를 통하여 음용을 목적으로 공급되는 물이 병원성 미생물로부터 안전성이 확보되도록 환경부령으로 정하는 정수처리기준을

지켜야 한다. 다만, 지표수(地表水)의 영향을 받지 아니하는 지하수를 상수원으로 사용하는 등의 경우로서 환경부령으로 정하는 인증을 받은 경우에는 그러하지 아니하다. <개정 2011.11.14, 2013.12.30>

② 환경부장관은 제1항 단서에 따라 인증을 받은 일반수도사업자가 다음 각 호의 어느 하나에 해당하면 인증을 취소하여야 한다. <개정 2011.11.14>

1. 거짓, 그 밖의 부정한 방법으로 인증을 받은 경우
2. 인증을 받은 해당 상수원이 제3항에 따른 인증기준을 충족하지 못하게 된 경우

③ 제1항 본문에 따른 정수처리기준을 지켜야 하는 시설의 범위 및 같은 항 단서에 따른 인증기준, 인증주기 및 인증절차 등에 관한 사항은 환경부령으로 정한다. <신설 2011.11.14>

④ 일반수도사업자는 제1항 본문에 따른 정수처리기준을 지키기 위하여 정수처리된 물의 탁도(濁度) 등이 환경부령으로 정하는 기준에 적합하도록 정수시설을 설치·운영하여야 한다. <신설 2011.11.14>

⑤ 일반수도사업자는 정수처리된 물이 제4항에 따른 기준에 적합한지를 확인하기 위하여 주기적으로 검사를 실시하여야 한다. 이 경우 검사의 항목, 주기, 방법 등에 관한 사항은 환경부령으로 정한다. <신설 2011.11.14>

⑥ 일반수도사업자는 제5항에 따라 실시한 검사 결과를 환경부령으로 정하는 바에 따라 기록·보존하고, 환경부장관에게 보고하여야 한다. <신설 2011.11.14>

⑦ 일반수도사업자는 제5항에 따른 검사 결과가 제4항에 따른 기준에 위반된 경우에는 환경부령으로 정하는 바에 따라 수도시설의 개선 등 필요한 조치를 하여야 한다. <신설 2011.11.14>

⑧ 환경부장관은 일반수도사업자가 제1항 본문에 따른 정수처리기준을 지키지 아니하면 수도시설의 개선 등 필요한 조치를 명할 수 있다. <신설 2011.11.14>

**제28조의2(병원성 미생물의 분포 실태조사)**

**제29조(수질검사와 수량분석)** ①일반수도사업자는 원수 및 정수가 환경부령으로 정하는 기준에 맞는지를 파악하기 위하여 환경부령으로 정하는 바에 따라 수질검사를 실시하여야 하고, 취수량·정수량 및 공급량 등에 대한 수량분석을 실시하여야 한다.

② 일반수도사업자는 수질검사를 하기 위하여 대통령령으로 정하는 기준에 맞는 검사시설을 설치하여야 한다.

③ 일반수도사업자가 제1항에 따른 수질검사 및 수량분석을 실시하면 환경부령으로 정하는 바에 따라 이에 관한 기록을 작성·보존하여야 하며, 즉시 인터넷 홈페이지 등에 수질검사 및 수량분석 결과를 공개하여야 한다. <개정 2013.12.30>

④ 환경부장관은 제1항 및 제3항에 따라 작성된 수질검사 및 수량분석에 관한 기록을 전산처리할 수 있는 전산망을 설치·운영하여야 한다. <신설 2013.12.30>

⑤ 환경부장관은 일반수도사업자가 제1항에 따른 수질검사 및 수량분석 결과를 거짓으로 발표하거나 환경부장관에게 거짓으로 보고하면 그 수도사업자에게 그 업무를 담당한 자의 징계를 요구할 수 있다. 이 경우 그 수도사업자는 특별한 사유가 없으면 이에 따라야 한다. <개정 2013.12.30>

**제29조의2(수돗물 먹는 실태조사)**

**제30조(수돗물평가위원회)**

**제31조(수돗물품질보고서)** ①일반수도사업자는

매년 1회 이상 수돗물품질보고서를 발간하여 관할 급수구역에서 수돗물을 공급받는 자에게 제공하여야 한다.

②제1항에 따른 수돗물품질보고서의 내용, 발간 및 제공 방법 등에 관하여 필요한 사항은 환경부령으로 정한다.

제32조(건강진단)

제33조(위생상의 조치)

제34조(저수조청소업의 신고)

제35조(저수조청소업의 영업정지 등)

제36조(교육) ① 다음 각 호의 어느 하나에 해당하는 자는 대통령령으로 정하는 바에 따라 환경부장관이 행하는 수도시설의 관리에 관한 교육을 받아야 한다.

1. 제33조 제2항에 따른 건축물 또는 시설의 소유자나 관리자
2. 저수조청소업자
3. 일반수도사업자

② 일반수도사업자와 저수조청소업자는 수도시설의 운영요원과 저수조청소업에 직접 종사하는 종업원에게 대통령령으로 정하는 바에 따라 제1항에 따른 교육을 받게 하여야 한다.

③ 환경부장관은 제1항 및 제2항에 따른 교육업무를 대통령령으로 정하는 기관 또는 단체에 위탁할 수 있다.

제37조(급수의 긴급정지 등) ① 일반수도사업자는 수돗물이 건강을 해할 우려가 있으면 지체 없이 수돗물의 공급을 정지하여야 한다.

② 일반수도사업자가 제1항에 따라 수돗물의 공급을 정지하면 지체 없이 시·도지사, 해당 지역의 주민 및 관계 기관의 장에게 상황을 알리고 수질검사·비상급수 등의 필요한 조치를 강구하여야 한다.

③ 일반수도사업자가 공급하는 물이 건강을 해칠 우려가 있음을 발견한 자는 그 일반수도사업자에게 그 사실을 지체 없이 알려야 한다.

제38조(공급규정)

제39조(급수 의무) ① 일반수도사업자는 수돗물의 공급을 원하는 자에게 정당한 이유 없이 그 공급을 거절하여서는 아니 된다.

② 일반수도사업자가 부득이한 이유로 일시 수돗물을 공급할 수 없는 경우에는 미리 그 구역과 기간을 정하여 공고하여야 한다.

③ 일반수도사업자는 수돗물의 공급을 거절하려는 경우에는 2개월 이상의 유예기간을 두고 공급 거절의 사유와 이를 시정하지 아니하면 수돗물의 공급을 거절한다는 사실을 서면으로 통지하여야 한다. <신설 2010.5.25>

제40조(관할 구역 외의 급수) 환경부장관은 일반 수요자의 편익 증진, 그 밖에 공익상 필요하다고 인정하면 수도사업자인 지방자치단체에게 그 지방자치단체로 하여금 관할 구역 외의 지역에 물을 공급하게 할 수 있다.

제41조(긴급 급수 지원)

제42조(사업의 폐업 또는 휴업)

제43조(국가가 설치하는 수도의 특례)

제44조(수도시설등의 매수)

제45조(소화전)

제46조(다른 법률과의 관계)

제47조(마을상수도)

제48조(국가 등이 설치하는 공업용수도)

제49조(공업용수도사업의 인가)

제49조의2(공업용수도사업자의 하수처리수 공급에 관한 특례)

제50조(준용 규정)

제51조(국가가 설치하는 전용수도)

제52조(전용상수도 인가)

제53조(전용상수도에 관한 준용 규정)

제54조(전용공업용수도에 관한 준용 규정)
제55조(소규모급수시설)
제55조의2(군부대 지역의 급수시설 설치 등에 관한 특례)
제56조(한국상하수도협회의 설립)
제57조(임원과 선출 방법 등)
제58조(감독)
제59조(「민법」 규정의 준용)
제60조(토지등의 수용 및 사용)
제60조의2(토지의 지하부분 사용에 대한 보상 등)
제60조의3(구분지상권의 설정등기 등)
제61조(타인 토지에의 출입 등)
제62조(지휘·감독)
제63조(법령 위반자 등에 대한 조치)
제64조(개선 명령 등)
제65조(공급 조건의 변경)
제66조(보고의 요구 등)
제67조(수도시설의 관할권)
제68조(요금 등의 강제징수)
제69조(수입금의 사용 제한)
제70조(수도 설치비용의 부담)
제71조(원인자부담금)
제72조(수도요금 등의 납부)
제73조(기술 연구·개발 등)
제74조(수도시설에 대한 기술진단 등)
제74조의2(기술진단 결과의 평가)
제74조의3(국가수도정보센터의 구축·운영)
제74조의4(유역수도지원센터의 설립·운영)
제75조(국고 보조 등)
제76조(수도사업용 댐의 수몰민에 대한 지원)
제77조(국유지의 매각·임대)
제77조의2(국유재산의 무상사용)
제78조(권한의 위임과 위탁)
제79조(청문)
제80조(벌칙 적용에서의 공무원 의제)
제81조(벌칙)
제82조(벌칙)
제83조(벌칙)
제84조(벌칙)
제85조(벌칙)
제86조(양벌규정)
제87조(과태료)

## 2. 하수도법 (일부 발췌)

[시행 2023.6.28] [법률 제19127호, 2022.12.27, 일부개정]

### 제1장 총칙

제1조(목적) 이 법은 하수도의 계획, 설치, 운영 및 관리 등에 관한 사항을 정함으로써 하수와 분뇨를 적정하게 처리하여, 하수의 범람으로 인한 침수 피해를 예방하고 지역사회의 지속가능한 발전과 공중위생의 향상에 기여하며 공공수역의 물환경을 보전함을 목적으로 한다.

제2조(정의) 이 법에서 사용하는 용어의 뜻은 다음과 같다. <개정 2009.1.7, 2010.6.8, 2011.11.14, 2013.7.16, 2020.5.26>

1. "하수"라 함은 사람의 생활이나 경제활동으로 인하여 액체성 또는 고체성의 물질이 섞이어 오염된 물(이하 "오수"라 한다)과 건물·도로 그 밖의 시설물의 부지로부터 하수도로 유입되는 빗물 · 지하수를 말한다. 다만, 농작물의 경작으로 인한 것을 제외한다.
2. "분뇨"라 함은 수거식 화장실에서 수거되는 액체성 또는 고체성의 오염물질(개인하수처리시설의 청소과정에서 발생하는 찌꺼기를 포함한다)을 말한다.
3. "하수도"란 하수와 분뇨를 유출 또는 처리하기 위하여 설치되는 하수관로 · 공공하수처리시설 · 간이공공하수처리시설 · 하수저류시설 · 분뇨처리시설 · 배수설비 · 개인하수처리시설 그 밖의 공작물·시설의 총체를 말한다.
4. "공공하수도"라 함은 지방자치단체가 설치 또는 관리하는 하수도를 말한다. 다만, 개인하수도를 제외한다.
5. "개인하수도"라 함은 건물 · 시설 등의 설치자 또는 소유자가 당해 건물 · 시설 등에서 발생하는 하수를 유출 또는 처리하기 위하여 설치하는 배수설비 · 개인하수처리시설과 그 부대시설을 말한다.
6. "하수관로"란 하수를 공공하수처리시설 · 간이공공하수처리시설 · 하수저류시설로 이송하거나 하천 · 바다 그 밖의 공유수면으로 유출시키기 위하여 지방자치단체가 설치 또는 관리하는 관로와 그 부속시설을 말한다.
7. "합류식하수관로"란 오수와 하수도로 유입되는 빗물·지하수가 함께 흐르도록 하기 위한 하수관로를 말한다.
8. "분류식하수관로"란 오수와 하수도로 유입되는 빗물·지하수가 각각 구분되어 흐르도록 하기 위한 하수관로를 말한다.
9. "공공하수처리시설"이라 함은 하수를 처리하여 하천 · 바다 그 밖의 공유수면에 방류하기 위하여 지방자치단체가 설치 또는 관리하는 처리시설과 이를 보완하는 시설을 말한다.

9의2. "간이공공하수처리시설"이란 강우(降雨)로 인하여 공공하수처리시설에 유입되는 하수가 일시적으로 늘어날 경우 하수를 신속히 처리하여 하천·바다, 그 밖의 공유수면에 방류하기 위하여 지방자치단체가 설치 또는 관리하는 처리시설과 이를 보완하는 시설을 말한다.

10. "하수저류시설"이란 하수관로로 유입된 하수에 포함된 오염물질이 하천·바다, 그 밖의 공유수면으로 방류되는 것을 줄이고 하수가 원활하게 유출될 수 있도록 하수를 일시적으로 저장하거나 오염물질을 제거 또는 감소하게 하는 시설(「하천법」

제2조 제3호 나목에 따른 시설과 「자연재해대책법」 제2조 제6호에 따른 우수유출저감시설은 제외한다)을 말한다.

11. "분뇨처리시설"이라 함은 분뇨를 침전·분해 등의 방법으로 처리하는 시설을 말한다.

12. "배수설비"라 함은 건물·시설 등에서 발생하는 하수를 공공하수도에 유입시키기 위하여 설치하는 배수관과 그 밖의 배수시설을 말한다.

13. "개인하수처리시설"이라 함은 건물·시설 등에서 발생하는 오수를 침전·분해 등의 방법으로 처리하는 시설을 말한다.

14. "배수구역"이라 함은 공공하수도에 의하여 하수를 유출시킬 수 있는 지역으로서 제15조의 규정에 따라 공고된 구역을 말한다.

15. "하수처리구역"이라 함은 하수를 공공하수처리시설에 유입하여 처리할 수 있는 지역으로서 제15조의 규정에 따라 공고된 구역을 말한다.

제3조(국가 및 지방자치단체의 책무)
제4조(국가하수도종합계획의 수립)
제4조의2(유역하수도정비계획의 수립)
제4조의3(하수도정비중점관리지역의 지정 등)
제4조의4(하수관로 유지관리계획 수립 등)
제5조(하수도정비기본계획의 수립권자 등)
제6조(하수도정비기본계획의 수립 등)
제7조(방류수수질기준)
제8조(타인토지의 출입 등)
제9조(손실보상)
제10조(토지 등의 수용 및 사용)
제10조의2(토지의 지하부분 사용에 대한 보상 등)
제10조의3(구분지상권의 설정등기 등)
제11조(공공하수도의 설치 등)
제12조(설치기준 등)
제13조(겸용공작물에 관한 공사 등의 시행)
제14조(타공사의 시행)
제15조(사용의 공고 등)
제16조(공공하수도관리청이 아닌 자의 공사시행 등)
제17조(인가·허가 등의 의제)
제18조(공공하수도관리청)
제19조(공공하수도의 운영·관리 및 손괴·방해행위 금지 등)
제19조의2(공공하수도 관리대행업 등)
제19조의3(결격사유)
제19조의4(등록취소 등)
제19조의5(관리대행 계약체결 및 계약해지)
제19조의6(관리대행업자의 지위승계)
제20조(기술진단 등)
제20조의2(기술진단의 대행 등)
제20조의3(기술진단전문기관 등록의 결격사유)
제20조의4(기술진단전문기관의 등록취소 등)
제21조(기술진단전문기관의 지위승계)
제22조(사용의 제한 등)
제23조(제해시설의 설치 등)
제24조(점용허가)
제25조(공사의 중지명령 등)
제26조(조치명령 및 허가의 취소 등)
제27조(배수설비의 설치 등)
제28조(공공하수도 유입제외)
제29조(타인의 토지 또는 배수설비의 사용)
제30조(배수설비 등에 대한 조치명령)
제31조(배수설비 등의 검사)
제32조(개인하수도 설치의 지원 등)
제33조(특정공산품의 사용제한 등)
제34조(개인하수처리시설의 설치)
제34조의2(개인하수도관리지역 지정 등)
제35조(건물 등의 증축 등에 대한 특례)
제36조(오수·폐수 등의 병합처리에 관한 특례)
제37조(개인하수처리시설의 준공검사 등)

제38조(개인하수처리시설의 설계 · 시공)
제39조(개인하수처리시설의 운영 · 관리)
제40조(개인하수처리시설에 대한 개선명령)
제41조(분뇨처리 의무)
제42조(분뇨의 광역관리 등)
제43조(분뇨의 처리)
제44조(분뇨의 재활용)
제45조(분뇨수집 · 운반업)
제46조(분뇨수집 · 운반업자의 지위 승계)
제47조(분뇨수집 · 운반업자의 준수사항)
제48조(결격사유)
제49조(허가의 취소 등)
제50조(과징금)
제51조(개인하수처리시설설계 · 시공업)
제52조(개인하수처리시설제조업)
제53조(개인하수처리시설관리업)
제54조(등록의 취소 등)
제55조(등록취소 또는 영업정지 처분을 받은 처리시설설계 · 시공업자의 계속공사)
제56조(휴업 · 폐업 등의 신고)
제56조의2(분뇨수집 · 운반업자에 대한 폐업지원)
제57조(비용부담의 원칙)
제58조(비용분담)
제59조(시 · 군에 대한 부담명령)
제60조(겸용공작물에 관한 공사 등의 비용부담)
제61조(원인자부담금 등)
제62조(타공사의 비용부담)
제63조(국고보조)
제64조(국유지의 무상대여 · 양여)
제65조(사용료 등)
제66조(기술관리인)
제67조(교육)
제68조(장부의 기록 · 보존)
제68조의2(하수도 정보시스템 구축 등)
제68조의3(유역하수도지원센터의 설립 · 운영)
제69조(보고 · 검사)
제69조의2(공공하수도 운영 · 관리실태점검)
제70조(수수료)
제71조(영업허가의 취소 요청 등)
제72조(청문)
제73조(강제징수)
제74조(권한 또는 업무의 위임 · 위탁 등)
제74조의2(벌칙 적용 시의 공무원 의제)
제75조(벌칙)
제76조(벌칙)
제77조(벌칙)
제78조(벌칙)
제79조(양벌규정)
제80조(과태료)

## 3. 물의 재이용 촉진 및 지원에 관한 법률 (일부 발췌, 약칭 : 물재이용법)

[시행 2023.5.16] [법률 제19045호, 2022.11.15, 타법개정]

### 제1장 총칙

제1조(목적) 이 법은 물의 재이용을 촉진하여 물 자원을 효율적으로 활용하고 수질에 미치는 해로운 영향을 줄임으로써 물 자원의 지속 가능한 이용을 도모하고 국민의 삶의 질을 높이는 것을 목적으로 한다.

제2조(정의) 이 법에서 사용하는 용어의 뜻은 다음과 같다.

1. "물의 재이용"이란 빗물, 오수(汚水), 하수처리수, 폐수처리수 및 발전소 온배수를 물 재이용시설을 이용하여 처리하고, 그 처리된 물(이하 "처리수"라 한다)을 생활, 공업, 농업, 조경, 하천 유지 등의 용도로 이용하는 것을 말한다.

2. "물 재이용시설"이란 빗물이용시설, 중수도, 하·폐수처리수 재이용시설 및 온배수 재이용시설을 말한다.

3. "빗물이용시설"이란 건축물의 지붕면 등에 내린 빗물을 모아 이용할 수 있도록 처리하는 시설을 말한다.

4. "중수도"란 개별 시설물이나 개발사업 등으로 조성되는 지역에서 발생하는 오수를 공공하수도로 배출하지 아니하고 재이용할 수 있도록 개별적 또는 지역적으로 처리하는 시설을 말한다.

5. "하수처리수"란 「하수도법」 제2조 제9호에 따른 공공하수처리시설에서 처리된 물을 말한다.

6. "폐수처리수"란 「물환경보전법」 제2조 제17호에 따른 공공폐수처리시설에서 처리된 물을 말한다.

6의2. "발전소 온배수"란 취수한 해수를 발전소(원자력발전소는 제외한다)의 발전과정에서 발생한 폐열을 흡수하는 냉각수로 사용하여 수온이 상승된 상태로 방출되는 배출수를 말한다.

7. "하·폐수처리수 재이용시설"이란 하수처리수 또는 폐수처리수를 재이용할 수 있도록 처리하는 시설 및 그 부속시설, 공급관로(管路)를 말한다.

7의2. "온배수 재이용시설"이란 발전소 온배수를 재이용할 수 있도록 처리하는 시설 및 그 부속시설, 공급관로를 말한다.

8. "하·폐수처리수 재이용사업"이란 하·폐수처리수 재이용시설을 이용하여 하수처리수나 폐수처리수를 재이용할 수 있도록 처리하고, 처리된 물(이하 "하·폐수처리수 재처리수"라 한다)을 공급하는 사업(제10조에 따라 공공하수도관리청이 하·폐수처리수 재처리수를 공급하는 경우는 제외한다)을 말한다.

9. "온배수 재이용사업"이란 온배수 재이용시설을 이용하여 발전소 온배수를 재이용할 수 있도록 처리하고, 처리된 물(이하 "온배수 재처리수"라 한다)을 공급하는 사업을 말한다.

10. "하·폐수처리수 재이용시설등 설계·시공업"이란 하·폐수처리수 재이용시설 및 온배수 재이용시설을 설계·시공하는 영업을 말한다.

제3조(국가 및 지방자치단체 등의 책무)

제4조(다른 법률과의 관계)

## 제2장 물의 재이용계획

제5조(물 재이용 기본계획의 수립)
제6조(물 재이용 관리계획의 수립)
제7조 삭제 〈2016.1.27〉

## 제3장 물 재이용시설의 설치·관리

제8조(빗물이용시설의 설치 · 관리)
제9조(중수도의 설치 · 관리)
제10조(공공하수도관리청의 하 · 폐수처리수 재처리수 공급)
제11조(하 · 폐수처리수 재이용사업 및 온배수 재이용사업의 인가)
제12조(다른 법률에 따른 허가 등의 의제)
제13조(하 · 폐수처리수 재이용시설 및 온배수 재이용시설의 설치기준 등)
제14조(하 · 폐수처리수 재처리수 및 온배수 재처리수의 수질)
제15조(하 · 폐수처리수 재이용시설 및 온배수 재이용시설의 관리)
제16조(하 · 폐수처리수 재이용시설 및 온배수 재이용시설의 보호)
제17조(인가의 취소 등)
제18조(하 · 폐수처리수 재이용시설등 설계 · 시공업의 등록)
제19조(하 · 폐수처리수 재이용시설등 설계 · 시공업자의 준수사항)
제20조(등록의 취소 등)

## 제4장 보칙

제21조(하 · 폐수처리수 재처리수의 요금)
제22조(연구 · 개발 촉진 등)
제23조(재정지원 등)
제24조(보고 및 검사)
제25조(청문)
제26조(권한의 위임 · 위탁)

## 제5장 벌칙

제27조(벌칙)
제28조(과태료)

# 4. 단위환산표

## 1) SI 단위계

| 기본 SI 단위 | | | |
|---|---|---|---|
| 항목 | 단위 | 기호 | 비고 |
| 길이 | meter | m | |
| 질량 | kilogram | kg | |
| 시간 | second | s | |
| 동역학적 온도 | Kelvin | K | |
| 분자량 | mole | mol | |
| 평면각 | radian | rad | |

| 유도 SI 단위 | | | |
|---|---|---|---|
| 항목 | 단위 | 기호 | 공식 |
| 에너지 | joule | J | N · m |
| 힘 | newton | N | kg · $m/s^2$ |
| 동력 | watt | W | J/s |
| 압력 | pascal | Pa | $N/m^2$ |

| SI 단위 승수/접두어 | | | |
|---|---|---|---|
| 승수 | 접두어 | 기호 | 비고 |
| $1,000,000 = 10^6$ | mega | M | |
| $1,000 = 10^3$ | kilo | k | |
| $0.001 = 10^{-3}$ | milli | m | |
| $0.000001 = 10^{-6}$ | micro | $\mu$ | |

| 질 량(Mass) | | |
|---|---|---|
| g | kg | oz (온즈) |
| 1 g = 1 | $10^{-3}$ | 0.03527396 |
| 1 kg = 1,000 | 1 | 35.27396 |
| 1 oz = 28.34952 | 0.02834952 | 1 |
| 1 lb = 453.5924 | 0.4535924 | 16 |
| 1 ton = 907184.7 | 907.1847 | 32,000 |

## 2) 길이, 면적, 부피, 질량

| 길 이 (Length) | | | | | |
|---|---|---|---|---|---|
| cm | m | in (인치) | ft (피트) | yd (야드) | mi (마일) |
| 1 cm = 1 | 0.01 | 0.3937008 | 0.03280840 | 0.01093613 | $6.213712\times10^{-6}$ |
| 1 m = 100 | 1 | 39.37008 | 3.280840 | 1.093613 | $6.213712\times10^{-4}$ |
| 1 in = 2.54 | 0.0254 | 1 | 0.08333333 | 0.02777777 | $1.578283\times10^{-5}$ |
| 1 ft = 0.48 | 0.3048 | 12 | 1 | 0.3333333 | $1.893939\times10^{-4}$ |
| 1 yd = 91.44 | 0.9144 | 36 | 3 | 1 | $5.681818\times10^{-4}$ |
| 1 mi = $1.609344\times10^{5}$ | $1.609344\times10^{3}$ | $6.336\times10^{4}$ | 5280 | 1760 | 1 |

| 면 적 (Area) | | | | | |
|---|---|---|---|---|---|
| $cm^2$ | $m^2$ | $in^2$ | $ft^2$ | $yd^2$ | $mi^2$ |
| 1 $cm^2$ = 1 | $10^{-4}$ | 0.155003 | $1.076391\times10^{-3}$ | $2.5\times10^{-8}$ | $3.861022\times10^{-11}$ |
| 1 $m^2$ = 100 | 1 | 1550.003 | 10.76391 | $2.5\times10^{-4}$ | $3.861022\times10^{-7}$ |
| 1 $in^2$ = 2.54 | $6.4516\times10^{-4}$ | 1 | $6.944444\times10^{-3}$ | $1.59\times10^{-7}$ | $2.490977\times10^{-10}$ |
| 1 $ft^2$ = 30.48 | 0.09290304 | 144 | 1 | $2.3\times10^{-5}$ | $3.587007\times10^{-8}$ |
| 1 $yd^2$ = 91.44 | 4047 | $6.27\times10^{6}$ | 43560 | 1 | $1.56\times10^{-3}$ |
| 1 $mi^2$ = $1.609344\times10^{5}$ | $2.589988\times10^{6}$ | $4.014490\times10^{9}$ | $2.78784\times10$ | 640 | 1 |

| 부 피 (Volume) | | | | | |
|---|---|---|---|---|---|
| mL | L | $in^3$ | $ft^3$ | gal (갤론) | acre · ft |
| 1 $cm^3$ = 1 | $10^{-3}$ | 0.06102374 | $3.531467\times10^{-5}$ | $2.641721\times10^{-4}$ | $8.1\times10^{-10}$ |
| 1 L = 1,000 | 1 | 61.02374 | 0.03531467 | 0.2641721 | $8.1\times10^{-7}$ |
| 1 $in^3$ = 16.38706 | 0.01638706 | 1 | $5.787037\times10^{-4}$ | $4.329004\times10^{-3}$ | $1.33\times10^{-8}$ |
| 1 $ft^3$ = 28316.85 | 28.31685 | 1728 | 1 | 7.480520 | $2.3\times10^{-5}$ |
| 1 gal(U.S.) = 3875.412 | 3.785412 | 231 | 0.1336806 | 1 | $3.07\times10^{-6}$ |
| 1 acre · ft = $1.23\times10^{9}$ | $1.23\times10^{6}$ | $75.3\times10^{6}$ | 43560 | 325851 | 1 |

| 질 량 (Mass) | | | | |
|---|---|---|---|---|
| g | kg | oz (온즈) | lb (파운드) | ton |
| 1 g = 1 | $10^{-3}$ | 0.03527396 | $2.204623\times10^{-3}$ | $1.102311\times10^{-6}$ |
| 1 kg = 1,000 | 1 | 35.27396 | 2.204623 | $1.102311\times10^{-3}$ |
| 1 oz = 28.34952 | 0.02834952 | 1 | 0.0625 | $5\times10^{-4}$ |
| 1 lb = 453.5924 | 0.4535924 | 16 | 1 | 0.0005 |
| 1 ton = 907184.7 | 907.1847 | 32,000 | 2,000 | 1 |

### 3) 미터법-피트법 전환계수

| 항목 | 미터법 | 배수 | 피트법 |
|---|---|---|---|
| 질량 | kg | 2.205 | lb |
| 길이 | m | 3.281 | ft |
| 면적 | $m^2$ | 10.76 | $ft^2$ |
| | $m^2$ | 0.000247 | acre |
| | ha | 2.471 | acre |
| 부피 | $m^3$ | 264.2 | gal |
| | L | 35.31 | gal |
| | $m^3$ | 0.2642 | $ft^3$ |
| | L | 0.03531 | $ft^3$ |
| 속도 | m/s | 196.8 | fpm |
| 유량 | $m^3/d$ | 0.0002642 | mgd |
| | $m^3/d$ | 0.1835 | gpm |
| | L/s | 35.31 | gpm |
| | $m^3/s$ | 15.85 | cfs |
| BOD 부하 | $g/m^3 \cdot d$ | 0.06243 | lb/1,000 $ft^3$/day |
| | kg/ha · d | 0.8921 | lb/acre/day |
| 고형물 부하 | $kg/m^2 \cdot d$ | 0.2048 | $lb/ft^2/day$ |
| | $kg/m^3 \cdot d$ | 0.06242 | $lb/ft^3/day$ |
| 수리학적 부하 | $m^3/m^2 \cdot d$ | 24.54 | $gal/ft^2/day(gpd/ft^2)$ |
| | $L/m^2 \cdot s$ | 1.473 | $gal/ft^2/min(gpm/ft^2)$ |
| 농도 | mg/L | 8.345 | lb/mil gal |

| 항목 | 피트법 | 배수 | 미터법 |
|---|---|---|---|
| 질량 | lb | 0.4536 | kg |
| 길이 | ft | 0.3048 | m |
| 면적 | $ft^2$ | 0.09290 | $m^2$ |
| | acre | 4047 | $m^2$ |
| | acre | 0.4047 | ha |
| 부피 | gal | 0.003785 | $m^3$ |
| | gal | 3.785 | L |
| | $ft^3$ | 0.02832 | $m^3$ |
| | $ft^3$ | 28.32 | L |
| 속도 | fpm | 0.00508 | m/s |
| 유량 | mgd | 3785 | $m^3/d$ |
| | gpm | 5.450 | $m^3/d$ |
| | gpm | 0.06309 | L/s |
| | cfs | 0.02832 | $m^3/s$ |
| BOD 부하 | lb/1,000 $ft^3$/day | 16.02 | $g/m^3 \cdot d$ |
| | lb/acre/day | 1.121 | kg/ha · d |
| 고형물 부하 | $lb/ft^2/day$ | 4.883 | $kg/m^2 \cdot d$ |
| | $lb/ft^3/day$ | 16.02 | $kg/m^3 \cdot d$ |
| 수리학적 부하 | $gal/ft^2/day(gpd/ft^2)$ | 0.04075 | $m^3/m^2 \cdot d$ |
| | $gal/ft^2/min(gpm/ft^2)$ | 0.6790 | $L/m^2 \cdot s$ |
| 농도 | lb/mil gal | 0.1198 | mg/L |

## 4) 물의 특성 (미터법/피트법)

| 온도 (℃) | 비중 $\gamma$ ($kN/m^3$) | 밀도 $\rho$ ($kg/m^3$) | 절대점성도 $\mu$ ($\times 10^{-3}$ kg/m·s) | 동점성도 $\nu$ ($\times 10^{-6}$ $m^2/s$) | 증기압 $p_v$ (kPa) |
|---|---|---|---|---|---|
| 0 | 9.805 | 999.8 | 1.781 | 1.785 | 0.61 |
| 5 | 9.807 | 1000.0 | 1.518 | 1.518 | 0.87 |
| 10 | 9.804 | 999.7 | 1.307 | 1.306 | 1.23 |
| 15 | 9.798 | 999.1 | 1.139 | 1.139 | 1.70 |
| 20 | 9.789 | 998.2 | 1.002 | 1.003 | 2.34 |
| 25 | 9.777 | 997.0 | 0.890 | 0.893 | 3.17 |
| 30 | 9.764 | 995.7 | 0.798 | 0.800 | 4.24 |
| 40 | 9.730 | 992.2 | 0.653 | 0.658 | 7.38 |
| 50 | 9.689 | 988.0 | 0.547 | 0.553 | 12.33 |
| 60 | 9.642 | 983.2 | 0.466 | 0.474 | 19.92 |
| 70 | 9.589 | 997.8 | 0.404 | 0.413 | 31.16 |
| 80 | 9.530 | 971.8 | 0.354 | 0.364 | 47.34 |
| 90 | 9.466 | 965.3 | 0.315 | 0.326 | 70.10 |
| 100 | 9.399 | 958.4 | 0.282 | 0.294 | 101.33 |

| 온도 (℉) | 비중 $\gamma$ ($lb/ft^3$) | 밀도 $\rho$ ($lb \cdot s^2/ft^4$) | 절대점성도 $\mu$ ($\times 10^{-5}$ $lb \cdot s/ft^2$) | 동점성도 $\nu$ ($\times 10^{-5}$ $ft^2/s$) | 증기압 $p_v$ (psi) |
|---|---|---|---|---|---|
| 32 | 62.42 | 1.940 | 3.746 | 1.931 | 0.09 |
| 40 | 62.43 | 1.938 | 3.229 | 1.664 | 0.12 |
| 50 | 62.41 | 1.936 | 2.735 | 1.410 | 0.18 |
| 60 | 62.37 | 1.934 | 2.359 | 1.217 | 0.26 |
| 70 | 62.30 | 1.931 | 2.050 | 1.059 | 0.36 |
| 80 | 62.22 | 1.927 | 1.799 | 0.930 | 0.51 |
| 90 | 62.11 | 1.923 | 1.595 | 0.826 | 0.70 |
| 100 | 62.00 | 1.918 | 1.424 | 0.739 | 0.95 |
| 110 | 61.86 | 1.913 | 1.284 | 0.667 | 1.24 |
| 120 | 61.71 | 1.908 | 1.168 | 0.609 | 1.69 |
| 130 | 61.55 | 1.902 | 1.069 | 0.558 | 2.22 |
| 140 | 61.38 | 1.896 | 0.981 | 0.514 | 2.89 |
| 150 | 61.20 | 1.890 | 0.905 | 0.476 | 3.72 |
| 160 | 61.00 | 1.896 | 0.838 | 0.442 | 4.74 |
| 170 | 60.80 | 1.890 | 0.780 | 0.413 | 5.99 |
| 180 | 60.58 | 1.883 | 0.726 | 0.385 | 7.51 |
| 190 | 60.36 | 1.876 | 0.678 | 0.362 | 9.34 |
| 200 | 60.12 | 1.868 | 0.637 | 0.341 | 11.52 |
| 212 | 59.83 | 1.860 | 0.593 | 0.319 | 14.70 |

## 5) 용존산소 포화농도(공기 중 20.90% 산소함유/760 mmHg 압력작용)

| 온도 (℃) | 염소이온 농도(mg/L) | | | 염소이온 100 mg당 차이 | 증기압(mm) |
|---|---|---|---|---|---|
| | 0 | 5,000 | 10,000 | | |
| | 용존산소 농도(mg/L) | | | | |
| 0 | 14.6 | 13.8 | 13.0 | 0.017 | 5 |
| 1 | 14.2 | 13.4 | 12.6 | 0.016 | 5 |
| 2 | 13.8 | 13.1 | 12.3 | 0.015 | 5 |
| 3 | 13.5 | 12.7 | 12.0 | 0.015 | 6 |
| 4 | 13.1 | 12.4 | 11.7 | 0.014 | 6 |
| 5 | 12.8 | 12.1 | 11.4 | 0.014 | 7 |
| 6 | 12.5 | 11.8 | 11.1 | 0.014 | 7 |
| 7 | 12.2 | 11.5 | 10.9 | 0.013 | 8 |
| 8 | 11.9 | 11.2 | 10.6 | 0.013 | 8 |
| 9 | 11.6 | 11.0 | 10.4 | 0.012 | 9 |
| 10 | 11.3 | 10.7 | 10.1 | 0.012 | 9 |
| 11 | 11.1 | 10.5 | 9.9 | 0.011 | 10 |
| 12 | 10.8 | 10.3 | 9.7 | 0.011 | 11 |
| 13 | 10.6 | 10.1 | 9.5 | 0.011 | 11 |
| 14 | 10.4 | 9.9 | 9.3 | 0.010 | 12 |
| 15 | 10.2 | 9.7 | 9.1 | 0.010 | 13 |
| 16 | 10.0 | 9.5 | 9.0 | 0.010 | 14 |
| 17 | 9.7 | 9.3 | 8.8 | 0.010 | 15 |
| 18 | 9.5 | 9.1 | 8.6 | 0.009 | 16 |
| 19 | 9.4 | 8.9 | 8.5 | 0.009 | 17 |
| 20 | 9.2 | 8.7 | 8.3 | 0.009 | 18 |
| 21 | 9.0 | 8.6 | 8.1 | 0.009 | 19 |
| 22 | 8.8 | 8.4 | 8.0 | 0.008 | 20 |
| 23 | 8.7 | 8.3 | 7.9 | 0.008 | 21 |
| 24 | 8.5 | 8.1 | 7.7 | 0.008 | 22 |
| 25 | 8.4 | 8.0 | 7.6 | 0.008 | 24 |
| 26 | 8.2 | 7.8 | 7.4 | 0.008 | 25 |
| 27 | 8.1 | 7.7 | 7.3 | 0.008 | 27 |
| 28 | 7.9 | 7.5 | 7.1 | 0.008 | 28 |
| 29 | 7.8 | 7.4 | 7.0 | 0.008 | 30 |
| 30 | 7.6 | 7.3 | 6.9 | 0.008 | 32 |

## 5. 용어해설

**ABS : 합성세제** 음이온계면활성제의 총칭. 세제, 염색제, 소화기, 부유선광 등의 이용 공장이나 가정에서 배출되어 하천 수면에 포막형성. 자정작용을 방해하고 DO를 감소시킴.

**As(arsenic) : 비소** 황 및 많은 금속(동, 코발트, 납, 아연 등)과 화합물형태로 존재. 급성중독은 중추신경계로 혼수상태에 이르며 위장, 신경계, 호흡기관 및 피부가 영향을 받음. 만성중독은 근육강화, 식욕상실, 눈, 코, 후두의 점막을 자극, 구역질을 일으킴.

**BOD(Biochemical Oxygen Demand) : 생물화학적 산소 요구량** 물속의 유기물질이 20℃, 5일 동안 호기성 미생물의 작용에 의해서 자연히 분해되는 과정에서 소비되는 산소량을 말하며 BOD가 높으면 물속의 유기물질이 많다는 것을 의미

**Cd(cadmium) : 카드뮴** 은백색의 금속. 안료, 화학, 전지제조와 도금의 각 공장에 이용. 급성독성은 위장점막에 염증을 일으키고 기침, 현기증, 복통 등의 증상유발. 만성중독 시 간장장애, 간경화증, 다발성 골절 등의 증상을 나타냄.

**CN(cyanogen) : 시안** 자연수 중에 함유되어 있지 않으며 황산화합물을 사용하여 폐액으로부터 오염. 인간에 대한 단일용량은 치명적임.

**COD(Chemical Oxygen Demand) : 화학적 산소 요구량** 물속의 유기물질을 화학적으로 산화시킬 때 소비되는 산소량을 말하며 COD가 높으면 물속의 유기물질이 많다는 것을 의미

**DO(Dissolved Oxygen) : 용존산소** 물속에 녹아있는 산소량을 mg/L로 나타낸 것으로 생물의 호흡이나 수중의 유기물의 산화 등에 의하여 소모되기 때문에 오염된 물일수록 DO는 감소

**Hg(hydrargyrum, mercury) : 수은** 수은중독의 영향은 신경과 콩팥장애이며, 일반적인 독성작용은 콜레스테롤 대사를 방해

**MPN(Most Probable Number) : 최확수** 대장균군의 정량시험법으로서 단위 용적당 수치를 말하며 검수를 10 mL, 1 mL, 0.1 mL, 0.01 mL 순차적으로 10배씩 희석해 각 5개씩 대장균군 시험을 행함. 대장균군 최확수표 또는 계산에 의해 통계적으로 검수 100 mL당 MPN값을 구할 수가 있음.

**pH : 수소이온농도** 액체 1 L 중의 수소이온몰 농도의 역수의 상용대수. 1～14까지 있으며 산성은 pH 1～6, 알칼리성은 pH 8～14임.

**pKa : 해리되는 정도를 측정할 수 있는 상수** 산(acid)에 대해서는 산의 세기를 측정할 수 있는 Ka를 사용함.

**SS(Suspended Solid) : 부유물질** 크기가 0.1 $\mu$m 이상의 현탁 상태의 고형물을 말하며, 물의 탁도 및 색도를 유발하는 원인물질

**THM(trihalomethane) : 트리할로메탄** 물속에 포함되어 있는 유기물질이 정수과정에서 살균제로 쓰이는 염소와 반응하여 생성되는 물질. THM은 상수원의 오염이 심할수록, 유기물이 많을수록, 염소를 많이 쓸수록, 살균 과정에서 반응과정이 길수록 많이 생김. 암을 일으키는 발암물질로 알려져 엄격히 규제하고 있음.

**T-N(Total-Nitrogen) : 총질소** 무기성질소 및 유기성질소의 질소량의 합계를 말하며, 전자는 암모니아성질소, 아질산성 질소, 질산성 질소를 가리키고 후자는 단백질, 요소, 아미노산을 가리킴.

**T-P (Total-Phosphorus) : 총인** Phosphoric

acid, Meta, Dyrro, Polyphosphoric acid 등의 무기인산염과 농약, 에스테르, 인지질 등의 유기인 화합물이 있으며 용존상태 또는 현탁상태로 존재. 호소, 해역의 부영양화 현상을 유발하는 하나의 원인

**1,1-디클로로에틸렌** ① 노출경로 : 합성화학 중간물질로서 주용도는 세척제, 접착제 등에 이용 후 환경으로 배출 ② 특징 및 일반성상 : 무색에서 담황색 투명한 무거운 액체이며, 휘발성 유기염소화합물로 클로로포름과 비슷한 냄새가 남. 매우 불안정하여 산소와 접촉하면 과산화물을 생성함. ③ 인체위해성 : 수년간 기준을 초과한 물을 마시는 일부 사람들에게 간의 문제를 야기함.

**1,1,1-트리클로로에탄** ① 노출경로 : 유기염소화합물 생산 시 중간 생성물질로서 산업폐수로 발생 ② 특징 및 일반성상 : 무색투명의 불연성 액체인 휘발성 유기화합물로서 불연성 용제 중에서 가장 독성이 낮아 이용분야가 넓음. 오존층 파괴물질이며, 비중이 물보다 무거워 지하수에 존재함. ③ 인체위해성 : 수년 동안 기준을 초과한 물을 마시는 일부사람들에게 간, 신경계 또는 순환계의 문제를 야기함.

**1,2-디브로모 3-클로로프로판** ① 노출경로 : 콩 재배시 등에 토양훈증 소독제로 이용 후 환경으로 배출 ② 특징 및 일반성상 : DBCP라고도 하며, 선충구충용 훈증제임. 지표수에서는 휘발되지만 토양에서는 매우 안정적이어서 2년 이상 잔존할 수 있으며, 유동적이어서 지하수까지 이동할 수 있음. ③ 인체위해성 : 수년간 기준을 초과한 물을 마시는 일부 사람들이 위, 신장, 간장 등의 장애를 경험할 수 있음.

**1인 1일당 급수량** 하루평균 급수량을 급수인구 1인당으로 환산한 것으로서 통상 L단위로 표시 = 급수량($m^3$/일) × 1,000 ÷ 급수인구(명)

**6가 크롬** ① 노출경로 : 천연에서 널리 분포되어 있으며, 특수강 분야에 주로 이용 ② 특징 및 일반성상 : 원자가가 6가인 크롬은 크롬산염(일반식 $M_2CrO_4$ : M은 1가의 양이온), 중크롬산염 $M_2Cr_2O_7$ 등의 화합물을 만들며, 유기물질에 의해서 쉽게 3가 크롬으로 환원됨. 화합물은 황색에서 적색이며 일반적으로 강한 산화작용을 하며, 크롬도금, 부식방지에 주로 이용함. ③ 인체위해성 : 수년 동안 기준초과된 물을 마시는 사람의 일부가 피부 알러지 등을 경험할 수 있음.

**가압장** 수압을 높이기 위하여 가압 펌프가 설치되어 작동하는 시설

**가정하수** 일상생활에서 발생하는 하수의 총칭으로서 일반 가정, 호텔, 식당, 사무실 등으로부터 배출되는 오수, 잡배수 등. 공장이나 공공건물 등의 배수와 구별되는 용어

**간이상수도** 지방자치단체가 관할지역주민의 음용 등에 제공하기 위하여 원수를 "먹는물수질기준및검사등에관한규칙"에 적합하게 처리할 수 있는 간이정수시설을 갖춘 수도시설에 의하여 급수인구 100인 이상 2천5백인 이내에게 정수를 공급하는 일반수도로서 1일공급량이 20 $m^3$ 이상 500 $m^3$ 미만인 수도 또는 이와 비슷한 규모의 수도로서 시장·군수가 지정하는 수도

**간이상수도인구** 간이상수도를 이용하는 인구수

**간이처리** 일반적으로 수질이 양호한 지하수를 수원으로 하는 경우에 적용하는 방식으로 주로 염소소독처리만을 함.

**강수량** 강수가 모두 지표에 고였다고 가정하였을 때의 수심. 눈이나 우박은 녹아서 물이 된 것으로 산정하고 측정단위는 mm

**경도** ① 노출경로 : 자연원천의 퇴적층 암석 침출수 등에서 배출됨. ② 일반성상 : 물의 경도는 비누와 반응할 때 물의 수용력을 측정하는 전통적인 방법임. 경수(hard water)는 거품을 내는데 비누가 훨씬 많이 소비되며, 이러한 원인은 용존

금속 이온에 의해 발생하는데 칼슘과 마그네슘 양이온이 가장 대표적임. 경도는 리터당 몇 mg의 탄산칼슘(calcium carbonate)에 해당하는가로 표현하며, 물의 탄산칼슘 함량이 60 mg/L 이하면 연수(soft water)로 여김. ③ 인체위해성 : 인체에 유해하다는 확실한 근거는 없음. ④ 기타 : 물에 포함되어 있는 칼슘과 마그네슘 양을 탄산칼슘의 ppm으로 환산해서 나타낸 수치로 당량수는 CaO 또는 $CaCO_3$로 계산하고 100 mL속에 1 mg이 함유 되었을 때의 물의 경도를 1도로 함. 총경도(total hardness), 일시 경도(temporary hardness), 영구 경도(permanent hardness) 등이 있음

**경수** 칼슘과 마그네슘염류를 비교적 다량으로 함유한 물을 경수라 하며, 이러한 염류 함유량이 적은 물을 연수라 함. 물속의 칼슘 및 마그네슘의 이온은 주로 황산염과 탄산수소에서 나옴. 탄산수소염으로서 존재하는 것은 끓여서 탄산염으로 하여 침전시켜 연수로 할 수가 있으므로 일시경수라 하고, 황산염으로서 존재하는 것은 끓여도 연수화하기 힘들기 때문에 영구경수라 함.

**계량기불감수량** 실제로 유효하게 사용되었으나 계량기가 감지하지 못하여 요금 징수 대상이 되지 않는 수량

**계면활성제** 표면활성제라고도 하며, 액체의 표면에 흡착되어 계면의 활성을 크게 하고 성질을 현저하게 변화시키는 물질. 특히 표면장력을 떨어뜨리고 세정력, 분산력, 유화력, 기용력, 살균력 등이 뛰어나며 가정용 세제를 시작으로 각종 공업에 널리 사용되고 있는 양이온 계면활성제로 대별하고, 어느 것이나 분자 중에 친수성과 친유성 원자단을 가짐. 세제의 대부분은 계면활성제이고, 합성세제의 일부는 정화가 어려워 하천, 우물 등을 오염시키기 쉬움.

**고도처리** 통상의 정수처리공정인 응집/침전 → 여과 → 소독으로 구성된 기존 정수방법으로는 완전히 제거되지 않는 맛·냄새 유발물질, 미량유기오염물질, 암모니아성 질소 등을 제거하기 위하여 생물처리, 오존처리, 활성탄 처리 등의 공정을 단위 또는 조합하여 기존 정수공정에 추가 설치하는 시설. 최근의 정수방법으로 종래의 급속여과법에 오존처리와 활성탄 처리를 추가하여 쓰고 있음. 급속여과만으로는 트리할로메탄 등 유기염소화합물이 야기하는 폐해나 곰팡이 냄새문제가 해결되지 않아서 대도시를 중심으로 이 정수방법을 채용하고 있음. 3급수 이상의 더러운 물은 고도 정수처리를 해야 함.

**고분자응집제** 응집제에는 유기 응집제와 무기 응집제가 있으며, 전자 중에 고분자 응집제가 포함됨. 이는 수만에서 수백만의 분자량을 가진 수용성의 선상(linear) 폴리머임. 무기 응집제는 수중에 존재하는 부유물질의 표면 전하를 중화함으로써 응집이 이루어지게 함. 고분자 응집제는 이러한 효과 외에도 폴리머상의 활성점에서 부유물질을 흡착 가교하여 응집시키는 효과를 함께 갖고 있기 때문에 무기 응집제보다 사용량이 적어도 됨. 이 응집제는 음이온계, 양이온계, 비이온계로 분류할 수 있음.

**고정 발생원·점오염원** 자동차나 비행기처럼 이동하는 오염원에 대하여 공장, 발전소, 광산, 빌딩(냉난방 시설)등 고정된 오염물질 발생원. 고정 발생원에서 배출된 질소산화물 비율은 전국적으로 자동차 교통량이 많고 공장이 많지 않은 지역에서는 낮고 공장이 많은 지역에서는 높음.

**공공수량** 소방용수 및 운반공급 용수 등으로 요금수입이 없는 수량

**공동폐수처리** 하수와 공장 폐수를 합하여 처리하는 경우를 말함. 하수는 공장 폐수를 희석하고 그 속의 영양분(배설물 등)에서 활성슬러지 미생물을 증식시키는 한편 하수 속의 인이나 질소는 이로써 감소되는 등 상호간에 이익이 됨.

**공업용수** 공업 제품의 제조 과정에서 냉각·제품 처리 등에 사용하는 물. 상수·지하수·하천수

외에 하수의 처리수가 쓰임.

**공칭공경(nominal pore size)** MF(Microfiltration)막에만 사용되는 단위. 지표세균의 균수, 비블 포인트, 표준입자법 등을 이용하여 측정하며 공경표시의 기준

**과망간산칼륨소비량** ① 노출경로 : 수중의 유기물의 산화에 의해 소비되는 양으로 오염물질을 총체적으로 짐작할 수 있음. ② 일반성상 : 과망간산칼륨을 산화제로 사용하여 그 소비된 양으로 표시함. 화학식은 $KMnO_4$이고, 망간 염류를 알칼리 용해하면 녹색의 망간산염이 생성되며, 이를 산화하면 흑자색의 결정이 추출됨. 이것이 과망간산칼륨이며, 수용액은 자색을 띠고, 엷게 하면 적자색이 됨. ③ 인체위해성 : 수돗물의 착색, 이취미 등에 관계가 있으나 인체에 직접적인 영향은 없음. ④ 기타 : 강알칼리에서는 녹색의 망간산염용액이 되고, 산화성이 강하며 산화제로 사용됨. 산화 적정의 표준액으로도 사용됨

**과잉염소처리** 염소소독을 할 경우 염소를 다량 주입하는 처리법을 말하며, 악취제거와 소독효과를 확실하게 할 때 행함.

**관거** 상(하)수도에 사용하는 수도관을 말하며, 콘크리트관, 철근 콘크리트관, 경질염화비닐관 등이 있음 단면형은 원형을 취하는 것이 널리 쓰이고 있고 그 밖에 계란형, 타원형, 반원형이나 말굽형, 장방형 등이 있음.

**관개용수** 우량을 조정하여 인공적으로 농지에 물을 끌어들이는 것을 관개라고 하고 여기에 이용되는 물을 관개용수라 함.

**관정부식(crown corrosion)** 콘크리트 하수관거 내의 하수가 높은 기온, 낮은 유속, 낮은 관거경사, 적은 유량의 조건으로 인하여 혐기성 상태가 되고 관거 윗부분에 물방울을 맺히게 하는데, 혐기성 조건에서 하수에 포함되어 있던 황화합물은 황화수소로 환원이 되고, 환원된 황화수소는 수면 윗부분 공기 중의 산소와 티오바실러스(Thiobacillus)라는 황산화 미생물에 의해서 황산으로 산화가 되어 물방울을 강산성으로 변화시켜 콘크리트관의 윗부분이 부식되는 현상

**광산배수** 금속 광산 폐수와 유화 광산 폐수로 분류할 수 있음. 이 폐수는 철, 구리 등의 중금속 이온과 함께 황산염을 함유하여 pH가 낮은 것이 특징임. 보통의 광산에서 1～5 $m^3$/min 정도, 많은 곳에서는 10 $m^3$/min의 폐수가 배출됨. 황화광산 폐수의 일례를 보면 pH 1.7, 철 454 ppm, 알루미늄 153 ppm, 황산염 3440 ppm 정도임.

**광역상수원** 넓은 구역이나 범위에 걸쳐 음용수·사용수 등으로 사용되어지는 물

**광합성** 좁은 의미로는 식물체에 있어서 탄수화물의 광합성을 말함. 클로로필을 가진 식물이 빛의 작용 하에서 탄산가스와 물로 전분을 합성할 때 산소를 공중에 방출하는 반응. 수생식물이나 식물플랑크톤은 광합성으로 산소를 발생시키고, 이 산소가 용존산소가 되어 어패류를 생존하게 함. 대기 중 산소의 60% 이상은 바다 속의 식물플랑크톤에 의하여 공급된다고 함.

**구리(동)** ① 노출경로 : 자연 상태에서 광석으로 존재하며, 전선, 건축자재 등으로 사용 후 환경으로 배출 ② 일반성상 : 주로 황동광으로부터 정련하여 얻어지며, 전기 및 열의 양도체인 것이 특징이고, 전연성이 풍부하며 가공하기 쉽고, 관이나 판, 선, 전기재료로서, 또 각종의 합금 성분으로서 널리 사용되고 있음. ③ 인체위해성 : 수년간 기준을 초과한 물을 마시는 일부 사람이 위장통증을 경험할 수 있음.

**급속여과** 응집제 등을 투여하고 혼화·응집·침전공정을 통해 원수를 전처리한 후 모래 등의 여과지를 이용하여 1일 100미터 이상의 속도로 여과하는 정수처리공정을 말함. 약품침전지, 급속여과지, 소독시설로 구성되어 있고, 현탁물질을 처음부터 약품처리에 의해 응집시켜 응집물질을

침전제거하고 다음에 급속여과지에서 여과 제거하는 방식임.

**급수관** 배수관을 기점으로 하여 일반 수용가에까지 이르는 관

**급수량** 급수인구에게 연간 공급한 수돗물량을 365일로 나눈 값(= 1일 평균 급수량). 공업용과 기타(가정용 등)로 구분하여 기재

**급수인구** 광역상수도 및 지방상수도의 급수시설이 정비된 지역 내에 거주하여 수돗물을 공급받고 있는 인구수

**기름오염** 육상에서는 주로 가솔린, 등유, 윤활유가 상수원으로 유입되거나 토양을 거쳐 지하수로 침투함으로써 땅을 오염시키므로 상수유입구 등을 항상 감시해야 함. 원유해양오염은 유출량이 많고 전 해양적인 넓이를 갖기 때문에 특히 중요함. 원유의 대량유출은 유조선 사고, 해저유전의 유정 사고, 연안 저유시설의 사고 등의 원인이 됨.

**기타여과** 모래 이외의 활성탄, 막 등 다공성 여재를 이용하는 정수처리공정

**기타인구** 우물이나 샘물을 이용하는 인구로 광역상수도, 지방상수도, 간이상수도, 소규모급수시설 및 전용상수도인구를 제외한 나머지 인구수

**난류** 액체의 속도가 커지면, 유체의 입자가 서로 뒤섞여 유선이 헝클어짐. 이 상태를 난류라 하고, 일반적으로 레이놀즈수가 증가하여 4,000 이상의 값이 되면 층류에서 난류로 옮아감.

**남조류** 육지의 수역, 바다 수역에서 동시에 발견되는 식물성 플랑크톤. 핵도 엽록체도 없는 가장 하등한 조류. 부영양화가 심한 지역에서 나타나는 미크로키스티스의 이상발견은 유명함. 또한 폴미디움, 아나베나는 수돗물 냄새의 원인물질로서 문제가 됨.

**납** ① 노출경로 : 인쇄·도금공장폐수 급배수관 ② 특징 및 일반성상 : 납은 주기율표 제 4B족에 속하는 탄소족 원소로 원소기호는 Pb이며 무거운 원소들 중 가장 흔한 것으로 자연 상태에서 몇 가지 안정된 동위원소들로 존재하는데 청백색이며 무겁고 연하며 전성이 풍부하며 열에 녹기 쉽고 용도는 아주 넓으나 독성이 있음. 먹는물에서는 배관고정물의 납화합물과 배수시스템의 땜납으로 사용되므로 중요성을 지님. ③ 인체위해성 : 기준을 초과한 물을 마시는 일부사람들은 신체적 정신적 장애를 경험할 수 있으며, 아동들은 주의집중에 다소 부진하며, 만성 중독 시 성인의 경우 빈혈이나 고혈압의 문제를 야기할 수 있음.

**냄새** ① 노출경로 : 냄새는 순수한 물에 유기물 등 이물질 유입을 의미 ② 일반성상 : 먹는물에서의 냄새는 미생물에 의해 생기며, 수처리 과정에서 문제점이 생기거나 저장시설이나 파이프로부터 침출된 물질에 의해 생길 수도 있음. ③ 인체위해성 : 인체에 직접적인 영향은 없음. ④ 냄새의 원인은 유기물 존재, 조류번식, 폐수의 유입 등 ⑤ 기타 : 냄새의 문제를 가장 자주 일으키는 미생물은 방선균과 여러 종류의 녹조류이지만 수중 원생류와 곰팡이류도 가끔 원인이 될 수 있음.

**냉각수 오염** 냉각수는 물의 온도를 높이는데, 물의 온도가 높아지면 물속에 사는 물고기들의 체온도 올라가고, 체온이 증가하면 호흡률도 증가. 호흡은 산소를 몸속에 받아들이는 것이므로 호흡을 많이 하려면 더 많은 산소가 있어야 함. 그런데 물속에 녹아 있는 산소량은 일정하므로 생물들은 산소의 부족을 겪게 되는 것. 냉각수를 버릴 때는 수온이 25℃를 넘지 않도록 하여야 함.

**녹조류** 조류 중 녹색을 띠며, 탄소동화작용에 의하여 전분을 생성하여 저장. 유성 또는 무성생식. 클로렐라와 같이 사상 또는 지상으로 퍼져 나가는 다세포를 가진 것 등 여러 종류. 하천이나 도수로, 여과지 등에 번식하여 수로를 방해하고 착색, 발취, 막힘 등의 원인. 염소나 황산구리 등의 살균제에 강한 종류가 많아 주의해야 함.

**농도** 넓은 의미에서 용액의 조성을 나타내는 양을 의미함. 용액 속에는 혼합가스 또는 고용체가 함유되어 있음.

**농도규제방식** 오염물질의 배출량을 배출구에서의 농도만으로 규제하는 방식. 배출 수량이나 배출 가스량을 규제하지 못하는 결점이 있으며 이를 시정하기 위한 방법으로 총량 규제가 있음.

**농약** 농작물(수목 및 농·임산물 포함)을 해치는 균, 벌레, 쥐, 기타의 동식물 및 바이러스 등 병충해를 방제하기 위해 사용하는 살균제, 살충제, 기타의 약제 및 농작물 등의 생리 기능의 증진, 또는 억제에 사용되는 성장 촉진제, 발아 억제제, 기타 약제를 농약이라 함. 살균제로는 PCP, 유기 수은제, 유기 비소제 등이, 살충제로는 디엘드린제, 엘드린제, DDT 등이, 토양 병해충제로는 DAPA제, DBCP제 등이 있음. 물에 대해 난용성의 것이 많음.

**누수량** 정수된 물이 배수·급수관을 통해 수용가로 이동하면서 노후된 관 등으로부터 새어나가 유실된 물의 양. 일반적으로 수돗물이 사용 목적을 위해 유효하게 사용되지 못하고 배수과정에서 유실되거나 기타 수밀구조가 불완전하기 때문에 유실되는 수량

**다이아지논** ① 노출경로 : 벼농사의 살충제 농약으로 사용되어 환경으로 배출 ② 특징 및 일반성상 : 유기인계 살충제로서 파라티온보다 살충력이 약하고, 접촉제 또는 음독제로 사용하고 순수한 것은 무색의 액체임. 물에는 잘 녹지 않지만 아세톤, 알코올, 자일렌, 벤젠 등에는 잘 녹고, 공업용으로 쓰이는 것은 주성분이 95% 포함된 끈끈한 액체이며, 묽은 알칼리에는 비교적 안정하지만 물이나 약한 산성 용액에서는 서서히 가수분해함. 이화명충, 잎굴파리, 심식충 방제에 널리 사용됨. ③ 인체위해성 : 수년 동안 기준을 초과한 물을 마시는 일부사람들이 중추신경계 장애를 경험할 수 있음.

**담수호** 호수는 염분의 농도에 따라 500 ppm을 기준으로 담수호와 염호로 구분되는데, 호수에 녹아 있는 무기염류의 합계가 1 L당 500 ppm 이하인 호수를 담수호라 함. 화산지역 일부 호수나 석호, 건조지역의 내륙호 등을 제외하면 대부분의 호수는 담수호.

**대장균** ① 노출경로 : 자연생태계에 존재하며, 인간 또는 동물의 장관에서 배출 ② 정의 : 사람과 동물의 장내에서 기생하는 대장균 및 대장균과 유사한 성질을 가진 균의 총칭. ③ 인체위해성 : 일반적으로 무해한 잡균으로 알려지고 있으나 병원균이 존재할 가능성이 있음. ④ 특징 : 사람 및 동물의 장내에 기생하는 세균(Escherichia coli형)과 주로 물, 토양 및 넓게 자연계에 분포된 세균(Aerobacter aerogenes형 및 중간형)의 3형을 대장균군이라 총칭함. 이들 3세균군을 각기 정확하게 구별하기는 어렵고, 일반적으로 3세균군을 합해 coli형 균이라 하여 검사하고, 물과 식품의 안전도 지표로 함. ⑤ 기타 : 대장균군은 그람 염색음성의 간균으로 포자를 형성하지 않고 유당을 분해하여 산과 가스를 발생하는 호기성, 통성혐기성 균으로 병원성은 낮음. 대장균군은 항상 변 중에서 배출되므로 그 검사는 변에 의한 오염 기준으로서 가치가 있음. 따라서 어떤 수계에서 대장균군이 검출되면 사람과 가축의 배설물에 의한 오염이 이루어졌음을 뜻하고 또한 수인성 전염병원균의 존재 가능성을 시사함.

**도수관** 취수시설에서 정수장까지 원수를 보내는 관

**도시하수** 생활오수 중 특히 도시에서 방출되는 것으로 세탁 및 식용 배수, 분뇨, 음식찌꺼기 등이 함유됨. 유기물이 많고 대체로 공공수역으로 배출됨.

**디브로모아세토니트릴** ① 노출경로 : 수돗물의 염소처리과정중 유기물질과 반응하여 생성 ② 특징 및 일반성상 : 수돗물 염소소독 시 유기전

구체와 반응하고 생성되며 물에서 가수분해되어 비휘발성물질을 생성. 과염소산나트륨/브로모칼륨을 경구 투여한 쥐의 위에서 검출되는 것으로 보아 위에서 유기물질과의 반응에 의해 생성되는 것으로 추측됨. 고도응집처리나 활성탄처리를 통해 처리할 수 있음. ③ 인체위해성 : 수년 동안 기준을 초과한 물을 마시는 일부사람들이 호흡기관 및 피부장애를 경험할 수 있음.

**디클로로메탄** ① 노출경로 : 산업폐수에서 발생 ② 특징 및 일반성상 : 무색투명의 휘발성 유기용제로 불연성이고 물에 약간 녹으며, 알코올 및 에테르에 녹음. 살충제, 염료, 니스, 페인트 제거제, 저비점유기용매, 향료, 공업용 세정제 등의 폐수에 의해 환경 중으로 배출됨. ③ 인체위해성 : 수년간 기준을 초과한 물을 마시는 일부사람들이 간의 문제를 경험할 수 있음.

**디클로로아세토니트릴** ① 노출경로 : 수돗물의 염소처리과정중 유기물질과 반응하여 생성 ② 특징 및 일반성상 : 수돗물의 염소 소독 시 생성되며 물에서 가수분해되어 비휘발성물질을 생성하며 음용수 소독과정에서 유기전구체로부터 생성됨. 위에서 흡수되어 대부분이 소변으로 배출되고 아주 적은 양이 호흡이나 배설물을 통해 배출되며, 대사산물은 간, 혈액, 근육, 피부에서 고농도로 검출됨. ③ 인체위해성 : 수년 동안 기준을 초과한 물을 마시는 일부사람들이 호흡기관 장애를 경험할 수 있음.

**막여과(membrane filtration)** 막(membrane)을 여재로 하여 여과하는 정수처리 공정. 막여과 기술은 고액분리, 이온분리, 가스분리 등을 행하는 분리기술로서 정수처리, 해수담수화, 식품 및 의료분야 등 다양한 분야에서 사용. 막여과 공법은 제거되는 입자의 크기에 따라 역삼투(RO ; reverse osmosis)법, 나노여과막 또는 저압역삼투(NF ; nanofiltration)법, 한외여과(UF ; ultrfiltration)법, 정밀여과(MF ; microfiltration)법, 전기투석(ED, electrodialysis)법으로 분류

**말라티온** ① 노출경로 : 벼멸구 진딧물 살충제로서 토양에 흡착되어 환경으로 배출 ② 특징 및 일반성상 : 1950년 미국의 ACC사(American Cyanamid Co.)에서 사이티온이라는 상품명으로 개발된 저독성 유기인계 살충제로 벼멸구 진딧물 살충제로 쓰임. 투명한 황색의 액체로서 대부분의 유기용매에는 조금 녹는 편임. ③ 인체위해성 : 수년 동안 기준을 초과한 물을 마시는 일부사람들이 중추신경계 장애를 경험할 수 있음.

**맛** ① 노출경로 : 맛은 순수한 물에 대한 무기물 등 이물질 유입을 의미 ② 일반성상 : 물에서 맛을 내는 성분들은 대개 무기성분인데 유기성분 농도보다 매우 높으며, 물에 있는 이온 중에 증류수에 함유된 철, 구리, 마그네슘, 아연도 맛을 낼 수 있음. ③ 인체위해성 : 인체에 직접적인 영향은 없음. ④ 맛의 원인은 마그네슘, 칼륨, 칼슘, 아연 등의 유입 등 다양 ⑤ 기타 : 오존은 냄새와 맛을 제거하는데 가장 효능이 좋은 물질이나 오존의 사용은 중간 반응물의 형성을 초래하기도 함. 정수장에서 생성된 맛과 냄새는 종종 염소소독의 간접적인 결과임.

**망간** ① 노출경로 : 자연수에서 철과 함께 공존, 미량으로도 물에 색(흑수)을 유발 ② 일반성상: 망간이온 농도가 0.1 mg/L만 넘게 되면 음료가 불쾌한 맛을 내고 배관공사 접착물과 세탁물이 얼룩지며, 일부 미생물들은 망간을 농축시켜서 급수의 맛, 냄새, 탁도에 문제점을 야기함. ③ 인체위해성 : 수년 동안 기준을 초과한 물을 음용하는 일부 사람이 신경장애 및 언어장애를 경험 ④ 기타 : 망간은 철제품, 강철 다른 합금을 만드는데 일차적으로 이용되며, 이산화망간과 다른 망간화합물은 배터리, 유리, 폭죽제품에 이용되고 과망간산칼륨은 청소, 표백, 소독용으로 쓰이는 산화제임.

**망간모래** 정수 공정의 모래여과 때 4가의 산화망간 결정을 우선 여과 모래 속에 넣어 두면 이것을 씨로 하여 물속의 산화망간도 결정이 되기

때문에 물속에서 제거가 가능. 이때의 여과 모래를 망간 모래라고 함.

**먹는물** 먹는 데에 통상 사용하는 자연 상태의 물. 자연 상태의 물을 먹기에 적합하도록 처리한 수돗물, 먹는샘물, 먹는해양심층수, 먹는염지하수 등을 말함.

**먹는샘물** 샘물을 먹기에 적합하도록 물리적으로 처리하는 등의 방법으로 제조한 물

**모래여과** 정수장에서 이루어지는 정수 공정의 하나로 모래층을 통과시켜 물을 정화. 급속여과와 완속여과 두 가지 방식. 급속여과는 대량으로 처리가 가능하나 정화력은 떨어짐. 완속여과는 생물막의 활동으로 용존물질도 제거할 수 있으나 여과효율은 떨어짐.

**몽리구역** 농경지 중 관개시설을 통하여 물의 혜택이 미치는 구역

**무산소층** 수역에서는 표층부터 저층까지 물이 층을 이루며 존재. 이 가운데 용존 산소량이 제로가 된 층을 무산소층. 이 현상은 주로 저층에서 일어남. 물 바닥에 침전된 유기물이 호기성 박테리아에 의해 분해되면서 산소가 계속적으로 소비되기 때문임.

**무수수량** 생산된 물이 유효하게 쓰였으나 요금으로 징수되지 않아 수입이 없는 수량

**무린세제** 합성세제의 성분 중에는 산성화를 막아 세정능력을 도와주는 트리폴리인산염이 있음. 이 인이 하천이나 바다를 부영양화시키고, 적조나 냄새나는 수돗물의 원인이 되기 때문에 칼륨산염, 탄산염을 대신 사용하는 세제가 일반화하고 있음.

**물** 상온에서 액체인 무색, 무미, 무취의 수소와 산소의 화합물. 지구상에는 13～14억 $km^3$의 물이 존재하는데, 이는 해수와 육수로 나뉘며 그 외 소량의 물이 대기 중에 존재.

**물의 급수** 물의 오염 정도에 따라 물을 1급수, 2급수, 3급수 등으로 구분. 1급수에서는 물매암이, 소금쟁이, 참방개, 물방개, 물잠자리, 왕잠자리, 실잠자리 등이 사는데 요즘은 1급수 정도의 물은 찾기가 어려움. 1급수의 물에는 또한 피라미들이 많이 있음. 피라미들이 극성을 부리는 곳은 깨끗한 물이라고 할 수 있음. 물이 오염되기 시작하면 가장 먼저 피라미가 자취를 감춤. 피라미는 수질이 2급수만 되어도 급격하게 줄어듦. 물이 2급수가 되면 송사리, 모래무지, 쌀미꾸라지, 쏘가리, 꺽지 등도 사라지고 곤충 중에서는 앙근쟁이, 참방개, 왕잠자리가 자취를 감춤. 2급수에서 살아남는 고기는 붕어, 잉어, 메기 가시리, 개구리 등. 3급수 이하가 되면 아무리 들여다봐도 1 m 이하의 물속은 보이지 않음.

**미생물처리** 미생물로 유기물을 분리시켜 처리하는 것. 하수처리장에서는 폭기조에 오수와 박테리아(활성슬러지)를 넣어 분해. 정화조에서는 여과재에 미생물을 부착시켜 오수를 접촉·분해. 정수장에서는 완속여과처럼 모래여과지에 미생물이 붙어 효과를 올리는 경우 그리고 가는 관다발 속에 물을 순환시켜 관에 부착된 미생물막에 접촉·분해시키는 하니컴이 있음. 고도정수처리에서는 오존 소독 후 활성탄 처리로 활성탄에 생물막이 생겨 생물활성탄이 됨.

**바이러스** 수인성 전염을 통해 질병을 야기할 수 있는 분원성 바이러스를 말함 ① 노출경로 : 사람이나 동물들의 배설물로 인해 물이 오염됨. ② 정의 : 몸이 하나의 세포로 되어 있는 원시적인 최하등 동물 ③ 인체위해성 : 부적절히 처리된 물은 질병을 야기하는 병원균이 포함될 수 있으며 구역질, 설사, 경련 등 이상증세를 나타낼 수 있음. ④ 특징 : 모든 미생물 중 가장 작은 복제감염체이며, 이들은 세포 내로 들어가 자신을 복제할 수 있는 핵산분자이며, 이들은 보호작용을 하는 껍데기를 형성할 수 있는 단백질 암호(code)를 가지고 있음. ⑤ 기타 : 일반 세균보다

작으며 특히 100~3,000 Å의 생물로서는 가장 작은 균이며, 다른 생물에 기생하여 증식할 수 있음. 기생하는 숙주의 종류에 따라 동물 바이러스, 곤충 바이러스, 식물 바이러스, 세균 바이러스로 크게 나뉨. 바이러스의 전파 양식은 접촉감염, 수영장 감염, 경구 감염, 비말 감염, 곤충과 가축 등으로부터의 감염 등이 있음. 장내 바이러스는 오염된 하수가 정수장에 유입되었을 때 발견됨.

**박테리아** 세균이라고도 함. 단세포 생물로 크기는 0.2~10$\mu$m 정도. 세균은 외측에 세포벽이 있고 원형, 막대형, 나선형 등을 나타냄. 각종 병원균이나 탈질균, 초산세균 등이 포함. 호기성 세균과 혐기성 세균으로 나누는 경우도 있음.

**배수관** 배수지나 배수탑 등으로부터 급수구역으로 정수를 배수할 때 사용하는 관으로 배수본관(간선) 및 배수소관(지선)으로 구분됨

**배수지** 정수를 저장하였다가 배수량의 시간적 변화를 조절하는 탱크. 정수장에서 만들어진 정수를 상수도 사용자의 수요에 맞추어 일정한 압력을 주어 분배하기 위한 시설. 배수방식은 급수구역 내에 높은 지역이 있으면 자연유하식, 높은 지대가 없을 때에는 펌프 가압식을 채용. 이 두 가지가 겸용되는 경우도 있음.

**벤젠** ① 노출경로 : 염료 도료, 농약, 세척제, 합성세제 등의 유기용제로 이용 후 환경으로 배출 ② 특징 및 일반성상 : 탄소 6개가 6각형의 고리로 연결되어 있는 화학물질이며 방향족 탄화수소의 가장 기본이 되는 물질로 옷에 묻어 있는 기름이나 때를 닦을 때 주로 사용하는 용제임. 벤젠은 공업용원료, 용제, 휘발유 첨가물 등 3가지 용도로 주로 사용됨. ③ 인체위해성 : 수년간 기준을 초과한 물을 마시는 일부사람이 빈혈이나 혈소판 증가를 경험할 수 있음.

**벤조피렌** ① 노출경로 : 화석연료와 유기물 등의 불완전 연소나 열분해 시 생성 ② 특징 및 일반성상 : 벤조피렌은 화석연료와 유기물 등의 불완전연소나 열분해 과정에서 생성되는 다환방향족탄화수소의 한 종류임. ③ 인체위해성 : 수년동안 기준을 초과한 물을 마시는 일부사람들이 생식기관의 장애를 경험할 수 있음.

**보론(붕소)** ① 노출경로 : 폐수 내 중금속 조절제로 사용 ② 특징 및 일반성상 : 폐수 내 중금속 조절제로 사용되며, 천연수에는 존재하지 않으며, 약품합성공업, 아스팔트포장도로 등에서 환경으로 배출됨. ③ 인체위해성 : 수년 동안 기준을 초과한 물을 마신 사람들이 소화기 등에 영향을 경험할 수 있음(2000.7.1부터 수질 기준에 규정된 항목).

**복류수** 하천·호소 또는 이에 준하는 수역의 바닥면 아래(하상) 또는 옆면의 사력층 등의 속을 흐르는 지하수를 말하며, 지표수보다 수질이 좋으므로 이것을 집수하여 수원으로 함. 그러나 홍수 시에 지표수의 영향을 받아 흐려지는 경우가 많아 여과지 등의 정수시설을 설치할 필요가 있음.

**부영양화** 호수, 연안 해역, 하천 등의 정체된 수역에 생활하수나 공장폐수 또는 비료나 유기물질 등에 의해서 물속에 영양염류(암모니아, 아질산염, 질산염, 유기질소화합물, 무기인산염, 유기인산염, 규산염 등), 특히 인산염이 많을 경우 식물성 플랑크톤이 과잉 증식하여 물속에 있는 산소를 감소시키고, 그 결과 수질이 나빠지며 결국에는 산소결핍으로 어패류가 죽기까지 하는 현상

**부유물질** 입경 2 mm 이하의 물에 용해되지 않는 물질, Suspended Solids의 약칭. 또는 현탁물질이라고 함. 육안으로 보아 판별되는 크기의 것을 말하며 이와 같은 부유물질은 주로 식물의 작은 조각 등. 이러한 부유물은 여과에 의해서 대부분 제거

**부정사용량** 수도사업자의 허가를 받지 아니한 수도용수 및 급수 업종변경, 계량기 조작 등의

방법으로 불법적으로 사용한 수량

**부패조** 단독 또는 다른 처리법과 조합시켜 오수처리를 하는 탱크를 말하며, 오수중의 부유물을 침전 분리하고, 침전된 슬러지를 탱크 바닥에 저류하여 혐기성 분해를 시킴. 분뇨 정화조 등에 많이 사용

**분말활성탄** 다공질이며 흡착성이 강한 탄소질의 탄으로 분말 상태의 것. 목재나 석탄, 야자나무 껍질 등을 활성화제(염화아연·인산 등)로 처리, 건류하여 만듦. 목탄을 수증기로 활성화하는 방법도 있음. 입자상태와 분말상태가 있으며 다양한 물질의 흡착 제거에 사용

**분수량** 수돗물이 부족한 다른 수도사업자에게 나누어 준 수량으로 타수도사업자에게서 수입을 받을 수 있는 수량

**분원성 대장균군** ① 노출경로 : 사람이나 동물들의 배설물로 인해 물이 오염됨. ② 정의 : 사람과 동물의 장내에서 기생하는 대장균 및 대장균과 유사한 성질을 가진 균의 총칭 ③ 인체위해성 : 설사, 경련, 구역질, 두통 또는 기타증상 등 단기간에 영향을 줄 수 있음. 면역체계가 약한 사람에게는 특별한 위험을 야기할 수 있음. ④ 특징 : 사람과 동식물 장내에 서식하는 대장균과 주로 물/토양 등 자연계에 분포된 앵무병감염균 및 중간형을 대장균군이라 총칭함. 이 세균군을 각기 정확하게 구별하기는 어렵고, 일반적으로 이 세균군을 합해 콜리형 균이라 하여 검사하고, 물 ·식품 안전도의 지표로 삼음. 대장균은 그램음성이고 포자를 형성하지 않는 막대모양의 세균으로 편모가 있는 운동성 세포와 비운동성 세포가 있고, 호기성이나 통성혐기성 조건하에서 모두 성장하며, 호흡과 발효작용으로 신진대사 작용을 함. ⑤ 기타 : 대장균군의 특성은 병원균에 비해 물속에서 오래 생존하고 저항력이 강하며, 검출하기 쉽고 검사법이 간단. 또한 소독에 대한 저항력은 병원균보다는 강하나 바이러스보다는 약하고 대장균이 검출되지 않으면 병원균에 의한 오염이 있었다 해도 이미 사멸되었음을 뜻함. 대장균군의 정성 시험은 공정시험방법에 규정되어 있고 추정시험, 확정시험, 완전시험의 3단계로 나누어 실시

**분해성유기물질** 분해성 유기물질이란 물에 들어가면 미생물에 의해 분해되는 유기물질. 유기물질은 미생물이 먹어 분해하게 되는데 이때 미생물의 활동으로 물속의 산소를 사용. 물속의 산소가 없어지면 메탄, 황화수소 등의 냄새가 나는 가스 발생

**불소** ① 노출경로 : 자연 상태의 토양, 암석에 존재함. ② 특징 및 일반성상 : 할로겐 원소의 일종으로 천연으로 형석, 빙정석 등에 함유되며 자극적인 냄새가 있음. 불소의 무기화합물은 알루미늄생산과정에 사용되며 불화규산은 상수도의 불소첨가정책에 이용됨. 불소가 0.8 ppm 이상 물속에 녹아들면 치아가 반상으로 변하나, 그 양이 적을 때에는 충치를 예방하는 것으로 간주되고 있음. 강력한 산화제이므로 취급자는 완전히 몸을 보호하는 옷을 입어야 함. 공기 중에 존재하기는 어려우며 대기 중의 수분과 화합하여 불화수소 상태로 존재함. ③ 인체위해성 : 기준초과된 물을 마실 경우 9세 이하의 아동들에게 반상치를 유발할 수 있으며, 노출은 대부분 오염된 음식을 섭취하거나 작업장에서 숨 쉬거나 치약을 먹음으로써 이루어지며, 노출은 일반적으로 낮고 위해하지 않음. 높은 노출은 폐, 피부, 뼈의 위해를 가져올 수 있고, 기준 초과된 물을 마실 경우 9세 이하의 아동들에게 반상치를 유발할 수 있으며, 특히 수년 동안 4 mg/L 이상 마신 사람의 일부가 뼈질환을 일으킬 수 있음.

**불활성화비** 병원미생물이 소독에 의하여 사멸되는 비율을 나타내는 값으로서 정수시설의 일정 지점에서 소독제 농도 및 소독제와 물과의 접촉시간 등을 측정·평가하여 계산된 소독능값(CT)과 대상미생물을 불활성화하기 위해 이론적으로

요구되는 소독능값과의 비를 말함.

**붉은 녹** 철이 부식되어 수산화제이철, 삼이산화철이 된 물질. 수돗물이 붉게 흐려지거나 침전을 보이는 여러 가지 붉은 물 현상은 배·급수관으로 사용된 철관이 탄산염소 혹은 전기 화학적 작용에 의해 붉은 녹을 띠게 된 데 기인

**비료오염** 비료를 다량으로 사용한 농지로부터 질소, 인이 흘러들어 호소의 부영양화에 영향을 주고 있어 새로운 비료오염의 문제가 됨. 호수에 흘러드는 질소나 인 중 농업 배수가 점유하는 비중은 통계 자료에 따르면 질소가 25～40%, 인이 14～15%인 것으로 보고됨. 이는 비료의 과대 사용과 관개수로의 정비로 농업용수가 반복 이용되지 않는데 그 원인이 있음.

**비소** ① 노출경로 : 농약 살충제 등에서 환경 중으로 배출 ② 특징 및 일반성상 : 비소(As)는 천연으로 유리하여 존재하는 수도 있지만, 대개는 황화물로서 산출되며, 자연에서 저수준으로 발견됨. 대부분 산소, 염소, 황을 포함한 화합물이기 때문에 이러한 것들은 무기성 비소 화합물이라 불리움. 유기성 비소는 무기성 비소보다 덜 위험하고, 대부분의 비소 화합물은 냄새 또는 특별한 맛이 없음. 무기성 비소 화합물은 주로 나무를 보호하는데 사용되며, 살충제와 제초제를 만드는데 사용되기도 함. ③ 인체위해성 : 수년 동안 기준초과된 물을 마시는 사람의 일부가 피부손상이나 순환기 계통에 문제를 경험할 수 있으며, 암의 위험 증가를 야기할 수 있음.

**비이온계면활성제** 합성세제의 일종으로 분자 중에 이온화된 원자단이 없으므로 수용액이 되어도 풀려서 떨어지지 않는 계면활성제를 말함. 이것은 거품을 잘 일으키고, 세정능력이 뛰어나며 내산성, 내경수성, 내염화성이 있음. 섬유공업, 식료품의 유화, 화장품 제조, 연고 제조 등에 사용. 배수 중에 흘러들어온 비이온 계면활성제는 다른 합성세제와 마찬가지로 물오염을 일으키기 때문에 문제가 됨.

**빈부수성 수역** 맑고 산소가 풍부해 산화력이 강한 수역

**빈영양호** 호소가 생성될 당시에는 수심도 깊고 물도 맑으며, 영양분을 포함하고 있는 양과 퇴적량도 적어서 생물이 거의 생식하지 않는데, 이러한 상태의 호소를 빈영양호라 함.

**사염화탄소** ① 노출경로 : 냉각제, 세척제, 금속제련용제로 이용 후 환경으로 배출 ② 특징 및 일반성상 : 무색투명의 액체 불연성이며, 오존파괴물질로서 테트라클로로메탄이라고도 함. 프레온 등 냉매원료, 에어졸용 분사제, 금속세정용 용제로 사용되고, 수돗물의 염소소독과 식품의 훈중 소독 시 오염될 수 있음. ③ 인체위해성 : 수년간 기준을 초과한 물을 마시는 일부 사람들이 간의 문제를 경험할 수 있음.

**산성호수** pH 5 이하의 강한 산성을 나타내는 호수. pH가 낮을수록 산성도가 강하며, pH가 4.8 정도까지 내려가면 이끼나 갑각류, 조개 등이 사멸하고 pH 4.5에서 모든 생물에 현저한 영향을 미침.

**산화** 한 물질이 산소와 화합하는 것을 산화라 함. 또한 한 물질이 수소를 잃는 경우나 전자를 빼앗기는 화학반응 역시 산화. 수소가 산소와 화합하여 물이 될 경우 산화되므로 이때 산소를 산화제라 함. 산소, 오존, 염소 등은 강한 산화제

**산화지** 안정지의 일종으로서, 하수 중의 유기물을 자연의 정화작용에 의해 세균이나 조류의 작용을 받아서 안정화하기 위한 못. 유기물은 호기성균의 작용을 받아서 탄산가스나 암모니아로 분해되어 균류나 조류가 증식하고, 조류의 광합성과 수면에서의 폭기에 의해서 산소가 보급되어 호기성 상태가 유지. 넓은 부지가 필요하며 안정화에 수주일이 걸리지만, 유지 관리는 용이

**상수도** 하수도에 상대되는 용어로 식용에 적합한 물을 공급하는 시설의 총체. 취수, 저수, 도수,

정수, 송수, 배수, 급수 등의 시설로 이루어져 있으며 도시에서는 중요한 위생 시설

**상수원** 상수원은 지표수와 지하수로 크게 나눔. 지표수란 하천수 및 저수지를 말함. 지하수에는 용수, 우물물 및 복류수가 있음. 수원은 수량, 수질 두 요건에 모두 맞는 것이 가장 중요

**색도** ① 노출경로 : 음용수의 색도는 착색유기물질과 철, 망간과 같은 금속이온 존재에 기인 ② 일반성상 : 물이 색을 띠는 것은 색소물질이 광선의 특정파장을 흡수하므로써 나타나는 실제 색도와 부유입자에 의한 빛의 산란으로 나타나는 색도가 있으며, 이 두 종류의 색도를 합하여 외관상의 색도라 함. ③ 인체위해성 : 인체에 직접적인 영향은 없음. ④ 기타 : 먹는물의 색도는 유기물 때문인데 물에 있는 유기색소는 많은 수중 미생물의 성장을 자극하며, 그들 중 몇은 물의 악취 유발에 원인이 됨. 물의 색도측정에는 두가지 방법이 있으며, 표준치(standard)에 대한 광도 비교법과 흡광(absorbance)분석법이 있음.

**샘물** 암반대수층 안의 지하수 또는 용천수 등 수질의 안전성을 계속 유지할 수 있는 자연 상태의 깨끗한 물을 먹는 용도로 사용할 원수

**생물막처리** 모래층이나 지지판의 표면에 미생물이 번식·부착된 상태의 것을 생물막이라고 하며, 이 막에 접촉됨으로써 입자 상태의 것은 물론 용존상태의 오염물질을 산화·분해시켜 처리

**생물처리** 미생물을 이용한 오염물질의 처리. 생물환원처리와 생물산화처리로 나뉨. 생물환원처리는 혐기성 생물이 분해함으로써 질소 가스, 수소, 메탄가스, 황화수소 등이 생성되며 비교적 고농도 유기성 폐수처리에 활용. 생물산화처리는 탄산가스, 물, 탄산염, 황산염 등으로 분해시켜 오염도가 낮은 하수처리 방법으로 이용되며 호기성 생물을 이용

**생물활성탄법** 정수공정의 하나로 활성탄탑을 통과시키는 경우가 있는데 일정기간 사용을 계속하면 활성탄 표면에 생물막이 형성되기 시작. 이 막이 생물막처리와 같은 효과를 나타내므로 널리 활용됨.

**생수** 생수란 본래 지상표층까지 암반 틈새로 솟아오르는 포화대수층의 지하수를 의미. 법적 용어가 광천음용수였으나, 1995년 5월부터 「먹는물 관리법」이 시행됨에 따라 '먹는샘물'로 명칭이 바뀜.

**세제** ① 노출경로 : 세제로서 물에 용해되어 세정, 유화 등의 작용 후 환경으로 배출 ② 일반성상 : 친수성기와 소수성기로 구성됨. 소수성기가 음이온인 것을 음이온성 세제, 양이온인 것을 양이온성 세제, 이온화하지 않는 것을 비이온성 세제라고 함. 또 가정용품의 경우에는 pH 8.0 이상의 세제를 약 알칼리성 세제, pH 6.0~8.0의 것을 중성 세제라고 함. ③ 인체위해성 : 인체에 직접적인 영향은 없으나 일부 사람의 경우 피부장애를 경험할 수 있음. ④ 기타 : 세정 작용을 하는 계면 활성제로서 비누처럼 유지와 지방산으로 직접 만들어지는 것은 제외됨. 합성 세제에 의한 수질 오염은 해를 거듭할수록 가중되는 추세임. 활성탄에 흡착됨.

**셀레늄** ① 노출경로 : 필수 영양소이며, 금속제련소의 공장폐수 ② 특징 및 일반성상 : 셀레늄 또는 그 화합물질과 셀렌화합물질을 1% 이상 함유한 혼합물질로서 네 가지 산화상태(−2, 0, +4, +6)로 될 수 있고 원소 셀레늄, 셀렌산염, 아셀렌산염 같은 형태로 있을 수 있음. 많은 셀레늄화합물이 냄새가 나는데 어떤 것은 마늘냄새를 내기도 함. ③ 인체위해성 : 수년 동안 기준초과된 물을 마시는 일부 사람들은 머리카락 또는 손톱의 빠짐, 손가락이나 발톱의 마비 또는 순환기의 문제를 경험할 수 있음.

**수은** ① 노출경로 : 수은제조공장, 병원, 수은광산 등에서 환경으로 배출 ② 특징 및 일반성상

: 수은 또는 그 화합물질과 수은화합물질을 1% 이상 함유한 혼합물질로서 상온에서 유일하게 액상(유동성)으로 존재하는 무취의 은백색 중금속임. 금속성의 수은은 빛나고, 은색의 하얀, 냄새가 없는 액체이며, 열을 가할 경우 무색, 무취의 가스가 됨. 무기수은은 광석집적지, 연소중인 석탄과 폐기물, 제지공장으로부터 대기 중으로 들어가고 폐기물 처분, 화산활동으로부터 물이나 토양으로 유입됨. 메틸수은은 박테리아에 의해 물이나 토양에서 형성될 수 있음. 수은제조공장, 병원, 수은광산 등에서 환경으로 배출됨. ③ 인체위해성 : 수년 동안 기준초과된 물을 마시는 사람의 일부는 신장손상을 경험할 수 있음.

**소규모급수시설** 주민이 공동으로 설치·관리하는 급수인구 100인 미만 또는 1일 공급량 20 $m^3$ 미만인 급수시설 중 시장·군수가 지정하는 급수시설

**소독** 화학적 산화제 또는 이와 동등한 효능을 지닌 물질을 사용하여 물에서의 병원미생물을 일정농도 이하로 불활성화시키는 처리공정을 말함.

**소포제** 태양광선이나 대기를 차단하여 물의 정화를 방해하는 수중의 기포를 거두어 제거. 소포제는 이 기포 제거 시 사용하는 약제를 말하고, 기포 저지제라고도 함. 가장 많이 사용되고 있는 것은 실리콘 오일이 있지만, 그 외에 옥틸알코올, 망초 등도 있으며, 여러 종류가 시판됨.

**소화전** 소화용수에 이용하기 위해 설치된 시설

**송수관** 정수시설에서 배수시설(배수지, 배수관)까지 정수를 공급하는 관

**수도관코팅** 수도관 내측에 피막이 형성되는 현상. 수돗물에는 칼슘 이온, 마그네슘 이온을 비롯하여 탄산이온 등이 함유되어 있으며, 이러한 것들이 탄산칼슘이나 탄산마그네슘 등의 불용성 염을 형성하여 관벽에 침착하고, 관 재질의 용출을 막아 주는 작용을 함.

**수도사업용수량** 정수장, 배수지에서의 사용수량과 수도관 세정수량, 누수방지 작업용수 등 수도사업자가 사용한 수량

**수소이온농도(pH)** ① 노출경로 : 물의 산성, 알칼리성 판단기준 ② 일반성상 : 용액의 pH란 수소이온 농도의 상용로그의 마이너스 값이며, 자연수의 pH는 산과 염기의 평형에 대한 측정이며, 이산화탄소 – 중탄산염 – 탄산염 평형시스템에 의해 조절되고, 물의 부식성을 결정하는 중요 요인임. ③ 인체위해성 : 사람의 건강과 pH와의 직접적인 관계는 확인되지 않음. 다만 높은 pH에 노출 시 일부 사람이 눈, 피부 등 자극을 경험할 수 있음. ④ 기타 : 이산화탄소가 증가하면 pH는 낮아지고, 감소하면 pH가 올라가며, 온도 또한 평형과 pH에 영향을 미쳐 순수한 물에서 온도가 25℃ 상승하면 pH가 약 0.45 낮아짐.

**슬러리** 물속에 부유물질이 떠서 현탁상태인 것을 가리키는 용어. 슬러지보다는 농도가 약한 상태를 가리키나 어려운 외래어이므로 아름답고 알기 쉽게 바꾼 환경용어(2005년 7월)에서 현탁액으로 변경해 사용할 것을 권장함.

**슬러지** 물속의 부유물질이 가라앉아 진흙처럼 변한 것을 일컫는 전문용어. 아름답고 알기 쉽게 바꾼 환경용어(2005년 7월)에서 찌꺼기로 사용할 것을 권장함.

**슬러지농축** 슬러지를 슬러지 농축조 중에서 천천히 교반하면서 중력을 이용하여 장시간 침전시켜, 슬러지의 함수율을 낮게 하는 것. 유기성 슬러지 입자는 점성이 높고 보수성이 강하기 때문에 슬러지는 침전하기 어렵고, 농축은 무기성 슬러지에 비해서 어려움.

**습식공기산화** 슬러지를 수중에서 고온과 고압으로 산화시키는 방법. 0.64 cm 이하로 슬러지를 분쇄시킨 후 1만 btu당 7.5파운드의 공기와 함께 슬러지를 열교환기에 주입하여 260℃에서 68~122 atm (1천~1천8백 psi)의 압력으로 40~60분

간 산화. 산화되는 정도는 운전온도, 압력, 체류시간 및 공기량, 주입 슬러지의 농도에 따라 다름.

**습지** 자연적, 인공적, 영구적, 임시적으로 정체된 물. 소택지, 늪, 토탄지 및 수역을 말하며, 간조 시에 수심이 6 m가 넘지 않는 해역을 포함. 습지는 호수에서 육지로 전환하는 생태적 천이단계의 중간단계로서 두 환경의 특성을 공유하며 각종 물질의 전환을 비롯하여 크고 작은 생물이 다양하게 출연

**시설용량** 하루 동안 최대로 정수처리하여 공급할 수 있는 용량

**시안** ① 노출경로 : 자연수에는 존재하지 않으며, 광업 및 산업폐수로부터 오염 ② 특징 및 일반성상 : 아열대지역의 주식으로 사용되는 카사바라는 작물에 고농도의 시안이 함유되어 있으며 일반적으로는 산업적인 오염으로 인해 먹는물에서도 발견됨. ③ 인체위해성 : 수년 동안 기준초과된 물을 마시는 사람의 일부가 뇌손상이나 갑상선에 문제를 경험할 수 있음.

**아연** ① 노출경로 : 자연 상태의 광석에서 존재하며, 공장 및 광산폐수에서 환경으로 배출됨. ② 일반성상 : 원소기호 Zn이고, 원자량이 65.38인 황화물로 청백색의 금속원소로 납과 철의 황화물과 함께 주로 광석 중에 황화아연(ZnS)의 상태로 존재함. ③ 인체위해성 : 기준초과한 물은 불쾌한 맛을 유발하나 만성중독은 일으키지 않음. 다만, 일부 사람이 설사 등을 경험할 수 있음.

**알루미늄** ① 노출경로 : 산업폐기물의 부식, 광물과 토양의 침출 등으로 환경으로 배출 ② 일반성상 : 알루미늄은 지구표면의 약 8%를 구성하는 풍부한 원소이고 토양, 식물, 동물 조직의 구성성분이며, 소독된 먹는물에서 반응성이 강한 비교적 작은 분자로 존재함. 자연수에서 알루미늄은 대개 미립자들로 이루어진 물질이나 비교적 높은 분자량을 갖은 유기적 동물과 결합함. ③ 인체위해성 : 알츠하이머병의 원인이 된다고 보고됨. ④ 기타 : 산업용이나 가정용으로 많이 사용되며, 알루미늄화합물들은 제산제, 제한제, 식품첨가물 등올 사용되고 알루미늄염은 수처리의 응집제로 사용됨.

**암모니아성 질소** ① 노출경로 : 분뇨 또는 하수 등에 의한 오염을 의미 ② 특징 및 일반성상 : 질소의 각종 화합물 중 암모니아 또는 암모늄염으로 존재하는 질소이며, 질소질 유기물 분해 시 제1차로 생성되며, $NO_2^-$나 $NO_3^-$가 생물학적으로나 화학적으로 환원하여 암모니아성 질소를 형성함. 분뇨, 생활잡배수, 공장폐수 등의 혼입에 의해 생기는 경우가 대부분으로 수질오염의 유력한 지표가 됨. ③ 인체위해성 : 암모니아성 질소 자체로는 무해하나 질산성질소로 변할 경우 청색증 유발 가능(분뇨성분 및 대장균에 의한 수질 오염을 측정하는 간접지표)

**약품침전** 수중에 응집제를 투입하여 혼합, 교반시켜 응괴(floc)를 형성하고 여기에 불순물을 흡착시켜 침전시키는 것. 응괴의 침강속도가 커서 침강 시간을 단축. 응집 침전과 같은 뜻

**에스원댐** 1960년에서 1970년에 걸쳐 이집트 나일 강에 건설된 댐. 저수지인 나세르 호의 용량은 세계 제2위인 1천6백90억 $m^3$. 댐 건설 후 수질계통의 감염증이 급격히 증가하였으며 주혈흡충이 만연. 홍수에 쓸려 나가던 염분 때문에 관개 농지 35%에 염해 발생. 또한 나일강이 운반해 내던 연간 1억 t의 비옥한 진흙이 줄어 화학비료를 쓰지 않으면 농사를 지을 수 없게 됨. 해안 침식으로 지중해 연안에서 연간 어획량 1만8천 t이던 정어리가 5천 t으로 감소. 수자원 개발로 인한 환경파괴의 대표적 사례

**에틸렌디브로마이드** ① 노출경로 : 석유정제 관련 사업장에서 유출되며, 곡식, 과일 등의 살충제로 이용후 환경으로 배출 ② 특징 및 일반성상 : 네마흄(Nemahume), EDB제라고도 하며, 클로로포름과 비슷한 냄새가 나는 액체로 인화성이

있고, 금속부식성이 큼. 곡식, 과일, 토양 등에서 농약살충제로 사용되며, 물중에서는 가수분해의 속도가 매우 느리며, 토양에서는 주로 휘발에 의해 제거됨. 석유정제 관련 사업장에서 유출되며, 곡식, 과일 등의 살충제로 이용 후 오염된 대기의 호흡이나 오염된 음용수 및 음식물의 섭취를 통해 노출됨. ③ 인체위해성 : 수년 동안 기준을 초과한 물을 마시는 일부사람들이 간, 위, 생식기관 또는 신장의 문제를 경험할 수 있음.

**에틸벤젠** ① 노출경로 : 유해화학물질로서 물에 잘 녹지 않으며, 산업폐수에서 발생 ② 특징 및 일반성상 : 휘발성화학물질로 무색의 용액으로 방향성 냄새를 가지며 자일렌의 이성체이고, 알코올, 벤젠, 사염화탄소에는 녹으나 물에는 약간 녹음. 에틸벤젠은 페인트산업, 살충제, 스프레이와 석유혼합에 사용되고 염료, 합성섬유, 안료, 도료, 약품, 형광염료 등의 생산에 따른 산업폐수로 배출됨. ③ 인체위해성 : 수년 동안 기준을 초과한 물을 마시는 일부 사람이 현기증 및 피부자극을 경험할 수 있음.

**여과** 물속에 존재하는 입자상의 물질을 제거하기 위하여 정수처리대상인 물을 여재가 형성하는 공극 사이를 통과시키는 정수처리공정

**여과막** 완속 여과지에는 여과 모래의 표면이나 사층 표면 가까이에 박테리아나 조류로 생물 피막이 형성. 이를 여과막이라 함. 이 막은 세균막과 같이 입자 상태의 물질을 제거함은 물론 용존성 물질도 분해하여 정화시켜 줌.

**여과수** 정수시설 중 여과지 또는 이와 동등한 여과공정을 거친 물

**연성세제** 경성세제(ABS)는 균에 의해 분해되기가 어렵고, 그 때문에 하수 처리가 곤란해져, 가정하수에 의한 하천의 오염이 문제가 됨. 이런 경성세제의 문제점을 보완하기 위하여 개발된 것이 소프트세제(연성)이며 이것은 미생물에 의한 분해로 포말 제거를 가능하게 함. 그러나 이 과정 중에서 페놀계 물질이 생성되어 경성세제 보다 독성이 오히려 2~3배가 증가. 또한 소프트세제의 농도가 100 ppm 이상일 경우에는 이를 분해 할 수 없는 문제점을 내포

**연속회분식 활성슬러지공법** 활성슬러지 공정은 하수 내의 아주 작은 물질이나 용존유기물을 응집, 침전 가능한 생물학적 고형물 및 무기성 고형물로 전환시켜 침전지에서 제거되도록 하기 위해 사용하는 생물학적 공정 중 하나. 연속회분식 반응조는 주입 및 제거형식의 반응장치이기 때문에 이를 사용할 경우 하나의 완전 혼합반응조에서 활성 슬러지 공정의 모든 과정이 일어남. 별도의 2차 침전지가 필요 없는 것이 특징

**염소이온** ① 노출경로 : 염소화합물의 용해로 검출되며, 자연수에 항상 함유되어 있음. ② 일반성상 : 주기율표 7B족에 속하는 할로겐원소의 하나로 원소기호는 Cl로 상온에서 황록색이며, 자극적인 냄새가 있는 유독기체이며, 냉각시키면 황색 액체를 거쳐 황백색 고체가 됨. ③ 인체위해성 : 위해성에 대한 직접적인 연관은 확인되지 않음. 분뇨 및 가정하수의 혼입에 따라 함유량이 높아지므로 수질오염의 정도를 나타냄. ④ 기타 : 염소이온은 나트륨염, 칼륨염, 칼슘염의 형태로서 자연계에 널리 분포하고 수돗물이나 오수의 살균 및 표백 등에 다량으로 사용되며, 그 밖에 염산, 표백분 등 다수의 무기염화물과 유기염소화합물(농약, 의약, 폭약, 염화비닐 등)의 제조원료로서 용도가 광범위함.

**염소주입량** 상수에 염소 소독을 할 때 주입하는 염소의 양. 염소 요구량에 유리잔류염소량을 가한 양 이상을 주입. 주입량의 결정 조건은 물의 염소 요구량, 물과 접촉하는 시설과 장치 등에 필요한 소비량, 살균에 필요한 염소량 등을 합계한 것으로서, 상수도에서는 보통 때는 0.2 ppm 전후의 유리잔류염소를 감안. 일반적으로 활성슬러지법에 의한 처리수에서는 2~8 mg/L, 간이 처리수에 대하여는 5~10 mg/L의 염소를 주입

**염소처리** 정수장에서의 초기 공정으로 살균, 철이나 망간의 제거, 암모니아 제거 등을 목적으로 행해지는 염소의 첨가 작업. 엄밀하게는 이것을 전염소처리라고 함. 한편 급수 직전에 수도꼭지의 잔류 염소를 보존 유지할 목적으로 첨가되는 것을 후염소처리라고 함. 하수 처리장에서 방류 전에 염소처리를 하기도 함.

**염화알루미늄** 폴리염화알루미늄을 말함. 수도용의 응집침전제로 사용되며 PAC라고도 함. 수산기를 분자 내에 가지고 있어 알칼리도의 소비가 적으며 저 알칼리나 고탁도의 수도원수에 적합하고 저수온 시에도 유효

**영구경수** 경수는 칼슘이온과 마그네슘 이온이 비교적 다량으로 포함된 물. 이러한 이온은 주로 탄산수소염과 황산염. 경수를 비등시키면 탄산수소염은 침전하여 제거되어 일시 경수가 되지만 황산염의 경우는 제거되지 않는데, 이 물을 영구경수라 함.

**영양염류** 식물의 생장에 필요한 영양소를 제공해 주는 암모니아, 질산염, 인산염 등의 영양염류. 이러한 영양염류에 의한 물의 오염은 집에서 버리는 물이나 논밭에서 비료가 섞인 물이 하천이나 호수에 흘러들어 생겨난 것임. 영양염류가 하천이나 호수에 들어오면 식물성 플랑크톤이 아주 많이 번식하여 물을 오염. 이때는 물의 빛깔이 검붉게 변하고 썩은 냄새가 나기도 함. 이와 같은 현상을 부영양화 현상이라고 함.

**오염부하량** 환경에 배출된 오염물질의 총량. 도시하수, 공장폐수 등의 방류량과 그 수질농도로 계산. 오염부하량은 주로 BOD, COD, SS 등의 1일당 $m^3$수로 표시

**완속여과** 원수의 수질이 비교적 양호한 경우에 처리하는 방식으로서 모래층을 통과하여 천천히 (5 m/d) 여과하여 원수를 정화하는 것으로 모래층과 모래층표면에 증식하는 미생물군이 물속의 불순물을 포착하여 산화·분해하는 작용에 의존하는 정수방법

**요금수량** 계량기에서 직접 계측되어 수도요금을 징수하는 수량

**원수 또는 정수구입비** 지방자치단체가 광역상수도로부터 원수 또는 정수를 구입하는 비용

**유독물질** 독성이 심하여 아주 적은 양으로도 해를 끼치는 화학물질을 유독물질이라고 함. 우리나라에서 사용되고 있는 화학 물질은 대략 1만 여종이나 계속 증가되고 있음. 옛날에는 콜레라, 장티푸스 등의 수인성 전염병의 병원균에 의한 오염이 문제가 되었으나 이제는 유독성 화학 물질에 의한 오염이 큰 문제

**유리잔류염소** 물을 염소로 소독했을 때의 잔류염소 중 차아염소산과 차아염소산 이온의 형태로 존재하는 염소. 수도법 시행규칙에서는 염소소독 시 급수전 내의 물의 유리잔류염소가 0.2 ppm이어야 함.

**유류** 석유 등의 기름은 비중이 물보다 낮아 수면에 얇은 막을 만들어 빛을 차단하고 물속에 녹아 있는 산소의 양을 감소시켜 어패류의 호흡에 지장. 저수지 부근에서 유조차가 뒤집히거나 송유관에서 기름이 흘러 나오는 심각한 오염사건을 발생시킴.

**유리잔류염소, 총트리할로메탄, 클로로포름** ① 노출경로 : 원수중의 유기물과 정수처리 시 소독제로 사용하는 염소와 반응하여 생성 ② 특징 및 일반성상 : 물을 염소로 소독했을 때의 잔류염소 중 차아염소산과 차아염소산 이온의 형태로 존재하는 염소이며, 원수중의 유기물과 정수처리 시 소독제로 사용하는 염소와 반응하여 생성됨. ③ 인체위해성 : 수년 동안 기준을 초과한 물을 마시는 일부 사람의 경우 암이 유발될 가능성이 있음.

**유수수량** 유효수량 중 요금으로 징수할 수 있는 수량. 사업자에게 나누어준 수량(분수량) 등을 제외한 수량

**유입부하량** 유입된 오염물질이 그 수역의 오염에 기여하는 양. 연안, 내해, 호소 등의 폐쇄성 수역은 질소나 인 등의 오염물질이 유입되어 축적되기 때문에 부영양화가 진행. 총량규제 등의 수질보전 대책은 유입 부하량의 파악에서 시작되어야 함.

**유효수량** 정수장에서 생산된 물의 총량(총생산량)에서 급·배수관에서의 누수 등으로 유실된 양을 제외한 것으로 실제로 수용가에서 쓸모 있게 쓰인 물의 양

**음이온계면활성제** 계면활성제 중에서 물에 녹으면 전리하여 계면활동을 나타내는 부분이 음이온으로 되는 것. 수용액으로 될 때 세정습윤 유화, 기포, 가용화, 분산 등의 활성을 나타냄. 각종 석분이나 세제로서 옛날부터 이용되며, 황산에스텔염이나 설폰산염류 등 그 종류도 많고 각종 공업에도 사용. 배수 중에 혼입되면 포말을 일으키고 수질오염의 원인. 활성탄에 흡착시키거나, 양이온성의 고분자 응집제를 써서 제거

**응집제** 정수 공정에서 상수도 중 탁류를 제거하기 위한 약품. 알루미늄염과 철염이 있는데 철염은 수중에 철분이 남아 붉은 물이 될 우려가 있어 일반적으로는 황산알루미늄과 폴리염화알루미늄(PAC)이 사용

**이원급수** 정수장에서는 수돗물 외에 응집 침전 후의 물을 공업용수로 공급. 이처럼 두 종류의 물을 따로 마련한 송수관으로 급수하는 것을 이원급수라 함. 최근에는 고도처리수와의 이원급수가 검토되고 있음.

**일반세균** ① 노출경로 : 자연생태계 ② 정의 : 수중에서 활동하는 병원균 이외의 호기성균이나 혐기성균의 총칭 ③ 인체위해성 : 일반적으로 무해한 잡균으로 알려지고 있으나 병원균이 존재할 가능성이 있음. ④ 특징 : 상수도시험법에서는 보통 한천배지에 집락을 형성한 생균을 말함. 집락이란 육안으로 볼 수 있는 크기로 엉겨 붙어 있는 것으로 세균수는 이 집락의 수로 표시함. 음용수 수질기준의 하나인데, 이는 수돗물 등이 전염성 병원균으로부터 안전한가를 판정하는 기준이 됨.

**자정작용** 대기와 물은 자정작용을 하는데, 대기의 자정작용은 대기 중에 존재하는 오염물질을 대기 스스로 제거하는 능력. 물의 자정작용은 하천, 강, 바다 등 수역 오염물질이 단위 시간당 어느 정도 정화될 수 있는가를 분해 속도계수의 형태로 나타낸 것

**재사용수도** 아름답고 알기 쉽게 바꾼 환경용어(2005년 7월)에서 중수도 용어와 병행하여 사용하기로 함. 사용한 수돗물을 생활용수·공업용수 등으로 재활용할 수 있도록 다시 처리하는 시설

**저류시간** 배수지의 시설용량을 1일 중 시간최대급수량으로 나눈 값으로 배수지의 크기를 나타내는 지표

**저수조** 수돗물을 다량으로 비축해 두는 탱크. 지하에 매설하는 수수조와 옥상에 설치하여 계단 밑으로 배수하는 고치수조로 나뉨. 집합주택이나 병원, 학교 등 물을 다량으로 쓰는 곳에 설치. 최근 수조안의 오염이 심각한 문제가 됨.

**전염소처리** 정수장에서 일반적으로 하는 염소처리 방법. 착수정에 들어온 수돗물에 염소를 첨가하여 병원균을 살균하고 철이나 망간, 암모니아를 제거. 유기염소 화합물이 생성되기 쉬워 응집 침전 후에 처리하는 중간 염소처리가 바람직한 것으로 제안되고 있음.

**전용상수도** 100인 이상을 수용하는 기숙사, 사택, 요양소 기타의 시설에서 사용되는 자가용의 수도와 수도사업에 제공되는 수도외의 수도로서 급수인구 100인 이상 5천인 이내에게 원수 또는 정수를 공급하는 수도. 다만, 다른 수도에서 공급되는 물만을 상수원으로 하는 것과 그 수도시설의 규모가 일정기준에 미달하는 것을 제외함.

**정수** 정수장에서 만들어진 수돗물을 가리키는 말. 정수장에 유도된 물을 염소처리하여 철, 망간, 암모니아, 병원균 등을 제거하고 응집 침전시킴. 그 뒤 모래여과 후 염소처리로 염소의 농도를 조정하여 정수로 급수

**정수기** 수돗물의 곰팡이냄새, 염소냄새, 유해하다고 여겨지는 물질 등을 제거할 목적으로 수도꼭지에 부착하는 기구. 초기에는 활성탄을 채워 넣은 것이 주류였으나 최근에는 활성탄과 중공사막을 겸용하는 경우가 많음. 효용은 제품에 따라 다르지만 공통점으로는 곰팡이냄새나 염소냄새, 세균이 제거되고 발암물인 트리할로메탄 등의 제거는 소량에 불과

**정수장** 도수된 원수를 응집, 침전, 여과, 소독 등의 처리공정을 통하여 수돗물을 생산하는 처리장

**정수처리기준** 경제적·기술적으로 농도기준을 정하고 정기적으로 수질검사를 실시하는 것이 어려운 바이러스·지아디아 등 병원미생물이 수돗물 중에 함유되지 않도록 하기 위하여 필요한 정수장의 운영·관리 등에 관한 기준을 말함

**제수밸브** 통수량을 가감하거나 통수의 개폐를 위하여 관로에 설치하는 기기

**조류** 수중에서 생식하며 광합성으로 독립적인 영양생활을 하는 하등식물의 총칭. 남조류, 규조류처럼 식물 플랑크톤이라 불리는 미소한 단세포성에서 다시마, 미역 같은 다세포성 대형 조류까지 모두 포함

**조정감액수량** 오염 등으로 요금징수 시 조정에 의하여 감액 대상이 된 수량

**종말처리장** 하수나 폐수를 하천, 바다 등 공유수면에 흘려보내기 위하여 최종적으로 처리하는 시설 및 그것을 보완하는 시설

**중금속** 중금속은 금속 중에서 그 비중이 4.0 이상인 것으로 이들 가운데 독성이 강한 카드뮴, 수은, 크롬, 납, 니켈, 아연, 비소 등이 물오염을 일으키는 것들임. 이러한 중금속은 공장 폐수, 산업 폐기물, 쓰레기 매립장 등에서 흘러 들어와 하천을 오염시킴. 중금속은 동식물 체내에 농축되기 때문에 먹이사슬에 의해 결국 인간의 건강에도 크게 영향을 미침. 일본에서 발생했던 '이타이이타이병'은 카드뮴에 오염된 어패류를 먹은 사람들에게서 발생되었고, 미나마타병은 수은에 오염된 어패류를 먹은 어민들에게서 발생

**중부수성수역** 생물학적 수질등급을 뜻하는 전문용어. 아름답고 알기 쉽게 바꾼 환경용어(2005년 7월)에서 보통수역, 일반수역으로 바꿔 사용

**중성세제** 수용액 중에서 중성을 나타내는 합성세제의 총칭으로서 알칼리성 세제에 대한 호칭. 알킬벤젠설폰산염 등을 사용한 세제로 견모제품, 합성섬유, 식기, 야채, 과일 등의 세정이나 세탁 등에 쓰임. 하수 중에 혼입하면 기포성이 좋아서 대기를 차단하여 산소가 수중에 용해되는 것을 방해하기 때문에 하수 처리에 영향 줌. 최근에는 세균에 의해 분해되기 쉬운 소프트 세제가 사용되고 있음.

**중수도** 사용한 수돗물을 생활용수·공업용수 등으로 재활용할 수 있도록 다시 처리하는 시설. 상수도와 하수도의 중간에 위치한다는 뜻에서 비롯된 말인데, 세척용수나 살수용수 등 신체에 직접 닿지 않는 잡용도에만 쓰이기 때문에 '잡용수'라고도 함.

**증발잔류물** ① 노출경로 : 상수원수의 지질학적 영향에 따라 달라지며, 물을 증발시켰을 때 잔류하는 물질로서 칼슘, 마그네슘, 나트륨 등. ② 일반성상 : 증발잔류물은 물의 함유 물질을 나타내는 것이므로 수질 오염에 있어서 하나의 중요한 지표가 됨. 증발 잔류물은 총 증발 잔류물과 용해성 증발잔류물로 나뉨. ③ 인체위해성 : 인체에 미치는 영향은 거의 없음.

**지아디아 포낭** 수인성 전염을 통해 질병을 야

기할 수 있는 지아디아 램블리아(Giardia lamblia) 등 지아디아 속의 포낭을 말함.

**지하수** 지표아래에서 흐르는 물로서 복류수를 제외한 물을 말하며 표층지하수(지하의 암반층 위의 토양 속을 흐르는 물)와 심층지하수(지하의 암반층 아래에서 흐르는 물로 지하의 암반층 아래에서 자연적으로 지표에 솟아 나오는 물을 포함)로 구분

**직접여과** 급속여과의 전처리 과정 중 침전 또는 응집·침전공정을 제외하고 모래 등의 여과지를 이용하여 직접 여과하는 정수처리공정

**질산성 질소** ① 노출경로 : 무기비료 사용, 부패한 동식물, 생활하수, 공장폐수에서 발생 ② 특징 및 일반성상 : 질산염을 그 질소량으로 나타낸 것으로 질산염 또는 질산이온 $NO_3$ 등으로 표시하며 수질 오염 지표, 물의 오염지표, 수역에서 부영양화 지표로 사용됨. 단백질 같은 질소화합물이 부패, 발효, 산화 등의 과정에서 최종적으로 생성되는 물질로서 화학적으로 불활성적이지만 미생물 작용으로 환원됨. 주로 비료의 사용, 부패한 동식물, 생활하수, 하수의 육상처분, 공장배출수에 존재함. ③ 인체위해성 : 기준을 초과한 물을 마시는 6개월 미만의 유아들은 유아청색증을 일으킬 수 있으며, 치료하여야 함.

**철** ① 노출경로 : 토양, 암석, 광물에 존재하며, 인체에서 산소운반, 산화작용 등에 필수 물질 ② 일반성상 : 철은 지표에 존재하는 두 번째로 흔한 물질로서 약 5%를 차지하며, 원소로서의 철은 자연계에 드물고 2가와 3가 철이온은 산소나 황을 함유한 화합물과 즉각적으로 결합하여 산화물, 수산화물, 탄산염, 황화물을 형성함. ③ 인체위해성 : 수년 동안 기준을 초과한 물을 음용하는 일부사람이 혈색증을 경험. 물에 다량 존재하면 착색(적수)이나 금속 맛을 내는 원인 ④ 기타 : 철은 하수관계나 배수관계에 바람직하지 않은 미생물성장(철세균)을 촉진시켜서 미끈미끈한 피막을 형성하기도 함. 그러나 철은 인간에게 필수영양소이며 철의 1일 최소요구량은 나이, 성, 생리학적 상태, 철의 생체유용성에 따라 다르지만, 대략 10～50 mg으로 평가됨.

**청색증** 청색증은 오염된 물속에 포함된 질산염이 몸속의 헤모글로빈과 결합해 산소공급을 어렵게 해서 나타나는 질병. 청색증이란 이름이 붙은 이유는 산소부족으로 온몸이 파랗게 변하기 때문. 일반적으로 인체 내 헤모글로빈의 1～2%는 메트헤모글로빈 형태로 존재. 그러나 이 비율이 10%를 넘을 경우 청색증이 나타나게 되며 30～40%에 이르면 무산소증에 걸리게 됨. 이 병은 성인에게서는 발생하지 않으며 주로 백일 이전의 갓난아기에게서 나타남(blue baby).

**총인** 하천, 호소 등의 부영양화를 나타내는 지표의 하나. 수중에 포함된 인의 총량. 인구의 집중도가 큰 지역의 하천, 호소에 많음.

**총질소** ① 무기성 질소 및 유기성 질소의 질소량의 합계. 전자는 암모니아성 질소, 아질산성 질소 등을 가리킴. ② 하천, 호소 등의 부영양화를 나타내는 지표의 하나. 물속의 포함된 질소의 총량을 말하며, 인구의 집중도가 큰 지역의 하천, 호소에 많음.

**침사지** 정수장 처리공정의 맨 처음에 있는 수조. 하천에서 상수원수를 취수할 경우 토사가 함께 섞여 들어옴. 강에서 착수조로 들어온 상수원수는 우선 침사지에 옮겨 가라앉기 쉬운 토사부터 제거

**카드뮴** ① 노출경로 : 도금, 충전식 건전지, TV브라운관 등에서 환경으로 배출 ② 특징 및 일반성상 : 카드뮴은 산화상태가 +2인 금속이며 화학적으로는 아연과 비슷하며 자연계에는 황화물 원광석에 아연, 납과 함께 존재함. ③ 인체위해성 : 수년 동안 기준을 초과한 물을 마시는 일부 사람들이 신장손상을 경험할 수 있음.

**카바릴** ① 노출경로 : 농작물의 살충제로 사용 후 환경으로 배출 ② 특징 및 일반성상 : 무취의 백색 또는 회색의 결정형 고체로서 극성용매에 잘 녹고, 산성수에 유입되면 가수분해보다 주로 광분해 되거나 생분해되어 제거됨. 방제용 살충제 및 농약으로 사용되며 농작물, 토양, 물속의 농약 성분이 대기로 증발하여 환경에 유입됨. ③ 인체위해성 : 수년간 기준을 초과한 물을 마시는 일부사람이 설사 및 위경련을 경험할 수 있음.

**크립토스포리디움 포낭** 수인성 전염을 통해 질병을 야기할 수 있는 크립토스포리디움 파붐(Cryptosporidium parvum) 등 크립토스포리디움 속의 포낭을 말함.

**크실렌(자일렌)** ① 노출경로 : 유해화학물질로서 알코올 등에 잘 녹으며, 물에 잘 녹지 않음. ② 특징 및 일반성상 : 벤젠에 수소 대신 메틸기($CH_3$)가 치환된 화합물이며, 벤젠과 비슷한 냄새를 내는 무색의 액체로 형광을 발함. 물에 불용성이며 알코올, 에테르에 잘 녹고, 자연계에서 석유의 한 성분으로 존재함. ③ 인체위해성 : 수년 동안 기준을 초과한 물을 마시는 일부 사람이 신경계의 손상을 경험할 수 있음.

**클로랄하이드레이트** ① 노출경로 : 산업폐수의 유입 또는 수돗물의 염소처리과정중 생성됨. ② 특징 및 일반성상 : 의학, 수의학적 약품에서 진정제와 최면제로 사용되며, 산업폐수의 유입 또는 수돗물의 염소처리과정 중 생성됨. ③ 인체위해성 : 수년 동안 기준을 초과한 물을 마시는 일부 사람들이 학습능력 장애를 경험할 수 있음.

**클로로포름** 수돗물 중 발암성 물질인 트리할로메탄의 3분의 2 정도는 클로로포름. 염소와 유기물이 반응하여 생성되는데, 수돗물 오염과 비례하여 수도수로부터 트리할로메탄이 나오고 있음. 예전에는 의약품(마취제)으로 사용되었지만 요즘엔 용제로 쓰이며 마취 작용이 있어 범죄에도 자주 쓰임.

**탁도** ① 노출경로 : 물의 탁한 정도를 나타내며 물속의 부유물질과 관련하여 수질오염을 나타내는 지표 ② 일반성상 : 탁도는 물의 흐린 정도를 정량적으로 나타낸 지표로서 빛의 통과에 대한 저항도이며, 여러 가지 부유물질에 의해 발생하며 그 크기범위는 콜로이드 분산에서 굵은 분산질까지 다양함. ③ 인체위해성 : 건강상 직접적인 영향은 없음. 다만, 소독장애를 일으켜 질병 유발 세균이 포함될 가능성이 있음.

**테트라클로로에틸렌** ① 노출경로 : 유해화학물질로서 무색의 액체이며 금속 세정제로 이용 후 환경으로 배출 ② 특징 및 일반성상 : 무색투명의 액체, 불연성, 물에 난용이며, 클로로포롬과 비슷한 냄새가 나며, 금속기계부품의 세정, 유기용제, 살충제, 프레온 가스제조 등에 사용됨. ③ 인체위해성 : 수년간 기준을 초과한 물을 마시는 일부사람들이 간의 문제를 경험할 수 있음.

**톨루엔** ① 노출경로 : 석유화학제품으로서 염료, 향료, 합성섬유 등에 주로 사용 후 환경으로 배출 ② 특징 및 일반성상 : 방향족 화합물의 일종으로 특이한 냄새가 나는 무색 액체임. 유기합성화학에서 염료, 향료, 합성섬유 등에 사용되는 중요한 화합물이며, 많은 물질을 합성하는 원료로 사용되고, 용매로서도 광범위하게 사용됨. ③ 인체위해성 : 수년 동안 기준을 초과한 물을 마시는 일부 사람들은 신경계, 신장 또는 간의 문제를 경험할 수 있음.

**트리클로로아세토니트릴** ① 노출경로 : 수돗물의 염소처리과정중 유기물질과 반응하여 생성 ② 특징 및 일반성상 : 수돗물의 염소 소독 시 유기 전구체로부터 생성되며 물에서 가수분해되어 비휘발성 물질을 생성하며, 살충제로 주로 사용됨. ③ 인체위해성 : 수년 동안 기준을 초과한 물을 마시는 일부 사람들이 소화기, 비뇨기계 문제를 경험할 수 있음.

**트리클로로에틸렌** ① 노출경로 : 금속세정제,

드라이클리닝 용제. 소화제 등으로 이용 후 환경으로 배출 ② 특징 및 일반성상 : 유기염소계 용제로서 휘발성 물질로 무색투명의 액체로 난용성이며 클로로포름과 비슷한 냄새가 남. 금속기계 부품의 세정, 유기용제, 살충제, 프레온 가스제조 등에 사용됨. 표류수에 혼입될 경우 수 분~수 시간 내에 대기 중에 휘산하여 분해되고, 지하에 침투되어 지하수 중에 장기간 잔류함. ③ 인체위해성 : 수년간 기준을 초과한 물을 마시는 일부 사람들이 간의 문제를 경험할 수 있음.

**파라티온** ① 노출경로 : 농작물 살충제로 환경에 배충, DDT, BHC 등에 이어 등장한 강력한 살충제 ② 특징 및 일반성상 : 순수한 물질은 6℃ 이상에서 황색의 액체이며, 공업용은 마늘향을 가진 갈색의 액체인 유기인계 농약 화합물임. 열분해하면 일산화탄소, 질소산화물, 황산화합물 등의 독성을 방출하며, 물에서는 천천히 녹으나 강알칼리에는 단시간에 분해됨. ③ 인체위해성 : 수년 동안 기준을 초과한 물을 마시는 일부사람들이 중추신경계 장애를 경험할 수 있음.

**파울링(fouling)** 원수의 용질이 막에 의해 저지됨에 따라 막힘이나 부착층의 형성이 초래되는 현상으로서 막의 여과기능을 저하시킴.

**페놀** ① 노출경로 : 천연수에는 존재하지 않으며 약품합성공업, 아스팔트 포장도로 등에서 환경으로 배출 ② 특징 및 일반성상 : 페닐기에 하이드록시기가 결합한 방향족화합물이며, 무색의 결정으로 향긋한 냄새가 남. 알코올과 비슷한 성질을 가지지만, 하이드록시기가 포화 탄화수소에 결합된 것이 아니라서 알코올로 분류하지는 않음. ③ 인체위해성 : 기준을 초과할 경우 이취미가 발생되며 일부사람들이 식욕부진이 나타날 수 있음. 낙동강 페놀오염 사고로 잘 안 알려짐.

**페니트로티온** ① 노출경로 : 농작물의 살충제로 사용 후 환경으로 배출 ② 특징 및 일반성상 : 황색 또는 황갈색의 액체로서 유기인산계 물질로서 알코올, 에스테르, 방향족탄화수소 등 유기용매에는 녹고, 지방족탄화수소에는 약간 녹으나 물에는 거의 녹지 않음. 농작물의 살충제로 사용됨. ③ 인체위해성 : 수년 동안 기준을 초과한 물을 마시는 일부사람들이 중추신경계 장애를 경험할 수 있음.

**평균급수량** 연간 총급수량을 1년으로 나눈 급수량

**플럭스(flux, 막 여과유속)** 단위시간당, 막의 단위면적당 여과되는 수량(LMH, $m^3/m^2 \cdot hr$), 막 종류, 재질, 공경, 수온, 수질, 전처리 정도에 따라 다름.

**하천수** 하천 또는 계곡에 흐르는 물로서 댐 또는 제방 등에 의하여 흐름의 장애를 받지 아니하는 물(수중에 설치한 보에 의하여 흐름의 일부가 장애를 받는 물을 포함)

**할로아세틱에시드** ① 노출경로 : 수돗물의 염소처리과정중 유기물질과 반응하여 생성 ② 특징 및 일반성상 : 수돗물의 염소처리과정 중 유기물질과 반응하여 생성됨. ③ 인체위해성 : 수년 동안 기준을 초과한 물을 마시는 일부 사람들이 간종양과 신경계통의 문제를 경험할 수 있음.

**합성세제** 화학합성 계면활성제를 쓴 세정제. 배합제의 증량제, 세정 촉진제, 효소, 향료, 형광 염료 등을 모두 포함. 제2차 세계대전 후 미국은 석유에서 ABS를 제조하였고, 인에 의한 수원지의 과다 영양화 발견을 계기로 대부분 무린계로 바뀜. 합성 세제는 미생물에 의한 분해가 어렵고 물위에 거품을 만들어 공기 중의 산소가 물속으로 녹아 들어갈 수 없게 하고 햇빛을 차단시켜 플랑크톤의 정상적인 번식을 방해하여 물을 오염시킴. 세척력을 높이기 위하여 넣는 '인'은 인산염이 되어 부영양화 현상을 일으켜 물을 썩게 함.

**혐기성** 산소를 싫어하는 성질. 아름답고 알기 쉽게 바꾼 환경용어(2005년 7월)에서 어려운 전

문용어이므로 피산소성으로 바꿔 부르기를 권장

**혐기성분해** 공기가 거의 없는 곳에서 활동하는 혐기성균이 슬러지속의 유기물을 섭취해서 환원 분해하여 무용한 무기 화합물을 방출하는 것

**호기성** 산소를 좋아하는 성질. 아름답고 알기 쉽게 바꾼 환경용어(2005년 7월)에서 어려운 전문용어이므로 친산소성으로 바꿔 부르기를 권장함.

**호기성분해** 공기가 충분한 곳에서 사는 호기성균이 오수 속의 용존 산소를 소비하고 오염원인 유기물을 섭취한 다음 산화 분해해서 생존에 필요한 영양원으로 하면서 균에 의해 무용한 탄산가스, 암모니아 및 물 등의 무기 화합물을 방출

**호기성세균** 산소가 있는 환경에서만 살 수 있는 세균의 총칭. 호기성 세균은 산소 분압(혼합기체의 각 성분 기체가 전 용적을 차지하는 것으로 가정할 때의 압력)이 높아질수록 활발히 활동

**호소** 일반적으로 호수라고도 부르는데 호수, 소택지, 연못 등은 구분이 명확하지 않음. 다만 소택지에는 관목·초본 등이 비교적 많이 자생하고 있으며, 연못은 호수에 비해 크기가 작음.

**호소수** 하천 또는 계곡에 흐르는 물을 댐 또는 제방 등을 쌓아 가두어 놓은 물로서 만수위구역 안의 물(자연적으로 형성된 호소의 물을 포함)

**환경기초시설** 환경기초시설이란 환경오염물질 등으로 인한 자연환경 및 생활환경에 대한 위해를 사전에 예방·저감하거나 환경오염물질의 적정처리 또는 폐기물 등의 재활용을 위한 시설·기계·기구 기타 물체 등이 설치된 시설. ㉠ 환경오염방지시설 ㉡ 마을하수도 및 하수종말처리시설 ㉢ 폐수종말처리시설 ㉣ 오수처리시설·단독정화조·축산폐수처리시설·분뇨처리시설 및 축산폐수공공처리시설 ㉤ 재활용시설 ㉥ 폐기물처리시설 ㉦ 취수시설 및 정수시설 ㉧ 기타 환경부장관이 정하여 고시하는 시설

**활성탄** 다공질로 흡착성이 강한 탄소질의 재, 목재, 갈탄, 토탄을 활성화제와 함께 건류하거나 목탄을 수증기로 활성화해 만듦. 야자나무 열매 껍질로 만드는 야자껍질 활성탄은 유명. 분말상태와 입자상태. 탈취, 탈색 외에 오염물질의 흡착 제거에도 쓰임.

**활성슬러지법** 하수처리장에서 통상 행하는 처리법. 처리조 안에 공기나 산소를 폭기시켜 호기성 세균이나 원생동물 등 주로 유기물을 산화시켜 흡수 분해하는 미생물 응집덩어리(활성슬러지)의 작용을 이용하는 방법

**황산이온** ① 노출경로 : 자연수 중에서 황산이온 검출은 유황 함유 또는 유기물질 등의 공장폐수유입 의미 ② 일반성상 : 황산이온($SO_4^{-2}$)의 구조는 S를 중심으로 정사면체형이며, 황산염(Sulfate)은 황산바륨($BaSO_4$), 석고($CaSO_4$) 등을 포함하는 광물에 존재함. ③ 인체위해성 : 인체에 미치는 영향이 미미하나 일부 사람의 경우 설사를 경험할 수 있음. ④ 기타 : 자연수중의 황산이온은 주로 지질에서 기인하며, 자연수 중에서 황산이온이 높으면 유기물질 또는 화학물질 등의 공장폐수 오염을 의심해야 하며, 수돗물중의 황산이온은 대부분의 정수처리에 사용되는 응집제인 황산알루미늄으로 인하여 20～50 mg/L이 검출되며, 화석연료(석탄, 석유)에 함유된 유황이 연소하여 생성된 아황산이 오염되어 생성되고, 주로 광산, 제련소, 펄프공장 등으로부터 배출됨.

**회수율(recovery)** 막 공급수량에 대한 막여과수량의 비, 막여과법에 있어서 양적인 처리효율을 보여주는 지표

**후염소처리** 정수 공정에서 모래여과 뒤에, 즉 급수전에 행하는 염소처리. 위생안전을 위하여 수도꼭지에서 나오는 수돗물은 잔류 염소 농도가 정해져 있음.

# 참고문헌


1) 환경부, "환경백서", 2022.
2) 환경부, "환경통계연감", 2022.
3) 국토해양부/한국수자원공사, "물과 미래", 2019.
4) 환경부, "상수도통계", 2022.
5) 환경부, "하수도통계", 2022.
6) 서울특별시, "수돗물 품질보고서", 2022.
7) 한국역사연구회, "웹진(webzine), www.koreahistory.org"
8) 브리태니커 사전 검색, 2023.
9) 박중현, 정규영, "상수도공학", 동명사, 1984.
10) 조경태, "환경시설 발생악취 개선대책", 2005.
11) 한국상하수도협회, "정수시설운영관리사", 2007.
12) 한국상하수도협회, "상수도시설기준", 2023.
13) 환경부, "상수도설계기준", 2023.
14) 한국상하수도협회, "하수도시설기준", 2023.
15) 환경부, "하수도설계기준", 2023.
16) 국토교통부, "수자원장기종합계획 제3차 수정계획(2016~2020)", 2016.11
17) 국토해양부, "수자원장기종합계획(2011~2020)", 2011.
18) Philip Ball, "$H_2O$: A Biography of Water, Wiedelfeld & Nicholson, 1999.
19) 우에다이라 하사시(현종오 옮김), "$H_2O$ … , 물의 정체". 아카데미서적, 2004.
20) British Medical Journal, "Medical Milestones", 2007.
21) W. Viessman, Jr., M. J. Hammer, E. M. Perez, P. A. Chadik, "Water Supply and Pollution Control", Addison Wesley, 2008.
22) IWA, "International Statistics for Water Services", 2023.
23) UN, "Water for People, Water for Life", 2003.
24) WEF, AWWA and IWA "International Standard Units for Water & Wastewater Processes (MOP 6)", 2011.
25) R. L. Droste, "Theory and Practice of Water and Wastewater Treatment", John Wiley & Sons, 1997.
26) G. Tchobanoglous, F. L. Burton, and H. D. Stensel, "Wastewater Engineering: Treatment and Reuse", 4th ed. Metcalf & Eddy Inc., McGraw-Hill, 2003.
27) B. E. Rittman, and P. L McCarty, "Environmental Biotechnology : Principles and Applications", McGraw-Hill, 2001.
28) C. N. Sawyer, P. L. McCarty, and G. F. Parkin, "Chemistry for Environmental Engineering and Science", McGraw-Hill, 2003.
29) U. S. Water Environment Federation, "Wastewater Treatment Plant Design", WEF, 2003.
30) M. J. Hammer and J. Hammer, Jr., "Water and Wastewater Technology", Prentic-Hall, INC., 2004.
31) W.T. Sedgewick and J.S. Macnutt, "On the Mills-Reincke Phenomenon and Hazen's Theorem concerning the Decrease in Mortality from Diseases Other than Typhoid Fever following the Purification of Public Water-Supplies", J. of Infectious Diseases, Vol.7, pp.489-564, 1910.
32) US EPA, "Emerging Technology for Wastewater Treatment", EPA 832-R-12-011, 2013.
33) Metcalf & Eddy, "Wastewater Engineering, Treatment and Reuse", 5th Ed., McGraw Hill, 2013.
34) G. Tchobanoglous, "The Evolution of Wastewater Treatment", 2010.

# 찾아보기


**가**교 / 166
가압부상법 / 446
가압탈수기 / 462
가정법 / 109
가정용수 / 58
각락(stop log)식 / 91
간선(main sewer) / 302
간섭침전 / 156
간헐폭기법 / 408
감소성장단계 / 356
감소증가율법 / 53
감쇄여과 / 181, 201
감압밸브 / 132
강변여과수 / 100
강수 / 81
강우강도 / 289
강우강도곡선 / 290
강화응집 / 180
개거도감 / 270
개량폭기법 / 371
개별순환방식 / 491
개수로 / 115
개인위생 / 268
개착공법 / 315
개천도감 / 270
거대응결 / 166
건조 / 442
건조상 / 457
게베르 / 25
게이트(gate)식 / 91
격자식 / 241
결막염 / 24
결합잔류염소 / 208, 384
경사관 / 151
경사판 / 151
경심 / 116
경제 양수량 / 95
경험법 / 109
계단접합 / 312
계단폭기법 / 370
계란형 소화조 / 451
계획 1일 최대오수량 / 288
계획 1일 평균오수량 / 288
계획구역 / 285
계획급수구역 / 47
계획급수량 / 57
계획급수인구 / 48
계획년도 / 46, 285
계획시간 최대오수량 / 288
계획인구 / 286
고가탱크 / 239
고도처리 / 339
고속살수여상 / 351
고속응집침전지 / 178
고속폭기침전지 / 372
고압관 / 130
고정층 / 165
고형물체류시간 / 360
곡률반경 / 312
곰페르츠 인구추정모형 / 56
공공하수도 / 272
공급자측 관리 / 41
공기밸브 / 132
공기-수 세정 / 198
공기장애 / 191
공동현상(cavitation) / 333
공동현상 / 334
공업용수 / 58
공칭 / 166
공해방지법 / 278
관거 / 273
관로시설 / 306
관정부식 / 309
관정접합 / 311
관중심접합 / 311
관추진(jacking)공법 / 315
광역상수도 / 34, 37
광역순환방식 / 493
교차연결 / 255
구분사용방식 / 315
국가기반시설 / 266
굴착정(굴정호) / 97
균등계수 / 183
금형주철관 / 126
급속교반 / 170
급속모래여과 / 144, 180
급속혼화 / 172
급수보급률 / 48
급수인구 / 48
급수장치 / 256
급수전 / 260
기벌트 접합 / 128
기벌트(gibault) 접합 / 127
기생충 / 24
기체분리막 / 218

**나**노여과(NF) / 218
나사펌프 / 28
낙동강 페놀오염사고 / 34
난류 / 94
난조(hunting)현상 / 102
납 접합 / 127
내면접합 / 127
내분비계 교란물질 / 44
내생성장단계 / 356
노로바이러스 / 76

논리곡선법 / 53
농축 / 442
농축수 / 228
누수 / 43, 60, 62
니토관 / 132
니트로박터 / 397
니트로조모나스 / 397

다층여과 / 200
단계 혐기호기법 / 407
단락류 / 372
단면결정 / 115
단위공정 / 340
단위조작 / 340
단차접합 / 312
단회로 / 158, 452
대수성장단계 / 356
대장 점막염증 / 24
더 타임즈 / 268
덕타일(ductile) 주철관 / 126
도강언(Dujiangyan)댐 / 28
도랑(ditch) / 371
도류벽 / 161
도시하부구조 / 266
동결심도 / 133
동수구배 / 116
드레서형 / 129
등농도선 / 156
등류상태 / 387
등비급수법 / 49
등차급수법 / 48
디클로라민 / 208

라슨 비 / 252
라이닝 / 126
라히레(La Hire) / 30
랑게리아지수 / 249
레이크(rake) / 446
로터(rotor) / 371
로터 / 376

마을상수도 / 38
마을하수도 / 272
마이크로스크린 / 430
마이크로스트레이너 / 430
만곡도랑식 / 374
말발굽형 / 119
맞물림연결 / 313
매설깊이 / 133, 310
매크로셀부식 / 140
맥동(surging)현상 / 335
머드볼 / 191
먹는 물 수질기준 / 39
먹는물 / 72
먹는샘물 / 72
먹는염지하수 / 72
먹는해양심층수 / 72
메탄올 / 400
멸균 / 203
모노클로라민 / 208
모래받이 / 323
모오스(Moh's)강도 / 428
무기질 성분 / 68
무산소조 / 401
물 재이용 / 474, 479
물리적 검사 / 69
물받이 / 322
물빈곤지수 / 19
물의 순환 / 21
물의 행성 / 14
물절약전문업(WASCO) / 44
미국수도협회(AWWA) / 128
미생물법 / 344
미생물평균체류시간 / 360
미세여과(NF) / 202
미세응결 / 166
미케니컬(mechanical) 접합 / 127
밀도류 / 17, 148
밀도최대온도(TMD) / 16
밀스-라인케 현상 / 31

바덴포(Bardenpho) / 401
반데르발스 / 434
반데르발스의 힘 / 165
반발력 / 165
방류수 수질기준 / 280
방사식 / 304
방아두레박 / 27
방해침전 / 156
배수구역 / 272
배수설비 / 273
배수탑 / 239
배수펌프장 / 322
배출구 / 319
배출구경 / 332
버킷컨베이어 / 323
벨로우즈형 / 129
보스트윅(H.R. Bostwick) / 33
보일링(자갈층 교란) / 191
보충모래(보사) / 186
보통수위표 / 105
보통압관 / 130
보통침전 / 144, 160
복류수 / 84, 99
복월실 / 314
볼류트펌프 / 330
봉수 / 320
부관 / 317
부상(rising) / 377
부식 / 249
부식방지 / 139
부식성지수 / 249
부영양상태 / 391
부영양화 / 83
부유물질 / 142
부착미생물법 / 344
북청 물장수 / 32
분류식 하수관거 월류수 / 301
분류식 / 273, 300
분수전 / 258
분획분자량 / 221

불명수(unaccount use) / 60
불명수 / 301
불연속점 염소처리 / 210, 384
불연속점(break point) / 208
브롬산이온 / 386
브리티시 메디컬 저널 / 268
비개착공법 / 315
비교회전도 / 332
비열 / 17
비점오염원 / 276, 277
비탄산경도 / 216
빅톨릭크로스형 / 129
빈민구호법 / 270
빗물 이용 / 18

사드엘 카파라(Sadd-el-Kafara)댐 / 28
사류펌프 / 330
사상성 벌킹 / 407
사상성(filamentous) 미생물 / 364
사형주철관 / 126
산소전달률 / 362
산업폐수 / 277
산화구(OD)법 / 402
산화구법 / 371
살수강도 / 348
살수부하 / 348
살수여상법 / 347
삼점법 / 55
삼투압 / 222
상사(similarity)법칙 / 335
상징액 / 356
생물막법 / 344
생물화학적 산소요구량 / 69
생물흡착법 / 370
생수 / 14
석류석 / 427
석영 슬리브 / 387
선탈질법 / 403
선택배류법 / 140
선형식 / 303
선회류식 / 374
설계기간 / 46
세균성 이질 / 24
세그먼트형 강관방식 / 315
세정조 / 199
소각 / 442
소규모 급수시설 / 38
소다회 / 170
소독(disinfection) / 382
소독 / 203
소류속도 / 325
소비자측 관리 / 41
소석회 / 170
소아마비 / 24
소켓연결 / 313
소화 / 442
소화용수 / 58
속도경사 / 173
송풍기(blower) / 373
수격(water hammer)작용 / 335
수관교 / 136
수도계량기(water meter) / 259
수도열 / 32
수돗물 오염파동 / 34
수돗물 / 72
수로교 / 136
수리특성곡선 / 116, 120
수면부하율 / 149
수면접합 / 311
수세작용 / 262
수온약층 / 83
수자원 / 19
수정 바덴포 / 415
수지상식 / 241
수질감시항목 / 75
수질시험 / 67
수질오염 / 274
수질오염방지시설 / 274
쉴드(shield)공법 / 315
스컴(scum) / 342
스크린 / 323
스트레이너 / 97
슬러지 농축 / 444
슬러지 밀도지수 / 366
슬러지 반송비 / 367
슬러지 부피 / 364
슬러지 부피지수 / 364, 366
슬러지 세정 / 458
슬러지 수집기 / 342
슬러지일령 / 360
습식산화 / 466
시계열 분석 / 64
신축관 / 136
신축접합 / 119
심수층 / 83
심정호 / 96
썸머빌(Summerville) / 31, 186

아메바성 이질 / 24
아비산 / 390
아비체나 / 25
아연도금관 / 128
악취감지 한계농도 / 467
악취강도 / 467
악취농도지수 / 467
안스라사이트 / 427
안압지 / 32
안전밸브 / 132
안정화 / 448
알긴산소다 / 170
알데하이드 / 386
알짜힘 / 167
알칼리도 / 170
알칼리제 / 172
알킬벤젠설포네이트 / 40
암모니아 탈기연못 / 395
암수로 / 119
압밀층 / 165
압축침전 / 156

압출유형 / 387
애미(J. Amy) / 30
약수 / 14
약품침전 / 144, 163
약품침전지 / 177
양수시험 / 88, 94
얕은 우물 / 95
에너지 장벽 / 167
여과면적 / 429
여과속도 / 180
여과수두 / 185
여재 / 180
역사이펀 / 314
역삼투(RO) / 218
역삼투(RO)막 / 202
역삼투법 / 222
역세 / 197
역세정 / 190
연결관 / 317
연속첨두유량법 / 111
연속회분식반응조(SBR) / 402
연수화(softening) / 216
연평균 인구증가수 / 48
연평균 인구증가율 / 49
염소요구량 / 207
영구경도 / 216
예비처리 / 337
예비침전지 / 159
예비폭기조 / 341
오사삭취 / 186
오수받이 / 317
오접합 / 488
오존 / 214, 386
옥내배수설비 / 319
옥외배수설비 / 319
와류 / 148, 158
완속교반 / 170
완속모래여과 / 144, 180
외부전원법 / 140
요셉 우물 / 26
용해성물질 / 142
우수받이 / 317
원심펌프 / 330
원인자 부담금 원칙 / 272
원형관 수리특성곡선 / 309
월류속도 / 149
유공정류벽 / 161
유달시간 / 294
유량도표법 / 111
유리 암모니아 / 395
유리염소 / 206
유리잔류염소 / 206, 384
유입수(inflow) / 313
유출계수 / 291
유출량 누가곡선법 / 110
유하시간 / 295
유행성간염 / 24
유효경 / 183
융해열 / 17
응결 / 154
응집 / 166
응집보조제 / 170
이산화염소 / 385
이수 / 17
이온교환 / 212
이온교환막(IE) / 218
이형관 / 135
인버트 / 317
일메나이트 / 427
일시경도 / 216
임계부족량 / 86
임계시간 / 86
임계점 / 86
임호프콘 / 364
입형주철관 / 126

## 자

테스트 / 168
자기수위계 / 105
자산화(auto-oxidation) / 357
자연유하식 / 113
자외선 소독 / 386
자외선 투과율 / 387
자정능력 / 83
자정작용 / 85
잡용수 / 60
잡용수도 / 477
장기폭기법 / 371
장티푸스 / 24
재생활성탄 / 441
재염소처리 / 211
저류벽 / 152
저류판 / 152
저압관 / 130
적정 양수량 / 95
전기이중층 / 165
전기투석막(ED) / 218
전도(turnover)현상 / 83
전성 / 126
전식 / 138
전염소처리 / 210
전용상수도 / 38
절수 / 42
점감식 폭기 / 369
점검통로방식 / 315
점오염원 / 276
접촉안정화법 / 370
정류벽 / 158, 161
정률제 / 62
정밀여과(MF) / 218
정상상태 / 360
정석 탈인법 / 409
정속여과 / 181
정수처리기술기준(TT) / 203
정압여과 / 181
정액제 / 62
정인산(orthophosphate) / 390
정체층 / 83
정화수 / 15
제수밸브 / 132
제타전위 / 165
조도계수 / 116
조류벽 부하율 / 162

좋은 물 / 15
주행살수기 / 349
중계펌프장 / 322
중수도 / 41, 477
중염소처리 / 210
중영양상태 / 391
지선(branch sewer) / 302
지수곡선법 / 51
지수전 / 259
지역순환방식 / 491
지오스민(Geosmin) / 76
지체계수 / 295
지하수 / 84
직각식 / 302
진공탈수기 / 460
질산화 내생탈질법 / 405
집수매거 / 99
집중식 / 305
짧은 사슬 지방산 / 414

**차**아염소산 / 206, 383
차아염소산나트륨 / 385
차아염소산이온 / 383
차집식 / 303
처리인구 / 272
천연유기물질 / 180
천정호 / 95
첨두부하 / 65
첨두부하율 / 65
청계천 / 270
체(sieve)실험 / 184
체크밸브 / 132
총경도 / 216
최대급수량 / 60
최소자승법 / 50
최종침전지 / 382
최초침전지 / 342
축류펌프 / 330
취수관거 / 92, 107
취수문 / 90, 107, 112
취수언 / 107
취수탑 / 91, 107, 112
취수틀 / 92, 112
층류 / 93
치수 / 17
침사지 / 93, 323
침입수(infiltration) / 313
침전관 / 154
침전속도 / 149

**카**나트 / 27
카레즈 / 26
칼러(collar)접합 / 125
칼러연결 / 313
케이싱(casing) / 97
콘크리트 충진방식 / 315
콜레라 / 24, 270
콜브란(H. Collbran) / 33
크로아카 막시마 / 269
클로라민 / 208, 384
클리노플로라이트 / 395

**타**이튼(tyton) 접합 / 127
탁질누출 / 191
탄산경도 / 216
탄산칼슘 침전능(CCCP) / 252
탈기탑 / 395
탈리액 / 454
탈수 / 442
탈염소처리 / 211, 385
텔레스코프형 / 129
토구 / 305
투과수 / 228
트랩(trap) / 320
트로프(trough) / 190
트리할로메탄 / 40
티오바실러스(Thiobacillus) / 309

**파**라티푸스 / 24
팽화(bulking) / 376
팽화 / 364
펌프물받이 / 328
펌프압송식 / 113
펌프특성곡선 / 333
편류 / 148
평균급수량 / 60
평행식 / 304
포가라 / 26
포르지오(A. Porzio) / 30
포스트립(Phostrip) 공정 / 417
포키프시(Poughkeepsi) / 31
포획차단 / 188
폭기시간 / 368
폭기조 / 355
폴리수산화염화규산알루미늄(PACS) / 163
폴리염화알루미늄(PACl) / 163
퐁 뒤 가르(Pont du Gard)수로 / 30
표면부하율 / 149
표면세정 / 197
표수층 / 83
표준활성슬러지법 / 369
풍송류 / 161
프라이스 유속계(price meter) / 105
프리스틀리 / 15
플라이휠 / 335
플랑크톤 / 16
플래쉬 믹서 / 172
플랜지(flange) 접합 / 127
플러시밸브 / 260
플록 / 163
플록형성지 / 175
피부병 / 24
피코크(J. Peacock) / 31
핀홀(pin hole) / 249

하부집수장치 / 183
하상계수 / 18
하수 / 272
하수고도처리 / 389
하수도 / 272
하수도보급률 / 272
하수종말처리시설 / 272
하수처리구역 / 272
하수처리수 / 85
하이야트(A. Hyatt) / 31, 186
하천복류수 / 89
하천수 / 82
하천표류수 / 89
한계 양수량 / 94
한외여과(UF) / 202, 218
합류식 하수관거 월류수 / 300
합류식 하수도 월류수 / 318
합류식 / 273, 299
합리식 / 296
합성 유기화합물 / 40
항타기초 / 119
해체(pin floc) / 377
허용인장응력 / 128
혈액투석막 / 218
혐기성 소화 / 448
협잡물(screenings) / 325
호소수 / 82
호퍼 / 163
혼합액 부유고형물 / 358
혼합액(mixed liquor) / 362
홈(F. Home) / 30
화학적 검사 / 69
확률년수 / 290
확산층 / 165
환경보전법 / 278
활성 수산염 / 170
활성슬러지 / 354
활성탄(activated carbon) / 211
활성탄 / 144, 434
황산동 / 144
황산반토 / 163
황산알루미늄 / 163
회전살수기 / 349
회전원판법 / 377
후버(Hoover)댐 / 28
후염소처리 / 211
휘발성 유기화합물 / 40
흄(hume)관 / 125
흡입구경 / 331
흡착제 / 434
희생양극법 / 141
히버든(W. Heberden) / 30
히포크라테스 소매 / 25

1인 1일당 급수량 / 35
1차 처리 / 337
2-Methyl isoborneol / 76
2-MIB / 76
2차 처리 / 337
3차 처리 / 339
5단계 Bardenpho공법 / 420

A/O공정 / 414
$A^2$/O공정 / 415
ABS / 40
aeration tank / 355
Allen식 / 148
Alum / 163

B.E.T 등온흡착 / 435
Bazin(바쟁)공식 / 116
BOD－SS부하 / 366
BOD－슬러지 부하 / 366
BOD / 69
BOD용적부하 / 366

Camp / 151, 325
CBOD / 69, 364
Chezy공식 / 121
Chick-Watson / 204
Chick식 / 204
chlorate / 385
chlorite / 385
crown corrosion / 309
CSOs / 300, 318
CT값 / 204

Darcy법칙 / 93
Darcy-Weisbach식 / 121
Demand Side Management / 41
DLVO이론 / 167

EDC / 44, 424
EDCs / 44, 424
EDL, Electrical Double Layer / 165
Energy Barrier / 167
EPR 공법 / 316

F/Mv / 358
F/M비 / 357
Fanning공식 / 127
Freeman공식 / 59
Freundlich 등온흡착 / 435

Ganguillet-Kutter공식 / 116, 307
Ghyben-Herzberg법칙 / 94
Goodrich공식 / 61
GT값 / 173
Guoy층 / 165

Hazen / 151
Hazen-Williams공식 / 120
Hippocrates Sleeve / 25

I/I / 313
Ikeda공식 / 120

Jar Test / 168

KA-TE 공법 / 316
Kennedy-Watt공식 / 295
Kirpich공식 / 295
Kirschmer공식 / 327
Kraven공식 / 295
Kuichling공식 / 59

Langelier saturation Index, LI / 249
Langmuir 등온흡착 / 435
Linsley공식 / 295
lpcd / 57

macro cell corrosion / 140
Manning공식 / 116, 307
Mass curve method / 109
MLE Process / 403
MLSS / 358
MLVSS / 358
Molecular Weight Cut-off / 221
Moody diagram / 121
MPL 공법 / 316
MSRS 공법 / 316
MWCO / 221

NBFU공식 / 59
NBOD / 364
nernst전위 / 166
Newton식 / 148
NOM / 180
non-point sources / 276
NRC공식 / 353

OECD 환경국 / 18
orthokinetic / 166
Ousruta Sanghita / 25

PBDEs / 44
PCPs / 44
perikinetic / 166
PhACs / 44
point sources / 276
primary treatment / 337
prions / 44
PS 콘크리트관 / 126

RGLC 공법 / 316
Rhiha공식 / 295
Rippl 도식법 / 109

SCFA / 414
SDI / 366
seal water / 320
secondary treatment / 337
Sequent peak method / 111
SETec 공법 / 316
sluice gate valve / 91
Snap-Lock 공법 / 316
SOCs / 40
SRT / 360
SSOs / 301
SS포착량 / 430
stern전위 / 166
Stokes법칙 / 147
STRS 공법 / 316
supernatant / 356
Supply Side Management / 41
Sus'ruta Samhita / 25
SV / 364
SVI / 364, 366

tertiary treatment / 339
THM / 34, 40
TT(Treatment Technique) / 203

UCT 공정 / 416

Van der Waals / 165, 434
VIP 공정 / 416
VOCs / 40

Water Poverty Index, WPI / 19
Weston공식 / 264

Zeta potential / 165

- 조관형 청운대학교 토목환경공학과
- 권지향 건국대학교 사회환경공학부
- 박기영 건국대학교 사회환경공학부
- 이재효 서울특별시의회 환경수자원위원회



**제5판 상하수도공학** 정가 32,000원

발 행 2023년 9월 10일 5판 1쇄
저 자 조관형 · 권지향 · 박기영 · 이재효
발행인 정우용
발행처 도서출판 동화기술
경기도 파주시 광인사길 201(문발동, 파주출판도시)
Tel (031)955-4211~6 donghwapub@nate.com
Fax (031)955-4217 www.donghwapub.co.kr
(등록) 1977년 12월 19일/9-16호




Printed in Korea

ISBN 978-89-425-9549-5